Seite 1:
Porträt der Frau von Weimar-Ehringsdorf (von Milan Med, Akad. Maler, Prag)

Seite 3:
Schädelrekonstruktion der Frau von Weimar-Ehringsdorf in Vorder- und Seitenansicht (nach E. Vlček)

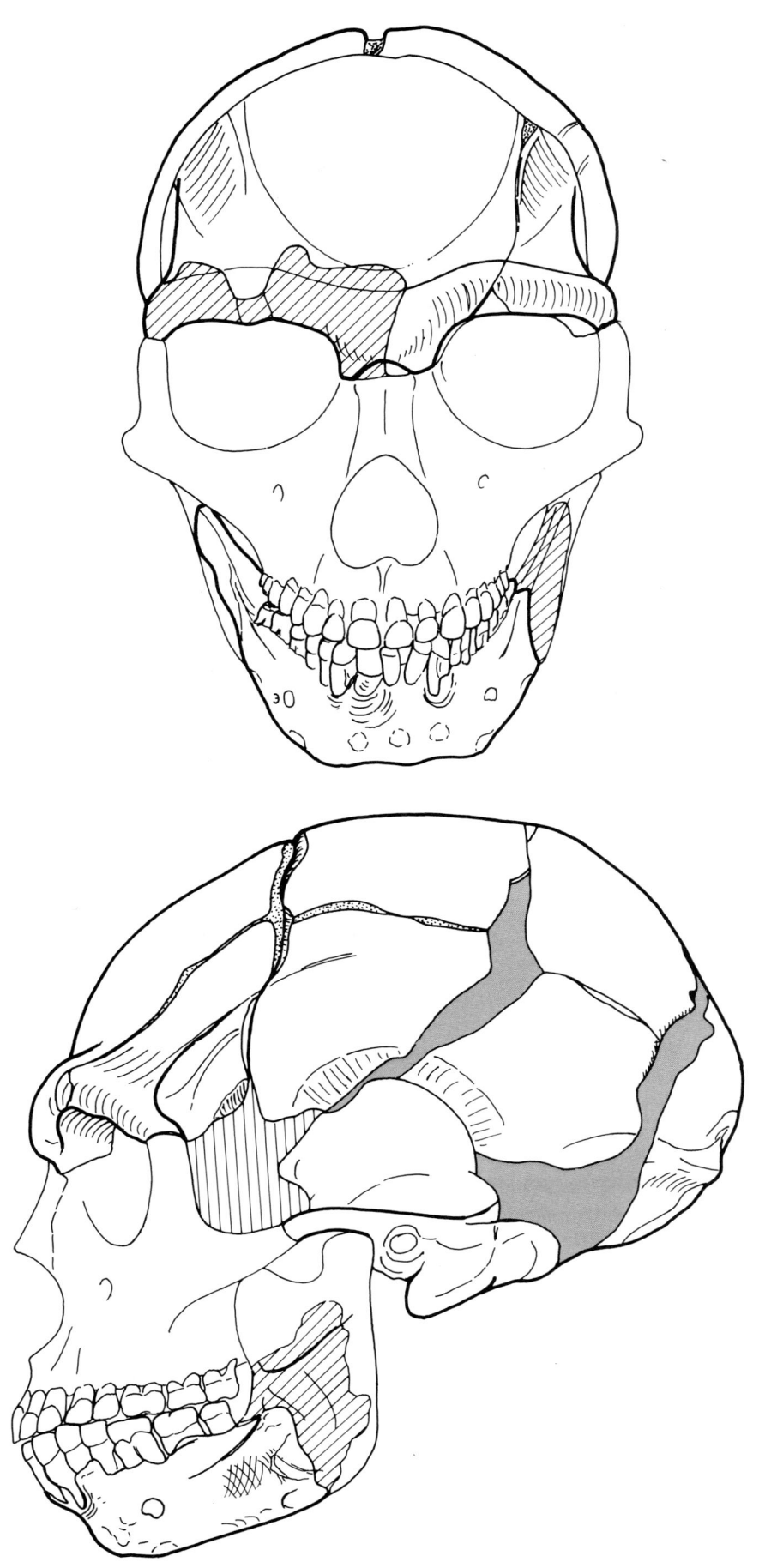

WEIMARER MONOGRAPHIEN ZUR UR- UND FRÜHGESCHICHTE

WEIMARER MONOGRAPHIEN ZUR UR- UND FRÜHGESCHICHTE

BAND 30

HERAUSGEGEBEN VOM
THÜRINGISCHEN LANDESAMT FÜR ARCHÄOLOGISCHE DENKMALPFLEGE
DURCH SIGRID DUŠEK

1993

KOMMISSIONSVERLAG · KONRAD THEISS VERLAG · STUTTGART

HERAUSGEBER: THÜRINGISCHES LANDESAMT FÜR ARCHÄOLOGISCHE DENKMALPFLEGE
HUMBOLDTSTRASSE 11 · 99423 WEIMAR

REDAKTION: EVA SPEITEL

Die Deutsche Bibliothek – CIP-Einheitsaufnahme

Fossile Menschenfunde von Weimar-Ehringsdorf/
Thüringisches Landesamt für Archäologische Denkmalpflege.
Emanuel Vlček. Mit Beitr. von Walter Steiner ... – Stuttgart: Theiss, 1993

(Weimarer Monographien zur Ur- und Frühgeschichte; Bd. 30)
ISBN 3-8062-1098-5
NE: Vlček, Emanuel; Thüringen / Landesamt für Archäologische Denkmalpflege; GT

© Thüringisches Landesamt für Archäologische Denkmalpflege Weimar.
Alle Rechte vorbehalten. Jegliche Vervielfältigung einschließlich photomechanischer Wiedergabe
nur mit ausdrücklicher Genehmigung des Thüringischen Landesamtes.

Satz und Druck: Gutenberg Druckerei GmbH Weimar
Buchbinderische Verarbeitung:
Buchbinderei Hesse, Weimar
Printed in Germany
ISBN 3-8062-1098-5

THÜRINGISCHES LANDESAMT FÜR ARCHÄOLOGISCHE DENKMALPFLEGE

EMANUEL VLČEK

Fossile Menschenfunde von Weimar-Ehringsdorf

Mit Beiträgen von Walter Steiner, Dietrich Mania, Rudolf Feustel, Hans Grimm und Roger Saban

1993

KOMMISSIONSVERLAG · KONRAD THEISS VERLAG · STUTTGART

Inhaltsverzeichnis

Vorwort des Herausgebers 10
Vorwort 11
Einleitung 12
1.   Geologischer Aufbau und Bildungsgeschichte der Travertine von Weimar-Ehringsdorf unter besonderer Betrachtung der Hominiden- und Artefaktfundschichten
von Walter Steiner 14
2.   Zur Paläontologie der Travertine von Weimar-Ehringsdorf
von Dietrich Mania 26
3.   Die Ehringsdorfer Kultur
von Rudolf Feustel 43
4.   Zur Geschichte und zum Stand der Forschung an den Hominidenresten
von Hans Grimm 50
5.   Forschungsgeschichte
von Emanuel Vlček 56
6.   Die Hominidenreste aus Weimar-Ehringsdorf 64
6.1.   Neurocranien der erwachsenen Individuen 65
6.2.   Reste des Gesichtsskelettes Ehringsdorf F 65
6.3.   Reste des postcranialen Skelettes Ehringsdorf E 65
6.4.   Reste des Kindes Ehringsdorf G 65
6.5.   Rekonstruktionen 66
7.   Die Überreste der Erwachsenen 68
7.1.   Neurocranium 68
7.1.1.   Beschreibung der Einzelknochen 68
7.1.2.   Morphologie der Schädel 83
7.1.3.   Metrik und Craniogramme 91
7.1.4.   Schädel Ehringsdorf H im Vergleich mit anderen fossilen Menschenfunden 94
7.2.   Endocranium 106
7.2.1.   Rekonstruktion 106
7.2.2.   Methoden und Vergleichsmaterial 106
7.2.3.   Morphologie und Metrik 107
7.2.4.   Metrische Vergleiche 109
7.2.5.   Wichtigste Merkmale des Endocraniums 110
        Les vaisseaux méningés moyennes
        par Roger Saban 117
7.3.   Splanchnocranium 125
7.3.1.   Mandibula 125
7.3.2.   Zähne 142
7.4.   Reste des postcranialen Skelettes des Erwachsenen – Femur Ehringsdorf E 152
8.   Die Überreste des Kindes aus Weimar-Ehringsdorf 158
8.1.   Mandibula Ehringsdorf G 158
8.1.1.   Erhaltungszustand 158
8.1.2.   Gesamtangaben und Maße der Mandibula 158
8.1.3.   Regio symphysis menti 160
8.1.4.   Corpus et Ramus mandibulae 164
8.1.5.   Zähne des Kindes Ehringsdorf G 167

8.2.	Rumpfskelett des Kindes Ehringsdorf G	188
8.2.1.	Erhaltungszustand des Skelettes	188
8.2.2.	Katalog Ehringsdorf G	190
8.2.3.	Kurzbeschreibung der Skeletteile	190
9.	Die phylogenetische Stellung des fossilen Menschen aus Weimar-Ehringsdorf im Rahmen der Menschwerdung Mitteleuropas	197
9.1.	Zur Datierung der mittelpleistozänen Menschenfunde Europas	197
9.2.	Die Menschengruppen im Mittelpleistozän Europas – erectoide Menschenformen	198
9.3.	Die Altsapiens-Formen Europas	204
10.	Zusammenfassung	213
	Literaturverzeichnis	216
	Tafelteil	223

Vorwort des Herausgebers

Unter den Beständen des Thüringischen Landesamtes für Archäologische Denkmalpflege Weimar (früher Museum für Ur- und Frühgeschichte Thüringens) nehmen die fossilen Menschenreste von Weimar-Ehringsdorf einen führenden Platz ein. Die Funde wurden zwischen 1908 und 1925 geborgen und bestimmten zusammen mit den wichtigen Funden aus dem Derfflinger Hügel bei Kalbsrieth, den reichen Grabfunden von Haßleben sowie denen aus der Zeit des Thüringer Königreichs von verschiedenen Bestattungsplätzen in Weimar derartig das Sammlungsprofil des damaligen Weimarer Naturwissenschaftlichen Museums, daß es 1923 Kustos A. Möller gelang, die Umbenennung dieser Einrichtung in ein städtisches „Museum für Urgeschichte" durchzusetzen.

Seit der Auffindung des Craniums (Ehringsdorf H) im Jahre 1925 hat es mehrere Bearbeitungen und Rekonstruktionsversuche gegeben, z. B. von F. Weidenreich 1928, O. Kleinschmidt 1931, K. Lindig 1934 und letztlich 1960 von G. Behm-Blancke. Eine Neubearbeitung war durch den sich in den letzten Jahrzehnten stark veränderten Forschungsstand zur Anthropogenese dringend erforderlich.

Es ist deshalb besonders erfreulich, daß dafür Prof. Dr. E. Vlček, Prag, gewonnen wurde, der durch seine Bearbeitungen weiterer weltbekannter fossiler Menschenreste einer der besten Kenner ist. Er legt in dieser Monographie nicht nur eine erste zusammenfassende präzise metrische und morphologische Bearbeitung aller aus dem Steinbruch Ehringsdorf stammenden anthropologischen Reste vor. Als wesentliche wertvolle Bereicherung unseres Wissens über den Homo sapiens/Altsapiens muß von den zahlreichen an der pleistozänen Forschung beteiligten Disziplinen die von E. Vlček vorgelegte neue Rekonstruktion des Craniums (Ehringsdorf H) bewertet werden, die das Ergebnis seiner mehrere naturwissenschaftliche Disziplinen umfassenden wissenschaftlichen Spezialisierung ist.

Die vorliegende Publikation widmet sich außerdem der phylogenetischen Neuordnung der Ehringsdorfer auf der Grundlage der neuen eigenen Forschungen des Autors und des derzeitigen Forschungsstandes, nach dem die bisherigen Einordnungen des Craniums zwischen Präneandertaler, klassischem Neandertaler und Homo sapiens/Präsapiens schwankten.

Die traditionelle Datierung der Funde aus dem Unteren Travertin von Ehringsdorf in das Eem-Interglazial (um 100 000 Jahre) ist nach neueren naturwissenschaftlichen Untersuchungen fraglich geworden. Bei einer Argumentation der zeitlichen Einordnung in das Elster/Saale-Interglazial (240 000–200 000 Jahre) oder in das Interglazial zwischen Saale- und Weichseleiszeit könnte die anthropologische Neubearbeitung ein wichtiges Indiz werden.

Die Bearbeitung der Menschenreste von Weimar-Ehringsdorf war ein Desiderat der Forschung. Das Erscheinen der Monographie fällt in eine forschungsgeschichtlich entscheidende Zeitphase, in der es um den Erhalt der fundreichen Schichten der Travertinwand des ehemaligen Bruchs Fischer vor dem industriellen Abbau geht.

Weimar, im September 1993 Sigrid Dušek

Vorwort

Es ist mir eine angenehme Pflicht, den ehemaligen Direktoren des Museums für Ur- und Frühgeschichte Thüringens in Weimar, Herrn Prof. Dr. G. Behm-Blancke und Herrn Dr. habil. R. Feustel, dafür zu danken, daß sie mir das anthropologische Material von Weimar-Ehringsdorf zur Bearbeitung und Publikation überlassen haben.
Für spezielle Beiträge bin ich den Kollegen Prof. Dr. sc. W. Steiner und Dr. habil. R. Feustel, Weimar, Dr. habil. D. Mania, Jena, weiterhin Herrn Prof. (em.), Dr. Dr. H. Grimm, Berlin, und Herrn Prof. R. Saban, Paris, verbunden.
Für technische Hilfe und Zusammenarbeit danke ich den Präparatoren J. Ersfeld und G. Blumenstein, Weimar, für die Fotodokumentation des Materials Frau B. Stefan, Weimar, für die Röntgenaufnahmen Herrn J. Brzorád, Prag, und für die Reinzeichnungen der Textabbildungen Frau H. Spranger, Weimar.
Dank sagen möchte ich außerdem Frau Dr. E. Speitel, Weimar, für die redaktionellen, insbesondere linguistischen Arbeiten.
Nicht zuletzt möchte ich mich bei Frau Dr. habil. S. Dušek, jetzige Direktorin des Thüringischen Landesamtes für Archäologische Denkmalpflege Weimar, die die Herausgabe der vorliegenden Monographie ermöglicht hat, herzlich bedanken.

Prag, im Oktober 1992   Emanuel Vlček

Einleitung

Die heute schon weltberühmten, in den Travertinen der Umgebung von Weimar entdeckten paläolithischen Siedlungen, brachten eine ganze Kollektion der Überreste des fossilen Menschen ans Tageslicht. Diese Population ist in die Zeit vom Ende des Holstein-Interglazials bis in die jüngste Warmphase des Saalekomplexes, zwischen 240 000 und 160 000 Jahren vor heute, also vor dem Eem-Interglazial, einzuordnen.

Von anthropologischer Seite wurde der größte Teil dieser Funde schon untersucht und Teilergebnisse dieses Studiums sind von hervorragenden Forschern, wie G. Schwalbe, H. Virchow, F. Weidenreich und in der neueren Zeit von dem Archäologen G. Behm-Blancke publiziert worden.

Im Laufe der Zeit sind verschiedene Bewertungen der Ehringsdorfer Funde in der Literatur erschienen, teils basierend auf subjektiven Ansichten einiger Forscher nach nur oberflächlicher Kenntnis des Materials, teils aber auch auf objektiven Gründen. Dazu gehören die unvollkommene Laborpräparation der paläoanthropologischen Funde, ihre uneinheitliche Dokumentation und daraus sich ergebende verschiedene Betrachtungsweisen der morphologischen Charaktere. Hinzu kommen die kritisierten Mängel zum Beispiel in bezug auf die Rekonstruktion des Schädels und des Kinderunterkiefers.

Darum umfaßt unser neuestes Untersuchungsprogramm folgende Etappen:

1. Durchführung und Abschluß der Laborpräparation einzelner Fundstücke, soweit es ihr Erhaltungszustand erlaubt;
2. Erarbeitung einer einheitlichen zwei- und dreidimensionalen Dokumentation;
3. neue Rekonstruktion des Neurocraniums, der Unterkiefer und einiger Teile des postcranialen Kinderskelettes sowie Herstellung des Endocranialausgusses.

Bei der Präparation und Rekonstruktion des Materials in den Laboratorien des damaligen Museums für Ur- und Frühgeschichte Thüringens in Weimar haben die Herren J. Ersfeld und G. Blumenstein mitgearbeitet.

Das mehrjährige Studium des Originalmaterials (1978 bis 1982) erlaubt es, die Forschungsergebnisse über die Morphologie und phylogenetische Stellung des Menschen aus Weimar-Ehringsdorf im Rahmen der Entwicklung des europäischen Menschentypus endlich zusammenzufassen.

Die vorgelegte Monographie wird durch die Kapitel zur Geologie der Travertine von Weimar-Ehringsdorf (W. Steiner, Weimar) und zu ihrer zeitlichen Eingliederung nach Flora und Fauna ergänzt (D. Mania, Jena).

Es folgen archäologische Ausführungen zur Ehringsdorfer Kultur (R. Feustel, Weimar). Für den kritischen Blick auf die bisherige phylogenetische Auswertung des Weimar-Ehringsdorfer Materials sind wir H. Grimm, Berlin, verbunden.

In einem weiteren Kapitel wird die Forschungsgeschichte kurz zusammengefaßt auf der Grundlage der Materialbeschreibungen von H. VIRCHOW (1920), F. WEIDENREICH (1928, 1941) und G. BEHM-BLANCKE (1960).

Die folgenden Kapitel umfassen den Fundkatalog sowie Erhaltungszustand und Rekonstruktionen des Fundmaterials.

Die monographische Grundzusammenfassung der neuesten Untersuchungsergebnisse zu den Überresten des fossilen Menschen von Weimar-Ehringsdorf wird in weiteren zwei Kapiteln dargestellt. Die anschließende Charakteristik des Schädels des Erwachsenen umfaßt vor allem das Neurocranium, das Endocranium und das Splanchnocranium. Zugeordnet wurde ein spezieller Beitrag über die Blutgefäßabdrücke (Arteria meningea media) von R. Saban, Paris.

In einem Kapitel wird das einzige erhaltene Fragment des Postcranialskelettes eines erwachsenen Individuums – Femur Ehringsdorf E – abgehandelt.

Daran schließen sich die Ergebnisse der erhaltenen Teile des Kinderskelettes Ehringsdorf G an, und letztlich folgt ein Abschnitt zur phylogenetischen Stellung des Fossilmenschen aus Weimar-Ehringsdorf im Rahmen der Menschwerdung Mitteleuropas. Das von E. Vlček erstellte Literaturverzeichnis beendet nach der Zusammenfassung der Untersuchungsergebnisse den ersten Teil der Monographie.

Der Tafelteil umfaßt vor allem die Terrainfotodokumentation, die Präparationsvorgänge bei der Untersuchung der Menschenreste aus dem Travertin und die Foto- und Röntgendokumentation der Funde des Fossilmenschen selbst. Die historischen Aufnahmen von einzelnen Entdeckungsorten der fossilen Menschen sowie von den Vorgängen während ihrer Präparation stammen aus dem Archiv des Thüringischen Landesamtes für Archäologische Denkmalpflege in Weimar. Der ursprüngliche Präparationsvorgang des Schädels Ehringsdorf H wurde durch Gipsabgüsse während einzelner Phasen laufend dokumentiert. Deshalb werden die Aufnahmen dieser Originaldokumentation hier eingereiht.

Hauptteil der Tafeln sind die Abbildungen der Originalfunde des Menschen. Es wurden besonders die einzelnen Knochen oder ihre Bruchstücke nach allgemein verwendeten Normen fotografiert. Es folgen die älteren und neuen Schädel- und Kieferrekonstruktionen einzelner Individuen. Die neue Fotodokumentation wurde in den Jahren 1978 bis 1980 im Museum für Ur- und Frühgeschichte Thüringens in Weimar durch B. Stefan vorbereitet. Die röntgenologische Untersuchung der Knochenüberreste aus Weimar-Ehringsdorf wurde in der Radiologischen Klinik der 3. Medizinischen Fakultät der Karlsuniversität in Prag (Vorstand Prof. med. A. Sehr) von J. Brzorád durchgeführt. Die Tafeln und Abbildungen wurden vom Autor in Prag vorbereitet und neu von H. Spranger, Weimar, umgezeichnet. Die Tafeln sind fortlaufend I–LXXXVIII numeriert.

Für den Text wurden 130 Abbildungen und drei Tafeln vorbereitet.

Der Beschreibung der anatomischen Objekte wurde prinzipiell die Pariser Nomenklatur (Nomina Anatomica, Ed. Excerpta Medica, Amsterdam-Oxford, 1977) zugrunde gelegt. Um die Orientierung zu vereinfachen, bezeichnen wir die Funde mit den Initialen des Fundortes Ehringsdorf (E) und die einzelnen Individuen mit den Buchstaben A, B, C, D, E, F, G, H und I.

1. Geologischer Aufbau und Bildungsgeschichte der Travertine von Weimar-Ehringsdorf unter besonderer Betrachtung der Hominiden- und Artefaktfundschichten

von Walter Steiner

1.1. Der geologische Bau des Untergrundes – Voraussetzung für die Entstehung der Travertine

Geologischer Bau des Untergrundes (Abb. 1, S. 22)

Weimar liegt im Zentrum der Thüringer Mulde, einer schüsselförmigen Einsenkung von Gesteinsabfolgen des jüngeren Paläozoikums (Zechstein) und der Trias (Buntsandstein, Muschelkalk und Keuper) zwischen den herausgehobenen Horstgebirgen des Harzes im Norden und des Thüringer Waldes/Thüringischen Schiefergebirges im Süden. Diese Einmuldung bedingt, daß randlich die älteren Gesteine in umlaufendem Streichen und zum Zentrum zu immer jüngere Gesteine zu Tage anstehen. Da Weimar im zentralen Bereich liegt, besteht der oberflächennahe Untergrund aus Oberem Muschelkalk und Unterem und Mittlerem Keuper.

Die prinzipiell einfache Einmuldung der Triasschichten in der Thüringer Mulde wird lokal durch besondere tektonische Bauformen, wie vorwiegend NW-SE-streichende Verwerfungen, Grabenbrüche, Horste sowie beulenförmige Emporwölbungen der Triasschichten über mobilen Zechsteinsalzen komplizierter. Hinzu kommen weitgespannte flache, lokal wellblecharige Faltenbildungen.

Die Umgebung von Weimar zeigt einige dieser tektonischen Bauformen auf engem Raum – und da sie für die Bildung der Travertine in nicht unbedeutendem Maße verantwortlich sind, müssen sie kurz vorgestellt werden.

Weitgehend horizontal liegender Oberer Muschelkalk der sog. Ilm-Saale-Platte bestimmt den Süden der Umgebung Weimars. Im nördlichen Stadtgebiet sind die Schichten eingemuldet und in sich lokal flach gewellt. Unterer und Mittlerer Keuper liegen hier im oberflächennahen Bereich. Mitten durch diese Bauformen verläuft der herzynisch (NW-SE) orientierte Ilmtalgraben. Für den Süden von Weimars Umgebung bedeutet das folgende geologische Situation: Zwischen hochplateaubildenden harten Gesteinen des Oberen Muschelkalkes kamen weiche Tongesteine des Unteren und Mittleren Keupers zu liegen.

Am NW-Ende des Ilmtalgrabens ist es – vermutlich an einer Kreuzungsstelle mit weiteren Bruchzonen im tieferen Untergrund – zu einer breiten beulenförmigen Aufsattelung von zechsteinzeitlichem Steinsalz im Untergrund und den darüber liegenden Triasschichten mit steiler Süd- und flacher Nordflanke gekommen – dem Ettersberg-Gewölbe. Das Abtragungsniveau am Ettersberg liegt im Oberen Muschelkalk.

Die Morphologie in Abhängigkeit vom geologischen Bau

Aus dem geschilderten geologischen Bau ergibt sich folgende morphologische Situation: Die harten Kalksteine des Oberen Muschelkalkes formen das Ettersberg-Gewölbe morphologisch nach. Der Ettersberg mit steilem Südhang erreicht eine Höhe von 478 m NN. Die Keupermulde am Südfuß ist aufgrund der dort anstehenden tonigen Gesteine eine deutliche morphologische Senke, die sich nach Süden fortsetzt in den Ilmtalgraben (etwa 200 m NN). Die weichen Keupergesteine der Grabenfüllung wurden leicht ausgeräumt. Ab der Holstein-Warmzeit folgte die mittelpleistozäne Ilm dieser vorgezeichneten Bahn. Der randliche Obere Muschelkalk bildet Hochplateaus mit steilen Hängen zum Ilmtal.

Die karsthydrologischen Prozesse und die Sedimentation von Travertin

Die geschilderte geologische und morphologische Situation bestimmt zusammen mit klimatischen Faktoren (reichliche Niederschläge, warme Periode – üppiger Pflanzenwuchs) die hydrographischen Kreisläufe im Untergrund, die für die Bildung der Travertine entscheidend sind. In der stark zerklüfteten Muschelkalkbeule des Ettersberges und auf der ebenfalls klüftigen Muschelkalk-Hochfläche der Ilm-Saale-Platte versickert das Niederschlagswasser im Untergrund, wandert unterirdisch zum Vorfluter, also Richtung Ilmtal. Infolge der beträchtlichen Reliefunterschiede kommt es zu einer aktiven Untergrundzirkulation. Das schwach kohlensäurehaltige Wasser löst dabei Kalk und auch Gips (aus dem Mittleren Muschelkalk). Diese mineralisierten Karstwässer treffen auf die randlichen Verwerfungsflächen des Ilmtalgrabens. An den wasserundurchlässigen Tongesteinen des Keupers im Graben steigen die Karstwässer infolge des hydrostatischen Drucks auf. Die Folge sind Quellaustritte entlang der Randstörungen bzw. an Parallel- und Diagonalbrüchen des Ilmtalgrabens. Dazu gehören die heutigen Quellen des Weimarer Stadtgebietes: Kipperquelle Ehringsdorf, Herzquelle Oberweimar, Leutraquellen im Ilmpark, Lotten- und Kirschbach-Quellen.

Gleichartige, in der Quellschüttung vermutlich stärkere Quellen traten auch während des Pleistozäns aus. Die stärkere Schüttung der Ehringsdorfer Quellen kam dadurch zustande, daß zusätzlich Ilmwasser bei Bad Berka, Buchfart und Oettern versank und unterirdisch im Muschelkalk nach dort wanderte. Das ausfließende, unterwegs nicht durch zuströmendes Süßwasser verdünnte Karstwasser erwärmte sich, gab das gelöste CO_2 („Gleichgewichtskohlensäure") ab – und bereits jetzt konnten Kalkpartikel ausfallen. In dem konstant 8–12°C temperierten Quellwasser siedelten Pflanzen, wie Aufwuchsalgen, Moose, Characeen, Röhrichtgewächse u. a. Durch Assimilation wurde dem Quellwasser weiteres CO_2 entzogen – die Pflanzen schieden Kalkkrusten ab und starben dadurch nach gewisser Zeit ab. Neue Pflanzen setzten diesen Prozeß fort. Eingespültes Fallaub unterlag im Wasser einer langsamen Zersetzung, an der besondere Pilze beteiligt sind – wieder wird Kalk ausgeschieden. Eine weitere Voraussetzung für anorganische Kalkausfällung ist ein starkes Gefälle mit Durchlüftung des Wassers, mit Erwärmung und weiterer CO_2-Abgabe.

Nur wenn alle genannten Bildungsbedingungen erfüllt sind, beginnt eine Travertinbildung in größerem Ausmaß. In Warmperioden des Mittel- bis Jungpleistozäns waren in der Umgebung von Weimar diese Bedingungen offenbar in idealer Weise erfüllt. Hinzu kam noch, daß im Vorfeld der Karstwasserquellen zumindest lokal durch Subrosionsprozesse (Lösung von Steinsalz im Mittleren Muschelkalk) Senkungswannen mit langzeitiger Senkungstendenz entstanden, die das Relief und dadurch die Durchlüftung der talwärts rieselnden Karstwässer verstärkten und die Akkumulation von Süßwasserkalken großer Mächtigkeit erlaubten.

Folgende quartäre Travertinvorkommen sind im Raum Weimar entstanden (Abb. 1):

Pleistozäne Travertine
- Weimar – Belvederer Allee (W. Steiner 1979, 1984)
- Weimar – Ehringsdorf (G. Behm-Blancke 1960; H.-D. Kahlke 1974 u. 1975; W. Steiner 1979)
- Taubach (G. Behm-Blancke 1960; H.-D. Kahlke 1977)

Holozäne Travertine
- Weimar – Marktplatz bis Kirschbachtal (J. u. H. Wiefel 1974; D. Mania u. W. Steiner 1975)
- Oberweimar (H. Zeissler / J. Wiefel 1969)

Nachfolgend wird versucht, eine kurze Zusammenfassung des Kenntnisstandes zur Geologie des Travertins von Ehringsdorf zu geben (ausführliche Darstellung mit Forschungsgeschichte sowie den paläontologischen Funden zuletzt durch W. Steiner 1979, dort auch umfassende wissenschaftliche Literatur).

1.2. Zur Geologie der Travertine von Ehringsdorf

Das Travertinlager von Ehringsdorf mit 0,6 km² Fläche und rund 5 Millionen t Masse liegt auf einer saalekaltzeitlichen Ilmterrasse sowie auf Solifluktionssedimenten. Als die jungpleistozäne-holozäne Ilm ihr neues Bett tiefer einschnitt, wurde ein Teil des Ehringsdorfer Travertins abgetragen. Es entstand – wie beim Weimarer Travertin im Goethepark – ein Steilhang zur rezenten Aue mit zahlreichen Travertinklippen. Bis 1950 war der Ehringsdorfer Travertin nur durch kleine Brüche punktförmig aufgeschlossen. Auf der Grundlage der geologischen Aufnahmen von A. Weiss, E. Wüst und eigenen Arbeiten konnte W. Soergel 1926 ein den damaligen Forschungsstand widerspiegelndes Standardprofil veröffentlichen. Erst die großräumigen Tagebauaufschlüsse von 1950–1975 und ein Kernbohrprogramm 1967/68 gestatteten die zusammenhängende räumliche Analyse und schließlich die Erarbeitung eines neuen, das ganze Travertinfeld erfassenden Standardprofils.

a) Das Idealprofil

Der geologische Schichtenaufbau ist bei räumlicher Betrachtung der gesamten Travertinplatte unterschiedlich. Erst gegen Ende der Bearbeitung wurde deutlich, daß in Analogie zum Travertin von Weimar (W. Steiner 1979; 1982) auch in Ehringsdorf eine Gliederung in Faziesbereiche vorhanden war. Eine nachträgliche Rekonstruktion dieser Faziesbereiche ist durch fehlende systematische stratigraphische, petrographische und paläontologische Detailaufnahmen nur mit vielen Unsicherheiten möglich (siehe Abschnitt 1.3).

Der Zentralbereich des Ehringsdorfer Travertins (Abb. 2, S. 23) entspricht einem zusammenfassenden Idealprofil, das in den südöstlichen Bruchwänden der Brüche Fischer und Kämpfe in den zwanziger und dreißiger Jahren und in der ilmaufwärts vorrückenden Hauptabbauwand in den Jahren 1950 bis 1960 aufgeschlossen war.

Dieses Idealprofil von Ehringsdorf ist wie folgt aufgebaut (mittlere Profilsäule von Abb. 3, S. 24; vgl. Tab. 1, S. 16):

b) Das neue Standardprofil

Das neue Standardprofil besteht aus drei Profilsäulen (Abb. 3), die die wichtigsten Profilveränderungen in der räumlichen Erstreckung erfassen (drei Bereiche in Abb. 2).

Der Zentralbereich wurde als Idealprofil bereits unter a) dargestellt.

Tab. 1 Idealprofil der Travertinlagerstätte Weimar-Ehringsdorf

	Bezeichnung	Schichtenbeschreibung	Mächtigkeit
	Deckschichten	Lößlehm / Gehängelehm } mit Frostspalten und anderen periglazialen Strukturen	1–2 m
Oberer Travertin {	Oberer Travertin D	grottig-knaueriger Travertin und Travertinsande	um 2 m
	Pseudopariser III	oben Humuszone, travertinsandige Schluffe	0,10–0,20 m
	Oberer Travertin C	meist grottiger, undeutlich bankiger Travertin	etwa 1 m
	Pseudopariser II	oben Humuszone, travertinsandiger Schluff	0,10–0,20 m
	Oberer Travertin B	grottig-knauerige Travertine, Banktravertin und Travertinsande	2–3 m
	Pseudopariser I	oben Humuszone, travertinsandiger Schluff	0,10–0,20 m
	Oberer Travertin A	feste Banktravertine, z. T. mit Humusbändern (lokal eng begrenzt, im südöstlichen Felderteil bei größerer Mächtigkeit eine autochthone Brandschicht mit Artefakten, Holzkohle und Knochenbruchstücken)	etwa 1 m
	Pariser-Horizont	Bodenbildung: Parabraunerde bis Rendzina, tonige Schluffe, z. T. geröllführend, lokal kalkverfestigt („Pariser Travertin")	etwa 1 m
	Unterer Travertin	meist feste Banktravertine, fossilreiche Travertinsandlagen (Mollusken, Großsäuger, Artefakte); im westlichen Felderteil Auftreten von Brandschichten mit Artefakten, Großsäugerresten und menschlichen Knochenresten	6–7 m
Auesedimentkomplex {	„Auelehm"	toniger Schluff	um 1 m
	Ilmschotter	sandige Kiese	um 1,50 m
	Solifluktionssedimente	tonige Schluffe mit eingestreuten Kiesen und eckigen Festgesteinskomponenten	einige Meter
	Keuper	vorwiegend Schluffsteine	

Profil im West- und Nordwestbereich

Dieses Profil ist auf Abb. 3, rechte Profilsäule, graphisch dargestellt. Folgende Besonderheiten sind charakteristisch:
– Der Untere Travertin ist der dominierende Profilteil. Es treten hier die größten Mächtigkeiten (bis 15 m, siehe auch W. Steiner / O. Wagenbreth 1971, Abb. 5 u. 7) mit sehr kompakten Travertinen auf. Werksteintravertine herrschen vor.
– Im unteren Teil des Unteren Travertins, insbesondere im Übergangsbereich zum Zentralbereich, traten lokal Travertinsande und -schluffe auf, die reich an Großsäugerresten, Artefakten und Mollusken waren (G. Behm-Blancke 1960, 20 ff.).
– Im unteren Teil des Unteren Travertins waren bis zu acht Brandschichten zu beobachten (vgl. Abschn. 1.3).
– Der Obere Travertin hat geringe Mächtigkeiten (meist 2–3 m, max. bis 6 m), stellenweise kann er ganz fehlen. Mürbe knauerige Travertine und Travertinsande sind typisch.

An der nördlichen und westlichen Lagerstättengrenze keilt die Travertin-Abfolge rasch aus.
Die typischen Aufschlüsse liegen im Bruch Haubold I, in der Nordwand des ehem. Bruches Fischer und am Forschungspfeiler.

Profil im Südostbereich

Dieses SE-Profil ist auf Abb. 3, linke Profilsäule, graphisch dargestellt. In den Jahren 1960 bis 1975 waren in der ilmaufwärts fortschreitenden Hauptabbauwand (Abb. 2) die besten Aufschlüsse.
Folgende Besonderheiten sind charakteristisch:
– Der Untere Travertin ist gering mächtig (max. 4 m) und keilt nach Südosten aus.

- Der Pariser-Horizont erreicht in Rinnen große Mächtigkeit (bis 3 m).
- Der Obere Travertin ist der vorherrschende Profilteil mit max. Mächtigkeiten von 10 m. Er keilt nach Südosten allmählich aus.
- Der Obere Travertin ist in Oberen Travertin A, B, C und D gegliedert, getrennt durch Pseudopariser-Horizonte I, II und III. Charakteristisch ist der dachziegelartige Anlagerungsbau der einzelnen Travertinkörper. Der älteste Travertinkeil OTA hat seine größten Mächtigkeiten am „vortravertinischen" Ilmsteilhang unterhalb Belvedere. In Richtung heutiges Ilmtal nimmt die Mächtigkeit deutlich ab. Der jeweils jüngere Travertinkörper folgt in Richtung heutige Ilm nach dem gleichen Prinzip.
- Im Oberen Travertin A trat räumlich eng begrenzt eine aschereiche Brandschicht auf, die neben Holzkohle und Knochenbruchstücke auch Artefakte geliefert hat (U. u. W. Steiner 1975). Es handelt sich um einen altsteinzeitlichen Rastplatz.

1.3. Wie entstand im Lebensraum des Ehringsdorfer Menschen das Travertinprofil?

a) Entstehung der Basisschichten

Das bis südlich Weimar vorrückende Inlandeis der Elster-Kaltzeit vor etwa 300 000 Jahren hatte das von Mellingen über Süßenborn/Umpferstedt um den Kleinen Ettersberg bei Oßmannstedt nach Rastenberg führende Bett der Urilm mit Moränenmaterial verschüttet. Mit ausklingender Elster-Kaltzeit – beginnender Holstein-Warmzeit – früher Saale-Kaltzeit entstand der neue Ilmlauf von Mellingen nach Weimar genau über dem morphologisch als Senke vorgezeichneten Ilmtalgraben. Sehr wahrscheinlich bestand hier bereits ein älteres Nebental zum mittelpleistozänen Ilmlauf.

Jetzt kehrte sich das Gefälle um (eventuell unterstützt durch Austauen von Toteis). Auf periglaziale Solifluktionssedimente lagerten sich Ilmterrassenkiese (mit Geröllen aus dem Thüringer Wald) und Auelehme ab. Sie verzahnen sich hangwärts mit noch immer abgleitenden Hangsedimenten. Diese Beobachtung sowie deutliche Froststrukturen (Kryoturbationen) an der Grenze Kies/Auelehm weisen auf kalte Winter. Zumindest zeitweise bestand ringsum eine Tundra, in der vereinzelt hartgrasfressende kälteresistente Großsäuger wie das alte Mammut lebten.

b) Der Untere Travertin

Über dem Auelehm wurden lokal Altwassersedimente abgelagert. Reste der Sumpfschildkröte *Emys orbicularis* belegen die nun einsetzenden warmzeitlichen Bedingungen. Niederschlagsreichtum führte zum Austritt einer starken Karstspaltenquelle oberhalb des ehem. Steinbruchs Fischer. Zum Vergleich „sei an die heutige Herzquelle in Oberweimar erinnert mit einer Schüttung bis zu 1000 m^3/h (Gesamthärte 80 °dH). In einer Talkerbe unterhalb der Quelle entstand ein Rieselfeld mit Kalkausscheidungen. Es bildeten sich vermutlich Kalkkaskaden. Die Talkerbe ging in eine durch Auslagerungsvorgänge sich ständig senkende Geländedepression mit Tümpeln und kleinen Seen über, in denen sich lockere Kalksedimente (Seekreiden, Characeensande u. a.) ablagerten, teils aus der Talkerbe eingedriftet, teils primär an Pflanzen und durch chemische Ausfällungen ausgeschieden.

Gewiß war auch hier, in Analogie zu den Verhältnissen im Travertin Weimar – Belvederer Allee, eine deutliche fazielle Zonierung vorhanden. Eine Randfazies in der Talkerbe in Quellennähe war zu unterscheiden von einer Talfazies, jedoch fehlen spezielle fazielle Untersuchungen.

Der starke Röhrichtbewuchs am Rande und die dichten Characeenrasen im Flachwasser der Seen im limnisch-fluviatilen Talfaziesbereich führten bald zur Ausscheidung von Festtravertin (z. B. Schilftravertine mit aufrechten Stengeln, Charakalke). Schließlich schob sich eine deltaartige Rieselfeldsedimentation der Talkerbe mit festen Moostravertinen auf die geringmächtigen basalen Ablagerungen der Talfazies über. Die Moose mit gallertartigen Aufwuchsalgen wirkten wie Reusen, fingen die mit dem fließenden Karstwasser vorbeidriftenden Kalkkristallite auf, die zum Ausgangspunkt der Kalkinkrustationen wurden, indem angespritzte Kalkwassertropfen verdunsteten. Hohlräume konnten durch sekundäre Kalzitausscheidungen zugefüllt werden. Die Moosstrukturen blieben entweder in unterschiedlicher Deutlichkeit erhalten oder verwischten völlig.

Die Umgebung des Travertinbildungsraumes war mit Buschwerk und Laubbäumen bestanden. Zweige, Blätter und Früchte drifteten ein. Nadelgehölze wie in der Umgebung des Weimarer Travertins fehlten. Es handelte sich um einen Eichen-Linden-Mischwald mit Weide und Hasel. Die Buschvegetation war sparsam, das wärmeliebende Tertiärrelikt des Thüringischen Flieders besonders auffällig. Es muß auch ausgesprochen trockene Standorte gegeben haben, wie Blattfunde von *Quercus virgilianum* und *Ligustrum vulgare* beweisen. Aufrecht eingebettete Pflanzen, wie Moose, Characeen, Pflanzen der Röhrichtzone (*Phragmites, Typha, Cladium* u. a.) und Baumstämme belegen eine schnelle bis sehr schnelle Ablagerung des Travertins.

Die Tierwelt war in dieser im Vergleich zu heute ein wenig wärmeren Periode dem Waldbiotop angepaßt. Die blattfressenden Waldelefanten (*Palaeoloxodon antiquus*), Waldnashörner (*Dicerorhinus kirchbergensis*) und die Wildschweine (*Sus scrofa*) waren neben anderen typische Vertreter der „Antiquus-Fauna".

Fossile Flora und Fauna gestatten eine globale klimatische Aussage: Der Untere Travertin ist in einer Warmzeit entstanden, wobei allerdings bei Mollusken und Säugetieren die wärmeanspruchsvollsten Vertreter allmählich im Profil von unten nach oben verschwinden. Die Flora ist eine typische warmzeitliche Waldgesellschaft, obwohl ausgesprochen atlantische Formen der mitteleuropäischen Hochinterglaziale fehlen. Nach oben nehmen Elemente der offenen Landschaft zu. Die typische „Antiquus-Fauna" verschwindet langsam, und Vertreter der gemäßigten *Dicerorhinus hemitoechus*-Gruppe mischen sich darunter.

c) Die Brandschichten im Unteren Travertin

Im Einmündungsbereich der quellwasserführenden Talkerbe im Auen- und Talbereich bestanden auf schmalen Travertinriegeln Zugangsmöglichkeiten zu den offenen Wasserflächen und Bachbereichen, die im Winter infolge konstanter Quellwassertemperatur nicht zufroren. Bei Frost standen „Rauchsäulen" über den Quellgerinnen. Die Quellwässer und Tümpel wurden zum Anziehungspunkt der Tierwelt.
Diese Tränkplätze der eiszeitlichen Großsäuger waren zugleich die günstigsten und bevorzugten Jagdreviere der eiszeitlichen Jäger. Die erlegten großen Tierkörper konnten nicht weit transportiert werden. Auf den halbwegs trockenen Travertinriegeln im Travertinbildungsfeld wurden die Jagdtiere, zuletzt auch die Knochen, zerteilt und am Feuer zubereitet. Unter und an den Feuerstellen und in der Umgebung entstanden die Brandschichten als Zeugnis der Rastplätze mit Anhäufung von Holzkohlestücken (vorwiegend Rhizome kräutiger Pflanzen – Nahrungsreste?), zerlegten und zerschlagenen Elefanten-, Nashorn- und anderen Großsäugerknochen sowie zurückgelassenen Feuersteingeräten.
Durch natürliche Sedimentverdriftung erreichten die einzelnen Brandschichten eine unterschiedlich weite Ausdehnung von einem dunklen, sehr aschereichen Zentralbereich (eigentliche Feuerstelle) zu einem allmählich undeutlich werdenden Außenrand. Im Mittelbereich um die eigentliche Feuerstelle war stets die größte Fundhäufigkeit von Großsäugerknochen und Feuersteingeräten. Durch Unglücksfälle oder (und) durch kultisch-kannibalische Handlungen gelangten auch Skelettreste der Ehringsdorfer Quartärmenschen in den sich bildenden Unteren Travertin. Fundbereiche waren die Brandschichten, die zwischenliegenden Travertine sowie randliche Travertine in gleichem stratigraphischem Niveau. Die bis acht übereinander liegenden Brandschichten können eng zusammenliegen, im Bereich stärkerer Untergrundsenkungen aber auch weiter auseinander gerückt sein (Abb. 4, S. 24). Die Brandschichten mit den zwischengeschalteten hellen Travertinlagen sind als Jahresrhythmen deutbar.
Auf Abb. 5 (S. 25) ist die quartäre Landschaft zur Zeit der Bildung der Brandschichten im Unteren Travertin von Ehringsdorf rekonstruiert.

d) Der Pariser-Horizont

Die Travertinbildungsbedingungen müssen relativ plötzlich gestört worden sein. Aus Molluskenuntersuchungen wissen wir, daß im obersten Unteren Travertin die Waldfaunen durch Mischfaunen der Waldsteppe und der offenen Landschaft abgelöst werden. Das ist sicher Ausdruck einer klimatischen Änderung. Die Travertinsedimentation hört infolge geringerer Niederschläge, abnehmender Temperaturen und anderer veränderter Bedingungen auf. In einer nachfolgenden Sedimentationspause muß es aber noch so feucht gewesen sein, daß die Oberfläche des Unteren Travertins angelöst wurde (Mikrokarst). Danach erfolgte bei kühlfeuchtem Klima ein Abgleiten von vorwiegend schluffig-tonigen Lockergesteinen – älterer Löß, ältere Solifluktionssedimente, verwitterte Ton- und Schluffsteine der Trias (sicher belegt in den Untertageaufschlüssen des pleistozänen Travertins Weimar–Belvederer Allee; W. STEINER 1979, 1982) – von benachbarten Hängen. Diese Tone und Schluffe legten sich weitflächig über den ganzen Unteren Travertin. Die Hauptmasse dieses meist 1 bis 2 m mächtigen Pariser-Horizontes besteht aus diesen Tonen und Schluffen. Daneben finden sich Geröll- und Grobschuttschichten mit Gesteinen des Thüringer Waldes (Ilmschotter), mit Feuersteinen und Travertinstücken. Die Ilmschotter können auf zweierlei Weise in das Pariser-Substrat gekommen sein:

– durch Abgleiten höher gelegener Ilmschotter-Terrassen (anstehend nicht bekannt!), eventuell entstanden durch Stau der mittelpleistozänen Urilm vor den Eismassen des Elsterinlandeises. Dabei wurde auch nordisches Material (Feuerstein) eingemischt oder
– durch Einfließen der travertinzeitlichen Ilm in das Sedimentationsgebiet des Pariser-Horizontes.

Während der Pariser-Sedimentation hat offenbar die Schüttung kalkigen Karstwassers nicht ganz aufgehört. Teile dieses Horizontes wurden verkalkt, die Schluffe zu sog. Pariser-Travertin, die Kiese zu kalkigen Konglomeraten verfestigt.
Nach Ablagerung des Parisers kam es zu einer längeren Sedimentationspause mit chemischen Verwitterungsvorgängen und Bodenbildung bei allmählicher Klimaverbesserung. Die kalkverfestigten Horizonte trugen Lösungserscheinungen, auf den Schluffen und Tonen entstanden Parabraunerden und degradierte Schwarzerden, auf kalkreichem Substrat eine Rendzina und in wassergefüllten Senken Feuchtböden oder Unterwasserböden. Die Mollusken dieser Bodenzone gehören wieder zu einer warmen mitteleuropäischen Waldfauna.

e) Der Obere Travertin

Nach Wiederherstellung der Travertinbildungsbedingungen begann in Senken erneut eine Ausscheidung von geringmächtigen Seekreiden und darüber dann von Festtravertinen. Mollusken-, Ostracoden- und Kleinsäugerfaunen weisen auf gemäßigtes bis wärmeres Klima. Mit sich fortsetzender Travertinbildung wurde wieder das ganze ursprüngliche Areal des Unteren Travertins und schließlich sogar ein noch größerer Raum von Süßwasserkalken überdeckt. Die Zufuhr des kalkigen Quellwassers erfolgte jetzt aus einer weiter südöstlich gelegenen Quelle. Da sich die Auslaugungsprozesse im Untergrund (Salze im Mittleren Muschelkalk) und damit das Zentrum der Senkungen an der Oberfläche ebenfalls in diese Richtung verlagert hatten, entstand die größte Mächtigkeit der Oberen Travertins mit über 10 m ebenfalls hier.

Der noch immer in der Umgebung und im Travertinbildungsfeld jagende Mensch ist durch ein einziges sicher nachgewiesenes Lagerfeuer im Oberen Travertin A belegt (U. u. W. STEINER 1975). Die Rastmöglichkeiten hatten sich offenbar verschlechtert.

Die Umgebung war eine buschbestandene Steppe mit mosaikartigen Inseln von Bäumen, die – ähnlich rezenten Savannenverhältnissen – von zahlreichen Großsäugetieren belebt war. Unter der niedrigen Strauchvegetation wurden häufig Thüringischer Flieder *(Syringa sp.)*, *Vitis*, *Ribes*, *Berberis* und *Rhamnus* gefunden. Trockene, sonnige „mediterrane" Standorte belegen *Cotoneaster*, *Berberis*, *Ligustrum* und *Lonicera*. Eine dichtere Baumvegetation kam nicht wieder auf. Die insgesamt wechselnden klimatischen Bedingungen waren ungünstiger als zur Zeit des Unteren Travertins. Es war nur gemäßigt temperiert mit deutlich kontinentalem Einschlag. Interne Klimawechsel während der Zeit des Oberen Travertins drücken sich in der fossilen Tierwelt aus. Eine Großsäugergemeinschaft mit dem genügsamen Wollhaarnashorn *Coelodonta antiquitatis* und dem Mammut wechselt mit einer Lebensgemeinschaft mit dem anspruchsvolleren Nashorn *Dicerorhinus hemitoechus* und dem Elefanten *Mammuthus primigenius throgontherii* ab.

f) Die Deckschichten

Erneute Klimaverschlechterung, nun für längere Zeit, denn eine neue Kaltzeit begann, beendet die Travertinausscheidung relativ plötzlich und endgültig, nachdem bereits in der Endphase des Oberen Travertins zunehmend poröse und lockere Travertine abgesetzt wurden. Die Umgebung wurde erneut eine Tundra. Grasfressende kältebeständige Großsäuger, wie das Mammut, das Wollhaarnashorn und das Rentier besiedeln erneut die Landschaft. Ob der Mensch nach wie vor hier jagte, bleibt ungewiß. Es scheint viel wahrscheinlicher, daß der Ehringsdorfer Mensch der abwandernden Warmfauna folgte und in südlicheren Regionen eine neue Heimat fand.

In dieser erneuten Kaltphase entsteht eine mehrgliederige Deckschichtabfolge aus äolischem Löß, Fließerden und Grobschuttdecken mit Eiskeilnetzen und Kryoturbationen. Mit einer längeren Sedimentationspause bei wärmerem bis warmem Klima, in der sich auf dem Löß der letzten Kaltzeit eine bereits in die Postglazialzeit einzustufende holozäne Schwarzerde bildete, endet das Ehringsdorfer Profil.

1.4. Die Fundschichten von Steinwerkzeugen und Hominiden-Knochen

Nach G. BEHM-BLANCKE (1960) und W. STEINER (1979) sind folgende Fundschichten von oben nach unten zu unterscheiden (vgl. Tab. 2, S. 20).

1.5. Zur zeitlichen Stellung des Ehringsdorfer Travertins

Trotz einer ungewöhnlich intensiven geologischen, paläontologischen und vorgeschichtlichen Forschung in den letzten 80 Jahren in Ehringsdorf selbst und einer fast 200jährigen Travertinforschung im Raum Weimar ist eine gesicherte stratigraphische Einstufung des Ehringsdorfer Profils in die heute gültige Gliederung des Eiszeitalters noch immer nicht gelungen.

Die traditionelle Eingliederung des Ehringsdorfer Travertins in die Eem-Warmzeit vor etwa 100 000 Jahren, für deren Gesamtdauer man heute nur noch 10 000 bis 15 000 Jahre veranschlagt, ist vor allem durch absolute Altersdatierungen (K. BRUNNACKER u. a. 1983; H. P. SCHWARCZ u. a. 1988) und durch paläontologische Untersuchungen (R. MUSIL 1975; W.-D. HEINRICH 1978, 1981; K.-D. JÄGER u. W.-D. HEINRICH 1980) unsicher geworden.

Für den hier allein interessierenden Hominiden-Fundhorizont im Unteren Travertin sind Altersangaben von etwa 100 000 Jahren bis etwa 240 000 Jahren ermittelt worden. Damit könnte dieser Horizont in einer Zeitspanne von der Eem-Warmzeit bis in wärmere Zeitabschnitte der Saale-Kaltzeit, an die Holstein-Warmzeit heranreichend, eingestuft werden. Eine Aufklärung dieser widersprüchlichen Befunde, die in der im Druck befindlichen Arbeit von D. Schäfer und W. Steiner ausführlich dargestellt werden, muß die zukünftige Forschung bringen. Die genaue Altersfixierung allerdings ist nicht unwichtig für die entwicklungsgeschichtliche Beurteilung der Ehringsdorfer Hominiden-Funde.

Tab. 2 Fundhorizonte von Steinwerkzeugen und Hominidenresten im Ehringsdorfer Travertin

Stratigraphischer Horizont	Fundschicht	Funde	Literatur
Oberer Travertin A	Autochthone Brandschicht (evtl. mit Schicht 10 und 9 G. Behm-Blancke's identisch)	Feuersteingeräte „Abfallindustrie"	U. u. W. Steiner 1975
Pariser-Horizont		weißpatinierte lackartig glänzende Feuersteingeräte	G. Behm-Blancke 1960
Unterer Travertin	Fundhorizont 6 Humusschicht unmittelbar unter Pariser	Artefakte und Abschläge wie in Schicht 4	
	Fundhorizont 5 zwischen Schicht 6 und Brandschichten-Komplex	einzelne Artefakte wie in Horizont 4	
	Fundhorizont 4 Brandschichten und travertinsandige „Hauptfundschicht"	häufig Silexgeräte typ. Ehringsdorfer Industrie; Ehringsdorfer Hominidenfunde z. T. in den Schichten zwischen den Brandschichten und im vergleichbaren stratigraphischen Niveau	
	Fundhorizont 3 zwischen Brandschichten im Hangenden und der „Biber"-Schicht	vereinzelte Abschläge	
	Fundhorizont 2 „Biber"-Schicht direkt im untersten Bereich des Unteren Travertin	mehrere gut bearbeitete Geräte mit den typischen Ehringsdorfer Merkmalen	
	Fundhorizont 1 Travertinschluff direkt über dem liegenden Auensediment	atypische Silexsplitter	

Literatur

Monographien

Behm-Blancke, G.: Altsteinzeitliche Rastplätze im Travertingebiet von Taubach, Weimar, Ehringsdorf. – Alt-Thüringen 4 (1960). – Weimar.

Kahlke, H.-D. et al.: Das Pleistozän von Weimar-Ehringsdorf. Teil I. – Abh. Zentr. Geol. Inst., Paläontol. Abh. 21 (1974). Berlin. – Teil II. – Abh. Zentr. Geol. Inst. 23 (1975). Berlin.

Steiner, W.: Der Travertin von Ehringsdorf und seine Fossilien. – Die Neue Brehm-Bücherei 522 (1979, 2. Aufl. 1981), Wittenberg.

Wiegers, F.: Die Geologie der Kalktuffe von Weimar. – In: Wiegers, F. / Weidenreich, F. / Schuster, E.: Der Schädelfund von Weimar-Ehringsdorf. – Jena, 1928.

Spezialliteratur

Böhme, G.: Neue Wirbeltierfunde (Fische, Amphibien, Reptilien) aus den jungtertiären Schichten des Travertins von Weimar-Ehringsdorf. – Vortrag auf der 62. Jahrestagung Paläont. Ges. – Berlin, 1992.

Brunnacker, K. et al.: Radiometrische Untersuchungen zur Datierung mitteleuropäischer Travertinvorkommen. – Ethnogr.-Archäol. Zschr. 24 (1983), 217–266. Berlin.

Heinrich, W.-D.: Paläontologische und biostratigraphische Untersuchungen an Mikromammalierfaunen aus dem Pleistozän von Ehringsdorf, Taubach und Burgtonna. – Diss. (B) Humboldt-Univ. Berlin 1978.

– Zur stratigraphischen Stellung der Wirbeltierfaunen aus den Travertinfundstellen von Weimar-Ehringsdorf und Taubach in Thüringen. – Zschr. f. geol. Wiss. 9 (1981), 1031–1055. Berlin.

Jäger, K.-D. / Heinrich W.-D.: The travertine at Weimar– Ehringsdorf – an interglacial site of Saalian age? – IVGS – UNESCO International Geological Correlation Programm, Projekt 73 – 1 – 24. Quarternary glaciations in the northern hemisphere. – Report 7 (1982), 98–113. Prague.

Kahlke, H.-D. (Hrsg.): Das Pleistozän von Taubach bei Weimar. – Quartärpaläontologie 2 (1977). Berlin.

Mägdefrau, K.: Die interglazialen Travertine von Weimar-Ehringsdorf. – In: Paläobiologie der Pflanzen. – 4. Aufl. – Jena, 1968.

Mania, D. / Steiner, W.: Zur Stratigraphie der Travertine von Weimar. - Quartärpaläontologie 1 (1975), 187–215. Berlin.

Musil, R.: Die Equiden aus dem Travertin von Ehringsdorf. – Abh. Zentr. Geol. Inst., Paläontol. Abh. 23 (1975), 265–335. Berlin.

Rosholt, J. N. / Antal, P. S.: Evolution of the $Pa^{231}/Th^{233}/U$-Method for dating Pleistocene Carbonate rocks. – U. S. geol. Surv., Prof. pap., 450 (1963) E, 108–111. Washington.

Schäfer, D.: Weimar – Ehringsdorf: Diskussionsstand zur geochronologischen und archäologischen Einordnung sowie aktuellen Aufschlußsituationen. – Quartär 41/42 (1991), 19–42. Saarbrücken.

Schäfer, D. / Steiner, W.: The Weimar travertine sites. – In: Callow, P. / Owen, L. (Eds.): Earliest occupation of the NW European Plain. – Cambridge (in press).

Schwarcz, H. P. et al.: The Bilzingsleben Archaeological Site: New Datings Evidence. – Archaeometry 30 (1988), 5–17. Oxford.

Soergel, W.: Exkursion ins Travertingebiet von Ehringsdorf. – Paläont. Zschr. 8 (1926), 7–33. Berlin.

Steiner, W.: Zur geologischen Dokumentation des Pariser – Horizontes im Travertinprofil von Ehringsdorf bei Weimar. – Abh. Zentr. Geol. Inst., Paläontol. Abh. 21 (1974), 199–247. Berlin.

– Die Faziesanalyse in der Travertinforschung. Das Faziesmodell pleistozäner Travertin Weimar. – Zschr. f. geol. Wiss. 7 (1979), 443–446. Berlin.

– Altersdatierung und geologischer Forschungsstand mitteleuropäischer Travertine. – Ethnogr.-Archäol. Zschr. 24 (1983), 292–295. Berlin.

– Der pleistozäne Travertin von Weimar – Faziesmodell einer Travertinlagerstätte. – Quartärpaläontologie 5 (1984), 55–210. Berlin.

– Geologische Einflußfaktoren bei der Menschwerdung (Anthroposoziogenese), erläutert am Beispiel Travertin Ehringsdorf. – Schriften zur Ur- und Frühgeschichte 41 (1985), 120–124. Berlin.

Steiner, U. / Steiner, W.: Ein steinzeitlicher Rastplatz im Oberen Travertin von Ehringsdorf bei Weimar. – Alt-Thüringen 13 (1975), 17–42. Weimar.

Steiner, W. / Wagenbreth, O.: Zur geologischen Situation der altsteinzeitlichen Rastplätze im Unteren Travertin von Ehringsdorf. – Alt-Thüringen 11 (1971), 47–75. Weimar.

Steinmüller, A.: Der Pariser-Horizont von Ehringsdorf. – Abh. Zentr. Geol. Inst., Paläontol. Abh. 21 (1974), 173–198. Berlin.

Wagenbreth, O. / Steiner, W.: Zur Feinstratigraphie und Lagerung des Pleistozäns von Ehringsdorf bei Weimar. – Abh. Zentr. Geol. Inst., Paläontol. Abh. 21 (1974), 77–156. Berlin.

Wiefel, J. / Wiefel, H.: Zusammenhänge zwischen Verkarstung und Travertinbildung im Gebiet von Weimar. – Abh. Zentr. Geol. Inst., Paläontol. Abh. 21 (1974), 61–75. Berlin.

Wiegers, F.: Das geologische Alter des oberen Kalktuffs von Ehringsdorf. – Jb. d. Preuß. Geol. Landesanstalt 52 (1932), 461–465. Berlin.

Zeissler, H. / Wiefel, J.: Ein vorübergehender Aufschluß im holozänen Travertin von Oberweimar mit Mollusken und Wirbeltierresten. – Geologie 18 (1969), 739–748. Berlin.

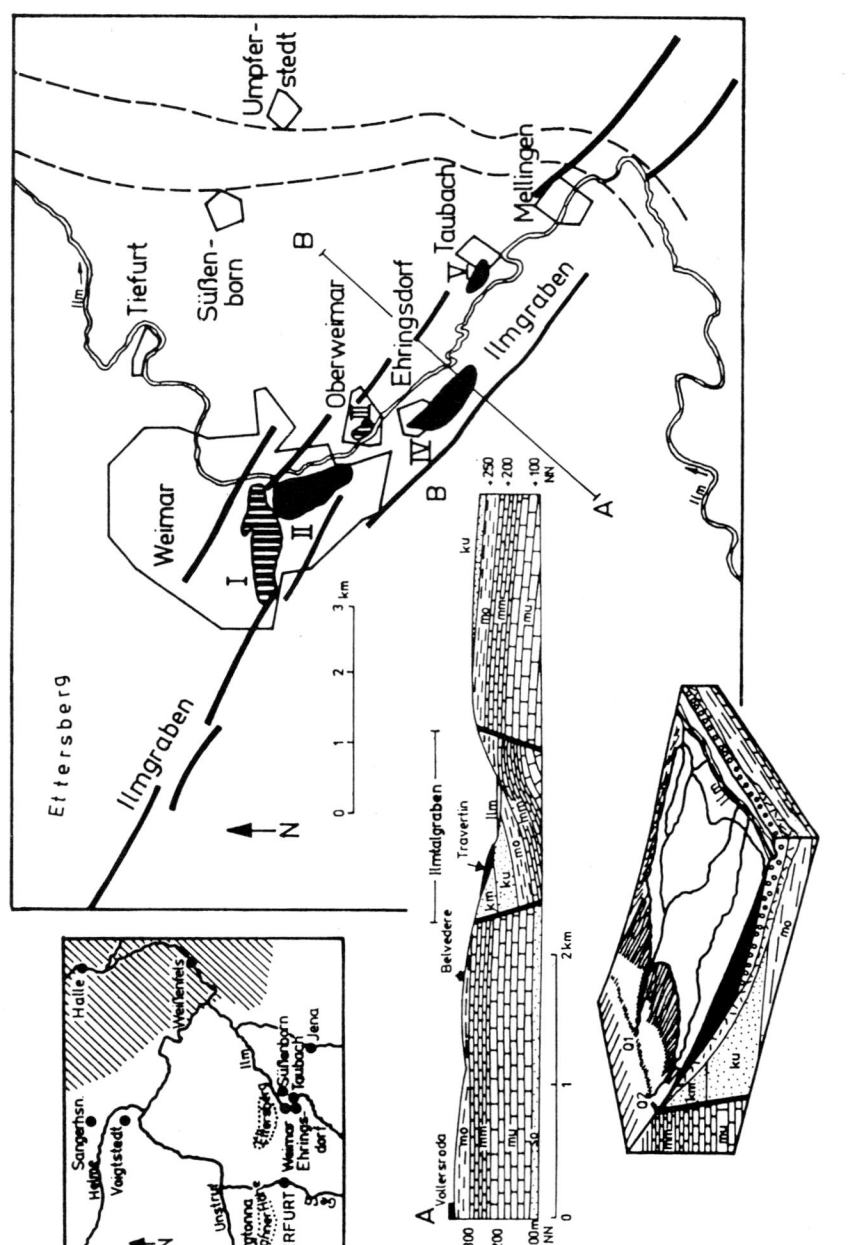

Abb. 1 Lage der Travertinvorkommen im Ilmtal bei Weimar. Querprofil durch den Ilmtalgraben und halbschematisches Blockbild zur Genese des Travertins von Ehringsdorf.
Karte: schwarz – pleistozäner Travertin; schwarz-weiß-gestreift – holozäner Travertin; starke Linien – Randstörungen (Verwerfungen) des Ilmtalgrabens; gestrichelte Doppellinie – vorelsterkaltzeitlicher Ilmlauf nach A. STEINMÜLLER 1967.
A–B = Profillinie. I – holozäner Travertin Weimar; II – pleistozäner Travertin Weimar-Belvederer Allee; III – holozäner Travertin Oberweimar; IV – pleistozäner Travertin Ehringsdorf; V – pleistozäner Travertin Taubach.
Profil: so – Oberer Buntsandstein; mu, mm, mo – Unterer, Mittlerer und Oberer Muschelkalk; ku, km – Unterer und Mittlerer Keuper; schwarz – Travertin; weiß – junge Sedimente der Ilmaue; Profilüberhöhung 2,5fach.
Blockbild: Rieselfeld mit Kalksedimentation am Südhang des Ilmtals bei Ehringsdorf. Signaturen wie Profil. Kreuz und quer gestrichelt – Solifluktionsschutt; Kreise – Ilmschotter; schwarz – Travertin; Q 1 – Hauptquelle für den Unteren Travertin; Q 2 – Hauptquelle für den Oberen Travertin.

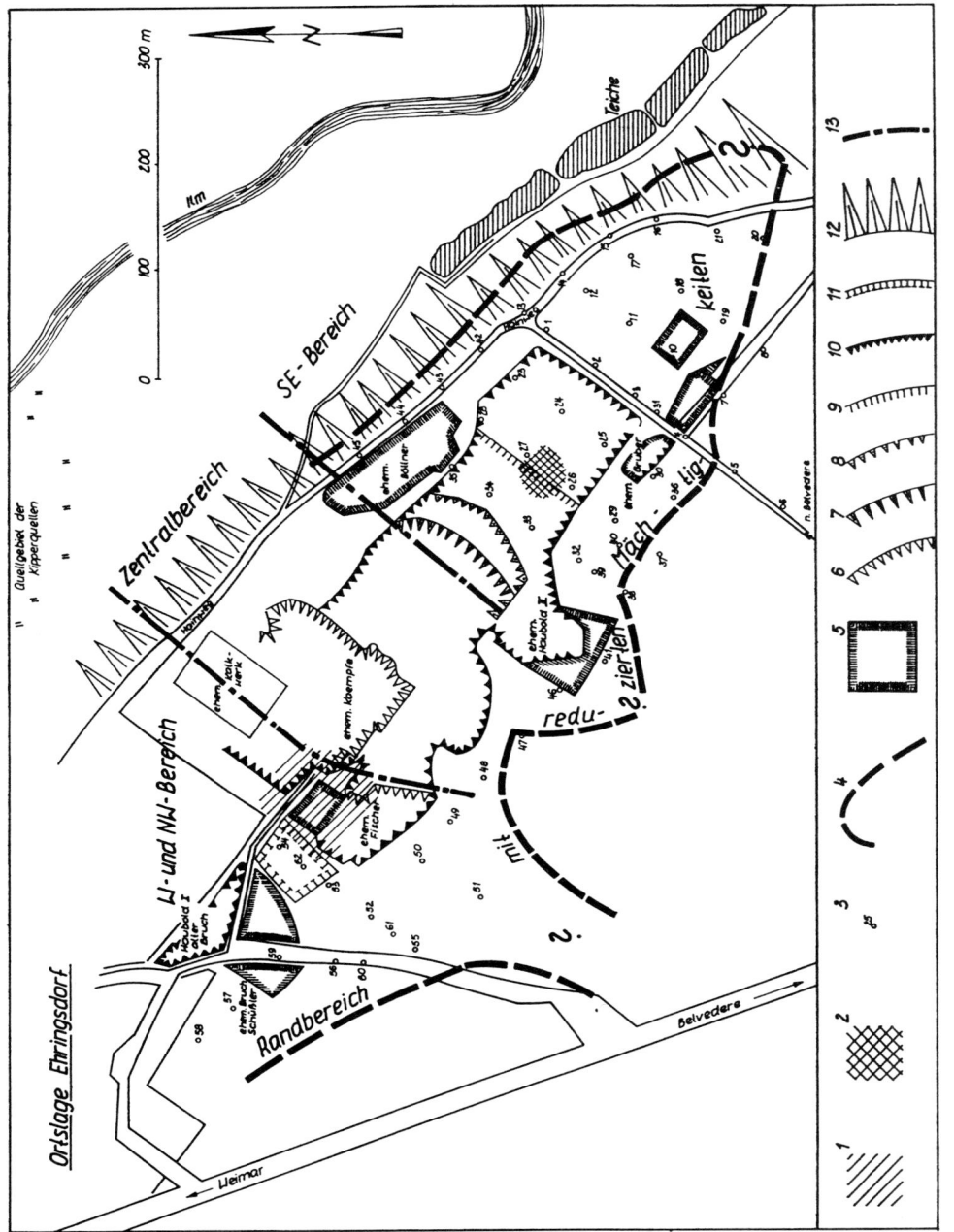

Abb. 2 Lage der Ehringsdorfer Travertinsteinbrüche und Abgrenzung der Lagerstättenbereiche, die im neuen Standardprofil (Abb. 3) mit separaten Profilsäulen dargestellt sind.

1 – ungefähre Verbreitung der Brandschichten im Unteren Travertin (ehem. Brüche Fischer und Kämpfe); 2 – Verbreitung der Brandschicht im Oberen Travertin A; 3 – Lage der Kernbohrungen 1967/68 (Profile siehe W. STEINER/O. WAGENBRETH 1971 sowie O. WAGENBRETH/W. STEINER 1974); 4 – Begrenzung des Travertinvorkommens Ehringsdorf; 5 – alte verfüllte Steinbrüche im Travertin mit Benennung; 6 – Umgrenzung der ehem. Brüche Fischer und Kämpfe (nicht mehr vorhandene Bruchwände); 7 – Abbaustand Tagebau 1967; 8 – Abbaustand 1968; 9 – Abbaustand 1971; 10 – Tagebaugrenzen 1974/75 bei Einstellung des Abbaus; 11 – neuer Steinbruch für Werksteingewinnung; 12 – Ilmtal-Steilhang; 13 – ungefähre Grenze zwischen den einzelnen Lagerstättenbereichen mit unterschiedlichen Teilprofilen des Standardprofils (Abb. 3).

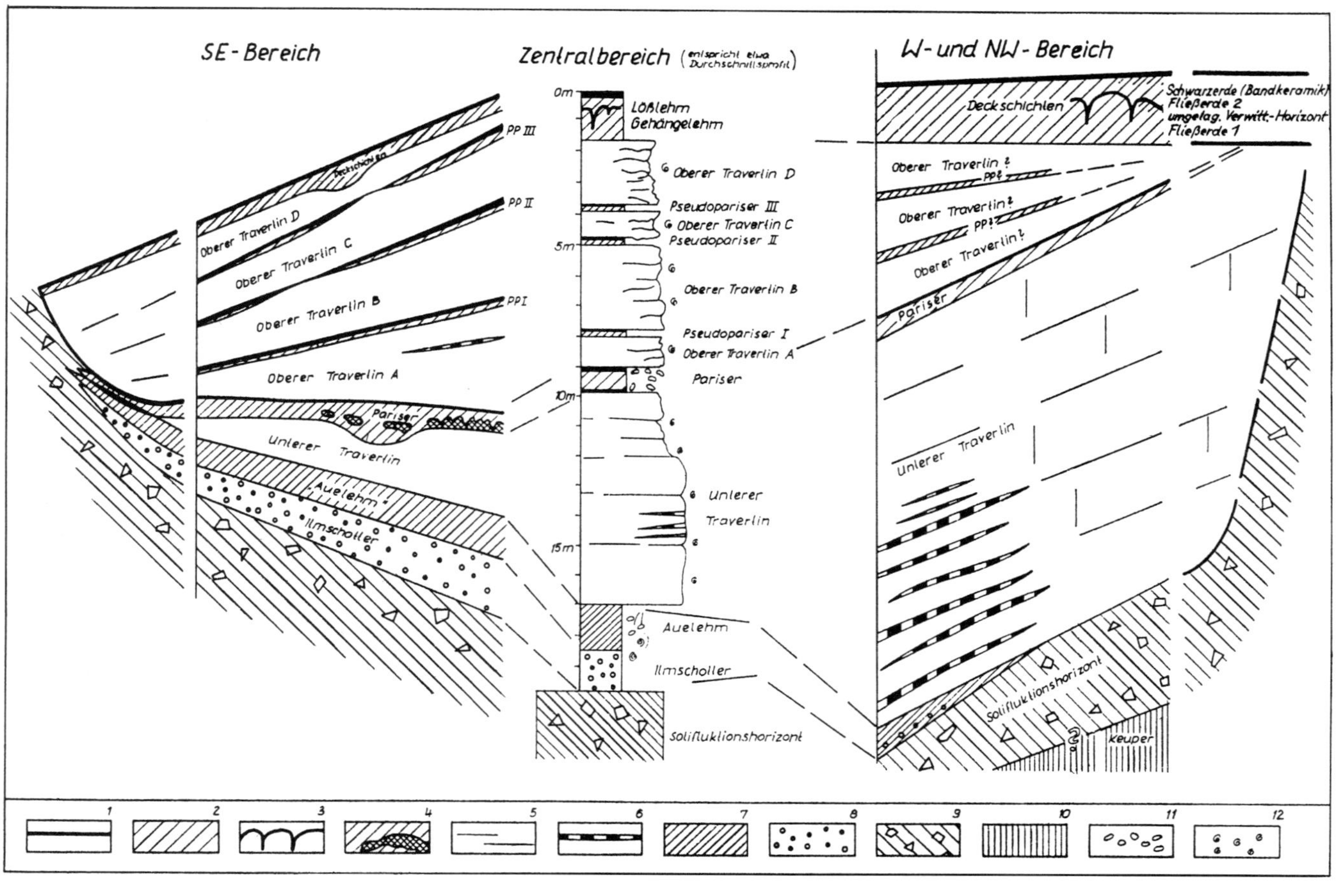

Abb. 3 Das Standardprofil des Travertinlagers von Ehringsdorf bei Weimar.
1 – Bodenbildung; 2 – Deckschichten (vorwiegend Fließerden, Löß), Pariser und Pseudopariser (lößartiger toniger Schluff, z. T. travertinsandig); 3 – Eiskeile und Kryoturbationen; 4 – Kalkverfestigungen in 2; 5 – Travertine (Festtravertine sowie Travertinsande und Travertinschluffe); 6 – Brandschichten in den Travertinen; 7 – toniger Schluff bis schluffiger Ton (Auelehm); 8 – Kiessande (Ilmschotter); 9 – tonig-sandige Schluffe mit eckigen und abgerollten Festgesteinskomponenten – Solifluktionsdecken; 10 – grüne, graue und rötliche Schluffsteine des Keupers; 11 – neben der Profilsäule – Kalkkonkretionen; 12 – neben der Profilsäule – molluskenführend.
Lage der dargestellten Profilbereiche siehe Abb. 2.

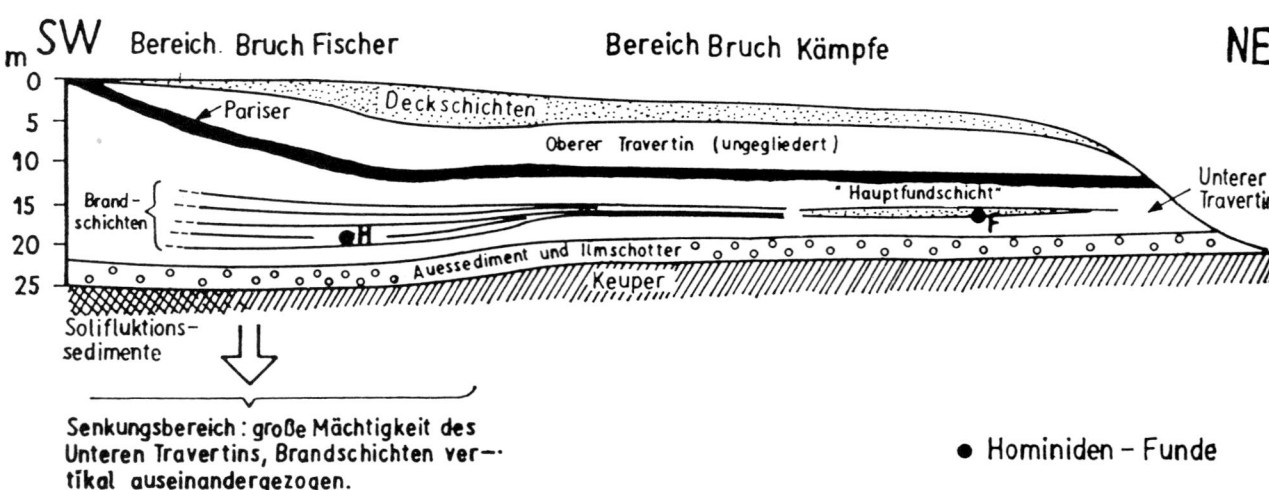

Abb. 4 Halbschematischer geologischer Profilschnitt durch den fundreichen Nordbereich des Ehringsdorfer Travertins (Brüche Fischer und Kämpfe) mit den Brandschichten, der „Hauptfundschicht" und den Fundstellen der Ehringsdorfer Hominiden H und F.
In Anlehnung an G. BEHM-BLANCKE 1960, Abb. 45.

Abb. 5 Rekonstruktion der quartären Landschaft zur Zeit der Bildung der Brandschichten im Unteren Travertin von Ehringsdorf. Das aufgezeichnete Landschaftsstück umfaßt den Bereich der Brüche Kämpfe und Fischer sowie das südlich anschließende Gelände. Das Quellgebiet oben links befindet sich wenig unterhalb der heutigen Belvederer Allee.
Zeichenerklärung:
1 – Hang aus Solifluktionsmaterial mit Baum- und Buschbestand; 2 – flache offene Wasserstelle mit Schilfbestand (Röhrichtbewuchs) im Travertinbildungsraum; 3 – flaches Rieselfeld der kalkigen Karstwässer in einer Talkerbe; 4 – flache, vom Hang her zu trockener Jahreszeit begehbare Travertinriegel, auf denen sich die Rastplätze der Ehringsdorfer Menschen mit den Lagerfeuern befanden und auf denen die Brandschichten entstanden.

2. Zur Paläontologie der Travertine von Weimar-Ehringsdorf
von Dietrich Mania

Seit dem vorigen Jahrhundert beschäftigt sich die Quartärforschung mit den Travertinvorkommen im Ilmtal bei Weimar, Taubach und Ehringsdorf. Reiche Fossilfunde und paläolithische Fundhorizonte waren die Ursache, in bezug auf Ehringsdorf besonders die zahlreichen menschlichen Überreste. Die ersten Steinartefakte wurden im Travertin von Weimar schon 1871, von Taubach 1876 und von Ehringsdorf im Jahre 1907 in Verbindung mit Holzkohlen und zerschlagenen Tierknochen gefunden (G. Behm-Blancke 1960; W. Steiner / H. Wiefel 1974; W. Steiner 1979). 1887 und 1892 kamen im Taubacher Travertin zwei menschliche Molaren hinzu, während die ersten menschlichen Schädelfragmente im Ehringsdorfer Travertin 1908 entdeckt wurden.

Die drei Travertinvorkommen wurden allgemein in die letzte Warmzeit (Eem-Warmzeit) eingestuft (z. B. G. Behm-Blancke 1960; H.-D. Kahlke et al. 1974, 1975, 1977, 1978, 1984), doch im Falle von Ehringsdorf tauchten immer wieder Zweifel an diesem Alter auf. Sie stützten sich auf geologische wie paläontologische Aspekte, in letzter Zeit auch auf radiometrische und andere Altersdatierungen. Danach kann die gesamte Travertinfolge von Ehringsdorf einer Warmzeit im Saalekomplex zugewiesen werden.

Dagegen sollen die Ehringsdorfer Travertine allein aufgrund artefakttypologischer Erwägungen ein eemzeitliches Alter besitzen (z. B. R. Feustel 1983; Th. Weber 1990). Doch derartige Indizien sind für eine geologische Zeitstellung von zweifelhaftem Charakter und haben keine besondere Bedeutung, besonders dann, wenn in die merkmalanalytischen Vergleiche ganze Komplexe von Pseudoartefakten aufgenommen werden (D. Schäfer 1989 a, b).

2.1. Allgemeines zu den Travertinen von Ehringsdorf

Die Travertinfolge von Ehringsdorf breitet sich am linken, südwestlichen Talhang des erst seit dem Mittelpleistozän an dieser Stelle bestehenden Abschnittes des Ilmtales aus. Sie liegt auf der Randzone des herzynisch streichenden Ilmtalgrabens und verdankt aufsteigenden Karstwässern des Muschelkalkes und Keupers ihre Entstehung.

Die Folge lagert auf mittelpleistozänen, wahrscheinlich frühsaalezeitlichen Schottern der Ilm. Diese werden von einem Schluffhorizont (sog. „Auelehm") überdeckt. Auf ihm wurden stellenweise tonige limnische Sedimente abgesetzt. Damit beginnt die warmzeitliche Serie von Travertinen, die maximal 15 m mächtig wird und durch einen Zwischenhorizont in eine untere und obere Folge (Unterer und Oberer Travertin) gegliedert wird. Der Zwischenhorizont (sog. „Pariser") besteht aus Schluffen, denen gröberklastisches Material, wie Keuperschutt und Gerölle, beigemengt sind. Der Horizont ist offenbar unter dem Einfluß von Hangabtragung entstanden, aber durch Kalkausscheidungen synchroner Quellwasseraustritte weitgehend verfestigt („travertinisiert") (W. Steiner 1969, 1974; A. Steinmüller 1974). Auf dem Zwischenhorizont hat eine mäßig starke Verwitterung Braunerden und Rendzinen erzeugt, die wahrscheinlich bis zur Lessivierung gediehen sind. 1992 wurde bei feinstratigraphischen Untersuchungen zur Analyse von Molluskenfaunen im südlichen Teil des Travertinvorkommens beobachtet, daß hier statt dieser weitgehenden Bodenbildung auf dem „Pariser"-Horizont lediglich eine Initialphase in Form einer schwarzerdeartigen Bodenbildung vorhanden war. Ihre weitere Entwicklung wurde von dünnschichtigen Travertinausscheidungen zweimal unterbrochen. Zwischen diesen geringmächtigen Travertindecken entstanden jeweils schluffige Humuszonen. Der „Pariser", die Bodenbildung und ihre humosen Nachfolgephasen führen gleichartig ausgebildete Waldsteppen- und Steppenfaunen und deuten damit auf eine einheitliche Klimaphase mit verschiedener fazieller Ausprägung hin. Dort, wo diese Initialphase der Bodenbildung überprägt wurde und tiefer verwitterte Böden auf dem „Pariser" vorhanden sind, fehlt die genannte Fauna. Statt dessen kommen Humuskolluvien mit einer weit entwickelten warmzeitlichen, durch Waldarten gekennzeichneten Molluskenfauna vor. Diese gehört mit dem Vorgang der intensiveren Verwitterung bereits zur Bildungsphase des Oberen Travertins. Die Beobachtung der klimagenetisch zum „Pariser" gehörenden basalen Travertindecken ist insofern wichtig, da sie das Problem der scheinbar im Widerspruch zum sonstigen Fossilinhalt des Oberen Travertins stehenden Vorkommen kaltklimatischer Großsäuger in diesem Bereich klären kann. Der Obere Travertin wird durch drei weitere, aber geringmächtige Zwischenschichten in vier Abschnitte gegliedert (O. Wagenbreth / W. Steiner 1974; W. Steiner 1979). Diese Zwischenschichten, die „Pseudopariser", bestehen aus z. T. travertinsandigen humosen Schluffen. Auf der Travertinfolge lagern mehrere Meter mächtige Deckschichten aus verlagerten Lössen und Lößderivaten (Solifluktions-, Hangschutt) sowie aus dem rezenten schwarzerdeartigen Boden. Diese Deckschichten werden durch eine Verwitterungszone untergliedert. Sie wurde durch nachfolgende Froststrukturen, wie Frostspalten und Kryoturbationen, überprägt. Diese Verwitterung führte zu einer starken

Verlehmung, die in den fünfziger Jahren (G. BEHM-BLANCKE 1960) offenbar als tiefgründig verbraunter Boden mit auflagernder schwarzer Humuszone vorlag und identisch sein kann mit dem letztwarmzeitlichen/frühweichselzeitlichen Naumburger Bodenkomplex (G. HAASE et al. 1970).

Im Zentrum der Travertinlagerstätte herrschten die größten Travertinmächtigkeiten vor. Sie wurden durch eine synchrone, subrosionsbedingte Absenkung des Untergrundes verursacht. Dem dadurch entstandenen Becken führten die Karstquellen aus einem Nebentälchen kalkhaltiges Wasser zu. Im Senkungsbereich sind postsedimentäre Bruchstrukturen im Travertin zu beobachten. Sie sind auf spätere Absenkung zurückzuführen. Der feste Travertin reagierte mit schichtparallelem Aufbrechen und mit Spaltenbildung. Die Spalten wie auch die Karsthohlräume, die durch postsedimentäre Lösungsverwitterung entstanden, sind mit braunen, teilweise humosen Lehmen, andere mit Löß- und Solifluktionsschutt gefüllt (vgl. Abb. 1).

2.2. Die Travertine

Die Ehringsdorfer Travertine bestehen zum größten Teil aus Moos- und Charatravertinen. Jene stammen aus Kaskaden und Rieselfeldern, diese aus stehenden Gewässern. Während der Moostravertin primär verfestigt wurde, gibt es unter den Charatravertinen auch lockere Varietäten: Charaschluffe, – sande und grottige Charatravertine. Zum Teil sind Charatravertine auch primär als festes Gestein entstanden oder erst im Laufe der Diagenese verfestigt worden. Unter den Moosen spielen kalkliebende Laubmoose eine große Rolle bei der Travertinbildung. Es sind vor allem Arten der Gattung *Cratoneurum* (W. VENT 1974). Mitunter wurden auch Lebermoose als strukturbildende Elemente im Ehringsdorfer Travertin gefunden. Moose bilden meist jahreszeitlich bedingte Aufwüchse und riefen damit eine rhythmische, jahreszeitlich gegliederte Schichtung im Travertin hervor. – Die Charophyten wurden bisher nicht untersucht.

Andere Pflanzen verliehen dem Travertin Stengelstrukturen, vor allem Sumpfgräser, wie *Phragmites, Typha, Cladium mariscus,* verschiedene Seggen und Süßgräser. Herbstliche Laubfallschichten sowie zusammengeschwemmtes Genist aus Zweigen und Blättern ergab die Blättertravertine. Gelegentlich kamen auch die Hohlformen von Baumstämmen vor, auch von bis zu 1 m Höhe erhaltenen, senkrecht stehenden Stämmen (W. STEINER 1970).

2.3. Zur Flora aus dem Ehringsdorfer Travertin (Abb. 2)

Abgesehen von jenen Pflanzen, die an die verschiedenen Lebensräume des stehenden und fließenden Wassers und der Sümpfe im Travertinbildungsraum gebunden waren, wurden im Unteren Travertin folgende Arten nachgewiesen (W. VENT 1974):

Cladium mariscus – Binsenschneide, *Swida sanguinea* – Roter Hartriegel, *Ligustrum vulgare* – Liguster, *Syringa josikaea* (= *S. thuringiaca*) – Köröser Flieder, *Viburnum lantana* – Wolliger Schneeball, *Tilia cordata* – Winterlinde, *Quercus petraea* – Traubeneiche, *Quercus robur* – Stieleiche, *Quercus pubescens* – Flaumeiche, *Quercus virgiliana* – Virgileiche, *Quercus* sp., *Salix cinerea* – Grauweide, *Corylus avellana* – Hasel, *Malus silvestris* – Wildapfel, *Ulmus laevis* – Flatterulme, *Populus tremula* – Zitterpappel (Neufund).

Im Zwischenhorizont („Pariser") wurden mit Hilfe von Pollenanalysen (B. FRENZEL 1974) vorwiegend Gräser und Kräuter (65 %), ferner Sträucher (13 %) und nur geringe Anteile von Bäumen (16,7 %) festgestellt: Gramineae, Chenopodiaceae, Filipendula, Gentianaceae, Scrophulariaceae, Plantago, Ranunculaceae, Rosaceae, Cruciferae, Hippophaë, Juniperus, Betula, Pinus.

Im Bodenhorizont auf dem „Pariser" waren es bereits 29 % Baumpollen gegenüber 12 % Strauch- und 54 % Kräuter- und Gräserpollen: Gramineae, Chenopodiaceae, Artemisia, Tubuliflorae, Filipendula, Plantago, Ranunculaceae, Umbelliferae, Allium, Corylus, Ephedra, Juniperus, Carpinus, Betula, Alnus, Pinus, Picea abies.

Aus den oberen Travertinen sind es wieder zahlreiche Blatt- und Fruchtabdrücke:

Berberis vulgaris – Sauerdorn, *Ribes* sp. – Johannisbeere, *Rosa* sp., *Rubus* sp. – Him-/Brombeere, *Cotoneaster integerrimus,* – Felsmispel, *Cotoneaster melanocarpa* – Schwarze Zwergmispel, *Cornus mas* – Kornelkirsche, *Tilia cordata* – Winterlinde, *Acer campestre* – Feldahorn, *Euonymus* sp. – Pfaffenhütchen – *Rhamnus catharticus* – Purgierkreuzdorn, *Frangula alnus* – Faulbaum, *Vitis* sp. – Wilde Weinrebe, *Alnus rugosa* – Runzelblättrige Erle, *Alnus* sp. – Erle, *Salix cinerea* – Grauweide, *Salix caprea* – Salweide, *Ulmus carpinifolia* – Feldulme, *Ulmus* sp., *Fraxinus* sp. – Esche, *Ligustrum vulgare* – Liguster, *Syringa josikaea* – Köröser Flieder, *Lonicera* sp. – Heckenkirsche, *Viburnum opulus* – Gemeiner Schneeball, außerdem Reste eines saprophytischen holzbewohnenden Pilzes: *Lenzites warnieri* (H. KREISEL 1977).

Aus dem Ehringsdorfer Travertin ohne exakte stratigraphische Zuweisung stammen folgende Arten: *Stellaria holostea* – Echte Sternmiere, *Petasites* sp. – Pestwurz, *Cerasus avium* – Süßkirsche, *Salix fragilis* – Bruchweide, *Lonicera floribunda* – Vielblütige Heckenkirsche, *Ulmus glabra* – Bergulme.

Die Assoziationen des Unteren und Oberen Travertins sind sich recht ähnlich; im Oberen scheinen noch mehr Straucharten vorzuherrschen als im Unteren Travertin. Im Unteren Travertin sind Eichen recht häufig, auch hinsichtlich ihrer Artenanzahl. Weiter kommen Hasel und Flieder, Weiden und Linde häufig vor.

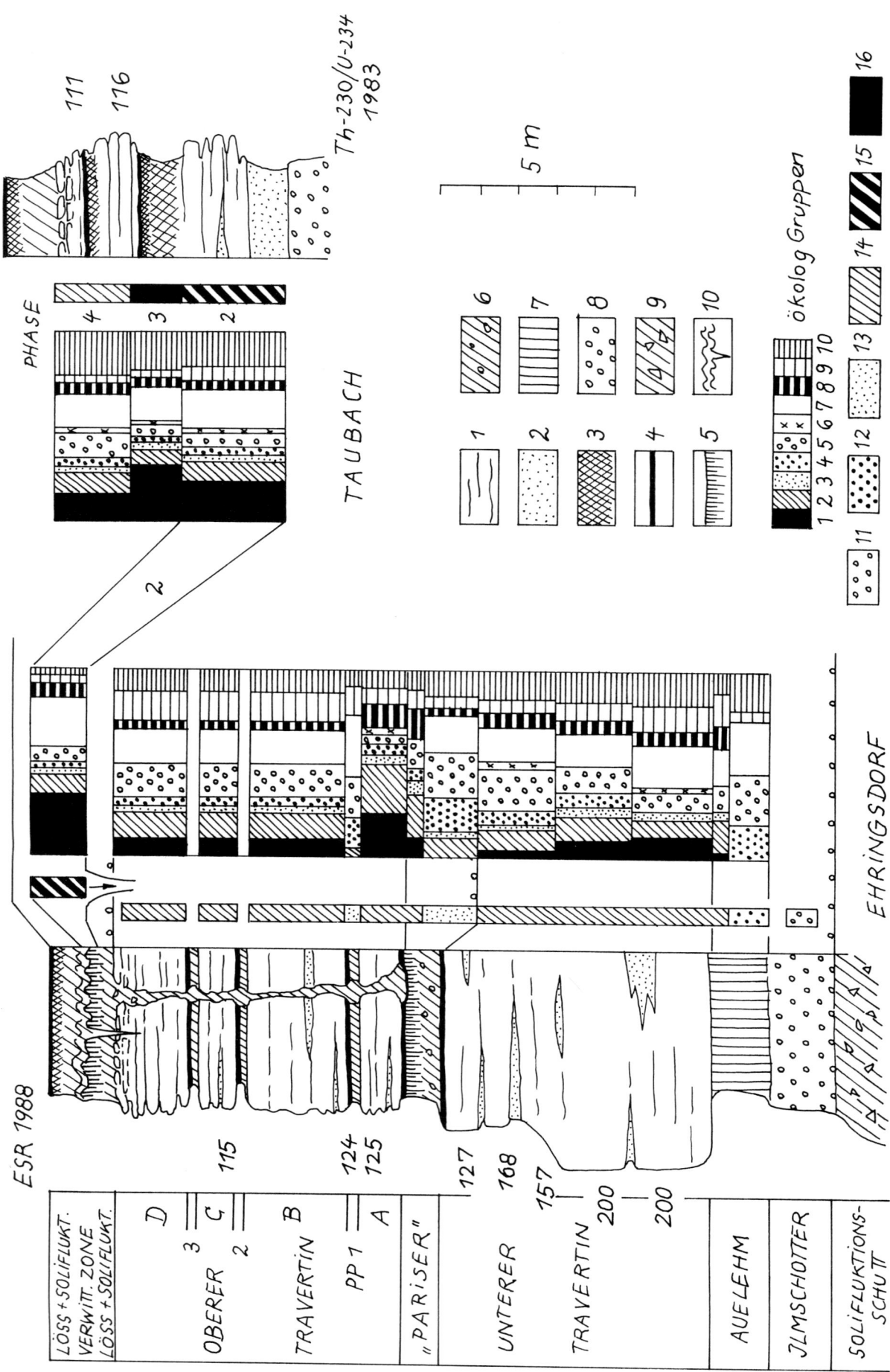

Abb. 1 Ehringsdorf und Taubach. Stratigraphische Gliederung der Travertine und Entwicklung ihrer Molluskenfauna.
1 fester Strukturtravertin, 2 Travertinsande, 3 holozäner Boden, 4 Humuszonen, 5 Verbraunung bis Lessivierung, 6 schluffig-toniges Auesediment, 8 Flußschotter, 9 Solifluktionsschutt, 10 Froststrukturen, 11 *Pupilla*-Fauna, 12 Steppenfauna mit *Helicopsis striata*, 13 *Bradybaena fruticum*-Fauna, 14 allgemein mitteleuropäische Waldfauna, 15 *Discus perspectivus-Pagodulina pagodula*-Fauna, 16 *Helicigona banatica*-Fauna; ökologische Gruppen nach LOŽEK 1964: 1 Waldfauna, 2 Fauna der Waldsteppen, Trockenwälder, Gebüsche, 3 Au- und Sumpfwaldfauna, 4 Steppenfauna, 5 Fauna der offenen Landschaften, 6 xerotherme Fauna, 7–9 vorwiegend euryöke/eurytherme Arten mit zunehmend höheren Ansprüchen an feuchte Bedingungen (mesophil – hygrophil – Sumpf), 10 Wasserarten.

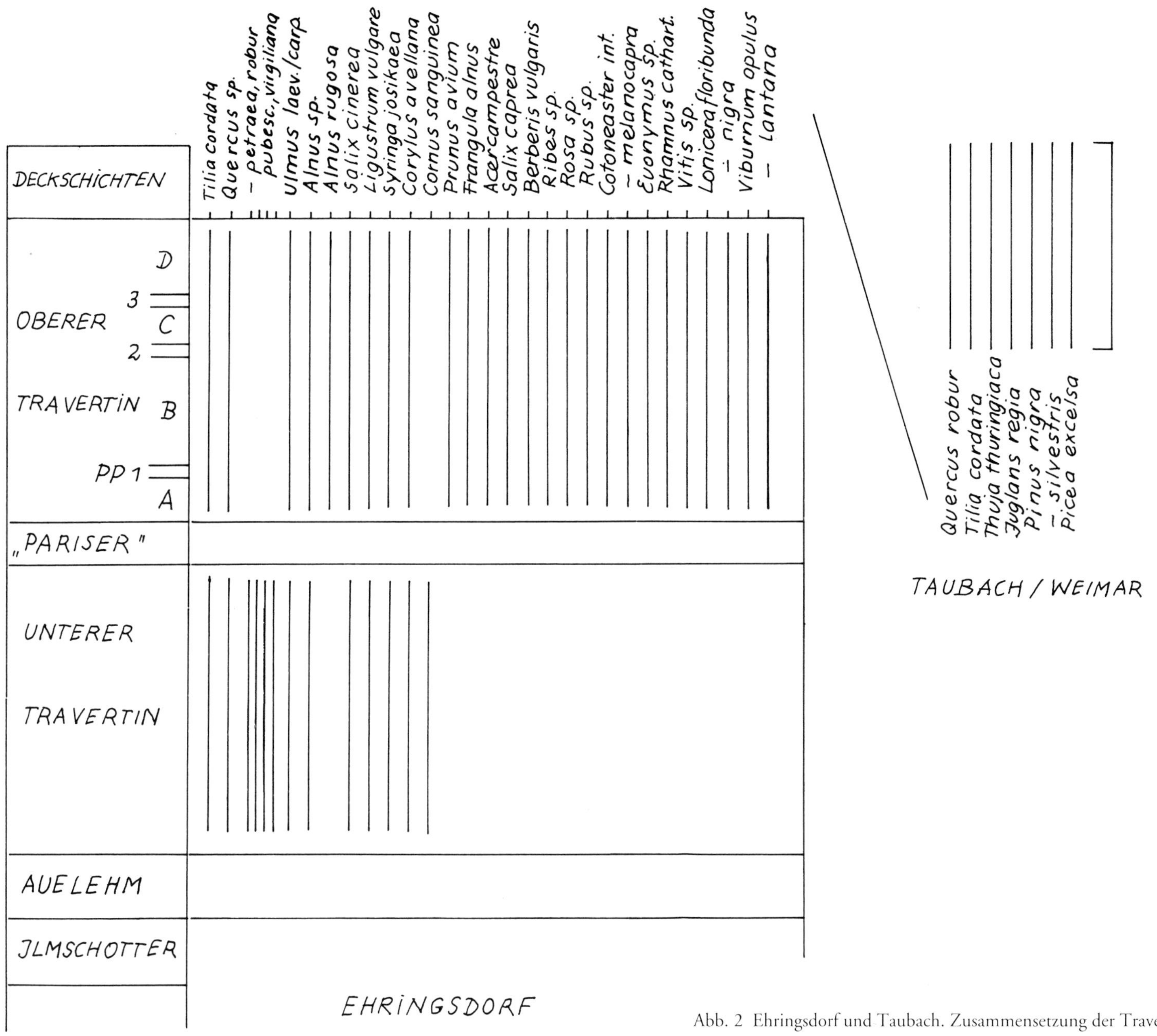

Abb. 2 Ehringsdorf und Taubach. Zusammensetzung der Travertinfloren.

Im Oberen Travertin sind Flieder, Hasel und Linde am häufigsten. Wärmeliebende Arten, vor allem der Flieder, wurden noch in den obersten Horizonten des Oberen Travertins nachgewiesen.

Abgesehen von den Wasser- und Sumpfpflanzen (Röhricht, Bestände aus Rohrkolben, Binsenschneide, Seggen) gab es nach Aussage dieser Pflanzenarten im Unteren und Oberen Travertin folgende Gesellschaften: Seggen-Weidengebüsche, vor allem als Grauweiden-Dickichte, begleiteten die Gewässer und wuchsen in den sumpfigen Auen. Hier kamen auch Erlengehölze vor. In der weiteren Umgebung der Quellen und Travertingewässer sind Laubwaldgesellschaften zu vermuten, die der Sukzessionsstufe in Form des Bergahorn-Eschenwaldes ähnelten, wie sie auf Travertinkaskaden ausgebildet ist (D. H. MAI 1983). Dazu gehören außer dem nicht in Ehringsdorf nachgewiesenen, aber durchaus möglichen Bergahorn die Ehringsdorfer Arten, wie Erle, Esche, Hasel, Linde, Ulmen, Weiden, Vogelkirsche, Hartriegel, Faulbaum, Purgierkreuzdorn und Pfaffenhütchen, dazu *Vitis sylvestris* als Liane.

Doch überwogen in der Umgebung, besonders am Hang und auf der flach dahinter aufsteigenden Hochfläche dicht über dem Travertin an Sträuchern reiche, lichte Trockenwälder und Gebüschgesellschaften als den charakteristischsten Pflanzengesellschaften der Ehringsdorfer Flora. Das waren mehr für den Unteren, weniger für den Oberen Travertin Eichentrockenwälder (*Quercetalia pubescentis*) mit *Quercus pubescens, Qu. robur, Qu. virgiliana, Cornus mas, Acer campestre, Tilia cordata, Corylus avellana, Swida sanguinea, Fraxinus excelsior, Viburnum lantana, Berberis vulgaris* u. a. (vgl. auch D. H. MAI 1983). Durch das Vorkommen der Flaumeiche (*Qu. pubescens*) waren das z. T. echte xerotherme Fallaubwälder mit submediterranem Habitus. Standortsbedingt wechselten mit diesen Gehölzen Gebüschformationen ab, die gegenwärtig in Südosteuropa durch *Syringa vulgaris* gekennzeichnet werden. Bei Ehringsdorf übernahm *Syringa josikaea* (= *S. thuringiaca*), heute mit Reliktstandorten in den Nordostkarpaten, dem Bihor-Gebirge und dem Transsylvanischen Erzgebirge, diese Stellung ein, so daß man von einem Syringetum sprechen kann. Hier waren zahlreiche andere Straucharten trockner Standorte assoziiert, die allerdings in eine andere wärmeliebende Gesellschaft, den Berberidion-Verband, übergehen konnten. Dieser war durch *Berberis vulgaris, Acer campestre, Cornus mas, Cotoneaster integerrimus, C. melanocarpa, Viburnum lantana, Corylus avellana* und andere Straucharten zusammengesetzt. Stellenweise konnten auch die Assoziationen der Haselgebüsche, Hornstrauchgebüsche und des Bergmispelgebüsches ausgebildet gewesen sein.

Interessant ist das Vorkommen von Arten, die heute im nördlichen Mitteleuropa aus klimatischen Gründen fehlen oder nur an begünstigten Standorten vorkommen. Das sind vorwiegend süd- und südosteuropäisch, mediterran und submediterran verbreitete Arten. Dazu gehören allgemein *Qu. pubescens, Qu. virgiliana, Viburnum lantana, Syringa josikaea, Swida sanguinea, Cornus mas, Cerasus avium, Cotoneaster integerrimus, Berberis vulgaris, Ligustrum vulgare, Lonicera*-Arten, *Vitis sp., Cladium mariscus* und *Lenzites warnieri. Lonicera floribunda* ist heute in Persien verbreitet. Einige der Arten reichen mit ihrem Areal weit nach Vorder- und Westasien hinein und bezeugen einen gewissen subkontinentalen Charakter der Flora.

Diese Flora steht im Gegensatz zu der überwiegend atlantisch geprägten eemzeitlichen Flora, für die z. B. aus dem Kern des mitteleuropäischen Trockengebietes, von Burgtonna, Gesellschaften mit *Ilex aquifolium, Myrica gale, Hedera helix, Acer monspessulanum* u. a. bekannt geworden sind (H. CLAUS 1978; W. VENT 1978, Neuaufsammlungen).

Für den Unteren wie den Oberen Travertin lassen sich aus der Vegetation durchschnittlich warme und recht trockene, mediterran-subkontinental beeinflußte Klimaverhältnisse ableiten. Das führte, vor allem aufgrund relativ trockener Sommer, zur Ausbildung einer offenen, an Wiesen und Gebüsch reichen waldsteppenartigen Landschaft. Der Flora von Ehringsdorf ähnelt in gewissem Maße stark die aus Makroresten erschlossene Vegetation vom Klimaoptimum des intrasaalezeitlichen Interglazials von Neumark-Nord (D. H. MAI 1990; M. SEIFERT 1990; D. MANIA 1992). Hier waren Eichen-Trockenwälder vom Typus der Tatarenahorn-Eichen-Steppenwälder *(Aceri tatarici-Quercion)* ausgebildet, die mit offenen Wiesen- und Gebüschlandschaften abwechselten. In der Zusammensetzung traten ähnliche Assoziationen auf wie bei Ehringsdorf: neben den Gesellschaften in Wasser-, Sumpf- und Feuchtbiotopen waren es Eichen-Trockenwälder mit verschiedenen Eichen, Tataren- und Feldahorn, Linde, Hainbuche, Vogelkirsche, Kornelkirsche, Schlehe, Hasel, Rotem Hartriegel, Wolligem Schneeball, Sauerdorn. Dem mediterran-subkontinentalen Habitus dieser Florengemeinschaft entsprach der Klimatyp, der ungewöhnlich ist für das Optimum eines mitteleuropäischen Interglazials.

Die Pollen aus dem Zwischenhorizont auf seinem auflagernden Boden lassen sich aufgrund der Pollenarmut nur bedingt dahingehend auswerten, daß zur Bildungszeit dieser Sedimente stärker geöffnete Landschaften mit überwiegend wiesen- und waldsteppenartigem Charakter unter kühl-kontinentalem Klima ausgebildet waren. Damit wird eine gewisse Unterbrechung des warm-trockenen Interglazialklimas angezeigt.

2.4. Die Molluskenfauna

Malakologische Analysen gehen auf E. WÜST (1910), H. ZEISSLER (1975) und D. MANIA zurück (1974,

1975, Neuuntersuchungen). Im folgenden werden die Faunen nach ökologischen Gruppen (V. LOŽEK 1964; D. MANIA 1973) gegliedert: 1 echte Waldarten, 2 Arten der Waldsteppe, Trockenwälder, Gebüsche, 3 Arten der Sumpf- und Auwälder, 4 echte Steppenarten, 5 Arten der offenen Landschaft, 6 Arten xerothermer Standorte, 7 euryöke mesophile Arten, 8 hygrophile Arten, 9 Sumpfarten, 10 Wasserarten (Quellen, fließendes, stehendes Wasser, periodische Kleingewässer, Sümpfe).

2.4.1. Assoziationen aus der mittelpleistozänen Terrasse (sandige Schotter, Schlufflinsen)

4: *Pupilla sterri.*
5: *Columella columella, Pupilla muscorum, Vallonia costata, V. tenuilabris.*
7: *Trichia hispida.*
8: *Succinea oblonga.*
9: *Vertigo genesii, Succinea putris.*
10: *Lymnaea peregra, Gyraulus acronicus, Lymnaea truncatula, Anisus leucostomus,* Pisidien.

Diese Fauna stellt eine kaltzeitliche Tundren- und Steppenfauna dar (*Pupilla-/Columella*-Fauna, V. LOŽEK 1964, 1965). Sie ist charakteristisch für die Zeit der Lößbildung. In den Gruppen 9 und 10 treten akzessorische Arten auf, die arktische Kleingewässer und Sümpfe bewohnten. Leitarten sind die boreo-alpine *Columella columella*, die die Matten der Tundren und alpinen Zone bewohnt sowie die nordasiatische *Vallonia tenuilabris*, die gegenwärtig Grasländer und Gebirgssteppen unter extrem kontinentalen Bedingungen als Lebensraum hat.

2.4.2. Assoziationen des basalen Auelehms (Schluffhorizonts)

1: *Discus ruderatus.*
2: *Bradybaena fruticum.*
4: *Pupilla sterri, P. triplicata, Helicopsis striata.*
5: *Vertigo pygmaea, Pupilla muscorum, Vallonia costata, V. pulchella, V. excentrica.*
7: *Cochlicopa lubrica, Punctum pygmaeum, Perpolita radiatula, Limacidae, Oxychilus cellarius, Trichia hispida.*
8: *Carychium tridentatum, Vertigo substriata, V. angustior, Succinea oblonga.*
9: *Carychium minimum, Vertigo antivertigo, Succinea putris.*
10: *Lymnaea peregra, Armiger crista, Gyraulus acronicus, Valvata cristata, Lymnaea truncatula, Lymnaea palustris, Planorbis planorbis, Anisus leucostomus,* Pisidien.

Kennzeichnende Arten sind jene der Steppe (4) und allgemein offenen Landschaft (5). Doch dazu kommen einige Arten der Waldsteppe (1 und 2), vor allem der boreo-alpine *Discus ruderatus.* Die übrigen Arten sind akzessorische Elemente, doch fallen weitere boreo-alpine Vertreter auf: *Vertigo substriata, Gyraulus acronicus.* Die Gemeinschaft spricht für kühles, boreales, kontinental trockenes Klima mit Wald- und Wiesensteppen. Es handelt sich um eine spätglaziale Fazies.

2.4.3. Assoziationen des Unteren Travertins

1: *Acicula polita, Vertigo pusilla, Orcula doliolum, Acanthinula aculeata, Discus ruderatus, Vitrea diaphana, Iphigena plicatula, Clausilia cruciata, Cl. bidentata, Monachoides incarnata, Cochlodina laminata, Helicodonta obvoluta.*
2: *Discus rotundatus, Vitrea crystallina, Arianta arbustorum, Cepaea hortensis, C. nemoralis, Helix pomatia, Bradybaena fruticum.*
3: *Clausilia pumila.*
4: *Truncatellina claustralis, Tr. costulata.*
5: *Euomphalia strigella, Truncatellina cylindrica, Vertigo pygmaea, Pupilla muscorum, Vallonia costata, V. pulchella, V. excentrica.*
6: *Cochlicopa lubrica, Milax rusticus.*
7: *Clausilia dubia, Cochlicopa lubrica, Punctum pygmaeum, Perpolita radiatula, Vitrina pellucida, Limacidae, Oxychilus cellarius, Euconulus fulvus, Trichia hispida.*
8: *Carychium tridentatum, Columella edentula, Vertigo substriata, Vertigo angustior, Succinea oblonga.*
9: *Carychium minimum, Vertigo antivertigo, V. moulinsiana, V. genesii, Vallonia enniensis, Succinea putris, Oxyloma elegans, Zonitoides nitidus.*
10: *Valvata piscinalis, Bithynia tentaculata, Lymnaea peregra, Armiger crista, Bathyomphalus contortus, Lymnaea truncatula, Valvata cristata, Lymnaea palustris, Planorbis planorbis, Physa fontinalis, Aplexa hypnorum, Anisus leucostomus,* Pisidien.

Die artenreiche Fauna charakterisiert die für Ehringsdorf optimalen Klimabedingungen. Es ist eine Waldfauna entwickelt (1), die von Arten begleitet wird, die in Trockenwäldern, Gebüschen oder der Waldsteppe (2) sowie in Sumpf- und Auwäldern leben (3). Doch echte exotische Leitarten der Warmzeit, wie sie für Mitteleuropa typisch sind, fehlen. Das sind Elemente der *Helicigona banatica*-Fauna (*H. banatica, Aegopis verticillus, Discus perspectivus, Pagodulina pagodula*). Statt dessen ist eine allgemeine für heutige Verhältnisse typische, mitteleuropäische *Cochlodina laminata-Helicodonta obvoluta*-Assoziation entwickelt (D. MANIA 1973). An Begleitelementen treten wärmeliebende Steppenarten (4) und zahlreiche Arten der offenen Landschaft (5) sowie xerothermer Standorte (6) auf. Die Gruppen 7 bis 10 charakterisieren wieder verschieden feuchte Biotope des Quell- und Travertingebietes. Insgesamt ist diese Fauna mit dem individuellen Übergewicht an Arten lichter trockener Wälder und eingestreuter offener Landschaften eine gute Entsprechung für die mediterran-subkontinental gefärbte Vegetation. Der warmzeitliche Klimacharakter offenbart sich im Auftreten zahlreicher thermophiler Arten, unter denen sich auch einige Vertreter befinden, die ihren Verbreitungsschwerpunkt heute im meridionalen, mediterranen oder allgemein südeuropäischen Gebiet haben *(Orcula doliolum, Vitrea diaphana, Truncatellina claustralis, Vertigo moulinsiana)*. Das Klima war auch nach dieser Fauna warm gemäßigt und durchschnittlich trocken.

2.4.4. Assoziationen des Zwischenhorizontes („Pariser" und seine faziellen Vertretungen)

Aus humosen Schluffen in unteren Teilen des Zwischenhorizonts wurde folgende Fauna bekannt:

2: *Arianta arbustorum, Cepaea hortensis, Discus rotundatus, Vitrea crystallina, Bradybaena fruticum.*
3: *Clausilia pumila.*
4: *Truncatellina costulata, Helicopsis striata, Pupilla sterri, P. triplicata.*
5: *Pupilla muscorum, Vertigo pygmaea, Truncatellina cylindrica, Vallonia costata, V. pulchella.*
7: *Cochlicopa lubrica, Limacidae, Perpolita radiatula, Punctum pygmaeum, Trichia hispida.*
8: *Carychium tridentatum, Vertigo angustior.*
9: *Succinea putris, Vertigo antivertigo.*
10: *Bithynia tentaculata, Lymnaea peregra, Anisus vorticulus, Lymnaea truncatula, Valvata cristata, Anisus leucostomus,* Pisidien.

Die echte Waldfauna (1) ist verschwunden. Charakteristisch sind jetzt Arten der Waldsteppe, trockener parkartiger Wälder und Gebüschfluren außerhalb der Niederungen und anderer feuchter Standorte, wo Auwälder und Weidengebüsche vorkamen (3, 7–9). Auffällig ist das individuell reiche Auftreten von echten Steppenarten (4) und Arten der offenen Landschaften (5). Insgesamt liegt eine *Bradybaena fruticum*-Fauna vor, die durch einige thermophile Arten *(Discus rotundatus, Cepaea hortensis, Truncatellina costulata)* gekennzeichnet ist und damit für schwach gemäßigte bis kühl-gemäßigte Klimaverhältnisse und stärkeren kontinentalen Einfluß spricht.

Assoziationen aus dem Mittelteil des „Parisers" (Schluffe): 1991/92 gelang es bei Neuuntersuchungen in einem Bereich aus der Hauptbildungszeit des „Parisers", aus z. T. travertinisierten lehmigen Schluffen, Molluskenfaunen zu bergen. In ihnen fehlen die thermophilen Elemente der Assoziation aus den basalen humosen Schluffen. Sonst treten die gleichen Arten auf, vor allem der Waldsteppe und der Steppe. Die gleiche Zusammensetzung haben Assoziationen, die in einem humosen Horizont auf dem „Pariser" des gleichen Profils gefunden wurden. Es handelt sich um einen schwarzerdeartigen Boden, der von einer dünnen Travertinbank überlagert wird, welche noch zweimal von geringmächtigen humosen Schluffhorizonten unterbrochen wird. Diese sind nicht mit den sog. „Pseudoparisern" identisch, die höher im Profil den Oberen Travertin unterbrechen. Sie erwecken den Eindruck, als ob die beginnende Humusbildung auf dem „Pariser"-Horizont durch rasche Travertinausfällung wiederholt unterbrochen wurde. Ihre Fauna ist mit der aus dem Mittelteil des „Parisers" identisch: Assoziationen aus der initialen Bodenbildungsphase auf dem Zwischenhorizont und auflagernder Travertinsedimente:

1: *Discus ruderatus.*
2: *Bradybaena fruticum.*
3: *Clausilia pumila.*
4: *Chondrula tridens, Helicopsis striata, Pupilla triplicata.*
5: *Euomphalia strigella, Truncatellina cylindrica, Vertigo pygmaea, Pupilla muscorum, Vallonia costata, V. pulchella.*
6: *Cochlicopa lubricella.*
7: *Cochlicopa lubrica, Clausilia dubia, Perpolita radiatula, Punctum pygmaeum, Euconulus fulvus, Limacidae, Trichia hispida.*
9: *Zonitoides nitidus, Succinea putris.*
10: *Lymnaea peregra, Gyraulus laevis, Anisus leucostomus,* Pisidien.

Hier liegt eine klassische Waldsteppenfauna (*Bradybaena fruticum*-Fauna) vor. Die Waldarten der Gruppen 1–3 beschränken sich auf boreo-alpine Elemente *(D. ruderatus)*, auf Trockenwald- und Auwaldarten (2, 3). Parallel dazu erscheinen Arten der Tschernosem-Wiesensteppen (4), wie die ponto-meridionale *Chondrula tridens*. Alle anderen Arten (Gruppen 7–10) sind zusätzliche, meist eurytherme Elemente verschieden feuchter Biotope und der Gewässer. Mit dieser Fauna ist für die Bildungszeit des „Parisers" der Beweis eines durchschnittlich kühl-temperierten kontinental-ariden Klimas erbracht.

In den Assoziationen fehlen alle thermophilen Elemente. Die Pollenanalysen entsprechen diesen Ergebnissen und lassen parallel dazu die Existenz offener, wiesensteppen- bis waldsteppenartiger Landschaften zu. Gehölze von Parktaiga-Charakter waren ausgebildet (Kiefer, Birke, Lärche, Fichte, dazu Sträucher: *Ephedra, Hippophaë, Juniperus*). Artemisia und Gänsefußgewächse waren am typischsten in krautreichen Gramineensteppen.

2.4.5. Assoziationen des Oberen Travertins

1: *Acicula polita, Aegopinella nitens, Aeg. pura, Azeca menkeana, Acanthinula aculeata, Vertigo pusilla, Ena montana, Ena obscura, Discus ruderatus, Semilimax semilimax, Cochlodina laminata, Iphigena plicatula, Clausilia bidentata, Monachoides incarnata, Helicodonta obvoluta.*

2: *Discus rotundatus, Vitrea crystallina, Arianta arbustorum, Cepaea hortensis, C. nemoralis, Helix pomatia, Bradybaena fruticum.*
3: *Clausilia pumila, Perforatella bidentata.*
4: *Pupilla triplicata, Helicopsis striata, Chondrula tridens, Truncatellina costulata.*
5: *Euomphalia strigella, Truncatellina cylindrica, Vertigo pygmaea, Pupilla muscorum, Vallonia pulchella, V. costata.*
6: *Cochlicopa lubricella.*
7: *Clausilia dubia, Helicigona lapicida, Cochlicopa lubrica, Punctum pygmaeum, Perpolita radiatula, Vitrina pellucida, Limacidae, Oxychilus cellarius, Euconulus fulvus, Trichia hispida.*
8: *Carychium tridentatum, Vertigo angustior, Columella edentula, Succinea oblonga.*
9: *Carychium minimum, Vertigo antivertigo, V. moulinsiana, Vallonia enniensis, Oxyloma elegans, Zonitoides nitidus.*
10: *Lymnaea peregra, L. truncatula, Valvata cristata, Anisus leucostomus,* Pisidien.

Die Waldfauna vom Typus der *Cochlodina laminata-Helicodonta obvoluta*-Assoziation ist zurückgekehrt. Eine optimale Entwicklung zeigt sie in Humuskolluvien auf dem Zwischenhorizont und in basalen Abschnitten des oberen Travertins. Hier kommt auch *Azeca menkeana* vor. Es liegt die gleiche Fauna vor wie während der optimalen Entwicklung im Unteren Travertin. Individuell sind die Anteile der Arten der Waldsteppe (2), Steppe und offenen Landschaft (4, 5) am höchsten. Sie nehmen im Laufe der weiteren Travertinbildung immer mehr zu, ohne daß die Waldarten und thermophilen Elemente verschwinden. Zu den Steppenarten sind im Unterschied zum Unteren Travertin noch die kennzeichnenden Arten *Chondrula tridens* und *Helicopsis striata* gekommen. Das alles entspricht auch wieder der Aussage der Travertinflora, die für den Oberen Travertin noch höhere Anteile an Strauchformationen angibt als im Unteren Travertin. Es waren offene Waldsteppen unter warm gemäßigten trockenen Klimaverhältnissen entwickelt. Thermophile Elemente befinden sich besonders unter den Gruppen 1 und 2, ferner sind *Truncatellina costulata, Helicigona lapicida* und *Columella edentula* thermophil. Aber markante Exoten fehlen. Im Verlaufe der Sedimentation des Oberen Travertins wird das Klima nur unwesentlich kühler, aber immer trockener.

2.4.6. Assoziationen der Zwischenschichten („Pseudopariser") im Oberen Travertin

4: *Pupilla triplicata, Helicopsis striata, Chondrula tridens.*
5: *Truncatellina cylindrica, Vertigo pygmaea, Pupilla muscorum, Vallonia costata, V. pulchella.*
6: *Cochlicopa lubricella.*
7: *Cochlicopa lubrica, Punctum pygmaeum, Perpolita radiatula, Trichia hispida, Tr. sericea.*
8: *Carychium tridentatum.*
9: *Carychium minimum, Vallonia enniensis.*
10: *Lymnaea truncatula, Anisus leucostomus.*

Hier liegen typische Faunen (*Chondrula tridens*-Fauna) der Tschernosem-Wiesensteppen vor. Ihnen fehlen alle Waldarten. Es überwiegen Steppenarten und Arten der offenen Landschaft (4–6). Dazu kommen Komponenten verschieden feuchter Standorte. Das Klima war kühl-temperiert, sommerwarm, kontinental-trocken. Die drei Zwischenschichten zeigen also ebensoviele kurzfristige kühl-trockene Schwankungen mit jeweiligem Rückgang der Gehölze an.

2.4.7. Assoziationen der Spaltenfüllung

Eine durch den gesamten Oberen Travertin bis auf den „Pariser" reichende, durch Zerbrechen der Travertinplatte über der Subrosionszone entstandene Spalte war mit einem braunen lehmig-schluffigen Bodensediment aus hangenden Deckschichten gefüllt und enthielt folgende Molluskenfauna:

1: *Acicula polita, Ruthenica filograna, Discus ruderatus, Discus perspectivus, Pagodulina pagodula, Vertigo pusilla, Orcula doliolum, Iphigena densestriata, I. plicatula, Aegopinella nitens, Cochlodina laminata, Acanthinula aculeata, Helicodonta obvoluta.*
2: *Bradybaena fruticum, Cepaea hortensis, C. nemoralis, Vitrea crystallina, Discus rotundatus.*
3: *Clausilia pumila.*
4: *Truncatellina claustralis.*
5: *Vertigo pygmaea, Pupilla muscorum, Vallonia costata, V. pulchella.*
7: *Cochlicopa lubrica, Punctum pygmaeum, Perpolita radiatula, Limacidae, Oxychilus cellarius, Euconulus fulvus, Vitrina pellucida, Trichi hispida.*
8: *Carychium tridentatum, Vertigo angustior, Succinea oblonga.*
9: *Carychium minimum, Zonitoides nitidus.*

In dieser Fauna überwiegt mit Arten und Individuen eindeutig die Waldfauna. Sie stellt eine echte thermophile Waldfauna dar, die für relativ feuchte, warm gemäßigte Klimaverhältnisse und mehr oder weniger geschlossene artenreiche Laubmischwälder spricht. Sie enthält zwei wichtige exotische, südeuropäisch-alpin und karpatisch-balkanisch-ostalpin verbreitete Arten, die im Ehringsdorfer Travertin nach 80jähriger Forschung nie beobachtet wurden: *Pagodulina pagodula* und *Discus perspectivus.* Das gleiche gilt für die ostalpine Art *Iphigena densestriata.* Diese Exoten kennzeichnen die Fauna als *Pagodulina pagodula-Discus perspectivus*-Assoziation, die typisch ist für die eemzeitliche Molluskensukzession. Sie kennzeichnet deren Stufe 2, aus der sich die *Helicigona banatica*-Fauna

33

(Stufe 3) entwickelt (D. Mania 1973). Beide Assoziationen kommen im nahen Taubacher Travertin vor (H. Zeissler 1977), genauso auch im Travertin von Weimar (H. Zeissler 1958; D. Mania 1984) und Burgtonna (D. Mania 1978). Die genannte Fauna kann nur aus den Deckschichten in die Spalte gelangt sein und stammt somit aus dem fossilen Bodenhorizont, der die Deckschichten unterteilt und zur Zeit als Verwitterungszone zu beobachten ist. Dieser Boden stellt demnach die eemzeitliche Oberfläche dar, die hier den letztwarmzeitlichen thermophilen Eichenmischwald getragen hat. Hier lebten auch folgende Kleinvertebraten, die nach vorläufigen Bestimmungen (O. Fejfar, Prag) mit der Molluskenthanatozönose in der Spalte vergesellschaftet waren: *Bufo bufo, Salamandra salamandra, Anguis fragilis, Chiroptera indet., Sorex minutus, Glis glis, Muscardinus avellanarius, Apodemus sylvaticus/flavicollis, Microtus sp., Clethrionomys glareolus.*

Allein der Feuersalamander, der heute in feuchten Wäldern und bewaldeten Tälern Mittel-, West- und Südeuropas, mit mediterranem Arealschwerpunkt, verbreitet ist, entspricht der an feuchte thermophile Laubmischwälder angepaßten Molluskenfauna des Eem-Optimums und kann in der Ehringsdorfer Fauna kaum erwartet werden. Auch die Haselmaus (*Muscardinus avellanarius*) ist ein typischer Waldbewohner.

2.5. Die Ostracodenfauna

Folgende Arten wurden festgestellt (K. Diebel/ H. Wolfschläger 1975): *Ilyocypris bradyi, I. inermis, Candona candida, C. neglecta, C. angulata* (UT), *C. marchica, C. parallela, C. vavrai* (UT), *Cyclocypris laevis, C. ovum, C. serena, Cypria ophthalmica, Notodromas monacha* (UT), *Cyprois marginata* (UT), *Cypris pubera* (UT), *Eucypris pigra, Prionocypris zenkeri* (UT), *Cyprinotus salinus* (UT), *Herpetocypris reptans, H. brevicaudata* (UT), *H. ehringsdorfensis, H. sp., Iloyodromus olivaceus, Cypridopsis subterranea* (UT), *Potamocypris wolfi, P. maculata* (UT).

Einige Arten kommen nur im Unteren Travertin vor (UT), alle anderen im Unteren wie im Oberen Travertin. Am häufigsten sind *Ilyocypris bradyi, Candona marchica, Eucypris pigra, Herpetocypris ehringsdorfensis* und *Potamocypris wolfi*. Im wesentlichen handelt es sich um eurytherme und kaltstenotherme Formen, die vorwiegend in Quellwässern vorkommen oder auch diese besiedeln können. Einige warmstenotherme Arten (*Notodromas monacha*) lebten in sommerwarmen stehenden Gewässern des Travertinbeckens. *Candona angulata* und *Cyprinotus salinus* als Salzwasserformen beweisen Salzwassereinfluß in den Gewässern des unteren Travertins. Das kann mit der Subrosion im Untergrund und den aufsteigenden Karstwässern zusammenhängen. Als Lieferant kommt das Triassalinar in Frage.

2.6. Die Wirbeltierfauna (Abb. 3)

Wirbeltierreste waren bisher die auffälligsten Fossilien des Ehringsdorfer Travertins. Sie wurden in zahlreichen Publikationen schon vorgestellt, zusammenfassend in den Monographien von 1974/75 (H.-D. Kahlke et al.). In allen Horizonten der Ehringsdorfer Abfolge kamen Wirbeltierfunde vor.

Mittelpleistozäne Flußschotter, Schluffhorizont ("Auelehm"):
Mammuthus primigenius-trogontherii, Coelodonta antiquitatis.

Unterer Travertin (einschließlich toniger Auesedimente an der Basis) (H.-D. Kahlke et al. 1975; W.-D. Heinrich 1980; W.-D. Heinrich / O. Fejfar 1988):
Bufo bufo – Erdkröte
Rana cf. arvalis – Moorfrosch
Rana temporaria – Grasfrosch
Lacerta sp. – Zauneidechse
Anguis fragilis – Blindschleiche
Natrix natrix – Ringelnatter
Elaphe longissima – Äskulapnatter
Emys orbicularis – Europäische Sumpfschildkröte
Lyrurus cf. tetrix – Birkhuhn
Talpa europaea – Maulwurf
Sorex araneus – Waldspitzmaus
Sorex minutus – Zwergspitzmaus
Crocidura russula-leucodon – Feldspitzmaus
Ochotona cf. pusilla – Pfeifhase
Citellus citelloides – Ziesel
Sicista subtilis-betulina – Birkenmaus
Cricetus cricetus – Hamster
Allocricetus bursae – fossiler Zwerghamster
Apodemus sylvaticus – Waldmaus
Clethrionomys glareolus – Rötelmaus
Arvicola cantiana-terrestris – Schermaus
Microtus agrestis – Erdmaus
Microtus arvalis – Feldmaus
Microtus gregalis – fossile Wühlmaus
Pitymys subterraneus – Kleinäugige Wühlmaus
Castor fiber – Biber
Sus scrofa – Wildschwein
Bison priscus mediator – Kurzhörniger Waldbison
Alces latifrons postremus – Breitstirnelch
Megaloceros giganteus germaniae – Riesenhirsch
Cervus elaphus – Rothirsch
Dama dama – Damhirsch
Capreolus capreolus – Reh
Equus taubachensis – Wildpferd
Dicerorhinus kirchbergensis – Waldnashorn
Dicerorhinus hemitoechus – Steppennashorn
Palaeoloxodon antiquus – Waldelefant
Ursus spelaeus – Höhlenbär
Ursus arctos – Braunbär
Ursus tibethanicus – Schwarzbär
Crocuta crocuta – Hyäne
Canis lupus – Wolf

Vulpes vulpes – Rotfuchs
Martes martes – Baummarder
Meles meles – Dachs
Lynx lynx – Luchs
Cyraonyx antiqua – Fischotter
Homo sp.

Zwischenhorizont („Pariser") und faziell zugehörige Travertindecke: Aus basalen humosen Schluffen stammen *Microtus arvalis, Microtus oeconomus-ratticeps* (nordische Wühlmaus), *Arvicola sp.* (Schermaus). Allgemein aus dem „Pariser" stammen *Megaloceros giganteus germaniae, Dicerorhinus hemitoechus, Ursus sp., Mammuthus primigenius, Mammuthus primigenius-trogontherii*, fragliches Vorkommen: *Coelodonta antiquitatis*.

Oberer Travertin (einschließlich Humuskolluvien an der Basis):
Anas cf. *acuta* – Spießente
Lyrurus tetrix – Birkhuhn
Myotis natteri – Fransenfledermaus
Talpa europaea – Maulwurf
Citellus citellus – Ziesel
Glis glis – Siebenschläfer
Cricetus cricetus – Hamster
Crocidura leucodon-russula – Feldspitzmaus
Apodemus sylvaticus – Waldmaus
Clethrionomys glareolus – Rötelmaus
Arvicola terrestris – Schermaus
Pitymys subterraneus – kleinäugige Wühlmaus
Bison priscus – Bison
Alces latifrons postremus – Breitstirnelch
Megaloceros giganteus germaniae – Riesenhirsch
Cervus elaphus – Rothirsch
Capreolus capreolus – Reh
Equus cf. *taubachensis* – Wildpferd
Dicerorhinus hemitoechus – Steppennashorn
Ursus spelaeus – Höhlenbär
Ursus arctos – Braunbär
Canis lupus – Wolf
Panthera (Leo) spelaea – Höhlenlöwe
Mustela (Putorius) sp. – Iltis
Martes martes – Baummarder
Meles meles – Dachs

Deckschichten:
Mammuthus primigenius, Coelodonta antiquitatis, Rangifer tarandus.

2.6.1. Die Basisschichten

Im basalen Schotter-Schluffkomplex treten einige Arten der *Mammuthus*-Fauna auf. Wie die Molluskenfauna aus diesem Horizont kennzeichnen sie die dem Travertin vorausgehende Kaltzeit. Interessant ist für diese die Feststellung, daß es sich bei Gebißresten aus dem Auelehm um eine frühe Entwicklungsform des Mammuts handelt *(Mammuthus primigenius trogontherii* bzw. *trogontherii-primigenius*, W. I. GROMOV / W. E. GARUTT 1975; E. W. GUENTHER 1975), die in die Saale/Rißkaltzeit gestellt werden muß. In tonigen Aueablagerungen, die dem Auelehm unmittelbar auflagern, wurden nicht nur warmzeitliche Molluskenfaunen, sondern auch bereits die Sumpfschildkröte und der Waldelefant gefunden. Demnach muß sich hier ein größerer Hiatus zwischen den kaltzeitlichen Schluffen und der Travertinfolge befinden. Er umfaßt im wesentlichen das Frühinterglazial, in dem es aus klimatischen Gründen kaum zu nennenswerten Travertinablagerungen kommen konnte.

2.6.2. Unterer Travertin

Im Unteren Travertin kommt eine warmzeitliche *Palaeoloxodon antiquus* - Fauna vor. Neben dem Waldelefanten sind ihre typischen Vertreter Waldnashorn, Wildpferd, Waldbison, Hirsche - vor allem Rot- und Damhirsch – Wildschwein und Reh. Zum Teil ist diese Fauna auf die Jagd des Ehringsdorfer Menschen zurückzuführen. Am häufigsten sind Waldelefant und Waldnashorn im unteren Teil des Unteren Travertins. Im Bereich des sogenannten Brandschichten-Komplexes (Fundhorizont 4, G. BEHM-BLANCKE 1960) kommt das Steppennashorn, *Dicerorhinus hemitoechus*, dazu. Es löst in der weiteren Entwicklung allmählich das Waldnashorn ab, während der Waldelefant ganz verschwindet. Im Oberen Travertin tritt dann nur noch *Dicerorhinus hemitoechus* auf. Gleichzeitig mit der *Palaeoloxodon antiquus*-Fauna ist auch eine optimale Entwicklung der Waldkomponente in der Molluskenfauna festzustellen.

Im allgemeinen treten in der Vertebratenfauna Arten auf, die weniger in geschlossenen Waldlandschaften als in der Waldsteppe mit offenen Landschaftstypen, wie Strauch- und Wiesenformationen, leben. Das sind in gewissem Maße Bison und Wildpferd, die großen Hirsche sowie das Steppennashorn. Wie das vor allem bei dem genannten Wechsel von Wald- zu Steppennashorn gezeigt wurde, nimmt diese an offene Landschaft gebundene Fauna zum Oberen Travertin hin zu. Eine Parallelentwicklung läßt die Molluskenfauna erkennen.

Unter den Kleinsäugern aus dem Unteren Travertin sind ebenfalls neben Arten, die mehr an Waldbiotope angepaßt sind *(Castor fiber, Sorex araneus, Sorex minutus, Crocidura, Sicista, Pitymys subterraneus, Talpa europaea)* solche zu finden, die auch die offene Landschaft bevorzugen. Das sind *Ochotona pusilla, Citellus cietlloides, Cricetus cricetus, Clethrionomys glareolus, Apodemus sylvaticus, Microtus arvalis, M. gregalis*. Sie lassen deutliche Beziehungen zum ariden kontinentalen Steppengebiet erkennen. Das sind vor allem Arten mit gegenwärtig osteuropäisch-asiatischer Verbreitung

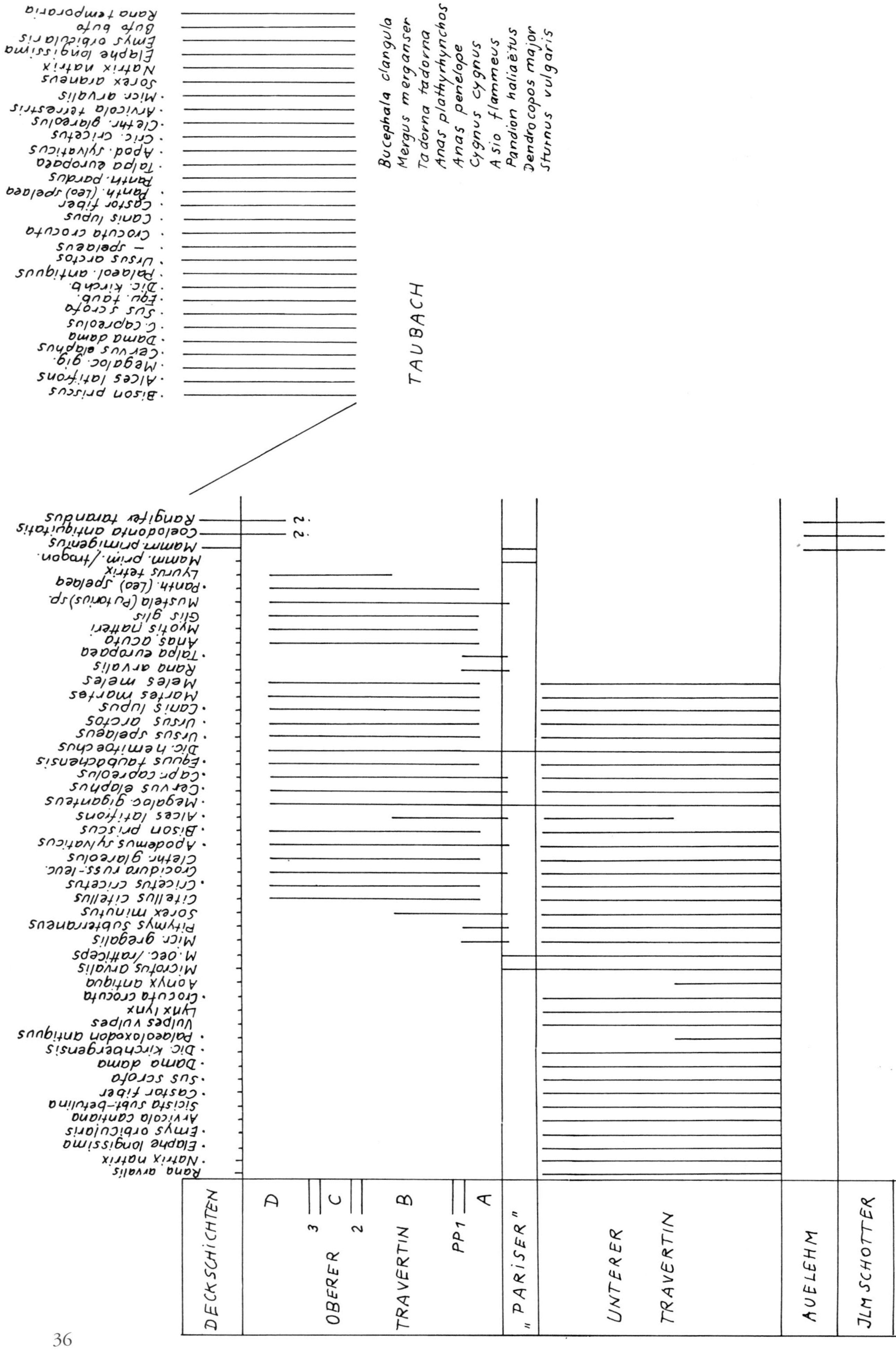

Abb. 3 Ehringsdorf und Taubach. Zusammensetzung der Wirbeltierfauna.

(W.-D. HEINRICH et al. 1986). Auch diese Offenlandarten nehmen in der Travertinfolge nach oben an Häufigkeit zu (W.-D. HEINRICH 1980).

Es treten in der Wirbeltierfauna zahlreiche thermophile Arten auf. Hier sind besonders die Europäische Sumpfschildkröte und die Äskulapnatter zu nennen, die beide heute ein etwa mediterran-pontisch-vorderasiatisches Verbreitungsgebiet einnehmen. Thermophil sind auch *Lacerta sp., Anguis fragilis, Natrix natrix*, wie auch verschiedene Kleinsäuger (*Talpa, Sorex, Glis glis, Crocidura, Clethrionomys, Apodemus, Pitymys subterraneus, Castor fiber*). Unter den großen Säugern sind es besonders die Angehörigen der *Palaeoloxodon*-Fauna.

2.6.3. Zwischenhorizont

Als gesicherte Nachweise können für den „Pariser"-Horizont lediglich *Dicerorhinus hemitoechus, Megaloceros giganteus* und *Mammuthus sp.* (Stoßzahn) gelten. Aus basalen humosen Schluffen des Horizonts stammen einige Kleinsäuger-Arten offener Steppenlandschaften, wobei ein eindeutiger Beweis für kaltklimatische Verhältnisse fehlt. Wie bei der Beschreibung der Molluskenfaunen erwähnt wurde, kommt an einer Stelle des Travertinlagers die Unterbrechung der initialen Steppenbodenbildung auf dem Pariser durch dünne Rieselfeldtravertin-Lagen vor. Hier war die gleiche boreal bis kühl-temperierte Waldsteppenfauna (Mollusken) wie im „Pariser" selbst entwickelt. Wie wir von anderen pleistozänen Fundstellen wissen, sind kühl-temperierte Waldsteppen- und Steppenphasen mit Wirbeltierfaunen assoziiert, die aus widerstandsfähigen Arten der Warmzeitfauna und aus Vertretern der Kaltzeitfauna vom Typus der *Mammuthus*-Fauna zusammengesetzt sind. Ein Beispiel ist die Fauna aus dem zweiten frühweichselzeitlichen Interstadial des Aschersleber Sees (D. MANIA / V. TOEPFER 1973; D. MANIA 1993). Aus diesem Grund ist es kein Widerspruch, wenn gelegentlich dicht über dem „Pariser" Reste von *Mammuthus primigenius* und *Mammuthus primigenius-trogontherii* beobachtet wurden. Auch *Coelodonta antiquitatis* (Wollhaarnashorn) kann in dieser Gesellschaft vorkommen, obwohl die spärlichen Reste (H.-D. KAHLKE 1975) nicht eindeutig diesem Horizont zugewiesen werden können.

Mit diesen Nachweisen – Molluskenfaunen der Waldsteppe und Tschernosem-Wiesensteppe, Kleinvertebraten der offenen Steppenlandschaften, Wirbeltierfauna mit einzelnen Vertretern kaltzeitlicher Steppen, die Parktaigen und Steppen nach Pollenanalysen – kann der „Pariser" mit seinen faziellen Äquivalenten nicht als Bildung einer voll entwickelten Kaltzeit, auch nicht einer nur kurzfristig ablaufenden Kaltphase mit subarktischem oder gar arktischem Klima interpretiert werden. Wir haben ausschließlich Hinweise auf boreales bis kühl-temperiertes, jedoch kontinental-arides Klima, so daß lediglich eine kühle Schwankung vorliegt, die die Entwicklung des durch relativ trockenes Klima gekennzeichneten Ehringsdorfer Interglazials unterbricht!

2.6.4. Oberer Travertin

Die Fauna des Oberen Travertins kann nach ihrem kennzeichnenden Vertreter als *Dicerorhinus hemitoechus*-Fauna bezeichnet werden. Die wichtigsten Vertreter der Waldelefanten-Fauna sind verschwunden. Alle Arten sind zurückgeblieben, die in offenen, waldsteppenartigen warmen Landschaften mit kleinen Gehölzen, Gebüschfluren und Wiesensteppen leben: neben dem Steppennashorn die großen Hirsche, Wildpferde, Bisons, eine große Reh-Form, die ubiquistischen Raubtiere und unter den Kleinsäugern besonders die kontinental geprägten Offenlandbewohner: *Citellus citellus, Glis glis, Cricetus cricetus, Apodemus sylvaticus*.

In dieser zumindest den Hochwald und geschlossene Wälder meidenden Fauna wirkt das Birkhuhn (*Lyrurus tetrix*) aus höheren Lagen des Oberen Travertins wie ein Fremdling. Es kommt allerdings auch im Niederwald, auf Matten, in Strauchfluren, in den Niederungen in Erlen- und Birkengehölzen vor. Ähnliche Biotope gab es auch im Travertingebiet von Ehringsdorf.

2.6.5. Deckschichten

Die vereinzelt auftretenden Formen einer *Mammuthus*-Fauna sind allgemein kaltzeitlich und jungpleistozänen Alters.

2.6.6. Zur Zeitstellung der Wirbeltierfauna von Weimar-Ehringsdorf

Im Unteren Travertin wurde eine Form von *Arvicola cantiana* nachgewiesen (*A. cantiana-terrestris*). Sie gehört nach ihrem Evolutionsgrad der mittelpleistozänen *Cantiana*-Phase an (W.-D. HEINRICH 1980, 1981, 1982, 1987). Damit ist der untere Travertin älter als das Eem. Die Spaltenfüllungen mit Mollusken zeigen, daß auch der Obere Travertin älter sein muß als diese Warmzeit.

Das Vorkommen früher *Primigenius*-Formen vom Typus *Mammuthus primigenius trogontherii* in den Basisschichten, im „Pariser" und seinen Travertinäquivalenten bestätigen die Einstufung in den Saale/Riß-Komplex (vgl. W. I. GROMOV / W. E. GARUTT 1975; E. W. GUENTHER 1975). Ein höheres Alter des

Ehringsdorfer Travertins wird besonders auch durch den stammesgeschichtlichen Entwicklungsstand seiner Pferde und Biber gestützt. Nach den Untersuchungen von R. MUSIL (1975, 1977, 1984, 1991), M. KRETZOI (1975, 1977) und W.-D. HEINRICH (1989 a, b, 1991 a, b) sind die Pferde und Biber eemzeitlicher Ablagerungen, so von Taubach, Weimar, Burgtonna und anderen Fundstellen deutlich weiter entwickelt, also phylogenetisch jünger als jene von Ehringsdorf.

Von den Bearbeitern der anderen Ehringsdorfer Fossilgruppen wurden hin und wieder auch Beobachtungen angegeben, die auf Unterschiede zur Eem-Fauna verweisen. So stimmt der Ehringsdorfer *Ursus arctos* am besten mit spätrißzeitlichen Bären überein; der Schwarzbär *(U. tibethanicus)* wurde bisher in Europa nur in älteren als eemzeitlichen Ablagerungen nachgewiesen; und der Höhlenbär *(U. spelaeus)* verkörpert eine „ältere jungpleistozäne Form" (B. KURTÉN 1975).

Auffällig ist im Unteren wie im Oberen Travertin von Ehringsdorf das Auftreten von Arten, die eine deutliche Beziehung der Fauna nach Ost- und Südosteuropa sowie Asien erkennen lassen (z. B. W.-D. HEINRICH 1980; W.-D. HEINRICH et al. 1986). Das sind z. B. Arten wie *Ochotona pusillus, Microtus gregalis, Citellus citellus, Citellus citelloides*. Auch *Alces latifrons postremus* zeigt in seiner pleistozänen Verbreitung derartige Beziehungen (H.-D. KAHLKE 1975 b). *Emys orbicularis* und *Elaphe longissima* sowie weitere mehr südlich-mediterran, südosteuropäisch oder pontisch verbreitete Arten verstärken diesen Eindruck der Ehringsdorfer Wirbeltierfauna als einer mediterran-subkontinental beeinflußten Fauna. Darin stimmt sie mit der Molluskenfauna und der Travertinflora überein. Das verleiht aber insgesamt dem Ehringsdorfer Travertin eine Sonderstellung, die ihn deutlich von ozeanisch beeinflußten Interglazialen, wie dem Eem, abhebt.

Die frühere Meinung über die Einstufung von Ehringsdorf in die letzte Warmzeit oder teilweise sogar in das Weichselfrühglazial – diese Einstufung wurde unter Berufung auf Thermalquellen vorgenommen, die die Ehringsdorfer Gewässer niemals gewesen sind – kann nicht mehr aufrechterhalten werden. Zu viele Indizien sprechen dagegen. Sie können nur mit widersprüchlichen Schlußfolgerungen oder Ignoranz aus dem Weg geräumt werden, um eine eindeutige Zuweisung zur Eemwarmzeit zu ermöglichen. Am wenigsten sind artefakt-typologische Merkmale und ihre Daten dazu geeignet, die geologischen und paläontologischen Kriterien für eine Stratigraphie verändern zu wollen.

Auf formale Gliederungsangebote, wie beispielsweise eine Parallelisierung der Horizonte 1–4 des Oberen Travertins mit früh- bis mittelweichselzeitlichen Interstadialen oder des „Pariser"-Zwischenhorizonts und der sog. „Pseudopariser" mit den entsprechenden arktisch-hocharktischen Stadialen ohne Rücksicht auf qualitative Merkmale und Unterschiede (z. B. bei W. STEINER 1975 a, 1976, 1979) sollte vollständig verzichtet werden. Allein das Vorkommen von *Syringa josikaea* bis in oberste Lagen des Oberen Travertins oder von *Crocidura leucodon-russula, Apodemus sylvaticus und Pitymys subterraneus* oder die boreal bis kühl temperierten Waldsteppen- und Tschernosem-Wiessensteppen-Gesellschaften des „Parisers" und „Pseudoparisers" verbieten eine Einordnung des Oberen Travertins in frühglaziale Abschnitte.

2.7. Die Hominiden-Funde von Weimar-Ehringsdorf

Hominiden-Reste wurden bisher nur im Unteren Travertin gefunden. Die Neuuntersuchungen (E. VLČEK 1989, 1991, vorliegender Band) zeigen, daß die Individuen der Ehringsdorfer Population als jüngere Vertreter in den Kreis des archaischen Sapiens gehören (Kreis des *Homo sapiens steinheimensis*).

2.8. Radiometrische und ESR-Datierungen

Zunächst wurde eine vertikale Serie von neun Proben aus Unterem und Oberem Travertin von D. MANIA (1970) entnommen und einer Datierung zugeführt. Die $^{234}U/^{230}Th$-Daten ergaben eine durchschnittliche Altersstellung von 220 000 Jahren vor heute (J. KUKLA 1975). Später wurden Datierungen in Köln (K. BRUNNACKER et al. 1983) und Kanada (B. BLACKWELL / H. P. SCHWARCZ 1986), auch in Kombination mit ESR-Datierungen durchgeführt (H. P. SCHWARCZ et al. 1988):

1. K. BRUNNACKER et al. 1983 $^{234}U/^{230}Th$-Datierung, 10^3 Jahre

Oberer Travertin:	121 +13/–11
	132 +17/–15
Unterer Travertin:	202 bis 212, über 400
Oberer Travertin:	212 +30/–24
Unterer Travertin:	167 +27/–21
	244 +50/–34
	159 +16/–14

2. B. BLACKWELL / H. P. SCHWARCZ 1986 $^{234}U/^{230}Th$-Datierung, 10^3 Jahre

Oberer Travertin:	„Brandschicht", 3 Daten:
	62 +253/–153
	155 +/–7
	156 +32/–27
Unterer Travertin:	197 +39/–30
	196 +/–8
	205 +94/–54
	209 +147/–80

3. H. P. Schwarcz et al. 1988 ESR-Datierung, 10^3 Jahre

Oberer Travertin: 115 +17/–14
                     124 +25/–17
                     125 +25/–17
Unterer Travertin: 127 +25/–17
                     168 +32/–22
                     157 +34/–22
                     200 +34/–25
                     200 +44/–28

2.9. Zur stratigraphischen Stellung von Weimar-Ehringsdorf

Nach den Datierungen hat zumindest der Untere Travertin ein höheres Alter als Eemwarmzeit und kann einer intrasaalezeitlichen Warmzeit zugeordnet werden. Daß wir allerdings diese Daten mit Vorsicht aufnehmen müssen, zeigen nicht nur die kritischen Bemerkungen dazu (vgl. K. Brunnacker et al. 1983), sondern allein die Differenz in unseren Beobachtungen über die Sedimentationsdauer im Vergleich mit den Daten. Wir wissen, daß der Untere Travertin ohne Sedimentationsunterbrechung in einem besonders warmen Klimaabschnitt eines Interglazials abgelagert wurde. Diese Phasen sind relativ kurz und umfassen maximal einige tausend Jahre. Bei einem Probenabstand von etwa 50 cm liegt ein Datenintervall von 77 000 Jahren vor (K. Brunnacker et al. 1983), bei einem anderen Probenabstand von 150 cm ergibt sich ein Datenintervall von 73 000 Jahren.

Zur Zeit werden Kontrolldatierungen durchgeführt (M. Geyh, Hannover).

Es hat sich gezeigt, daß die gesamte Ehringsdorfer Travertinfolge ein Klimazyklus ist, der nach Überschreiten eines Klimaoptimums im Unteren Travertin durch eine kühle, relativ trockene Phase mit Waldsteppen und Wiesensteppen sowie stärkerer Hangabtragung unterbrochen wurde. Danach kam es wieder zu warm gemäßigten, aber zunehmend trockenen Klimaverhältnissen, die durch drei untergeordnete kühle, trockene Phasen nochmals unterbrochen wurden (Oberer Travertin, „Pseudopariser"). Der Trend zu zunehmend trockenem Klima kündigt sich schon im Unteren Travertin an. Die kühlen Schwankungen können in keinem Fall als Ausdruck voll entwickelten kaltzeitlichen Klimas angesehen werden.

Nach Aussage der Travertinflora, der Mollusken und der Wirbeltierfauna sind Unterer und Oberer Travertin unter mediterran-subkontinentalen Klimaverhältnissen entstanden. Es kam nicht zur Entwicklung einer *Helicigona banatica*-Fauna wie in den mittelpleistozänen Interglazialen und im Eem. Statt dessen treten neben einer allgemein mitteleuropäischen Waldmolluskenfauna kontinentale Steppenelemente auf. Das prägt auch die Wirbeltierfauna, in der zusätzlich ältere, voreemzeitliche Entwicklungsstadien der Arvicoliden, Biber und Pferde erscheinen.

Parallelen aus dem Elbe-Saale-Gebiet finden sich in den ebenfalls intrasaalezeitlich einzuordnenden Interglazialen von Neumark-Nord (Geiseltal, D. Mania / M. Thomae 1987; D. Mania 1990, 1992; D. H. Mai 1990) und Lengefeld-Bad Kösen (D. Mania / M. Altermann 1970, Neuuntersuchungen: D. Mania 1989, 1990). Neumark-Nord ist eine limnisch-telmatische Abfolge zwischen saale(drenthe-)zeitlichen glazigenen Ablagerungen (Grundmoräne, „Saale I") und zwei periglaziären Zyklen aus Warthe- und Weichselkaltzeit, bei Lengefeld-Bad Kösen handelt es sich um den mit Hangschutt verzahnten Langenbogener Bodenkomplex, der über saalezeitliche Löß- und Hangschuttbildungen sowie Bändertone der saale(drenthe)- zeitlichen Vereisung hinweggreift und unter warthezeitlichem Löß liegt. Dieser trägt seinerseits den eemfrühweichselzeitlichen Naumburger Bodenkomplex. Der Langenbogener Bodenkomplex besteht aus einem Lessivé und einem darauf lagernden, wahrscheinlich durch nochmalige Bewaldung degradierten Tschernosem. In beiden Interglazialen fehlt die *Helicigona banatica*-Fauna. Wie in Ehringsdorf tritt nur eine allgemein mitteleuropäische Waldkomponente in der Molluskenfauna auf, die mit z. T. ponto-meridionalen Steppenschnecken assoziiert ist. Das Klimaoptimum von Neumark-Nord wird durch einen mediterransubkontinentalen Tatarenahorn-Eichen-Steppenwald mit zahlreichen Straucharten charakterisiert, im Lessivé des Langenbogener Bodens kommen noch Steinkerne des thermophilen, gegenwärtig mediterran-kaukasisch-westhimalajisch verbreiteten Zürgelbaums (*Celtis sp.*) vor. Weitere Entsprechungen für dieses intrasaalezeitliche Interglazial, in dessen Rahmen Ehringsdorf zu stellen ist, bietet die Lößstratigraphie Böhmens, Mährens und der Slowakei. Hier bezieht der Bodenkomplex PK IV eine interrißzeitliche Stellung. Auch in diesem kommt keine *Helicigona banatica*-Fauna vor, es wurden aber neben allgemeinen Waldarten auch Steppenarten gefunden. Außerdem führt dieser Bodenkomplex Steinkerne von *Celtis neopleistocaenica* (J. Kukla 1975; V. Ložek 1989).

Alle diese Interglaziale einschließlich Ehringsdorf und die sie begrenzenden Erscheinungen lassen sich dem Stage 7 der Ozeantemperaturkurve zuweisen. Seine Reichweite wird mit 245 000–186 000 Jahren vor heute angegeben.

Literatur

Behm-Blancke, G.: Altsteinzeitliche Rastplätze im Travertingebiet von Taubach, Weimar, Ehringsdorf. – Alt-Thüringen 4 (1960). Weimar.

Blackwell, B./ Schwarcz, H. P.: U-series analyses of the Lower Travertine at Ehringsdorf, DDR. – Quaternary Research 25 (1986), 215–222. Washington.

Brunnacker, K. et al.: Radiometrische Untersuchungen zur Datierung mitteleuropäischer Travertinvorkommen. – Ethnogr.-Archäol. Zschr. 24 (1983), 217–266. Berlin.

Claus, H.: Gagelsträuch *Myrica gale* L. 1753 im Travertin von Burgtonna in Thüringen. – Quartärpaläontologie 3 (1978), 67. Berlin.

Diebel, K./ Wolfschläger, H.: Ostracoden aus dem jungpleistozänen Travertin von Weimar-Ehringsdorf. – Abh. Zentr. Geol. Inst., Paläontol. Abh. 23 (1975), 90–136. Berlin.

Feustel, R.: Zur zeitlichen und kulturellen Stellung des Paläolithikums von Weimar-Ehringsdorf. – Alt-Thüringen 19 (1983), 16–42. Weimar.

Frenzel, B.: Pollenanalysen an Material aus dem „Pariser" von Weimar-Ehringsdorf. – Abh. Zentr. Geol. Inst., Paläontol. Abh. 21 (1974), 343–351. Berlin.

Gromov, W. I./ Garutt, W. E.: Mandibel-Reste einer Frühform des *Mammuthus primigenius* (Blumenbach) von Weimar-Ehringsdorf. – Abh. Zentr. Geol. Inst., Paläontol. Abh. 23 (1975) 453–464. Berlin.

Guenther, E. W.: Die Backenzähne der Elefanten von Ehringsdorf bei Weimar. – Abh. Zentr. Geol. Inst., Paläontol. Abh. 23 (1975), 399–452. Berlin.

Haase, G. et al.: Sedimente und Paläoböden im Lößgebiet. – Petermanns Geogr. Mitt., Ergänzungsheft 274 (1970), 99–212. Gotha/ Leipzig.

Heinrich, W.-D.: Biostratigraphische Aspekte einer neuen Kleinsäugerfauna aus dem Unteren Travertin von Weimar-Ehringsdorf. – Ztschr. f. geol. Wiss. 8 (1980), 923–927. Berlin.

– Zur stratigraphischen Stellung der Wirbeltierfaunen aus den Travertinfundstätten von Weimar-Ehringsdorf und Taubach in Thüringen. – Zschr. f. geol. Wiss. 9 (1981), 1031–1055. Berlin.

– Zur Evolution und Biostratigraphie von *Arvicola* (Rodentia, Mammalia) im Pleistozän Europas. – Zschr. f. geol. Wiss. 10 (1982), 683–735. Berlin.

– Neue Ergebnisse zur Evolution und Biostratigraphie von *Arvicola* (Rodentia, Mammalia) im Quartär Europas. – Zschr. f. geol. Wiss. 15 (1987), 389–406. Berlin.

– Biometrische Untersuchungen an Fossilresten des Bibers (*Castor fiber* L.) aus thüringischen Travertinen. – Ethnogr.- Archäol. Zschr. 30 (1989 a), 394–403. Ber lin.

– Biostratigraphische Untersuchungen an fossilen Kleinsäugerresten aus dem Travertin von Bilzingsleben. –Ethnogr.- Archäol. Zschr. 30 (1989 b), 379–393. Berlin.

– Biometrische Untersuchungen an Fossilresten des Bibers. – Veröff. Landesmus. Vorgesch. Halle 44 (1991 a), 35–62. Berlin.

– Zur biostratigraphischen Einordnung der Fundstätte Bilzingsleben anhand fossiler Kleinsäugetiere. – Veröff. Landesmus. Vorgesch. Halle 44 (1991 b), 71–79. Berlin.

Heinrich, W.-D./ Fejfar, O.: Fund eines Lutrinen (Mammalia: Carnivora, Mustelidae) aus dem Unteren Travertin von Weimar-Ehringsdorf in Thüringen. – Zschr. f. geol. Wiss. 16 (1988), 515–529. Berlin.

Heinrich, W. D./ Fejfar, O./ Schäfer, D.: Nachweis eines Otters (Mammalia: Carnivora) in der paläolithischen Travertinfundstätte von Weimar-Ehringsdorf in Thüringen. – Ausgrabungen u. Funde 31 (1986), 199–203. Berlin.

Janossy, D.: Fossile Vogelknochen aus den Travertinen von Weimar-Ehringsdorf. - Abh. Zentr. Geol. Inst., Paläontol. Abh. 23 (1975 a), 147 - 151. Berlin.

– Kleinsäugerfunde aus den Travertinen von Weimar-Ehringsdorf. – Abh. Zentr. Geol. Inst., Paläontol. Abh. 23 (1975 b), 501–511. Berlin.

Kahlke, H.-D.: Die Cervidenreste aus den Travertinen von Weimar-Ehringsdorf. – Abh. Zentr. Geol. Inst., Paläontol. Abh. 23 (1975 a), 201–249. Berlin.

– Die Rhinocerotiden-Reste aus den Travertinen von Weimar-Ehringsdorf. – Abh. Zentr. Geol. Inst., Paläontol. Abh. 23 (1975 b), 337–397. Berlin.

– Zur chronologischen Stellung der Travertine von Weimar-Ehringsdorf. – Abh. Zentr. Geol. Inst., Paläontol. Abh. 23 (1975 c), 591–596. Berlin.

Kahlke, H.-D. et al.: Das Pleistozän von Weimar-Ehringsdorf. Teil I. – Abh. Zentr. Geol. Inst., Paläontol. Abh. 21 (1974). Berlin.

– Das Pleistozän von Weimar-Ehringsdorf. Teil II. – Abh. Zentr. Geol. Inst., Paläontol. Abh. 23 (1975). Berlin.

– Das Pleistozän von Taubach bei Weimar. – Quartärpaläontologie 2 (1977). Berlin.

– Das Pleistozän von Weimar. – Quartärpaläontologie 5 (1984). Berlin.

Kreisel, H.: *Lenzites warnieri* (Basidiomycetes) im Pleistozän von Thüringen. – Feddes Repetorium 88 (1977), 5–6. Berlin.

Kretzoi, M.: Die Castor-Funde aus dem Travertinkomplex von Weimar-Ehringsdorf. – Abh. Zentr. Geol. Inst., Paläontol. Abh. 23 (1975), 513–532. Berlin.

– Die *Castor*-Reste aus den Travertinen von Taubach bei Weimar. – Quartärpaläontologie 2 (1977), 389–400. Berlin.

Kukla, J.: Loess stratigraphy of Central Europe. – After the Australopithecines. Ed. K. W. Butzer/ G. C. Isaac. 99–188. Den Haag, Paris, 1975.

Ložek, V.: Quartärmollusken der Tschechoslowakei. – Rozprávy ÚÚG 31 (1964). Praha.

– Das Problem der Lößbildung und die Lößmollusken. – Eiszeitalter u. Gegenwart 16 (1965), 61–75. Öhringen.

– Zur Stratigraphie des Elster-Holstein-Saalekomplexes in der Tschechoslowakei. – Ethnogr.-Archäol. Zschr. 30 (1989), 579–594. Berlin.

Mai, D. H.: Die fossile Pflanzenwelt des interglazialen Travertins von Bilzingsleben (Thüringen). – Veröff.

Landesmus. Vorgesch. Halle 36 (1983), 45–129. Berlin.
– Zur Flora des Interglazials von Neumark-Nord, Kreis Merseburg (vorläufige Mitt.). – Veröff. Landesmus. Vorgesch. Halle 43 (1990), 159. Berlin.

Mania, D.: Paläoökologie, Faunenentwicklung und Stratigraphie des Eiszeitalters im mittleren Elbe-Saalegebiet auf Grund von Molluskengesellschaften. – Geologie, Beiheft 78/79 (1973). Berlin.
– Zur Molluskenfauna im Horizont des Parisers und angrenzender Schichten von Ehringsdorf. – Abh. Zentr. Geol. Inst., Paläontol. Abh. 21 (1974), 226–230. Berlin.
– Zur Stellung der Travertinablagerungen von Weimar-Ehringsdorf im Jungpleistozän des nördlichen Mittelgebirgsraumes. – Abh. Zentr. Geol. Inst., Paläontol. Abh. 23 (1975), 572–589. Berlin.
– Die Molluskenfauna aus dem unteren humosen Sand des Travertinprofils von Taubach. – Quartärpaläontologie 2 (1977), 97–98. Berlin.
– Die Molluskenfauna aus den Travertinen von Burgtonna in Thüringen. – Quartärpaläontologie 3 (1978), 69–85. Berlin.
– Stratigraphie, Ökologie und Paläolithikum des Mittel- und Jungpleistozäns im Elbe-Saalegebiet. – Ethnogr.-Archäol. Zschr. 30 (1989), 636–663. Berlin.
– Stratigraphie, Ökologie und mittelpaläolithische Jagdbefunde des Interglazials von Neumark-Nord (Geiseltal). – Veröff. Landesmus. Vorgesch. Halle 43 (1990), 9–130. Berlin.
– Neumark-Nord: ein fossilreiches Interglazial im Geiseltal. – Cranium 9 (1992), 53–76, Rotterdam.

Mania, D./ Altermann, M.: Zur Gliederung des Jung- und Mittelpleistozäns im mittleren Saaletal bei Bad Kösen. – Geologie 19 (1970), 1161–1184. Berlin.

Mania, D./ Thomae, M.: Neumark-Nord – Fundstätte eines interglazialen Lebensraumes mit anthropogenen Besiedlungsspuren. – Techn. Kurzinform. 23, BS d. KdT, BKW Geiseltal (1987), 32–51. Halle.

Mania, D./ Toepfer, V.: Königsaue – Gliederung, Ökologie und paläolithische Funde der letzten Eiszeit. – Veröff. Landesmus. Vorgesch. Halle 26 (1973). Berlin.

Musil, R.: Die Equiden aus dem Travertin von Ehringsdorf. – Abh. Zentr. Geol. Inst., Paläontol. Abh. 23 (1975), 265–335. Berlin.
– Die Equidenreste aus den Travertinen von Taubach. – Quartärpaläontologie 2 (1977), 237–264. Berlin.
– Die fossilen Equidenreste aus den Travertinen von Burgtonna in Thüringen. – Quartärpaläontologie 3 (1978), 137–138. Berlin.
– Die Equidenreste aus dem Travertin von Weimar. – Quartärpaläontologie 5 (1984), 369–380. Berlin.
– Pferde aus Bilzingsleben. –Veröff. Landesmus. Vorgesch. Halle 44 (1991), 103–130. Berlin.

Schäfer, D.: Neue Befunde und Funde von Weimar-Ehringsdorf. – Alt-Thüringen 21 (1986), 7–25. Weimar.
– Ein altpaläolithischer Oberflächenfundplatz vom Widderberg bei Weimar. – Alt-Thüringen 24 (1989 a), 7–32. Weimar.
– Paläolithische Oberflächenfunde von Weimar (Böckelsberg) und aus den Deckschichten von Weimar-Ehringsdorf. – Ausgrabungen u. Funde 34 (1989 b), 211–217. Berlin.
– Weimar-Ehringsdorf: Diskussionsstand zur geochronologischen und archäologischen Einordnung sowie aktuelle Aufschlußsituation. – Quartär 41/42 (1991), 19–43. Bonn.

Schäfer, D./ Jäger, K.-D.: Verkohlte Steinkerne der Kornel-Kirsche (Cornus mas L.) aus dem Paläolithikum des Oberen Travertins von Weimar-Ehringsdorf. – Alt-Thüringen 20 (1984), 15–22. Weimar.

Schwarcz, H. P. et al.: The Bilzingsleben Archaeological Site: New Datings Evidence. – Archaeometry 30 (1988), 5–17. Oxford.

Seifert, M.: Ein Interglazial von Neumark-Nord (Geiseltal) im Vergleich mit anderen Interglazialvorkommen in der DDR. – Veröff. Landesmus. Vorgesch. Halle 43 (1990), 149–158. Berlin.

Soergel, W.: Exkursion ins Travertingebiet von Ehringsdorf. – Paläontol. Zschr. 8 (1926), 7–33. Berlin.

Steiner, W.: Die Prozeßabfolge bei der Genese des Pariser-Horizonts im Travertinprofil von Ehringsdorf bei Weimar. – Wiss. Zschr. Hochsch. Arch. u. Bauwesen Weimar 16 (1969), 569–572. Weimar.
– Stratigraphie und Sedimentationsgeschwindigkeit der Travertine von Burgtonna und Ehringsdorf. – Geologie 19 (1970), 931–943. Berlin.
– Zur geologischen Dokumentation des Pariser Horizonts im Travertinprofil von Weimar-Ehringsdorf. – Abh. Zentr. Geol. Inst., Paläontol. Abh. 21 (1974), 199–247. Berlin.
– Der Hominiden-Schädel aus dem pleistozänen Travertin von Ehringsdorf bei Weimar. – Biol. Rundschau 13 (1975), 174–184. Jena.
– Das neue Standardprofil des Travertinvorkommens von Ehringsdorf bei Weimar. – Zschr. f. geol. Wiss. 4 (1976), 771–780. Berlin.
– Der Travertin von Ehringsdorf und seine Fossilien. – Die Neue Brehm-Bücherei 522 (1979). Wittenberg.

Steiner, U./ Steiner W.: Ein steinzeitlicher Rastplatz im Oberen Travertin von Ehringsdorf bei Weimar. – Alt-Thüringen 13 (1975), 17–42. Weimar.

Steiner, W./Wiefel, H.: Die Travertine von Ehringsdorf bei Weimar und ihre Erforschung. – Abh. Zentr. Geol. Inst., Paläontol. Abh. 21 (1974), 12–60. Berlin.

Steinmüller, A.: Der Pariser-Horizont von Ehringsdorf. – Abh. Zentr. Geol. Inst., Paläontol. Abh. 21 (1974), 173–198. Berlin.

Toepfer, V.: Stratigraphie und Ökologie des Paläolithikums. – Petermanns Geogr. Mitt., Ergänzungsheft 274 (1970), 329–422. Gotha/ Leipzig.

Vent, W.: Die Flora der Ilmtaltravertine von Weimar-Ehringsdorf. – Abh. Zentr. Geol. Inst., Paläontol. Abh. 21 (1974), 259–321. Berlin.

Vlček, E.: Homo erectus in Europa. – Ethnogr.-Archäol. Zschr. 30 (1989), 287–305. Berlin.
– L'homme fossile en Europe centrale. – L'Anthropologie 95 (1991), 409–471. Paris.

Wagenbreth, O./ Steiner, W.: Zur Feinstratigraphie und Lagerung des Pleistozäns von Ehringsdorf bei Weimar. – Abh. Zentr. Geol. Inst., Paläontol. Abh. 21 (1974), 77–156. Berlin.

Weber, Th.: Mathematische Methoden bei der Analyse

von Inventaren geschlagener Steinartefakte. – Habilitationsschr., ungedr. – Halle/Saale, 1990.

WIEGERS, F./ Weidenreich, F./ Schuster, E.: Der Schädelfund von Weimar-Ehringsdorf. – Jena, 1928. WÜST, E.: Die pleistozänen Ablagerungen des Travertingebietes der Gegend von Weimar und ihre Fossilienbestände in ihrer Bedeutung für die Beurteilung der Klimaschwankungen des Eiszeitalters. – Zschr. Naturwiss. 82 (1910), 161–252. Leipzig.

ZEISSLER, H.: Konchylien im Ehringsdorfer Pleistozän. – Abh. Zentr. Geol. Inst., Paläontol. Abh. 23 (1975), 15–90. Berlin.

– Konchylien aus dem Pleistozän von Taubach. – Quartärpaläontologie 2 (1977), 139–160. Berlin.

3. Die Ehringsdorfer Kultur
von Rudolf Feustel

Die Funde aus dem Unteren Travertin von Weimar-Ehringsdorf sind nach derzeitigen Vorstellungen bis etwa 220 000 Jahre alt, also wesentlich älter als bisher angenommen (ca. 100 000 BP). Diese Umdatierung ändert nichts an der phylogenetischen Stellung der paläanthropinen Ehringsdorfer zwischen dem „präsapienten" *Homo sapiens steinheimensis* (ca. 300 000 BP) und dem neanthropinen *Homo sapiens sapiens*. Die zeitlichen Abstände zu dem letzteren (ab 40 000 BP) und auch zu den zwischen etwa 80 000 und 40 000 BP im letzten Glazial lebenden Neandertalern und ähnlichen Paläanthropinen hätten sich jedoch erheblich vergrößert.

Zur Stellung im System paläolithischer Kulturen

Mit den Neandertalern direkt oder zumindest mit deren Zeitalter verbunden wird gemeinhin die als Moustérien bezeichnete – inzwischen schon in einzelne mehr oder weniger differierende archäologische Kulturen und Gruppen aufgelöste – Kultur von mittelpaläolithischem Habitus in Verbindung gebracht. Weil die Ehringsdorfer Steingeräte in den Typen des Moustérien zahlreiche Analogien haben, sah man in ihnen den unmittelbaren späteemzeitlichen Vorläufer des frühwürmzeitlichen Moustérien und klassifizierte sie dementsprechend als „Altmoustérien" oder „warmes Moustérien". Die starke Schaber-Spitzen-Komponente legte insbesondere eine Verbindung zum französischen moustéroiden Charentien nahe. Indem einige Elemente im Geräteschatz hervorgehoben, ja überbetont wurden, verknüpfte man Ehringsdorf auch mit dem Spätacheuléen, vor allem aber mit frühen Blattspitzenkulturen. Dementsprechend nannte G. Behm-Blancke (1960) die Ehringsdorfer Industrie „Moustérien prészeletien A" und sah zudem noch einen durch „Praeaurignacien-Einfluß erklärbaren Klingeneinschlag". Selbst unter der Voraussetzung, daß Ehringsdorf späteemzeitlich ist, sind die Ansichten über diese Zusammenhänge nicht hinreichend fundiert. Wenn sich nun noch bewahrheiten sollte, daß Ehringsdorf weit älter ist, dann bleibt der Versuch, das Ehringsdorfien z. B. mit dem Charentien oder Szeletien direkt zu verbinden in Anbetracht der zeitlichen Abstände von u. U. 50 000 bis mehr als 150 000 Jahren nur in dem Maße sinnvoll, als solche Arbeitshypothesen Trends verdeutlichen und anregen, zielgerichtet zeitliche und kulturelle Zwischenglieder zu suchen, um so die Entwicklung genauer verfolgen zu können. Gegebenenfalls rückt das Ehringsdorfien in die Nähe der rißzeitlichen Gruppe Rheindahlen in Nordwestdeutschland und der wenige Stücke umfassenden Industrie aus der Höhle von Hunas bei Nürnberg, die beide dem Charentien ähneln, sowie gleichalten Moustérien-Komplexen in Nordwest-Frankreich (G. Bosinski 1982; G. Freund 1982; A. Tuffreau 1982; F. Heller et al. 1983). Dabei ist noch besonders interessant, daß die Fragmente eines Schädels von Biache (Pas-de-Calais) anscheinend den „Präsapienten" von Swanscombe ähneln und damit auch den Ehringsdorfer Menschenresten nahestehen. Wahrscheinlich gehören nicht wenige weitere Moustérien-Wohnplätze, die in frühe Stadiale und Interstadiale des Würm-Glazials datiert werden, ins Eem-Interglazial oder sogar ins Riß-Glazial.

In der bisherigen Erforschung der Funde aus dem Unteren Travertin von Ehringsdorf wurde meist stillschweigend vorausgesetzt, daß alle Artefakte archäologisch gleichaltrig sind, d. h., daß sie innerhalb einiger Jahrhunderte, höchstens weniger Jahrtausende abgelagert worden sind und in Herstellung und Formgebung eine Einheit bilden. Dagegen hält es L. F. Zotz (1951, 116 ff.) für möglich, daß neben- und übereinander verschiedene Kulturen (Acheuléen, Levalloisien, Tayacien, Moustérien, Aurignacien) liegen. Man kann das Fundmaterial selbstverständlich ohne weiteres so sortieren, daß verschiedene Kulturen erscheinen. Ob diese aber eigenständig vertreten oder nur Einflüsse von solchen vorhanden sind, oder ob es sich gar nur um im allgemeinen Trend liegende Konvergenzerscheinungen handelt, bleibt in Frage gestellt. G. Behm-Blancke (1960, 183 ff.) unterschied im Unteren Travertin sechs Fundschichten bzw. -horizonte, wobei der vierte den Brandschichtenkomplex umfaßt, der die meisten Artefakte enthielt, doch konnte er anhand der relativ wenigen und nicht systematisch erfaßten Stücke keine nennenswerten Unterschiede in der Typenzusammensetzung erkennen.

Von F. Wiegers (1928) wurde die „Industrie" von (Weimar)-Ehringsdorf mit den scheinbar etwa gleichaltrigen der nur wenige Kilometer entfernten Fundstellen von Weimar und Taubach zu einer „Weimarer Kultur" vereint. G. Behm-Blancke (1960) hatte dagegen triftige Einwände; er sah die großen Unterschiede zwischen den Ehringsdorfer Artefakten einerseits und den als „primitives Moustérien" klassifizierten von Weimar und Taubach andererseits. Trotzdem faßte auch er Taubach, Weimar, Ehringsdorf als „Weimarer Kultur I, II, III" zusammen. Dabei scheinen die als „Taubachien" bezeichneten ziemlich primitiven kleinstückigen Abschlaggeräte von Taubach und Weimar in Herstellung und Formgebung einer anderen Traditionslinie zu folgen als das „Ehringsdorfien" mit seinen vielen wohlgeformten Gerätetypen. Hiergegen

43

spricht auch nicht, daß vereinzelte Stücke jener Fundstellen solchen von Ehringsdorf ähneln. Eine Entwicklung vom Taubachien zum Ehringsdorfien kann es auch darum nicht gegeben haben, weil – entgegen früherer Meinung – ersteres jünger ist (Spät-Eem? – Früh-Würm?). Somit käme eher eine gegenläufige Entwicklung in Betracht, quasi eine Degeneration des Ehringsdorfien.

Das Mittelpaläolithikum bestand in einer Zeit, in der sich die Paläanthropinen herausgebildet hatten und in zahlreiche Formen variierten und in der sich auch eine Vielzahl neben- und nacheinander existierender „Kulturen", „Gruppen", „Fazies", „Inventartypen" entwickelten, die allerdings mehr oder weniger viele Elemente gemeinsam haben (siehe dazu M. GÁBORI 1976). Deshalb ist kaum etwas gewonnen, wenn man den Blick auf das Vorkommen oder Fehlen von diesem oder jenem Typ beim Vergleich von Inventaren beschränkt. Es kommt vielmehr darauf an, die Ensembles in ihrer Gesamtheit zu vergleichen, allerdings nicht nur nach dem subjektiven Eindruck, der in den Publikationen durch die Auswahl schöner und interessanter Stücke oft geradezu verfälscht wirkt, sondern vor allem statistisch abgesichert. Das war noch nicht möglich, weil alle bisherigen Katalogisierungen in den Anfängen stecken blieben; viele Artefakte aus den Forschungsgrabungen der 50er Jahre blieben seit der Bergung unbeachtet.*

Typeninventar

Kürzlich erst begann der Verfasser, alle im Weimarer Museum liegenden paläolithischen Artefakte von Weimar-Ehringsdorf nach Fundstelle, Schicht, Fundjahr und Finder zu ordnen, zu bestimmen bzw. kurz zu beschreiben und zu katalogisieren – und es ist zu hoffen, daß diese längst fällige Arbeit auch abgeschlossen werden kann. Dabei zeigt sich, daß in vielen Fällen wichtige Angaben fehlen oder sehr ungenau sind. Wenn die Inventarisation vollendet ist und nach Auswertung der verschiedenen Daten, könnte es dennoch zu einem gewissen Grade möglich sein, mehrere Typeninventare zu isolieren und lokale sowie zeitlich bedingte Differenzen zwischen diesen zu erkennen. Solche gibt es sicherlich aufgrund allgemeiner Entwicklungstendenzen, individueller Fähigkeiten und Präferenzen der jeweiligen Produzenten sowie spezieller momentaner Bedürfnisse, aber sie scheinen nach dem derzeitigen Erkenntnisstand relativ geringfügig zu sein. Die wichtigsten Ehringsdorfer Gerätetypen hatten wir schon zusammengestellt und auch einen vorläufigen, weil auf einer unvollständigen und nicht unbedingt signifikaten Auswahl basierenden, Überblick über den Anteil der einzelnen Typen am Gesamtinventar gegeben (R.

---

* Die merkmalanalytische Aufnahme durch D. SCHÄFER (1988) erfaßte nur Abschläge, Kernsteine u. dgl., keine Gerätetypen.

FEUSTEL 1983). Gleiche Typen lassen sich in vielen mittelpaläolithischen Industrien finden, manche sogar in jungpaläolithischen.

Mit der neuen Bestandsaufnahme wurden bisher rund 5 500 Artefakte erfaßt, das ist schätzungsweise ein Drittel des vorliegenden Materials. Davon sind 575 Stücke mehr oder weniger retuschiert, also Instrumente im engeren Sinne, einschließlich Klingen, Abschläge und Trümmerstücke mit Retuschen; hinzu kommen 91 Kernsteine. Die Tabelle gibt eine Übersicht über das derzeit katalogisierte Typeninventar.

N	%	Objekt
2	0,35	gerade Spitze
11	1,91	symmetrische Spitze
4	0,70	breite Spitze
11	1,91	schmale Spitze
19	3,30	kleine Spitze
8	1,39	asymmetrische Spitze
1	0,17	alternierende Spitze
6	1,04	beidflächig ret. Spitze
3	0,52	Doppelspitze
24	4,17	Dickspitze
6	1,04	Doppel-Dickspitze
1	0,17	Levalloisspitze
4	0,70	Blattspitze
11	1,91	Mini-Blattspitze
6	1,04	Mini-Blattschaber
5	0,87	Fäustel
2	0,35	Halbfäustel
28	4,87	Spitzschaber
3	0,52	Winkelschaber
76	13,22	Einfache Schaber
16	2,78	Breitschaber
11	1,91	Steilschaber
26	4,52	Dickschaber
19	3,30	Doppelschaber
1	0,17	Doppel-Steilschaber
1	0,17	Doppel-Dickschaber
11	1,91	Wechselschaber
3	0,52	Schrägendschaber
5	0,87	Konkavschaber
13	2,26	Diskusförmige Schaber
9	1,57	irreguläre Rundschaber
22	3,83	irreguläre Schaber
12	2,09	irreguläre Schaber/ Kratzer
5	0,87	Schaber/ Schrägendkratzer
3	0,52	Doppelschaber/ Schrägendkratzer
2	0,35	Doppelschaber/ Kratzer
7	1,22	Kratzer
1	0,17	Schrägendkratzer
1	0,17	Doppelkratzer
1	0,17	Schaber/Stichel
2	0,35	Stichel
6	1,04	Bohrer
6	1,04	Stücke mit ret. Buchten
2	0,35	Abri-Audi-Messer
23	4,00	ret. Klingen
119	20,70	ret. Abschläge u. Trümmerstücke
17	2,96	sonst. Geräte
575	99,95	Geräte insges.
91		Kernsteine

Mit den abgebildeten Geräten (Abb. 1, 2; S. 48, 49) werden Stücke aus dem Pariser und von der Forschungsfläche des Jahres 1953 vorgelegt.

Neuere morphologische, wirtschaftliche und gesellschaftliche Aspekte

Als Rohmaterial diente den Ehringsdorfern vor allem nordischer Feuerstein, und zwar anscheinend kaum die zerklüfteten Stücke aus den weitverstreuten Resten nahegelegener elster-glazialer Ablagerungen, sondern aus entfernteren rißzeitlichen Moränen. Daneben verarbeitete man Gerölle aus Porphyr, Porphyrit, Kieselschiefer, Grauwacke, Quarzit und Gangquarz, Hornstein und anderen Gesteinen, die im Thüringer Wald bzw. im Muschelkalk anstehen und den nahen Ilmschottern entnommen werden konnten.

Technologisch hat das Ehringsdorfien schon die volle Höhe des Mittelpaläolithikums erreicht. Die meisten Abschläge und zahlreiche Geräte weisen zwar eine glatte Schlagbasis auf, aber diese ist schmal und der Schlagwinkel eher rechtwinklig als stumpf. Typische Clacton-Abschläge sind selten. Andererseits kommen in geringer Zahl bereits Schmalklingen vor. Diese sind aber wohl mehr Zufallsprodukte als das Ergebnis eines neuen Steinspaltungsverfahrens wie es im Jungpaläolithikum üblich war. Viele Geräte haben die für das „Levalloisien" charakteristische facettierte Basis und einige auch die Form von Levalloisklingen und -spitzen. Die relativ aufwendige Schildkerntechnik war zweifellos bekannt, doch wurde sie wenig praktiziert. Deswegen mangelt es auch an typischen Schildkernen. Bei den meisten Nuclei handelt es sich um kleine unregelmäßige Restkerne, die kein spezielles Zurichten zwecks Gewinnung präformierter Abschläge erkennen lassen. Das Rohmaterial muß z.T. ziemlich voluminöse Feuersteinknollen enthalten haben, aus denen zumindest die größeren Artefakte gewonnen werden konnten. Wahrscheinlich hatte man die Knollen gleich an der jeweiligen Fundstelle auf ihre Verwendbarkeit geprüft und zu Rohkernen zurechtgeschlagen, wodurch in Ehringsdorf Stücke mit Rindenresten ziemlich selten sind. Hier erfolgte die weitere Verarbeitung, wie der umfangreiche Abfall, von (Rest)kernsteinen und groben Trümmerstücken bis zu winzigen Absplissen, beweist. Die oftmals recht grob geschlagenen Halbfabrikate wurden dann sorgfältig rand- bis flächenretuschiert. Deutliche Qualitätsunterschiede, wie dünnschuppige Flächenbearbeitung und grobe randliche Stufenretusche, dürften dabei kaum zeitliche Differenzen widerspiegeln. Auch das technische Vermögen oder Unvermögen sowie ästhetische Empfinden des jeweiligen Produzenten werden eine geringere Rolle gespielt haben als dessen Bestreben, effektiv die gewünschten Gebrauchseigenschaften zu erzielen, wobei bestimmte, mehr oder weniger traditionsgebundene Formvorstellungen die Gestaltung wesentlich mitbestimmten.

Im Ehringsdorfer Typenspektrum dominieren die diversen Spitzen- und Schaberformen (19,3 % bzw. 46,9 %). Viele Geräte sind uni- oder bifacial flächenübergreifend bis total flächendeckend retuschiert. Aber die als Blattspitzen, Fäustel u. dgl. zu bezeichnenden, bemerkenswerterweise meist sehr kleinen Instrumente sind nur in sehr geringer Anzahl vertreten (3,65 % bzw. 1,22 %). Noch weniger signifikant für die gesamte Industrie sind Kratzer an klingenförmigen Abschlägen. Die vereinzelten stichelartigen Stücke, Abri-Audi-Messer und selbst die „Bohrer" dürften sogar eher Zufallsformen als nach Normvorstellungen gestaltete Spezialgeräte sein. Demnach bleibt die Verknüpfung des Ehringsdorfien mit Faustkeil-, Blattspitzen- und Klingenkulturen weiterhin sehr vage, und die Annahme einer Existenz verschiedener Kulturen in Ehringsdorf, wie es L. F. Zotz sah, ist nur noch von forschungsgeschichtlichem Interesse.

Dennoch könnten die flächenretuschierten keilförmigen und anderen Instrumente unter direkten Einflüssen der Faustkeilkulturen geschaffen worden sein, zumal dem nahverwandten Vorfahren des Ehringsdorfer Altmenschen, dem *Homo sapiens steinheimensis*, der Besitz eines Faustkeiles zugeschrieben wird und bei Leipzig-Markkleeberg ein frührißzeitliches Acheuléen (W. BAUMANN/D. MANIA 1983) aufgefunden wurde. Dagegen spricht freilich, daß jener Zusammenhang sehr fraglich ist, daß in Ehringsdorf typische Acheul- oder Micoquekeile u. ä. fehlen und daß Bifacialität viel weiter verbreitet ist als es die Faustkeilkulturen sind. Sehr wahrscheinlich hat sich die Flächenbearbeitung von Steingeräten nicht nur durch kulturelle Verbindungen in Raum und Zeit verbreitet, sondern ist auch unabhängig in verschiedenen Gebieten und zu verschiedenen Zeiten entwickelt worden. So ist zwar nicht völlig auszuschließen, daß es zu gelegentlichen Kontakten zwischen Angehörigen der Faustkeilkulturen, den Ehringsdorfern und anderen Horden gekommen war und ein partieller Austausch von Ideen stattgefunden hatte, doch scheint das Ehringsdorfien in seiner Gesamtheit im wesentlichen eines der neuen, spezifischen Produkte der allgemeinen mittelpaläolithischen Entwicklung zu sein. Eine Kategorisierung, wie Moustérien de tradition acheuléene, Moustérien Typ Quina, Charentien, Moustérien typique, Tayacien, ist zwar von großem heuristischen Wert, weil dadurch das Geschichtsbild vereinfacht und übersichtlicher wird, sich die Grundzüge des allgemeinen historischen Prozesses leichter verfolgen lassen; doch geht hiermit eine Verengung des Blickfeldes einher: Die Vielfalt wird zumindest vernachlässigt, die Geschichte zu einem Abstraktum. Die Verknüpfung des Ehringsdorfien mit dem in jedem Falle weit jüngeren Szeletien oder anderen frühen Blattspitzenkulturen sowie mit der Schmalklingenkultur des Aurignacien anhand weniger analoger Erscheinungen ist zumindest so lange von nur geringem kognitiven Wert wie keine Zwischenglieder in Zeit und Raum vorhanden sind.

Es ist leider noch immer nicht gelungen, für das Ehringsdorfer Typenensemble ein Pendant anderswo zu finden. Das ist zweifellos nur eine Forschungslücke. Denn a priori ist anzunehmen, daß die mittelpaläolithischen Horden wie die rezenten Jäger und Sammler, in einem größeren – mitteldeutschen bis west- und osteuropäischen – Territorium umherzogen, wo entsprechend auch weitere Fundplätze mit Ehringsdorfien vorhanden sein müssen, und nach Jahren, Jahrzehnten oder in noch längeren Abständen immer wieder zu bestimmten, wildreichen Plätzen zurückkehrten. Ein solcher Siedelplatz einer bestimmten Population waren die Kalkbarrieren im Mündungsbereich eines weiten Bachtales in das breite Ilmtal. Anscheinend bilden die Funde aus dem Unteren Travertin eine kulturelle Einheit und könnten somit von derselben Population stammen. Um dies jedoch verifizieren oder falsifizieren und Veränderungen erkennen zu können, müssen die Artefakte – soweit es überhaupt noch möglich ist – nach Fundstellen, Horizonten, Feuerstellen getrennt und in einer späteren analytisch-synthetischen Auswertung verglichen werden.

Hierbei ist auch zu prüfen, ob

— das Ehringsdorfien im Pariser und im Oberen Travertin weiterlebte;
— es sich dort um sekundär verlagerte Stücke handelt, was zumindest für die meisten Artefakte aus dem Pariser naheliegt;
— die Finder manche Artefakte falschen Schichten zugeordnet haben;
— die Funde aus dem Oberen Travertin dem Taubachien angehören.

Wenn der erste Punkt zutreffen sollte, dann hätte die Ehringsdorfer Population und ihre spezifische Steingeräte„kultur" durch mehrere Jahrzehntausende existiert. Für den letzten Punkt spricht, daß im Oberen Travertin nur durchweg kleine, teilweise randretuschierte Abschläge sowie Absplisse gefunden worden sind (U. u. W. STEINER 1975), die sich praktisch nicht von solchen aus Taubach unterscheiden. Sie liegen aber nur in sehr geringer Anzahl vor und sind so atypisch, daß sie auch aus irgendeiner anderen mittelpaläolithischen Kulturgruppe stammen könnten. Hinreichende Indizien für eine Herkunft aus der typenreichen, oft flächig retuschierte Geräte enthaltenden Ehringsdorfer Industrie lassen sich allerdings nicht entdecken; diese bleibt offenbar auf die Zeit des Unteren Travertins beschränkt.

Die sogenannten Brandschichten sind keine durchgehenden Straten sondern linsenförmige Ablagerungen von wenigen Metern Durchmesser und etwa 5–8 cm Stärke. Es handelt sich um die Rückstände (Holzkohle, Asche) von völlig ungeschützten, nicht von Steinen umgebenen Feuerstellen, die sich durch Verwehen und Verschwemmen ausgebreitet haben. Die Feuer selbst werden nur auf Flächen von etwa 1 m Durchmesser gebrannt haben, und zwar immer wieder, im Laufe von Wochen, an ein und derselben Stelle. Nur so läßt sich trotz der geringen Rückstände von Holzfeuern Durchmesser und Stärke der Linsen erklären.

Für eine lange Wohndauer sprechen auch die – eigenartigerweise nur sehr spärlichen – Reste von neun Nashörnern, zwei Bisons, zwei Braunbären und je einem Waldelefanten, Pferd und Rothirsch auf einer Fläche von etwa 35 m^2 (H.-D. KAHLKE 1975, 338). Leider liegen keine Angaben über die Mindestindividuenzahl der in Ehringsdorf gefundenen Jagdbeute vor. Ein Problem bleibt, wo die Masse der Knochen verblieben ist. Bei dem weiträumigen Travertinabbau hätte man regelrechte Abfallhaufen finden müssen, wie auf dem Wohnplatz des *Homo erectus* von Bilzingsleben. So aber müssen wir doch wohl annehmen, daß meist nur Teile der Beute zum Wohnplatz gebracht worden sind oder/und viele Skelettreste abseits der Travertine abgelagert wurden, wo sie nicht erhalten blieben bzw. nicht aufgefunden worden sind. Im Gegensatz zu G. Behm-Blancke glauben wir nicht, daß Treibjagden und Fallgrubenjagd stattgefunden haben: Erstere bedarf vieler Jäger und ist bei Nashörnern, Elefanten und Bisons kaum erfolgversprechend und zudem höchst gefährlich; letztere erfordert hohen Arbeitsaufwand und hätte nicht zu dem hohen Anteil von 53,7 % bzw. 60 % an alten, erfahrenen, vorsichtigen Nashörnern und Elefanten geführt. Weit effektiver und gefahrloser war in der lichtbewaldeten Landschaft und vor allem im Umkreis der Wasserstellen in den Seitentälern wie in der sumpfigen, von Tümpeln durchsetzten Aue die Schleichjagd. Hierbei konnte mit Stoßlanzen, wie sie bei Clacton-on-Sea und Lehringen gefunden worden sind, schon ein einzelner Jäger – gewiß meist in Kooperation mit einem oder mehreren anderen – das Wild tödlich verletzen.

Die Horden waren sicherlich nicht groß, umfaßten vielleicht 10–20 Personen. Dementsprechend hätte es jeweils nur 2–6 Jäger gegeben. Die oben angeführte Jagdbeute sicherte zusammen mit pflanzlichen und anderen gesammelten Nahrungsmitteln die Versorgung über Wochen und Monate.

Die Menschenreste stammen vermutlich von ein und derselben Population, aber aus verschiedenen Besiedlungsphasen. Die einzelnen Individuen können demnach um Generationen voneinander getrennt sein.

Bruch Kämpfe, Forschungsfläche 1953

Dickschaber; Trümmerstück; Feuerstein, weiß patiniert; L 3,8; B 1,6; S 1,5 cm. 351/93 (Abb. 1.1)
Symmetrische Spitze; dorsal größtenteils flächendeckend retuschiert; Trümmerstück ohne Schlagbasis; Feuerstein, weiß patiniert; L 4,3; B 3,2; S 1,5 cm. 356/93 (Abb. 1.2)

Asymmetrische Spitze, Fgm.; terminal und dextrolateral retuschiert; Feuerstein, weiß patiniert; L 3,0; B 2,2; S 0,5 cm. 357/93 (Abb. 1.3)

Dickspitze, Var. B, zerbrochen, lädiert; Rand z. T. unterschnitten; ventral einige Abspließbahnen; Trümmerstück; Feuerstein, weiß patiniert; L 3,7; B 1,8; S 1,3 cm. 352/93 (Abb. 1.4)

Mini-Blattspitze; bifacial flächenretuschiert; Feuerstein, schwach grau bis gelblich-weiß patiniert; L 3,8; B 2,2; S 1,0 cm. 355/93 (Abb. 1.5)

Spitzschaber, lädiert; dextrolateral gesamter Rand, sinistrolateral nur vordere Partie steil retuschiert; Trümmerstück; Feuerstein, unpatiniert bis weiß patiniert; L 3,7; B 2,8; S 1,8 cm. 366/93 (Abb. 1.6)

Einfacher Schaber; Feuerstein; L 2,8; B 1,7; S 1,0 cm. 350/93 (Abb. 1.7)

Einfacher Schaber mit Bucht; Trümmerstück; Feuerstein, weiß patiniert; L 4,5; B 2,2; S 1,2 cm. 353/93 (Abb. 1.8)

Einfacher Schaber; Trümmerstück; Feuerstein, grau bis weiß patiniert; L 5,3; B 2,2; S 1,4 cm. 354/93 (Abb. 1.9)

Einfacher Schaber; zitrusförmiger Abschlag von Quarzgeröll; angesinterte Brandschicht; L 6,8; B 3,7; S 2,0 cm. 359/93 (Abb. 1.10)

Abspliß, unilateral bifacial retuschiert; Feuerstein, weiß patiniert; L 2,9; B 2,0; S 0,7 cm. 358/93 (Abb. 1.11)

Forschungsfläche 1953, Brandschichten (BS)

Doppel-Dickschaber; z. T. unterschnitten; Trümmerstück mit Krustenrest; Feuerstein, weiß patiniert; L 3,2; B 1,6; S 1,0 cm. BS I. 360/93 (Abb. 1.12)

Einfacher Schaber; Trümmerstück; Feuerstein, weiß patiniert; L 4,3; B 1,7; S 1,7 cm. BS II? 361/93 (Abb. 2.1)

Spitzschaber, lädiert; glatte unebene Basis mit Schlagauge; dicker Bulbus von einem anderen Treffpunkt ausgehend, der schon weggebrochen ist; Feuerstein, weiß patiniert; L 3,5; B 3,9; S 1,6 cm. BS II. 362/93 (Abb. 2.2)

Doppel-Dickschaber, lädiert; partiell bilateral steil retuschiert; Trümmerstück mit Krustenrest; Feuerstein, unpatiniert bis weiß patiniert; L 4,5; B 2,6; S 1,5 cm. BS II oder III. 365/93, Abb. 2.3)

Beidflächig partiell rand- bis flächenretuschierte Spitze, lädiert; Feuerstein, unpatiniert bis weiß patiniert; L 3,9; B 2,2; S 1,1 cm. BS III. 363/93 (Abb. 2.4)

Symmetrische Spitze, zerbrochen; dorsal und partiell ventral retuschiert; Feuerstein, unpatiniert bis weiß patiniert; L 5,7; B 2,9; S 1,2 cm. BS III. 364/93 (Abb. 2.5)

Bruch Fischer, Pariser

Kleine Spitze; äußerste Spitze weggebrochen; Basis glatt; Feuerstein, schwach grau bis weiß patiniert; L 3,9; B 1,7; S 0,8 cm. 22/93 (Abb. 2.6)

Dickschaber, Fgm.; Basis glatt mit Schlagauge, ventral einige Abspließbahnen; Feuerstein, schwach weißgrau patiniert; L 3,0; B 2,2; S 1,1 cm. 147/93 (Abb. 2.7)

Einfacher Schaber; Basis facettiert; sinistrolateral partiell retuschiert; Feuerstein, weiß patiniert; L 4,4; B 3,3; S 0,7 cm. 199/93 (Abb. 2.8)

Einfacher Schaber; Basis glatt; ventral einige Abspließbahnen; Feuerstein, unpatiniert bis gelblich patiniert; L 4,5; B 3,4; S 1,7 cm. 201/93 (Abb. 2.9)

Literatur

BAUMANN, W./MANIA, D.: Die paläolithischen Neufunde von Markkleeberg bei Leipzig. – Berlin, 1983.

BEHM-BLANCKE, G.: Altsteinzeitliche Rastplätze im Travertingebiet von Taubach, Weimar, Ehringsdorf. – Alt-Thüringen 4 (1960). Weimar.

BOSINSKI, G.: The Transition Lower/Middle Palaeolithic in Northwestern Germany. – In: BAR Intern. ser. 151 (1982), 165–175. Oxford.

FEUSTEL, R.: Zur zeitlichen und kulturellen Stellung des Paläolithikums von Weimar-Ehringsdorf. – Alt-Thüringen 19 (1983), 16–42. Weimar.

FREUND, G.: Der Übergang vom Alt- zum Mittelpaläolithikum in Süddeutschland. – In: BAR Intern. ser. 151 (1982), 151–163. Oxford.

GÁBORI, M.: Les Civilisation du paléolithique moyen entre les Alpes et l'Oural. – Budapest, 1976.

HELLER, F. et al.: Die Höhlenruine Hunas bei Hartmannsdorf (Ldkr. Nürnburger Land). – Quartär-Bibl. 4. (1983). Bonn.

KAHLKE, H.-D.: Die Rhinocerotiden-Reste aus den Travertinen von Weimar-Ehringsdorf. – Abh. Zentr. Geol. Inst., Paläontol. Abh. 23 (1975), 337–397. Berlin.

SCHÄFER, D.: Merkmalanalyse mittelpaläolithischer Steinartefakte. – Diss. A Humboldt-Univ. Berlin, 1988.

STEINER, U./STEINER, W.: Ein steinzeitlicher Rastplatz im Oberen Travertin von Ehringsdorf bei Weimar. – Alt-Thüringen 13 (1975), 17–42. Weimar.

TUFFREAU, A.: The Transition Lower/Middle Palaeolithic in Northern France. – In: BAR Intern. ser. 151 (1982), 37–149. Oxford.

WIEGERS, F.: Diluviale Vorgeschichte des Menschen. – Stuttgart, 1928.

ZOTZ, L. F.: Altsteinzeitkunde Mitteleuropas. – Stuttgart, 1951.

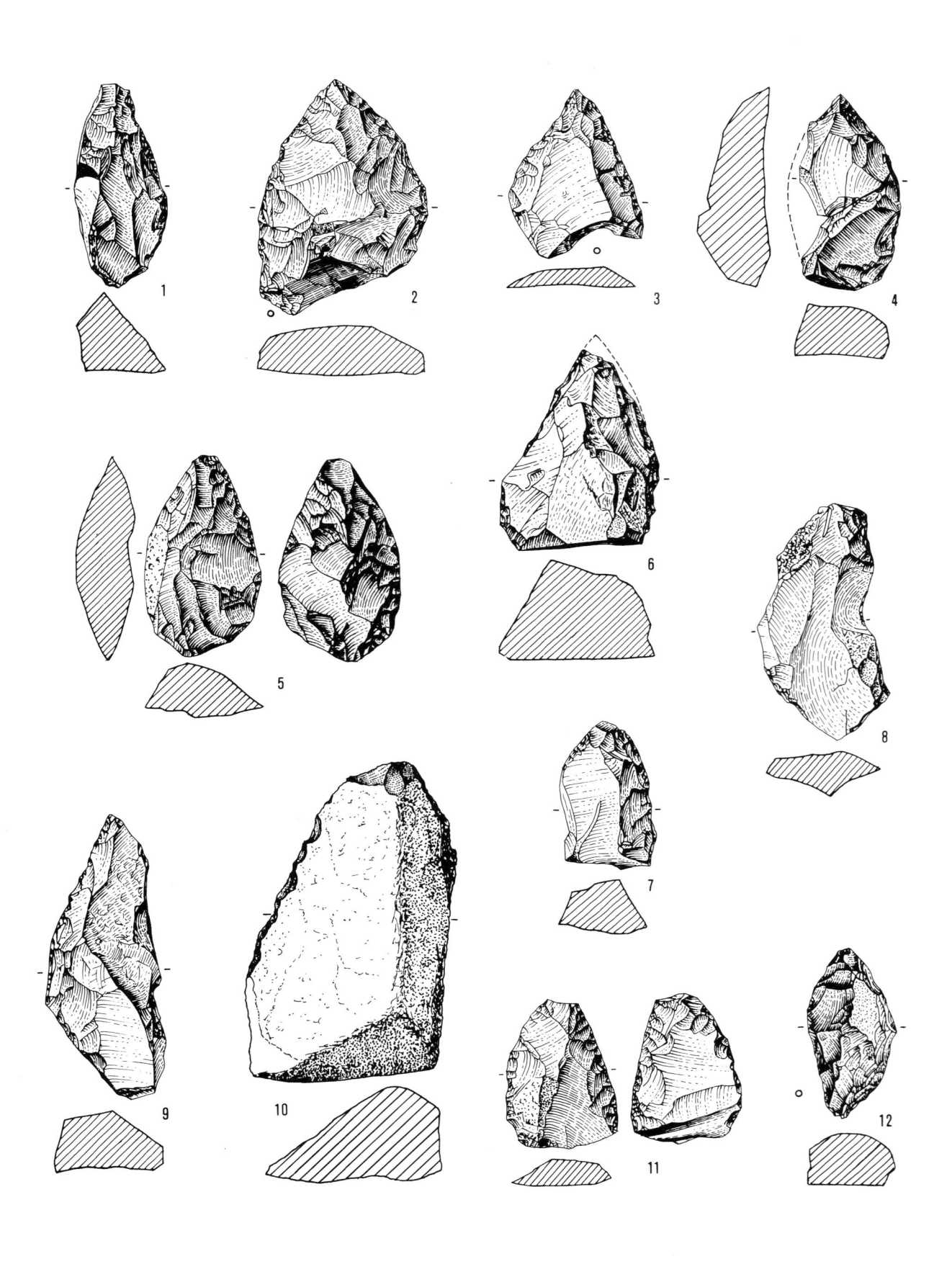

Abb. 1   Geräte von Weimar-Ehringsdorf.

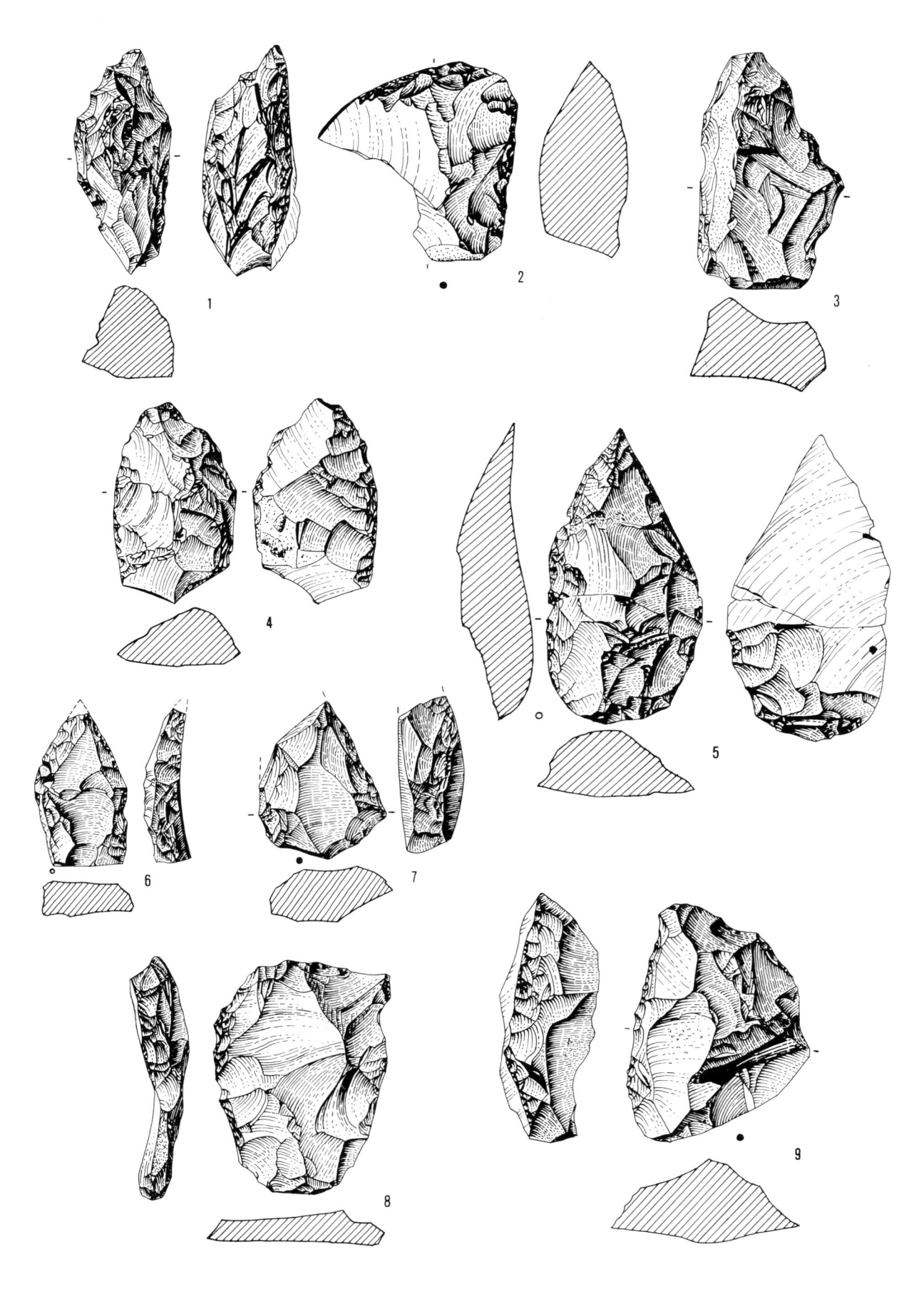

Abb. 2   Geräte von Weimar-Ehringsdorf.

49

4. Zur Geschichte und zum Stand der Forschung an den Hominidenresten
von Hans Grimm*

Zum 50jährigen Jubiläum der Auffindung des Hominidenschädels von Ehringsdorf bei Weimar wies W. Steiner (1975) darauf hin, daß der Fund forschungsgeschichtlich erst dann richtig einzuordnen sei, wenn der „streckenweise turbulente" Forschungsgang bis in die heutige Zeit kurz skizziert werde. Auf ausführlichere Darstellungen (F. Wiegers 1928; G. Behm-Blancke 1960; W. Steiner / H. Wiefel 1974) konnte er dabei verweisen. Er hat auch 1979 noch einmal auf rund vier Druckseiten die Fundgeschichte der Hominidenreste wiedergegeben. Das ermöglicht uns jetzt, uns mit einer Liste der Fundstücke zu begnügen (vgl. Tab. 4, S. 64). Diese so gut dokumentierte Geschichte der Auffindung gestattet auch, die Bearbeitung bzw. Einordnung in einer tabellarischen Übersicht zusammenzudrängen (Tab. 1, S. 53). Dies um so eher, als eingehende Beschreibung und exakte Abbildung in dem hier vorliegenden Beitrag von E. Vlček erfolgt.
Man ersieht aus Tab. 1, daß mit Ausnahme einer kurzen Äußerung von F. Weidenreich über das unter „B" geführte Bruchstück eines linken Os parietale (von ihm einem erwachsenen älteren Individuum zugeordnet) die zwischen 1908 und 1913 gefundenen Fragmente erst nach ihrer „Wiederentdeckung" im Jahre 1949 im Magazin des Museums für Ur- und Frühgeschichte Thüringens durch G. Behm-Blancke beschrieben worden sind. Dagegen hat eine Bearbeitung der ab 1914 aufgefundenen Stücke F bis H jeweils wenige Jahre nach der Entdeckung eingesetzt.
Inhaltlich können die Stücke A bis D zusammen behandelt werden, da A_1 und A_2, B und D möglicherweise zu der bereits 1908 freigelegten Calvaria 1 gehörten („Kustos Möller nahm nur die größeren Stücke mit …", W. Steiner 1979, 165). Sie werden von G. Behm-Blancke nach Erhaltungszustand, Dimensionen (besonders auch Wanddicke), Gefäßfurchen auf der Innenseite, Verletzungsspuren usw. beschrieben. Dabei bezieht sich der Autor auf Beratungen mit S. Sergi (Rom) und W. Gieseler (Tübingen). Vorher hatte auch der Verfasser dieses Beitrags Gelegenheit, seine Meinung abzugeben. Rekonstruktionsversuche G. Behm-Blanckes wiesen auf gewisse Unterschiede in der Schädelkonfiguration hin: „Während die Hinterhauptsansicht der Calvaria H, Rekonstruktion Kleinschmidt, mehr neandertaloid als sapiensartig wirkt,

gehören die Parietalia B und D zu Schädeln, deren hausförmige Umrisse [der Hinterhauptsansicht] sich mit den jungpaläolithischen Sapiensformen, aber auch mit dem Steinheimer Schädel vergleichen lassen."
Auch von dem Femurschaft (E) liegt seit 1960 wenigstens eine Beschreibung mit einigen Maß- und Indexangaben vor. In bezug auf die Unsicherheit der Einordnung der Kalotte H als „Präneandertaler" oder „Neandertaler" (vgl. Tab. 3, S. 55) ist es von Interesse, daß das Bruchstück „mit seiner ausgeprägt bogenförmig nach vorn verlaufenden Schaftkrümmung an die Eigentümlichkeiten der unteren Extremitäten des klassischen Neandertalers der Würm-Eiszeit erinnert."
Auch die beiden Unterkiefer (F – 1914, G_1 – 1916) sind anfangs zugleich bearbeitet worden. Mitteilungen von G. Schwalbe (1914b) über den Unterkiefer F brauchen hier nur kurz erwähnt zu werden, da er eine endgültige Bearbeitung des von ihm dem „Homo primigenius" zugeordneten Fundstückes nicht mehr ausführen konnte. H. Virchow findet F neandertaloid (so auch E. O. Schoch [1973]), R. Feustel (1976) „zu einem gewissen Grade archanthropin", wobei er sich offenbar an G. Kötzschke (1956) anschließt, der den Unterkiefer als „pongidomorph", einem Archanthropinen oder Paläoanthropinen angehörig, beschreibt. B. G. Campbell (1965) hat in einer kritischen Prüfung der Nomenklatur der Hominidae die Bezeichnungen Homo ehringsdorfensis (A. Möller 1918) als invalid erklärt. Da es sich um eine „definitive" Liste der Hominiden-Taxa handeln soll, müßte auf S. 24 Möller statt Moller, Kämpfe statt Kampfe und vor allem Homo ehringsdorfensis statt … heringsdorfensis stehen!
Nachdem schon von S. M. Garn / K. Koski (1957) Zweifel an der sachgerechten Präparation der Mandibula G geäußert worden waren, überzeugte sich P. Legoux im August 1963 zusammen mit G. Behm-Blancke und W. Henke am Original davon, daß durch fehlerhaftes Einsetzen eines Zahnes (permanenter Molar anstelle eines 2. Milchmolaren) eine falsche Reihenfolge im Durchbruch der permanenten Zähne vorgetäuscht wird: „La mandibule d'Ehringsdorf serait entièrement à remonter car l'ordre d'éruption de type simien, M_2-P_2, qu'elle présente ne parait pas correspondre à la réalité". G. Kötzschke charakterisierte 1956 den kindlichen Unterkiefer als „sapiensartig". Wenn er auch Ähnlichkeiten mit dem Fund von Le Moustier feststellte, so müßte das „sapiensartig" demnach auf Homo sapiens neanderthalensis (praeneanderthalensis?) bezogen werden.
Die übrigen Teile des Skelettes G waren bisher nicht näher untersucht, auch nicht von dem sie umgeben-

---

* Eingang des Manuskriptes im Februar 1980, Literatur im Verzeichnis bei E. Vlček erfaßt, ergänzende Hinweise bis 1983. Wegen des engen Zusammenhangs mit den nächsten Kapiteln erfolgt ab hier die Tabellennumerierung fortlaufend.

den Travertin befreit. H. Virchow war 1920 der Meinung, daß diese Stücke für die wissenschaftliche Bearbeitung „keine wesentliche Bedeutung" hätten. Nachdem aber E. VLČEK (1974) an einem Säuglingsskelett des Neandertalers aus Kiik-Koba (GUS) deutliche Proportionsunterschiede gegenüber dem Säugling des rezenten Europäers nachweisen konnte (längere obere Extremitäten, kürzere Unterschenkel u. ä.), gewinnt die Freilegung und Untersuchung der Stücke G_3 bis G_8 an Bedeutung! Es ist verständlich, daß die relativ vollständige Calvaria H das meiste Interesse fand.

Wenn wir von der Beschreibung und Deutung der Hominidenreste von Ehringsdorf durch G. BEHM-BLANCKE (1960) ausgehen, so sind die Fortschritte in den letzten 20 Jahren recht gering. In vielen populären und wissenschaftlichen Veröffentlichungen wird insbesondere die Kalotte H (III) erwähnt. Man wiederholt jedoch lediglich die älteren Merkmalbeschreibungen ohne neue Stellungnahme und/oder weist auf die Ungewißheit der Einordnung hin.

In den Übersichten in Tab. 2 und 3 (S. 54, 55) wird versucht, aus Veröffentlichungen vor allem der Jahre 1960 bis 1979 einige Merkmale und Eigenschaften zusammenzustellen, die entweder nachdrücklicher bestätigt oder neu ermittelt oder auch skeptischer beurteilt wurden. Bloße Wiederholungen des bisher Bekannten wurden nicht berücksichtigt. Auch wurde weitestgehend von Vergleichen mit anderen Fossilbelegen zur Evolution des rezenten Homo sapiens abgesehen, da im vorliegenden Band eine monographische Behandlung der Ehringsdorfer Funde erfolgt. Gänzlich lassen sich solche vergleichenden Bemerkungen freilich nicht vermeiden, da die Stellung der Fundstücke oft nur durch ihre Relation zu anderen Hominidenresten gekennzeichnet werden kann.

Eine Bibliographie von reichlich 17 Druckseiten bringt G. Behm-Blancke, einige Ergänzungen dazu W. Steiner. Wir beschränken uns hier auf die Bemerkungen zur Morphologie. Nachdem K.-D. Jäger und W.-D. Heinrich 1979 in einer kritischen Erörterung der Versuche zur zeitlichen Einordnung der Travertinkomplexe darauf aufmerksam machen mußten, daß die vorliegenden Daten einen Zeitraum zwischen 262 000 Jahren BP einerseits und 120 000 und 60 000 Jahren BP andererseits umfassen, ist die sorgfältige Berücksichtigung jeder Formeigentümlichkeit, die Aufschlüsse zur Evolution erbringen könnte, erst recht notwendig.

Merkmale oder Merkmalkomplexe, die entweder neu oder in Nachuntersuchung gründlicher erfaßt wurden, sind die folgenden: Stirnwölbung – Torus supraorbitalis – Stirnhöhlen – Schläfenbein – Kapazität – Schädelmaße und -winkel – Endocranialmaße und -winkel – Size and Shape-Kennzahlen.

An unserer Übersicht Tab. 3 fällt auf, daß die letzte Spalte am dichtesten besetzt ist, daß also fast alle Autoren die Frage der Einordnung behandeln, aber eine spezielle Merkmalsdiskussion meist nicht vornehmen. Nur einzelne morphologische oder metrische Charakteristika werden noch einmal gesondert erwähnt.

Hinsichtlich der Geschlechtsdiagnose merkt man eigentlich nur W. Gieseler ein Abwägen an, das mit der Einräumung „wohl weiblich" endet.

G. HEBERER et al. (1975) und besonders G. KURTH (1965, 389) betonen den kurz-steilen Stirnanstieg, ebenso J. BUETTNER-JANUSCH (1966, 150 ff.), der die hohe Stirnwölbung erwähnt. E. Vlček bringt Zeichnungen von Sagittalschnitten durch das Stirnbein mit eingezeichneten Maßlinien, die Auswölbung über der Sehne zwischen Glabellar- und Bregmapunkt (g–b) charakterisieren.

Während bei G. Kurth lediglich das Vorhandensein eines Torus supraorbitalis betont wird, achtet J. Buettner-Janusch auch auf die Gliederung dieses Überaugenwulstes. Hierzu erinnert W. Steiner noch einmal daran, daß außer dem weiblichen Charakter des Stirnreliefs bereits von O. Kleinschmidt auch andere Möglichkeiten der Merkmalsdeutung (individuelle Variation unabhängig vom Geschlecht, Neandertaler-„Frührasse" oder -„Spätrasse") erörtert wurden.

Eine Detailstudie am Schläfenbein (R. RIQUET 1974) ergibt, daß sich an diesem einzelnen Knochen die „paläanthropinen" und die „sapienten" Merkmale ebenso miteinander kombinieren wie im Gesamtbild der Calvaria. Einerseits zeigt sich am Oberflächenrelief in der polsterartigen Erhebung einer „crête mastoidienne" im hinteren unteren Bereich der Schläfenschuppe eine deutliche Beziehung zu Spy II, La Chapelle-aux-Saints und anderen Neandertalern (und zu Steinheim!). Andererseits ist der Umriß der äußeren Gehörgangsöffnung (Meatus acusticus externus) nicht rund wie bei den Paläanthropinen, sondern oval. Allerdings ist der größere Durchmesser nach hinten oben, nicht wie bei den Sapiensformen nach vorn oben geneigt. Der Jochbogenfortsatz wird als relativ grazil, den Sapiensformen ähnlich („assez semblable aux modernes") aufgefaßt – in stärkstem Gegensatz zu Neandertalern, die (vor dem Tuberculum articulare gemessen) eine Breite (Höhe) des Jochbogenfortsatzes bis zu 12,0 mm und im extremen Fall von Monte Circeo I 15,0 mm aufweisen. Diese Grazilität stützt natürlich auch die Geschlechtsdiagnose „weiblich".

Nachdem E. VLČEK (1969a, 175, Abb. 96) die vorher dürftigen Angaben über Stirnhöhlen bei Neandertalern planmäßig ergänzt hat, zeigt sich, daß Form und Größe der Sinus frontales bei Ehringsdorf H eher den Neandertalern als den rezenten Sapiens-Menschen entsprechen. In „Übergangs-Neandertalern" (Šala, Quafzeh: E. VLČEK 1969a, 174, Abb. 95) findet man eine geringere Größe der Stirnhöhlen, dem Zustand bei Rezenten angenähert.

Da eine Diskussion auf dem Kongreß über Neandertaler 1956 zur Anerkennung der Rekonstruktion von

O. Kleinschmidt neigte, scheint es wichtig, daß W. Gieseler die große Kapazität, die sich aus diesem Wiederherstellungsversuch ergibt, anzweifelt.

Andererseits hält. W. GIESELER (1974, 58, 66) ausdrücklich die große Schädelbreite und die große Stirnbreite der Kleinschmidtschen Rekonstruktion für möglich. Ausführliche metrische Vergleiche und Darstellungen in Abweichungsdiagrammen (Basis: rezente Schädel von Lachish) haben J. S. Weiner und B. G. Campbell auch für Ehringsdorf H vorgenommen, als sie die Stellung der Schädelfragmente von Swanscombe klären wollten. Auf die Stirnbeinmaße beschränkte sich E. Vlček, da es ihm um den Vergleich mit dem isolierten Stirnbein von Šala ging. Die Übereinstimmung oder Ähnlichkeit hinsichtlich der metrischen Daten führt für Ehringsdorf H zu der Diagnose „Übergangs-Neandertaler". Den Versuch einer Umrechnung der Maße am Schädel des Neandertaler-Kindes von Teschik-Tasch auf „Erwachsenenwerte" machte V. P. ALEKSEEV (1973). Es beleuchtet natürlich die Stellung von Ehringsdorf H in gewisser Weise, wenn dabei eine Ähnlichkeit von Teschik-Tasch mit Ehringsdorf und Skhul herauskam (nach H. Ullrich). Sehr eingehend hat sich V. J. KOČETKOVA (1978) mit Maßen und Winkelgrößen am Endocranialausguß befaßt. In sieben Tabellen tauchen bei ihr auch Daten von Ehringsdorf H als Vergleichswerte auf. Sie gestatten kaum eine eindeutige Zuordnung, da z. B. das Bogenmaß f–op (Stirnpol bis Hinterhauptspol) für Ehringsdorf genau so wie für Teschik-Tasch und Brno III 242 mm ergibt, oder für die Höhe (117 mm) bei Předmostí IX und Pavlov I der gleiche Wert gewonnen werden kann. Ehringsdorf H lieferte auch E. VLČEK (1969a, Tab. 49, 50; 218 f.) Endocranialmaße für seine Neandertaler-Monographie.

Auf die Schädelmaße haben J. S. WEINER/B. G. CAMPBELL (1964, 194, Tab. XVI) nun die Penroseschen Distanzfunktionen angewendet und sind u. a. zu dem Resultat gekommen, daß in einer mit den rezenten Schädeln von Lachish beginnenden Reihe von 13 Fundgruppen bzw. Fundstücken (letzte Position: Djebel Quafzeh VI) Ehringsdorf H an dritter Stelle (d. h. sehr sapiensnahe!) steht.

Die Epikrise in Spalte 11 unserer Übersicht läßt auch eine Tendenz, die Kalotte H zumindest an den Beginn der Sapientation zu stellen (E. Vlček) erkennen. Abgesehen von der indifferenten Bezeichnung „frühe Menschen" (B. G. Campbell/G. Kurth) drückt nur W. Gieseler deutlich genug eine Stellungnahme für die Neandertaler-Zuordnung aus („kein Beleg für eine progressive Menschenform"). G. Kurths Bemerkung (G. HEBERER et al. 1975), daß das deutliche Absetzen vom Überaugendach und der kurz-steile Anstieg mit gerundetem Übergang in die Scheitelkurve eindeutig ein Merkmal vorwegnimmt, „das die klassischen französisch-belgischen Vertreter wie den Holotyp aus dem Neandertal kennzeichnet" geht in gleiche Richtung.

Offenbar sollte aber der Titel von W. Kindlers Mitteilungen über Stirnhöhlen und Warzenfortsätze beim klassischen Neandertaler nicht unbedingt den Eindruck erwecken, daß der in die röntgenologischen Untersuchungen einbezogene Fund von Ehringsdorf von W. KINDLER (1969) zu den „klassischen" Vertretern des Homo sapiens neanderthalensis gerechnet wird. Die meisten Autoren, z. B. G. H. R. v. KOENIGSWALD (1968), rechnen Ehringsdorf zu den Praeneandertalern (wofür natürlich auch eine quartärgeologische Argumentation vorliegt, auf die hier nicht eingegangen werden konnte). Für J. BUETTNER-JANUSCH (1966) sind die Menschen von Ehringsdorf „progressive Neandertals". Dagegen klassifiziert sie R. FEUSTEL (1979) unter Hinweis auf die neueren Forschungsergebnisse von E. Vlček als „Homo sapiens praesapiens". Die Bezeichnung „Palaeanthropus", die G. Behm-Blancke verwendet, ist nach P. LIPTÁK (1969, 108) „a nontaxonomic designation".

B. Rensch ordnete 1956 die Funde von Ehringsdorf einem „primitiven Neandertaler" zu, indem er von „Formenreihen" spricht, „die über die primitiven Neandertaler von Saccopastore und Ehringsdorf zu den eigentlichen Neandertalern von Neandertal, La Chapelle-aux-Saints, Palästina usw. führten". Diese Beurteilung liegt tatsächlich zwischen den in unserer Tabelle 2 aus den Jahren 1931 (O. KLEINSCHMIDT) und 1960 (G. BEHM-BLANCKE) zitierten Meinungen. Eine Stellungnahme hat W. STEŚLICKA-MYDLARSKA (1977) vermieden und lediglich die Maße der Ehringsdorfer Mandibula in ihren Tabellen (S. 155 und 157) zum Vergleich mit dem Kinderunterkiefer aus dem Prämousterien von Calabria bereitgestellt. Weitere Stimmen aus dem Jahre 1980 tragen „kompromißhaften" Charakter: L. Kämpfe findet die Präneandertaler „durch die Funde von Ehringsdorf bei Weimar repräsentiert", fügt aber hinzu: „Vielleicht bestehen Beziehungen von den Präsapiens-Populationen zu den deutlich polytypischen Funden von Ehringsdorf (rd. 90 000 Jahre alt)". Nach K. Valoch dürften die Menschenfunde von Ehringsdorf „indifferenten Paläanthropinen mit sapientoiden Merkmalen gehören". Schon 15 Jahre vorher hatte A. Gallus unter Hinweis auf Ergebnisse von A. WIERCINSKI (1964: „correlation between H. sapiens sapiens fossilis and Ehringsdorf but not the ‚classic' Neanderthals") und Auffassungen von S. SERGI (1958) für die frühen (early) Neandertaler eine andere Bezeichnung vorgeschlagen: „The name H. sapiens neanderthalensis should be retained for the ‚classic' Neanderthal … and the ‚early' Neanderthal must receive a different name – logically, ‚H. sapiens weimarensis' or a similar one".

So lange eine zuverlässige Datierung fehlt, ist allein aus den morphometrischen Eigentümlichkeiten ein Urteil nicht ableitbar, da bestimmte Merkmale bei hohem geologischen Alter als „progressiv" (evolutiv), bei niedrigem Alter jedoch als „primitiv" („archaisch") gelten müßten (von der Fragwürdigkeit dieser Attribute, auf die vor allem auch H. V. Vallois [nach P. Huard 1982] aufmerksam machte, ganz abgesehen). Sicher sind die Ehringsdorfer Funde punktuelle Belege für einen Trend, der nach M. H. Wolpoff (1982) „invariably toward the morphology of the earliest Upper Paleolithic populations of Europe" gerichtet ist. In dieser Hinsicht wäre ein Vergleich mit dem von B. Vandermeersch (1981) als „the most recent one known from Europe" bezeichneten Neandertalfund (Schädelreste: rechte Hälfte des Craniums und Mandibula!) aus einer die jungpaläolithische Werkzeugkultur des Chatelperronien führenden Schicht von großem Interesse!

E. Vlček benutzt in seiner gründlichen Untersuchung der Neandertaler der Tschechoslowakei auch Ehringsdorf III (H) als Vergleichsmaterial. Am Endocranialausguß (Lateralumriß) findet er relativ größere Höhenmaße als z. B. bei Gánovce. Morphologische Eigentümlichkeiten sind teils noch von den Sapientenformen unterschieden (die Genickpartieformen desEndocraniums sind im seitlichen Umriß deutlich geknickt, die Cerebellarpartien ziemlich flach), teils stehen sie dem Homo s. sapiens näher (in der relativ geringen Aufwölbung des frontomarginalen Randes über der Lateralhorizontalen). E. Vlček (1969a, 248) hat sich für die Formulierung entschieden: „Der Initialeingriff in diesen Prozeß (der Sapientation) läßt sich in der Morphologie der interglazialen Funde aus Ehringsdorf erfassen".

Es entsteht bei all diesen nebeneinander bestehenden Merkmalen die Frage, welche man jeweils zur Einordnung des Fundstückes heranziehen und gegenüber anderen Merkmalen mit höherem Gewicht bewerten soll. Die Hypothese vom H. Spatz (1954), wonach während der Evolution des Hirns der Hominiden der Bereich der lebhaften Windungsbildung auf der Hirnrinde von der Scheitelgegend nach der Occipital- und Temporalregion, zuletzt zum basalen Stirnhirn wandert, würde bei der Bewertung der Merkmale tatsächlich den Erscheinungen am Stirnhirn besondere Bedeutung beimessen. Nach W. Kirmse (1967) scheint nämlich auch in den letzten Jahrtausenden besonders im mittleren orbito-marginalen Gebiet noch immer eine Windungsentfaltung abzulaufen (vgl. auch H. Grimm 1979).

Man sieht, daß durch die Mitteilung neuer Feststellungen an einem u. U. schon länger bekannten paläanthropologischen Objekt oder durch seine Einordnung in eine Vergleichsserie nicht nur die Kenntnis des Fundstücks ergänzt wird, sondern auch neue Fragen und erneute Diskussionen um seine evolutionsgeschichtliche Stellung angeregt werden. Dies wird in besonders reichem Maße auch durch die Vorlage der neuen Rekonstruktion der Kalotte Ehringsdorf H durch E. Vlček der Fall sein. Bei der Wichtigkeit der Paläoneurologie für die Aufklärung des Evolutionsgeschehens gilt das insbesondere für den neuen Endocranialausguß!

Tab. 1 Übersicht zur Bearbeitung der Hominidenfunde von Weimar-Ehringsdorf (Autor und Jahreszahl seiner Veröffentlichung s. Literaturverzeichnis)

	F R. Feustel 1976; 1979 F E. O. Schoch 1973		J. Buettner-Janusch, R. Feustel, W. Gieseler, G. Heberer, W. Henke/H. Rothe, V. J. Kočetkova, G. Kurth, B. Rensch, R. Riquet, E. Vlček, J. S. Weiner, B. G. Campbell 1960–1982 (s. Tab. 2)
		G_1 P. Legoux 1966	
A bis D, E	F G. Behm-Blancke 1960	G G. Behm-Blancke 1960	H G. Behm-Blancke 1960
	F G. Kötzschke 1956; 1958	G_1 G. Kötzschke 1956; 1958	
			H O. Kleinschmidt 1931
B F. Weidenreich 1928			H F. Weidenreich 1928
	F H. Virchow 1920	G_1 H. Virchow 1920	
Fundjahr 1908/13[*]	1914	1916	1925

---

[*] wieder aufgefunden 1949 im Magazin des Museums für Ur- und Frühgeschichte Thüringens, Weimar

Tab. 2 Übersicht zu Untersuchungsergebnissen der Hominidenfunde von Weimar-Ehringsdorf zwischen 1934 und 1980

Autor Jahr	Geschlecht Stirnneigung	Torus supraorbitalis	Endocranialmaße und -winkel Size- and Shape-Rechnung	Schädelmaße und -winkel
W. Henke/ H. Rothe 1980				
B. G. Campbell/ G. Kurth 1979				
R. Feustel 1976; 1979				
G. Heberer et al. 1975				
R. Riquet 1974				
W. Gieseler 1974	„wohl weiblich"			Die große Schädelbreite wird für möglich gehalten, ebenso die große Stirnbreite.
V. J. Kočetkova 1973			ausführliche Angaben in den Tab., ohne Kommentar	
B. Rensch 1970				
E. Vlček 1969a	Zeichnungen von Schnitten durch das Stirnbein; Maßlinien der Stirnschuppenauswölbung über der Sehne g–b		Endocranialmaße nach der Methode von A. Kappers, Indizes daraus; Einzelheiten von Form und Größe der Orbitalpartie und des „bec encephalique", der Genickpartieformen des Endocraniums und der Cerebellarpartie	Stirnbeinmaße, Übereinstimmung hinsichtlich der metrischen Angaben mit „Übergangs-Neandertalern"
G. H. R. v. Koenigswald 1968				
J. Buettner-Janusch 1966	„more highly arched forehead"	„not a complete uninterrupted form"		
G. Kurth 1965	„kurz-steiler" Stirnanstieg wird betont	Vorhandensein („durchlaufend") wird betont		
J. S. Weiner/ B. G. Campbell 1964			Anordnung „according to Penrose distance functions"; D^2 values; Histogramm	Verwertung von insges. elf Maßen, Diagramme der Abweichung von rezenten Schädeln
G. Behm-Blancke 1960	weiblich			
O. Kleinschmidt 1931	weiblich? nur wenig steiler als bei K. Lindig			
F. Weidenreich (F. Wiegers et al.) 1928	relativ steile Stirn „neanderthaloid" („sapiensartig")			
K. Lindig 1926 (veröff. 1934)	geringe Stirnneigung			

Tab. 3 Übersicht zu Untersuchungsergebnissen und Interpretationen der Hominidenfunde von Weimar/Ehringsdorf zwischen 1934 und 1980

Autor Jahr	Kapazität Schläfenbein Stirnhöhlen	resultierende Beurteilung
W. Henke/ H. Rothe 1980		– „Praeneanderthaler … als direkte Vorläufer von H. neanderthalensis aufzufassen"
B. G. Campbell/ G. Kurth 1979		– ohne nähere Bezeichnung unter „frühe Menschen" geführt
R. Feustel 1976; 1979		– „Kalvaria keinesfalls neanderthalid"; relativ einheitliche präsapiente Population; „Homo sapiens praesapiens" (1979) – „indifferente Paläanthropinen": am selben Stück neandertaloide und sapiente Merkmale, Mischpopulation? (1976)
G. Heberer et al. 1975		– Merkmalsgefüge („einerseits – andererseits"), Übereinstimmungen mit dem „Präsapiens", aber auch mit dem rezenten Menschen – „Charakteristika, die in ausgeprägter Form für den klassischen Neandertaler kennzeichnend sind"
R. Riquet 1974	Schläfenbein paläanthropin: Außenrelief der Mastoidgegend – sapiensartig: Gehörgangsöffnung, Größe des Warzenfortsatzes, Grazilität des Jochbogenfortsatzes	
W. Gieseler 1974	Die große Hirnschädelkapazität der Kleinschmidtschen Rekonstruktion wird bezweifelt.	– „unbedenklich zu den Neandertalern gestellt" – als „Prä-Neandertaler" bezeichnet; kein Beleg für eine progressive Menschenform
V. J. Kočetkova 1973		Gruppenbildung mit den Neandertalern
B. Rensch 1970		Gruppenbildung mit Steinheim, Swanscombe und Saccopastore; „Praeneandertaler-Reste"
E. Vlček 1969a	gute Einpassung des Röntgenbefundes der Stirnhöhlen in die Serie der Neandertaler bzw. „Übergangs-Neandertaler"	Beginn der „Sapientation"; „Der Initialeingriff in diesen Prozeß läßt sich in der Morphologie der interglazialen Funde aus Ehringsdorf erfassen."
G. H. R. v. Koenigswald 1968		– Prä-Neandertal-Reihe („eine, die zum extremen Neanderthaler führt")
J. Buettner-Janusch 1966		– „progressive Neandertals"
G. Kurth 1965		– „zeitlich allein Ehringsdorf der bis jetzt gesichert vorwürmzeitliche Beleg für eine Präneandertalerpopulation"
J. S. Weiner/ B. G. Campbell 1964		Ehringsdorf (mit Steinheim und Swanscombe) im Diagramm zur „spectrum hypothesis" innerhalb der Säule „modern man", aber noch dicht neben der „Neanderthal"-Säule eingetragen; „close to sapiens: perhaps also Ehringsdorf"
G. Behm-Blancke 1960		beharrender Typ des frühen Neandertalers (Palaeanthropus sapiens I), der in die Crô-Magnon-Gruppe führt
O. Kleinschmidt 1931		Neandertaler
F. Weidenreich (F. Wiegers et al.) 1928		
K. Lindig 1926 (veröff. 1934)		„Neandertalmensch"

5. Forschungsgeschichte
von Emanuel Vlček

Die Travertine von Ehringsdorf bei Weimar und ihr Abbau sind mehr als zweihundert Jahre bekannt. Am Anfang der Forschungsgeschichte stehen Namen wie J. C. W. Voigt, der diese Travertine in den siebziger und achtziger Jahren des 18. Jh. studierte. J. W. Goethe führte ebenfalls Travertinuntersuchungen in Weimar durch. In den achtziger Jahren des 19. Jh. begann die intensive Erforschung der Travertine. K. v. Fritsch entdeckte 1871 in Weimar das erste paläolithische Feuersteingerät. Im Jahre 1877 wurde in Taubach der erste menschliche Molar und 1892 ein zweiter gefunden. 1888 erfolgte in Weimar die Gründung des Städtischen Naturwissenschaftlichen Museums. Bei der weiteren Erforschung der Travertinlokalitäten in der Umgebung von Weimar hat dieses Museum eine bedeutende Rolle gespielt. Im Jahre 1903 wurden A. Möller als Kustos und 1907 E. Lindig als Präparator an das Museum berufen. A. Möller entdeckte 1907 im Steinbruch Fischer in Ehringsdorf eine Kulturschicht mit Feuerstätte. Der Steinbruchbesitzer R. Fischer zeigte für die geologischen, paläontologischen und archäologischen Untersuchungen viel Verständnis und erwarb sich große Verdienste um die weitere wissenschaftliche Erschließung der Travertine.

Die ersten menschlichen Reste wurden in Ehringsdorf 1908 entdeckt, und zwar gleich drei Bruchstücke des Os parietale. Zwischen 1908 und 1913 fand man drei weitere Ossa parietalia und ein Bruchstück vom Femur. Dieses wurde später von F. Weidenreich (1941) untersucht. Das Jahr 1914 brachte der Paläoanthropologie einen besonders wertvollen Fund: Am 8. Mai wurde im Unteren Travertin des Steinbruchs Kämpfe die Mandibula eines erwachsenen menschlichen Individuums freigelegt. Erste Berichte und Fundbearbeitungen veröffentlichten G. Schwalbe (1914) und H. Virchow (1914, 1915, 1917). Zwei Jahre nach dieser Entdeckung, am 2. und 3. November 1916, fand man ebenfalls im Steinbruch Kämpfe, ungefähr 25 m von jener Stelle entfernt, die Überreste eines Kindes: einen Unterkiefer, einen Brustkorbtorso und Teile eines Armes. Die beiden Unterkiefer bearbeitete und publizierte H. Virchow (1920).

Der nächste große Tag für die Paläoanthropologie war der 21. September 1925. E. Lindig entdeckte in der Kulturschicht des Unteren Travertins im Steinbruch Fischer, ungefähr 50–100 m von den Mandibulafunden entfernt, das zusammengedrückte menschliche Schädeldach eines jungen erwachsenen Individuums. Dies war unmittelbar vor Eröffnung der Jahrestagung der Paläontologischen Gesellschaft in Weimar. Gleich danach präparierte E. Lindig die Schädelreste mit größter Sorgfalt aus dem festen Travertin heraus, und sein Sohn, K. Lindig, führte anschließend die erste Schädelrekonstruktion durch. Mit der Detailbearbeitung des Fundes wurde auf der Tagung F. Weidenreich beauftragt. Gemeinsam mit dem Geologen F. Wiegers und dem Prähistoriker E. Schuster publizierte 1928 F. Weidenreich seine Studie über den Schädel des Ehringsdorfer Menschen. Der Fund von 1925 war leider auch der letzte paläoanthropologische in Ehringsdorf. Im Jahr 1931 führte O. Kleinschmidt eine Bearbeitung des Ehringsdorfer Schädels durch. In den fünfziger Jahren wurden neue systematische Untersuchungen der Lokalität wie auch der Funde durch G. Behm-Blancke und eine Gruppe von Spezialisten verschiedener Disziplinen eingeleitet. Zahlreiche geologische, paläontologische sowie prähistorische Studien wurden publiziert. G. Behm-Blancke faßte die Ergebnisse seiner neuen Travertinforschung im Jahre 1960 zusammen (vgl. Texttaf. 1–3).

In den letzten Jahren ist das Interesse für diese Lokalität in den Reihen der Anthropologen und Geologen wieder beträchtlich angewachsen. Das Alter der Travertine von Ehringsdorf ist erneut Gegenstand von Untersuchungen und damit auch ihr paläontologischer und kultureller Inhalt.

Über die Fundumstände der wichtigsten Hominidenreste von Weimar-Ehringsdorf lassen wir die Erstbearbeiter sprechen.

Der Unterkiefer Ehringsdorf F

H. Virchow (1920): „Am 8. Mai 1914 wurde in dem Kämpfe'schen Kalksteinbruch in Ehringsdorf bei Weimar ein menschlicher Unterkiefer durch eine Sprengung zugleich freigelegt und zertrümmert. Die Bruchstücke wurden durch den Geschäftsführer des Werkes Herrn Haubold gesammelt und das Nachsuchen noch mit Hilfe des telephonisch herbeigerufenen Präparators am Weimarer städtischen Museum, des Herrn Lindig, bei elektrischem Bogenlicht und am nächsten Morgen fortgesetzt. Die Bruchstücke wurden zusammengesetzt, der Kiefer zur Bearbeitung an Gustav Schwalbe gegeben. Er hätte in keine besseren Hände kommen können als in diejenigen dieses kenntnisreichen und sorgfältigen Untersuchers."

„Der Kiefer des Erwachsenen fand sich in einer Tiefe von 11,90 m unterhalb der natürlichen Oberfläche innerhalb einer Schicht von pulverigem Travertin, welche 2,90 m unterhalb des sog. ‚Parisers' lag. Die Entfernung bis zu dem unterhalb der Kalkformation gelegenen Kies betrug 2,60 m.

Texttafel 1 Verdienstvolle Persönlichkeiten im Rahmen der Ehringsdorf-Forschung.
1 – Armin Möller (1865–1938), Kustos des ehem. „Naturwissenschaftlichen Museums" bzw. „Museums für Urgeschichte" der Stadt Weimar. **2** und **3** – Ernst Lindig (1869–1934) und Kurt Lindig (1898–1957), Präparatoren des Museums. **4** – Robert Fischer (1882–1959), Steinbruchbesitzer in Weimar-Ehringsdorf

Texttafel 2 Verdienstvolle Persönlichkeiten im Rahmen der Ehringsdorf-Forschung.
1 – Hans Virchow (1852–1940). 2 – Franz Weidenreich (1873–1948). 3 – Otto Kleinschmidt (1870–1954).
4 – Günter Behm-Blancke (*1912)

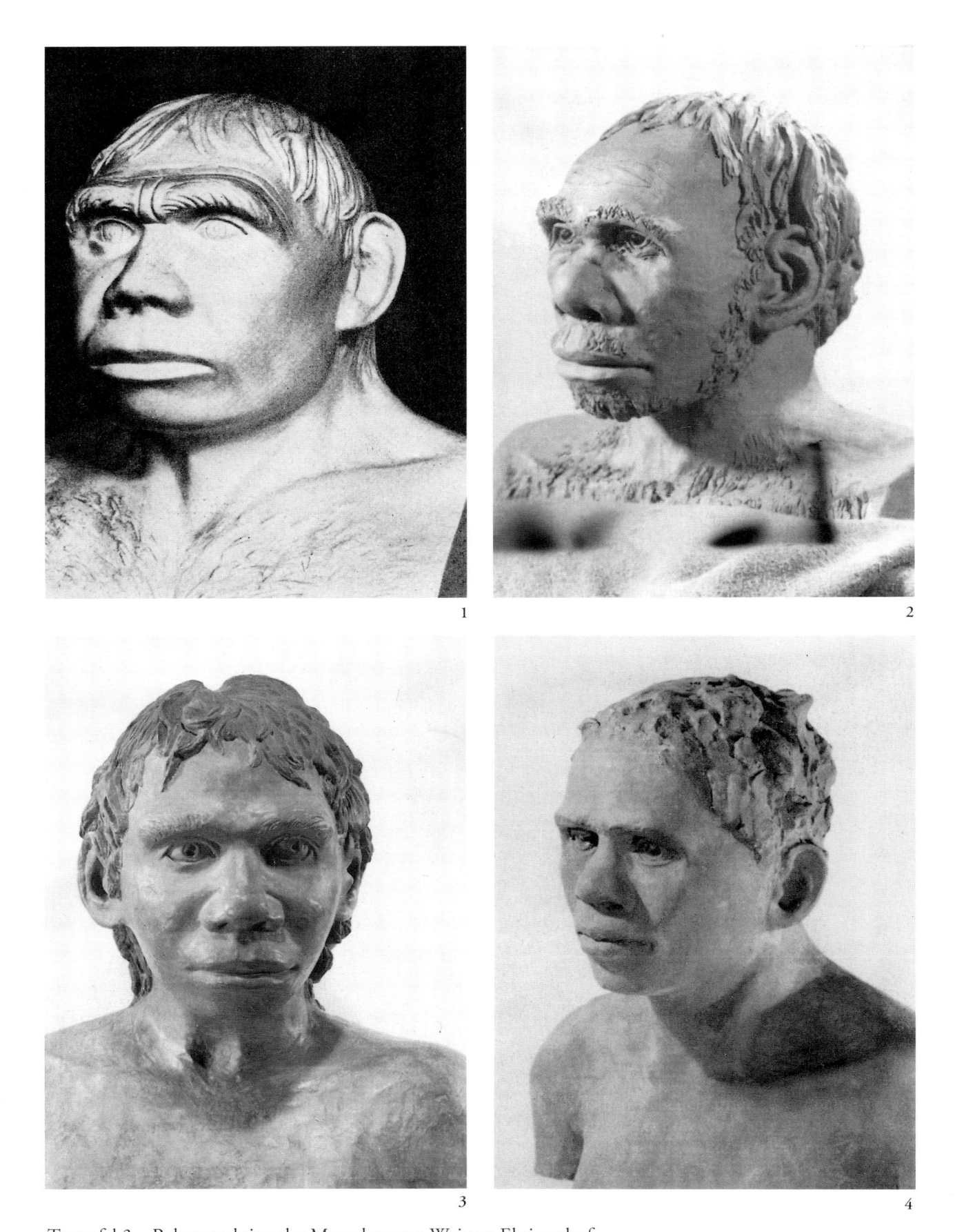

Texttafel 3 Rekonstruktion der Menschen von Weimar-Ehringsdorf.
1 – nach K. Lindig (um 1925/26). **2** bis **4** – nach B. Struck und G. Behm-Blancke (1958). **2** und **3** – hergestellt von I. Hertel.
4 – hergestellt von B. Boess

In unmittelbarer Nähe des Kiefers wurden zahlreiche tierische Knochenreste gefunden von Hirsch, Pferd, Rind, *Rhinoceros merckii* und Höhlenbären; ferner leicht angekohlte Knochen, Holzkohlenreste und zahlreiche Artefakte aus Feuerstein und dessen Surrogaten.

Nach einem Bericht des Herrn Möller, des Kustos am Weimarer städtischen Museum, hatte schon von Ende April 1914 an die ‚Fundschicht' in der Gegend, wo nachher (am 8. Mai) der Kiefer des Erwachsenen gefunden wurde, eine Verstärkung von 45 cm auf 90 cm erfahren, sich aber rasch wieder auf 60 cm gesenkt. So stark mag sie auch bei Auffinden des Kiefers gewesen sein. Die Zahl der tierischen Knochen war in den Monaten April und Mai besonders groß."

„Der Kiefer des Erwachsenen war wie gesagt durch die Sprengung in mehrere Stücke zerbrochen, aus denen er aufs Sorgfältigste zusammengesetzt worden ist; namentlich liefert das erhaltene Stück des rechten Astes ein beredtes Zeugnis für die Sorgfalt, mit der diese Arbeit ausgeführt wurde. Links fehlt das ganze hintere Stück von 1 cm hinter M_3 an.

Glücklicherweise sind vor dem Zusammensetzen einige photographische Aufnahmen gemacht worden, welche von rechtswegen hier eingefügt werden sollten. Dieselben zeigen den Kiefer noch in Verbindung mit dem Sinter, von dem er befreit werden mußte, und von dem sich einige kleine Reste an ihm erhalten haben, namentlich in der durch Verlust der rechten Incisivi entstandenen Lücke. An dieser Stelle schließt der Sinter ein kleines Schneckengehäuse, ein solches der *Bithynia leachii*, welche auch jetzt noch in Mitteleuropa vorkommt, ein als ein Zeugnis der Lagerstätte, in welcher der Kiefer gefunden wurde. Der linke C. lag flach hintenüber gekippt, was für unsere spätere Besprechung Bedeutung hat, der rechte M_3 war nicht mit dem Kiefer verbunden. Auch der rechte M_2 und rechte C saßen lose."

„Schwalbe hat über den Kiefer zwei kurze Mitteilungen gemacht (beide 1914), hat aber die endgültige Bearbeitung nicht mehr ausführen können. Ob irgendwelche Aufzeichnungen von ihm außer den erwähnten beiden Mitteilungen bestanden haben, ist mir nicht bekannt geworden.

Nach dem Tode Schwalbe's wurde die Bearbeitung mir anvertraut."

Das kindliche Skelett Ehringsdorf G

H. Virchow (1920): „Während ich mit derselben [der Bearbeitung des Kiefers des Erwachsenen] beschäftigt war, wurden am 2. November 1916 in dem gleichen Steinbruch Teile eines kindlichen Skeletts 25 m weiter nördlich, aber in demselben Horizont, der den Kiefer des Erwachsenen enthalten hatte, freigelegt, auch wieder durch eine Sprengung und ebenfalls zer- trümmert. Auch diesmal wurde Herr Lindig zur Hilfe bei den Bergungsarbeiten telephonisch herbeigerufen, und es sei bei dieser Gelegenheit darauf hingewiesen, daß nur durch das verständnisvolle Zusammenarbeiten der Steinbruchsleitung und der Museumsverwaltung die durch die Umstände so sehr erschwerte Sicherung der Funde möglich war."

„Von dem Ehringsdorfer Kinde wurde das Rumpfskelet(t) gleichfalls durch Sprengung ans Tageslicht gebracht und das die Rippen enthaltende Stück von den Arbeitern freigelegt; es wurde aber an der Stelle weiter gearbeitet. Dann kam der benachrichtigte Herr Haubold und suchte nach weiteren Stücken. Der Unterkiefer wurde am nächsten Tage gefunden, die Zähne z. T. in Entfernung vom Kiefer.

Hieraus ist mit Wahrscheinlichkeit zu schließen, daß durch den Schuß manches zertrümmert und auseinander geblasen und daß manches zertreten und verschüttet wurde.

Vorhanden sind von dem kindlichen Skelet(t)
1. ein Kalksteinblock mit Stücken von 6 linken und 5 rechten Rippen, 2 Brustwirbeln (wahrscheinlich t 8 und t 9), dem oberen Stück des rechten Humerus, der rechten Clavicula, dem Stück eines Röhrenknochens (rechten Radius?), einer Phalanx;
2. Unterkiefer und dazu 6 isolierte Zähne, nämlich die beiden oberen linken Incisivi, die beiden oberen linken Milchwangenzähne, die beiden unteren d. B_2;
3. Stücke anderer Knochen, von denen kenntlich einige Rippenstücke, das Vorderstück des Epistropheus ohne Zahn, das distale Stück des rechten Humerus, mehrere Bogenstücke von Wirbeln, darunter auch lumbale.

Die Clavicula ist umgedreht, so daß ihre ventrale Seite dorsalwärts gewendet ist. – Die Phalanx liegt dicht an der Clavicula, caudal von ihr in der Gegend des Rückens. – Von den linken Rippen sind zwei fast vollständig. Die linken Rippen dürften die 6. bis 11. sein. Die beiden ersten derselben liegen in einer Ebene, welche rechtwinklig zu der Ebene der vier anderen und damit rechtwinklig zur Frontalebene steht. Von den 5 rechten Rippenstücken zeigen die beiden ersten den unteren Rand aufwärts (cranialwärts) gedreht; die 3 unteren weisen mit dem einen Ende dorsalwärts, mit dem anderen ventralwärts. Am vollständigsten sind die beiden linken obersten Rippen."

„Der Kiefer wurde, nachdem seine Stücke vorläufig durch Plastiline zusammengefügt waren, durch Herrn Lindig nach Berlin gebracht und, nachdem ich einige notwendige Änderungen vorgenommen hatte, endgültig vereinigt."

„Von dem Kiefer fehlt die ganze rechte Seite vom Caninus ab, und schon der P_1 steckt gar nicht im Knochen, sondern in einem Gesteinsstück, welches aber mit dem Knochen so fest verbunden ist, daß dadurch die Lage des Zahnes völlig gesichert ist. Es fehlt ein schmaler horizontaler Keil des Mittelstückes über dem unteren Rande, welcher aber selbst erhalten ist. Ferner fehlt ein Stück der linken Außenwand von I_2 bis M_1 und mit ihm der linke C und P_1, während P_2 vorhanden ist. P_2 und M_1 wurden nicht an ihren Plätzen getroffen, sondern isoliert aufgefunden.

Als ich den Kiefer erhielt, war derselbe provisorisch zusammengesetzt und die Lücke auf der linken Seite durch Plastiline ausgefüllt; dabei stand irrtümlicherweise d. B_2 an Stelle von M_1, M_1 war nicht eingefügt. Ich habe dann gemeinsam mit dem Präparator des Weimarer städtischen Museums Herrn Lindig die endgültige Zusammenfügung vorgenommen. Auf meinen Rat wurden die ergänzenden Gipsstücke weiß gelassen, um sofort als solche erkannt zu werden."

„Die unten gelegene Vorderseite des Thoraxskelet(t)es steckt in einem Kalk, der eine große Menge von kleinen Wasserpflanzenstengelstücken enthält; nach oben geht derselbe in pflanzenfreien Kalk über."

„Von Säugetieren waren in der Nähe des Kindes am meisten vertreten und zwar der Häufigkeit nach geordnet – nach Angabe des Herrn Lindig – *Rhinoceros merckii, Ursus arctos, Bison priscus, Equus germanicus, Cervus elaphus, Alces latifrons*."

Schädelkalotte Ehringsdorf H

F. WEIDENREICH (1928): „Am 21. September 1925 wurde gelegentlich einer Sprengung im Fischerschen Travertinbruch von Weimar-Ehringsdorf ein Block festen Travertinwerksteines freigelegt, auf dessen Schichtfläche ein Stück Schädelkalotte freilag, das wenige Tage danach von dem Konservator des Museums für Urgeschichte in Weimar, E. Lindig, auf einem seiner Kontrollgänge in den Ehringsdorfer Steinbrüchen als menschlich erkannt wurde. Bei der Sprengung war von dem Hauptblock ein etwas kleineres Stück abgesprungen, auf dessen korrespondierender Bruchfläche ein querdurchbrochener Schädeldachknochen sichtbar war."

„Der die Schädelkalotte einschließende, aus dem Fischerschen Bruch stammende Block war nicht ganz 16,7 m unter der Oberfläche gebrochen und gehörte gleichfalls dem unteren Travertin an. Die tiefere Lage gegenüber den Skelettfunden im Kämpfeschen Bruch erklärt sich zum Teil daraus, daß die Bänke des unteren Travertins in dem Fischerschen Bruch tiefer liegen. Die freiliegende Schichtfläche des Blockes zeigte die charakteristischen Besonderheiten der Brandschichtfunde: Holzkohlen- und Aschenreste über die Fläche zerstreut, daneben kleine zerschlagene und zum Teil angebrannte Tierknochen und vereinzelte Feuersteinabsplisse. Artefakte waren auf der Schichtfläche nicht sichtbar, aber nach der Angabe des Steinbruchbesitzers Fischer fanden sich in der Brandschicht über dem Schädel drei Werkzeuge, und zwar eine verloren gegangene Spitze, ein kleiner Kratzer aus Feuerstein und eine Klinge aus Fettquarz."

„Beim Abdrücken des Hauptblockes nach der Sprengung war dem damit beschäftigten Arbeiter die an den Block angesetzte Brechstange abgeglitten, wodurch er erst auf den Knocheneinschluß aufmerksam wurde. Die Blockstücke wurden nach der Feststellung des Fundes durch Herrn E. Lindig und auf dessen Veranlassung sofort in das Museum für Urgeschichte in Weimar übergeführt und konnten so den Teilnehmern der gerade um diese Zeit in Weimar tagenden Paläontologischen Gesellschaft im ursprünglichen Zustande demonstriert werden. Dadurch hatte auch ich Gelegenheit, die Knochenteile noch so zu sehen, wie sie im Travertin selbst eingebettet lagen. Das freiliegende Skelettstück war durch die Sprengung und durch das Ansetzen der Brechstange etwas zersplittert und zum Teil vom Steinkern abgelöst worden. Aus der Form ergab sich, daß es sich um ein Parietale handelte, und da auf der Unterlage der Abdruck eines Sulcus arteriosus deutlich zu erkennen war, ließ sich auch die Seite und damit die ungefähre Orientierung des in der Steinmasse steckenden Hauptteils des Schädels bestimmen. Es lag ein rechtes Parietale vor, und daran anschließend war nach hinten noch ein Stück des Occipitale zu erkennen, nach vorne war nur in dem schon erwähnten Blockquerbruch und offensichtlich gegen das Parietale nach oben verschoben eine Strecke weit das querdurchgebrochene Stirnbein zu verfolgen. Nach unten von dem Parietale waren keine größeren Knochen mehr sichtbar, nur an einer Stelle war noch ein kleines Knochenfragment mit einer nach außen sehenden konkaven Fläche zu erkennen, die etwas Ähnlichkeit mit einer Fossa mandibularis hatte.

Der das Schädelfragment einhüllende Travertin war von sehr fester Beschaffenheit und stellenweise so innig mit dem Knochen verbunden, daß das Herauspräparieren der Skeletteile eine außerordentlich mühsame und langwierige Arbeit wurde. Sie ist von dem Konservator des Museums, E. Lindig, zusammen mit seinem Sohne Kurt Lindig, in ganz ausgezeichneter Weise ausgeführt worden. Ist es schon allein dem geübten Blick und der Gewissenhaftigkeit Herrn E. Lindigs zu verdanken, daß der Fund in seiner Bedeutung überhaupt sogleich erkannt wurde, so verdient die Sorgfalt und das Verständnis bei dem Freilegen der einzelnen Schädelstücke noch ganz besondere Anerkennung. Denn nur so war es möglich, das wertvolle Objekt noch für die Wissenschaft nutzbar zu machen. Während des Herauspräparierens wurde die charakteristische Lage der einzelnen Stücke durch eine Reihe photographischer Aufnahmen festgehalten und außerdem noch zwei Gipsabgüsse von den in ihrer Oberfläche freigelegten Skeletteilen mitsamt dem sie noch umschließenden Travertin in situ vorgenommen. Dadurch wurde es ermöglicht, die genaue ursprüngliche

Lagerung des Schädels, bzw. seiner einzelnen Bruchstücke, einwandfrei festzuhalten.

Ich schildere zunächst die Lage des Schädels und seiner Teile, wie sie sich aus dem Gang der Präparation ergab. Die Ausdrücke: vorn und hinten, rechts und links werden in bezug auf die allgemeine Lage der Schädelkalotte gebraucht, d. h. vorne ist nach der Stirn, hinten nach dem Hinterhaupt zu gemeint. Oben bedeutet nach der freien Schichtfläche des Blockes hin, unten nach der Tiefe des Blockes zu.

Das rechte Parietale (pd) war, wie erwähnt, schon durch die Sprengung fast völlig freigelegt worden. An seinem hinteren unteren Rande fehlte ein kleines Stück, das offensichtlich beim Abdrücken des Blockes verloren gegangen war. Das Occipitale (o) schloß sich nur in der Lambdagegend fast unmittelbar an das Parietale an, lag aber im ganzen nach hinten und oben verschoben und war außerdem sowohl um die quere wie um die sagittale Achse gedreht, so daß der linke und untere Rand gehoben und der rechte und obere Rand gesenkt waren. Zwischen Okzipitale und Parietale klaffte eine weite, zirka $3^{1}/_{2}$ cm breite Lücke, die zum Teil darauf beruhte, daß der rechte Parietal- und Temporalrand des Occipitale in ganzem Umfang fehlte. Zum Teil war er beim Abdrücken des Blockes verloren gegangen – denn es fanden sich drei kleine lose Knochenstückchen in dieser Gegend, die nicht mehr einzufügen waren –, zum Teil waren aber die betreffenden Randpartien offenbar schon bei der Einschließung in den Travertin defekt. Nach links schloß sich an das rechte Parietale das angrenzende obere Teilstück des linken (ps) an, ohne jedoch mit dem rechten in unmittelbarer Verbindung zu stehen. Zwischen beiden Stücken fand sich vielmehr der ganzen Sagittalnaht entsprechend eine schmale Lücke. Das Occipitale reichte infolge seiner oben geschilderten abgeknickten Lage gleichfalls nicht unmittelbar an das Bruchstück des linken Parietale heran, sondern auch hier fehlte im Bereich der Lambdanaht Knochenmaterial. Nach vorne stieß ein großes Stück Stirnbein (f_1) mit seinem rechten Koronarnahtrand an die Koronarrandgegend des rechten Parietale; aber dieses Stirnbeinfragment war ganz aus seiner Lage gerückt: seine Vorderfläche sah nach rechts und oben und lag fast in einer Ebene mit dem Parietale, dazu war es noch mit seiner linken Seite schräg nach oben gehoben, und dementsprechend verlief der Augenhöhlen- und Nasenbeinrand fast in der Fortsetzung des unteren Parietalrandes, aber nach oben gedreht. Der rechte Augenhöhlenrand war nahezu vollständig abgebrochen und die Stirnhöhlen eröffnet. Es fehlte also die ganze laterale Ecke mit dem Processus zygomaticus und die mediale Begrenzung der Augenhöhle bis zur Mittellinie. Auch die ganze laterale linke Stirnbeinpartie war in einem schräg von unten medial nach oben und lateral verlaufenden Bruch abgebrochen. Bei dem durch die Sprengung erst entstandenen und das Stirnbein durchsetzenden Bruch war keinerlei Knochensubstanz verloren gegangen; es bestand Kontakt der Bruchflächen und so konnten die Blockstücke unmittelbar aneinander gefügt werden."

„Nachdem die Schädelkalotte bis hierher freigelegt war, stellte es sich heraus, daß in ihrem äußeren Umkreis kein weiteres Knochenstück in dem Travertin eingeschlossen war. Vor allem fand sich nach links unten, wo man nach der Lage des linken Parietalebruchstückes dessen Fortsetzung erwarten sollte, reiner Travertin ohne jeden Einschluß. Erst nachdem das rechte Parietale herauspräpariert war, kamen unmittelbar unter ihm, also in dem erwarteten Schädelinnenraum, andere Schädelknochen zum Vorschein. Unter dem vorderen Rande des entfernten Scheitelbeines lag das fehlende linke Lateralstück des Stirnbeines (f_2), aber in völlig gedrehter Stellung: der Augenhöhlenrand war nach links gerichtet und stieß von unten her an den Koronarnahtrand des linken Parietale an; der Koronarnahtrand des Stirnbeinstückes sah gegen das entfernte Parietale. Unmittelbar unter dem Stirnbeinfragment und dasselbe im rechten Winkel kreuzend lag ein vorderes unteres Bruchstück des linken Parietale (pd_1), dessen Sphenoidalrand nach rechts und hinten gerichtet war. Die Innenflächen der beiden Fragmente sahen nach hinten und waren dem Steinkern zugekehrt. Etwas nach hinten von diesem vorderen unteren Parietalfragment traf man auf das hintere untere linke Parietalbruchstück (pd_2). Es lag mit seiner Innenfläche nach oben und kehrte den Schuppenrand nach rechts. Weiter nach hinten und mehr im Bereich des Occipitale und zum Teil von diesem von hinten überdeckt, lag das linke, fast ganz erhaltene Temporale (t), gleichfalls seiner normalen Stellung gegenüber quer gedreht: seine Innenfläche sah nach hinten, die Gehöröffnung nach vorne, die Pars mastoidea nach links und die Pyramidenspitze nach rechts. Das oben erwähnte, dem Schuppenrand des rechten Parietale angeschlossene und schon an der Seitenfläche des unpräparierten Blockes sichtbar gewesene Knochenfragment, das zunächst wie ein Stück Temporale aussah, erwies sich bei näherer Untersuchung als der zum Teil lädierte große Flügel des rechten Keilbeines mit einem kurzen Ansatz des Processus pterygoideus. Das Stück lag so gedreht, daß die Facies temporalis nach außen und der Processus pterygoideus-Ansatz nach hinten sah.

Abgesehen von einer kleinen Schnecke (*Eulota fruticum* Müll.), die im Steinkern unter dem Abdruck der rechten Parietaleinnenfläche festsaß, waren keinerlei sonstige Einschlüsse in dem den Schädel unmittelbar umschließenden Travertin, und zwar weder tierische Knochenbruchstücke noch Pflanzenteile oder Holzkohlen- und Aschenreste nachzuweisen. Dagegen fand sich wenige Zentimeter von dem Rande des linken oberen Parietalfragmentes entfernt und in gleicher Höhe mit ihm, also ungefähr 5 cm unter der Brandschicht des Blockes ein kleines Feuersteinartefakt mit einem kleinen Holzkohlenrest und einem kleinen Bruchstück ausgeglühten Tierknochens, alle drei unmittelbar nebeneinander fest in den Kalk eingebettet.

Nach dem Herauspräparieren lagen an Knochenstücken vor:

1. das Stirnbein, bestehend aus einem größeren rechten Stück und einem kleineren linken, unmittelbar angrenzenden Fragment;
2. das rechte Scheitelbein;
3. das linke Scheitelbein, bestehend aus einem oberen quergespaltenen Längsstück und zwei ungefähr gleich großen unteren Stücken, einem vorderen und einem hinteren;
4. das Occipitale;
5. das linke Temporale;
6. ein Stück des rechten großen Keilbeinflügels.

Aber auch diese größeren Stücke waren nur zum Teil vollständig."

Skelettreste Ehringsdorf A, B, C, D

G. BEHM-BLANCKE (1960): „Für die Geschichte der Entdeckung und Fundbergung der Ehringsdorfer Skelettreste A bis D haben die Mitteilungen des ehemaligen Steinbruchbesitzers Fischer dokumentarischen Wert: Im Mai 1908 mußte in 14 m Tiefe der Vorsprung einer Travertinbank im Unteren Travertin weggesprengt werden. Nach der Sprengung war ein starkes Gebläse zu vernehmen, und aus zahlreichen Rissen und Poren des Gesteins qualmte Pulverdampf. Die Sprengung hatte die untere Seite des Bohrlochs durchschlagen und war in einem unbekannten Hohlraum verpufft. Da der Handbohrer beim Zurichten des neuen Sprenglochs auf loses Gestein stieß, mußte das fertige Loch gestopft werden. Um neun Uhr abends erfolgte die zweite Sprengung, die diesmal glückte. Der abgesprengte Felsen war ungefähr 3,5 cbm groß und 170 Zentner schwer. Er war fast 10 m weit geschleudert worden. In der Travertinwand, dort, wo der Block gesessen hatte, war eine ungefähr 40×40 cm große grottenartige Vertiefung sichtbar geworden. Sie enthielt neben walnußgroßen Travertinbrocken einige Schaber, eine zerstörte Doppelspitze und mehrere handtellergroße flache menschliche Schädelknochen. Beim Suchen fanden sich noch weitere Knochenstücke, die alle neue, durch die Sprengung entstandene Brüche aufwiesen. Der Fund wurde dem Städtischen Museum für Urgeschichte in Weimar gemeldet. Kustos Möller nahm nur die größeren Stücke mit, die kleinen und kleinsten Schädelteile sollen von Sammlern verschleppt worden sein.

In der Grotte lagen demnach größere zusammenhängende Teile eines menschlichen Schädels. Da keine Zähne gefunden wurden – auch später nicht, als man das Gestein an dieser Stelle brach –, ist es möglich, daß hier abermals eine Calvaria lag, ähnlich Ehringsdorf H. Fischer versichert, bei den weiteren Arbeiten an der Fundstelle, der er ganz besondere Aufmerksamkeit schenkte, seien keine Knochen mehr zutage getreten. Die Schädelreste müssen also isoliert gelegen haben.

Die Angabe ‚Fundjahr 1908', die durch Pfeiffer für die Funde Ehringsdorf A_1 und A_2 überliefert ist, könnte vielleicht darauf hinweisen, daß die Stücke gemeint sind, die Möller aus der Grotte mitnahm. Allerdings erwähnt Pfeiffer, die beiden Parietalstücke seien im Sommer gefunden worden. Auch sagt Fischer, Möller habe handtellergroße Stücke mitgenommen. Man könnte also vermuten, Fischer meinte nicht Ehringsdorf A, sondern Ehringsdorf C oder D. (Ehringsdorf B wurde im Bruch Kämpfe gefunden.) Aber Ehringsdorf D liegt auf einem Steinkern, der anscheinend von einem größeren Felsen abgeschlagen worden ist. Fischer kann sich jedoch nicht erinnern, daß in der Nähe der kleinen Grotte Abdrücke des Schädelteils im Gestein entdeckt und losgeschlagen wurden. Es bliebe also Ehringsdorf C übrig. Um die Verwirrung vollständig zu machen, sagt Virchow, sicherlich auf Grund einer Aussprache mit den Wissenschaftlern des Weimarer Museums, die beiden kleinen Stücke Ehringsdorf A_1 und A_2 sollen in einer dichten Werkbank gelegen haben. Es ist also heute nicht mehr sicher zu entscheiden, welche von den Bruchstücken A_1, A_2 oder C, zu dem im Mai 1908 zerstörten Schädel gehört haben; die größte Wahrscheinlichkeit spricht noch für A_1 und A_2. WEISS (1910, S. 34) spricht von ‚zwei kleinen Seitenwandstückchen' (offenbar A_1 und A_2 – d. Verf.), die angeblich 1909 in Ehringsdorf gefunden wurden."

6. Die Hominidenreste aus Weimar-Ehringsdorf

Bei der Neubearbeitung der Ehringsdorfer Skelettreste wurden die Funde als Ehringsdorf A–I bezeichnet. Sie gehören zu mindestens sechs verschiedenen Individuen.

Tab. 4 Katalog der Hominidenreste von Weimar-Ehringsdorf

Bezeichnung	Kat.-Nr.	Hominidenreste	Sex	Alter	Fst	Jahr	beschrieben von
A	1001/69	A_1 Os parietale (ff)	?	ad.-mat.	Fi^1	1908	G. Behm-Blancke 1960
	1002/69	A_2 Os parietale (ff)	?	ad.-mat.	Fi	1908	
	1046/69	A_3 Os parietale (ff)	?	ad.-mat.	?		
	1047/69	A_4 Os temporale (ff)	?	ad.-mat.	?		
B	1003/69	B_1 Os parietale sin.	♂?	mat.	$Kä^2$	1909– 1913	F. Weidenreich 1928 G. Behm-Blancke 1960
	1004/69	B_2 Steinbett					
C	1005/69	Os parietale dx.	♀?	ad.-mat.	Kä/Fi	1909– 1913	G. Behm-Blancke 1960
D	1006/69	D_1 Os parietale dx.	♂?	mat.	Kä/Fi	1909– 1913	G. Behm-Blancke 1960
	1007/69	D_2 Steinbett					
E	1008/69	Femur dx. (f)	?	mat.	Kä	1909– 1913	F. Weidenreich 1941 G. Behm-Blancke 1960
F	1009/69	Mandibula (f)	♀?	mat.	Kä	8.5.1914	G. Schwalbe 1914 H. Virchow 1920
G	1010/69	G_1 Mandibula (f)	?	11 J.	Kä	2.–3.11. 1916	H. Virchow 1920 G. Behm-Blancke 1960
	1011/69	G_2 I dx.^{1}					
	1012/69	G_3 I sin.^{2}					
	1018/69	G_4 Clavicula sin. (ff)					
	1019/69	G_5 Clavicula dx. (ff)					
	1045/69 1042/69	G_6 Humerus dx.					
	1021/69	G_7 Radius dx. (f)					
	1022/69	G_8 Ulna dx. (f)					
	1013/69	G_9 Radius sin. (ff)					
	1023/69	G_{10} Phalanx digiti					
	1014/69	G_{11} Costa prima sin. (f)					
	1015/69	G_{12} Costa sin. (ff)					
	1016/69	G_{13} Costa sin. (ff)					
	1017/69	G_{14} Steinblock mit 5 Vertebrae (ff) 6 Costae dx. (ff) 7 Costae sin. (ff)					
H	1024/69 1025/69	H_{1+2} Os frontale	♀	ad.	Fi	21.9. 1925	F. Weidenreich 1928 O. Kleinschmidt 1931
	1026/69	H_3 Os temporale sin.					K. Lindig 1934
	1027–1030/69	H_{4-7} Os parietale sin. (f) (4 Stücke)					G. Behm-Blancke 1960
	1031/69	H_8 Os parietale dx.					
	1032/69	H_9 Os occipitale (2 Stücke)					
	1039/69	H_{10} Os sphenoidale dx. (ff)					
I^3	1048/69	M_1 sin.					H. Virchow 1920
	1049/69	P_2 sin.					

^{1} Bruch Fischer; ^{2} Bruch Kämpfe; ^{3} aus G_1 entnommen

6.1. Neurocranien der erwachsenen Individuen

Zur Verfügung stehen der zerdrückte Schädel Ehringsdorf H und die Bruchstücke der Ossa parietalia der Individuen A, B, C und D.

Ehringsdorf H (Taf. X–XVII)

Das Stirnbein liegt in zwei Bruchstücken vor. Es fehlen fast der gesamte Orbitalrand der rechten Seite, die rechte Pars nasalis ossis frontalis und der Processus zygomaticus. Von der rechten Linea temporalis ist nur ein kurzes oberes Stück zu erkennen; auch der obere Teil der rechten Facies temporalis ist vorhanden. Auf der linken Seite sind der Augenhöhlenrand, die Pars nasalis und der Processus zygomaticus vollständig erhalten. Vom linken Orbitadach ist das Gebiet der Fossa lacrimalis vorhanden. Die Squama frontalis ist vollständig.

Das Os occipitale besteht aus zwei Fragmenten, die sich nicht aneinanderfügen lassen. Der gesamte Lambdarand ist unregelmäßig abgebrochen. Rechts fehlt die ganze äußere Partie des Planum occipitale und Planum nuchae. Vom Planum nuchae ist nur die mittlere Partie bis fast zur hinteren Umgebung des Foramen magnum erhalten. Das zweite Bruchstück gehört zur rechten Partie des Planum nuchale.

Vom Keilbein liegt der rechte große Flügel mit dem Ansatz des Processus pterygoideus vor.

Das linke Temporale ist bis auf die Randpartien der Schuppe vollständig erhalten.

Die bisher erwähnten Einzelknochen sind sekundär nicht deformiert.

Das rechte Parietale ist, abgesehen von kleinen Defekten, die beim Freilegen entstanden sind und mit Gips ausgefüllt wurden, gut erhalten, aber sekundär deformiert.

Das linke Parietale besteht aus einem oberen quergespaltenen Längsstück und zwei etwa gleichgroßen unteren Stücken, die aber nicht gut aneinander passen.

Ehringsdorf A (Taf. XXVI)

Der Fund besteht aus drei Bruchstücken eines Os parietale (A_1, A_2, A_3) und eventuell einem Fragment des Os temporale (A_4). Die Bruchstücke sind so klein, daß sie zur weiteren Auswertung nicht geeignet sind.

Ehringsdorf B (Taf. XXVII–XXIX)

Großes Bruchstück eines linken Os parietale auf dem Travertinbett. Der Knochen ist ungefähr in Höhe der Linea temporalis superior abgebrochen. Ein hinterer unterer Teil läßt sich mit Hilfe des Abdrucks auf dem Steinbett ergänzen. Der obere Rand zeigt im mittleren Abschnitt Sagittalnahtreste. Der Margo squamosus fehlt. Beträchtlich ist die Knochendicke.

Ehringsdorf C (Taf. XXIX–XXXI)

Großes Bruchstück eines rechten Os parietale, das quer in der Höhe des Scheitelhöckers abgebrochen ist. Der Margo occipitalis und Margo squamosus sind verhältnismäßig gut erhalten. Auf der Tabula externa zeigen sich Verletzungen, vielleicht Spuren von verheilten Bissen.

Ehringsdorf D (Taf. XXXI–XXXIII)

Unregelmäßiges Bruchstück eines rechten Os parietale mit dem Travertinbett. Danach konnte das Bruchstück in der oberen frontalen Partie ergänzt und zugleich der auf dem Gestein als Abdruck sichtbare Margo sagittalis abgegossen werden.

6.2. Reste des Gesichtsskelettes Ehringsdorf F (Taf. LI–LIX)

Es steht von Erwachsenen nur ein Unterkiefer zur Verfügung. Der Kiefer besitzt bis auf die intravital verlorengegangenen rechtsseitigen Schneidezähne ein komplettes Gebiß. Es war nicht möglich, die erhöhte Position des rechten Eckzahnes sowie den buccal tordierten M_3 rechts zu korrigieren, da es uns nicht gelungen ist, die durch Sinter mit dem Kiefer verbackenen Zähne herauszulösen, ohne Gefahr, sie zu beschädigen. Der Alveolarrand des Kiefers wurde vollständig frei präpariert, so daß wir heute die Möglichkeit haben, die Spuren des pathologischen Prozesses im Bereich der rechtsseitigen Incisivi und des linken Eckzahnes genauer zu beurteilen.

6.3. Reste des postcranialen Skelettes Ehringsdorf E (Taf. LXII–LXIII)

Vom Erwachsenen ist ein Bruchstück der oberen Hälfte der Femur-Diaphyse vorhanden.

6.4. Reste des Kindes Ehringsdorf G (Taf. LXV–LXVI, LXXI–LXXXVIII)

Von dem etwa elf Jahre alten Individuum blieben im Bereich des Gesichtsskelettes nur die linke Hälfte der Mandibula mit dem Ramus, der Kinnteil des Unterkiefers und sechs isolierte Zähne erhalten. Die Fragmente der Mandibula wurden von E. Lindig sofort nach dem Auffinden mit Plastilin vorläufig verbunden und dann H. Virchow zur wissenschaftlichen Bearbeitung übergeben. Über den ursprünglichen Zustand des Kiefers werden wir vor allem durch die Röntgenaufnahme bei H. VIRCHOW (1920) informiert, die die eingesetzten M_2 und P_2 erkennen lassen; ein M_1 fehlt. Dasselbe ist auf der Abbildung bei A. HEILBORN

(1926) sichtbar. H. Virchow führte eine neue Kieferrekonstruktion durch, ohne die existierenden Milchmolare aber mit dem eingesetzten M_1. Der P_2 wurde in eine approximative Position gebracht (H. VIRCHOW 1920). Diese Rekonstruktion hat man später wegen ihrer Fehlerhaftigkeit kritisiert (S. M. GARN/K. KOSKI 1957; P. LEGOUX 1961, 1963).
Um den ursprünglichen Zustand wiederherzustellen, haben wir Virchows Rekonstruktion demontiert und beide Kieferfragmente vollständig gesäubert. Es wurde festgestellt, daß der eingesetzte M_1 einem anderen Individuum gehört. Der P_2, dessen Wurzel beschädigt ist, kann mit gewisser Wahrscheinlichkeit dem kindlichen Individuum zugeordnet werden. Von den ursprünglich erhaltenen Milchbackenzähnen ist heute kein einziger mehr vorhanden. Ihre Abbildung ist uns durch H. VIRCHOW (1920) bekannt. Bei der neuen Rekonstruktion haben wir die beiden zweifelhaften Zähne (P_2, M_1) eliminiert.
Vom Oberkiefer des Kindes sind isoliert der rechte I^1 und der linke I^2 vorhanden. H. Virchow betrachtete beide Schneidezähne für gleichseitig. In Abweichung zur Abbildung bei H. VIRCHOW (1920) kam es in späterer Zeit zum Abbrechen des ersten Incisivus und zur Fixierung mit Hilfe eines in die Pulpahöhle gelegten Drahtes. Die oberen, ebenfalls bei H. VIRCHOW publizierten Milchmolaren sind heute nicht mehr vorhanden.
Sehr wichtige, aber bisher übersehene Reste vom Brustkorb und Arm des Kindes Ehringsdorf G waren noch im Travertinblock verborgen. Einige direkt an der Oberfläche liegende Knochen hatten sich im Laufe der Zeit gelockert. Die Freipräparation der postcranialen Reste wurde 1980 im Detail beendet.
Zur Beurteilung des Skelettes stehen die Überreste von fünf Brustwirbeln, sechs rechts- und sieben linksseitige Rippenbruchstücke bzw. ihre Abdrücke im Travertin sowie drei weitere isolierte Bruchstücke, vom Schultergürtel ein Schlüsselbein, von den Armknochen der aus zwei Teilen bestehende Humerus dx., der Radius sin. ohne untere Epiphyse, ein Bruchstück der Diaphyse des Radius dx., eine Diaphyse der Ulna dx. und eine Phalanx der Hand zur Verfügung.

6.5. Rekonstruktionen

Ehringsdorf II (Taf. VII–IX)

Als sehr kompliziert erwies sich die Rekonstruktion der Calvaria. Wie bereits erwähnt, versuchte K. Lindig schon 1925, unmittelbar nach der Entdeckung des Schädels, die einzelnen Bruchstücke zusammenzufügen. Bei der Detailbearbeitung führte dann F. Weidenreich (1928) einige Versuche zur Calvariarekonstruktion durch. Er wählte folgende Methode: Auf einen Holzkern von der ungefähren Form des Schädelinnenraumes trug er weiches, gut knetbares Plastilin auf. Nach genauer Bestimmung der Medianebene wurden die einzelnen Knochenteile aufgesetzt und angedrückt. Auf der weichen Unterlage konnten Verschiebungen nach allen Richtungen vorgenommen und Wölbungsdifferenzen ausgeglichen werden. Nach dieser Zusammensetzung wurde eine Ergänzung der fehlenden Teile der Calvaria durchgeführt. Weidenreich war sich bewußt, daß seine Rekonstruktion nur eine der möglichen sein konnte. Die Fehlerquellen hat er selbst in einer Tabelle aufgezeichnet:

Stellung der Scheitelbeine zueinander zu stark abgeplattet;
fehlende Nahtteile für die Verbindung des linken zum rechten Scheitelbein;
durch die Anfügung des Temporale entstand eine Abplattung des hinteren unteren Bruchstückes;
Größe des Zwischenraumes zwischen den Ossa parietalia und dem Os occipitale; es fehlen der Lambdanahtast und Sutura occipitomastoidea des linken Parietale;
Abbiegung des Os occipitale nach hinten.

Die rekonstruierte Calvaria zeigt folgende wichtige Merkmale: starke Tori supraorbitales, Abknickung des Os occipitale, Ausbildung der Tori occipitales, flache und weite Kiefergelenkgrube usw. Gleichzeitig sehen wir eine steilere Stirn und eine ausgeprägte Wölbung des vorderen und mittleren Bereichs des Schädeldaches. F. Weidenreich konstatierte ebenfalls eine auffallende große Intraorbital- und Obergesichtsbreite, eine starke Ausbiegung des oberen Orbitalrandes und der kleinsten Stirnbreite sowie einen großen Sagittalnahtrand.
Im Jahre 1931 wagte O. Kleinschmidt eine neue Rekonstruktion (Taf. IX) nach einer anderen Methode. Die Abgüsse der Schädelknochen wurden mit einem leicht biegsamen Aluminiumdraht verbunden, so daß nicht nur die Oberfläche, sondern auch die Innenfläche der einzelnen Teile hinsichtlich ihrer gegenseitigen Lage beobachtet werden konnten.
O. Kleinschmidts Zusammensetzung der Ehringsdorfer Calvaria weicht erheblich von der F. Weidenreichs ab. Seine Rekonstruktion betont den breiten, abgeflachten Hinterpol, die flache Stirn und den wenig gratförmigen Scheitel. Die Überaugenwülste treten weniger vor. – Auch die Kleinschmidt'sche Rekonstruktion hat Schwächen, die man nicht übersehen darf.
Nach unserer Ansicht war die Weidenreich'sche Rekonstruktion anatomisch exakter; die Kleinschmidtsche verfolgte schon ein bestimmtes Ziel. Beide konnten aber die prinzipiellen Ursachen der Rekonstruktionsschwierigkeiten nicht umgehen, nämlich die sekundäre Abflachung der beiden Ossa parietalia.
Bei unserem neuen Rekonstruktionsversuch der Calvaria Ehringsdorf H aus dem Jahre 1979 sind wir von den angeführten Schwierigkeiten beider vorangegan-

gener Rekonstruktionen und dem Erhaltungszustand der Knochen ausgegangen und haben eine dritte Art der Rekonstruktionstechnik gewählt:

Das Stirn-, Schläfen- und Hinterhauptbein sind sekundär nicht deformiert.
Auf dem Stirnbein sind Reste der Sutura coronalis in ihrem gesamten Verlauf erhalten. Die Rekonstruktion mußte deshalb notwendigerweise von dieser Gegend ausgehen. An den Ossa parietalia finden wir ebenfalls Reste der Sutura coronalis, aber der Margo frontalis ist an beiden Knochen sekundär deformiert. Deshalb haben wir Silikonkautschukabgüsse benutzt, die es ermöglichten, mit ziemlich großer Zuverlässigkeit die Ossa parietalia an das Stirnbein anzuschließen.
Die eigentliche Rekonstruktion wurde auch auf einer Tonunterlage durchgeführt, auf welcher die Gummiabgüsse der einzelnen Calvarienteile mit Stecknadeln befestigt wurden. Nach anatomischen Korrekturen, die die verwendeten Gummiabgüsse ermöglichten, konnten wir wenigstens die großen sekundären Deformationen ausgleichen. Die rekonstruierte Calvaria wurde dann im Gips abgegossen (Taf. XVIII–XXV).
Gleichzeitig wurden die Gummiabgüsse zur Anfertigung des endocranialen Calvarienausgusses benutzt. Wir hatten die Möglichkeit, während der Rekonstruktion die anatomische Paßgenauigkeit der einzelnen Calvariateile auch von der cerebralen Seite her zu kontrollieren (Taf. XLI–XLIX).

Auf diese Weise erhielten wir die Rekonstruktion der Calvaria Ehringsdorf H und ihres endocranialen Ausgusses. Der Schädel weist einige wichtige und bedeutungsvolle, bisher nur vermutete Charakteristika auf. Die Calvaria Ehringsdorf H ist lang (201 mm), schmal (134 mm) und ziemlich niedrig (b–po = 116 mm). Sie besitzt einen deutlich ausgeprägten Torus supraorbitalis, welcher von der eigentlichen Schuppe des Stirnbeines gut abgetrennt ist. Der Torus ist in der Glabellagegend wellenartig eingebogen, aber nicht unterbrochen. Die beträchtliche Dicke des orbitalen Randes setzt sich bis auf den Processus zygomaticus ossis frontalis fort. Die Linea temporalis ist auffallend gebildet. Sie verläuft kantig modelliert vom Rande des Processus zygomaticus schräg aufwärts in direkter Linie zum Punkt Coronale, schneidet die Sutura coronalis und geht auf das Os parietalia über, wo sie sich verliert. In der Norma verticalis wird die für Neandertaler-Formen typische postorbitale Einschnürung auf dem Stirnbein nicht sichtbar, aber der Schädelumriß verengt sich am stärksten im Bereich der Sutura coronalis. Dadurch entsteht die auffallende Form des Torus supraorbitalis in Hinblick auf die insgesamt schmale Calvaria. Die Abflachung der Stirnbeinschuppe ist ziemlich groß, doch ihre Form bombenförmig mit maximaler Wölbung im Bereich des Metopion. Diese bombenförmige Wölbung der Stirnbeinschuppe wird ausdrucksvoll durch eine breite kreisförmige Einschnürung begrenzt, die im Glabellargebiet aus dem Sulcus supraorbitalis hervorgeht und ungefähr in der Mitte der Augenhöhlenbreite beiderseitig symmetrisch bis zum Punkt Coronale ansteigt, wo sie sich auf der Oberfläche der Scheitelbeine verliert.

Die Stirnkontur des Schädels geht in der Norma lateralis fließend in die Scheitelkontur über und steigt bis zur Stelle des Vertex etwa über dem Porus acusticus ext. Von hier aus setzt sich der Sagittalumriß wieder gleitend in die ausgezogene Kontur des Hinterhauptbeins fort. Das Opisthocranion befindet sich 20 mm über dem Inion. Das Planum occipitale ist in Längs- sowie Querrichtung bombenförmig gewölbt. Der Torus occipitalis tritt nicht in Erscheinung und teilt das Planum nuchae, welches insgesamt gewölbt und durch Muskelansätze betont modelliert erscheint. Die Scheitelbeine sind groß, haben deutlich erkennbare Scheitelbeinhöcker und Parallelstellung der Seitenwände, sind also mehr oder weniger hausförmig gebaut.

Das Schläfenbein ist relativ klein und hat einen schwachgeformten Processus mastoideus. Der Porus acusticus ist eher klein, der Tympanicumring nicht verdickt. Auffallend gestaltet erscheint die Fossa mandibularis: sie ist flach und weit, das Tuber articulare wenig entwickelt und eben.

Wir sehen also, daß es im Unterschied zur Weidenreich'schen Rekonstruktion zur Erniedrigung der Schädelwölbung, zur Verlagerung des Vertex in die Mitte des Sagittalumrisses und zu einer sanfteren Verengung gekommen ist. Wir nehmen an, daß wir mit unserer Rekonstruktion anhand von Gummiabgüssen der ursprünglichen Realität sehr nahe sind.

Ehringsdorf B, C, D (Taf. XXXIV–XLV)

Bei der Auswertung der übrigen Ossa parietalia Ehringsdorf B, C und D haben wir in unsere Rekonstruktion Abgüsse der Originale der Scheitelbeine eingefügt. Auf diese Weise haben wir eine Vorstellung von der Morphologie der Schädel der übrigen in Ehringsdorf gefundenen Individuen gewonnen.
Einen ähnlichen Versuch hat G. Behm-Blancke bereits im Jahre 1960 durchgeführt. Um eine Vorstellung vom Aussehen der Norma occipitalis der anderen Ehringsdorfer Schädel zu erhalten, wurden die Scheitelbeine B und D auf einer Tonunterlage in anatomische Stellung gebracht und fotografiert, die Aufnahmen dann spiegelbildlich ergänzt.
Durch Einfügen der Originale der Ossa parietalia in den Abguß der Calvaria H haben wir verschiedene Ansichten der erhaltenen Bruchstücke gewonnen. Hinsichtlich der Rekonstruktion der Norma verticalis und Norma occipitalis sind wir übrigens ähnlich wie G. Behm-Blancke vorgegangen; wir haben die erhaltenen Partien spiegelbildlich ergänzt.

In Norma verticalis darf die suggestive Form der Frontalpartien natürlich nicht für absolut richtig gehalten werden, doch vermitteln uns die Proportionen und die Form der Scheitelbeinregion und teilweise auch der Nackenpartien einen gewissen Eindruck. Für die gesamte rekonstruierte Ehringsdorfer Schädelserie ist eine Parallelstellung der Seitenwände mit dachförmigem Scheitel bis hin zur modernen Hausform typisch.

In gleicher Weise sind wir bei der Auswertung der Abdrücke der Cerebralflächen der Ossa parietalia B, C und D vorgegangen. Auch diese wurden in die Abgüsse des Endocranium H eingefügt. Auf diese Weise ließen sich die zuständigen Gebiete des Endocraniums und die Arterienabdrücke gut auswerten.

Außer den Versuchen, das Neurocranium zu rekonstruieren, haben wir uns auch um eine Ergänzung der Unterkiefer des Erwachsenen und des Kindes bemüht.

Ehringsdorf F (Taf. LX–LXI)

Am Unterkiefer haben wir an einem Abguß den rechten Eckzahn in die Occlusionsebene gebracht und anschließend die Krone des rechten M_3 in die richtige Stellung gedreht.

Ehringsdorf G (Taf. LXXIV–LXXV)

In der Stomatologischen Klinik der 2. Medizinischen Fakultät in Prag haben wir das entsprechende Gebiß des Oberkiefers rekonstruiert. Beim Unterkiefer Ehringsdorf G wurde versucht, die Mandibula zu ergänzen und mit Hilfe der Kiefer des Kindes aus Teschik-Tasch eine plastische Vorstellung der wahrscheinlichen Gebißform des Ehringsdorfer Kindes zu gewinnen.

Zusammenfassung

Die von uns durchgeführten Rekonstruktionen des Neurocraniums und der Gebißformen haben es ermöglicht, die scheinbar schlecht erhaltenen Funde von Weimar-Ehringsdorf maximal auszuwerten und dadurch eine überaus wertvolle Fundserie fossiler Menschen erhalten, deren Studium zur Kenntnis der Entwicklung des pleistozänen Menschen in Europa wesentlich beitragen wird.

7. Die Überreste der Erwachsenen

7.1. Neurocranium

7.1.1. Beschreibung der Einzelknochen

Bei unserer Beschreibung der Menschenreste von Weimar-Ehringsdorf gehen wir gern von den Erstbeschreibungen (H. Virchow 1920; F. Weidenreich 1928; G. Behm-Blancke 1960) aus. Einige Formulierungen können wir übernehmen, da sie vollkommen ausreichend sind. Damit wollen wir auch unseren Respekt vor dem Niveau der wissenschaftlichen Bearbeitungen aller drei erwähnten Autoren ausdrücken.

7.1.1.1. Os frontale Ehringsdorf H_{1+2} (Taf. X–XI, Abb. 1–3)

Das Stirnbein setzt sich aus einem großen Hauptstück und aus einem genau anschließenden kleineren Fragment der linken lateralen Partie zusammen.

Pars glabellaris

Die Gegend der Glabella – der Punkt Glabella selbst ist nicht mehr erhalten - wurde von Pars nasalis durch eine Einsenkung begrenzt. Am oberen Ende geht die Glabellapartie fließend in eine deutliche Fossa supraglabellaris über.

Pars nasalis

Die Pars nasalis ist im unteren Teil ihrer linken Hälfte bis auf die Spina nasalis vollständig erhalten. Sie scheint unmittelbar an der Sutura nasofrontalis abgebrochen zu sein. Die Außenfläche bietet keine Besonderheit. An der lateralen Seite ist eine Fovea trochlearis angedeutet. Die Pars nasalis ist hoch und nicht so breit. Die Höhe des Stirnfortsatzes des Stirnbeins (n–so) beträgt 13 mm; die vordere Interorbitalbreite (mf–mf) kann man auf 30–31 mm rekonstruieren.

Torus supraorbitalis

Die Tori supraorbitales überdachen in ganzer Ausdehnung die Orbita von der Pars nasalis bis zum Processus zygomaticus. Der Wulst ist in der Gegend der Glabella nicht unterbrochen und weist in Norma frontalis und auch in Norma lateralis eine flache aber deutliche Eintiefung auf. Diese Depressio glabellae ist breit und glatt und begrenzt scharf den Überang der Glabellagegend in der Schuppe. Die Wülste sind also durch eine in ihrem ganzen Verlauf nachweisbare Furche – Sulcus supratoralis – abgegrenzt. Diese beginnt mit der Fovea supraglabellaris, wird oberhalb der maximalen Orbitawölbung deutlich tiefer, und lateralwärts zum Processus zygomaticus flacht sie wieder etwas ab. Der guterhaltene linke Torus springt also über die Wölbungskontur der Stirnbeinschuppe stark nach vorne vor. Bei der Glabella nahe der medianen Linie beträgt die Dicke des supraorbitalen Wulstes in sagittaler Richtung 21 mm, 20 mm parasagittal davon ist die Dicke des Torus 21 mm und am Processus zygomaticus 23 mm.

Die Höhe des Brauenwulstes ist gleichfalls beträchtlich. Sie beträgt vom Sulcus supratoralis bis zum Übergang der Rundung am Margo supraorbitalis in sagittaler Richtung nahe der medianen Linie 26 mm, 20 mm lateral davon 18 mm und am Processus zygomaticus 13 mm.

Die stehengebliebene Zacke des rechten Torus ist etwas stärker nach oben gebogen als die entsprechende Partie des linken Torus. Die Zacke mißt, obwohl ihr äußerer Rand defekt ist, 18 mm in sagittaler Richtung; ihre Höhe beträgt 11 mm, wobei der Margo supraorbitalis selbst fehlt.

Margo supraorbitalis

Für die Beurteilung der Gestaltung des Wulstrandes ist nur der linke Torus verwertbar. Dessen ganze Länge (n – fmo) beträgt 71 mm. Der linksseitige Wulst wurde an der Stelle, wo ein Foramen supraorbitale oder eine entsprechende Incisura zu erwarten wäre, von einem Bruch durchsetzt. Es läßt sich also über die Existenz oder das Fehlen eines Foramen oder einer Incisura nichts bestimmtes aussagen. Aus der Kante des Margo supraorbitalis lateral von beschriebener Bruchlinie ist der Processus supraorbitalis entwickelt.

Abb. 1 Ehringsdorf H. Os frontale.
Facies externa (oben): B – Bregma, de – Depression, fsg – Fossa supraglabellaris, ft – Facies temporalis, ftr – Fossa trochlearis, lt – Linea temporalis, mso – Margo supraorbitale, N – Nasion, pg – Pars glabellaris, pn – Pars nasalis, pso – Processus supraorbitalis, pz – Processus zygomaticus, sf – Sinus frontales, sspt – Sulcus supratoralis, tf – Tuber frontale, ts – Torus supraorbitalis.
Facies interna (unten): cf – Crista frontalis, fgl – Fossa glandulae lacrimalis, igfi – Impressio gyri frontalis inferioris, sspf – Sutura sphenofrontalis, szf – Sutura zygomaticofrontalis.

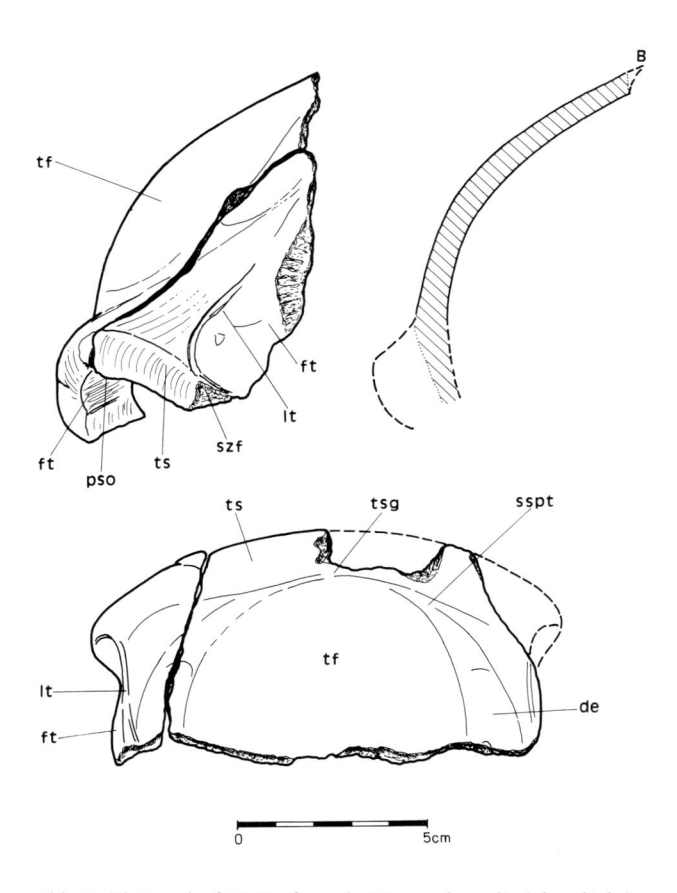

Abb. 2 Ehringsdorf H. Os frontale. Norma lateralis (oben links), mit Median-Sagittalschnitt (oben rechts) und Norma verticalis (unten). Abkürzungen s. Abb. 1.

Sinus frontales

Die Stirnhöhlen sind beim Ehringsdorf H Individuum im Massiv des Torus supraorbitalis ausgebildet. Wir können die rechtsseitige Partie direkt beurteilen, weil fast der gesamte rechte Torus weggebrochen ist und die Stirnhöhle freiliegt. Da ihre hintere, die vordere Schädelgrube abschließende Wand und an der Pars nasalis auch die vordere Wand stehenblieb, ist die Tiefe der Stirnhöhle rechts am Septum leicht bestimmbar: Die Tiefe beträgt hier knapp 15 mm, die Höhlenausdehnung an der gleichen Stelle 22 mm, die Breite der rechten Höhle 38 mm.

Auf Röntgenaufnahmen können wir auch die linksseitige Partie der Sinus frontales beurteilen. Die basale Partie der Stirnhöhle füllt die Pars nasalis ossis frontalis vollständig. Die obere Grenze der Höhle fällt gleichfalls nur ungefähr mit der Wulstgrenze zusammen. Die Höhle erstreckt sich seitlich nur bis etwa zur Mitte der Orbita und geht nicht in den lateralen Teil des Torus hinein. Die Höhlenform kann man als blumenkohlförmig charakterisieren. Der Durchmesser beträgt rund 84 mm, davon 38 mm rechts und 46 mm links, die ganze Höhe 45 mm, rechts 45 mm und links 38 mm, die Tiefe 17 mm.

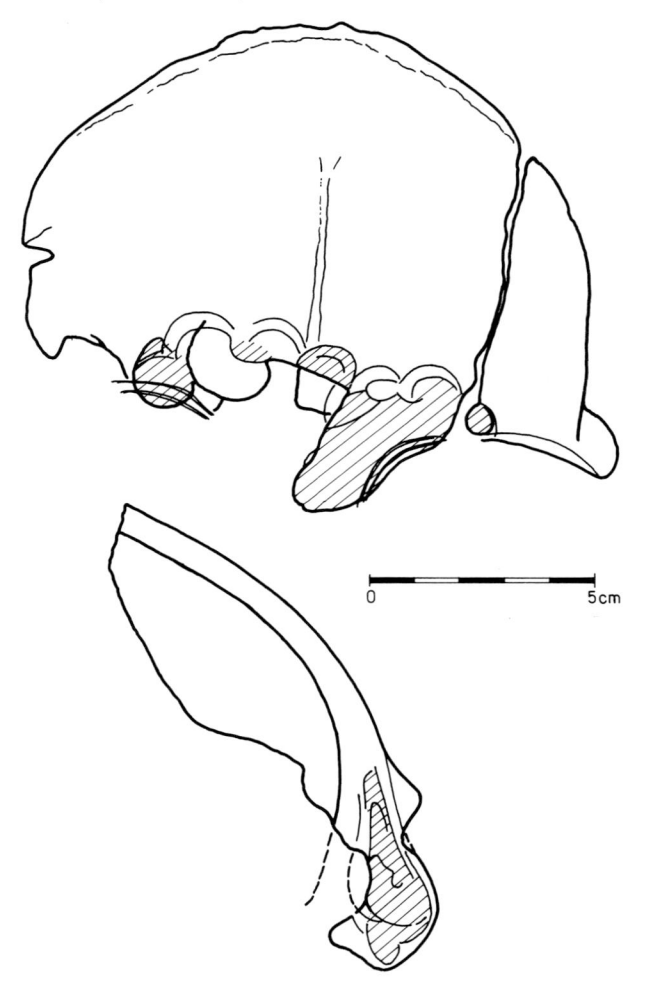

Abb. 3 Ehringsdorf H. Sinus frontales (schraffiert) von vorn (oben) und seitlich (unten). Nach Röntgenaufnahmen.

Pars orbitalis

Vom Dach der linken Orbita ist nur der Processus zygomaticus-Abschnitt erhalten, 33 × 24 × 35 mm groß mit ziemlich tiefer Fossa glandulae lacrimalis. Vom Dach der rechten Orbita ist ein dreieckiger Abschnitt, 22 × 25 × 21 mm der Seitenlänge, unter der verbliebenen Zacke des rechten Torus erhalten.

Processus zygomaticus und Linea temporalis

Processus zygomaticus ist links gut erhalten. Sutura zygomaticofrontalis weist eine dreieckige Fläche auf. Die Linea temporalis ist in ihrem vorderen Teil als starke Kante entwickelt, aber an der Schnittstelle mit dem Sulcus supratoralis weniger eingezogen, so daß die Linie am Übergang auf den Processus zygomaticus eine flache und schwach abgeknickte Kurve bildet. Im hinteren Teil hat die Linea temporalis nur den Charakter einer rauhen Linie. Trigonum supraorbitale ist nicht entwickelt.

Squama frontalis

Die Stirnbeinschuppe ist ziemlich vollständig vorhanden. Es fehlt nur ein Teil des Coronalnahtrandes im Bereich der unteren Hälfte der rechten Facies temporalis. – Die Schuppe setzt sich durch den Sulcus supratoralis von der Pars glabellaris und vom Torus supraorbitalis deutlich ab. Sie ist auffällig stark gewölbt. Paarige Tubera frontalia fehlen. Statt dessen ist die gesamte mittlere Schuppenpartie sowohl in transversaler wie in sagittaler Richtung gleichmäßig bombenförmig, maximal im Metopiongebiet, vorgewölbt. Diese bombenförmige Wölbung ist ausdrucksvoll begrenzt. Sie wird mit einer breiten Einbiegung umkreist, die im Bereich der Glabella aus dem Sulcus supratoralis kommt und ungefähr in der Mitte der Augenhöhlenbreite beiderseitig symmetrisch bis zum Punkt Coronale ansteigt, wo sie sich auf der Oberfläche der Scheitelbeine verliert.

Facies temporalis

An der linken Facies temporalis ist eine Vorwölbung hinter der Orbitalenge, die Protuberantia gyri frontalis inferioris SCHWALBE, stark ausgebildet. Auf der rechten Seite des Originals blieb nur ein kurzes hinteres Stück der Linea temporalis und ein kleiner Bruchteil der Facies temporalis erhalten. Am Abguß des ursprünglichen Fundzustandes ist noch eine weit heruntergehende 28 × 10 mm große Knochenleiste sichtbar. Diese entspricht dem Processus frontalis ossis zygomatici. Bei der Präparation aus dem harten Travertin wurde die Knochenleiste vernichtet.

Facies interna

An der Facies interna des Stirnbeins erscheint die Crista frontalis gut ausgebildet. Sie ist bis oberhalb des Foramen coecum erhalten und gabelt sich in der maximalen Wölbung der Schuppe in zwei Äste. Sulcus sinus sagittalis superioris ist nicht entwickelt. – An der Innenfläche sind die Juga cerebralia und Impressiones digitatae nur schwach vorhanden. Korrespondierend mit der erwähnten Vorwölbung im Bereich der linken Facies temporalis ist die Impressio digitata, die dem unteren Teil des Gyrus frontalis inferior entspricht, stark ausgebildet. – Auf der rechten Seite der Innenfläche sitzt in einem Abstand von 22 mm von der Crista frontalis eine rundliche Foveola granularis von 4 mm Durchmesser. – Die Form der Mittelpartie der Fossa cranii anterior überzeugte uns, daß bei Ehringsdorf H kein mächtiges Rostrum orbitale entwickelt wurde.

Tab. 5 Maße des Os frontale

9	kleinste Stirnbreite (ft–ft)	113 mm
9/1	postorbitale Breite (Einschnürung)	113 mm
10	größte Stirnbreite (co–co)	116 mm
10a	größte Breite des Stirnbeines	116 mm
26	Frontalbogen (n–b)	128 mm
26a	Frontalbogen (g–b)	115 mm
26/1	Glabellarbogen (n–sg)	25 mm ?
26/2	Cerebralbogen (Sg–b)	110 mm
29	Frontalsehne (n–b)	117 mm
29/1	Sehne der Pars glabellaris (n–sg)	20 mm
29/2	Sehne der Pars cerebralis (sg–b)	104 mm
32	Stirnprofil (n–m : FH)	68°
32a	Stirnprofil (g–squama : g–i)	70°
32/4	Stirnneigung (n–b : n–i)	54°
32/2	Glabella – Bregma (g–b : g–i)	53°
32/3	Stirnneigung d. Pars glabellaris (n–sg : n–i)	105°
32/4	Stirnneigung d. Pars cerebralis (sg–b : n–i)	48°
32/5	Krümmung des Stirnbeins (n b)	144°
32/6	Krümmung d. Pars cerebralis (sg b)	148°
	Höhe der Wölbung Pars glabellaris (n–sg)	6 mm
	Höhe der Wölbung Pars cerebralis (sg–b)	13 mm
	Höhe der Wölbung des Stirnbeins (n–b)	20 mm

Dicke des Os frontale

Die Dicke der Squama frontalis ist im ganzen Bereich gut meßbar und bewegt sich von 2 bis 10 mm. – In mediansagittaler Linie beträgt die Dicke in Fossa supraglabellaris 10 mm, in der Mitte der Crista frontalis 8 mm, in Metopion 5 mm und vor dem Bregmapunkt 6 mm, die Dicke am bombenförmigen Tuber frontale 5 mm, in der Depression median von Linea temporalis sowie auf der Facies temporalis 4 mm.

Linke Orbita

Von der Orbita ist sehr wenig erhalten. Form und Grad der Wölbung des oberen Orbitalrandes kann man von der begrenzenden Pars nasalis bis etwa zur Sutura nasofrontalis und Sutura frontomaxillaris, welche vorhanden sind, und vom Margro supraorbitalis bis zur Sutura zygomaticofrontalis ableiten. Der obere Orbitalrand erscheint in einem leicht geschwungenen, weit und regelmäßig gespannten Bogen. Nur in der Mitte des Bogens ist die regelmäßige Kontur durch eine kleine Welle des Processus supraorbitalis gestört. Die Sehne des Bogens mf – fmo mißt 51 mm. Die Form der Orbita muß rundlich sein.

7.1.1.2. Ossa parietalia Ehringsdorf H_{4-8} (Taf. XII–XIV, Abb. 4–7)

Die beiden Scheitelbeine sind stark lädiert. Das linke Os parietale ist durch einen frontalen und sagittalen Bruch in vier Stücke zerfallen. Das rechte Scheitelbein ist durch die natürliche Zertrümmerung vom Tuber parietale aus radial zersprungen und zerdrückt und in dieser Form durch den Kalktuff fixiert worden. Von beiden Scheitelbeinen ist etwas Knochensubstanz verlorengegangen. Das hat natürlich bei der Rekonstruktion beider Ossa parietalia eine Rolle gespielt wie schon F. WEIDENREICH (1928) und auch O. KLEINSCHMIDT (1931) bemerkt haben. Unsere Beschreibung geht von einer neueren Schädelrekonstruktion aus (E. VLČEK 1979).

Die Außenflächen beider Parietalia zeigen folgende Merkmale:

Tuber parietale

Tuber parietale markiert sich als Kuppe der Rundung des Gesamtknochens, tritt aber parasagittal oder transversal nicht scharf und stärker akzentuiert hervor. Über die Krümmung der Parietalia informieren uns am besten die Einzelschnitte und der Krümmungsindex der Parietalia und ihrer Ränder.

Lineae temporales

Ein deutliches Relief der Linea temporalis fehlt bei beiden Parietalia. Nur im Bereich des Asterion hebt sich eine wulstartige, von vorn nach hinten ziehende Erhebung ab, also keine Linienbildung und keine Andeutung der Existenz des Torus angularis.

Die Knochenränder

Am rechten Scheitelbein besitzt der Margo sagittalis stark vorspringende Zacken. Angulus frontalis und auch Angulus occipitalis sind gut erhalten. Margo frontalis ist bis auf Angulus sphenoidalis vollständig. Die Nahtzacken sind da aber beschädigt. Margo squamosus ist an seiner Zuschärfung kenntlich, aber zum Teil defekt. Es fehlen die Spitze des Angulus sphenoidalis und der ganze Angulus mastoideus. Am schlechtesten ist Margo occipitalis erhalten; nur die obere Hälfte trägt die Nahtreste. Der untere Teil des Occipitalrandes ist rekonstruiert.

Das linke Os parietale besteht aus vier Fragmenten. Margo sagittalis ist in seiner ganzen Länge erhalten. Die meisten Nahtzacken und auch ein kleiner Teil vom Angulus occipitalis sind aber abgebrochen. Vom Margo frontalis sind die Nahtzacken beschädigt. Der Angulus sphenoidalis ist scharf und sehr dünn. Margo squamosus ist in typischer Weise zugeschärft. Die Kontaktarea mit der Temporalschuppe ist klar begrenzt und endet mit gut erhaltenem Rand der Sutura parietomastoidea und mit dem Angulus mastoideus. Margo occipitalis ist in der oberen Hälfte erhalten geblieben. Oberhalb des Asterion ist der Nahtrand auf einer Länge von 42 mm abgebrochen.

Facies interna

An der Innenfläche ist am rechten Parietale die parallel zum Sagittalrand verlaufende Randleiste des Sulcus sinus sagittalis zu erkennen. Am Angulus sphenoidalis beginnen die Eindrücke der Sulci arteriosi. Nahe der Mittellinie und gegen den Lambdarand sind einige Foveolae granulares zu finden.
Am linken Parietale sind kurze, aber tiefeingeschnittene Furchen der Arteria meningea media besonders am Angulus sphenoidalis erhalten. – An beiden ist das Arteriensystem in der Form des I Giuffrida Ruggieri Typus oder des I Adachi Typus entwickelt.

Maße

Die absoluten Maße der Parietalia beim Individuum Ehringsdorf H sind auffällig groß.

Tab. 6 Ehringsdorf H. Index der Knochenverlängerung

	Bogen		Sehne		Index $\frac{S \times 100}{B}$	
	dx	sin	dx	sin	dx	sin
1 max. Parietallänge	133	133	121	120	91,0	90,2
2 max. Parietalbreite	128	132	105	113	82,0	85,6
3 Index der Knochenverlängerung	96,2	99,2	86,8	94,2	–	–

Die Maße für die Längen der Bögen und Sehnen der einzelnen Knochenränder zeigt folgende Tabelle:

Tab. 7 Ehringsdorf H. Knochenränder der Parietalia

	dx			sin		
	Bogen	Sehne	Index $\frac{S \times 100}{B}$	Bogen	Sehne	Index $\frac{S \times 100}{B}$
4 Margo sagittalis, erhalten	117	109	93,2	122	109	89,3
5 Margo frontalis, erhalten	115	97	84,3	118	96	81,4
6 Margo squamosus, erhalten	65?	65?	–	94	91	96,8
7 Margo occipitalis, erhalten	103	86	83,5	(102)	85	(83,3)
8 Distantia Bregma-Asterion	160?	125?	78,1	167	134	80,2

Die Dicke des Os parietale dx. bewegt sich von 5 bis 7 mm. Die maximale Dicke (7 mm) liegt oberhalb des Tuber parietale. Auf dem Os parietale sin. finden wir am Angulus sphenoidalis eine Verdünnung bis auf 3 mm, und am Margo frontalis und Margo occipitalis liegen die Werte zwischen 4 und 5 mm. Die größte Dicke (6 mm) ist im Bereich des Tuber parietale und in der Gegend des Asterion zu finden.

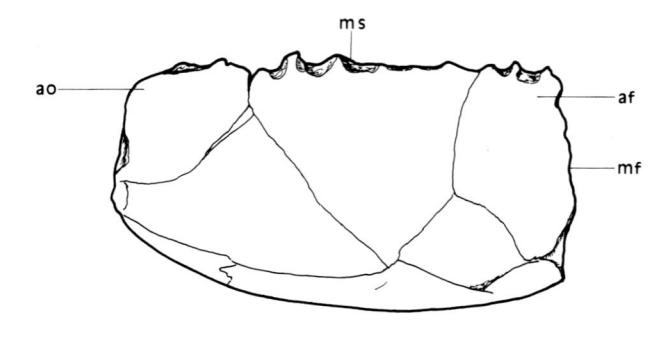

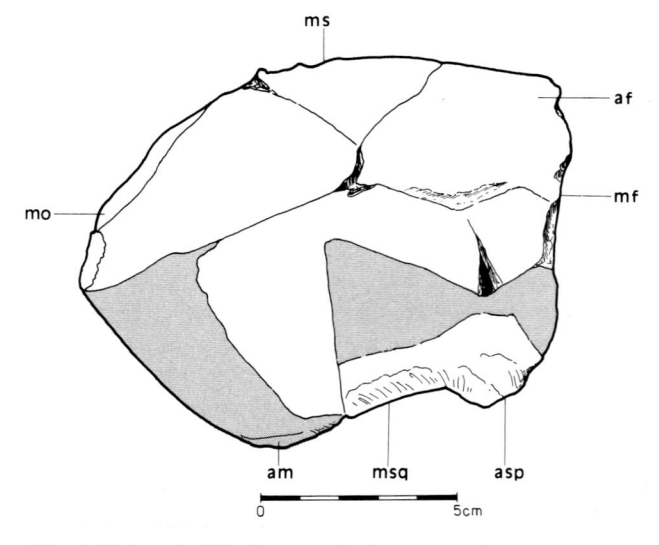

Abb. 4 Ehringsdorf H. Os parietale dextrum in der Norma verticalis (oben) und Norma lateralis dx. (unten).
af – Angulus frontalis, am – Angulus mastoideus, ao – Angulus occipitalis, asp – Angulus sphenoidalis, mf – Margo frontalis, mo – Margo occipitalis, msq – Margo squamosus, ms – Margo sagittalis.

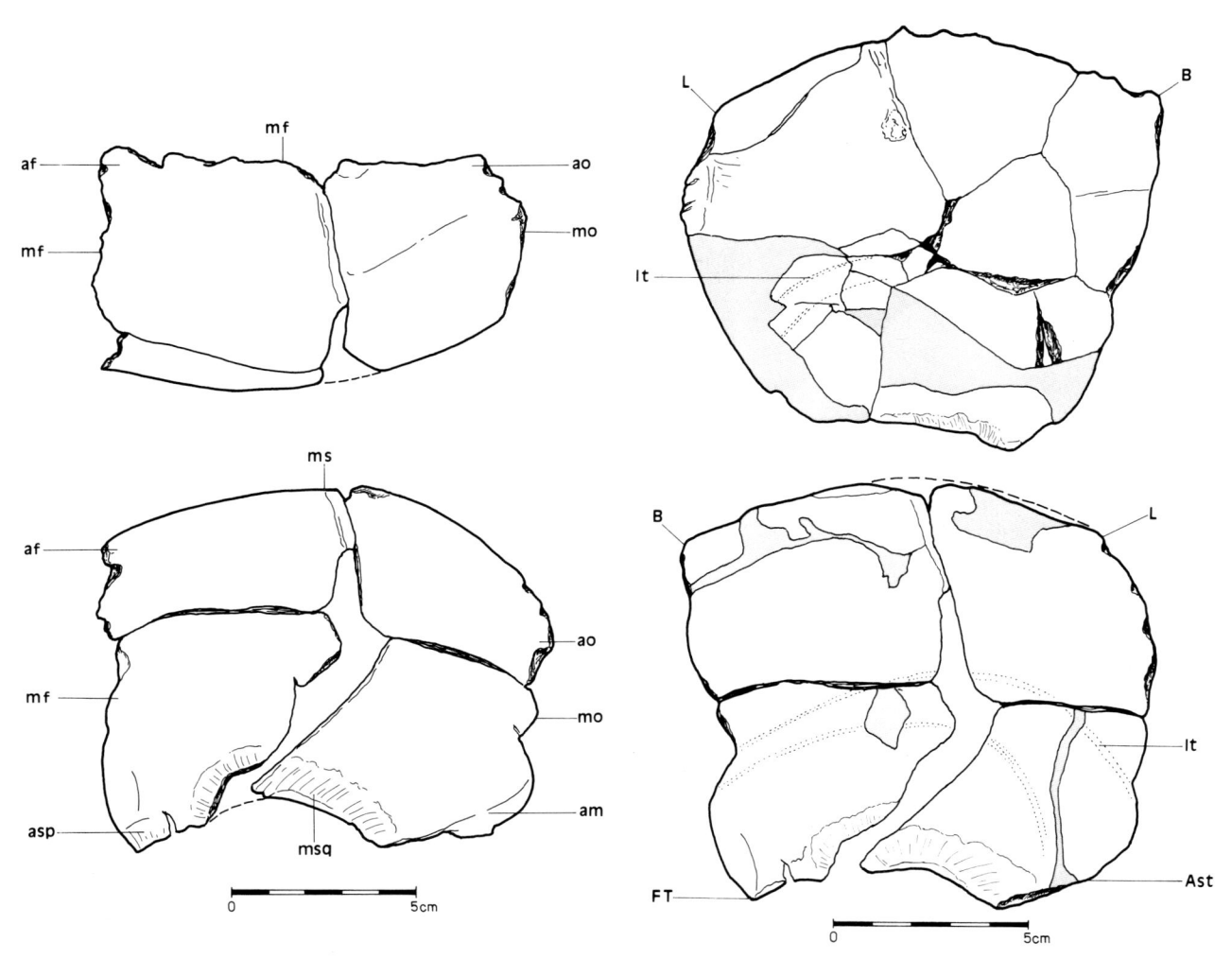

Abb. 5 Ehringsdorf H. Os parietale sinistrum in Norma verticalis (oben) und in Norma lateralis sin. (unten).
Abkürzungen s. Abb. 4.

Abb. 6 Ehringsdorf H. Os parietale dextrum (oben) und Os parietale sinistrum (unten). Facies externa.
Ast – Asterion, B – Bregma, FT – Frontoparietale, L – Lambda, lt – Linea temporalis, Gipsergänzungen punktiert.

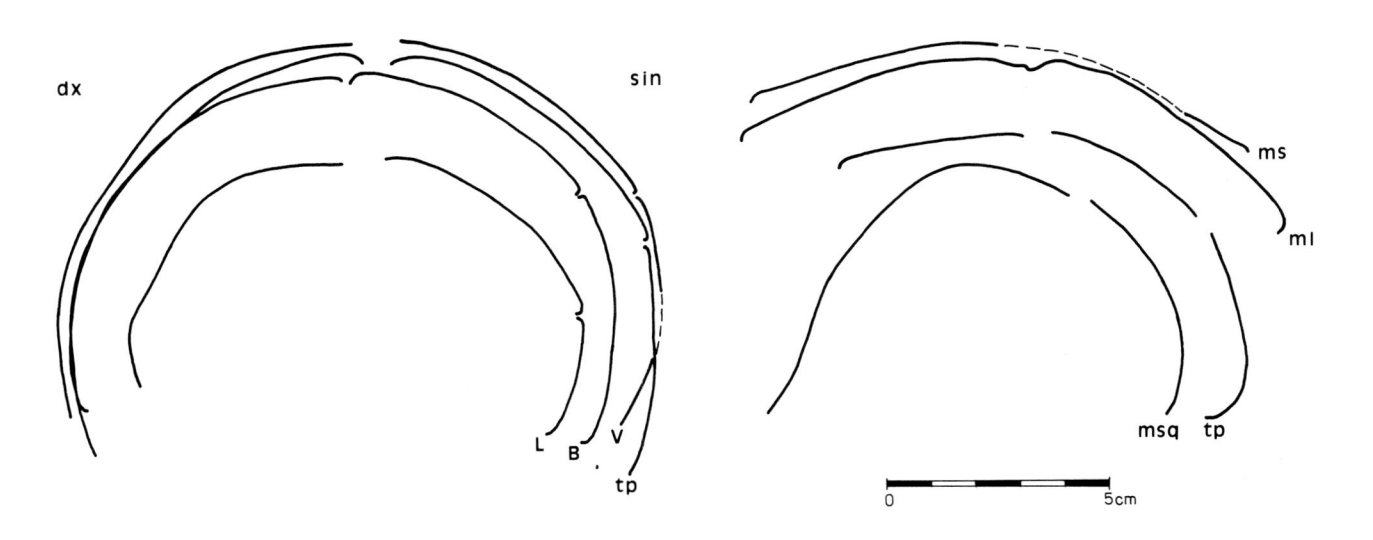

Abb. 7 Ehringsdorf H. Vertikale Schnitte der beiden Ossa parietalia (oben) und Sagittalschnitte des Os parietale sin. (unten).
B – Bregma, L – Lambda, ml – max. Länge parasagittal, ms – Margo sagittalis, msq – Margo squamosus, tp – Tuber parietale, V – Vertex.

7.1.1.3. Os occipitale Ehringsdorf H₉
(Taf. XV–XVI, Abb. 8–9)

Vom Hinterhauptsbein ist im wesentlichen nur der mittlere Teil der Squama occipitalis und ein kleines Fragment von der linksseitigen Fossa cerebellaris erhalten geblieben.

Torus occipitalis

Der Ehringsdorfer hat einen Torus occipitalis, der als völlig einheitlicher Querwulst entwickelt ist. Der Torus liegt genau in der transversalen Linie und trennt die obere von der unteren Schuppe. Er hat die Form einer schmalen Raute, die in der Sagittallinie am breitesten ist (ca. 13 mm) und sich nach den Seiten zu allmählich bis auf 7 mm verjüngt. Die Länge des Wulstes beträgt 57 mm. Ganz seitlich verdickt er sich zu kurzen abgerundeten und hervortretenden Leisten. Das Inion sitzt also in der Wulstmitte.

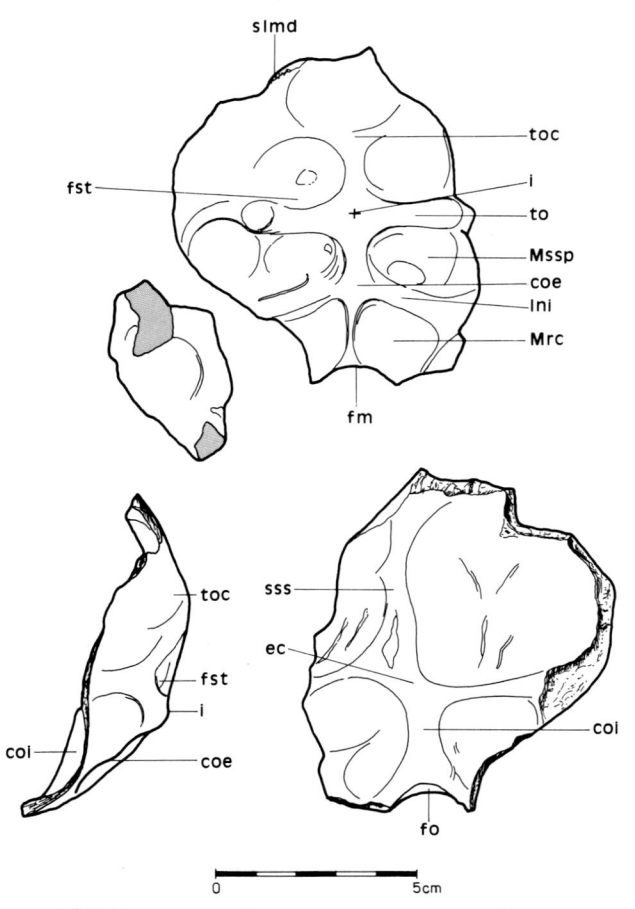

Abb. 8 Ehringsdorf H. Os occipitale in Norma occipitalis (oben), Norma lateralis (unten links) und von innen gesehen (unten rechts).
coe – Crista occipitalis externa, coi – Crista occipitalis interna, ec – Eminentia cruciformis, fm – Foramen magnum, fst – Fossa supratoralis, i – Inion, lni – Linea nuchae superior, Mrc – Musculus rectus capitis, Mssp – Musculus semispinalis, slmd – Sutura lambdoidea, sss – Sulcus sinus sagittalis, to – Torus occipitalis, toc – Tuber occipitale.

Planum occipitale

Von dem Oberrand des Torus läuft gegen das Planum occipitale eine Spitze in einem kurzen Medianwulst aus. Dadurch sind seitlich von diesem Gruben entstanden (Fossa supratoralis), links stärker als rechts. Die linke ist 25 mm × 15 mm groß, die rechte 14 mm hoch (die Breite ist hier nicht erhalten). Oberhalb dieser beiden Gruben ist das Planum occipitale bombenförmig gewölbt und lädt in einem oberhalb des Inion gelegenen Tuber occipitale (45 mm × 31 mm) weit nach hinten aus. Das Planum occipitale ist, obwohl an den Seiten defekt, deutlich breiter als hoch. Die Entfernung vom Inion bis zu der erhaltenen oberen Ecke ist fast ebenso groß wie der rechte, transversale Radius vom Inion bis zur seitlichen Abbruchstelle (54 mm Zirkelmessung).

Planum nuchae

Wie gegen das Planum occipitale setzt sich vom Unterrand des Occipitalwulstes eine nach unten gerichtete mediane Rautenspitze in einer Crista occipitalis externa fort. Es besteht sonach eine Kreuzfigur, eine Art Eminentia occipitalis externa.
Das Muskelfeld des Musculus semispinalis capitis ist links stärker vertieft als rechts und besonders im Winkel zwischen Inionwulst und Crista occipitalis externa zu einer Grube eingesenkt. Die Lineae nuchae inferiores sind weniger durch eine Leiste als durch einen Querwulst dargestellt, der sich gegen die beiden oberen Muskelfelder des M. semispinalis capitis verflacht und gegen das untere namentlich auf der linken Seite stark abfällt. Dadurch kommt es auf dieser Seite im unteren Winkel zwischen der Linea nuchae inferior und der Crista occipitalis externa zu einer dreieckig begrenzten tiefen Grube. So ist das Muskelfeld des Musculus rectus capitis ausmodelliert. Die linke mediale Grube ist 13 mm × 18 mm groß, die rechte 15 mm × 20 mm.

Foramen magnum

Vom Foramen magnum blieb ein Stück des Hinterrandes erhalten. Diese Umgrenzung des F. m. stellt einen eng geschwungenen Bogen dar, so daß auf ein schmales Foramen geschlossen werden darf.

Facies interna

Die Innenfläche des Hinterhauptbeines ist durch eine sehr ausgeprägte Eminentia cruciformis gekennzeichnet. Ihr sagittaler Anteil, die Crista occipitalis interna, verläuft als breiter und hoher Wulst zum Foramen magnum, dessen Kontur sie unter Spaltung in zwei Schenkel umfaßt. Gegen die sogenannte Protuberantia occipitalis interna hin verbreitert sie sich, um sich dann in einer schmaleren Leiste fortzusetzen, die sich gegen die obere, stehengebliebene und nach innen vorgewölbte Ecke nahe dem Lambdapunkte verflacht. Im Protuberantiagebiet tritt zunächst von links und dann etwas höher oben von rechts je eine transversale Leiste an den medianen Wulst heran. Eine sulcusartige schmale Vertiefung, die der Lage nach einem Sulcus sagittalis entspricht, findet sich nur am oberen medianen Balken von der Stelle der Aufnahme der rechten Querleiste an, aber lediglich auf einer Strecke von 16 mm aufwärts. Auf keiner Seite ist ein Sulcus transversus vorhanden. Der Medianwulst liegt 15 mm tiefer als der Inion-Punkt und die Protuberantia occipitalis interna liegt tiefer als das Inion. Die Fossa occipitalis superior ist auf der linken Seite tief und gleichmäßig ausgewölbt. Eine mittlere quere Erhebung und eine davon nach unten abgehende sind wohl als schwache Jugabildungen zu deuten. Auf der rechten Seite ist nur wenig von der Fossa erhalten. Von den Fossae occipitales inferiores ist beiderseits nur ein kleines Stück übrig geblieben. Auf der rechten Seite wird die Grube von einer schwachen unregelmäßigen Leiste durchzogen, die mit der Crista interna parallel von oben nach unten verläuft und mit ihr eine ca. 10 mm breite und sehr flache Depression begrenzt.

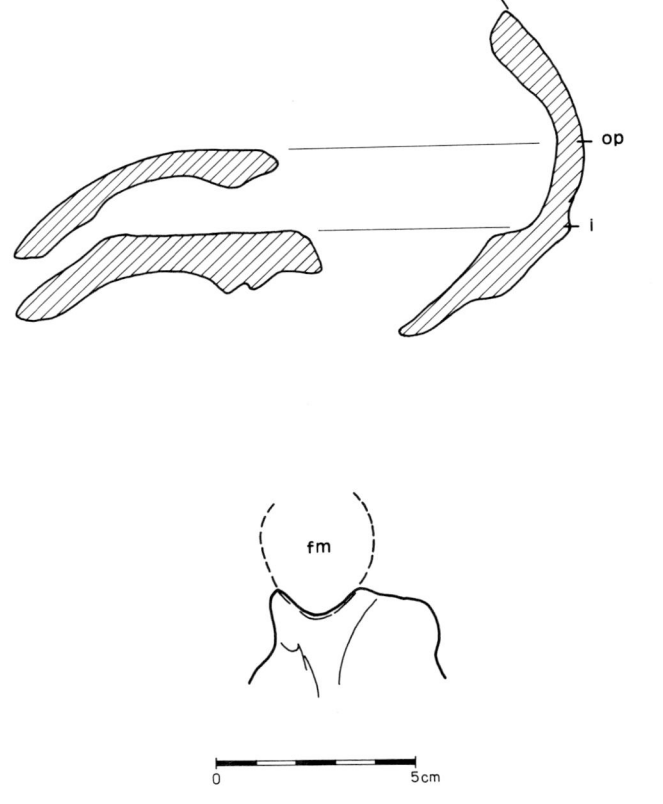

Abb. 9 Ehringsdorf H. Os occipitale. Oben: Horizontalschnitte in Inion (li)- und Opisthocranion (op)-Ebene. Unten: Form des Foramen magnum (fm) von unten gesehen.

Tab. 8 Maße des Os occipitale

M	W			
12	27	größte Hinterhauptbreite (ast – ast)	111(?) mm	
28	60	Occipitalbogen (l–o)	119 mm	
28/1	70	Oberschuppenbogen (l–i)	64 mm	
28/2	72	Unterschuppenbogen (i–o)	55 mm	
27/3	68	Lambda-Asterion-Bogen (l–ast)	103 sin. mm	
27/3a	69	Lambda-Asterion-Sehne (l–ast)	?	
31	61	Occipitalsehne (L–o)	91 mm	
31/1	71	Oberschuppensehne (l–i)	59 mm	
31/2	73	Unterschuppensehne (i–o)	53 mm	
25	40	Krümmungsindex des Os occipitale (31:28)	76,5 mm	
26	41	Krümmungsindex der Oberschuppe (31/2:28/1)	82,8 mm	
27	43	Krümmungsindex der Unterschuppe (31/2:28/2)	96,4 mm	
34/4		occipitaler Knickungswinkel (l–o i–o)	104°	
		Krümmungswinkel des Planum occipitalis	142°	
		Krümmungswinkel des Planum nuchae	153°	

Meßbare Dicke des Os occipitale

Lambda-Region	6 mm	Eminentia cruciformis	12 mm
Fossa cerebralis	5 mm	Linea nuchae inferior	4 mm
Inion	11 mm	Fossa cerebellaris	2–3 mm
Lateralpartie des Torus occipitalis	8 mm		

7.1.1.4. Os sphenoidale Ehringsdorf H_{10} (Taf. XV, Abb. 10)

Vom Keilbein ist lediglich der rechte große Flügel mit dem obersten Teil des Processus pterygoideus erhalten. Der Processus pterygoideus mit Lamina lateralis und Lamina medialis ist abgebrochen. Vom Corpus blieb nur der anliegende Teil mit der rechten Apertura sinus sphenoidalis. Das Bein ist aus seinen Nahtverbindungen gelöst, und diese selbst sind in geringerem oder größerem Umfang abgebrochen.

Facies temporalis

Die Außenfläche des rechten Flügels ist vom Margo frontalis, Margo zygomaticus, Margo squamosus und Margo parietalis begrenzt, die teilweise beschädigt sind. Durch das starke Ausbrechen des Margo squamosus erscheint die Facies temporalis sehr schmal. Ihre Fläche ist glatt und ein wenig eingezogen. Die Crista infratemporalis als Grenzleiste gegen die Facies infratemporalis ist nur schmal angedeutet.

Facies orbitalis

Die vordere Fläche des Flügels, die vom Margo zygomaticus, Margo frontalis und dem Rand der Fissura orbitalis superior, alle zum Teil abgebrochen, begrenzt wird, läßt die Facies orbitalis als das charakteristische Dreieck erkennen. Margo frontalis ist sehr breit und seine Form stellt ein hohes Dreieck dar.

Facies cerebralis

Die erhaltene cerebrale Fläche erstreckt sich medial bis zur Gegend des Sulcus caroticus, von dem wegen der starken Travertineinlagerung in diesem Gebiet aber nichts mehr zu erkennen ist. Das Foramen rotundum ist dagegen vorhanden und auch vom Foramen ovale die vordere Umgrenzung. Der Margo fissura orbitalis superior ist ebenfalls erhalten und nur wenig defekt. Dagegen fehlt der die hintere Begrenzung der Facies cerebralis bildende eigentliche Margo squamosus mit seinen charakteristischen Nahtzacken völlig; er ist in ganzer Ausdehnung bis zu seiner Basis abgebrochen. – Die Facies cerebralis stellt eine ovale, sehr enge und tiefe, gleichmäßige Grube dar, in der keinerlei besonderes Relief zu erkennen ist.

Processus pterygoideus

Vom Ansatz des rechten Processus pterygoideus sieht man nur die Lamina lateralis mit ihrem vorderen und hinteren Rand. Der mediale Teil ließ sich nicht völlig vom Kalktuff befreien. Da aber vorn die Facies sphenomaxillaris weggebrochen und auch an der unteren transversalen Abbruchstelle des Fortsatzes eine kreisförmige Öffnung vorhanden ist, hat man einen Einblick in das Innere des Processus pterygoideus. Man erkennt einen weiten Hohlraum, dessen Lateralwand durch den unveränderten Knochen gebildet wird, dessen Medianwand aber von unregelmäßigen Tuffwülsten und Kalkdrüsen besetzt ist. Dieser Hohlraum ist eine seitliche Ausbreitung der Keilbeinhöhle in dem Flügelfortsatz, die sich vermutlich noch in den abgebrochenen unteren Teil des Processus erstreckte, wofür die kreisförmige Öffnung an der Abbruchstelle spricht. – An der Grenze von Flügel und Fortsatz ist das Foramen rotundum zu erkennen.

7.1.1.5. Os temporale sinistrum Ehringsdorf H_3 (Taf. XVI–XVII, Abb. 11–12)

Das linke Schläfenbein ist nahezu völlig erhalten. Es fehlt nur etwas an den Rändern der Squama und der Pars mastoidea, ferner das Vorderteil des Processus zygomaticus und ein größeres Stück des Margo occipitalis vom Warzenfortsatz. Die Spitze der Pyramide ist von Kalktuff derart durchsetzt, daß ein Herauspräparieren der Feinheiten nicht möglich war. Auf den ersten Blick ist die Schuppe im Verhältnis zum Warzenteil und zum Felsenbein klein und niedrig. In den einzelnen Merkmalen bestehen noch einige Unterschiede zum modernen Menschen.

Pars squamosa

Die Facies temporalis ist durch Absplitterung der Oberfläche der Lamina externa in ganzer Ausdehnung

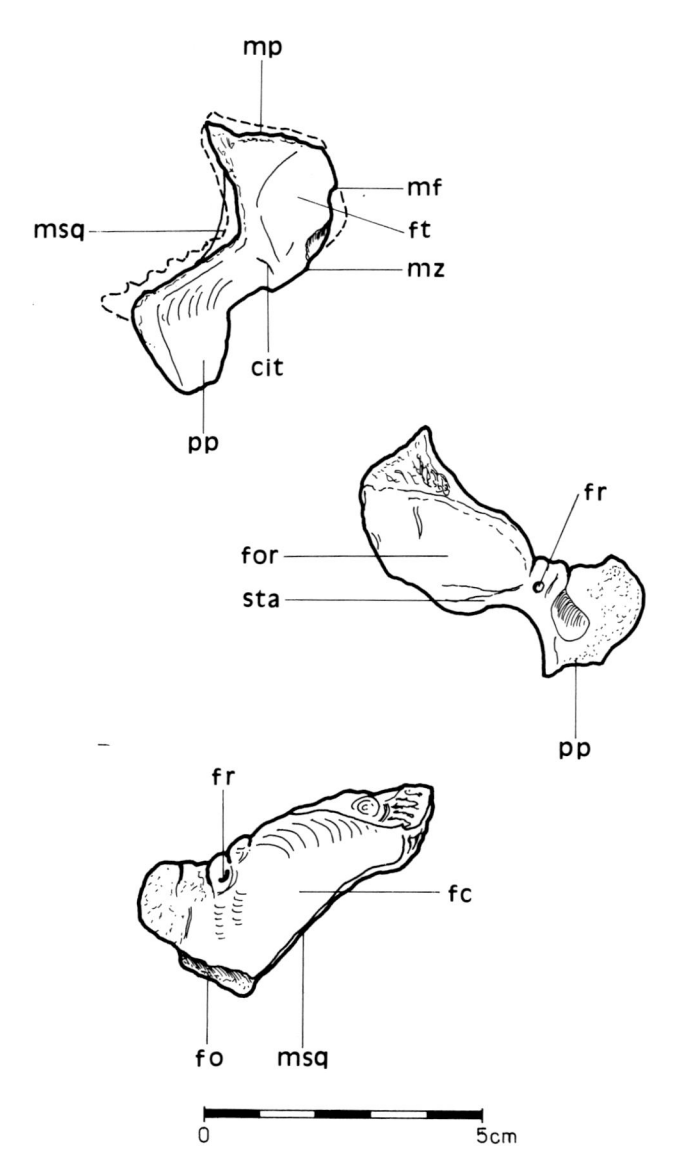

Abb. 10 Ehringsdorf H. Os sphenoidale. Rechter großer Keilbeinflügel. Facies temporalis (oben), Facies orbitalis (in der Mitte) und Facies cerebralis (unten).
cit – Crista infratemporalis, fc – Facies cerebralis, fo – Foramen ovale, for – Facies orbitalis, fr – Foramen rotundum, ft – Facies temporalis, mf – Margo frontalis, mp – Margo parietalis, msq – Margo squamosus, mz – Margo zygomaticus, pp – Processus pterygoideus, sta – Sulcus tubae auditivae.

ziemlich lädiert, auch Margo sphenoidalis und Margo parietalis; dieser hauptsächlich oberhalb der Crista supramastoidea. – Die untere Begrenzungslinie des Schläfenmuskelansatzes ist zu einer nicht übermäßig starken Crista supramastoidea entwickelt, die nach hinten zu einem beträchtlichen Endhöcker anschwillt. Wichtig ist, daß die Crista in ganz gerader Fortsetzung des Processus zygomaticus occipitalwärts verläuft, ohne irgendwie emporzusteigen. – Besondere Erwähnung verdient die Incisura parietalis. Auf der Vorderfläche läuft hier die Crista supramastoidea in einem starken Höcker aus. Die Incisura ist hinter ihm als eine 7 mm tiefe und oben 6 mm breite, nach unten sich verengende Rinne vorhanden, die von außen und hinten nach innen und vorne den Knochenrand unterbricht. Ihre hintere Begrenzung wird also von Margo occipitalis der Pars mastoidea gebildet. Diese beschriebene Rinne (Incisura parietalis) ist offenbar von einer entsprechenden Randzacke des Parietale verschlossen gewesen und nicht etwa als Kanalbildung aufzufassen.

Pars mastoidea

Die Pars mastoidea zeigt einen gut entwickelten Warzenfortsatz, dessen Vorderfläche sich vom Endhöcker der Crista supramastoidea durch eine flache Furche absetzt. Eine Crista mastoidea ist nur durch eine undeutliche Anschwellung markiert.

Der Processus mastoideus ist 41 mm lang (vom Endhöcker gemessen) und erstreckt sich, von einer vom unteren Porusrand nach hinten gezogenen Linie aus gemessen, 21 mm nach unten. Die Spitze des Warzenfortsatzes liegt 9,5 mm über dem Boden des Sulcus digastricus, der allerdings nur am Fortsatz selbst noch erkennbar blieb, da die basale anstoßende Partie gerade hier abgebrochen ist und fehlt. – Von der Basis aus betrachtet, hat der Processus mastoideus das Aussehen einer dreiseitigen Pyramide. Die lateralwärts gerichtete Fläche ist rauh und konvex gestaltet. Sie geht nach vorn in eine gleichfalls rauhe Fläche über. Die dritte mediale und etwas nach hinten stehende glattere Fläche ist ziemlich scharf abgesetzt. Die medialen und lateralen Flächen stoßen hinten in einem scharfen Grat aneinander.

Incisura mastoidea ist nur teilweise erhalten. Das Foramen mastoideum liegt ganz nahe an der Abbruchlinie des Margo posterior partis petrosae.

Pars tympanica

Der Porus acusticus externus ist dadurch bemerkenswert, daß er ein Ellipsoid bildet, dessen größerer Durchmesser horizontal orientiert ist. Das Tympanicum, das den Torus von unten begrenzt, liegt daher zwischen Squamosum und Processus mastoideus an der basalen Fläche in ziemlichen Umfang frei. Sein äußerer Rand ist unregelmäßig zackig, aber nicht verdickt. Eine auf das Tympanicum auslaufene Crista petrosa war offenbar vorhanden, ist aber bis auf die Basis weggebrochen.

Fossa mandibularis

Die Fossa mandibularis ist groß, weit und flach. Das Tuberculum articulare ist auffallend flach, in sagittaler Richtung nur wenig gewölbt, in transversaler sogar fast völlig eingeebnet. An seinem hinteren Ende fällt es schräg in eine enge Querrinne ab, die den tiefsten Teil der Fossa mandibularis darstellt, welche in die nach hinten geneigte Wand der Gelenkgrube emporsteigt. Diese wird im oberen Teil bis zur Mitte vom Temporale mit dem Processus retroarticularis und im unteren Teil vom Tympanicum gebildet. Die mediale Wand wird durch das Temporale dargestellt. Spina tympanica major und Spina tympanica minor sind nicht mehr erkennbar. Das Tympanicum stößt von unten her direkt an den Processus retroauricularis, so daß beide eine flache, nur durch eine kleine Spalte (Fissura tympanosquamosa) getrennte Knochenplatte bilden. Die Fissura tympanosquamosa verläuft bei sagittal orientierter Außenfläche des Squamosum nicht rein transversal, sondern deutlich nach vorne. Nach hinten ist das Tympanicum vom Processus mastoideus durch eine flache Fissura tympanomastoidea klar begrenzt.

Processus styloideus

Der Processus styloideus fehlt, auch von seiner Scheide ist nichts mehr zu erkennen. Hinter ihm ist das von Travertin ausgefüllte Foramen stylomastoideum sichtbar.

Os petrosum

An der Basis des Petrosum zieht sich von der Pyramidenspitze eine tiefe Grube hin, die dem ursprünglichen Canalis caroticus entspricht; durch das Herauspräparieren ist aber ein Kunstprodukt entstanden. – Die Fossa jugularis, die noch mit Travertin ausgefüllt ist, scheint klein. Die cerebrale Fläche der Pyramide bietet einen Befund, welcher sich von den Verhältnissen bei rezenten Menschen nicht unterscheidet. Die Fussura petrosquamosa ist nicht zu erkennen. Eminentia arcuata ist gut ausgebildet. Von dem Hiatus canalis nervi petrosi majoris setzt sich eine schwache Rinne (Sulcus nervi petrosi majoris) fort. Auf dem Margo superior partis petrosae läuft ein gut ausgebildeter Sulcus sinus petrosi superioris entlang, der hinten in einem schmalen und nur undeutlich von der Umgebung abgesetzten Sulcus sinus sigmoideus übergeht. Die Fossa subarcuata ist deutlich markiert. Der Porus acusticus internus, der auch durch Präparierung beschädigt worden ist, war rundlich.

7.1.1.6. Bruchstücke der Schädel Ehringsdorf A_{1-4} (Taf. XXVI)

Os parietale-Fragment (A_1)

Ein unregelmäßiges 56 mm × 36 mm großes Fragment eines Os parietale ist auf der Außenfläche sehr wenig gewölbt und ziemlich glatt. Auf der Facies interna sieht man kurze Abdrücke von Arterien. Die Dicke des Os parietale bewegt sich zwischen 7 bis 8 mm. Die genaue anatomische Lage ist nicht feststellbar.

Os parietale-Fragment (A_2)

Ein dreieckiges Fragment eines Os parietale mißt 40×33 mm. Die Facies externa ist glatt. Auf der Innenfläche des Fragmentes sind zwei Sulci arteriosi entwickelt. Die Dicke des Fragmentes vom hinteren Rand, wo sie 7 bis 8 mm beträgt, verkleinert sich am vorderen Rand auf nur 5 mm. – Dieses Stück stammt wahrscheinlich aus dem Planum temporale des Scheitelbeines.

Os parietale-Fragment (A_3)

Ein aus zwei Bruckstücken zusammengesetztes 32 × 23 mm großes Fragment eines Os parietale, das dreieckige Form aufweist, trägt an seinem unteren Rand einen Teil des Margo squamosus. Die Dicke bewegt sich zwischen 4 und 5 mm.

Os temporale-Fragment (A_4)

Das Fragment eines wahrscheinlich rechten Os temporale ist dreieckig und 27 × 20 mm groß. Der Margo parietalis ist in der Länge von 22 mm erhalten. Die Höhe der Nahtfläche beträgt 13 mm.

Die zwei letzten Fragmente gehören in den Bereich der Sutura squamosa.

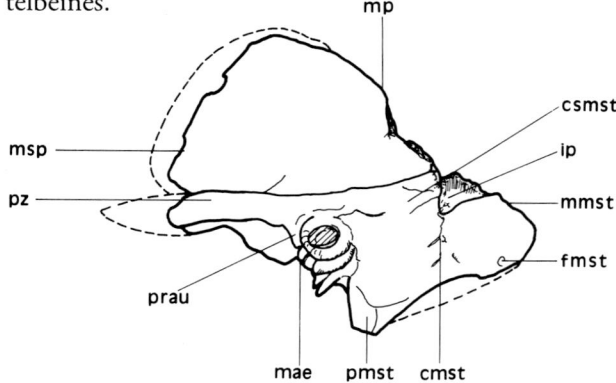

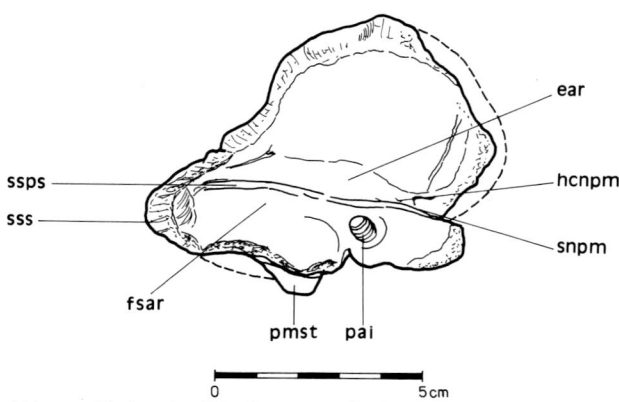

Abb. 11 Ehringsdorf H. Os temporale sinistrum.
Facies temporalis (oben):
cmst – Crista mastoidea, csmst – Crista supramastoidea, fmst – Foramen mastoideum, ip – Incisura parietalis, mae – Meatus acusticus externus, mmst – Margo mastoidalis, mp – Margo parietalis, msp – Margo sphenoidalis, pmst – Processus mastoideus, prau – Processus retroauricularis, pz – Processus zygomaticus.
Facies cerebralis (unten): ear – Eminentia arcuata, fsar – Fossa subarcuata, hcnpm – Hiatus canalis nervi petrosi majoris, pai – Porus acusticus internus, snpm – Sulcus nervi petrosi majoris, ssps – Sulcus sinus petrosi superioris, sss – Sulcus sinus sigmoidei.

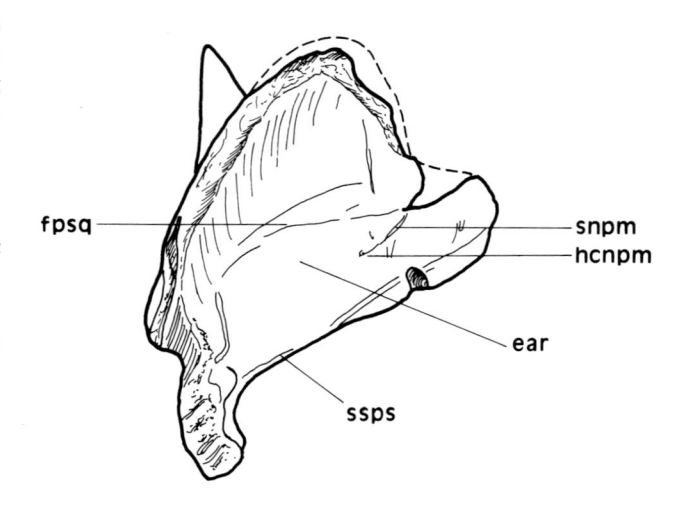

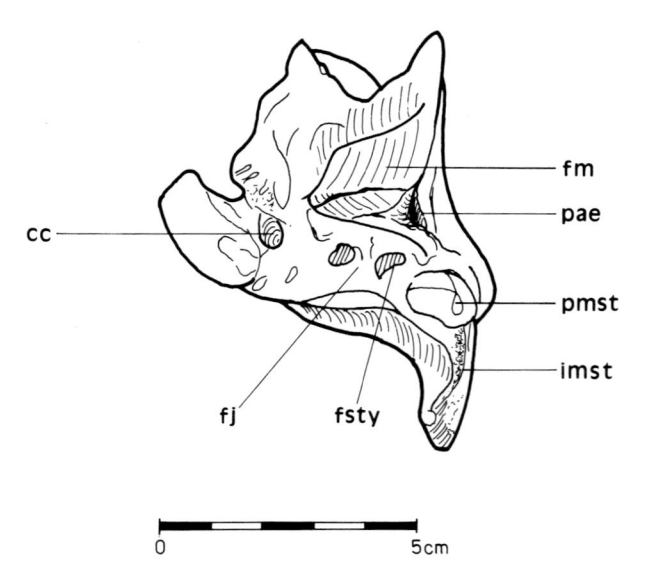

Abb. 12 Ehringsdorf H. Os temporale sinistrum von oben gesehen (oben) und in Norma lateralis (unten).
cc – Canalis caroticus, ear – Eminentia arcuata, fj – Fossa jugularis, fm – Fossa mandibularis, fpsq – Fissura petrosquamosa, fsty – Foramen stylomastoideum, hcnpm – Hiatus canalis nervi petrosi majoris, imst – Incisura mastoidea, pae – Porus acusticus externus, pmst – Processus mastoideus, snpm – Sulcus nervi petrosi majoris, ssps – Sulcus sinus petrosi superioris.

7.1.1.7. Os parietale sinistrum Ehringsdorf B_1 und Steinbett B_2
(Taf. XXVII–XXIX, Abb. 13–14)

Von dem Scheitelbein Ehringsdorf B eines erwachsenen älteren Individuums ist die obere Hälfte erhalten geblieben. Ungefähr in Höhe der Linea temporalis superior ist der Knochen abgebrochen. Ein unterer Teil ließ sich mit Hilfe des erhaltenen Steinbettes ergänzen. Trotzdem fehlt noch die Region des Angulus frontalis sowie der Margo frontalis und Angulus sphenoidalis. – Dieses Fragment mißt 117 × 79 mm, mit der Ergänzung nach dem Steinbettabdruck 108 mm.

Die Knochenränder

Der Margo sagittalis zeigt nur im mittleren Abschnitt, im Bereich vom Vertex zur Lambda, auf 81 mm Länge Nahtreste. Der Angulus frontalis fehlt; der fehlende Teil wurde teilweise mit Hilfe des Steinbettabdruckes ergänzt. Vom Margo frontalis ist nur ein 12 mm langes Bruchstück vorhanden. Der Margo occipitalis in seiner oberen Partie blieb auf 55 mm Länge erhalten. Ausgeprägt kleine Nahtzacken sind hier noch sichtbar.

Ein unterer Teil des Occipitalrandes ließ sich mit Hilfe des Steinbettes ergänzen. Margo squamosus fehlt.

Facies externa

Auf der Facies externa befinden sich deutliche Impressionen, die entweder alte verheilte Verletzungen oder Narben nach einem destruktiven Prozeß sind, der die Tabula externa angegriffen hat. Die zweite Erklärung wird wahrscheinlicher, wenn wir die außergewöhnliche Verdickung des Knochens und die merkwürdige Struktur der Diploe in Betracht ziehen.

Facies interna

Die Facies interna ist gut erhalten, und die Sulci arteriosi et venosi sind teils am Original und teils am Steinbett deutlich zu verfolgen. Der Konfiguration nach gehört das Ehringsdorf B-Individuum dem Ia-Typus nach Giuffrida Ruggeri oder dem I-Typus Adachi's an. Im Bereich des Angulus mastoideus ist eine kurze Impression, die man als einen Teil des Sulcus venosus diagnostizieren kann.

Tab. 9 Maße der Ossa parietalia B, C und D

		C dx			B sin			D dx		
		Bogen	Sehne	Index	Bogen	Sehne	Index	Bogen	Sehne	Index
1	max. Parietallänge erhalten	125	107	85,6	125	117	93,6	106	111	–
	rekonstruiert							(128)	(120)	(93,8)
2	max. Parietalbreite erhalten	95	84	–	127	117	92,1	138	113	81,9
	rekonstruiert	(127)	(110)	(86,6)						
3	Index der Verlängerung $\frac{B \times 100}{L}$	(101,6)	(102,8)	×	101,6	100,0	×	(107,8)	(94,2)	×
4	Margo sagittalis erhalten				80	77	–	103	99	–
	rekonstruiert	(112)	(103)	(91,9)	(115)	(112)	(93,1)	(115)	(108)	(94,0)
5	Margo frontalis erhalten	70	63							
	rekonstruiert	(115)	(96)	(83,5)	(130)	(111)	(85,4)	(115)	(93)	(80,9)
6	Margo squamosus erhalten	70	68							
	rekonstruiert	(90)	(88)	(97,8)	(100)	(98)	(98,0)	(91)	(88)	(96,7)
7	Margo occipitalis erhalten	88	78		85	76		40	38	
	rekonstruiert	(99)	(86)	(86,9)	(104)	(85)	(81,7)	(104)	(88)	(84,6)
8	Länge Bregma – Asterion erhalten	112	101		150	130		160	134	83,8
	rekonstruiert	(157)	(132)	(84,1)	(180)	(141)	(78,3)			

Tuber parietale

In Norma occipitalis ist am vertikalen Schnitt durch das Scheitelbein ein Höcker außerordentlich deutlich markiert. Das bemerkte schon F. Weidenreich (1928; G. Behm-Blancke 1960). Dieses Tuber bedingt den Hausformumriß des Schädels, der hauptsächlich in Norma occipitalis deutlich zu sehen ist.

Maße

Das Scheitelbein B ist nicht vollständig. Eine Vorstellung über die Form bekommen wir nach einer Rekonstruktion, wie Tabelle 9 zeigt.

Dicke des Knochens

Das Fragment des Scheitelbeines B ist der massivste Schädelteil, der in Weimar-Ehringsdorf gefunden wurde. Die Dicke beträgt zwischen 7 und 17 mm, am erhaltenen Teil des Margo frontalis 7 mm, am Margo sagittalis 8 mm, am Margo occipitalis 9 mm, oberhalb des Tuber parietale und im Bereich des Höckers 15 bis 17 mm. Die große Dicke hängt wahrscheinlich mit der Pathologie des Scheitelbeines zusammen.

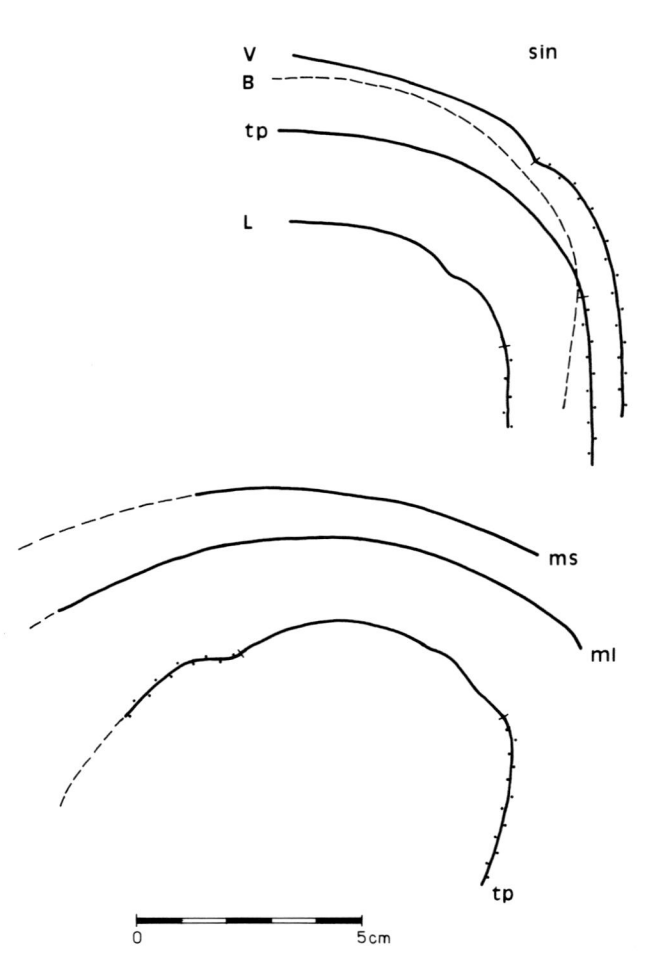

Abb. 14 Ehringsdorf B. Os parietale sinistrum. Vertikale Schnitte (oben) und Sagittalschnitte (unten).
B – Bregma, L – Lambda, ml – max. Länge, ms – Margo sagittalis, tp – Tuber parietale, V – Vertex.

7.1.1.8. Os parietale dextrum Ehringsdorf C (Taf. XXIX–XXXI, Abb. 15–16)

Das Scheitelbein ist in Höhe des Tuber parietale quer abgebrochen. Die untere Hälfte blieb mit gut erhaltenen Nahträndern. Das Bruchstück mißt 119 × 85 mm.

Knochenränder

Der Margo sagittalis ist völlig abgebrochen. Vom Margo frontalis blieb die untere Partie (Länge 70 mm) erhalten. Die Nahtzacken sind sehr gut entwickelt. Dasselbe kann man über den 78 mm langen Margo occipitalis sagen. Der Margo squamosus ist verhältnismäßig gut erhalten.

Facies externa

Oberhalb des Margo squamosus ist die Fläche der Sutura squamosa deutlich zugespitzt. Auch ein flacher

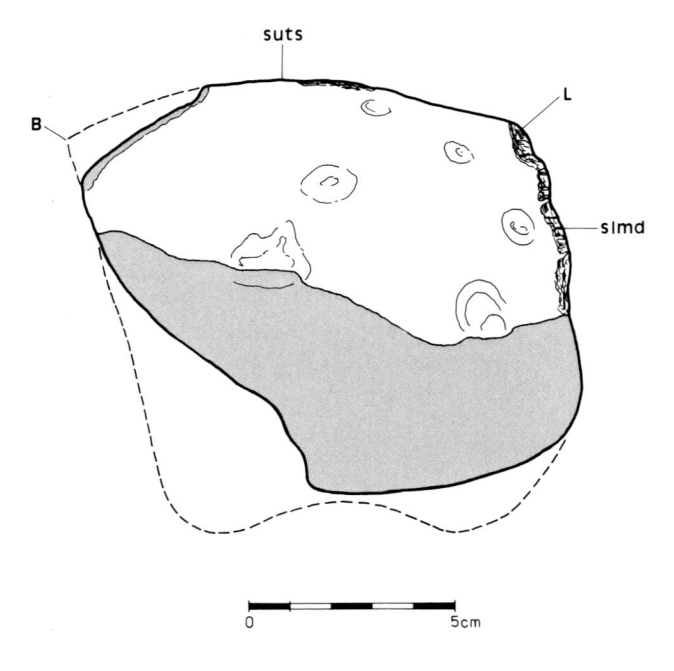

Abb. 13 Ehringdorf B. Os parietale sinistrum. Facies externa.
B – Bregma, L – Lambda, slmd – Sutura lambdoides, suts – Sutura sagittalis.

Wulst, der an der Linea temporalis verläuft, ist sichtbar. Oberhalb des Asterion bemerkt man eine kleine Verdickung des Knochens. Im Bereich des Tuber parietale zeigt sich eine verheilte unregelmäßige Narbe. Diese kann man für die Spuren einer Verletzung, wahrscheinlich den Biß eines Raubtieres, halten.

Facies interna

Das Relief der Facies interna ist gut entwickelt. Die verzweigten Sulci arteriosi sind gut zu erkennen und das Furchensystem entspricht dem Giuffrida Ruggeri III–IV-Typus oder dem IA- und IIIA-Typus Adachi's.

Tuber parietale

Auf dem vertikalen Schnitt des Scheitelbeines ist die Ausprägung eines Tuber parietale nicht verfolgbar. Die rundliche Umrißform der Norma occipitalis des Schädels scheint an die der Calvaria Ehringsdorf H zu erinnern.

Maße (s. Tab. 9)

Dicke des Knochens

Die größte Dicke (12 mm) des Scheitelbeines C befindet sich im Bereich des Tuber parietale. Am unteren Teil des Margo frontalis beträgt sie 5 bis 7 mm, am Margo occipitalis 7 bis 8 mm und am Margo squamosus 7 mm. Rings um die Narbe ist die Dicke des Knochens auf 8 bis 9 mm angewachsen.

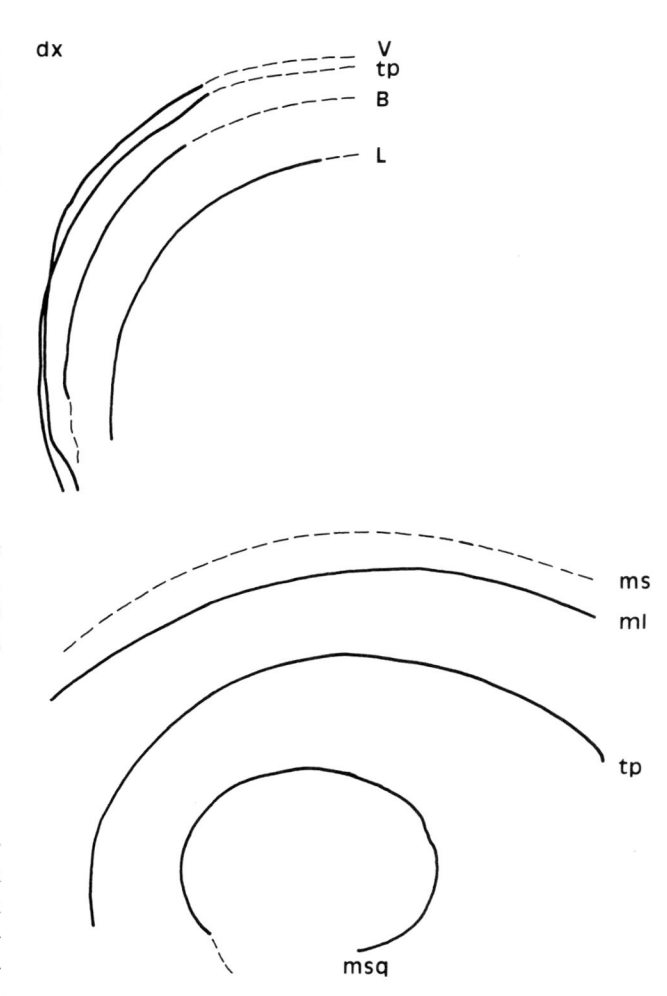

Abb. 16 Ehringsdorf C. Os parietale dextrum. Vertikalschnitte (oben) und Sagittalschnitte (unten). Abkürzungen s. Abb. 14 und 15.

7.1.1.9. Os parietale dextrum Ehringsdorf D_{1-2} (Taf. XXXI–XXXIII, Abb. 17–18)

Ein unregelmäßiges Bruchstück der mittleren Partie des rechten Os parietale ist 125×70 mm groß. Das ausgezeichnet erhaltene Steinbett erlaubt es, den beschädigten oberen Teil weitgehend und sicher zu ergänzen.

Knochenränder

Der im Gestein eingeschlossene Margo sagittalis wurde freigelegt und ergänzte im Ausgußverfahren das Original. Die Länge des Margo-Abdruckes ist 56 mm. Angulus frontalis und Angulus occipitalis fehlen. Von Margo occipitalis ist nur ein Teil im Bereich des Asterion in einer Länge von 60 mm vorhanden. Margo frontalis fehlt.

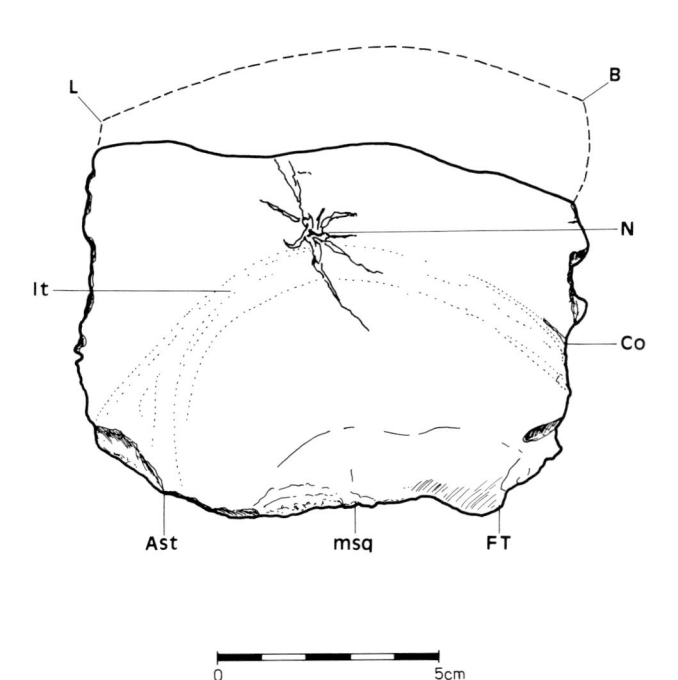

Abb. 15 Ehringsdorf C. Os parietale dextrum. Facies externa. Ast – Asterion, B – Bregma, Co – Coronale, FT – Frontotemporale, L – Lambda, lt – Linea temporalis, msq – Margo squamosus, N – Narbe.

Facies externa

Nach dem Verlauf der Innenfläche und nach den Gegebenheiten des vorhandenen Knochenstückes konnte die Facies externa rekonstruiert werden. Die Tabula externa ist sehr beschädigt. Statt Linea temporalis ist ein plastischer Wulst von der Gegend Coronale bis zum Metasterion verfolgbar.

Facies interna

Die Innenfläche zeigt die Verzweigungen der Hauptäste der Arteria meningea media. Leider sind an dem erhaltenen Steinbett die Sulci nicht so gut zu beobachten wie auf der Innenfläche des Originalknochens. Das Furchenarteriensystem entspricht bei Ehringsdorf D dem IV. Typus Giuffrida Ruggeri oder dem III. Typus nach Adachi. Auf dem Angulus mastoideus ist ein kurzer Abdruck des Sulcus sinus sigmoideus erhalten geblieben.

Tuber parietale

Das Tuber parietale ist deutlich entwickelt. Die Parallelstellung der Seitenwände ist noch stärker ausgeprägt als bei dem Parietale B, wie die Vertikalschnitte und der Umriß der deutlich hausförmigen Norma occipitalis beweisen.

Maße

Die Maße muß man wieder mehr rekonstruieren, um die Gesamtform des Scheitelbeines besser erkennen zu können (s. Tab. 9).

Dicke

Die Dicke des Parietale D beträgt im Bereich des Angulus frontalis nur 5 mm, am Tuber parietale 11 mm, am angularen Wulst 9 mm und im Gebiet des Angulus mastoideus 6 mm.

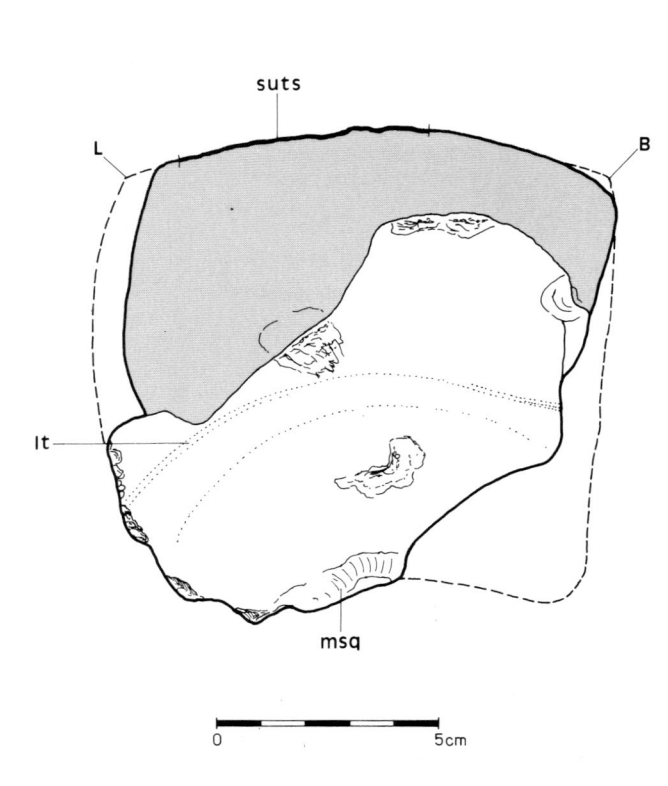

Abb. 17 Ehringsdorf D. Os parietale dextrum. Facies externa. B – Bregma, L – Lambda, lt – Linea temporalis, msq – Margo squamosus, suts – Sutura sagittalis.

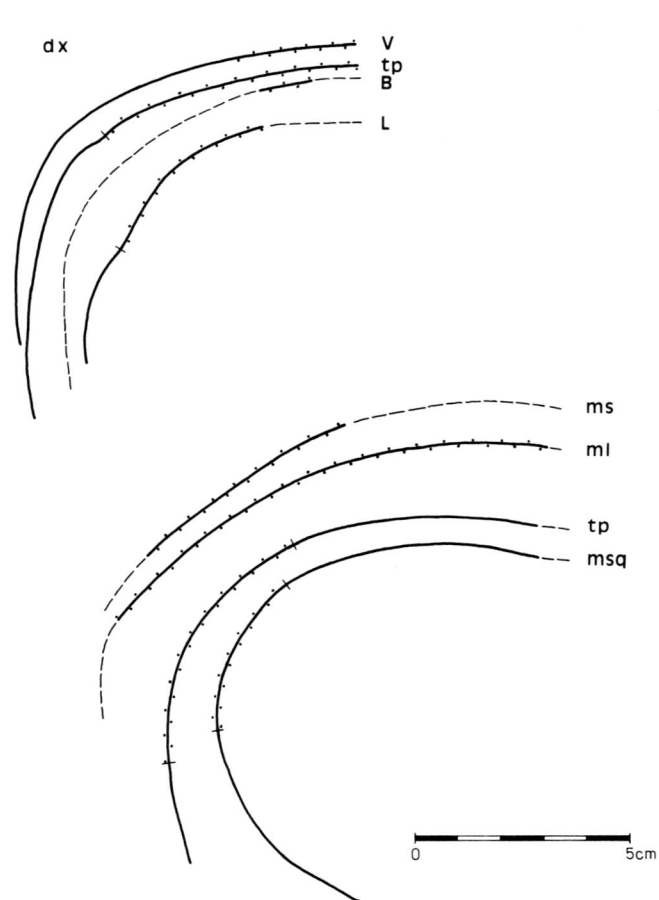

Abb. 18 Ehringsdorf D. Os parietale dextrum. Vertikalschnitte (oben) und Sagittalschnitte (unten). Abkürzungen s. Abb. 14 und 15.

7.1.2. Morphologie der Schädel
(Taf. XVIII–XXV, XXXVI–XXXVII, XL–XLI, XLIV–XLV, Abb. 19–30)

Wie schon angeführt wurde, sind einige Schädelrekonstruktionen Ehringsdorf H, und zwar von K. Lindig, F. Weidenreich und O. Kleinschmidt, durchgeführt worden. Die neue Rekonstruktionstechnik ermöglicht, wenigstens die schwersten sekundären Schädeldeformationen zu eliminieren. Im Zusammenhang mit dieser Tatsache wurde es möglich, auch die isolierten Scheitelbeine Ehringsdorf B, C und D morphologisch auszuwerten. Damit erhielten wir ein Bild über die Variabilität in den Scheitelpartien des Schädels des Ehringsdorfer Menschen, wobei wir uns auf vier geprüfte Individuen gestützt haben. Die Morphologie des Scheitelbeines vom Schädel H ist eben durch die sekundäre Deformation beeinflußt worden. Bei Beschreibung der einzelnen isolierten Schädelbeine der Individuen A, B, C, D und H haben wir die morphologischen Details vermerkt. Nun werden wir den Calvarienbau des Ehringsdorfer Menschen im ganzen nach einzelnen Normen beschreiben:

Die Calvaria H ist lang (201 mm), schmal (134 mm) und ziemlich niedrig (b–po:116 mm). Der Schädel war hyperdolichokran (66,6).

Nach der Norma verticalis (Taf. XVIII, Abb. 19) gehört Kalotte H zum Ovoidentypus. Die größte Breite des Schädels liegt im hinteren Drittel der Parietalia und die Spitze des Hinterhauptes ist etwas abgestumpft. Vor der abgerundeten Kontur des Stirnbeines befindet sich ein mächtig ausgeprägter Torus supraorbitalis, der von der Umgrenzung der eigentlichen Stirnschuppe gut markiert ist. Um eine klare Abbildung dieser wichtigen Gegend zu erhalten, führten wir eine spiegelartige Ergänzung der fehlenden Partien des Torus supraorbitalis an der rechten Seite durch (Taf. XXIV, Abb. 19).

Der Torus supraorbitalis ist in der Glabellagegend nicht unterbrochen und setzt sich bis auf den Processus zygomaticus ossis frontalis mächtig fort. Dadurch entsteht eine sehr auffallende Form des Torus im Hinblick auf die schmale Calvaria. Die postorbitale Einschnürung ist nicht vorhanden; der engste Schädelumriß fällt vielmehr in den Bereich der Sutura coronalis.

Die bombenförmige Wölbung der Schuppe mit nur einem ausgeprägten Tuber frontale, welcher in der Partie des Metopion liegt, gibt dem Schädel eine eigenartige Charakteristik. Diese bombenartige Wölbung des Stirnbeines ist durch eine kreisförmige Einschnürung deutlich begrenzt. In Umgebung der Coronale ist dann die Stirnschuppe abgeflacht.

Die Scheitelbeine sind in der Gegend Tubera parietalia abgerundet, was wir besser in Norma occipitalis beurteilen. Das Verplatten des Nackenumrisses ist durch die Querausgleichung des Massives Torus occipitalis verursacht.

In Norma lateralis (Taf. XIX–XX), vor allem der linken Seite (Abb. 20), die eine umfassendere Abbildung des Schädels bietet, ist es möglich, die Beziehung der einzelnen Bereiche der Gehirnschädel untereinander zu beurteilen. Die Stirn ist auffallend gewölbt, mit Maximum in der Metopiongegend. In dieser Norma ist die bogenförmige Begrenzung der Stirnwölbung sichtbar. In der Coronalegegend ist die Stirnschuppe verflacht, und diese Verflachung läuft fließend über in den Lateralrand des Torus supraorbitalis. In der Supraglabellarumgebung ist die Stirnwölbung gegen das Massiv Torus supraorbitalis durch die Rille Sulcus supraglabellaris ebenso sichtbar begrenzt.

In dieser Norma ist die Verdickung des Processus zygomaticus gut sichtbar, die mit ihrer Höhe der Stärke des Torus supraorbitalis über der Mitte der Augenhöhle entspricht.

Facies temporalis ist interessant geformt, da eine spezielle Vorwölbung zwischen der Linea temporalis und der Coronalnaht stark ausgebildet ist. Diese Wölbung wurde auch von F. Weidenreich erwähnt. Sie soll der Protuberantia Gyri frontalis inferioris SCHWALBE entsprechen.

Die Stirnkontur des Schädels geht fließend in die Scheitelkontur über. Maximale Wölbung der Parietalia liegt im Vertex ungefähr über dem Porus acusticus externus. Die auf dem Stirnbein deutliche Linea temporalis fehlt völlig auf beiden Parietalia. Tuber parietale stellt eine breite und runde Kuppe dar, die bei diesem Individuum nicht stärker akzentuiert ist.

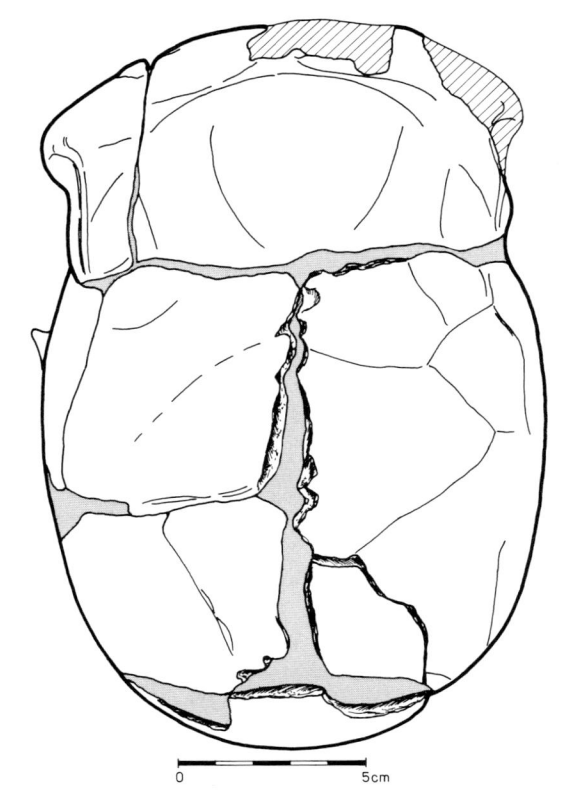

Abb. 19 Ehringsdorf H. Norma verticalis. Knochenverluste fein gerastert, ergänzte Partien schraffiert.

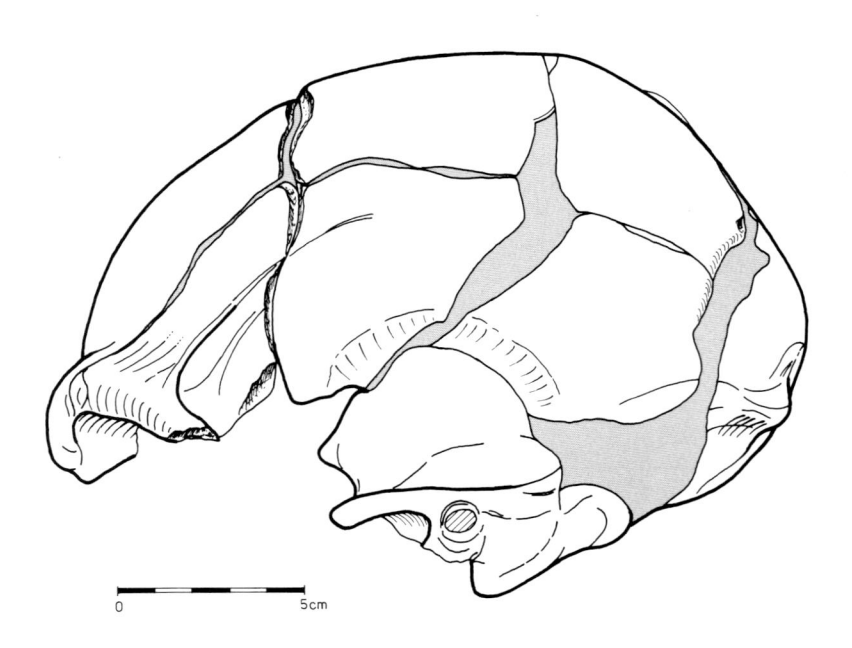

Abb. 20 Ehringsdorf H. Norma lateralis sinistra.

Über die Krümmung der Parietalia werden uns am besten der Blick in die Norma occipitalis sowie die Einzelschnitte informieren. Hier legen wir die sagittalen Schnitte durch die Ossa parietalia der vier Individuen, B, C, D und H zugrunde.
Eine ähnliche Form der Tubera parietalia wie bei Ehringsdorf H (Abb. 7) sehen wir bei C (Abb. 16). Im Gegensatz zu dem Individuum B ist das Tuber parietale außerordentlich deutlich entwickelt (Abb. 14). Eine ähnliche Situation können wir bei D konstatieren. Hier ist das Tuber parietale auch deutlich ausgeprägt (Abb. 18).
Dieselbe Tatsache zeigt auch die Metrik der durch die Scheitelbeine geführten Sagittalschnitte (Tab. 10, 11): Vom Vertex aus setzt sich der Sagittalumriß der beiden Ossa parietalia fließend in die Kontur des ausgezogenen Os occipitale ein. Das Planum occipitale ist bombenförmig gewölbt. Der Torus occipitalis wird im Umriß des Nackens nicht zur Geltung gebracht. Die Nackenkontur ist typisch kurvooccipital.
Die Gegend der Pars cerebellaris auf dem Planum nuchae ist mäßig gewölbt. Mit diesem Zustand harmoniert auch das relativ kleine Schläfenbein mit einem kleinen Processus mastoideus.
In Norma frontalia sind zwei Gebilde betont (Taf. XXI; Abb. 38): erstens der stark ausgeprägte Torus supraorbitalis, der von der Stirnschuppe deutlich durch Sulcus supraorbitalis abgegrenzt ist. Torus supraorbitalis ist in der Glabellagegend wellenartig eingebogen und nicht unterbrochen. Die Stärke des Orbitalrandes ist beträchtlich und setzt sich in regelmäßiger Dicke von der Glabella bis zum Ende des Processus zygomaticus ossis frontalis fort.
Das zweite interessante Merkmal des Stirnbeines ist die bombenförmige Wölbung im Bereich des Metopion. Diese Wölbung ist nicht nur gegen Torus supraorbitalis durch Sulcus supraglabellaris begrenzt, sondern auch gegen die lateralen Partien der Stirnschuppe durch eine kreisförmige Einschnürung isoliert.
Sehr aussagekräftig ist die Form des Schädels in der Norma occipitalis (Taf. XXII, XXV; Abb. 39) Die Scheitelbeine sind groß, und durch erkennbare Tubera parietalia bei den Individuen H und C und hauptsächlich durch deutlich modellierte Scheitelbeinhöcker bei B und D sowie durch eine Parallelstellung der Seitenwände führen sie uns einen mehr oder weniger entwickelten hausförmigen Bau des Schädels vor Augen.
Dieses Ergebnis wird auch von den durch die Scheitelbeine geführten Schnitt (Abb. 7–14, 16, 18, 35–37) sowie durch ihre metrischen Wertungen (Tab. 12) dokumentiert.
Zum Schluß kann man sagen, daß für die gesamte rekonstruierte Ehringsdorfer Schädelserie B, C, D und H die Parallelstellung der Seitenwände mit dachförmigem Scheitel und mit mehr oder weniger modellierten Tubera parietalia typisch ist und der modernen Haustypus-Form des Schädels entspricht. Diesen Merkmalen begegnen wir auch bei dem chronologisch älteren Fund aus Steinheim (Abb. 46–47).

Tab. 10 Sagittale Schnitte der Ossa parietalia H, B, C, D

	Ehringsdorf H sin			Ehringsdorf B sin			Ehringsdorf C dx			Ehringsdorf D dx		
	Bogen	Sehne	Index	Bogen	Sehne	Index	Bogen	Sehne	Index	Bogen	Sehne	Index
Margo sagittalis	117	108	92,3	122	114	93,4	(115)	(105)	(91,3)	(118)	(108)	(91,5)
Parasagittslis	130	118	90,8	133	122	91,7	130	114	87,7	125	115	92,0
Tuber parietale	120	107	89,2	134	117	87,3	115	110	95,7	130	119	91,5
oberhalb Margo squamosus	113	109	96,5	–	–	–	95	83	87,4	95	86	90,5

Tab. 11 Vertikale Schnitte der Ossa parietalia H, B, C, D

	Ehringsdorf H sin						Ehringsdorf B			Ehringsdorf C			Ehringsdorf D		
	dx			sin			sin			dx			dx		
	Bogen	Sehne	Index	Bogen	Sehne	Index	Bogen	Sehne	Index	Bogen	Sehne	Index	Bogen	Sehne	Index
Margo frontalis	115	96	83,5	118	97	82,2	120?	96	80,0?	105	86	81,9	(110)	(90)	(81,8)
Vertex	130	108	83,1	125	99–101	80,0	130	107	82,3	130	106	81,5	130	108	83,1
Tuber parietale	130	109	83,8	134	110	82,1	120	105	87,5	128	108	84,4	135	112	83,0
Margo occipitale	90	83	92,2	97	89	94,6	90?	85	94,4?	100	86	86,0	85	80	94,1

Tab. 12 Absolute und rekonstruierte Maße (mm), Winkel und Indizes des Ehringsdorfer Schädels H

		F. WEIDENREICH (1928; 1943)	E. VLČEK
Längenmaße			
1	größte Hirnschädellänge (g–op)	196	201
1a	gerade Hirnschädellänge (g–op auf FH)	194	201
1d	Länge n–o	188	198
2	Länge g–i	192	196
2a	Länge n–i	184	191
3	Länge g–l	181,5	188
3a	Länge n–l	177	186
4	innere Hirnschädellänge (Fronton-Occipiton)	171	175
5	Schädelbasislänge (n–ba)	–	–
5/1	Länge n–o	141	149
6	Länge der Pars basilaris des Os occipitale	–	–
6/2	horizontale Hinterhauptlänge (o von der Wölbung op auf FH)	54	54
7	Länge des Foramen magnum (ba–o)	–	–
bp¹w	Bregma projiziert auf g–op	68	78
	Vertex projiziert auf g–op		129
	Opisthion projiziert auf g–op		148
lp¹w	Lambda projiziert auf g–op	177	181
	Inion projiziert auf g–op		194
	Bregma projiziert auf g–i		70
	Vertex projiziert auf g–i		120
	Opisthion projiziert auf g–i		151
	Lambda projiziert auf g–i		175
	Opisthocranion projiziert auf g–i		201

			F. Weidenreich (1928; 1943)	E. Vlček
Längenmaße				
bp²w		Bregma projiziert auf n–o	38	53
		Vertex projiziert auf n–o		103
lp²w		Lambda projiziert auf n–o	148	161
ip w		Inion projiziert auf n–o	172	188
op w		Opisthocranion projiziert auf n–o	172	192
		Nasion projiziert auf FH (1a)		4
		Bregma projiziert auf FH (1a)		82
		Opisthion projiziert auf FH (1a)		147
		Lambda projiziert auf FH (1a)		183
		Inion projiziert auf FH (1a)		194
		Opisthocranion projiziert auf FH (1a)		201
Breitenmaße				
8		größte Hirnschädelbreite (eu–eu)	145	134?
8c		Temporoparietalbreite (Schwalbe)	132	133
8/1		parietale Schädelbreite (zwischen Tubera)		125
8/2		innere Hirnschädelbreite	134,5	125?
9		kleinste Stirnbreite (ft–ft)	113	113
9/1		postorbitale Breite		113
10		größte Stirnbreite (co–co)	121	121
10a		größte Breite in der Schläfengrube		116
11		Biauricularbreite (au–au)	–	–
12		größte Hinterhauptsbreite (ast–ast)	105?	111?
13		Mastoidealbreite (ms–ms)	108?	–
13/1		größte Mastoidealbreite (Toldt)	–	–
15		Breite der Pars basilaris des Hinterhauptbeins	–	–
16		Breite des Foramen magnum	–	–
Höhenmaße				
17		Basion-Bregma	–	–
18		ganze Schädelhöhe (Virchow) (ba–v auf FH)	–	–
		Glabella (auf FH)		36
		Nasion auf FH		27
		Bregma auf FH		115
19		Opisthion auf FH	117	122
		Lambda auf FH		78
		Inion auf FH		10
		Opisthocranion auf FH		28
20		Ohr-Bregma (po–b)	121	116
21		ganze Ohrhöhe (po–v auf FH)	121	118
22		Kalottenhöhe (v auf n–i)		102
22a		Kalottenhöhe (Schwalbe) (v auf g–i)	96	98
22b		Kalottenhöhe (v auf g–l)	66,5	58
		Kalottenhöhe (v auf n–op)	88	90
		Nasion über g–op		–10
bh¹w		Bregma über g–op	81	81
		Vertex über g–op	83	86
		Opisthion über g–op		–41
		Lambda über g–op		48
		Inion über g–op		–17

		F. Weidenreich (1928; 1943)	E. Vlček
	Glabella über n–o		8
bh²w	Bregma über n–o	107	104
wh	Vertex über n–o	119	119
lh w	Lambda über n–o	80	95
ih w	Inion über n–o	33	33
ophw	Opisthocranion über n–o	56	51
	Nasion über g–i		−9
	Bregma über g–i	88,5	88
	Vertex über g–i		97
	Opisthion über g–i		−27
	Lambda über g–i		65
	Opisthocranion über g–i		18
	Krümmungshöhe des Stirnbeines auf n–b	−	19
	Krümmungshöhe der Pars glabellaris auf n–sg		7
	Krümmungshöhe der Pars cerebralis auf sg–b		13
	Krümmungshöhe des Scheitelbeines auf b–l		20
	Krümmungshöhe des Hinterhauptbeines auf l–o		35
	Krümmungshöhe des Planum occipitale auf l–i		11
	Krümmungshöhe des Planum nuchae auf i–o		6

Umfänge, Bögen und Sehnen

		F. Weidenreich	E. Vlček
23	Horizontalumfang des Schädels (g–op)		580?
24	Transversalbogen (po–b–po)	−	(316)
25	Mediansagittalbogen (n–o)	380	370?
25a	Mediansagittalbogen (n–i)	329	323
26	Frontalbogen (n–b)	135	128
26/a	Frontalbogen (g–b)		115
26/1	Glabellarbogen (n–sg)	38	33
26/2	Cerebralbogen (sg–b)	97	95
27	Parietalbogen (b–l)	128	117
27/2	frontaler Parietalbogen (Margo frontalis)		118s–120d
27/3	occipitaler Parietalbogen (Margo lambdoideus)		103s– −
28	Occipitalbogen (l–c)	117	125
28/1	Oberschuppenbogen (l–i)	66	70
28/2	Unterschuppenbogen (i–o)	51	55
29	Frontalsehne (n–b)	115	116
29/1	Sehne der Pars glabellaris (n–sg)	34	29
29/2	Sehne der Pars cerebralis (sg–b)	88	90
30	Parietalsehne (b–l)	119	109
30/2	frontale Parietalsehne (Margo coronalis)		97a–96d
30/3	occipitale Parietalsehne (Margo lambdoideus)		89s– −
31	Occipitalsehne (l–o)	87	95
31/1	Sehne der Oberschuppe (l–i)	58	69
31/2	Sehne der Unterschuppe (i–o)	51,5	51

Winkel

		F. Weidenreich	E. Vlček
32	Stirnprofilwinkel (n–m : FH)	79°	66°
32a	Stirnprofilwinkel (g-Schuppe : g–i)	73,5°	70°

		F. Weidenreich (1928; 1943)	E. Vlček
Winkel			
32/1	Stirnneigungswinkel (n–b : n–i)	52°	53°
32/2	Glabella-Bregma-Winkel (g–b : g–i)	56°, 41°	53°
32/3	Stirnneigungswinkel der Pars glabellaris (n–sg : n–i)		75°
32/4	Stirnneigungswinkel der Pars cerebralis (sg–b : n–i)		46°
32/5	Krümmungswinkel des Stirnbeines (n∢b)	137–143°	144°
32/6	Krümmungswinkel der Pars cerebralis (sg∢b)		150°
33	Lambda-Opisthion-Winkel (l–o : FH)	72°	68°
33/1	Lambda-Inion-Winkel (l–i : FH)		80°
33/2	Opisthion-Inion-Winkel (o–i : FH)	35°	37°
33/4	occipitaler Knickungswinkel (l–i : i–o)	107°	105°
	Krümmungswinkel des Scheitelbeins (b∢l)		141°
	Krümmungswinkel des Planum occipitale (l∢i)		140°
	Krümmungswinkel des Planum nuchae (i∢o)		135°
38	Schädelkapazität	1450	1468

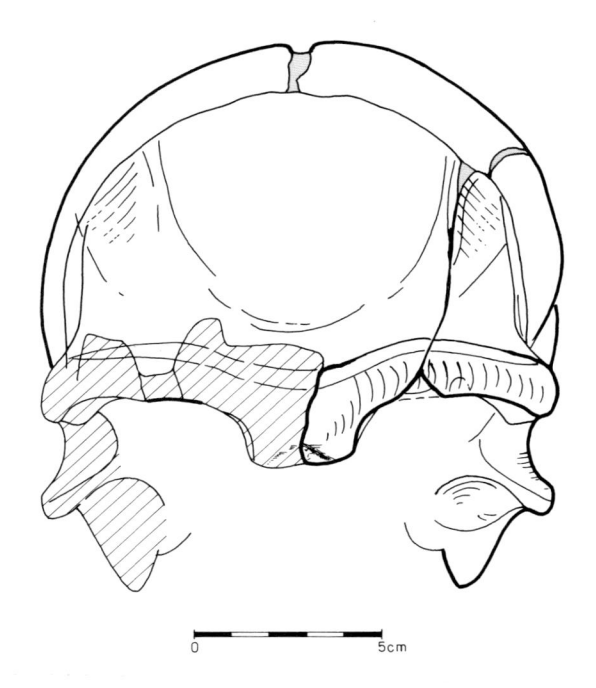

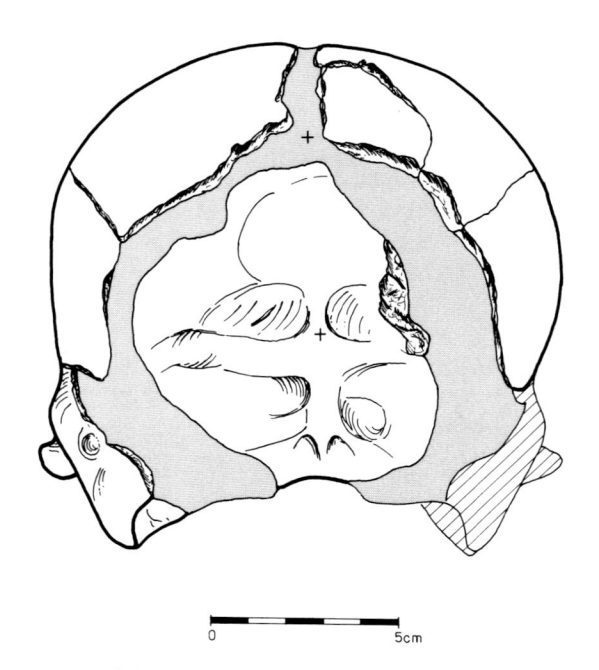

Abb. 21 Ehringsdorf H. Norma frontalis. Rekonstruierte Partien schraffiert.

Abb. 22 Ehringsdorf H. Norma occipitalis.

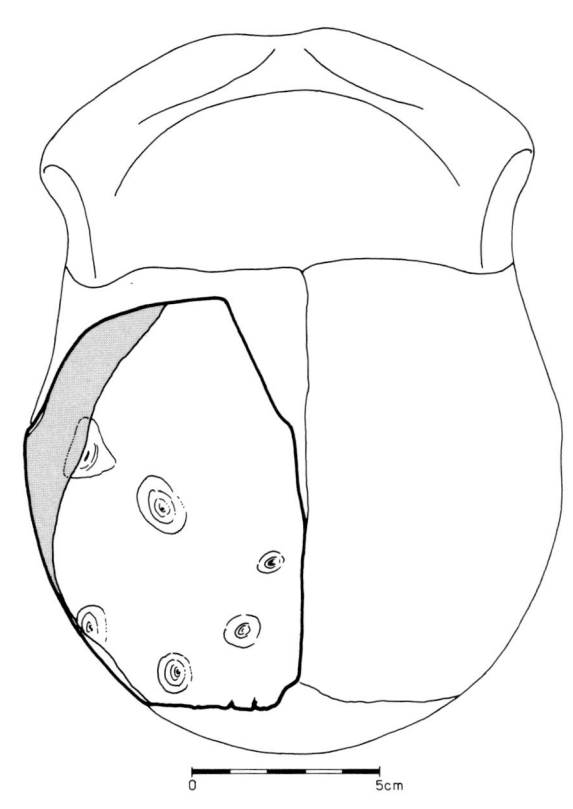

Abb. 23 Ehringsdorf B. Norma verticalis. Os parietale E-B in der Schädelrekonstruktion.

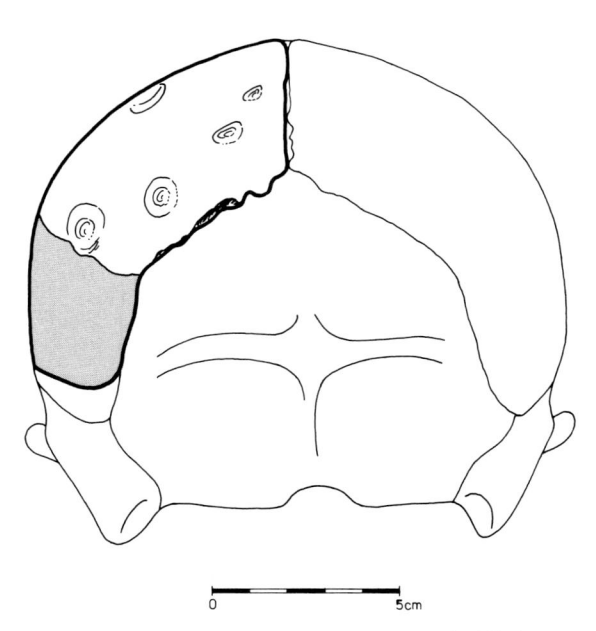

Abb. 24 Ehringsdorf B. Norma occipitalis spiegelbildlich ergänzt.

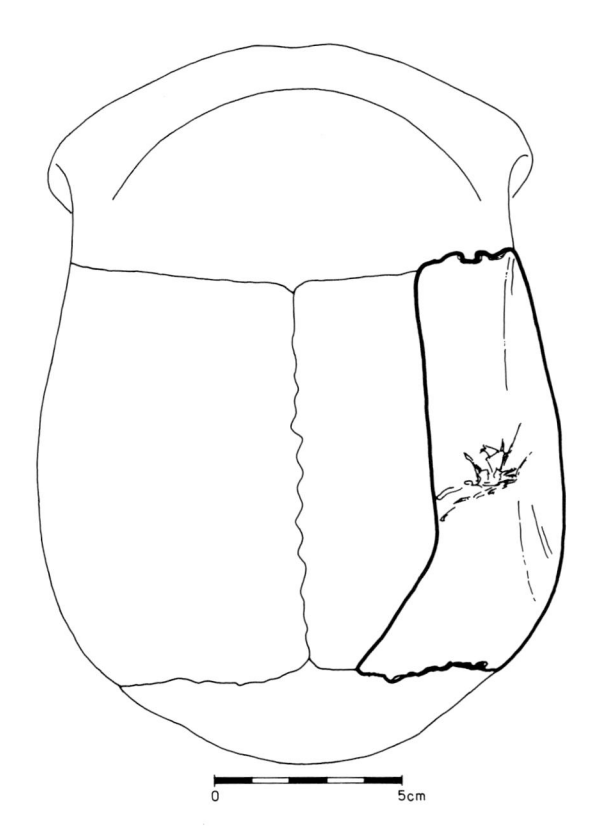

Abb. 25 Ehringsdorf C. Norma verticalis. Os parietale dextrum E-C in die Schädelrekonstruktion eingesetzt.

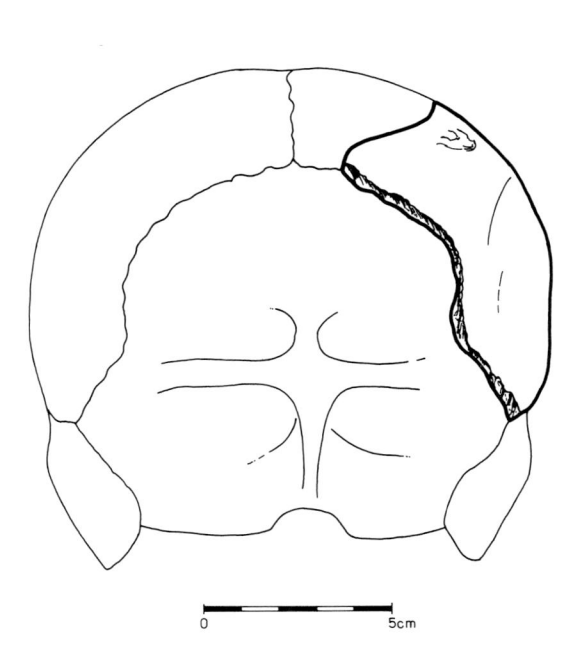

Abb. 26 Ehringsdorf C. Norma occipitalis.

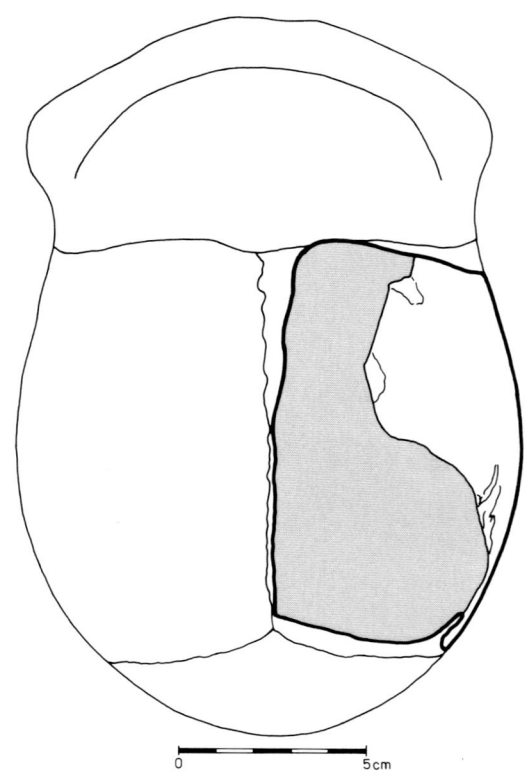

Abb. 27 Ehringsdorf D. Norma verticalis. Os parietale sinistrum E-D in der Hirnschädelrekonstruktion.

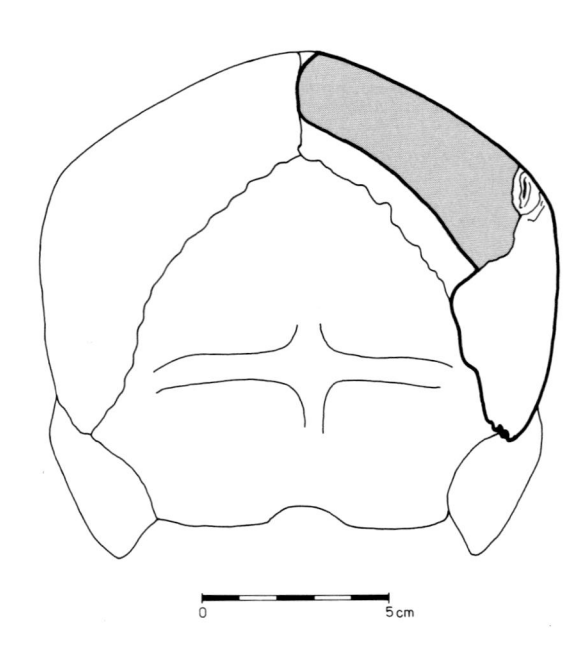

Abb. 28 Ehringsdorf D. Norma occipitalis.

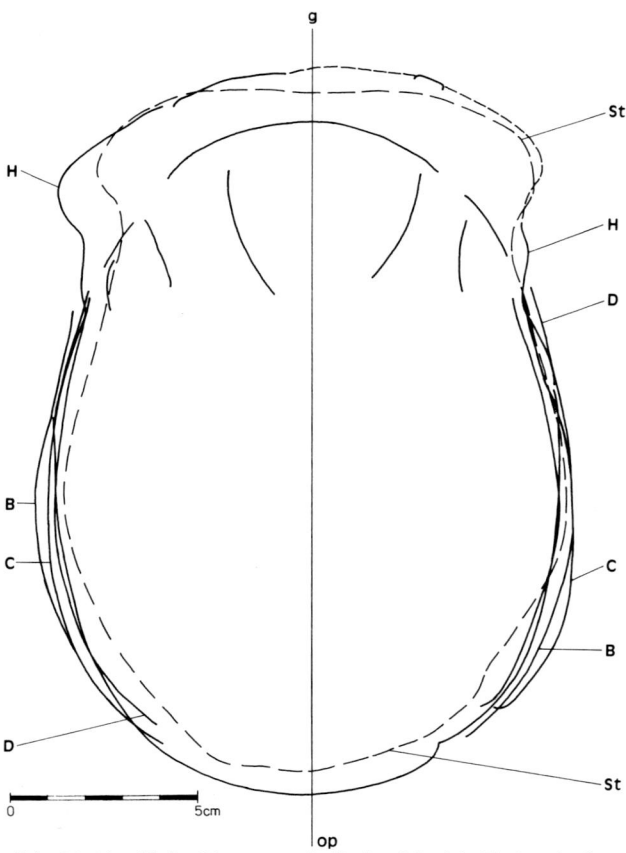

Abb. 29 Umriß der Norma verticalis des Schädels Ehringsdorf H, in der g – op Ebene gezeichnet, mit Umrissen der Parietalia von den übrigen Ehringsdorfer Individuen B, C und D und mit dem vertikalen Umriß des Schädels von Steinheim (St), rekonstruiert von H. Weinert.

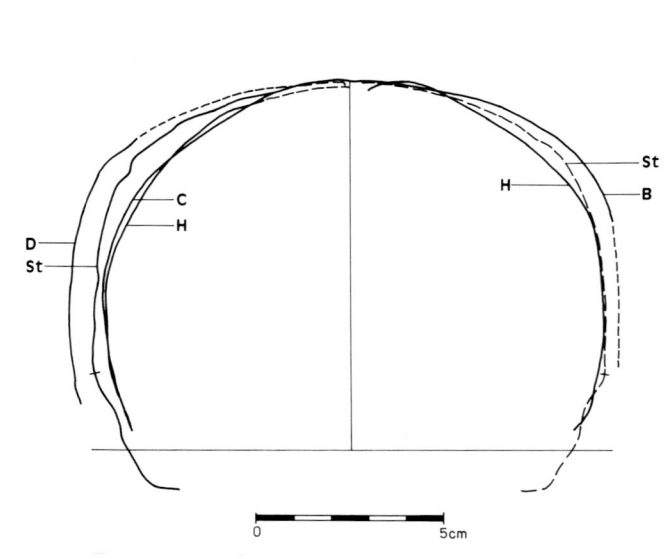

Abb. 30 Transversaler Schnitt, geführt durch die größte Breite des Schädels Ehringsdorf H, mit Vertikalschnitten durch die Ossa parietalia E–B, E–C, E–D und mit dem Vertikalschnitt durch den Steinheimer Schädel (St).

7.1.3. Metrik und Craniogramme
(Abb. 31–34, S. 93, 94)

Die Messung der einzelnen isolierten Schädelbeine wurde, soweit bedeutsam, bei deren Beschreibung bereits angeführt. Nähere Vorstellungen über den Bau und die Schädelform des Ehringsdorfer Menschen vermittelt uns vor allem die plastische Rekonstruktion des Neurocraniums H. Es ist möglich, einige weitere Angaben für den Scheitelbereich aus der Rekonstruktion der Individuen B, C und D zu gewinnen. Die Maße wurden von der Originalrekonstruktion des Schädels Ehringsdorf H (E. VLČEK 1979) nach Präzisierung der Lage der wesentlichen craniometrischen Punkte abgenommen. Alle diese Messungen wurden noch durch solche ergänzt, die auf den nach dem Sagittalschnitt durch die Schädelrekonstruktion gezeichneten Craniogrammen durchgeführt worden sind. Für die metrische Charakterisierung des Schädels H applizierten wir die klassischen Messungen nach H. MARTIN (1928), die wir mit den von F. WEIDENREICH (1943) erstellten Messungen und mit einigen Nachträgen von uns ergänzt haben. In Tab. 12 führen wir neben unseren, durch die neue Rekonstruktion erworbenen Daten zum Vergleich auch die metrischen Daten der Rekonstruktion F. WEIDENREICHS (1928) an.
Auf den beigefügten Craniogrammen (Abb. 31–34) ist die benutzte Meßmethodik erkennbar.
Auf etlichen Craniogrammen sind die Hauptmaße in den Absolutwerten ebenso bezeichnet.

7.1.3.1. Maße des Ehringsdorfer Schädels H

Die beachtliche absolute Größe des Schädels H drücken die Längenmaße der Tab. 12 gut aus. Die absoluten Breitenmaße sind nicht groß: Die größte Hirnschädelbreite (eu–eu) beträgt nur 134? mm; auch die innere Breite ist klein (125? mm). In diesem Zusammenhang erscheinen die kleinste Stirnbreite (ft–f) und die postorbitale Breite ganz außerordentlich gering, die beide gleichlautend 113 mm ausweisen. Die größte Hinterhauptsbreite (ast–ast) ist mit 111 mm auch klein. – Eine spezifische Schädelcharakteristik stellen uns die Höhenmaße (Tab. 12) vor. Die Basion-Bregma-Höhe ist nicht meßbar, aber die Ohr-Bregma-Höhe beträgt 116 mm, die ganze Ohrhöhe dann 118 mm (Abb. 50). Über die Höhenproportionen informieren uns gut die über die Grundhorizontalen g–op (Maß 1), g–i (2), n–o (ld) und über die Frankfurter Horizontale (FH) zu den craniometrischen Punkten Nasion, Glabella, Bregma, Vertex, Opisthion, Lambda und Inion errichteten Senkrechten. Diese Höhen in Bezeichnung zur Länge der benutzten Horizontale drücken die Entfernung des Fußes der Senkrechten auf der Horizontalen zu ihrer ganzen Länge aus. Bei den über den FH errichteten Senkrechten rechnet man ihre Beziehung zur geraden Hirnschädellänge (la) aus.

Ehringsdorf H hat eine relativ hochgewölbte Kalotte. – Umfänge, Bögen und Sehnen (Absatz D, Tab. 12) wurden noch mit den Festsetzungen der Wölbungshöhen der einzelnen Schädelabschnitte und mit ihren Krümmungswinkeln ergänzt.

7.1.3.2. Die rekonstruierten Scheitelpartien der Individuen Ehringsdorf B, C und D

Einige rekonstruierte metrische Angaben ermöglichen die Rekonstruktion der Scheitelpartien der Schädel Ehringsdorf B, C und D.

a) Die rekonstruierten Breitenmaße der Scheitelbeine

Der Vergleich der Breitendimensionen der Scheitelpartien Ehringsdorf H mit den rekonstruierten Schädeln E–B, E–C und E–D zeigt die Aufteilung der Individuen in zwei Paare, und zwar auf das Paar Ehringsdorf H und E–C und auf das Paar Ehringsdorf B und E–D.
Das erste Paar bildet ein einigermaßen enges Neurocranium in den Scheitelpartien, wie es vor allem aus den Schnitten durch die Scheitelbeine ersichtlich ist. Die Paare Ehringsdorf B und E–D sind robuster. Die Unterschiede werden auf den Abb. 29 und 30 dokumentiert. Die metrischen Unterschiede sind weniger ausdrucksvoll (Tab. 13).

Tab. 13 Breitenmaße der Scheitelpartien der Individuen Ehringsdorf B, E–C und E–D im Vergleich mit Ehringsdorf H

Maß	H	B	C	D
größte Hirnschädelbreite	134?	/143/	/138/	/135/
parietale Schädelbreite	132?	/135/	/135/	/135/
innere Hirnschädelbreite	126?	/127/	/124/	/121/
größte Stirnbreite	111?	/108/	/111/	/108/
größte Hinterhauptbreite	111?	/110/	/110/	/110/
projektive Höhe ast-vertex	96?	/99/	/98/	/102/

b) Dickevergleich der Scheitelbeine

Beim Vergleich unterschiedlicher Paare mit morphologisch ähnlichen Scheitelpartien stellt man eine gewisse Ähnlichkeit auch in der Dicke der Scheitelbeine fest, wie es wieder Querschnitte dokumentieren, die senkrecht auf die Linie g–op in den Punkten Bregma, Vertex führen sowie weiter im Niveau der Maximalentwicklung der Tubera parietalia und im Punkt Lambda (Abb. 35–37, S. 95, 96). Eine größere Dicke der Scheitelbeine ergibt sich aus den größeren Querdimensionen der Scheitelbeine.

c) Sexuale Variation?

Es bietet sich eine Begründung der festgestellten Unterschiede bei beiden Paaren der rekonstruierten Schädel der Individuenserie aus Ehringsdorf an: Die Unterschiede ergeben sich aus verschiedener Sexualvariabilität der Ehringsdorfer Population.
Unterstützt wird diese Aussage außerdem durch den Vergleich des Schädels Ehringsdorf H mit den klassischen Schädelfunden aus Swanscombe und Steinheim. Alle drei Funde weisen einen ähnlichen Plan des Neurocraniumbaus auf. Die Unterschiede zwischen den zu vergleichenden Individuen ergeben sich wiederum aus der Gesamtgröße der Schädel. Der Schädel aus Steinheim, der grazil und fein ist wie der Schädel Ehringsdorf H, was die Sagittalschnitte beweisen, die durch die Schädel in der Sagittalebene geführt wurden, die auf die Linie g–op orientiert ist und auf die Querschnitte durch die Scheitelpartien, die ebenfalls über die Ebene g–op führen (Abb. 38–40, S. 96, 97; Tab. 14).
Die feststellbaren Unterschiede kann man als Unterschiede der Sexualvariabilität klassifizieren. Swanscombe ist als Überrest eines männlichen Individuums zu betrachten (J. S. Weiner/B. G. Campbell 1964, 195f.), die Funde aus Steinheim und Ehringsdorf H sind Repräsentanten weiblicher Individuen.

Tab. 14 Dicke (in mm) der Neurocraniumbeine der Schädel aus Ehringsdorf H, Steinheim und Swanscombe

Dicke am sag. Schnitt	Ehringsdorf H	B	C	D	Steinheim (X)	Swanscombe (XX)
Glabella	20				23	
Metopion	5				6	
Bregma/Frontale/	6				6	
Bregma/Pariet./	5	7	7?	5?	5?	7
Vertex	5,5–6	8	8?	–	6,5	7
Obelion	5	8	–	–	6	8
Lambda	4–6	8	8	–	6	10
Opisthocranion	6				9	10
Inion	9–11				8	9
Opisthion	2–3				–	3
Dicke am trans. Schnitt						
Pterion	5		7		–	5–7
Tuberparietale	6–7	16	12	11	7	9–10
Asterion	6	9?	8	6	–	7–9
Planum occipitale	5					6
Planum nuchae	3					4

(X)   nach H. Weinert 1936
(XX) nach G. M. Morant 1964

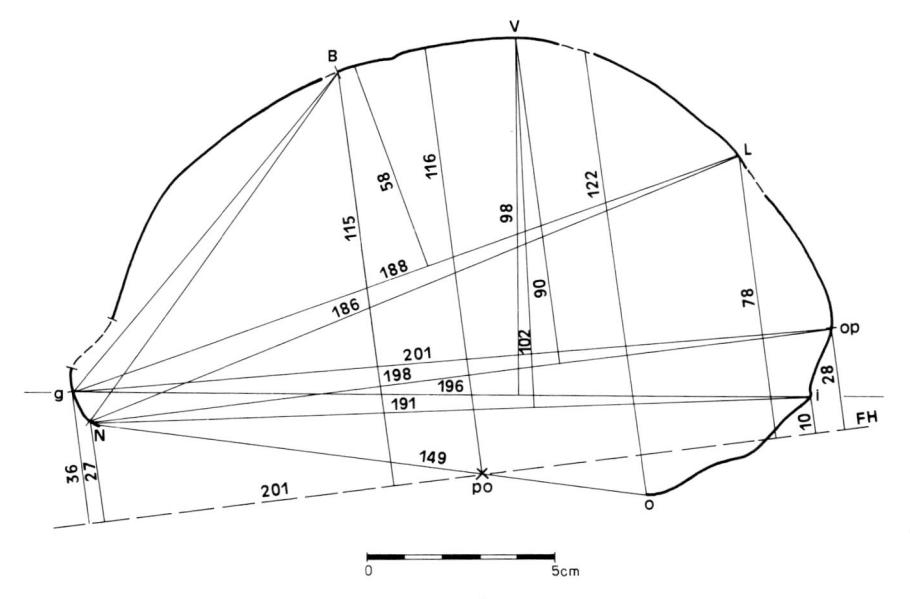

Abb. 31 Ehringsdorf H. Mediosagittales Craniogramm mit Längenmaßen.
B – Bregma, FH – Frankfurter-Horizontale, g – Glabella, i – Inion, L – Lambda, N – Nasion, o – Opisthion, op – Opisthocranion, po – Porion, V – Vertex.

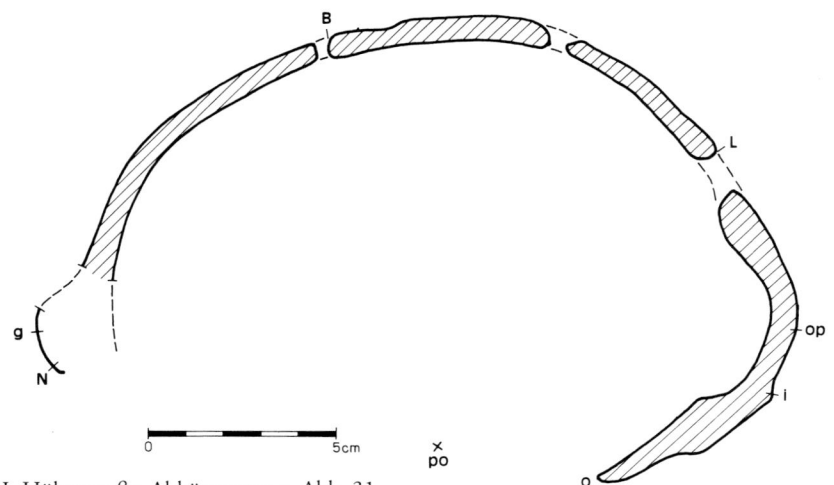

Abb. 32 Ehringsdorf H. Höhenmaße. Abkürzungen s. Abb. 31.

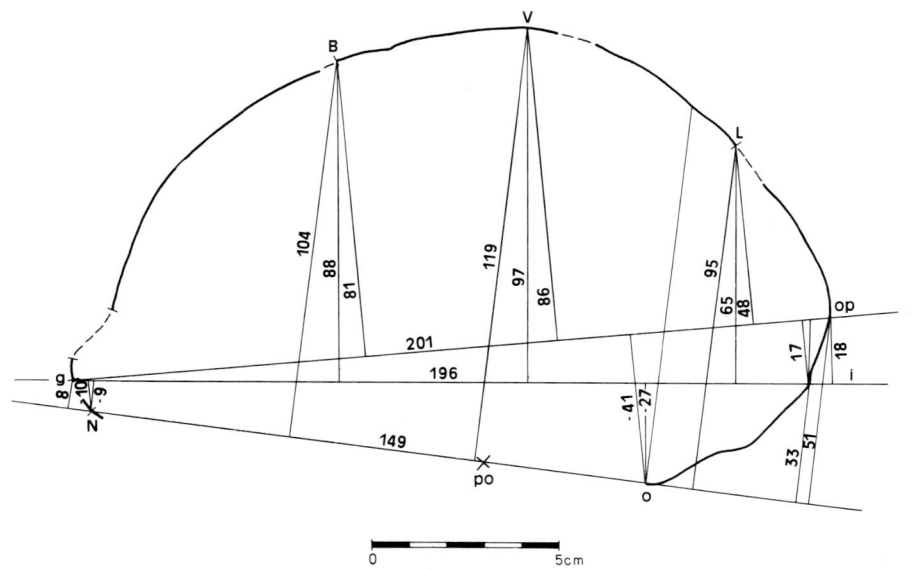

Abb. 33 Ehringsdorf H. Krümmungswinkel. Abkürzungen s. Abb. 31.

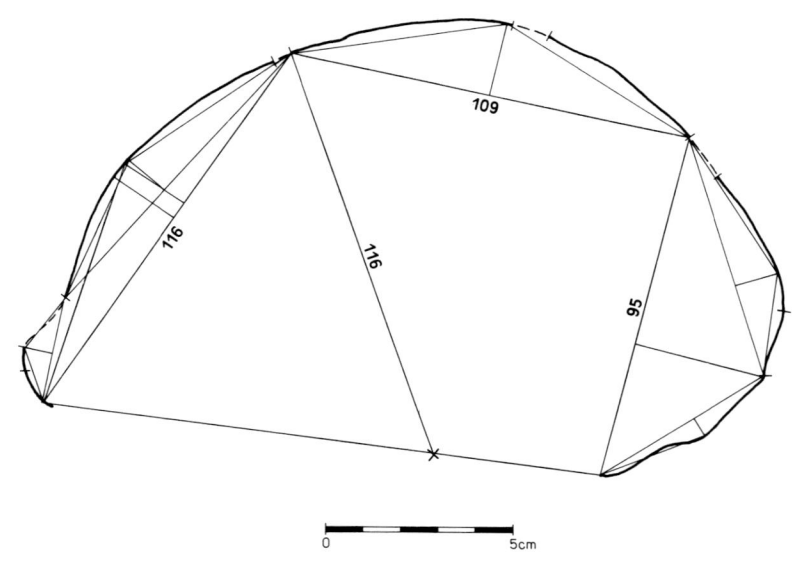

Abb. 34 Ehringsdorf H. Winkel.

7.1.4. Schädel Ehringsdorf H im Vergleich mit anderen fossilen Menschenfunden

Die Rekonstruktion des Neurocraniums des Schädels Ehringsdorf H stellte uns eine Form vor, die sich den Formen des gegenwärtigen modernen Menschen bedeutend nähert, auch wenn sie noch eine Reihe altertümlicher Zeichen trägt.

Für die Beurteilung des Neurocraniums Ehringsdorf H und die Befunde der Fossilmenschen erscheint folgendes wichtig:

– Die Funde weisen noch eine ganze Reihe von Merkmalen auf, die an die erectoiden Formen, Broken Hill und Petralona, aus der vorletzten interglazialen Epoche erinnern.

– Die Funde sind zeitlich gleich, unterscheiden sich aber klar von der ersten Gruppe, der die Funde aus Swanscombe und Steinheim angehören.

– Es wird Bezug genommen auf die Neandertalformen vom Ende des letzten Interglazial und vom Anfang der letzten Glazialzeit, und zwar auf die Funde aus Circeo, La Chapelle, Neandertal, Spy I, Gibraltar, La Quina, Tabun und Skhul V sowie die Vertreter der fossilen Sapienten vom mittleren und jüngeren Abschnitt des letzten Glazials, die in Mitteleuropa aus Předmostí III, Brno II und Pavlov I stammen.

Das Messen der Schädel wurde wenn möglich an Originalen durchgeführt, und die nötigen Sagittalschnitte durch die Schädel sind von den sagittalzerschnittenen Abgüssen dieser Schädel gemacht worden. Die übrigen Angaben zu den von uns nicht am Original studierten Funden (Sw, B–H, Sk V, Ta I) haben wir klassischen Monographien entnommen.

7.1.4.1. Metrischer Vergleich

Der Maßvergleich wurde in derselben Folge wie bei der Auswertung des Schädels Ehringsdorf H durchgeführt. Die Absolutmaße und Winkel zeigt Tab. 15, S. 98 ff. Die errechneten Indizes werden am Ende der Kapitel kommentiert.

Zur Tab. 15 führen wir nur den nötigsten Kommentar an.

Das Neurocranium Ehringsdorf H mit seiner Maximallänge /201/ nähert sich den männlichen Individuen der Fossilsapienten und den Neandertaler-Männern. In Maximalbreite des Schädels entspricht E–H /134/ den Formen der jungpleistozänen Sapienten und den Formen aus Swanscombe und Steinheim /134–137/. Die große Breite, die für den Fund aus Předmostí III /145/ konstatiert wurde, beruht auf einer postmortalen Deformation dieses Schädels. Bei den erectoiden Formen /145–150/ und bei den Neandertalern /141–156/ ist die Maximalbreite des Schädels größer.

Die Stirnmaße, wie die kleinste Stirnbreite beim Fund E–H /113/ und die größte Stirnbreite /121/, sprechen für eine breitere Stirn als wir sie bei den erectoiden Formen /100-101 und 116-118/ und bei den Neandertaler-Formen /98–109 und 116/ finden. Bei Homo sapiens fossilis wurden die Werte 87–104 und 119–128 festgestellt.

In der Biasterionbreite bildet Ehringsdorf /111/ die Grenze zwischen den Neandertaler-Funden /110–130/ und den Fossilsapienten /106–122/. Broken Hill und Petralona haben absolut breitere Nackenpartien /121 bis 131/.

Von den Höhendimensionen ist beim Ehringsdorf H nur die Ohr-Bregma-Höhe /116/ meßbar. Diese bildet wieder eine Grenzlinie zwischen den erectoiden Formen /107–114/ und den Neandertalern /98 bis 115,5/ und den Formen der Fossilsapienten /98–135/. Dasselbe gilt für alle übrigen Höhenbeziehungen.

Den Horizontalumfang des Schädels /g–op/ bei Ehringsdorf H /580?/ bildet ebenfalls die Grenzlinie zwischen den alten erectoiden Formen und den Neandertalern einerseits /590–605/ und den Homo sapiens-Formen andererseits /542–557/.

Hinsichtlich der Wölbung der einzelnen Teile des Neurocraniums, wie Frontalbogen /128/, Parietalbogen /117/ sowie Occipitalbogen /125/ bildet E–H wieder eine Scheidewand zwischen den altertümlichen und Neandertaler-Formen und den Formen des jungpleistozänen Sapienten. Dasselbe kann man beim Vergleich der zugehörigen Frontalsehne /116/, Parietalsehne /109/ und Occipitalsehne /95/ konstatieren.

Ehringsdorf H bildet ebenfalls hinsichtlich der Winkelbeurteilung die Scheidewand zwischen den beiden Gruppen. Der Stirnprofilwinkel, festgestellt bei Ehringsdorf H /70°/, liegt zwischen den altertümlichen Formen /60–61°/ und den Neandertalern /50–68°/ und den Formen des fossilen Sapienten /80–85°/. Für den Stirnneigungswinkel /53°/ gilt das gleiche. Bei der ersten Gruppe stellen wir die Werte 46–51° fest und bei der zweiten Gruppe 55–58°. Im occipitalen Knickungswinkel entspricht Ehringsdorf H /105°/ den Neandertaler-Formen /107–20°/ und den sapienten Formen /109–115°/. Dieser Winkel ist beim Fund Broken Hill und Petralona niedriger /95–99°/.

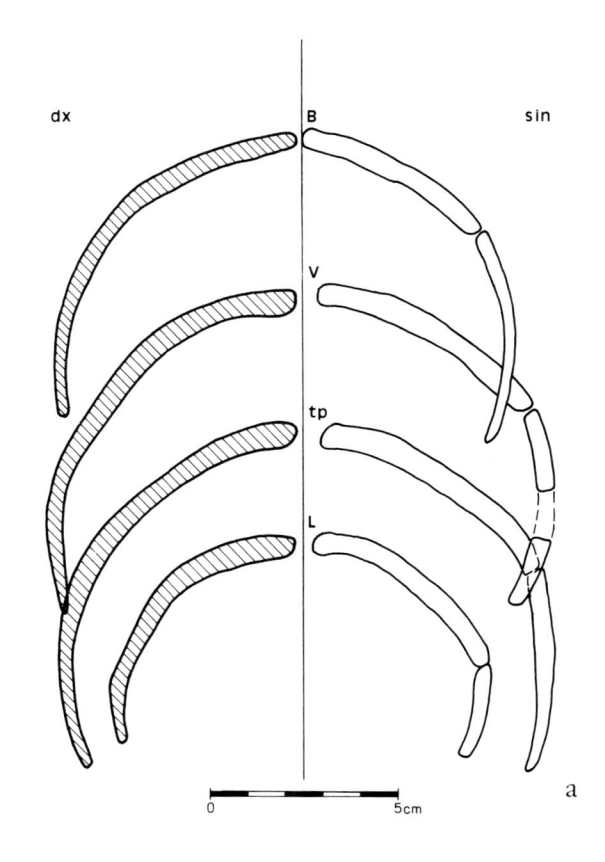

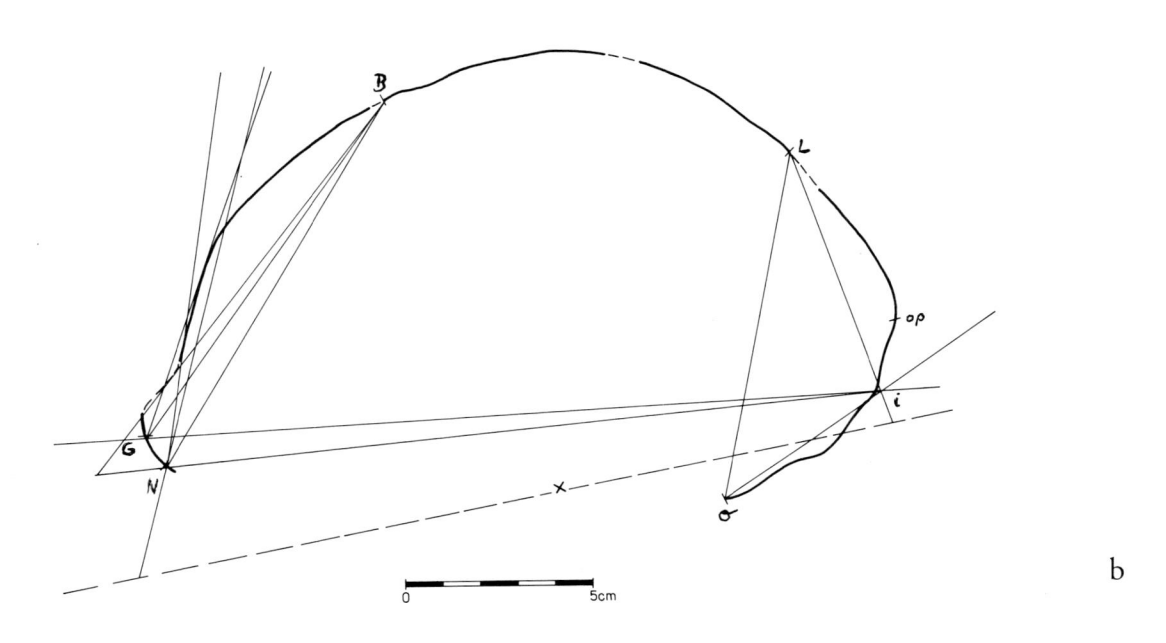

Abb. 35a, b Ehringsdorf H. Querschnitte durch das Scheitelbein, senkrecht geführt auf die Linie g – op in den Punkten Bregma (B), Vertex (V), im Niveau der Tubera parietalia (tp) und im Punkt Lambda (L).

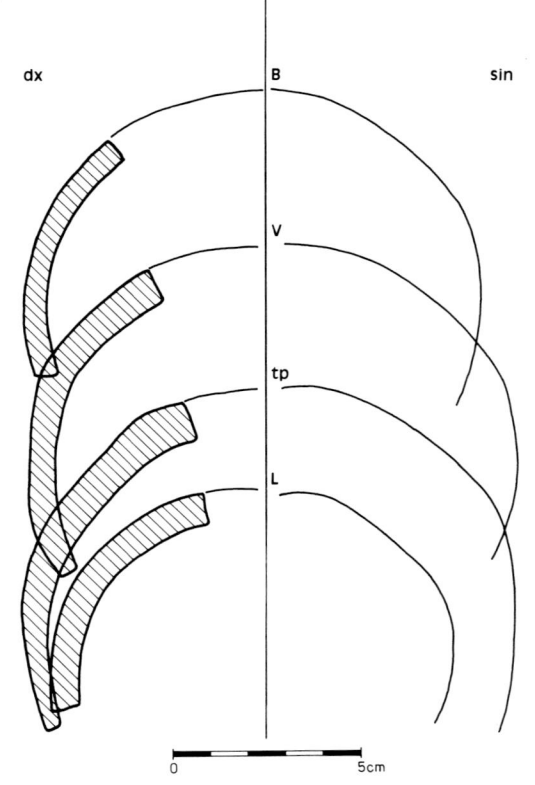

Abb. 36 Ehringsdorf C. Querschnitte durch das rechte Scheitelbein im Vergleich mit Ehringsdorf H.

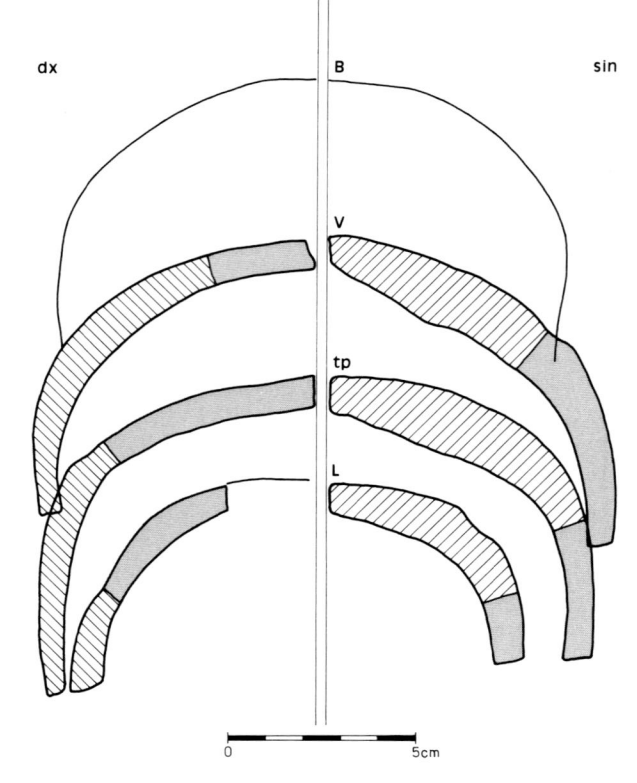

Abb. 37 Ehringsdorf D und B. Querschnitte durch das rechte Scheitelbein E-D (rechts) und durch das linke bei E–B (rechts).

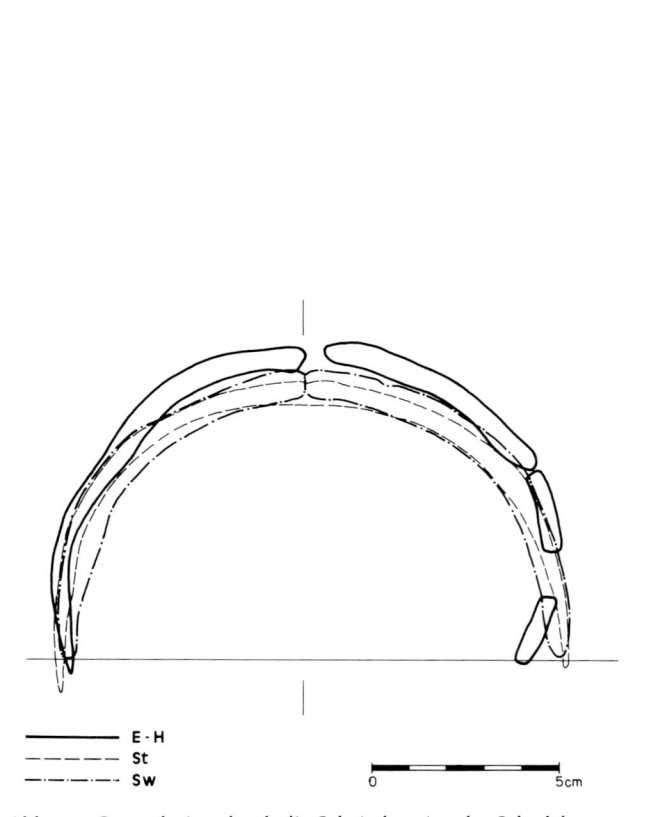

Abb. 38 Querschnitte durch die Scheitelpartien der Schädel Ehringsdorf H (E–H), Steinheim (St) und Swanscombe (Sw).

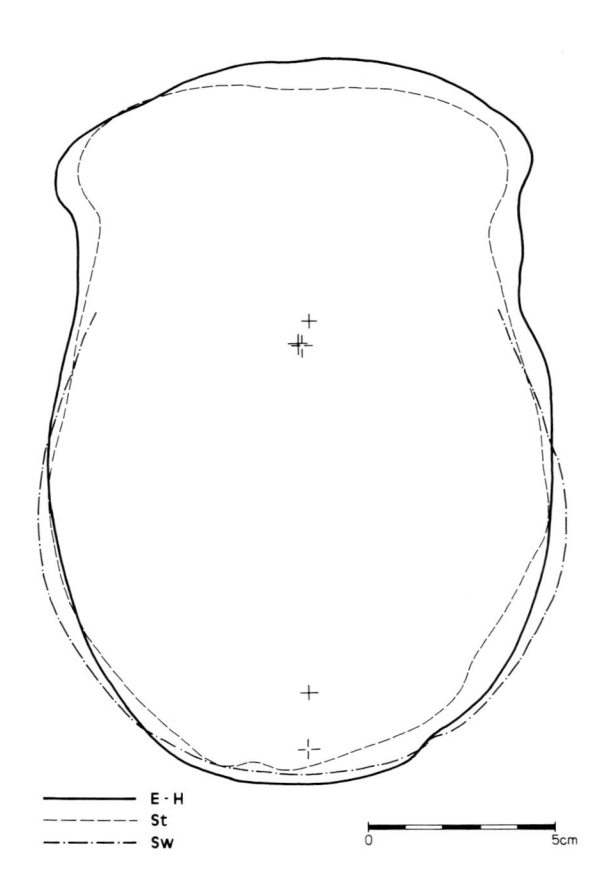

Abb. 39 Die Schädelform in der Norma verticalis (E–H, St, Sw).

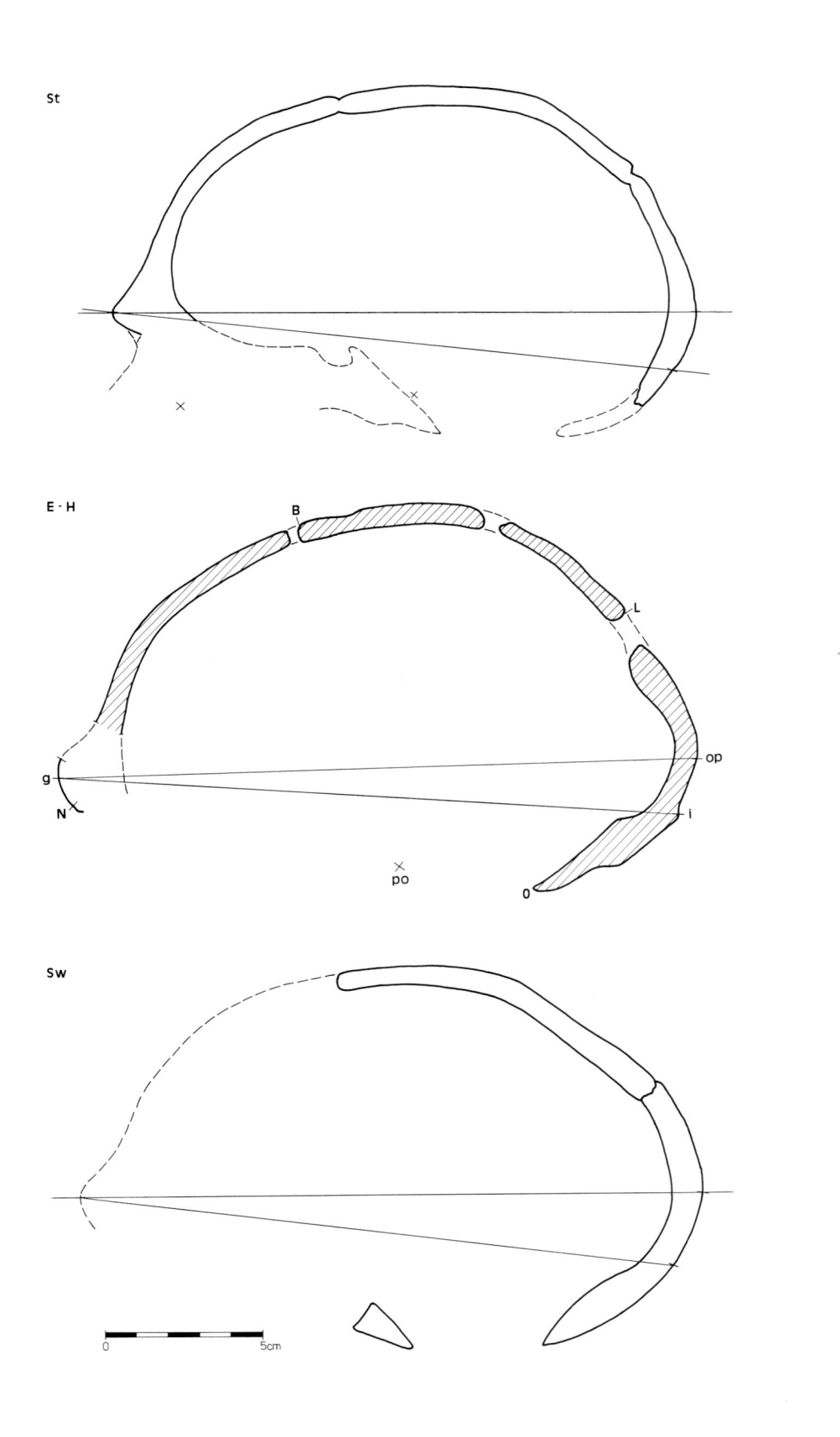

Abb. 40 Sagittalschnitte durch die Schädel aus Steinheim (oben), Ehringsdorf H (Mitte) und Swanscombe (unten).

Tab. 15
Metrische Vergleiche (absolute Maße und Winkel) in bezug auf Schädel Ehringsdorf H

A. Längenmaße

		Broken Hill W+V	Petralona V	Circeo S	La Chapelle-aux-Saints V	Neandertal W	Spy I W	Gibraltar W	La Quina W	Tabun I W	Ehringsdorf H	Swanscombe We+C+V	Steinheim Wt+V	Skhul 5 W	Předmostí IV M+V	Brno II V	Pavlov I V
		1	2	3	4	5	6	7	8	9	10	11	12	13	14	15	16
1	größte Hirnschädellänge /g–op/	210?	210	204	208	199	202	193	203	183	201		184	192	201	202	201
1a	gerade Hirnschädellänge /g–op auf FH/	206?	210	204	209	186	–	190	203	183	201		184	192	200	202	200
1d	Länge n–op	202?	202	200	207	192	199	–	201?	180	198		177	182	196	199	199
2	Länge g–i	210?	209	198	201						196		179		193	200	196
2a	Länge g–n–i	202?	200	194	199						191		171		185	194	192
3	Länge g–l	196	186	185	191	185	187	180?	183?	174	188		172	182	193	195	194
3a	Länge n–l	191	182	184	192	184	187	179	183?	170	186		167	174	190	193	193
4	innere Hirnschädellänge /Fronten-Occipiton/	173		172?	186	175	–	168	–	161	175		156	167	108	–	–
5	Schädelbasislänge /n–ba/	112	110	115?	125	–	–	112	–	108?	–		100	98	150	–	148
5/1	Länge n–o	149	148	156?	171	–	–	149	–	142	149		139	136			
6	Länge der Pars basilaris des Hinterbeines	29		23?	29						–		–				
6/2	horizontale Hinterhauptlänge /o von der Wölbung op auf FH/	58?	57	50	41	–	49		–	45	54	40	45	56	53	–	55
7	Länge des Foramen magnum /ba–o/	42	42	43	50						–		39		/41/	–	–

Erklärungen: W – F. Weidenreich, V – E. Vlček, S – S. Sergi, Wt – H. Weinert, M – J. Matiegka

bp^{1}w	Bregma position projected to g–op	83	78	86	75	80	66?	72,5?	81	69	78		72	63	82	77	88
	Vertex position projected to g–op	134	115	123	120						129		111		103	125	110
	Opisthion position projected to g–op	156	155	154	170						148		141		145	–	142
lp^{1}w	Lambda position projected to g–op	189	182	181	186	178	180	184?	180	171	181		164	178	189	193	192
	Inion position projected to g–op	210	209	195	200						194		176		188	197	191
	Bregma position projected to g–i	83	76	79	70						70		64		64	63	71
	Vertex position projected to g–i	134	113	114	113						120		102		88	110	92
	Opisthion position projected to g–i	156	156	157	173						151		146		154	–	150
	Lambda position projected to g–i	189	180	176	180						175		158		179	185	184
	Opisthocranion position projected to g–i	210	209	203	208						201		182		196	200	197
bp^{2}w	Bregma position projected to n–o	62	50	60	56	–	–	47?	–	42	53		46	25	43	–	50
	Vertex position projected to n–o	104	84	95	98						103		83		67	–	71

		1	2	3	4	5	6	7	8	9	10	11	12	13	14	15	16
lp²w	Lambda position projected to n–o	172	157	160	170	–	–	156	–	147	161		142	143	162	–	168
ip w	Inion position projected to n–o	199	195	189	197	–	–	180	–	178	188		168	172	184	–	189
op w	Opisthocranion projected to n–o	199	196	193	202	–	–	180	–	173	192		170	170	185	–	185
	Nasion position projected to FH /ca/	6	9	4	2						4		6		5	3	3
	Bregma position projected to FH /la/	96	83	87	78						81		75		79	75	83
	Opisthion position projected to FH	148	151	153	167						147		138		146	–	145
	Lambda position projected to FH /la/	167	184	182	185						183		167		186	190	190
	Inion position projected to FH /la/	206?	208	195	199						194		175		189	198	193
	Opisthocranion position projected to FH /la/	206?	210	204	209						201		184		200	202	200
B. Breitenmaße																	
8	größte Hirnschädelbreite /eu–eu/	145	150	155	156	147	144?	149?	138	141	134?	/145/	133	143	145?	134	137
8c	Temporoparietalbreite (SCHWALBE)	137	146	159	142	–	–	–	–	115	133?		–	136	133?	134?	133?
8/1	parietale Schädelbreite (zwischen Tubera)	132	138		144	–	–	–	–		125		–		127	130?	133
8/2	innere Hirnschädelbreite	136,5			147	137	–	141	–	130	125?		120	134			
9	kleinste Stirnbreite /ft–ft/	100	111	106?	109	107	101?	102?	100	98	113	–	102	99	104	87	103
9/1	postorbitale Breite	99	111	106?	110						113	123	102		104	101?	102
10	größte Stirnbreite /co–co/	116	118	127	122	122	–	122?	108?	121,5	121	–	119	114	128?	125,5	123
10a	größte Breite in der Schläfengrube	113	110		116						116	–	–		120	108?	113
11	Biauricularbreite /au–au/	/142/	153	145	132	–		–	126	138	–	–	116	140?	137?	–	130
12	größte Hinterhauptbreite /ast–ast/	/131/	121	124	130	–	124?	110?	112?	120	111?	123	/106/	122	115	109	107
13	Mastoidealbreite /ms–ms/	/124/		/114/	108		121?				–	–	/94/		122	90	–
13/1	größte Mastoidealbreite (TOLDT)	/152/	153	140	139						–	–	–		143	119	–
15	Breite der Pars basilaris des Hinterhauptbeins	20	–	26	–						–	30,5	/25/		–	–	–
16	Breite des Foramen magnum	/28/	32	–	33						–		–		–	–	/35/
C. Höhenmaße																	
17	Basion-Bregma-Höhe /ba–b/	130	126	123?	131	–	–	124?	122?	115?	–	125	112	129?	133?	–	–
18	ganze Schädelhöhe (VIRCHOW) /ba–v auf FH/	128	130	125	130	–					–	126	111		133	–	–
19	Glabella-Höhe /auf FH/	35	39	38	36	–	–		–		36	–	32		33	–	28
	Nasion-Höhe auf FH	26	28	28	27	–	–		–		27	–	24		25	–	21
	Bregma-Höhe auf FH	105	111	109	105	–	–	115?	110		115	–	98	134	121	125	117
	Opisthion-Höhe auf FH	120	117	115	106	–	–		–		122	–	/108/		134	–	130

		1	2	3	4	5	6	7	8	9	10	11	12	13	14	15	16
	Lambda-Höhe auf FH	85	77	76	75						78	–	69		74	75	68
	Inion-Höhe auf FH	–	20	15	10						10	–	4		2	16	3
	Opisthocranion-Höhe auf FH	–	27	36	27						28	–	23		39	49	39
20	Ohr-Bregma-Höhe /po-b/	107	114	111	110	–	115,5	107?	112	98	116	–	98	117	124	135	120
21	ganze Ohrhöhe /po-v auf FH/	105	116	115	110	–	117	106?	111	105	118	–	100	121	125	129	117
22	Kalottenhöhe /v auf n-i/	90	92	94	94						102	–	88		114	109	106
22a	Kalottenhöhe (Schwalbe) /v auf g-i/	86	87	88,5	90						98	/89/	84		110	104	103
22b	Kalottenhöhe /v auf g-l/	48	51	48	48						58	/56/	41		69	66	65
	Kalottenhöhe /v auf n-op/	91	88	81	83						90	/77/	76		92	88	86
	Krümmungshöhe des Stirnbeins auf n–b	21	19	20	21						19		20		24	25	28
	Krümmungshöhe der Pars glabellaris auf n–sg	8	9	6	4						7		8		5	5	3
	Krümmungshöhe der Pars cerebralis auf sg–b	12	10	8	13						13		13		17	17	22
	Krümmungshöhe des Scheitelbeines auf b–l	17	18	17	18						20	17	15		22	25	19
	Krümmungshöhe des Hinterhauptbeines auf l–o	37?	42	34	31						35	28	32		30	–	32
	Krümmungshöhe des Planum occipitale auf l-i	4	7	7	6						11	10	11		12	7	9
	Krümmungshöhe des Planum nuchae auf i–o	–1	4	6	5						6	4	5		3	–	–4!
bh°w	Nasion above g–op	–11	–10	–11	–8						–10	–	–8		–6	–10	–7
	Bregma above g–op	85	77	72	72						81	/73/	69		86	82	84
	Vertex above g–op	86	84	77	79						86	/77/	72		89	85	83
	Opisthion above g–op	–31	–41	–48?	–43						–41	/–50/	–40		–55	–	–56
	Lambda above g–op	51	49	40	46						48	/37/	45		35	27	29
	Inion above g–op	–	–7	–21	–18						–17	/–22/	–20		–37	–32	–36
bh²w	Glabella above n–o	10	9	10	8	–	–		–		8	–	6		4	–	6
wh	Bregma above n–o	106	99	101	94	–	–	96	–	86	104	–	90	103	113	–	115
lh w	Vertex above n–o	114	104	114	109	–	–	109	–	109	119	–	103	125	125	–	121
	Lambda above n–o	85	93	93	90	–	–	84	–	92	95	–	88	100	100	–	98
ih w	Inion above n–o	37	44	38	30	–	–	28	–	38	33	–	28	42	30	–	36
ophw	Opisthocranion above n–o	37	51	59	49	–	–	59	–	60	51	–	49	64	70	–	73
	Nasion above g–i	–1	–10	–10	–8						–9	–	–7		–5	–9	–6
	Bregma above g–i	85	79	81	79						88	/83/	76		100	94	100
	Vertex above g–i	86	87	89	89						97	/89/	84		109	104	102
	Opisthion above g–i	–31	–36	–33	–27						–27	/–31/	–24		–26	–	–30

		1	2	3	4	5	6	7	8	9	10	11	12	13	14	15	16
	Lambda above g-i	51	54	59	62						65	/59/	63		71	59	64
	Opisthocranion above g-i		6	21	18						18	/23/	20		38	33	37
D. Umfänge, Bögen und Sehnen																	
23	Horizontalumfang des Schädels /g-op/	605?	590	590?	595						580?		546		550	542	557
24	Transversalbogen /po-b-po/	294	310	360	315		300		305		/316/		/300/		310	335	325
25	Mediansagittal-Bogen /n-o/	382?	372	361?	357	–	–	–	–	–	370?		/332/	–	394	–	394
25a	Mediansagittal-Bogen /n-i/	319	308	309	314	–	–	–	–	333	323		/297/	373	343	–	–
26	Frontalbogen /n-b/	140	128	131	121	133	110?	124?	120	107	128		120	118	136		
26a	Frontalbogen /g-b/	128	114		111						115		106		128		
26/1	Glabellarbogen /n-sg/	33	34	42							33		–		24		
26/2	Cerebralbogen /sg-b/	107	94	89							95		–		112	141	
27	Parietalbogen /b-l/	122	115	100	121	110	126?	–	112	117	117	116	109	131	135		
27/2	frontaler Parietalbogen /Margo frontalis/										118 s 120 d	115	114				
27/3	occipitaler Parietalbogen /Margo lambdoideus/										103 s –d	106	95				
28	Occipitalbogen /l-o/	120?	129	113?	115	–	–	106?	–	109?	125	118	/103?/	124	123	–	130
28/1	Oberschuppenbogen /l-i/	57?	65	78	72						70	68	67		72	–	65
28/2	Unterschuppenbogen /i-o/	63?	64	52?	43						55	50	/47/		51?	–	65
29	Frontalsehne /n-b/	123	110	117	107	116	103?	107?	109?	96	116		100	106	120	118	126
29/1	Sehne der Pars glabellaris /n-sg/	28	28		27						29		23		19	22	18
29/2	Sehne der Pars cerebralis /sg-b/	104	90		86						90		82		104	100	112
30	Parietalsehne /b-l/	113	106	95	112	104	115?	–	107	105	109	108	95	107	120	127	118
30/2	frontale Parietalsehne /Margo coronalis/										97 s 96 d	s 92	90				
30/3	occipitale Parietalsehne /Margo lambdoius/										89 s –d	s 94	89				
31	Occipitalsehne /l-o/	90	94	88?	91	–	–	81?	–	90?	95	94	88	98	100?	–	100
31/1	Sehne der Oberschuppe /l-i/	55?	62	68	66						69	61	66		67	60	62
31/2	Sehne der Unterschuppe /i-o/	62	62	50?	40						51	48	(40)		47–52?	–	58
E. Winkel																	
32	Stirnprofil-Winkel /n-m : FH/	60°	67°	61°	70°						66°		68°		74°	76°	78°

		1	2	3	4	5	6	7	8	9	10	11	12	13	14	15	16
32a	Stirnprofil-Winkel /g-Schuppe : g-i/	60°	61°	62°	63°	62°	59°	64°	50°?	68°?	70°		70°	68°	80°	80°	85°
32/1	Stirnneigungswinkel /n–b : n–i/	49°	51°	47°	50°	46°	50°	–	39°	47°	53°		55°	56°	58°	57°	55°
32/2	Glabello-Bregma-Winkel /g–b : g–i/	45°	46°	45°	49°	44°	47°	–	38°	44°	53°		52°	51°	57°	57°	55°
32/3	Stirnneigungswinkel der Pars glabellaris /n–sg : n–i/	88°	87°	75°	91°						75°		88°		87°	88°	94°
32/4	Stirnneigungswinkel der Pars cerebralis /sg–b : n–i/	39°	40°	35°	42°						46°		45°		53°	52°	50°
32/5	Krümmungswinkel des Stirnbeins /n ⊲ b/	141°	142°	142,5°	135°						144°		135°		134°	137°	128°
32/6	Krümmungswinkel der Pars cerebralis /sg ⊲ b/	153°	153°	151°	142°						150°		145°		140°	146°	135°
33	Lambda-Opisthion-Winkel /l–o : FH/	60°	70°	73°	78°						68°	/67°/	72°		65°	–	64°
33/1	Lambda-Inion-Winkel /l–i : FH|	77°	68°	77°	78°						80°	/85°/	82°		88°	84°	87°
33/2	Opisthion-Inion-Winkel /o–i : FH/	23°	30°	34°	39°						37°	/34°/	27°		27°	–	29°
33/4	occipitaler Knickungswinkel /l–i : i–O/ Krümmungswinkel des Scheitelbeins /b ⊲ l/	99°	95°	107°	111°	–	–	110°	–	120°	105°	132°	109°	115°	115°	–	115°
		145°	142°	142°	143°						141°	155°	145°		139°	135°	145°
	Krümmungswinkel des Planum occipitale /l ⊲ i/	160°	154°	146°	151°						140°	154°	141°		143°	150°	147°
	Krümmungswinkel des Planum nuchae /i ⊲ o/	–	165°	156°	157°						135°	179°	131°		164°	–	?
38	Schädelkapazität	1320	1220	1550?	1610						1468		1163		1658	1530	1522

7.1.4.2. Craniogrammvergleich

Die sagittalzerschnittenen Abgüsse der zu vergleichenden Schädel bieten uns die Sagittalcraniogramme. Craniogramm Ehringsdorf H wurde mit der schon angeführten Serie der Fossilfunde verglichen.

Ein Vergleich Ehringsdorf H mit den Funden aus Broken Hill und Petralona (Abb. 41) informiert deutlich über die Unterschiede in Höhe und Form der Wölbung der Stirn- und Scheitelpartien und vor allem in bezug auf den unterschiedlichen Grundbau der Nackenpartien. Während wir bei den Funden von Broken Hill und Petralona einen geknickten Occiput finden, wo die Punkte i und op am Höhepunkt des deutlich gebildeten Torus occipitalis fallen, trägt der Fund Ehringsdorf H einen abgerundeten Occiput, wo sich Torus occipitalis im Bild des Schädels nicht durchsetzt und die Maximallänge des Schädels /g–op/ um 20,0 mm über die Linie g–i steigt. Über die Bedeutung des Unterschiedes in der Bildung der Hinterhauptpartien wird noch gesprochen.

Ein völlig anderes Bild finden wir beim Vergleich des Ehringsdorf H-Schädels mit den Funden aus Swanscombe und Steinheim (Abb. 42), die dem vorausgegangenem Paar zeitlich entsprechen. Die beiden genannten Funde haben gerundete kurvooccipitale Nackenpartien, wo die Maximallänge des Schädels, d. h. Opisthocranion über das Niveau der Linie g–i deutlich heraufsteigt. Die Konfiguration des Torus occipitalis ist nicht ausgeprägt. Überdies finden wir eine völlige Übereinstimmung von Ehringsdorf H und Steinheim hinsichtlich der Bildung der Stirnschuppe. Diese wölbt sich bedeutend über dem gut gebildeten Torus supraorbitalis und trägt einen bombenförmigen Knollen in der Mitte der Stirnschuppe. Das hat offensichtlich auch beim Fund aus Swanscombe existiert.

Der Vergleich E–H mit den Neandertalern von Circeo und La Chapelle-aux-Saints (Abb. 43 a,b) zeigt prinzipielle Sapientübereinstimmungen. Unterschiede können wir in der Wölbung der Stirnschuppe konstatieren, die bei den Neandertalern flacher ist und wo der Punkt Metopion in die vordere Hälfte des Umrisses der Stirnpartie heruntergesunken ist. Bei den Neandertalern finden wir ebenfalls mehr ausgezogene Nackenpartien, die aber auch hier kurvooccipitalen Umriß haben und wo Opisthocranion ebenfalls hoch über die Linie g–i steigt. Schließlich ist die Wölbung der Scheitelpartien bei den Neandertaler-Formen etwas flacher als bei Ehringsdorf H zu sehen.

Ein völlig anderes Bild bietet der Vergleich Ehringsdorf H mit den ausgewählten Sapienten aus Mähren – Předmostí III, Brno II und Pavlov I (Abb. 44). Diese Schädel haben einen senkrechten, hohen Stirnumriß und wesentlich höher gewölbte Scheitelpartien. Die Nackenpartien haben einen verkürzten Umriß, sind nicht mehr so herausgezogen, aber Opisthocranion steigt noch höher über die Linie g–i. Torus occipitalis ist nicht mehr ausgebildet und die anwesende Protuberantia occipitalis externa trägt ein dornförmiges Gebilde, das den Punkt Inion trägt. Auf Abb. 45 (S. 105) treten die genannten Unterschiede und Übereinstimmungen des Schädels Ehringsdorf H mit den Formen des Fossilmenschen noch prägnanter hervor.

Vorläufig ist es möglich zu schlußfolgern, daß der Schädel Ehringsdorf H außerordentlich mit den Funden aus Steinheim und Swanscombe übereinstimmt und sich mit seinem Planbau logisch zu den jüngeren Formen des Sapienten des jüngeren Paläolithikums von Mitteleuropa fortsetzt zu dem Typus Brno (E. VLČEK 1967b, 1970b). Gewisse Übereinstimmungen des E–H mit den Neandertaler-Formen beweisen nur, daß beide Gruppen Angehörige der sich mosaik formenden Gruppen der Gattung Homo sapiens des mittleren und jüngeren Paläolithikum Europas darstellen.

Der Fund Ehringsdorf H unterscheidet sich völlig von der Gruppe, die die Erbschaft der erectoiden Formen trägt, die noch im vorletzten Interglazial (Holstein) mit den Sapientenformen Homo sapiens steinheimensis gelebt haben.

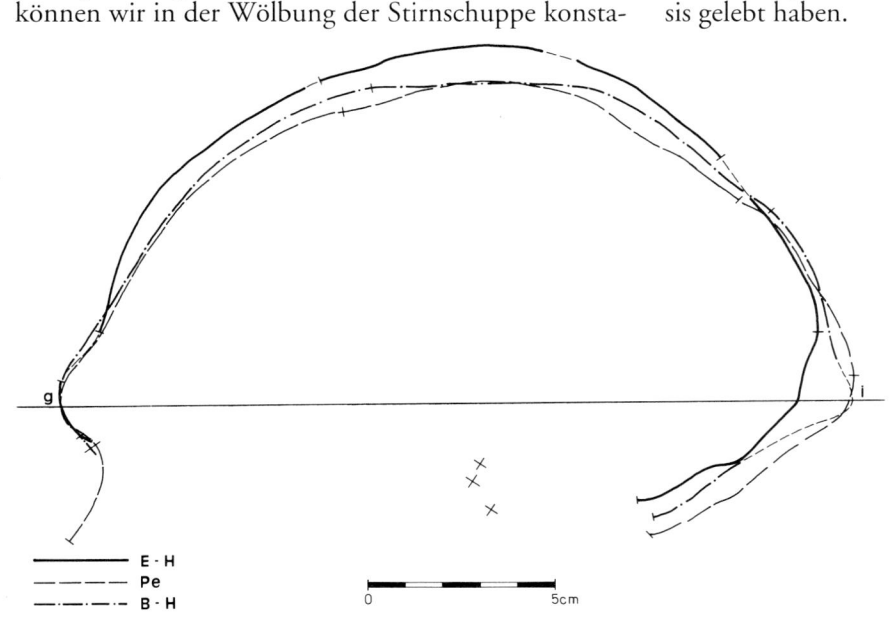

Abb. 41 Mediosagittales Craniogramm des Schädels Ehringsdorf H im Vergleich zu den Schädeln aus Petralona (Pe) und Broken Hill (B–H).

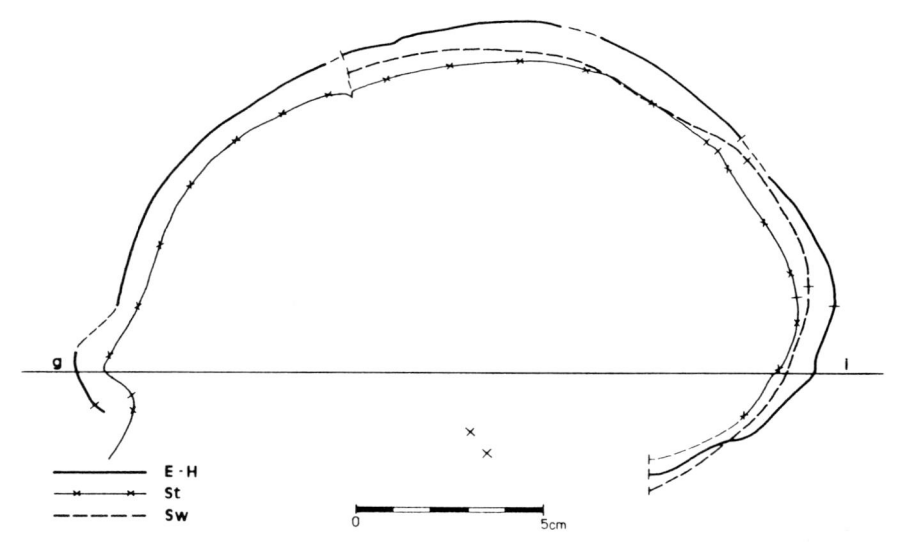

Abb. 42 Craniogramm Ehringsdorf H im Vergleich zu Steinheim (St) und Swanscombe (Sw).

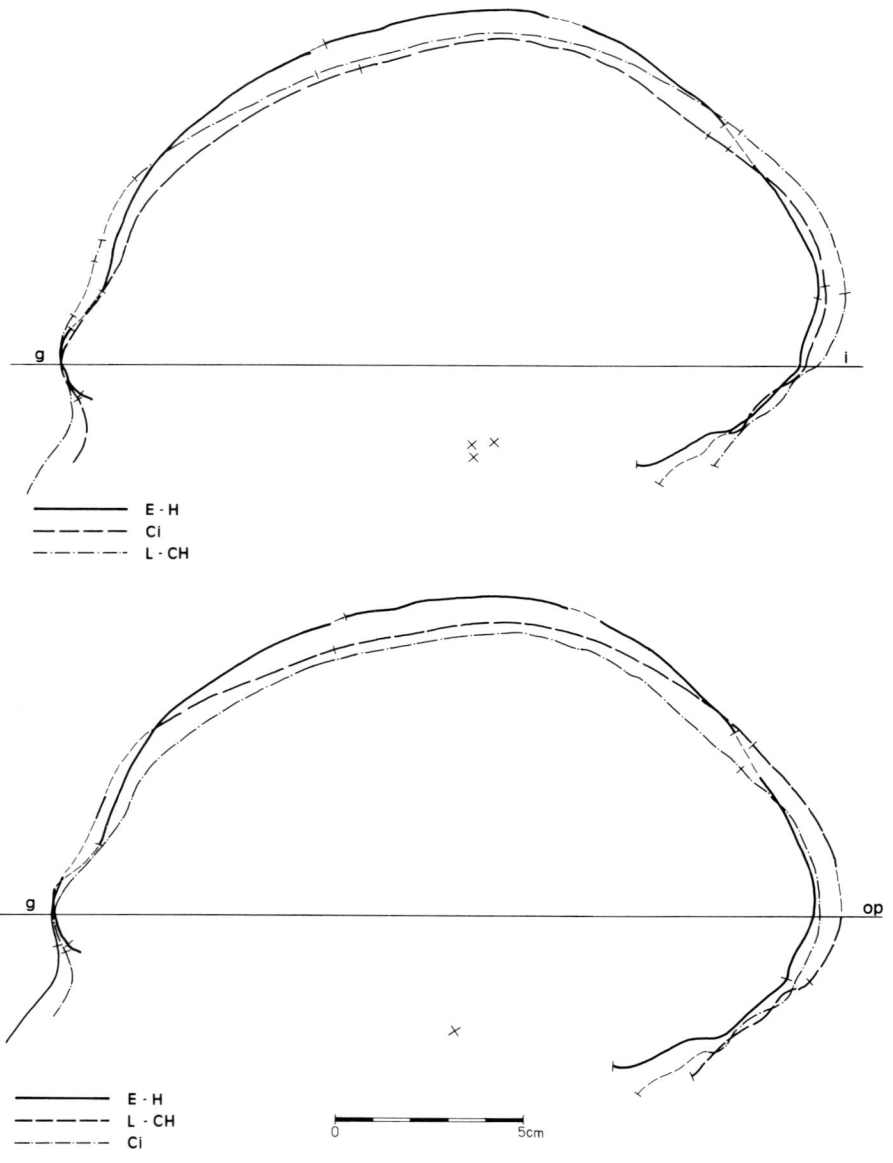

Abb. 43 a,b Ehringsdorf H im Vergleich zu Circeo (Ci) und La Chapelle-aux-Saints (L–CH) auf g – i (a) und auf g – op-Linie (b).

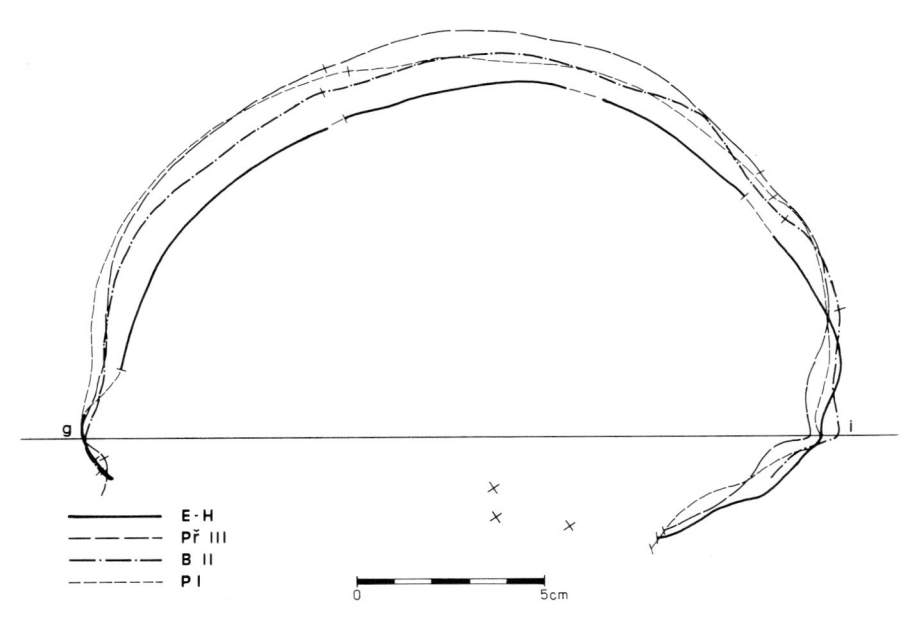

Abb. 44 Ehringsdorf H im Vergleich zu Předmostí III (Př III), Brno II (B II) und Pavlov I (P I).

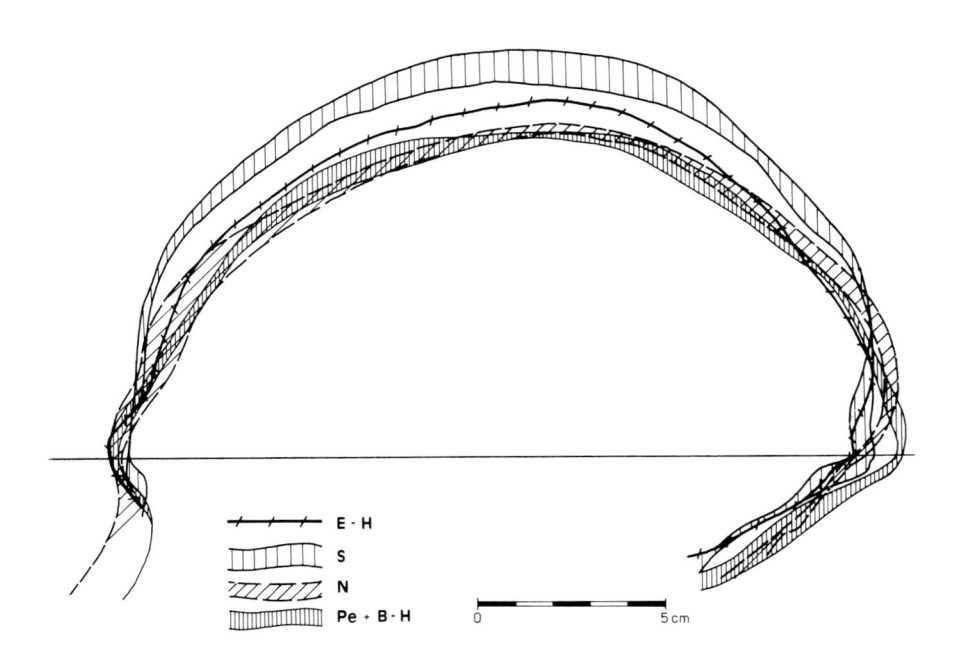

Abb. 45 Ehringsdorf H im Vergleich mit der Variationsbreite der jungpleistozänen Sapienten (S), Neandertalern (N) und mit den Funden aus Petralona und Broken Hill (Pe + B-H).

7.2. Das Endocranium
(Taf. XLVI–XLIX, Abb. 46–53)

7.2.1. Rekonstruktion

Der endocraniale Ausguß des Ehringsdorfer Schädels H wurde aufgrund der neuen Rekonstruktion des Neurocraniums hergestellt. Bei unserem neuen Rekonstruktionsversuch der Calvaria H im Jahre 1979 sind wir von den Schwierigkeiten der beiden vorangegangenen Versuche durch F. Weidenreich und O. Kleinschmidt und von dem Erhaltungszustand der Knochen ausgegangen und haben eine dritte Art der Rekonstruktionstechnik gewählt.

Ein weiterer Ausgangspunkt war, daß Stirn-, Schläfen- und Hinterhauptbein nicht sekundär deformiert sind. Außerdem sind auf dem Stirnbein die Reste der Sutura coronalis in ihrem gesamten Verlauf erhalten. Die Rekonstruktion mußte deshalb notwendigerweise von dieser Gegend ausgehen.

An der Ossa parietalis finden wir ebenfalls Reste der Sutura coronalis, aber Margo frontalis ist an beiden Knochen sekundär deformiert. Darum haben wir speziell angefertigte Silikonkautschukabgüsse benutzt, die es mit ziemlich großer Zuverlässigkeit ermöglichen, beide Ossa parietalia an das Stirnbein anzuschließen.

Die Gummiabgüsse der Ossa parietalia wurden auf einer Tonunterlage mit Stecknadeln befestigt. Nach anatomischen Korrekturen, die die Gummiabgüsse zulassen, konnten wir wenigstens die großen sekundären Deformationen ausgleichen. Die rekonstruierte Calvaria wurde dann in Gips abgegossen.

Gleichzeitig wurden die Gummiabgüsse der Parietalia und des Stirn- und Hinterhauptbeins zur Anfertigung des endocranialen Calvarienausgusses genutzt. Dabei ergab sich die Möglichkeit, die anatomische Paßgenauigkeit der einzelnen Calvariateile von beiden Seiten, d. h. von der äußeren und cerebralen Seite, zu kontrollieren. Auf diese Weise erhielten wir nicht nur die Rekonstruktion der Calvaria H, sondern auch den endocranialen Ausguß. Die Silikonmasse gibt das Relief der cerebralen Flächen der Calvariahöhle sehr genau wieder.

7.2.2. Methoden und Vergleichsmaterial

Die morphologische Auswertung des Endocraniums von Ehringsdorf H wurde mit Messungen direkt am Ausguß sowie mit der Methode nach A. Kappers (1929) durchgeführt. Diese Methode hat den Vorteil, daß wir einerseits die Endocranien nach festgelegtem Meßpunkt einheitlich orientieren können und andererseits ist schon eine Reihe von Endocranien nach dieser Methode bearbeitet worden (E. Vlček 1969), so daß zugängliche Vergleichswerte vorliegen. Der Vorteil dieser Methode, wie gesagt, liegt an der Festlegung einer Orientierungsebene in der Norma lateralis, die sogenannte Lateralhorizontale (LH), die die Verbindungslinie zwischen dem Punkt der maximalen Krümmung des Gyrus subfrontalis auf dem Stirnlappen des Endocraniums und dem Kreuzungspunkt des oberen Randes des Sulcus transversus mit dem Punkt der niedrigsten Krümmung der Occipitallappen (Occipitalepole) darstellt. So kann man die LH-Ebene genauer und zuverlässiger als bei anderen Methoden (C. J. Connoly, R. L. Holloway, V. J. Kočetkova) festlegen. Diese Festlegung ermöglicht die einheitliche Orientierung des Endocraniums auch nach anderen Normen. Die üblichen Kappers'schen Messungen in der Norma lateralis (Höhen- und Längendimensionen) haben wir durch neue Meßstrecken in der Norma frontalis und in der Norma occipitalis erweitert (E. Vlček 1983). Für die Erfassung von Shape und Size Components ist die Stereoplotting-Methode nach R. L. Holloway (1980) bestens geeignet, uns aber stand die entsprechende Apparatur nicht zur Verfügung.

Zum Vergleich wurden europäische, asiatische und afrikanische Funde ausgewählt, die die Evolutionsstufe von Homo erectus bis zu den Repräsentanten der Jungpaläolithiker erreichen, ohne daß dies zu bedeuten hat, daß die Funde in einer dynamischen phylogenetischen Beziehung stehen. Von den auswertbaren Ausgüssen von Homo erectus wurden die von Pithecanthropus 2, 4, Sangiran 17/P VIII, Sinanthropus III und Olduvai OH 9 ausgewählt, von europäischen erectoiden Formen, wie Arago, Bilzingsleben, Petralona, Vértesszőlős, weiterhin Broken Hill und von den Präneandertalern Gánovce und Gibraltar I., von europäischen klassischen Neandertalern La Chapelle-aux-Saints, La Ferrassie, Teschik-Tasch und schließlich von den Jungpaläolithikern Předmostí III und IV, Pavlov I und Dolní Věstonice III., die bei E. Vlček (1969a, 1983, 1991) beschrieben sind.

Bei den fragmentarisch erhaltenen endocranialen Ausgüssen haben wir versucht eine Rekonstruktion vorzunehmen, und zwar durch das Einlegen der Fragmente an vollständige Ausgüsse, die nach unserer Meinung phänotypisch ähnlich waren. So konnte man den Ausguß der endocranialen Fläche des Os occipitale von Vértesszőlős in die entsprechende Region des Petralona-Ausgusses einlegen und die Fragmente von Bilzingsleben in die Endocranien von Sinanthropus III, Olduvai OH 9 und Petralona einbauen. Einige Probleme verursachte die Rekonstruktion der Occipitale- und Temporale-Region des Arago-Endocraniums, da diese von M.-A. de Lumley und H. de Lumley mit dem Swanscombe- und Sinanthropus-Teil ergänzt wurden, was nach unserer Meinung nicht die ideale Lösung darstellt.

Die endocranialen Ausgüsse von Arago und Sangiran hat H. de Lumley freundlicherweise zur Verfügung gestellt. N. Xirotiris machte uns den endocranialen Ausguß von Petralona und R. Protsch das Endocranium von OH 9 zugänglich, W. O. Maier und A. Nkini auch den originalen Schädel OH 9. Alle anderen endocranialen Ausgüsse gehören in die Sammlung des Nationalmuseums Prag.

7.2.3. Morphologie und Metrik

1. Erhaltungszustand

Auf den ersten Blick haben wir das Endocranium Ehringsdorf H als sapiensartiges Endocranium vor uns, wo nur in der Norma frontalis das verlängerte Bec encephalique links mehr dominiert. In der Norma lateralis ist die „Cap" deutlich ausgeprägt, so daß die laterale Horizontale ohne Schwierigkeit rekonstruierbar ist. Auch beide occipitale Pole sind weit nach hinten ausgezogen. Die cerebellaren Partien sind kugelartig geformt, was gut in der Norma occipitalis zu sehen ist. Die linke ist nur bis zur mittleren Hälfte erhalten. Besser sind die Abgüsse von Squama ossis frontalis und Squama ossis occipitalis abgegossen.

Die Gyrifikation, Blutgefäße und Blutleiterabdrücke sind nicht komplett abgebildet, aber doch gut leserlich.

2. Schädelkapazität

Die Kapazität des Schädels Ehringsdorf H wurde von F. Weidenreich (1928) auf ca. 1450 cm³ geschätzt. Auch E. Vlček stellte 1983 die Kapazität durch Wassermethode mit 1400–1450 cm³ fest.

3. Maße des Endocraniums Ehringsdorf H

a) Absolute Maße des Endocraniums (vgl. Tab. 16)

b) Maße in der Norma lateralis

In der Norma lateralis wurden die Maße des Endocraniums von der sog. lateralen Horizontale (LH) abgemessen. Diese Horizontale ist nach der Methodik von A. Kappers (1929) rekonstruiert worden (Abb. 46).

Tab. 17 Vertikale Maße oberhalb der lateralen Horizontale (LH) nach A. Kappers

(2)	Länge der Lateralhorizontale (LH) links	178	mm
(3)	insulare Vertikale (I)	–	
(4)	Bregma-Vertikale (B)	78	mm
(5)	parietale Vertikale (P)	86	
(6)	Lambda-Vertikale (L)	56	
(7)	Vertikale d. occipitalen Vorsprungs oberhalb LH	57	
(8)	temporale Vertikale (T)	–	
(9)	cerebellare Vertikale (C)	37	

Tab. 18 Länge oberhalb der LH nach A. Kappers

(10)	insulare Länge (I–O)	–
(11)	Bregma-Länge (B–O)	125
(12)	temporale Länge (T–O)	–
(13)	parietale Länge (P–O)	93
(14)	cerebellare Länge (C–O)	59
(15)	Lambda-Länge (L–O)	20
(16)	Länge d. occipitalen Polvorsprungs	21
(17)	vordere insulare Länge (F–I)	–

Tab. 16 Absolute Maße und Indizes (+ Maße nach R. L. Holloway [1981] und ++ nach E. Vlček [1983])

(1a)	maximale Länge (F – O)⁺	178 mm
(1ar)	Länge d. rechten Hemisphäre⁺⁺	173
(1al)	Länge d. linken Hemisphäre⁺⁺	178
(1ams)	min. Länge in der mediansagittalen Ebene⁺⁺	166
(2a)	maximale Breite⁺	126
(3a)	max. Höhe (Endovertex – Vorderrand d. For. magnum)⁺⁺	–
(1b)	Bogen F – O⁺	259
(1br)	sagittaler Bogen d. rechten Hemisphäre⁺⁺	256
(1bl)	sagittaler Bogen d. linken Hemisphäre⁺⁺	259
(2b)	transversaler Bogen⁺	–
(3)	Entfernung Endovertex – Temporalpol⁺	–
(3e)	Entfernung Bec encephalique – Endobregma⁺⁺	95
(3el)	Bogen Bec encephalique – Endobregma⁺⁺	110
(4a)	Länge Endobregma – Endolambda⁺	113
(4b)	Bogen Endobregma – Endolambda +	124
(5a)	Länge Endobregma – Endoasterion rechts⁺	–
	links⁺	–
(5b)	Bogen Endobregma – Endoasterion rechts⁺	–
	links⁺	–
(6)	Biendoasterionbreite⁺	–
(2/1)	Breiten-Längen-Index	70,8
(2/3)	Breiten-Höhen-Index	–
(2/3)	Längen-Höhen-Index	–
(4a/4b)	Endobregma-Endolambda Länge-Bogen-Index	91,1
(5a/5b)	Endobregma-Endoasterion Sehne-Bogen-Index	
	rechts	
	links	

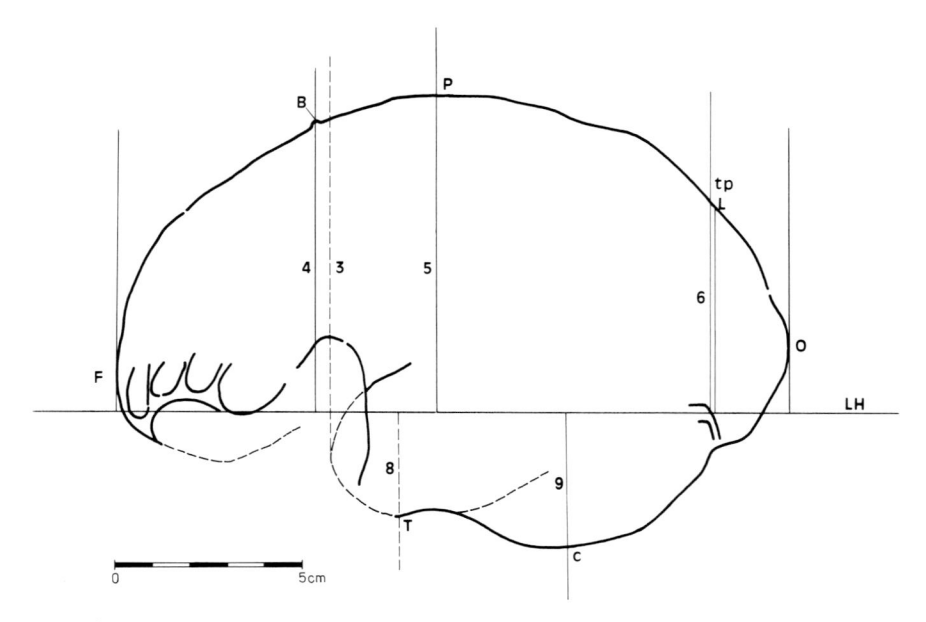

Abb. 46 Ehringsdorf H. Die Maße des Endocraniums in der Norma lateralis (nach A. Kappers).
B – Bregma, C – Cerebellare, F – Frontale, L – Lambda, LH – Laterale Horizontale, O – Occipitale, P – Parietale, T – Temporale, tp – occipitaler Vorsprung, 2 – 9 Höhenmaße.

Tab. 19 Höhen- und Längenindizes

(3/2)	Index d. insularen Höhe	–
(4/2)	Index d. Bregma-Höhe	43,82
(5/2)	Index d. parietalen Höhe	48,31
(6/2)	Index d. Lambda-Höhe	31,46
(7/2)	Index d. occipitalen Vorsprungs	32,02
(8/2)	Index d. temporalen Tiefe	–
(9/2)	Index d. cerebellaren Tiefe	20,79
(10/2)	Index d. insularen Länge	–
(11/2)	Index d. Bregma-Länge	70,22
(12/2)	Index d. temporalen Länge	–
(13/2)	Index d. parietalen Länge	52,25
(14/2)	Index d. cerebellaren Länge	33,15
(15/2)	Index d. Lambda-Länge	11,23
(16/2)	Index d. occipitalen Polvorsprungs	11,80
(17/2)	Index d. vorderen insularen Länge	–

Tab. 20 Maße und Indizes in der Norma frontalis (E. VLČEK 1983)

(1)	maximale Breite des Endocraniums	126
(2)	operculare Breite (max. Breite d. lateralen Umrisses des „Cap"	112
(3)	Höhe d. frontomarginalen Wölbung oberhalb FrH	(5)
(4)	Tiefe d. „Bec encephalique" unterhalb FrH	7
(5)	ganze Höhe d. Bec encephalique von max. frontomarginaler Wölbung bis zur Spitze d. Rostrum orbitale	(12)
(6)	Breite d. Bec encephalique; Entfernung d. Maximalwölbung d. Frontomarginalrandes rechts und links	68
(7)	Winkel d. Bec encephalique	120–130°
(8)	ganze Höhe d. Frontallappen (Vertex-Spitze d. Rostrumorbitale)	91
(2/1)	Index d. opercularen Breite	72,22
(5/8)	Index d. ganzen Höhe d. Bec encephalique	1,32
(4/6)	Index d. Größe d. Bec encephalique	1,03

c) Maße in der Norma frontalis

In der Norma frontalis wurde auf das Endocranium eine Frontalhorizontale (FrH) konstruiert, die die tiefsten Punkte auf der Krümmung beider Gyri subfrontales (Cap) waagerecht verbindet (Abb. 47).

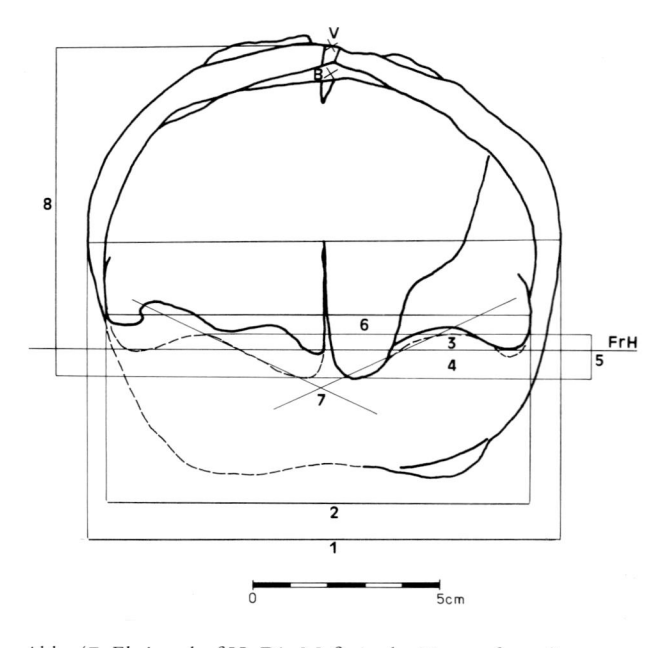

Abb. 47 Ehringsdorf H. Die Maße in der Norma frontalis (nach E. Vlček).
B – Endobregma, FrH – frontale Horizontale, V – Endovertex, 1 – 8 Maße (Beschreibung im Text).

d) Maße in der Norma occipitalis

In der Norma occipitalis kann man analog zu den Kappers'schen Messungen die Occipitalhorizontale (OH) konstruieren, die die höchsten Punkte des oberen Randes des Sinus transversus unterhalb des Lobus occipitalis waagerecht verbindet (Abb. 48).

Tab. 21 Maße und Indizes in der Norma occipitalis (E. VLČEK 1983)

(1)	maximale Breite in der Norma occipitalis	126 mm
(2)	Höhe d. Endolambda oberhalb d. OH	56
(3)	Breite d. Squama ossis occipitalis auf OH	(91)
(4)	projektive Entfernung d. Sinus sigmoidei	–
(5)	Tiefe d. rechten Sinus sigmoideus unterhalb OH	–
(6)	Tiefe d. linken Sinus sigmoideus unterhalb OH	–
(7)	Höhe d. rechten Kleinhirnhemisphäre unterhalb OH	30
(8)	Höhe d. linken Kleinhirnhemisphäre unterhalb OH	–
(9)	Breite d. rechten Kleinhirnhemisphäre	43
(10)	Breite d. linken Kleinhirnhemisphäre	–
(11)	Höhe d. occipitalen Schuppe (Endolambda-cerebellare Linie)	91
(12)	ganze Höhe in der Norma occipitalis (Endovertex-Basis cerebellare Linie)	126
(3/1)	Index d. Breite d. Squama o. o. (Breite d. Endocraniums)	72,22
(11/12)	Index der Höhe d. Squama occipitalis	74,60
(4/1)	Index d. projektiven Breite d. Sinus sigmoidei	–
(7/9)	Index d. rechten Kleinhirnhemisphäre	69,76
(8/10)	Index d. linken Kleinhirnhemisphäre	–

e) Maße in der Norma basilaris

In dieser Norma ist es möglich, die Temporallappen und das Foramen magnum zu messen. Leider sind bei Ehringsdorf H diese Markierungen nicht enthalten.

Tab. 22 Maße der Temporallappen

(1)	größte Entfernung d. Temporalpole	–
(2)	kleinste Entfernung	–
(3)	Länge d. rechten Temporallappens (Pol-Sinus sigmoideus)	–
(4)	Länge d. linken Temporallappens	–
(5)	maximale Breite d. Temporallappens	–

Tab. 23 Maße d. Foramen magnum

(1)	größte Länge	–
(2)	größte Breite	–

7.2.4. Metrische Vergleiche

Bei der geringen Zahl der zur Verfügung stehenden Endocranien ist es äußerst schwierig, einen metrischen Vergleich durchzuführen, der für phylogenetische und evolutive Prozesse befriedigend aussagekräftig ist.
Zum Vergleich wurden die Funde so ausgewählt, daß sie die Evolutionsstufen von Homo erectus bis zu den Repräsentanten der Junpaläolithiker darstellen.

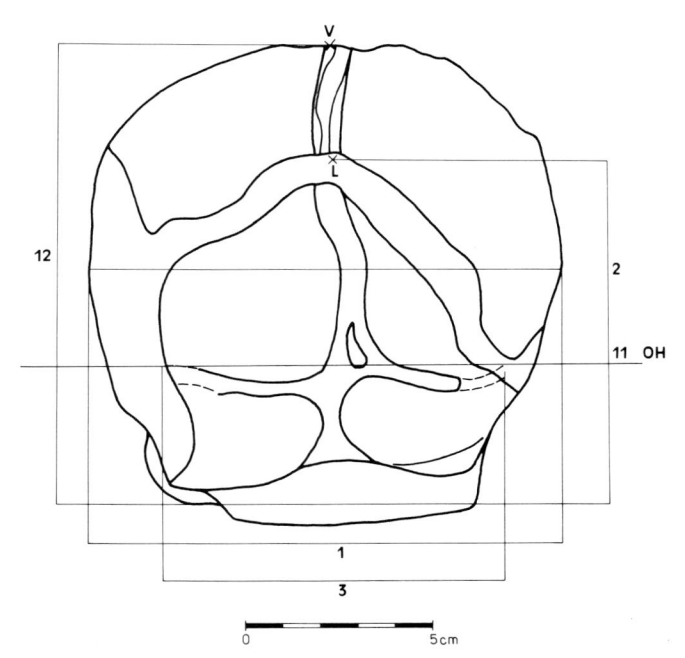

Abb. 48 Ehringsdorf H. Die Maße in der Norma occipitalis (nach E. Vlček).
L – Endolambda, V – Endovertex, 1 – 12 Maße (Beschreibung im Text).

1. Längen-Breiten-Index (LBI)

Obwohl die Variationsbreite des LBI groß genug ist, variieren die einzelnen Maße in einigen Stufen nicht viel. Das Ehringsdorfer Endocranium mit einem Index von 70–78 ordnet sich den Jungpaläolithikern zu, die in Spanne 74–69 variieren. Die Werte bei älteren Typen, wie bei erectoiden oder Neandertaler-Formen bewegen sich von 75–82.

Tab. 24 Die Breitenvariation des Längen-Breiten-Indexes

	max. Länge	max. Breite	Index
Pithecanthropus 2	147	118	80,27
Sangiran 17/P VIII/	161	128	79,50
Sinanthropus III	159	125	78,61
Olduvai OH 9	172	(133)	(77,32)
Arago (Artefakt)	(176)	(129)	(73,29)
Bilzingsleben	(174)	(133)	(76,43)
Petralona	165	128	77,57
Broken Hill	172	(140)	(81,39)
Ehringsdorf	178	126	70,78
Gánovce	(180)	135	(75,00)
Gibraltar I	168	137	81,54
La Chapelle	185	145	78,37
La Ferrassie	184	151	82,06
La Quina 5	177,5	131	73,80
Neandertal	175	138	77,71
Teschik-Tasch	173	138	79,76
Předmostí III	189	141	74,60
Předmostí IV	183	136	74,31
Pavlov I	182	138	75,82
Dolní Věstonice III	178	124	69,66

2. Schädelkapazität

Die Schädelkapazität des Schädels Ehringsdorf H wurde durch die Wasserverdrängungsmethode mit ca. 1400–1450 cm^3 bestätigt. Diese Kapazität nähert sich den Werten, die für weibliche Neandertaler und Jungpaläolithiker festgestellt worden sind. Wenn man annimmt, daß das eigentliche Gehirn 91 % des endocranialen Raumes beansprucht, dann wäre das Gehirnvolumen bei Ehringsdorf H mit ca. 1319 cm^3 zu ersetzen.

Tab. 25 Die Kapazität bei Homo erectus und Homo sapiens

	Kapazität (cm^3)	Sex	Autor
Sangiran 17	1004	M	R. L. Holloway
Sinanthropus III	1023	F	R. L. Holloway
Olduvai OH 9	ca. 1000	M	R. L. Holloway
Arago	ca. 1166	F	H. de Lumley
Bilzingsleben	ca. 1000	M	E. Vlček
Vértesszőlős	ca. 1300	M	S. Thoma
Petralona	1220	M	N. Xirotiris
Broken Hill	ca. 1285	M	R. L. Holloway
Saccopastore 1	1200	M	S. Sergi
Tabun I	1270	M	A. Keith
Gánovce	1320	F	E. Vlček
Gibraltar I	1200	F	A. Keith
Ehringsdorf H	ca. 1450	F	F. Weidenreich, E. Vlček
Neandertal	1408	M	M. Boule, 1450 E. Patte, 1247 H. Schaaffhausen
La Quina H 5	1367	F	M. Boule, 1307 E. Patte, 1380 A. Hrdlička
Le Moustier	1564	M	A. Hrdlička, 1600 M. Boule
Monte Circeo	1500	M	S. Sergi
La Chapelle	1626	M	M. Boule, 1618 E. Patte
La Ferrassie 1	1681	M	J.-L. Heim, 1300 M. Boule
Spy 1	1562		J. Fraipont/ M. Lohest, 1525 E. Patte
Spy 2	1723	M	J. Fraipont/ M. Lohest, 1425 E. Patte
Předmostí III	1608	M	J. Matiegka (M)
Předmostí IV	1518	F	M
Předmostí IX	1555	M	M
Předmostí X	1452	F	M
Pavlov I	1472	M	E. Vlček (V)
Brno II	1500	M	V
Brno III	1304	F	M
Dolní Věstonice III	1285	F	J. Jelínek
Dolní Věstonice XIII	1481	M	V
XIV	1538	M	V
XV	1378	F	V
XVI	1547	M	V
Sungir I	1464	M	V. V. Bunak
V	1453	F?	
II (11–13 J.)	1267	M	
III (9–11 J.)	1361	F	
Kostenki II	1605	M	V. P. Jakimov
XIV	1222	M	G. F. Debec

3. Metrische Charakteristik des Ehringsdorfer Endocraniums im Vergleich mit anderen Funden

In der Norma verticalis zeigen die gut entwickelten Hemisphären unterschiedliche Werte. Die LH-Länge (rechts 173,0 mm, links 178,0 mm) reflektiert ihre unterschiedliche Entwicklung. Auch in den Breitenmaßen sind die linksseitigen Maße größer: max. Breite links 65,0 mm, rechts 61,0 mm; in den Frontalpartien sind die Unterschiede fast gleich, links 55,0 mm, rechts 56,0 mm, und in den Occipitalpartien sind sie wieder etwas größer, links 58,0 mm gegen rechts 54,0 mm. Diese Unterschiede fallen in die Variationsbreite. Außerdem kann hier auch der Erhaltungszustand des Fundes eine Rolle spielen.

In der Norma lateralis haben wir sieben Höhenmaße und neun Längenmaße abgenommen. Die Charakteristik der Höhenproportionen, über oder unter der LH gemessen, zeigt noch die Verhältnisse, wo sich die Vertikalen auf der ganzen Länge der LH befinden.

Ehringsdorf H liegt mit dem Wert von 178,0 mm in der Variationsbreite der Länge LH zwischen 159,0 bis 184,0 mm, d. h. im Bereich der höheren Werte, klar außerhalb der Erectus-Formen (Tab. 26, S. 112, 113).

Bei den verschiedenen Höhenmaßen liegt Ehringsdorf meistens im oberen Wertebereich zwischen Neandertaler- und Jungpaläolithiker-Funden.

Die metrischen Daten in der Norma frontalis (Tab. 27, S. 111) bewegen sich im Bereich der Werte für Neandertaler- und Sapiens-Formen. Dasselbe gilt für die meisten Maße in der Norma occipitalis (Tab. 28, S. 114).

Bringen wir die verschiedenen Meßwerte in unsere Vergleichsserie, dann stellen wir ein „Mosaik" in der Verteilung fest, wobei Ehringsdorf wechselweise dem Bereich der angenommenen Werte für Neandertaler-Formen sowie für jüngere Sapiens-Formen entspricht. Eine klare Trennung der beiden phylogenetischen Stufen aufgrund der metrischen Daten des Endocraniums scheint vorläufig nicht möglich zu sein, da die meisten Werte in einem Überlappungsbereich liegen. Nur der klar entwickelte Bec encephalique, der die Trennung zwischen den Neandertalern und typischen Sapienten deutlich macht, bildet eine Grenze.

7.2.5. Wichtigste Merkmale des Endocraniums

1. Die morphologische Charakteristik in verschiedenen Normen (Abb. 49–53)

In der Norma verticalis weist das Endocranium Ehringsdorf H einen ovalen Umriß aus. Die Frontalpartie ist schön rund geformt. Die maximale Breite der Norma liegt in der Hälfte der ganzen Länge des Endocraniums. Die Rechts-Links-Asymmetrie in der Länge der beiden Hemisphären ist hier deutlich zu

Tab. 27
Das Endocranium in der Norma frontalis (nach E. Vlček)

		max. Breite d. Norma frontalis /FrH/	operculare Breite/max. Breite d. later. Umrisse d. Cap	Höhe d. frontomarginal. Wölbung oberhalb FrH	Tiefe d. Bec encephalique unter FrH	ganze Höhe d. Bec encephalique	Breite d. Bec encephalique	Winkel d. Bec encephalique	ganze Höhe d. Frontallappens / Vertex-Spitze d. Bec encephalique	Index d. operculären Breite	Index d. ganzen Höhe d. Bec encephalique	Index d. Größe d. Bec encephalique
		1	2	3	4	5	6	7	8	2/1	5/8	4/6
1	Pithecanthropus 2	118	90	8	/3/?	/11/	/45/	80°	/67/	64,64	1,64	6,67
2	Sangiran 17 /P VIII/	128	96	4	13	17	59	77°	77	75,00	5,88	2,20
3	Sinanthropus III	125	92	8	/18/	/26/	58	85°	/85/	68,00	3,06	3,10
4	Olduvai OH 9	/129/	/94/	3,5	17	20,5	65	73°	/96/	72,87	2,14	2,62
5	Arago	/128/	99	5	19	24	53	79°	98	76,56	2,45	3,58
6	Bilzingsleben in OH 9	/126/	–	2	/19/	/21/	/78/	95°/	/99/	78,57	2,12	2,44
7	Petralona	129	98	–	16	16	58	105°	98	75,97	1,63	2,76
8	Broken Hill	137	103	4	10	14	60	104°	94	68,61	1,49	1,67
9	Ehringsdorf H	126	112	/5/	7	/12/	68	[120–130°]	91	72,22	1,32	1,03
10	Gánovce	135	104	9	/10/	/19/	68	104°	90	66,67	2,11	1,47
11	Gibraltar I	/132/	/105/	7	/10/	17	65	82°	/82/	79,50	/2,07/	/1,54/
12	La Chapelle	145	117	3	12	15	73	94°	99	80,7	1,52	1,64
13	La Ferrassie	151	114	5	/15/	/20/	–	–	/106/	75,5	1,89	–
14	Teschik-Tasch	138	119	6	6	12	78	110°	99	86,2	1,21	7,7
15	Předmostí III	/141/	115	5	6	11	70	117°	104	81,6	1,06	8,6
16	Předmostí IV	136	114	2	10	12	82	106°	105	83,8	1,14	1,22
17	Pavlov I	138	110	2	5	7	73	124°	100	79,7	0,70	6,80
18	Dolní Věstonice III	124	108	–	10	10	62	133°	97	87,1	1,03	1,61

Tab. 26
Das Endocranium in der Norma lateralis
(nach A. Kappers' Methode gemessen)

		verwendete Norma lateralis	Länge der lateralen Horizontale LH /F–O/	insulare Vertikale /I/	Bregma-Vertikale /B/	parietale Vertikale /P/	Lambda-Vertikale /L/	Vertikale d. occipitalen Vorsprungs oberhalb LH	temporale Vertikale /T/	cerebellare Vertikale /C/	insulare Länge /I–O/	Bregma-Länge /B–O/	temporale Länge /T–O/	parietale Länge /P–O/	cerebellare Länge /C–O/	Lambda-Länge /L–O/
		1	2	3	4	5	6	7	8	9	10	11	12	13	14	15
1	Pithecanthropus 2	dx	147	56	61	67	–	41	24	25	109	102	93	65	37	–
2	Pithecanthropus 4	dx	–	–	–	63	–	34	/24/	26	–	–	96	61	28	–
3	Sangiran 17 /P VIII/	sin	161	58	62	66	43	36	25	28	122	101	99	77	43	17
4	Sinanthropus III	sin	159	63	68	71	/45/	35	26	29?	112	100	88	66	35	17
5	Olduvai OH 9	sin	172	/72/	–	/78/	–	/40/	20	26	/125/	–	104	91	37	–
6	Arago in Sw + Si III	dx	/176/	65	73	78	41	53	32?	/26/	/131/	119	/104/	/80/	33	/24/
7	Bilzingsleben in OH 9	sin	/174/	/70/	/71/	/79/	54	50	–	/24/	/129/	/128/	–	87	39	18
8	Petralona	dx	160	73	71?	80	68	44	27	34	118	122	91	79	44	28
	Petralona	sin	165	74	70?	84	65	43	31	38	119	124	96	83	46	29
9	Vértesszőlős in Petralona	dx	/162/?	–	–	/	66	56	–	/39/	–	–	–	–	39	24
10	Broken Hill	sin	172	77	80	84	55	55	20	31	127	118	104	71	50	15
11	Ehringsdorf H	sin	178	–	78	86	56	57	–	37	–	125	–	93	59	20
12	Gánovce	dx	/180/	/76/	79	84	65	52	20	24	132	125	110	83	52	20
13	Gibraltar I	dx	166	63?	–	–	–	46	28	–	123	–	97	–	–	–
14	La Chapelle	sin	182	71	–	86	–	52	29	33	136	–	108	96	47	–
15	La Ferrassie	sin	184	75	80	92	50	53	33	35	133	123	115	91	48	13
16	Teschik-Tasch	sin	173	76	–	90	58	46	26	34	129	–	105	85	52	23
17	Předmostí III	sin	189	83	90	100	–	54	22	33	145	133	103	100	40	–
18	Předmostí IV	dx	183	–	82	93	–	55	21	32	–	125	100	66!	47	–
19	Pavlov I	sin	182	–	89	94	–	61	18	24	–	128	99	87	49	–
20	Dolní Věstonice III	dx	178	75	–	86	–	47	24	30	137	–	114	84	47	–

Länge d. occipitalen Polvorsprungs /tp–O/	vordere insulare Länge /F–I/	Index d. insularen Höhe	I. d. Bregma-Höhe	I. d. parietalen-Höhe	I. d. Lambda-Höhe	I. d. occipitalen Vorsprungs	I. d. temporalen Tiefe	I. d. cerebellaren Tiefe	I. d. insularen Länge	I. d. Bregma-Länge	I. d. temporalen Länge	I. d. parietalen Länge	I. d. cerebellaren Länge	I. d. Lambda-Länge	I. d. occipitalen Vorsprungslänge	I. d. vorderen insularen Länge
16	17	3/2	4/2	5/2	6/2	7/2	8/2	9/2	10/2	11/2	12/2	13/2	14/2	15/2	16/2	17/2
9	38	38,09	41,49	45,58	–	27,89	16,33	17,00	74,14	69,39	63,26	44,22	25,17	–	6,12	25,85
8	–	–	–	–	–	–	–	–	–	–	–	–	–	–	–	–
10	39	36,02	38,50	41,00	26,71	22,36	15,52	17,39	75,78	62,73	61,49	47,83	26,71	10,56	6,21	24,22
5,5	47	39,62	42,77	44,65	28,30	22,01	16,35	18,24	70,44	62,89	55,35	41,51	22,01	10,69	3,46	29,56
9	46	41,86	–	45,35	–	23,26	15,12	15,12	72,67	–	60,47	52,91	21,51	–	5,23	26,74
/12/	44	36,93	41,48	44,32	23,30	23,26	18,18	14,77	74,43	67,61	59,09	45,45	18,27	13,64	6,82	25,00
13	45	40,22	40,80	45,40	31,03	28,73	–	13,79	74,14	73,56	–	50,00	22,41	10,34	7,47	25,86
7	42	45,62	44,38	50,00	42,50	29,50	16,86	21,13	73,75	76,25	56,88	49,38	27,50	17,50	4,38	26,25
10	46	44,85	42,42	50,90	39,40	26,06	18,79	23,03	72,12	75,15	58,18	50,30	27,88	17,56	6,06	27,88
14	–	–	–	–	40,74	34,57	–	24,07	–	–	–	–	24,07	14,81	8,64	–
15	45	44,77	46,51	48,84	31,98	31,98	11,63	18,02	73,84	68,60	60,47	41,28	29,07	8,72	8,72	26,16
21	–	–	43,82	48,31	31,46	32,02	–	20,79	–	70,22	–	52,25	33,15	11,23	11,80	–
17	43	42,22	43,89	46,67	36,11	28,89	11,11	15,00	73,33	69,44	61,11	46,11	28,89	16,67	9,45	25,00
13	43	38,00	–	–	–	27,70	16,90	–	74,10	–	58,40	–	–	–	7,80	25,90
13	43	39,00	–	47,30	–	28,60	15,90	18,10	74,70	–	59,30	52,70	25,80	–	7,10	23,60
15	50	40,80	43,50	50,00	27,20	28,80	17,90	19,00	72,30	66,80	62,50	49,50	26,10	7,10	8,20	27,20
11	44	43,90	–	52,00	33,50	26,60	15,00	19,70	74,60	–	60,70	49,10	30,10	13,30	6,40	25,40
14	44	43,90	47,60	52,90	–	28,60	11,60	17,50	76,70	70,40	54,50	52,90	21,20	–	7,40	23,30
13	–	–	44,80	50,80	–	30,10	11,50	17,50	–	68,30	54,60	36,10	25,70	–	7,10	–
20	–	–	48,90	51,60	–	33,50	9,90	13,20	–	70,30	54,40	47,80	26,90	–	11,00	–
6	41	42,10	–	48,30	–	26,40	13,50	16,90	77,00	–	64,00	47,20	26,40	–	3,40	23,00

Tab. 28 Das Endocranium in der Norma occipitalis (nach E. Vlček)

		max. Breite d. Norma occipitalis /OH/	Höhe d. Endolambda oberhalb OH	Breite d. Squama occip. auf OH	projektive Entfernung d. Sinus sigmoideus	Tiefe d. rechten Sinus sigmoideus unter OH	Tiefe d. linken Sinus sigmoideus unter OH	Höhe d. rechten Kleinhirn-hemisphäre unter OH	Höhe d. linken Kleinhirn-hemisphäre unter OH	Breite d. rechten Kleinhirn-hemisphäre unter OH	Breite d. linken Kleinhirn-hemisphäre unter OH	Höhe d. occipitalen Schuppe/ lambda-cerebel. Linie	ganze Höhe d. Norma occipitalis /Vertex-Basis cerebel. Linie	Index d. Breite d. Squama occipitalis 3/1	Index d. Höhe d. Squama occipitalis 11/12	Index d. projektiven Breite d. Sinus sigmoideus 4/1	Index d. rechten Kleinhirnhemisphäre 7/9	Index d. linken Kleinhirnhemisphäre 8/10
		1	2	3	4	5	6	7	8	9	10	11	12	3/1	11/12	4/1	7/9	8/10
1	Pithecanthropus 2	118	–	–	106	20	21	19	19	/41/	/43/	–	86	–	–	89,83	46,34	44,19
2	Pithecanthropus 4	/130/?	–	–	105	30	23	30	23	50	48	–	90	–	–	80,77	60,00	47,92
3	Sangiran 17 /P VIII/	128	41	100	107	33	34	32	30	51	50	71	93	78,13	76,34	83,59	62,75	60,00
4	Sinanthropus III	125	45	95	/108/	30	/30/	25	/24/	44	/48/	71	99	76,00	71,72	86,40	56,82	50,00
5	Olduvai OH 9	/133/	–	–	118	25	19	32	32	49	51	–	100	–	–	88,72	65,31	62,75
6	Arago /+ Sw/	124	41	/86/	–	–	–	–	–	–	–	–	–	66,67	–	–	–	–
7	Bilzingsleben in OH 9	133	58	98	/119/	–	–	–	–	–	–	83	/104/	73,68	79,81	89,47	–	64,44
8	Petralona	128	46	104	106	37	39	30	29	46	48	83	122	81,25	68,03	82,81	65,22	–
9	Vértesszőlős	/129/	63	/107/	/106/	36	–	27	–	–	–	98	/120/	82,95	81,67	82,17	–	–
10	Broken Hill	/140/	55	110	/120/	–	24	–	24	–	49	78	107	78,57	72,90	85,71	–	48,98
11	Ehringsdorf H	126	56	/91/	–	–	–	30	–	43	–	94	126	72,22	74,60	–	69,76	–
12	Gánovce	135	65	113	120	24	23	24	20	54	50	88	102	83,70	86,27	88,89	44,44	40,00
13	Gibraltar I	132	47	–	–	/25/	–	26	–	46	–	74	/100/	–	74,00	–	56,50	–
14	La Chapelle	145	70	–	123	36	31	/31/	28	50	56	105	123	–	85,40	84,80	/62,00/	50,00
15	La Ferrassie	151	59	104	124	29	21	30	27	52	59	88	121	68,80	72,70	82,10	57,70	45,80
16	Teschik-Tasch	138	71	/102/	115	35	29	30	26	50	50	100	121	/73,90/	82,60	83,30	60,00	52,00
17	Předmostí III	141	56	/108/	132	27	28	–	30	/61/	58	88	132	/76,60/	62,10	93,60	–	51,70
18	Předmostí IV	136	45	107	114	26	36	36	39	49	–	82	133	78,70	61,60	83,80	73,50	–
19	Pavlov I	138	51	103	/112/	–	27	30	31	49	54	82	127	74,30	64,60	/81,20/	61,20	57,40
20	Dolní Věstonice III	124	49	101	112	31	31	30	32	48	52	81	120	81,40	67,50	90,30	62,50	61,50

sehen, wie auch in der Breite, was die normale Variationsbreite aber nicht überschreitet. In der occipitalen Region fällt die tiefe Einschnürung zwischen den beiden Hemisphären auf.

Die Frontalpartien sind von der Seite gesehen gut gekrümmt und ziemlich bombiert. Das Rostrum orbitale (Bec encephalique) ist links deutlicher geformt (rechts nicht erhalten) und stellt ein wichtiges differential-diagnostisches Merkmal zwischen Erectus-und Sapiens- (Neandertaler-) Formen und modernen Menschenformen dar. In unserem Fall ist das Rostrum noch lang und breit wie bei den Neandertalern im Gegensatz zu den älteren Entwicklungsformen, bei denen es hoch und schmal erscheint. Ein zweites Merkmal ist die Form des frontomarginalen Randes und die Wölbung des Gyrus frontalis inferior, die bei zeitlich älteren Formen vorkommen und auch bei Ehringsdorf H vorhanden sind. Ein drittes Merkmal ist die deutliche Form des sog. Cap, das bei älteren Erectus- und Neandertaler-Formen auftritt.

Bei Ehringsdorf H erscheint das Rostrum lang und schmal, auch der frontomarginale Rand verläuft bogenförmig an beiden Seiten, wie man es bei typischen Neandertalern findet. Das dritte Merkmal, die ventrolaterale Vergrößerung des Gyrus subfrontalis „Cap", ist bei Ehringsdorf H links gut erkennbar.

Betrachten wir die Frontalpartien des Fundes von Ehringsdorf in ihrer Gesamtheit, dann weisen die meisten Partien Ähnlichkeit mit den Neandertaler-Endocranien aus.

Die Temporallappenpartien bei Ehringsdorf sind nicht gut erhalten. Der Größe nach waren sie stumpf und mittelgroß. Der Frontotemporalwinkel war offen. Die Ausildung der Occipitalregion ist bei Ehringsdorf H sehr charakteristisch entwickelt. Die Occipitalpole sind beträchtlich herausgezogen und die unter ihnen liegenden cerebellaren Partien sind ausgesprochen bombiert und nicht stufenförmig abgesetzt. Diese Bildung ist typisch für Sapiens-Formen und bei den älteren Formen, besonders bei dem Fund von Ehringsdorf H, sehr charakteristisch.

2. Gyrifikation des Endocraniums

In der Frontalpartie sind markante Impressionen Gyrorum am rechten frontomarginalen Rand und an den oberen Flächen beider Stirnlappen und die dazugehörige Rille Sulci frontoorbitales sichtbar. Diese Partien sind hier offensichtlich auf einzelne Gyrenformationen verteilt. Über die Ausprägung des Gyrus subfrontalis haben wir schon gesprochen. Er ist gut links entwickelt in den sog. Cap, in einer Form, die bei Erectus- und Neandertaler-Formen zu finden ist. Die übrige Oberfläche des Endocraniums ist durch ehemalige Frakturen sehr zerstückelt, so daß ein gutes Bild nur auf der rechten Hemisphäre zu beobachten ist.

3. Blutleiterabdrücke

Der Sulcus für den Sinus sagittalis superior ist in seiner ganzen Länge rekonstruierbar. Er fängt zwischen den beiden Frontalpolen an und beschreibt einen leicht S-förmigen Bogen. Am Vertex beträgt seine Breite 6,0 bis 7,0 mm und in der Lambda-Region 7,0 mm. Von hier biegt sich der Sulcus bogenartig rechts und umfließt ringsherum den größeren linken Occipitalpol. Hier ist am Sinus sagittalis kurz vor der Mündung ins Confluens sinuum eine Zweigung entstanden. Im Confluens sinuum, das sich in der mediosagittalen Linie befindet, setzen sich beiderseits die Sinus transversii deutlich ab, sie sind 5,0 mm breit. Der Verlauf der Sinus transversii ist leicht S-förmig. Sinus sigmoideus ist nur kurz unter dem Occipitalpol links ausgebildet und noch einmal auf der vorderen Kante der linken Kleinhirnhemisphäre bis zu ihrer sichtbaren Basis. Die Dicke des Sinus bleibt hier ähnlich. Von Confluens sinuum verläuft in sagittaler Richtung der Sinus occipitalis gerade bis zum Foramen magnum in einer Breite von 5,0 mm. Am hinteren Rande des Ausgusses des Foramen magnum teilt er sich in einen linken und einen rechten Ramus, die je bis 4,0 mm dick sind. Weitere Sinusabdrücke sind leider nicht erhalten.

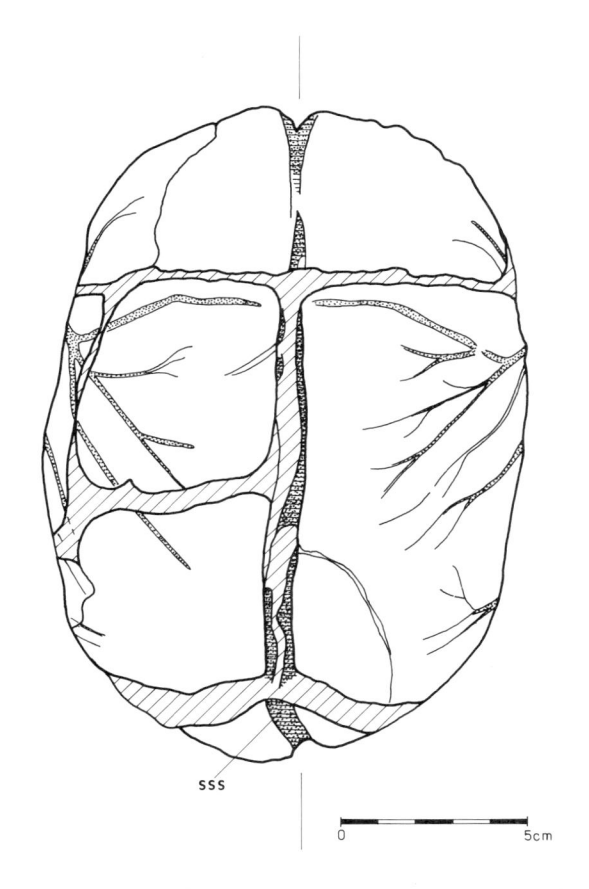

Abb. 49 Ehringsdorf H. Das Endocranium in Norma verticalis (dünn schräg schraffiert – beschädigte Partien, dicht schraffiert – Blutleiterabdrücke).
sss – sinus sagittalis superior.

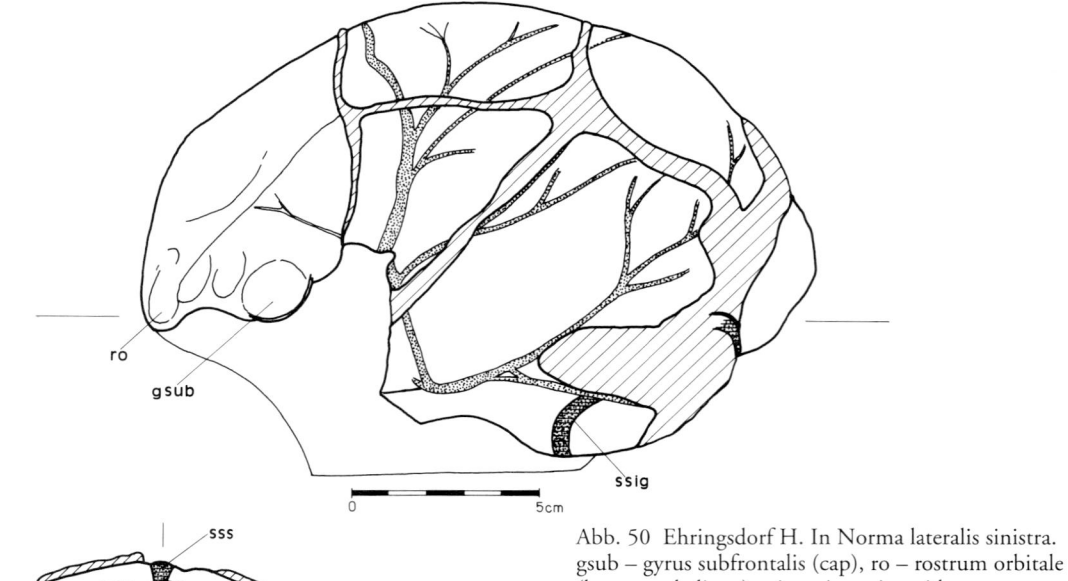

Abb. 50 Ehringsdorf H. In Norma lateralis sinistra. gsub – gyrus subfrontalis (cap), ro – rostrum orbitale (bec encephalique), ssig – sinus sigmoideus.

Abb. 51 Ehringsdorf H. In Norma frontalis. Abkürzungen s. Abb. 49 und 50.

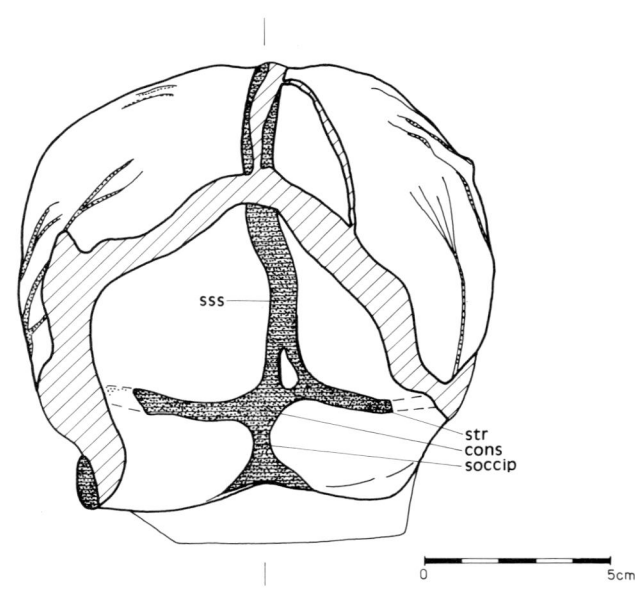

Abb. 52 Ehringsdorf H. In Norma occipitalis. cons – confluens sinuum, soccip – sinus occipitalis, sss – sinus sagittalis superior, str – sinus transversus.

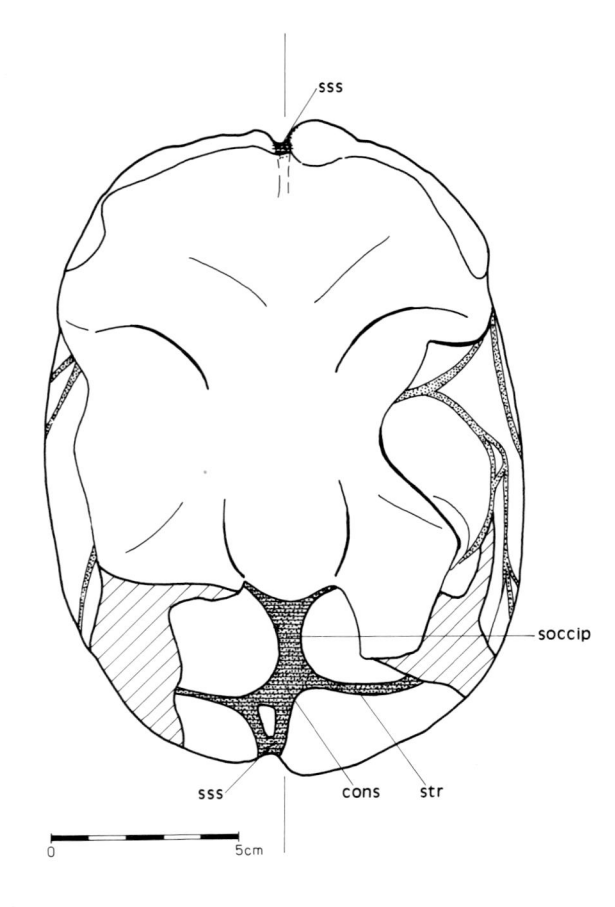

Abb. 53 Ehringsdorf H. In Norma basilaris. cons – confluens sinuum, soccip – sinus occipitalis, sss – sinus sagittalis superior, str – sinus transversus.

Les vaisseaux méningés moyennes
par Roger Saban

1. Le système vasculaire méningé d'après les moulages endocrâniens

Les moulages endocrâniens permettent, chez les Primates (R. Saban 1977 a et b) et en particulier chez l'Homme (R. Saban 1979), de mettre en évidence le système vasculaire méningé en donnant le contre-type du réseau c.a.d. son relief tel qu'il se présentait sur le sujet vivant (R. Saban 1984).

Le système méningé se compose principalement des veines et des artères méningées moyennes, et des sinus veineux crâniens qui inscrivent leur passage par des gouttières et sillons creusés dans l'épaisseur de la corticale interne de la voûte du crâne. Ce système s'intègre dans un appareil vasculaire complexe, propre à la tête, formé de quatre systèmes superposés (R. Saban 1985), d'une topographie semblable en rapport avec les enveloppes du cerveau (péricrâne, crâne et dure-mère) et le cerveau : le système artérioveineux péricrânien superficiel; le système veineux diploïque; le système artério-veineux méningé et le système artério-veineux encéphalique. Cet ensemble représente un système régulateur d'une grande importance physiologique ayant une incidence sur le bon fonctionnement du cerveau. Tous les systèmes veineux ont la particularité de communiquer entre eux par l'intermédiaire des sinus veineux, tandis que s'individualise un système veineux diploico-méningé (R. Saban 1984).

Le réseau des veines méningées moyennes qui recouvre celui des artères homonymes, vient au contact de la paroi endocrânienne (R. Saban / J. Grodecki 1979). Il comprend chez l'Homme actuel (R. Saban 1979) trois branches principales généralement dédoublées: une antérieure, bregmatique; une moyenne, obélique; une postérieure, lambdatique, qui, par leurs ramifications et leurs nombreuses anastomoses, réalisent un quadarillage vasculaire dense, principalement localisé dans la région pariétale (fig. 54). La première veine satellite de la branche antérieure réalise parfois un pont intersinusien reliant le sinus sagittal supérieur au sinus caverneux, elle prend alors les proportions d'un énorme sinus, formé de la grande veine antérieure et du sinus sphéno-pariétal, appelé souvent à tort sinus de Breschet. Par ailleurs la branche postérieure peut, dans certains cas, acquérir des rapports avec le sinus latéral par l'intermédiaire du sinus pétro-squameux. Le réseau ainsi constitué représente la seule possibilité de se faire une idée du mode de vascularisation de l'encéphale chez les formes fossiles. Il traduit le degré de vascularisation encéphalique, reflet de l'évolution du cerveau.

Nous avons constaté, au cours de l'évolution de l'Homme (R. Saban 1982, 1984, 1985) qu'à chacun des stades morphologiques correspond une organisation particulière des vaisseaux méningés montrant une complication progressive du système des veines méningées moyennes en rapport avec l'accroissement du volume encéphalique. Parallèlement, nous avons pu mettre en évidence la rétention ou la résurgence de caractères archaïques avec la présence du sinus pétro-squameux, commun à tous les Primates non-humains (R. Saban 1977 a et b), ou celle de la grande veine antérieure qui apparaît chez les formes fossiles dès les Pithécanthropiens (R. Saban 1980, 1984).

Les divers stades morphologiques se différencient dès la période préhumaine (Australopithèques). La forme gracile, avec ses 420 ml de capacité cérébrale, ne possède que deux branches au réseau méningé, l'antérieure et la postérieure tandis que la forme robuste avec ses 520 ml se caractérise par l'acquisition d'une branche moyenne. Avec l'avènement de l'Homo habilis et ses 770 ml, se voient les premières anastomoses. Le réseau, toujours peu fourni en ramifications chez Homo erectus (capacité cérébrale inférieure à 1000 ml) va, parmi les Pithécanthropiens montrer une complication du réseau par la multiplication des anastomoses chez Homo palaeojavanicus (capacité cérébrale supérieure à 1000 ml). A partir de ces deux formes se dessinent deux lignées (R. Saban 1985), l'une faisant suite à H. erectus groupe des formes terminales sans descendance, parasapiennes et néandertaliennes, l'autre, prolongeant H. palaeojavanicus, marquée par une sapianisation progressive s'épanouit à travers des formes présapiennes et sapiennes pour aboutir à l'Homme moderne. Nous avons par ailleurs constaté dans chacune des époques de l'humanité une cohabitation constante de petites et de grandes formes, archaïques et évoluées (R. Saban 1980). Cette compétition semble toutefois s'être dissipée avec l'apparition de l'Homo sapiens, il y a quelques 30 000 ans, qui règne alors sur tous les continents.

2. Étude des pariétaux d'Ehringsdorf

Le Prof. E. Vlček ayant mis à notre disposition les moulages endocrâniens des cinq pariétaux connus trouvés à Ehringsdorf (B gauche, C droit, D droit, H gauche et droit), nous avons pu en étudier les empreintes laissées par les veines méningées moyennes. Nous devons d'autre part à notre collègue J. L. Heim l'extrême obligeance de nous avoir communiqué des clichés couleur de la face endocrânienne des pièces originales, ce qui nous a permis une meilleure évaluation du tracé du réseau vasculaire.

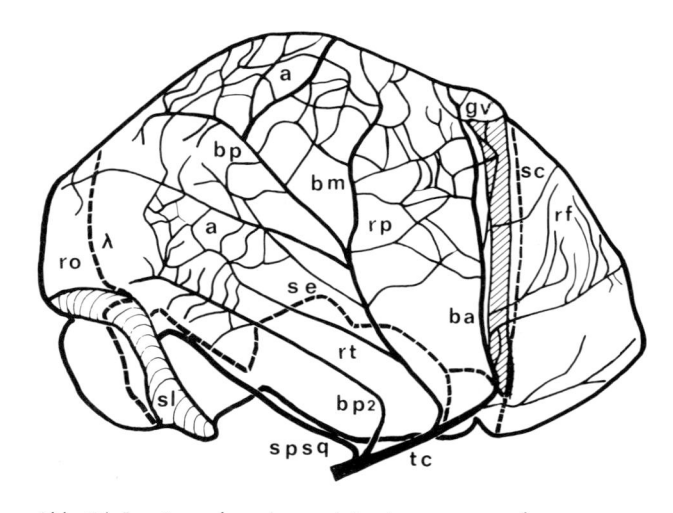

Abb. 54 Le réseau des veines méningées moyennes chez l'Homme actuel. Vue latérale droite.
a – anastomose, ba – branche antérieure, bm – branche moyenne, bp – branche postérieure, bp2 – branche postérieure secondaire, gv – grande veine antérieure, λ – suture lambdoïde, rf – région frontale, ro – région occipitale, rp – région pariétale, rt – région temporale, sc – suture coronale – se – suture écailleuse, sl – sinus latéral, spsq – sinus pétro-squameux, tc – tronc commun des veines méningées moyennes.

Pariétal B, gauche (fig. 55)

Ce fragment représente la majeure partie d'un pariétal gauche d'un adulte enregistré sous le n° 2 lors de sa découverte. Il est limité au voisinage des sutures sagittale, coronale, lambdoïde et écailleuse, avec une perte de substance importante de la région ptérique. Nous y reconnaissons, sans difficulté, les ramification bien marquées des trois branches des veines méningées moyennes. Dans la région bregmatique, en arrière de la suture coronale, la branche antérieure montre de nombreuses ramifications formant un bouquet dans la partie supérieure. Ce bouquet se compose de quatre rameaux bifurqués dont trois se situent vers l'avant. Il se déverse dans un tronc principal qui aborde la cassure de la région ptérique pour se continuer sur la temporal, en arrière de la scissure de Sylvius (sillon latéral) séparant le lobe frontal du lobe temporal. Dans la région obélique, la branche moyenne, sensiblement parallèle à la précédente, descend vers la région ptérique où elle se déversait dans le tronc principal de la branche antérieure. Peu ramifiée, elle draine deux rameaux secondaires issus de la région centrale pariétale. La branche postérieure paraît plus compliquée. Originaire de la région lambdatique par deux courts rameaux proches du lambda, elle draine sur son trajet deux rameaux bifurqués en avant et un rameau simple en arrière, avant de gagner la limite inférieure du pariétal, dans la région astérique, à proximité de la suture écailleuse. Elle reçoit alors vers l'arrière un important rameau secondaire ramifié qui longe la suture lambdoïde et jouxte

une dépression bien délimitée pouvant correspondre à l'empreinte du coude du sinus latéral. A cet endroit, il n'est cependant pas possible, d'après l'état de la pièce, de déterminer l'existence du sinus pétro-squameux reliant la branche postérieure au sinus latéral. Près de la suture écailleuse, la branche postérieure draine, vers l'avant, un second rameau secondaire rectiligne originaire de la région centrale pariétale et dont l'abouchement s'effectue au niveau de l'écaille temporale. Ce dispositif, dans lequel ne se distingue pas la grande veine antérieure (sinus de Breschet), montre un système de ramifications simples, peu fournies mais nettes, exempt de toutes anastomoses. Il s'agit d'un type de vascularisation méningée archaïque pour lequel il n'est cependant pas possible de confirmer la présence du sinus pétro-squameux.

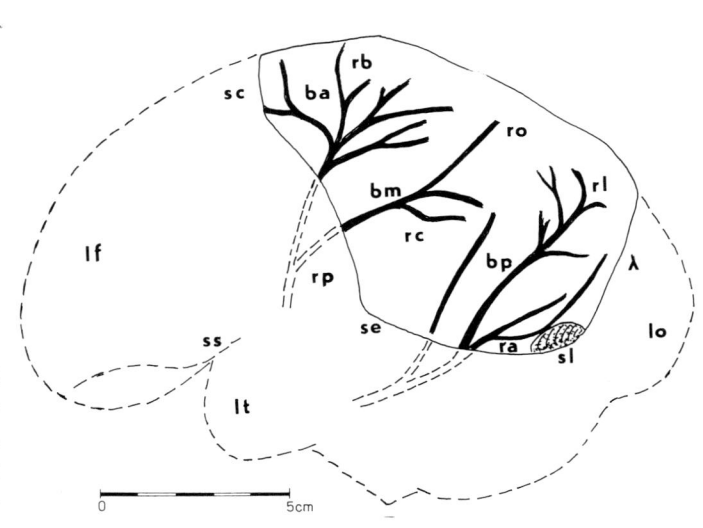

Abb. 55 Trace des veines méningées moyennes d'après le moulage endocrânien du pariétal gauche B d'Ehringsdorf.
ba – branche antérieure, bm – branche moyenne, bp – branche postérieure, λ – suture lambdoïde, lf – lobe frontal, lo – lobe occipital, lt – lobe temporal, ra – région astérique, rb – région bregmatique, rc – région centrale pariétale, rl – région lambdatique, ro – région occipitale, rp – région ptérique, sc – suture coronale, se – suture écailleuse, sl – sinus latéral, ss – scissure de Sylvius (sillon latéral)

Pariétal C, droit (fig. 56)

Ce fragment de pariétal droit appartenait à un sujet adulte enregistré sous le n° 3 lors de sa découverte. Il comprend la plus grande partie de l'os, seule une étroite bande de la portion supérieure correspondant à la zone du sinus sagittal supérieur fait défaut en arrière du bregma. Il est délimité par les sutures coronale, écailleuse et lambdoïde. En arrière de la suture coronale, la branche antérieure, de plus fort calibre que celle du sujet *précédent*, présente peu de ramifications. Elle reçoit dans sa partie moyenne deux courtes ramifications en provenance de la zone de la suture, et, à sa partie inférieure la branche moyenne, très simple, descendant de la région obélique par un rameau bifurqué. La branche postérieure se montre plus complexe. Originaire de la région lambdatique, à proximité du lambda, par un rameau bifurqué, elle reçoit: en avant, dans la partie supérieure, un rameau secondaire regroupant trois ramifications; dans les parties moyenne et inférieure deux rameaux secondaires issus de la région centrale pariétale. Elle présente, en arrière, une petite ramification dans sa partie supérieure et une anastomose avec une grosse branche secondaire bifurquée dans sa partie inférieure. La région astérique, où se situerait le sinus latéral, malheureusement détériorée, ne permet pas de savoir s'il existait ou non un sinus pétro-squameux. Ce pariétal, comme le précédent, montre un réseau des veines méningées moyennes de type archaïque avec peu de ramifications, surtout sur les branches antérieure et moyenne, ainsi que l'absence quasi totale d'anastomoses.

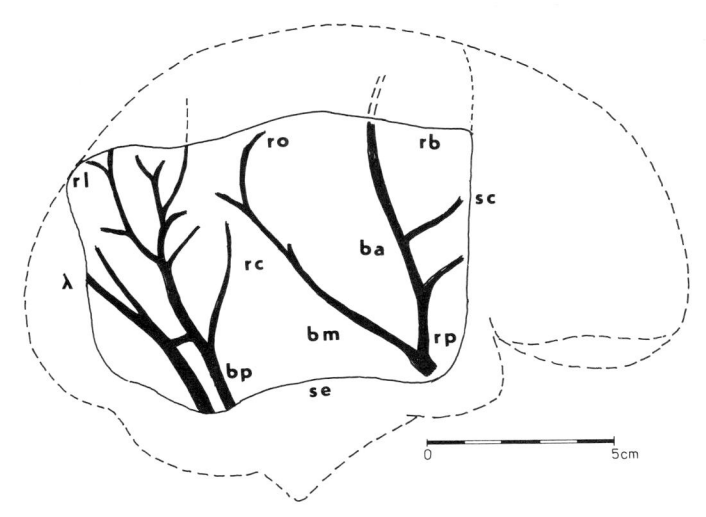

Abb. 56 Tracé des veines méningées moyennes d'après de moulage endocrânien du pariétal droit C d'Ehringsdorf. ba – branche antérieure, bm – branche moyenne, bp – branche postérieure, λ – suture lambdoïde, rb – région bregmatique, rc – région centrale pariétale, rl – région lambdatique, ro – région obélique, rp – région ptérique, sc – suture coronale, se – suture écailleuse.

Pariétal D, droit (fig. 57)

Ce fragment de pariétal droit d'un sujet adulte a été enregistré sous le n° 4 lors de sa découverte. Traversé par une cassure verticale sur toute sa hauteur, il comprend la plus grande partie de l'os. Il est limité en arrière par la suture lambdoïde et la suture sagittale supérieure en haut, avec une légère perte de substance dans la partie sagittale antérieure. La portion la plus détériorée se situe dans la partie antérieure de la région bregmatique à la région ptérique. A la partie inférieure se reconnaît une petite portion de la suture écailleuse. La branche antérieure des veines méningées moyennes n'est représentée que par trois de ses rameaux, le rameau supérieur pourrait constituer dans la région bregmatique une des branches d'origine, les deux autres des rameaux secondaires. La branche moyenne, bien fournie en ramifications, occupe toute la partie médiane de l'os. Elle descend de la région obélique par six rameaux et reçoit, vers l'avant, trois ramifications provenant de la région centrale pariétale, dont la plus haute s'anastomose avec le premier rameau secondaire bifurqué de la branche antérieure. La branche moyenne gagne la partie inférieure de l'os pour se déverser dans la branche postérieure convergente. Cette dernière descend de la région lambdatique et draine trois rameaux secondaires des abords de la suture lamboide. Comme pour les pariétaux précédents nous retrouvons ici uns simplicité caractéristique du réseau des veines méningées moyennes avec cependant une branche moyenne plus ramifiée pourvue d'une anastomose la reliant dans la région centrale pariétale à un rameau secondaire de la branche antérieure. Par ailleurs, l'état de la pièce ne permet pas de savoir s'il existait un sinus pétro-squameux.

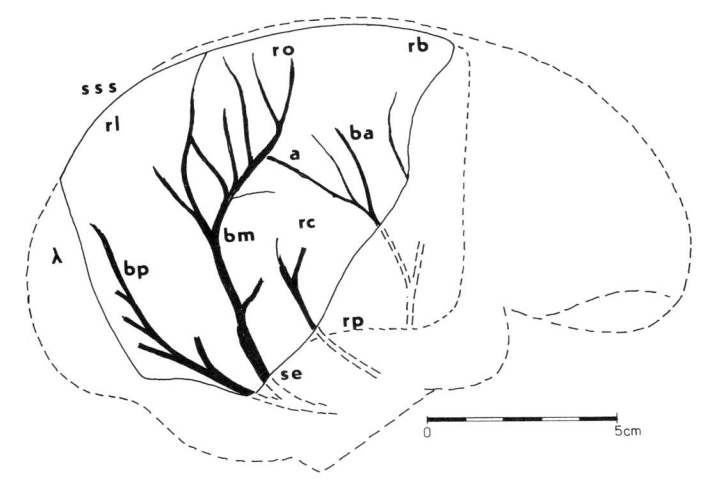

Abb. 57 Tracé des veines méningées moyennes d'après de moulage endocrânien du pariétal droit D d'Ehringsdorf. a – anastomose, ba – branche antérieure, bm – branche moyenne, bp – branche postérieure, λ – suture lambdoïde, rb – région bregmatique, rc – région centrale pariétale, rl – région lambdatique, ro – région obélique, rp – région ptérique, se – suture écailleuse, sss – sinus sagittal supérieur.

Pariétal H, droit (fig. 58)

Ce pariétal appartient au crâne d'un individu adulte, femelle, âgé d'environ 20 à 30 ans, enregistré sous le n° 9 lors de sa découverte en 1925. J. A. KAPPERS (1936), étudiant le moulage endocrânien lui attribue une capacité de 1450 ml. Le pariétal droit, presque complet, est limité dans sa partie antérieure par la suture coronale et la suture sagittale supérieure, en arrière par la suture lambdoïde, en bas par la suture écailleuse.

La branche antérieure des veines méningées moyennes descend de la région bregmatique en longeant la suture coronale. Elle reçoit, vers l'arrière, un bouquet de rameaux secondaires bifurqués provenant des abords du sinus sagittal supérieur, puis un rameau secondaire simple. La branche moyenne, originaire de la région obélique par un rameau bifurqué, rejoint le tronc principal de la branche antérieure à proximité de la région ptérique. Elle traverse, sans ramification, la région centrale pariétale. La branche postérieure naît aux environs du lambda par un bouquet groupant quatre ramifications. Elle suit la suture lambdoïde et se termine à la partie inférieure du pariétal, sur la cassure, en arrière de la suture écailleuse. Comme pour les pariétaux précédents, nous constatons ici la formation d'un réseau des veines méningées relativement simple, peu ramifié, sans anastomose pour lequel il n'est cependant pas possible de savoir s'il existait un sinus pétro-squameux.

Par ailleurs, le fragment de frontal perment de reconnaître la présence, dans la région ptérique, de deux courts rameaux pouvant provenir de la branche antérieure.

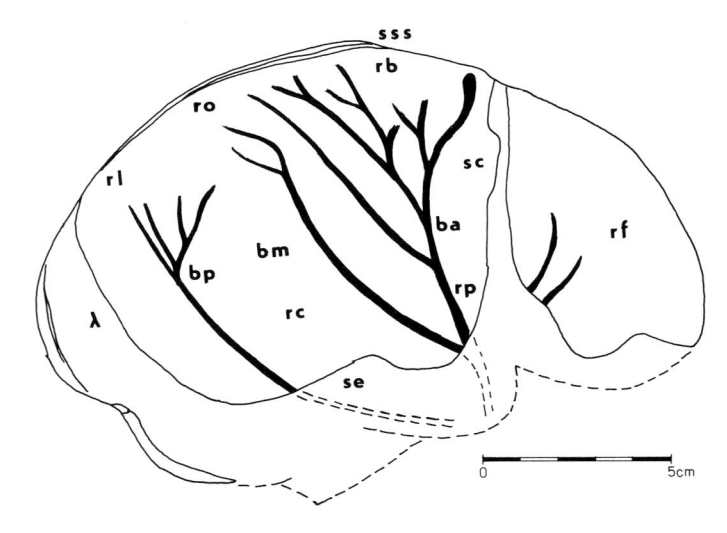

Abb. 58 Tracé des veines méningées moyennes d'après le moulage endocrânien du pariétal droit H d'Ehringsdorf. ba – branche antérieure, bm – branche moyenne, bp – branche postérieure, λ – suture lambdoïde, rb – région bregmatique, rc – région centrale pariétale, rf – région frontale, rl – région lambdatique, ro – région obélique, rp – région ptérique, sc – suture coronale, se – suture écailleuse, sss – sinus sagittal supérieur.

Pariétal H, gauche (fig. 59)

Ce pariétal constitue le côté gauche du crâne précédent. Il se compose de quatre fragments se raccordant à un fragment du frontal. Deux des morceaux représentent la partie supérieure limitée par la suture sagittale supérieure. La portion antérieure, montre, dans la région bregmatique une partie de la suture coronale, la portion postérieure, limitée par la suture lambdoïde, comprend les régions obélique et lambdatique. Les deux autres fragments concernent la moitié inférieure de l'os. Le morceau antérieur comprend la région ptérique et la bordure de la suture coronale; le morceau postérieur, la région centrale pariétale limitée en bas par la suture écailleuse tandis qu'un petit fragment se prolonge vers l'arrière, dans la région astérique, jusqu'au coude du sinus latéral. Le tracé de la branche antérieure des veines méningées moyennes s'inscrit sur les deux portions antérieures des deux fragments supérieur et inférieur, mais le tronc commun se prolonge également sur le bas de la portion postérieure du fragment inférieur. Il indique un vaisseau de gros calibre sans que l'on puisse toutefois l'interpréter comme une indication de la présence de la grande veine antérieure. Cette branche originaire de la région obélique descend le long de la suture coronale pour atteindre, vers le bas, le bord antérieur du lobe temporale. Elle reçoit, dans la région bregmatique, une branche secondaire portant deux ramifications dont une bifurquée, puis la branche moyenne issue de la région obélique, branche ne portant qu'une seule ramification. Dans la région ptérique, près de la limite inférieure de la portion antérieure du fragment, inférieur, elle reçoit une seconde branche moyenne pourvue de deux ramifications originaires de la région centrale pariétale. La branche postérieure descend de la région lambdatique par un rameau bifurqué. Elle longe la suture lambdoide et se grossit de deux rameaux secondaires, l'un en anvant, bifurqué, l'autre en arrière simple venant des abords de la suture. Près du confluent de la branche postérieure avec le tronc commun, à proximité de la suture écailleuse, s'y abouche, vers l'arrière, un rameau secondaire en connexion avec le sinus pétro-squameux qui le relie au coude du sinus latéral inscrit sur la languette osseuse correspondant à la région astérique. Le côté gauche de ce crâne montre, comme le côté droit un système vasculaire méningé encore très simplifié, faisant ressortir la faible ramescence des trois branches des veines méningées moyennes. Toutefois nous y relevons la présence, sur un des fragments, du sinus pétro-squameux tandis que la grande veine antérieure ne peut être mise en évidence.

Le tracé des vaisseaux méningés moyens se complète par la présence, sur un fragment de frontal, d'un vaisseau bifurqué dans la région ptérique.

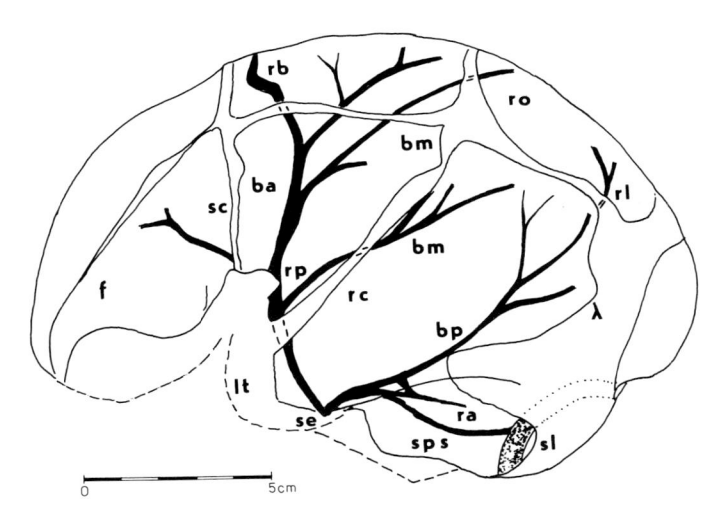

Abb. 59 Tracé des veines méningées moyennes d'après le moulage endocrânien du pariétal gauche H d'Ehringsdorf. ba – branche antérieure, bm – banche moyenne, bp – branche postérieure, f – frontal, λ – suture lambdoïde, lt – lobe temporal, ra – région astérique, rb – région bregmatique, rc – région centrale pariétale, rl – région lambdatique, ro – région obélique, rp – région ptérique, se – suture écailleuse, sl – sinus latéral, sps – sinus pétro-squameux.

3. Comparaison des réseaux vasculaires méningés des fossiles d'Ehringsdorf

Nos fossiles, auxquels on peut attribuer une centaine de milliers d'années possèdent tous une capacité céphalique supérieure à 1000 ml, évaluée avec plus de précision sur le squelette H à 1450 ml par J. A. Kappers (1936). Ils présentent un réseau des veines méningées moyennes relativement simple. Les trois branches se montrent peu ramifiées et surtout pratiquement dépourvues d'anastomoses (à l'exception d'une sur les pariétaux C et D). Nous avons par ailleurs relevé la présence du sinus pétro-squameux sur le pariétal gauche du crâne H, sans qu'il soit possible de dire s'il se retrouvait sur les autres pariétaux. Par contre nous n'avons jamais, sur aucun d'eux, décelé la présence de la grande veine antérieure. Un tel dispositif du réseau des veines méningées moyennes s'inscrit dans la lignée d'Homo erectus, il ne présente par contre aucune des particularités du réseau propre à la lignée d'Homo palaeojavanicus. Cette dernière se caractérise en effet par la multiplicité des anastomoses pour former, à partir des Présapiens un véritable quadrillage vasculaire pariétal résultant de l'accroissement du nombre de ramifications sur toutes les branches et à la prolifération des anastomoses constatée depuis près de 500 000 ans (Arago, Swanscombe, Grotte Suard, etc.). Ainsi donc si nous comparons le réseau vasculaire méningé des fossiles d'Ehringsdorf à des représentants tardifs de cette lignée pithécanthropienne d'Homo erectus, correspondant à une tranche stratigraphique comparable, tel que l'Homme de Solo, nous constatons l'existence, chez ce dernier, d'un réseau encore plus simplifié (fig. 60 A). Comme chez tous les autres fossiles de cette lignée, la ramescence de chacune des branches est faible et les anastomoses très peu nombreuses (Sangiran VIII, Atlanthrope, Sinanthrope, etc.). La présence du sinus pétro-squameux y est constante (caractère archaïque de type simien). D'autre part, n'ayant jamais rencontré, chez nos fossiles, la présence de la grande veine antérieure qui caractérise les Néandertaliens classiques (fig. 60 B), ce lignage nous semble donc devoir être écarté. Par contre, les Parasapiens, qui à partir de l'époque rissienne possèdent déjà des caractères de tendance sapienne tout en ayant conservé de nombreux traits archaïques hérités des premiers Homo erectus, montrent un réseau méningé en accord avec celui de nos fossiles. En effet dans ce phylum nous remarquons un accroissement de la ramescence des trois branches pour des capacités céphaliques élevées comparables à celle de nos fossiles, par exemple 1450 ml pour Fontéchevade et 1305 pour Djebel Ihroud I. Le pariétal de Salzgitter-Lebenstedt (fig. 61 A) présente, malgré la détérioration de sa partie antérieure, une petite partie de la branche antérieure dans la région ptérique avec quelques ramifications de part et d'autre. Elle y reçoit la branche moyenne fortement ramifiée qui draine un gros rameau secondaire pourvu de plusieurs ramifications dans sa partie supérieure puis deux rameaux de la région centrale pariétale et vers l'arrière un rameau important descendu de la région lambdatique. La branche postérieure, peu ramifiée, qu'une anastomose relie à la moyenne naît des abords de la suture lambdoïde. Chez la forme de Quafzeh (fig. 61 B), le réseau méningé devient un peu plus étoffé. La branche antérieure forme un bouquet de ramifications dans la région bregmatique. La branche moyenne avec ses nombreuses ramifications s'étale de la région obélique à la région lambdatique. La branche postérieure paraît, comme pour le fossile précédent, peu développée et peu ramifiée.

En définitive, si l'on prend en considération les deux lignées pithécanthropiennes d'H. erectus et d'H. palaeojavanicus (fig. 62, p. 124), nos fossiles d'Ehringsdorf se situent dans la première. Ils s'intercalent parmi les Parasapiens entre les formes de la Grotte Bourgeois Delaunay et de Salzgitter-Lebenstedt. Dans ce même temps existaient parmi les Présapiens, sur l'autre lignée, des formes plus évoluées telles que Biache, Omo II ou l'Homme de Rhodésie, menant plus directement, depuis l'Homme de l'Arago (Tautavel) vers l'Homo sapiens et l'Homme actuel.

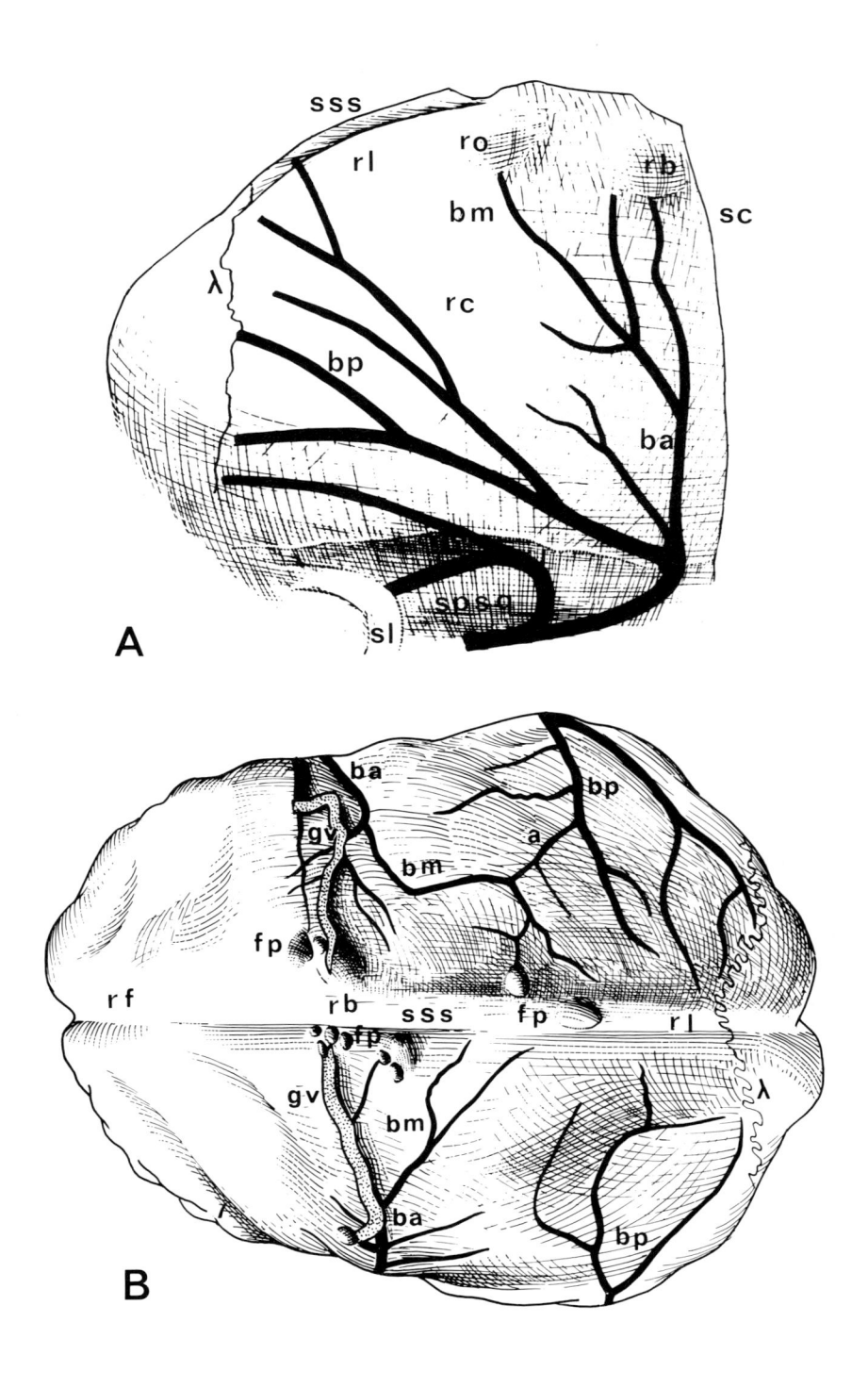

Abb. 60 Tracé des veines méningées moyennes d'après le moulage endocrânien. A.: du pariétal droit de l'Homme de Solo I (H. erectus). B: de la calotte de l'Homme de Néandertal, vue supérieure (Néandertalien).

a – anastomose, ba – branche antérieure, bm – branche moyenne, bp – branche postérieure, fp – fossette pacchionienne, gv – grande veine antérieure, λ – suture lambdoïde, rb – région bregmatique, rc – région centrale pariétale, rf – région frontale, rl – région lambdatique, sl – sinus latéral, spsq – sinus pétro-squameux, sss – sinus sagittal supérieur.

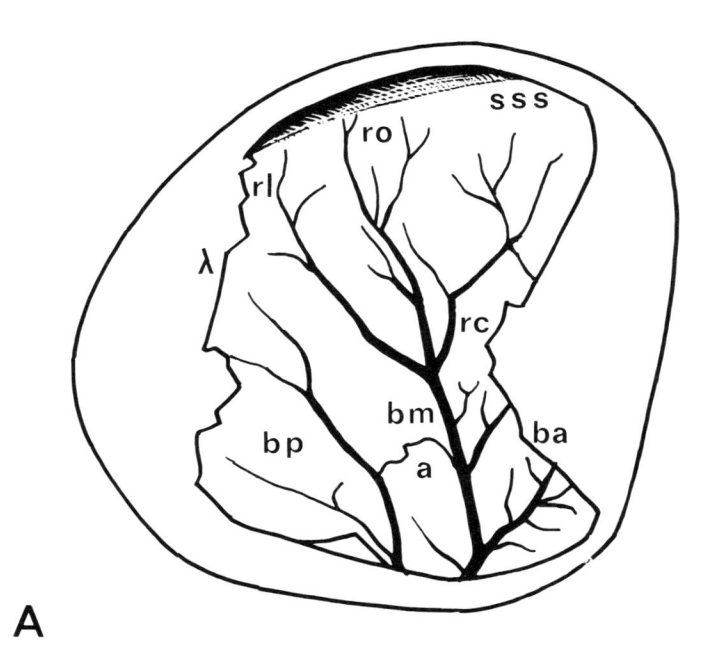

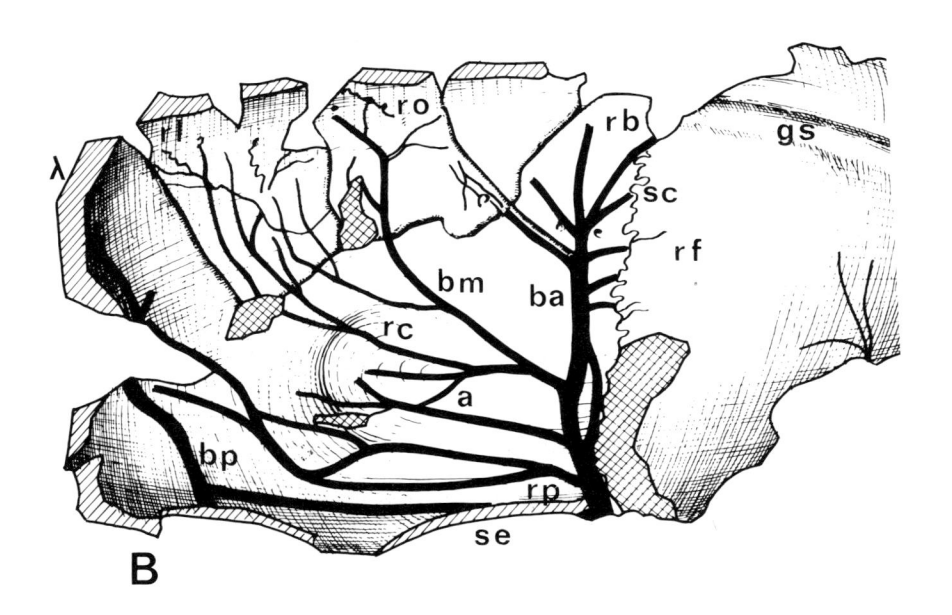

Abb. 61 Tracé des veines méningées moyennes d'après. A: le moulage endocrânien du pariétal droit de l'Homme de Salzgitter-Lebenstedt (Parasapiens), B: le pariétal gauche de l'adolescent de Quafzeh n° 11 (Parasapiens).
a – anastomose, ba – branche antérieure, bm – branche moyenne, bp – branche postérieure, gs – gouttière sagittale, λ – suture lambdoïde, rb – région bregmatique, rc – région centrale pariétale, rf – région frontale, rl – région lambdatique, ro – région obélique, rp – région ptérique, sc – suture coronale, se – suture écailleuse, sss – sinus sagittal supérieur.

123

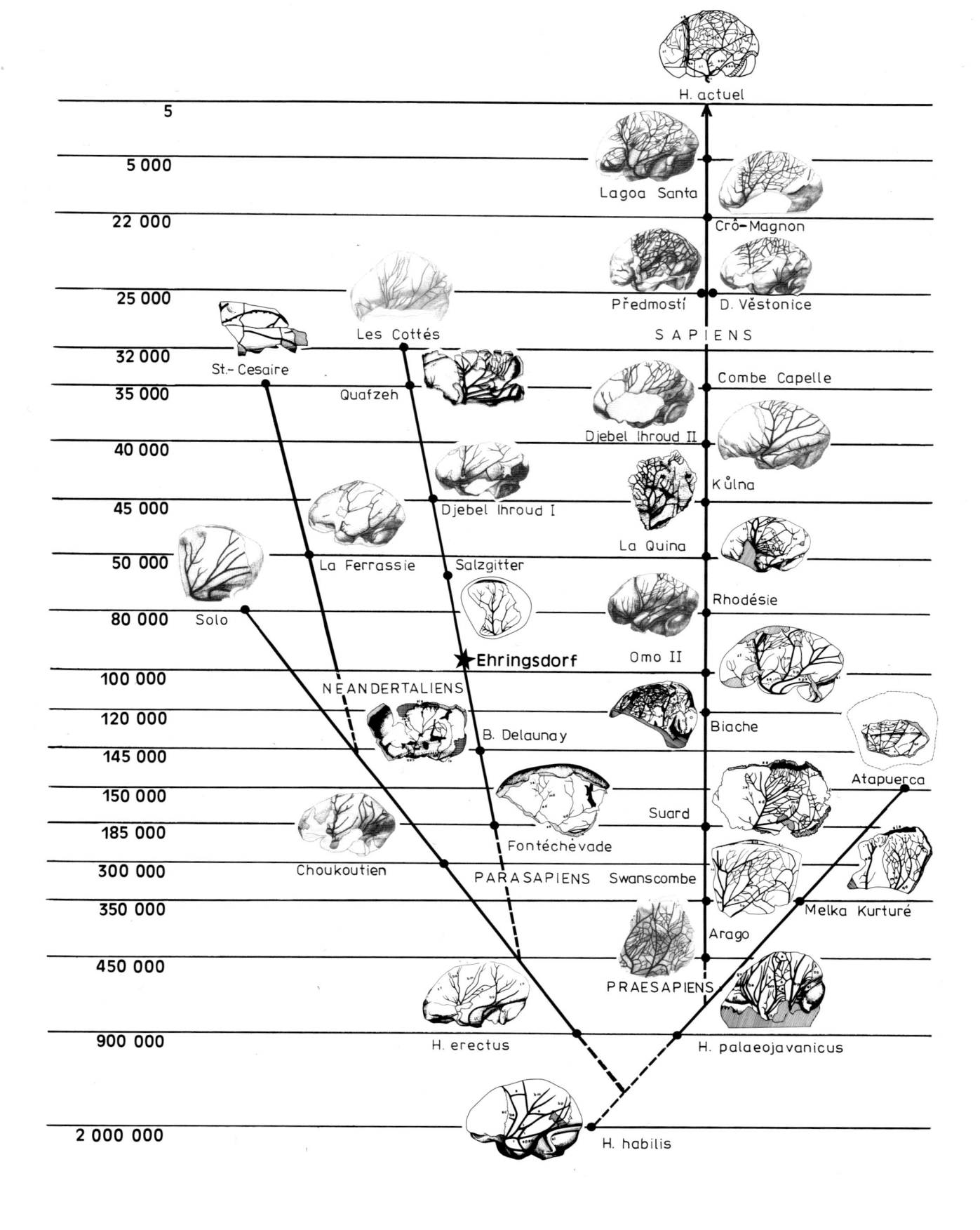

Abb. 62 Position des fossiles d'Ehringsdorf parmi les divers stades morphologiques du système des veines méningées moyennes, au cours de l'évolution de l'Homme.

Schlußwort

Nach den oben angegebenen Beobachtungen kann man annehmen, daß die Grundform des Ehringsdorfer E-Endocraniums deutliche Ähnlichkeiten mit den Endocranien des Sapienten-Typus, genauer gesagt mit den Neandertaler-Formen ausweist, z. B. ein breites und niedriges Rostrum orbitale, einen schwach bogenförmigen frontomarginalen Rand der Stirnlappen, stumpfe und ausgezogene Occipitalpole und eine markante Wölbung der cerebellaren Partien. Von den Endocranien, die uns zur Verfügung standen, ließ sich bei Broken Hill, Gánovce und Gibraltar I deutliche Ähnlichkeit feststellen. Ganz klar waren größere Unterschiede zu den Endocranien des Homo erectus und erectoiden, sich in Europa manifestierenden Formen zu konstatieren.

Der Ehringsdorfer Schädel H, der einen alten Sapienstypus, nicht weit von alten Neandertalern oder Präneandertalern vorstellt, zeigt an, daß es für die Beurteilung der phylogenetischen Stellung notwendig ist, nicht nur die anatomischen Merkmale der Schädelknochen zu interpretieren, sondern auch die Beurteilung der Entwicklungsstufe seines Gehirns zu verfolgen.

7.3. Splanchnocranium

7.3.1. Mandibula (Taf. LI–LVI, Abb. 63–89)

7.3.1.1. Erhaltungszustand

a) Beschädigungen und Vollständigkeit des Kiefers

Der Kiefer des Erwachsenen Ehringsdorf F wurde durch die Sprengung des Travertins freigelegt und dabei leider in mehrere Stücke zertrümmert. Die einzelnen Bruchstücke wurden gesammelt und der Kiefer aufs sorgfältigste zusammengesetzt. Die Zertrümmerung sehen wir namentlich auf dem rechten Aststück. Der linke Caninus lag flach hintenüber gekippt. Der rechte M_3, M_2 und C saßen lose und waren nicht mit dem Kiefer verbunden.

Vom Kiefer ist ein fast komplettes Corpus mandibulae erhalten und vom rechten Ast die untere Partie mit Trigonum retromolare bis zur Gegend des Canalis mandibulae. Die größte Partie von Processus coronoideus und Processus condylaris mit dem hinteren Astrand bis zum Angulus mandibulae fehlen. Links fehlt der ganze Kieferast, der 1,0 cm hinter M_3 vertikal abgebrochen ist.

Die äußeren Alveolarwände sind beiderseits beschädigt oder ganz weggebrochen. Eine Betrachtung der weiteren einzelnen Abschnitte der Alveolarränder zeigt, daß der linke vertikale Alveolarrand am besten erhalten ist.

Im Bereich von M_3 ist der Rand in einer Breite von 6,0 mm weggebrochen; im Bereich der vorderen Hälfte von M_3, in dem von M_2 und in dem der hinteren Wurzel von M_1 ist er intakt. Es folgt nun wieder ein 12,0 mm langer Abschnitt, in dem der Rand weggebrochen ist; er liegt im Bereich der vorderen Wurzel von M_1 und der hinteren Hälfte von P_2. Am vorderen Ende dieses Abschnittes steigt der Rand senkrecht empor und ist nun wieder unverletzt im Bereich der vorderen Hälfte von P_2 und des ganzen P_1, dann ist er aber nicht weiter zu verfolgen, weil er sich nun an die linguale Seite des Eckzahns zurückzieht. Über diese Grube, in der der Eckzahn erhalten ist, wird noch besonders zu sprechen sein. Nehmen wir die Verfolgung des Randes an der medialen Seite der Grube wieder auf, so ist derselbe an der lateralen Hälfte der Wurzel der I_2 weggebrochen, dagegen im Bereich der medialen Hälfte dieser Wurzel sowie des ganzen I_1 intakt.

An der vestibulären Seite rechts ist das Ergebnis der Besichtigung weniger befriedigend. Hinten auf einer Strecke von 22,0 mm ist ein Abbruch erfolgt, so daß die Wurzeln von M_3 und M_2 frei liegen, M_3 an der vorderen Wurzel sogar bis zur Spitze, M_2 nicht ganz so weit. Dann folgt ein leicht beschädigter Abschnitt im Bereich der vorderen Wurzel von M_2 bis zum Septum zwischen P_1 und P_2, dann wieder ein beschädigter Abschnitt im Bereich von P_1 und C, so daß die Wurzel von P_1 und mehr noch die von C entblößt ist. Endlich kommt eine 14,0 mm lange Strecke, an der der Rand nicht ausgebrochen, aber tief unten ausgebuchtet ist und sich zugleich nach hinten zurückzieht. Dies ist die Stelle des ursprünglichen Platzes der beiden einzigen fehlenden Zähne, der rechten I_1 und I_2. Diese Stelle war durch eine Sintermasse ausgefüllt. Der Knochenrand verläuft nach hinten abbiegend, so daß es sich um einen bis zum Innenrand reichenden Defekt handelt. An der lingualen Seite ist der Alveolarrand fast gar nicht beschädigt. Es finden sich nur vier kleine Fehlstellen in der Gegend des linken M_1, linken C, rechten M_2 und rechten M_3, wo der ganze Knochen durchgebrochen war. Es handelt sich um nicht selbständige Abbrüche; als Scharten haben sie eine dreieckige Gestalt.

b) Krankhafte Veränderungen am Alveolarteil des Kiefers

Auf diese Veränderungen hat schon H. VIRCHOW (1914, 1917) aufmerksam gemacht. Um Ordnung in die Besprechung zu bringen, unterscheiden wir zwei Abschnitte: die Grube um die Wurzel des linken Caninus und die Lücke an der Stelle der rechten Incisivi nebst Grube an der Vorderseite unterhalb dieser Lücke. Die beiden Gruben stimmen nicht miteinander überein; die rechte ist weiter, aber flacher und reicht tiefer hinab als die linke, die rechte liegt im Bereich der Schneidezähne, die linke in dem des Caninus.

Die Grube um die Wurzel des linken Caninus

Hier haben wir eine Grube tiefer und weit schärfer als auf der rechten Seite. Diese Grube ist nicht leer, sondern sie beherbergt den Caninus. Die unbeschädigte Knochenoberfläche senkt sich zu einer Grube, die hinter der Wurzel des Eckzahnes herumführt, so daß der letztere sozusagen „in der Luft schwebt" und im gegenwärtigen Zustand durch Leim mit dem Grund der Grube verbunden ist (H. Virchow 1917). Auf der medialen Seite ist ein großes Stück der Wand und das Septum zwischen I_2 und C weggebrochen, dagegen ist dieselbe lateral unten und hinten vollständig und sowohl an der lateralen als auch an der unteren Seite kann man sich davon überzeugen, daß nicht p m abgebrochen ist, sondern die Knochenoberfläche in die Grubenwand umbiegt. Nach unten reicht die Grube nicht weiter als die Wurzel des Caninus, sondern nur so weit wie diese. An der lateralen Seite zeigt eine etwas schärfere Kante die Stelle an, wo die nunmehr durch Atrophie verlorene Alveolenvorderwand vom Septum zwischen Caninus und P_1 abging. Unterhalb der medialen Hälfte des Unterrandes dieser Grube findet sich eine seichte, zum Rand parallel gebogene Rinne.

Zur Beantwortung der Frage – wie konnte sich der Zahn in dieser nach vorn völlig offenen Grube halten – lesen wir bei H. Virchow (1917): „Der Zahn stand nämlich damals nicht aufrecht in der Reihe der übrigen, so wie wir ihn jetzt sehen, sondern er lag horizontal mit der Krone nach hinten, wie ein Photogramm zeigt. Er war also bei der Leichenmaceration, durch welche die Weichteile zerstört wurden, hintenüber gesunken. Immerhin war er doch vorhanden, er befand sich sogar an dem Platze, der ihm zukam; er war also nicht bei Lebzeiten verloren gegangen. Die Befestigung durch das Zahnfleisch, wahrscheinlich ein durch chronische Entzündung verdicktes und verdichtetes Zahnfleisch, hatte genügt, ihn in seiner Lage und anscheinend auch gebrauchsfähig zu erhalten."

Die Grube an der Stelle der rechten Schneidezähne

Es scheint klar zu sein, daß die beiden Zähne schon im Leben gefehlt haben und daß zwischen ihrem Fehlen und der Grube eine Beziehung bestehen muß, zuerst waren die Zähne verloren gegangen, und als Folge davon trat die Atrophie des Knochens ein. Die Grube hat einen 15,0 mm großen horizontalen Durchmesser, ihre Tiefe in sagittaler Richtung läßt sich mit 4,0–6,0 mm bestimmen. Sie reicht von der Alveole des Eckzahnes bis an die des linken I_1 heran, also bis an die Mittelebene, ja, noch eine Spur über diese hinaus. Nach unten überschreitet sie das Gebiet der Wurzel der Incisivi. Wenn man den Kiefer von oben betrachtet, so bemerkt man, daß der linke I_1 durch den Beißdruck schief gestellt und von I_2 entfernt ist. Richtet man I_1 auf und bringt ihn wieder an I_2 heran, so ist die Lücke zwischen ihm und dem rechtem C zu groß, als daß sie durch zwei Incisivi gefüllt werden könnte. Es müssen also alle Frontalzähne so weit zurückgedrückt werden, daß der von ihnen eingenommene Bogenabschnitt gefüllt ist. Die Zähne brauchen nicht hart aneinander zu liegen, da die oberen, breiteren Abschnitte der Kronen bereits weggeschliffen sind.

Interpretation des Defektursprunges

Der Defekt des Beingewebes in der Gegend des linksseitigen Caninus entstand durch Destruktion seiner Alveole nach einer primären Ostitis, wahrscheinlich einer traumatischen Etiologie. Nach einem direkten Schlag auf die Gegend des linken Eckzahnes kam es nicht nur zur Fraktur der vorderen Platte des alveolaren Randes, sondern auch zum Anbruch der vorderen Hälfte der Caninuswurzel und vor allem zur Unterbrechung des Nerven-Blutgefäß-Bundes des linksseitigen Eckzahnes. Gleichzeitig wurde auch die Versorgung des anliegenden Knochengewebes in der Zahnalveole und des zugehörigen Paradontanabschnittes befallen. Nach Aussequestrierung der abgebrochenen Alveolarteile kam es zur Atrophie des Knochengewebes und dadurch zur Lockerung des Zahnes, der nachher nur in den weichen Geweben gesteckt hat. In der Gegend des lingualen Teiles des alveolaren Ausläufers sehen wir eine stark poröse Oberfläche, die von vielen Gefäßlöchern durchbohrt und leicht gewulstet oder geschwollen war als Folge eines langfristigen Entzündungsprozesses.

In der Gegend der rechtsseitigen Schneidezähne ist es möglich, einen ähnlichen Defekt festzustellen, ebenfalls einer traumatischen Etiologie. Bei der Heilung der prmären Ostitis hat sich zuerst I_1 vom Knochengewebe freigemacht und erst später auch I_2, wie es die erhaltene Oberfläche des ausgeheilten Defektes im Alveolarteil zeigt. Beide Schneidezähne wurden längst vor dem Tode des Individuums verloren.

Deshalb ist es nötig, die Entstehung der beschriebenen Defekte im Pars alveolaris des Kiefers von Ehringsdorf als Nachfolge eines mechanischen Traumas zu erklären, das die Gegend der rechtsseitigen Schneidezähne und des linksseitigen Eckzahnes getroffen hat.

Im Gegensatz zu der ursprünglichen Diagnose der primären Erkrankung des Parodont-Pyorrhea (H. Virchow) stehen pathologisch völlig unveränderte Teile des erhaltenen Alveolarrandes und die Verschiebung der übrigen linksseitigen Schneidezähne im Kiefer, die durch langfristige Arbeitsverrichtung des Bisses verursacht wurden.

7.3.1.2. Gesamtangaben

Die Feststellung der metrischen Angaben wird durch den Erhaltungszustand des Originals wesentlich beeinflußt. Dem Unterkiefer fehlt die linke Seite und von der rechten der Hauptteil. Deshalb ist zum Messen nur Corpus mandibulae geeignet. Außer den klassischen Maßen nach H. Martin (1928) nutzen wir auch die Methoden nach M.-A. De Lumley (1973). Zum Vergleich verwenden wir die mittelpleistozänen Funde Mauer (M), Arago II (A II), Atapuerca (At) und von den jungpleistozänen die Funde aus Le Moustier (LM) und Předmostí III (Př. III).

a) Länge der Mandibula und ihrer Teile

Die klassischen Grunddimensionen, wie die Länge des Unterkiefers (M 68) und die ganze Länge (M 68/1), sind nicht feststellbar. Die Längenproportionen konnten nur am Corpus mandibulae festgestellt werden. Die Längendimensionen wurden in Norma verticalis auf der in der Alveolarebene orientierten Mandibula abgenommen. Bei Ehringsdorf gelang es, diese Ebene nach einigen erhaltenen Segmenten des ursprünglichen vestibulären Alveolarrandes festzustellen.
Die Längendimensionen L 1–L 7 sind von den Verbindungslinien der beiderseitigen Abschnitte des Alveolarrandes gemessen, die durch die Distalflächen der einzelnen Zähne bestimmt wurden.

Tab. 29 Länge der Unterkieferkörper und ihrer Teile

		E	M	A II	At	LM	Př III
Länge	1 /I_2/	7	6	8	7	3	/5/
	2 /C/	12	12	13	10	10	10
	3 /P_1/	19	16	17	15	17	15
	4 /P_2/	26	24	22	19	25	23
	5 /M_1/	38	36	33	32	37	34
	6 /M_2/	50	48	45	43	50	46
	7 /M_3/	60	60	54	53	–	/56/

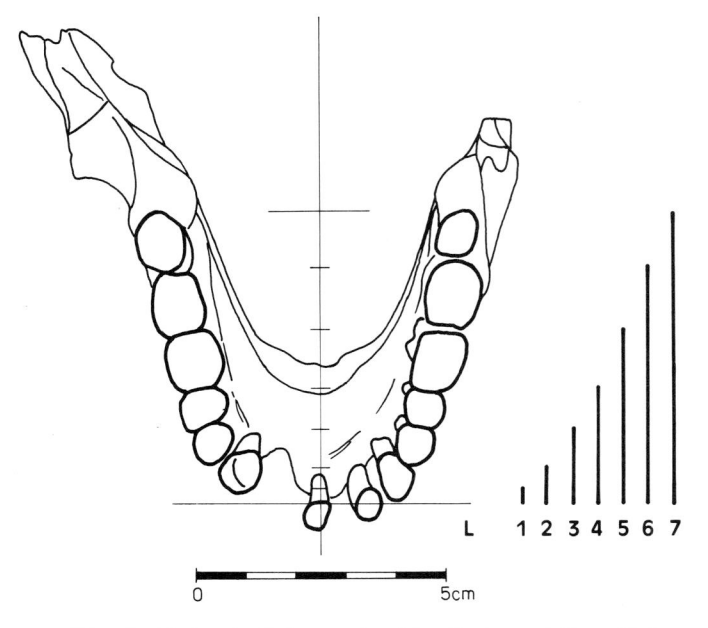

Abb. 63 Ehringsdorf. Länge der Mandibula und ihrer Teile. Längendimensionen L 1 – L 7 entsprechen den Längenabschnitten der einzelnen Zähne (1 I_2, 2 C, 3 P_1, 4 P_2, 5 M_1, 6 M_2, 7 M_3).

b) Mandibulabreite

Die klassischen Maße, wie die Confylenbreite (M 65), die Coronoidenbreite (M 65/1) und die Winkelbreite (M 66) sind beim Ehringsdorfer Unterkiefer nicht meßbar. Nur die erhaltene vordere Unterkieferbreite (M 67) beträgt links 56,0 mm, bei den Funden von Mauer 56,0 mm, Arago II 57,0 mm, Atapuerca 56,0 mm, Předmostí III 48,0 mm, Le Moustier fehlt.
Die übrigen Breitendimensionen wurden wieder am Corpus mandibulae im Niveau der Distalseiten der einzelnen Zähne gemessen.

Tab. 30 Die Unterkieferbreite

		E	M	A II	At	LM	Př III
Breite	B 1 /I_2/	26	23	25	21?	/25/	24
	2 /C/	40	37	38	36	41	36
	3 /P_1/	50	51	48	49	54	48
	4 /P_2/	54	63	58	57	62	54
	5 /M_1/	64	74	70	70	75	64
	6 /M_2/	75	89	83	83	84	78
	7 /M_2/	79	99	92?	90	–	/82/

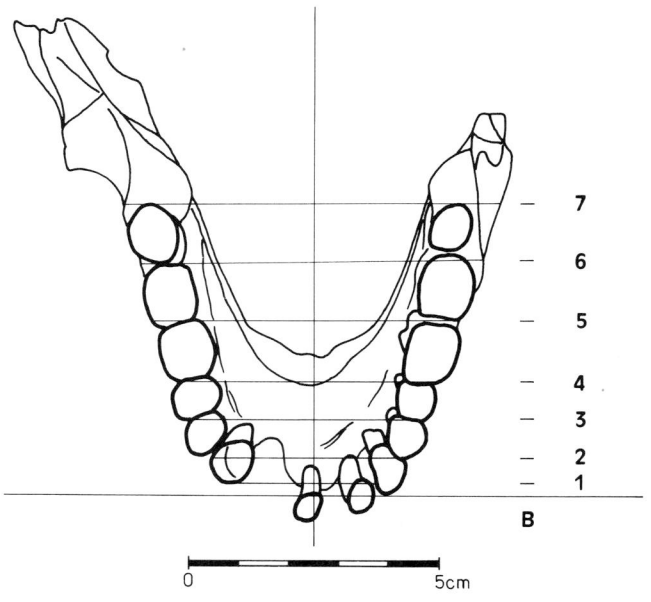

Abb. 64 Ehringsdorf. Die Unterkieferbreite. Breitendimensionen B 1 – B 7 zwischen den einzelnen Zähnen gemessen (1 I_2, 2 C, 3 P_1, 4 P_2, 5 M_1, 6 M_2, 7 M_3).

c) Breiten-Längen-Index des Corpus mandibulae

Aus den gewonnenen Dimensionen ist es möglich, für einzelne Abschnitte des Unterkieferkörpers die zuständigen Indizes auszurechnen.

Tab. 31 Breiten-Längen-Index des Corpus mandibulae

$\frac{L \times 100}{B}$	E	M	A II	At	LM	Př III
Abschnitt						
I_2	26,9	26,1	32,0	33,3	/12,0/	/20,8/
C	30,0	32,4	34,2	27,8	24,4	27,8
P_1	38,0	31,4	35,4	30,6	31,5	31,3
P_2	48,1	38,1	38,0	33,3	40,3	42,6
M_1	59,4	48,6	47,1	45,7	49,3	53,1
M_2	66,7	53,9	54,2	51,8	59,5	59,0
M_3	75,9	60,6	58,7?	58,9	–	/68,3/

d) Gesamtform des Unterkiefers und Dimensionen der Bögen

Die Mandibula umfaßt verschiedene Formen der Bögen, nicht nur Alveolarbogen und Basilarbogen, sondern auch Bögen des Torus transversus superior und inferior; der Zahnbogen (Dentalbogen) wird selbständig beurteilt.

Der Alveolarbogen ist durch die vestibulären und lingualen Ränder der Zahnalveolen begrenzt. Der Basilarbogen stellt die Linie dar, in der die am tiefsten gelegenen Punkte am unteren Rand des Mandibulakörpers liegen. Der Bogen des Torus transversus superior wird durch die bogenförmige Distalbeendigung von Planum alveolare gebildet, die sich in die Linea mylohyoidea keilförmig lateral anknüpft.

Am markantesten ist die Mandibulaform durch die Zeichenprojektion der angeführten Bögen, orientiert auf die Alveolarebene und auf die Unterkieferbreite B 7, d. h. bis zur Verbindungslinie der Distalbegrenzung der Kronen M_3. Auf den einzelnen Bögen können wir ihre Länge und Breite feststellen sowie den Breiten-Längen-Index.

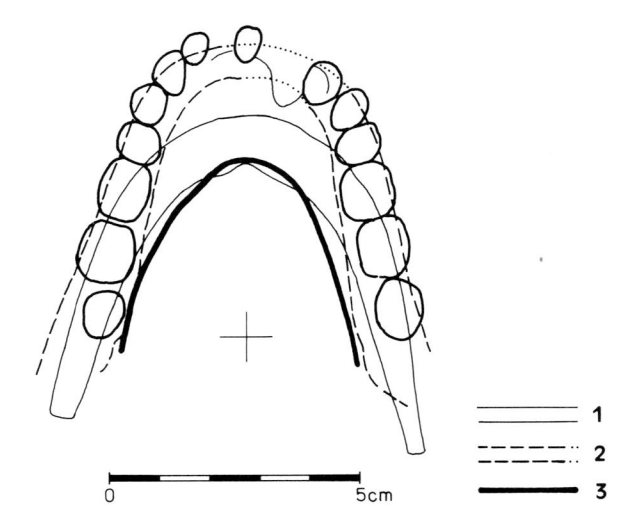

Abb. 65 Ehringsdorf. Gesamtform der Unterkieferbögen. Basilarbogen (1), Alveolarbogen (2) und der Bogen des Torus transversus superior (3).

Tab. 32 Maße der Alveolarbögen

	Länge	Breite	Index
Mauer	59	71	83,1
Ehringsdorf	61	67	91,0
Atapuerca	54	68	79,4
Arago II	54	73	74,0
Le Moustier	/64/	/80/	/80,0/
Předmostí III	/57/	66	/86,4/

Tab. 33 Maße der Basilarbögen

	Länge	Breite	Index
Mauer	50	86	58,1
Ehringsdorf	53	78	68,0
Atapuerca	48	88	54,5
Arago II	51	82	62,2
Le Moustier	54	82	65,8
Předmostí III	50	76	65,8

e) Robustizität des Corpus mandibulae

Der gute Erhaltungszustand des Mandibulakörpers ermöglicht es, die Robustizität der Kiefer und ihrer lateralen Partien zu beurteilen.

Die Höhe des Mandibulakörpers messen wir unter M_3, d. h. unter dem Niveau der Protuberantia lateralis, unter M_2, unter M_1, hier wie die Körperhöhe gemessen im Niveau des Foramen mentale (M 69/3) und unter P_2.

Die Dicke des Mandibulakörpers messen wir in denselben Schnitten, senkrecht zur Alveolarebene des Kiefers.

Für den Kiefer aus Ehringsdorf haben wir folgende Werte festgestellt:

Körperhöhe: H 1 27,0 mm rechts sowie links, H 2 ebenfalls 27,0 mm beiderseitig, H 3 rechts 26,0 mm und links 25,0 mm und H 4 rechts 27,0 mm und links 28,0 mm.

Dicke des Ehringsdorfer Kieferkörpers: D 1 17,0 mm rechts sowie links, D 2 16,0 mm rechts und links, D 3 17,0 mm rechts und 16,0 mm links und D 4 rechts 20,0 mm und links nur 16,5 mm.

Die Robustizitätsindizes betragen bei dem Kiefer aus Ehringsdorf wie folgt: I 1 63,0 beiderseitig, I 2 59,3 beiderseitig, I 3 63,0 rechts und 64,0 links und I 4 rechts 74,1 und links 58,9.

Beim Vergleich mit der gemessenen Serie ergibt sich, daß die größte Höhe des Kieferkörpers der Fund aus Mauer ausweist, dann folgen Arago II und Atapuerca und erst danach Ehringsdorf. Dieselbe Folge gilt auch für die Dicke (vgl. Tab. 34, S. 130).

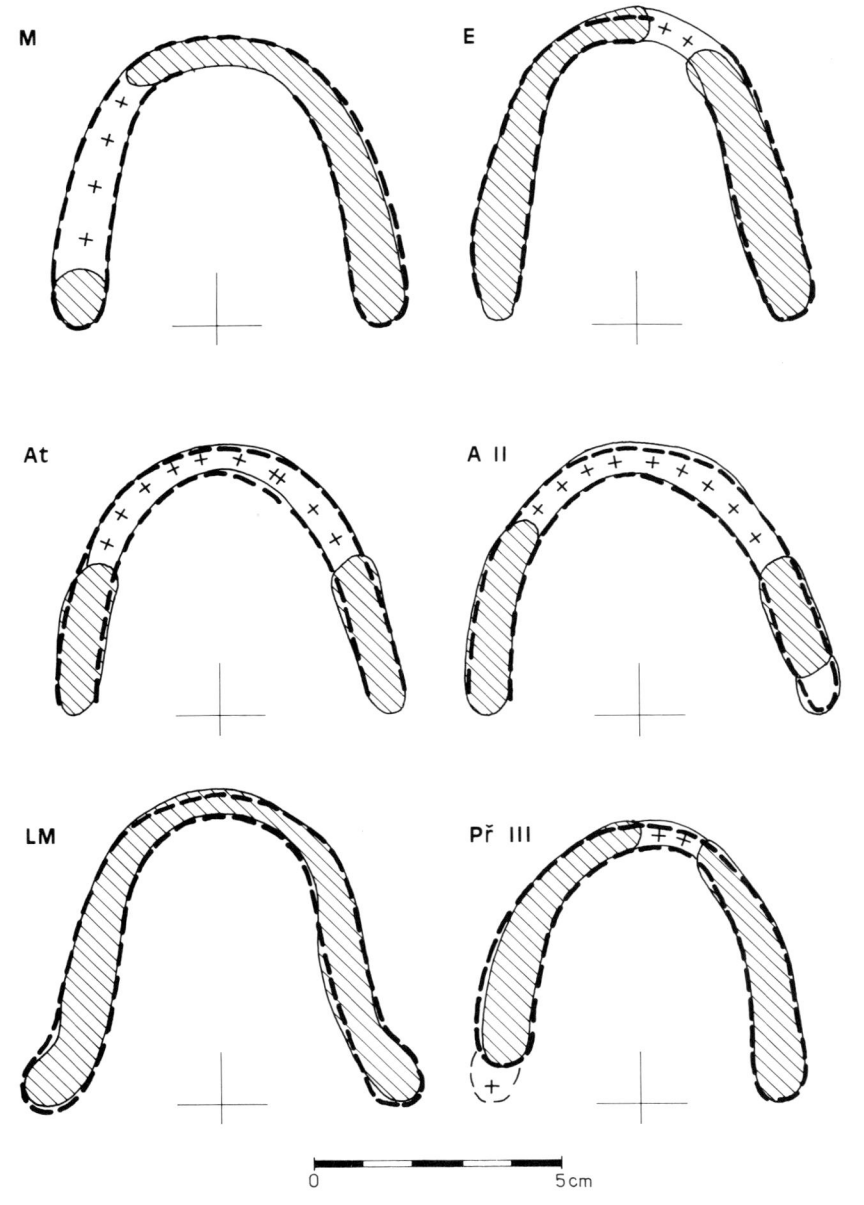

Abb. 66 Basilar- und Alveolarbogen der Mandibel Ehringsdorf im Vergleich mit den Funden Mauer (M), Atapuerca (At), Arago II (A II), Le Moustier (LM) und Předmostí III (PřIII).

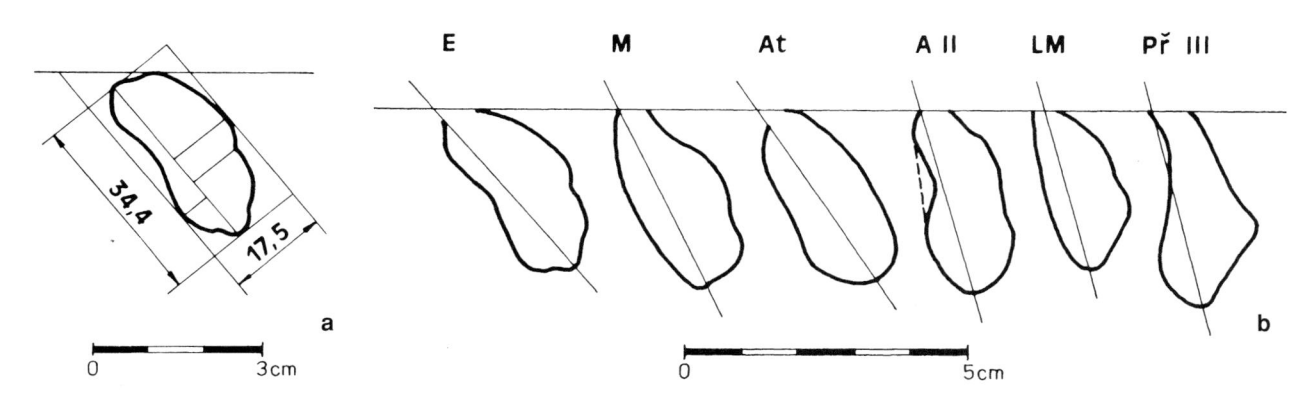

Abb. 67 Robustizität der Kinnpartie des Kiefers Ehringsdorf (a) im Vergleich mit weiteren Funden (b). Bezeichnungen wie Abb. 66.

Tab. 34 Robustizität des Corpus mandibulae

		Höhe /H/ rechts	links	Dicke /D/ rechts	links	Index /I/ rechts	links
Ehringsdorf	1	27	27	17	17	63,0	63,0
	2	27	27	16	16	59,3	59,3
	3	27	25	17	16	63,0	64,0
	4	27	28	20	16,5	74,1	58,9
Mauer	1	31	31	23	23	74,2	74,2
	2	35	32	20,5	20	58,6	62,5
	3	36	35	19	19	52,8	54,3
	4	32	32	20	19	62,5	59,4
Arago II	1	28,5	28	18,3	17	64,2	60,7
	2	31,3	31,3	16,3	15	52,1	47,9
	3	31,3	32	16	14,5?	51,1	45,3?
	4	30	31?	17,3	16,3	57,7	52,6?
Atapuerca	1	28,3	28	20	20	70,7	71,4
	2	28	26,5	19,3	18,5	68,9	62,3?
	3	30	26,5?	18	18	60,6	67,9?
	4	28,5	28	18,5	18,3	64,9	65,4
Le Moustier	1	–	–	–	–	–	–
	2	/26/	25	20	20	/76,9/	80,0
	3	/27/	25	17	18	/63,0/	72,0
	4	/28/	25	17	17	/60,7/	68,0
Předmostí III	1	28?	–	17	–	60,7	–
	2	31	33	17	17	54,8	51,5
	3	35	37	13	17	37,1	45,9
	4	36	38	12	14	33,3	36,8

7.3.1.3. Regio symphysis menti

Die Kinnpartie des Unterkiefers stellt den vorderen Teil des Corpus mandibulae im Ausmaß der Juga alveolaria der beiden Canini dar.

a) Die metrische Bewertung der Kinnpartie

Für die metrische Bewertung der Kinnpartie des Ehringsdorfer Kiefers stehen uns folgende Maße zur Verfügung: vor allem die Kinnhöhe in der Symphyse mit 34,5 mm; die Kinndicke beträgt in der Symphyse 17,5 mm und der errechnete Kinnrobustizitätsindex 50,7.

Tab. 35 Robustizität der Kinnpartie

	Höhe	Dicke	Index
Ehringsdorf	34,5	17,5	50,7
Mauer	34	17	50,0
Atapuerca	34	15	44,1
Arago II	31	15	48,4
Le Moustier	31	15	48,4
Předmostí III	37	19	51,4

Im Verhältnis des Ehringsdorfer Kiefers zur verwendeten Vergleichsserie sehen wir unbedeutende Unterschiede.
Wichtiger erweisen sich die Profilwinkel des Unterkiefers. Wir haben fünf der wichtigsten Profilwinkel zur Charakterisierung der Kinngegend des Unterkiefers ausgewählt.
Zwei von diesen Winkeln sind von der Alveolarlinie abgemessen und drei auf die Basilarlinie rekonstruiert. Beim Ehringsdorfer beträgt der Profilwinkel (Incision – pg auf Basilarlinie) 118° und der Profilwinkel 2 auf die Alveolarlinie nur 60°. Der Profilwinkel 3 (Incision – gn auf Basilarlinie) mißt 55° und der Winkel 4 auf die Alveolarlinie gemessen 53°; Profilwinkel 5 beträgt an der Kreuzung der von Incision gefällten Senkrechte auf die Basilarlinie 89°.

Tab. 36 Die Profilwinkel des Unterkiefers

	E	M	A II	At	LM	PřI
Profilwinkel						
1/Incision-pg: Basilarlinie/	118	89	92	106	86	83
2/Incision-gn: Alveolarlinie /M 79/1b/	60	88	85	70	83	88
3/Incision-gn: Basilarlinie /M 79/1a/	55	74	77	60	83	85
4/Incision-gn: Alveolarlinie	53	64	75	56	72	75
5/Incision-Senkrechte: Basilarlinie /M 79/2/	89	80	86	86	79	80

Im Rahmen der vergleichenden Serie zeigen die Funde Ehringsdorf und Atapuerca die markantesten Unterschiede; sie besitzen die größte Kinnstellungschräge.

b) Beschreibung der Facies anterior

Die Vorderseite der Kinngegend geht in gleichmäßiger Rundung in Gestalt eines Viertelkreises in die Unterseite über bis an die Grenzen der Fossa digastrica heran. Die Vorderseite und die Unterseite sind rauh. Die Vorderseite ist durch eine starke Einbuchtung gegen den Alveolarteil abgegrenzt. Sie hat quer die gleiche Wölbung wie der Basalbogen.

Tuberculum mentale, laterale und Fossa mentalis

Beim Ehringsdorfer Unterkiefer finden wir keine Spuren von üblichem Trigonum mentale. Auf der regelmäßigen Rundung des typischen Mentum osseum (E. VLČEK 1969a, 113 ff.) befindet sich 8,0 mm oberhalb der Grenzen der Fossae digastricae eine sichtbare, ganz schwache rundliche Erhebung 8,0 mm im Durchmesser, die man für Tuber mentale halten kann. Ganz in einer Reihe mit ihm sind beiderseits unterhalb der Juga alveolaria der Canini weitere diskrete rundliche Erhebungen, 12,0 mm breit, die die Tubercula lateralia menti überlagern. Seitlich von diesen wieder in derselben Reihe kann man unterhalb des ersten Prämolaren (B_1) eine kleine Depression von 10,0 mm Breite ertasten, die mit Fossa mentalis übereinstimmen kann.

Incurvatio mandibulae anterior

Die oberhalb liegende Pars alveolaris ist sehr schlecht zu beurteilen wegen der beiden beschriebenen patho-

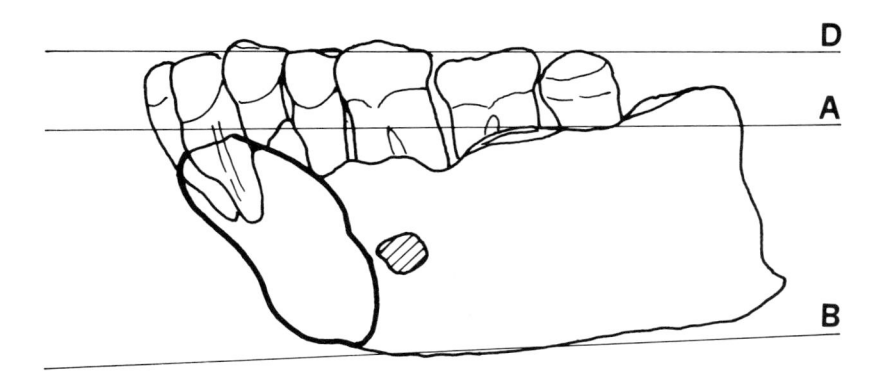

Abb. 68 Ehringsdorf. Dental-, Alveolar- und Basilarlinie des Kiefers.

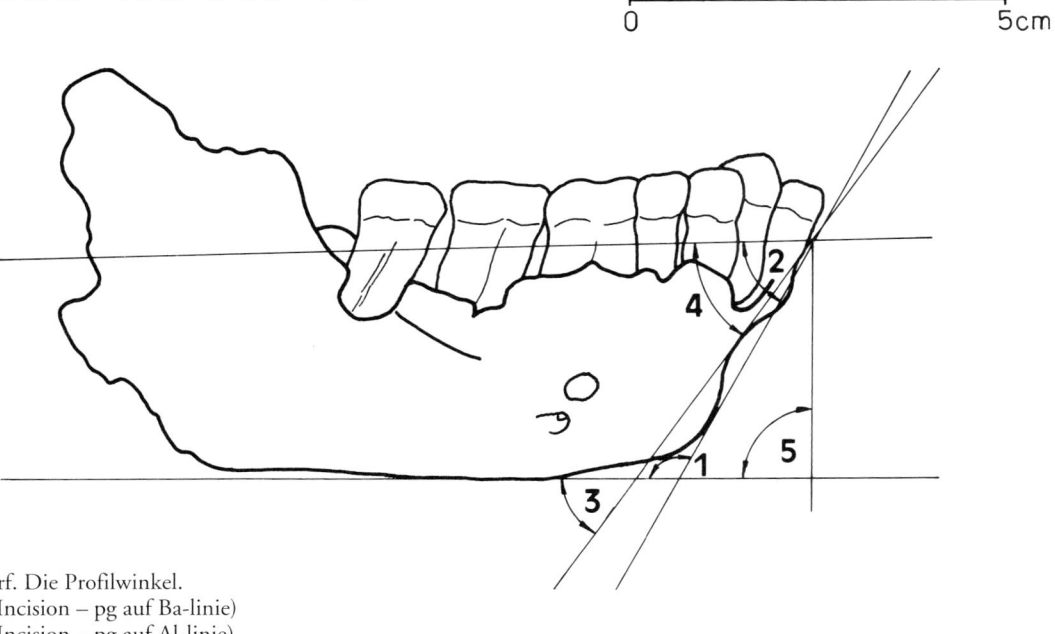

Abb. 69 Ehringsdorf. Die Profilwinkel.
1 – Profilwinkel 1 (Incision – pg auf Ba-linie)
2 – Profilwinkel 2 (Incision – pg auf Al-linie)
3 – Profilwinkel 3 (Incision – gn auf Ba-linie)
4 – Profilwinkel 4 (Incision – gn auf Al-linie)
5 – Profilwinkel 5 (Incision senkrecht zu Ba-linie).

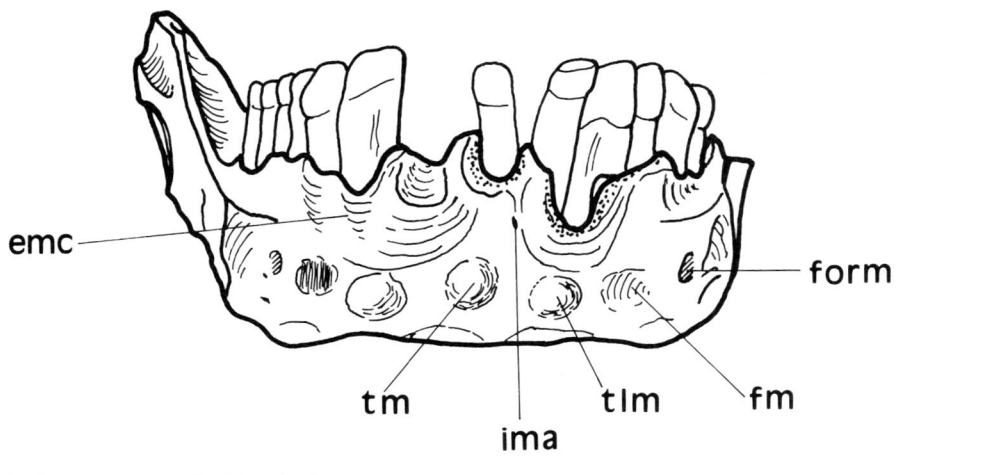

Abb. 70 Ehringsdorf. Facies anterior des Unterkiefers.
emc – Eminentia canina, fm – Fossa mentalis, form – Foramen mentale, ima – Incurvatio mandibulae anterior Virchow, tlm – Tuber laterale menti, tm – Tuber mentale.

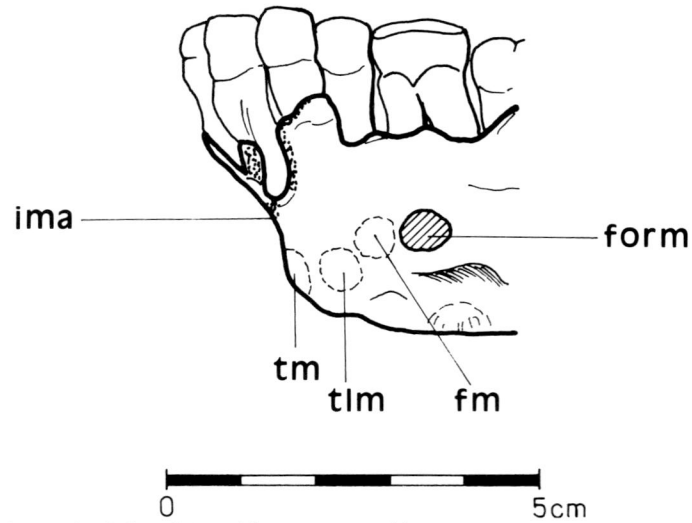

Abb. 71 Ehringsdorf. Die Kinnpartie von der linken Seite. Abkürzungen s. Abb. 70.

logischen Funde in der Gegend der rechtsseitigen Incisivi und des linksseitigen Caninus. Nur die zwischen beiden gebliebenen Incisivi der linken Seite, wo noch der Alveolarrand erhalten blieb, könnten wir zur Beurteilung der Vorderseite der Pars alveolaris nutzen.

Beim Ehringsdorfer Kiefer stellt man eine auffallende bogenförmige Depression fest, durch die der Alveolarrand des Kiefers von der Kinnpartie abgetrennt wird, die H. VIRCHOW (1920) Incurvatio mandibulae anterior nannte. Diese Gebilde findet man in der Stammesgeschichte des Menschen nicht beim Sinanthropus, auch nicht an der Mandibula aus Mauer, aber öfter in voller Entwicklung bei den Neandertaler-Formen (E. VLČEK 1969a, 132 ff.). Das Merkmal kommt auch an den Kiefern des jetzigen Menschen vor, hauptsächlich bei dem sog. negativen Kinn (H. Klaatsch).

Eminentia canina

Die Vorderseite der Kinngegend ist seitlich durch die Juga alveolaria der beiden Canini begrenzt. Beim Ehringsdorfer ist rechts diese Juga entwickelt, so daß wir diese Erhebung als Eminentia canina bezeichnen können. Links ist der vestibuläre Alveolarrand des Caninus vernichtet.

Die Wurzelarea des Unterkiefers (root area)

An der Ventralfläche der Mandibula bewerten wir ein weiteres für die differentiale Diagnose wichtiges Merkmal, die sog. Wurzelarea, die „root area" des F. WEIDENREICH (1936). Bei dieser Bewertung und dem Vergleich können wir eine Reduktion der Wurzel der Vorderzähne gut verfolgen.

Die topographische Abgrenzung dieser Partie ist durch den Abschnitt des Frontalteiles der Mandibula im Ausmaß der Länge der Vorderzähne und auf den Seiten durch den Lateralumriß der Canini-Wurzeln gegeben.

Die obere Abgrenzung der Area legen wir zum unteren Labialrand der Zahnkrone. Damit sind die verschiedenen Grade der Atrophie des Alveolarrandes eliminiert, und alle Individuen können miteinander verglichen werden (E. VLČEK 1969a, 126). Der Unterrand der Area bildet dann die Verbindungslinie der Zahnwurzelspitzen von allen Schneidezähnen und beiden Canini. So bekommen wir eine gut begrenzte Fläche.

Die morphologische Beurteilung können wir auch durch eine metrische Erfassung der Zahnwurzelreduktionsänderungen ergänzen. Über das Verhältnis der Maximalhöhe der root area zu ihrer Maximalbreite informiert uns gut der Höhen-Breiten-Index der root area.

Beim Unterkiefer von Ehringsdorf finden wir kleine Unterschiede zwischen der Wurzellänge der Canini und der Schneidezähne. Die Distalbegrenzung der root area beim Ehringsdorfer hat die Form eines mäßigen Bogens. Damit ist Ehringsdorf den Funden der Neandertaler aus Le Moustier, Ochoz, Subalyuk sehr ähnlich, während bei den Funden von Mauer, Krapina E, H und J dieser Bogen noch höher gewesen ist.

Die maximale Höhe der root area beim Ehringsdorfer ist 25,0 mm und die Breite 40,0? mm. Der daraus bestimmte Index der root area beträgt 62,5. Die Wurzellänge des medialen Incisivus mißt 20,0 mm und die des rechten Caninus 23,0 mm, der Index beträgt damit 86,9.

Tab. 37 Höhen-Breiten-Index der root area (in mm) (E. VLČEK 1969a, Taf. 18)

		max. Höhe	max. Breite	H × B-Index
Krapina	E	30	/38/	/78,9/
	J	26	35	74,3
	H	25	35	71,4
Mauer		25	37	67,6
Subalyuk		23	34	67,6
Le Moustier		22	/38/	/57,0/
Ehringsdorf		25	40?	62,5?

Tab. 38 Index der Vorderzahnwurzeln (in mm) (E. VLČEK 1969a, Taf. 19)

		Caninus Wurzellänge	Wurzellänge d. med. Incisivus	Index
Krapina	E	24	17	70,8
	J	26	20	76,9
	H	22	17	77,3
Mauer		23	18	78,3
Subalyuk		20	17	85,0
Le Moustier		19	17	89,5
Ehringsdorf		23	20	86,9

Tab. 39 Die Reduktion der Vorderzahnwurzeln im Prozentverhältnis zur Symphysenhöhe des Kiefers

Mauer		39–58 %
Krapina	E	51–71 %
	H	43–52 %
	J	37–52 %
Subalyuk		30–51 %
Le Moustier		52–54 %
Ehringsdorf		58–67 %

Nach dieser Auswertung der Wurzelarea in der phylogenetischen Reihe der Menschenformen gehört Ehringsdorf eindeutig in unsere dritte Gruppe, in die die Funde Subalyuk und Le Moustier fallen, d. h. also sehr gut zu den Neandertaler-Formen des Homo sapiens passend.

Die Unterwurzelarea

Die Unterwurzelarea ist oben mit einer die Wurzelspitzen der Vorderzähne berührenden Kurve und unten mit der Verbindungslinie der Wurzelspitzen beider Canini begrenzt.
Auf den Abbildungen können wir den Reduktionsgrad der Wurzellänge der Eckzähne im Hinblick auf die Wurzellänge der Schneidezähne gut vergleichen (E. VLČEK 1969, Abb. 66).
Beim Ehringsdorfer beträgt die Verbindungslinie der Caninenwurzelspitzen 29,0 mm und die Höhe der berührenden Kurve der Vorderzähne nur 4,0 mm. Der Bogen ist also niedrig und regelmäßig gewölbt.
Weiterhin ist es möglich, eine metrische Bewertung der Längenreduktion der Vorderzahnwurzeln mit Rücksicht auf die Symphysengegend des Kiefers, und zwar in Prozenten der Kieferhöhe durchzuführen (F. WEIDENREICH 1936, E. VLČEK 1969).

Die Reduktion der Vorderzahnwurzeln im Prozentverhältnis zur Symphysenhöhe des Ehringsdorfer Kiefers beträgt 58–67 %.

c) Beschreibung der Facies posterior

Die Konfiguration der inneren Fläche der Kinngegend der Mandibula kann erstens unter Berücksichtigung der Sagittalschnitte durch den Kiefer und zweitens durch Betrachtung dieser Gegend festgestellt werden. Wir haben beides genutzt (E. VLČEK 1969a, 134ff.).

Planum alveolare

Der proximale Teil der Innenfläche der Mandibula verläuft beim Kiefer von Ehringsdorf vom Alveolarrand sehr schräg nach hinten in die relativ große Fläche des Planum alveolare herunter. Bei diesem Kiefer steht die Ausbildung des so breiten und rückwärts zusammenlaufenden, etwas konkaven Planum alveolare in direkter Korrelation mit der großen Alveolarenprognathie und mit prägnant ausgebildetem Incurvatio mandibulae anterior. Das bedeutet, je größer die Alveolarenprognathie und je markanter die Incurvatio mandibulae anterior ist, desto breiter und zur Occlusalebene schiefer stehend ist auch das Planum alveolare. Die Breite beim Ehringsdorfer beträgt 18,0 mm. Das Planum alveolare pflegt beim Ehringsdorfer beiderseits konkav zu sein, behält also gut begrenzte Fossae sublinguales. In distaler Richtung geht das Planum in die markant entwickelte Erhöhung des Torus transversus superior HOLL über.

Die Gegend der Fossa geniolossi

Unter dem Torus transversus superior folgt eine geräumige Innenwölbung der Fossa genioglossi TOLDT. Der Distalumriß der Fossa endet mit dem Torus transversus interior HOLL, der eigentlich beim Ehringsdorfer auch den Unterrand der Kiefer bildet.
In der Morphologie dieser Partie lassen sich zwei extreme Grenzen ziehen, zum einen der primitive Zustand, dem wir bei den Anthropoiden begegnen, nämlich die Ausbildung einer Grube – Fossa musculi genioglossi – wo der Musculus genioglossus und der Musculus geniohyoideus entspringen; zum anderen der fortschrittliche Zustand beim rezenten Menschen. Hier an der Stelle der ehemaligen Fossa erheben sich

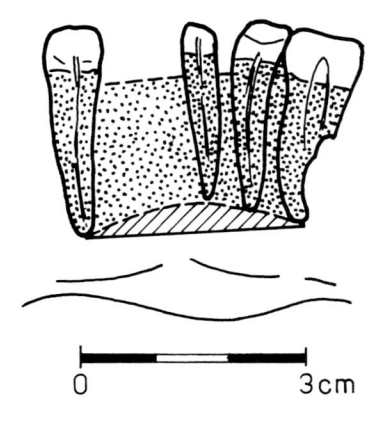

Abb. 72 Ehringsdorf. Die Wurzelarea und die Unterwurzelarea. root area: punktiert, Unterwurzelarea: schraffiert.

Verrauhungen bis zu den Höckern – Spina mentalis. Dieselben sind gewöhnlich paarweise in zwei Etagen ausgebildet und heißen dann Spina musculi genioglossi und Spina musculi geniohyoidei.

Beim Homo erectus erkannten wir eine primitive Organisation dieser Partie. Bei den Formen des Homo sapiens neanderthalensis und bei den Formen der Präneandertaler und Präsapienten finden wir schon eine Zergliederung der ursprünglich einheitlichen Fossa genioglossi.

Den primitiven Zustand dieser Gegend stellen wir beim Mauer-Kiefer und beim Ehringsdorfer Kiefer fest, wo die geräumige Fossa genioglossi gut ausgebildet ist. Beim Krapina-Kiefer finden wir einen Nutritivkanal in einer kleinen Fossa genioglossi und unter derselben eine ganz kleine vertikale Leiste, wo elliptische Verrauhungen als Insertionsstelle des Musculus genioglossus auftreten. Diese Ursprungsstellen befinden sich in Gräbchen. Es gibt hier keine Spina mentalis. Zu dieser Entwicklungsetappe gehören auch die Funde der klassischen Neandertaler, wie Le Moustier, La Quina, Spy I usw.

Am Ehringsdorfer Kiefer sehen wir in der Fossa genioglossi eine trapezoide Verrauhung, wo man im Detail dieses anatomische Merkmal beschreiben kann. In der Sagittalebene dicht unter dem Torus transversus superior ist ein Nutritivkanal. Von ihm läuft vertikal eine 8,0 mm lange und 0,5 mm dicke Leiste, die man als Spina m. genioglossi medialis bezeichnen kann. Von dem oberen Rand dieser medialen Leiste treten an beiden Seiten längliche Verrauhungen auf, die rechten sind 8,0 mm und die linken 6,0 mm lang und sind als Spinae m. genioglossi laterales identifizierbar. Zwischen den medialen und lateralen Leisten liegen noch zwei kleine rundliche Grübchen, die nur 2,0 mm im Durchmesser haben. 3,0 cm von der medialen Leiste entfernt befindet sich eine tiefe Grube, die 3,0 mm Durchmesser hat und die man als Fossa m. geniohyoidei bestimmen kann. Der untere Umriß des Kiefers bildet in dieser Gegend Trigonum nasale.

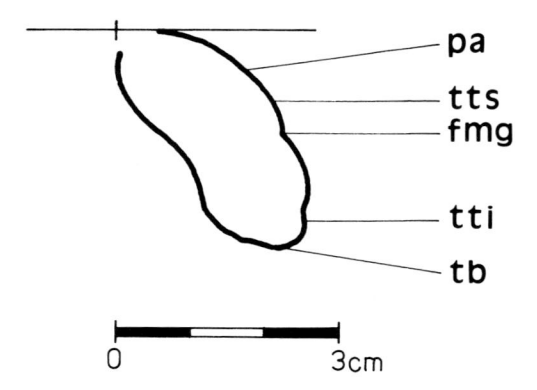

Abb. 73 Die Facies posterior am Sagittalschnitt durch den Ehringsdorfer Kiefer.
fmg – Fossa m. genioglossi, pa – Planum alveolare, tb – tuber basale, tti – Torus transversus, tts – Torus transversus superior HOLL.

Die Basis mandibulae

Die Basalfläche des Ehringsdorfer Kiefers ist sehr charakteristisch ausgebildet.

Sie ist ventral mit zwei symmetrisch entwickelten Kanten begrenzt, die eine median gelagerte dreieckförmige höckerartige Erhöhung besitzt, die als Trigonum basale TOLDT bezeichnet wurde. Dorsal ist die Basalfläche des Unterkiefers mit symmetrisch lateral verlaufenden abgerundeten Kanten abgegrenzt, und die so entstandenen zwei ovalen Depressionen stellen die Fossa digastrica dar.

Die Fossa digastrica ist auch das markanteste Gebilde auf der ganzen basalen Fläche des Kiefers. Beim Ehringsdorfer sind beide Gruben fast horizontal gelegt, nur distal leicht geneigt. Solch horizontale Lage nehmen die Fossae digastricae bei den Funden aus Mauer, Krapina und Le Moustier an (E. VLČEK 1969 a, 139 ff.). Mäßig distal geneigt sind die Fossae bei den klassischen Neandertalern und ziemlich geneigte, schon auf die Lingualfläche des Kiefers gelagerte, finden wir bei den fortgeschrittenen Neandertalern und bei typischen Sapiensformen.

Beide Gruben der Fossa digastrica des Ehringsdorfer Kiefers sind etwas asymmetrisch. Die linke ist einheitlich, 30,0 × 10,0 mm groß, die rechte ist aus zwei begrenzten Depressionen zusammengestellt. Die Größe insgesamt umfaßt 26,0 × 10,0 mm. Die Entfernung beider Gruben voneinander beträgt 6,0 mm, das heißt, daß das Tuberculum (Tuberositas) basale so breit ist.

7.3.1.4. *Facies lateralis externa corporis mandibulae*

Ein einigermaßen vollständiges Bild über die Bildung der Vestibularfläche des Mandibulakörpers bietet die rechte Hälfte des Kiefers.

a) Das Muskelrelief

Außer dem schwach angedeuteten Tuberculum mentale und Tuberculum laterale können wir eher durch Tasten eine Depression feststellen, die wegen ihres Platzes der Fossa mentalis entsprechen würde.

Im mittleren Teil des Kieferkörpers setzt sich am deutlichsten die Protuberantia lateralis durch mit ihrer dreieckigen Form im Ausmaß von 17,0 × 16,0 mm. In der Proximalrichtung geht diese Erhöhung in eine platte Fläche über, die an Sulcus extramolaris anknüpft. Die Einheitlichkeit dieser milden Depression ist durch eine Betonung der Juga alveolaria für P_1 und C gestört. Beim Caninus ist aber die vestibuläre Alveolarpartie abgebrochen, so daß sie kein vollständiges Bild über die Entwicklung der ursprünglichen Eminentia canini darbietet.

Mit ihrer hinteren Begrenzung reicht Protuberantia lateralis bis zum Basalrand des Kieferkörpers, wo wir einen kleinen Knollen, den sogenannten Tuberculum

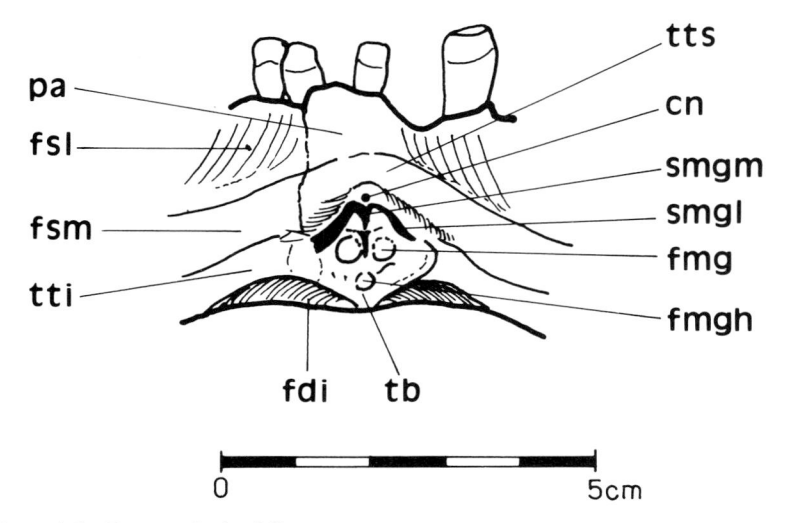

Abb. 74 Ehringsdorf. Die Gegend der Fossa genioglossi TOLDT.
cn – Canalis nutriticus, fdi – Fossa m. digastrici, fmgh – Fossa m. geniohyoidei, fsl – Fossa sublingualis, fsm – Fossa submandibularis, pa – Planum alveolare, smgl – Spina m. genioglossi lateralis, smgm - Spina m. genioglossi medialis, tb – Tuber basale, tti – Torus transversus inferior, tts – Torus transversus superior.

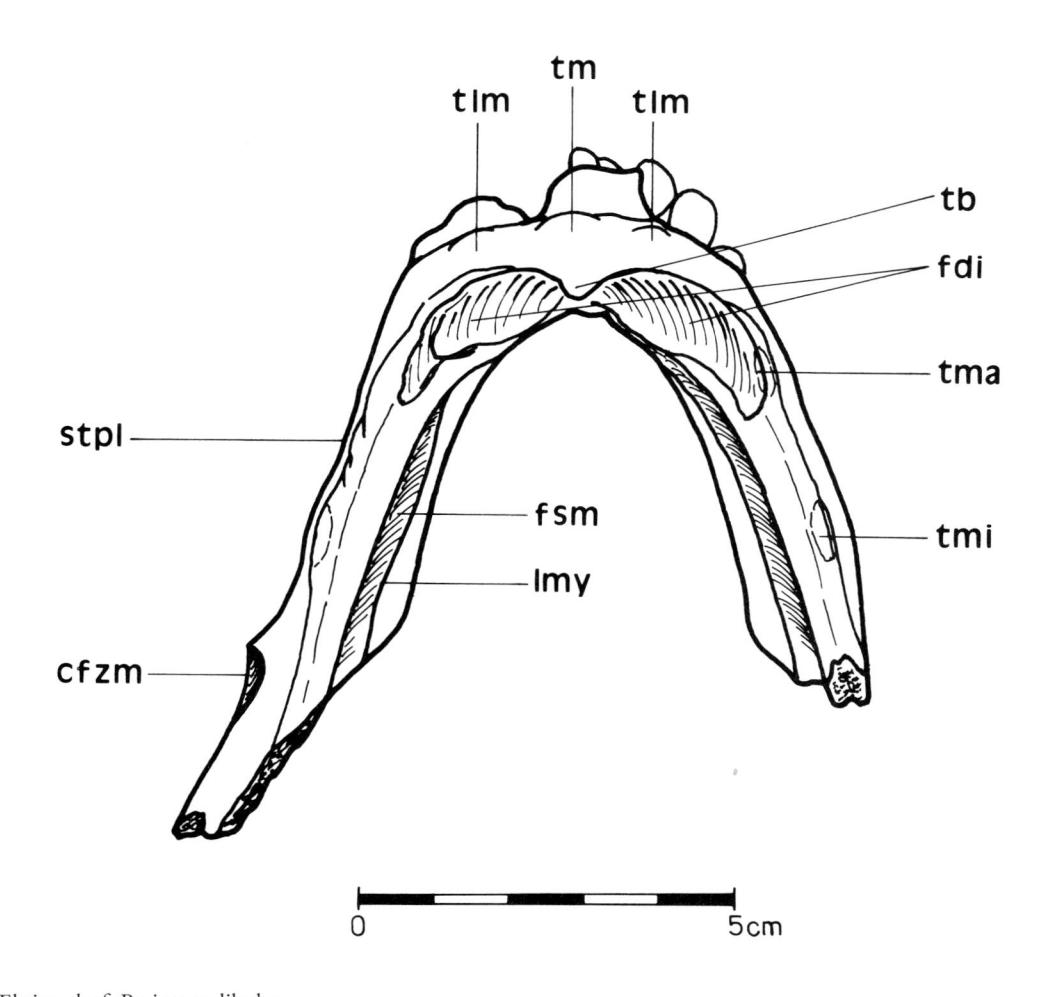

Abb. 75 Ehringsdorf. Basis mandibulae.
cfzm – Crista et fovea zygomaticomandibularis, fdi – Fossa m. digastrici, fsm – Fossa submandibularis, lmy – Linea mylohyoidea, stpl – Striae platysmaticae, tb – Tuber basale, tlm – Tuber laterale menti, tm – Tuber mentale, tma – Tuberculum marginale anterior, tmp – Tuberculum marginale posterior.

marginale posterior, konstatieren können. Ungefähr unter Foramen mentale ist am unteren Rand ein weiterer Knollen –Tuberculum marginale anterior – festzustellen. Die ganze Oberfläche des unteren Kieferrandes zwischen den beschriebenen Knollen zeigt einige schief vorwärts auslaufende streifenartige Rauhungen – Striae platysmaticae. Zwischen dem beschriebenen und dem vorderen Rand der Protuberantia lateralis entsteht eine ovale Vertiefung – Sulcus intertoralis in der Größe von 23,0 × 8,0 mm.

Ein sehr ähnliches Bild der Gestaltung der vestibularen Fläche des Kieferkörpers ergibt sich auch in der linken Hälfte.

b) Foramen mentale

Foramen mentale beim Ehringsdorfer liegt links unter der Mitte von M_1 und auf der rechten Seite unter dem hinteren Viertel des gleichen Zahnes. Das ist sehr weit hinten. Bei Krapina H entspricht seine Mitte dem Spatium zwischen M_1 und M_2, beim Heidelberger dem Vorderrand von M_1, gleiches gilt für die Kiefer Arago II und Atapuerca.

Beim Ehringsdorfer liegt an der rechten Seite dicht am unteren Rand des Foramen mentale eine Grube, die der Verdoppelung der Foramina mentalia entspricht, wie man es auch beim Sinanthropus feststellen kann. Auch die Größe der Foramina mentalia ist bemerkenswert. Das rechte Foramen ist vom Alveolarrand 15,0 mm und vom Basalrand 12,0 mm entfernt. Der mediodistale Diameter beträgt 6,0 mm und die Höhe des Foramen 4,5 mm. Das linke Foramen mentale liegt mit seiner Mitte in der Hälfte der Corpushöhe des Kiefers, also 13,5 mm vom Alveolar- und auch 13,5 mm vom Basalrand des Kiefers. Die maximale Länge des Foramen beträgt 6,8 mm und die Höhe 4,0 mm.

Noch eine Besonderheit sehen wir beim Ehringsdorfer. 2,5 mm unterhalb des rechtsseitigen Foramen mentale ist eine Grube 6,0 × 4,0 mm mit einem Nebenloch vorhanden, also eine Verdoppelung des Foramen mentale.

Dieselbe Situation konstatieren wir beim Heidelberger. Die Foramina mentalia erweisen sich komplizierter durch das Vorhandensein von Nebenlöchern. Das linke Foramen ist vom Alveolarrand 14,5 mm und vom Basalrand 13,5 mm entfernt. Seine horizontale Ausdehnung beträgt 6,7 mm, der vertikale Durchmesser 4,7 mm. 2,7 mm über demselben mehr im Bereich von P_2 gelegen, befindet sich ein zweites 4,0 × 2,0 mm großes Loch. Das rechte Foramen mentale ist 5,4 mm lang und 3,5 mm breit und liegt 15,7 mm vom Alveolar- und 14,5 mm vom Basalrand entfernt. Es zeigt zwei Nebenlöcher, von denen das eine in der Größe eines Stecknadelkopfes, 4,5 mm höher und mehr unter P_2 gelegen ist, während das andere niedriger liegt und sich mehr in Richtung M_1 befindet (O. SCHOETENSACK 1908, 29).

Bei dem Fund Arago II sieht die Situation so aus: Foramen mentale rechts liegt 18,5 mm vom Alveolar- und 12,5 mm vom Basalrand des Kieferkörpers. Das Foramen mißt 4,0 × 3,0 mm. Das linke Foramen mentale befindet sich 20,0 mm vom Alveolarrand und 13,0 mm vom Basalrand des Kiefers; die Größe beträgt 3,5 × 3,0 mm.

Der Atapuerca-Kiefer ergibt diese Relation: Rechts 14,0 mm vom oberen und 13,0 mm vom unteren Rand des Kiefers sitzt das Foramen, 6,0 × 3,5 mm groß. Links 13,0 mm vom Alveolarrand und 15,0 mm vom Basalrand ist das Foramen zwischen M_1 und P_2 ausgebildet. Die Größe beträgt 6,5 × 3,5 mm.

7.3.1.5. *Facies lateralis interna corporis mandibulae*

Die vestibuläre sowie die linguale Fläche von Corpus mandibulae weisen eine Reihe verschiedener Merkmale des modernen Menschen aus.

Auch in dieser Hinsicht ist die auffallende Verlängerung des Planum alveolare bemerkbar, links ist die Fossa sublingualis stärker vertieft, die proximal durch eine wallförmige Gestaltung des alveolaren Randes gut begrenzt ist. Dieser wird in der Molarengegend vom typischen Torus triangularis gebildet. Bei M_3 geht der Torus in einen knolligen Torus triangularis über. Distal ist Planum alveolare vom abgerundeten Wall des Torus transversus begrenzt, der eine Höhe bis 8,0 mm erreicht und in der Gegend M_2 und M_3 an die Kante Linea mylohyoidea keilförmig anknüpft. Diese steigt weiter in Crista pharyngea.

Unter Torus transversus superior ist die lange, horizontal gelegene Fossa submandibularis gebildet, 8,0 bis 9,0 mm breit und bis 4,0 mm tief. Die Fossa beginnt schon in der Gegend unter P_1–P_2 und reicht bis unter die Gegend des Trigonum retromolare. Hier endet sie bei der bogenförmigen Tuberositas pterygoidea. Die Distalbegrenzung der Fossa submandibularis ist ebenfalls markant und wieder durch den Wall des Torus transversus inferior begrenzt, der 5,0 bis 7,0 mm hoch ist und mit einer nicht auffallenden Kante in die Basalfläche des Kiefers übergeht. Die Erniedrigung des Walles im vorderen Teil wird durch die horizontal gelegene Fossa digastrica verursacht. Sonst ist der Basalrand des Kiefers glatt ohne markante Rauhungen.

7.3.1.6. *Ramus mandibulae*

Ramus mandibulae ist teilweise rechts erhalten: die Gegend der Tuberositas masseterica und die Fossa masseterica inferior. Diese ist im vorderen Teil durch die Kante Linea obliqua begrenzt. Der hintere Rand dieser Fossa bildet das Tuberculum laterale, und in der hinteren Partie bildet die Begrenzung Eminentia masseterica lateralis. Es fehlt der hintere Rand des Kieferastes und die Gegend des Angulus mandibulae. Proximal fehlt weiter Processus coronoideus, und zwar von

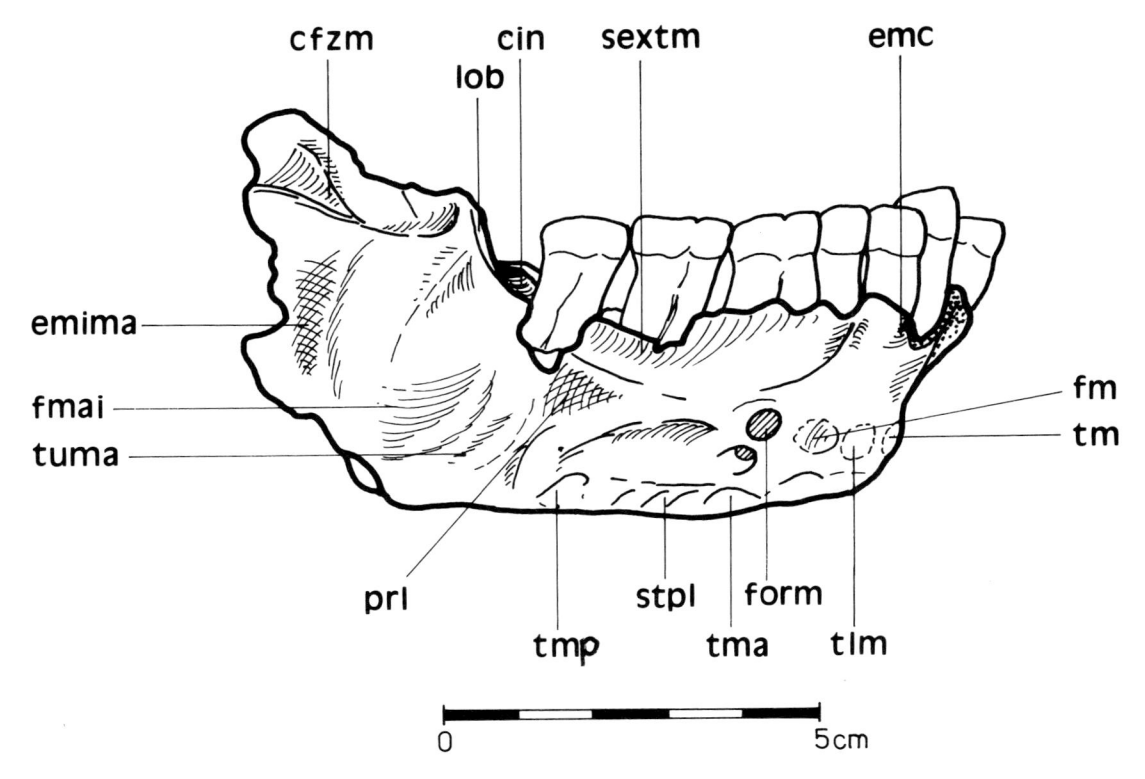

Abb. 76 Ehringsdorf. Facies lateralis externa dx.
cfzm – Crista et fovea zygomaticomandibularis, cin – Crista interna (retromolare), emc – Eminentia canina, emima – Eminentia masseterica lateralis, fm – Fossa mentalis, fmai – Fossa masseterica inferior, form – Foramen mentale, lob – Linea obliqua, prl – Protuberantia lateralis, sextm – Sulcus extramolaris, stpl – Striae platysmaticae, tlm – Tuber laterale menti, tm – Tuber mentale, tma – Tuberculum marginale anterior, tmp – Tuberculum marginale posterior, tuma – Tuberositas masseterica.

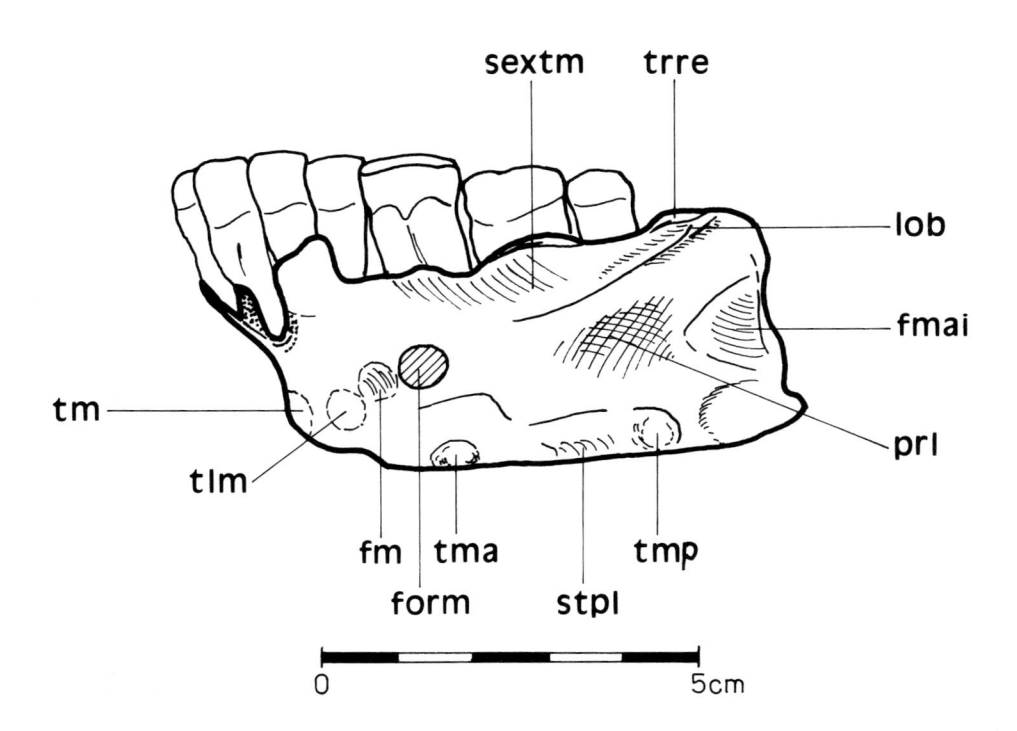

Abb. 77 Ehringsdorf. Facies lateralis externa sin. trre – Trigonum retromolare. Abkürzungen s. Abb. 76.

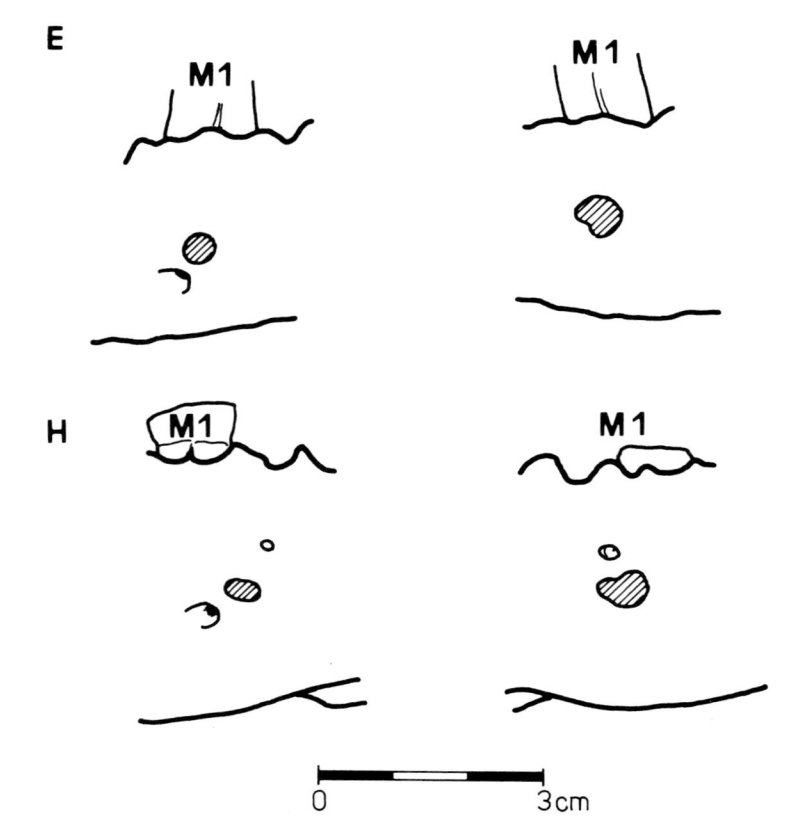

Abb. 78 Foramina mentalia.
Beim Ehringsdorfer-(E) rechts und links (oben) und beim Heidelberger-(H) rechts und links (unten).

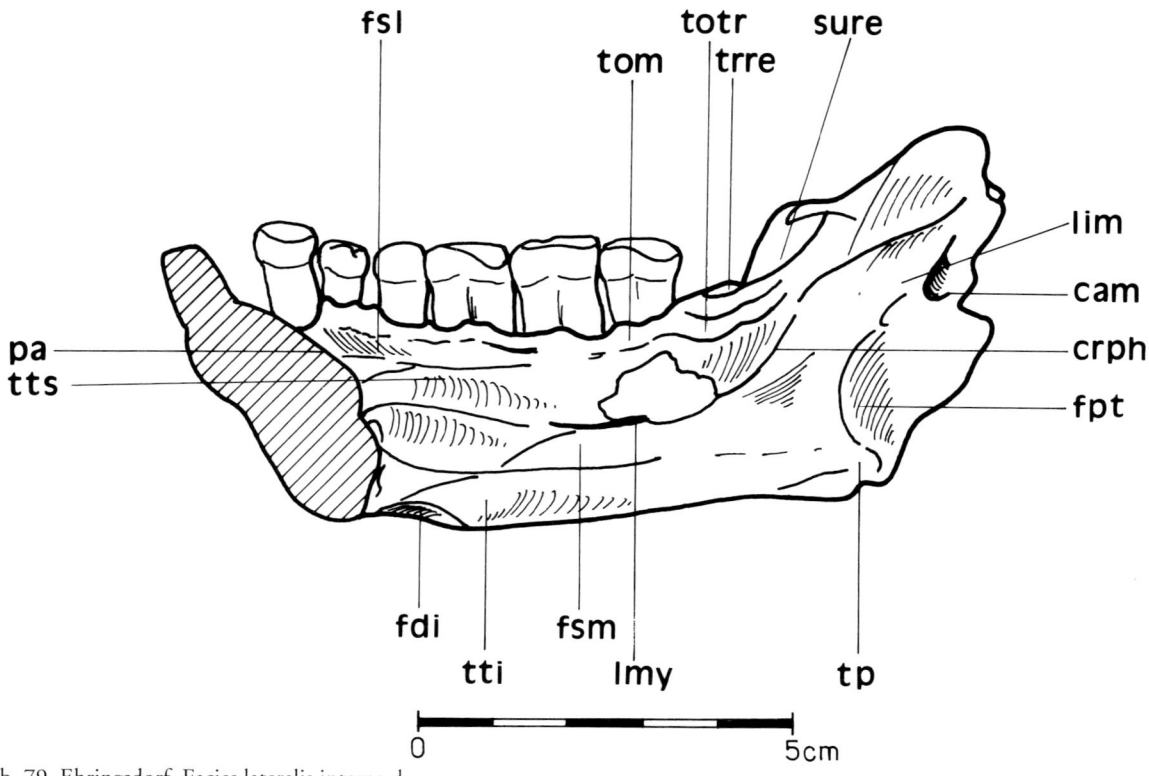

Abb. 79 Ehringsdorf. Facies lateralis interna dx.
cam – Canalis mandibulae, crph – Crista pharyngea, fdi – Fossa m. digastrici, fpt – Fossa pterygoidea, fsl – Fossa sublingualis, fsm – Fossa submandibularis, lim – Lingula mandibulae, lmy – Linea mylohyoidea, pa – Planum alveolare, sure – Sulcus retromolaris, tom – Torus mandibularis, totr – Torus triangularis, tp – Tuberositas pterygoidea, trre – Trigonum retromolare, tti – Torus transversus inferior, tts – Torus transversus superior.

der Basis der Fossa masseterica superior, die von Crista musculi zygomaticomandibularis begrenzt ist (R. Čihak / E. Vlček 1962). Der erhaltene schmale Rest der anknüpfenden Fossa m. zygomaticomandibularis beweist die mächtige Entwicklung der Basalproportion des Musculus masserer, die M. zygomaticomandibularis genannt wird.

Auf der inneren Seite des erhaltenen Teiles des Ramus mandibulae ist streifenförmige Tuberositas pterygoidea sichtbar, die gleichzeitig den vorderen Teil der Fossa pterygoidea begrenzt. Oberhalb des Canalis mandibulae ist die Lingula mandibulae abgebrochen. Vom Kanal läuft nicht mal eine Andeutung von Sulcus mylohyoideus aus.

Beim Anblick von oben können wir knollenförmige Trigonum retromolare und Sulcus retromolaris feststellen.

7.3.1.7. Pars alveolaris mandibulae

a) Der Zahnbogen des Ehringsdorfer Kiefers

Der Kiefer von Ehringsdorf hat bis auf zwei fehlende rechtsseitige Incisivi ein komplettes Gebiß, so daß die Form seines Zahn- und Alveolarbogens beurteilt werden kann. Über den Alveolarbogen haben wir schon vorn gesprochen. Nach der Korrektur der veränderten Lage der bleibenden linksseitigen Incisivi, des rechten Caninus und der vestibulomesialen Rotation des M_3 dx. erhielten wir glaubhaftere Angaben für metrische und morphologische Charakterisierung des Zahnbogens des Ehringsdorfer Kiefers.

Länge, Breite und Index des Dentalbogens

Die Länge des Zahnbogens beträgt 63,0 mm, die Breite 66,0 mm und der daraus bestimmte Index des Zahnbogens ist 95,5.

In Tab. 40 sehen wir die Variationsbreite des Zahnbogenindexes bei den mittelpleistozänen Menschen.

Tab. 40 Länge, Breite und Index des Zahnbogens

	Länge	Breite	Index
Mauer	59	63	93,6
Ehringsdorf	63	66	95,5
Atapuerca	/55/	56	/98,2/
Arago II	56	75	74,7
Le Moustier	/64/	/75/	/85,3/
Předmostí III	/58/	/67/	/86,6/

Die Form des Dentalbogens

Graphisch haben wir die Zahnbogenform durch eine Umschreibungskurve der Occlusalfläche sämtlicher Zähne in der Norma verticalis ausgedrückt (E. Vlček 1969a, 144ff.).

Der graphische Vergleich des Zahnbogens des Ehringsdorfer Kiefers zeigt, daß der Fund von Ehringsdorf den längsten und schmalsten Dentalbogen besitzt. Die Funde aus Mauer, Arago und Atapuerca haben breitere und kürzere Dentalbögen. Alle diese Kiefer besitzen den parabolischen Bogen, nur Ehringsdorf und Le Moustier neigen zur typischen U-Form des Zahnbogens.

Nach diesem Merkmal gehört Ehringsdorf mehr zur Form des Neandertalers.

Die Konvergenz des Zahnbogens

Die Konvergenz kann man mit dem inneren Alveolarwinkel ausdrücken, den wir zwischen beiden Molarenreihen gemessen haben.

Der innere Alveolarwinkel beträgt beim Ehringsdorfer 25° und ist damit dem des Neandertalers aus Le Moustier ähnlich. Die Formen aus Arago II und Atapuerca überschreiten schon die Grenze 31°. Der Mauer-Kiefer fällt mit 27° des Alveolarwinkels zwischen die erwähnten Formen.

Tab. 41 Innere Alveolarwinkel

	Winkel
Le Moustier	25°
Mauer	27°
Ehringsdorf	25°
Předmostí III	28°
Atapuerca	31°
Arago II	34°

Die innere Breite des Zahnbogens

Diese Breite mißt man von der labialen Fläche der Kronen der Molaren, Prämolaren, Canini und zwischen beiden I_2.

Tab. 42 Die Breite des Zahnbogens

Innere Breite	I_2	C	P_1	P_2	M_1	M_2	M_3	Länge des Zahnbogens
Mauer	15	24	33?	40?	40?	45?	49	59
Ehringsdorf	–	/30/	32	34	38	43	48	63
Atapuerca	–	–	–	–	41	47	54	/55/
Arago II	–	–	–	38?	43?	50	/58/	56
Le Moustier	17	27	31	36	38	41	52	/64/
Předmostí III	/15/	24	30	36	37	42	/46/	/58/

Wir sehen die genaueste Analogie zwischen Ehringsdorf, Mauer und Le Moustier. Die Kiefer von Atapuerca und Arago II haben breitere Zahnbögen hauptsächlich im Molarenabschnitt, wie es der Index des inneren Zahnbogens dokumentiert.

Tab. 43 Breiten-Längen-Index des inneren Zahnbogens

	I_2	C	P_1	P_2	M_1	M_2	M_3
Mauer	25,4	40,7	55,9?	67,8?	67,8?	76,3?	83,1
Ehringsdorf	–	/47,6/	50,8	54,0	60,3	68,3	76,2
Atapuerca	–	–	–	–	74,5	85,5	98,2
Arago II	–	–	–	67,8?	76,8?	89,3	/103,6/
Le Moustier	26,6	42,2	48,4	56,3	59,4	64,1	81,2
Předmostí III	25,9	41,4	51,7	62,1	63,8	72,4	79,3

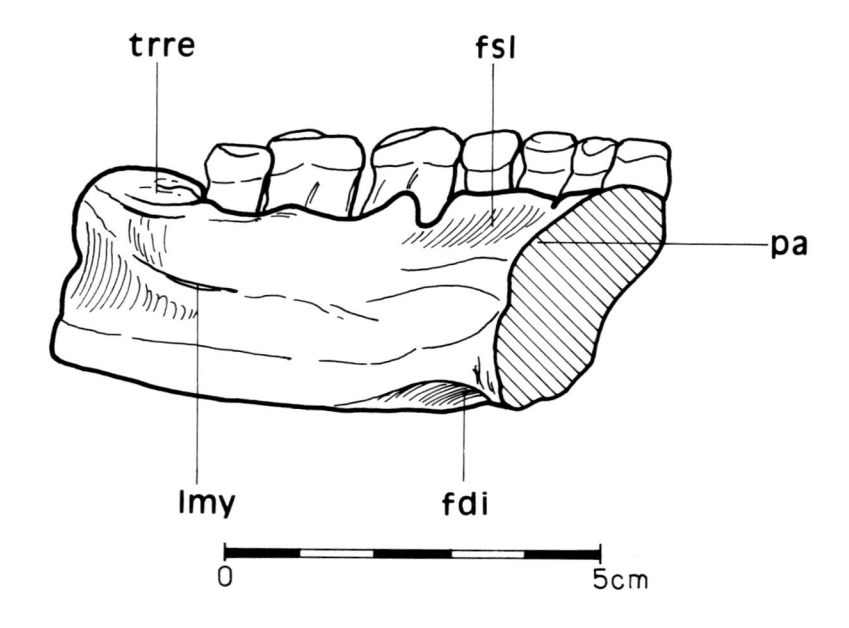

Abb. 80 Ehringsdorf. Facies lateralis interna sin. Abkürzungen s. Abb. 79.

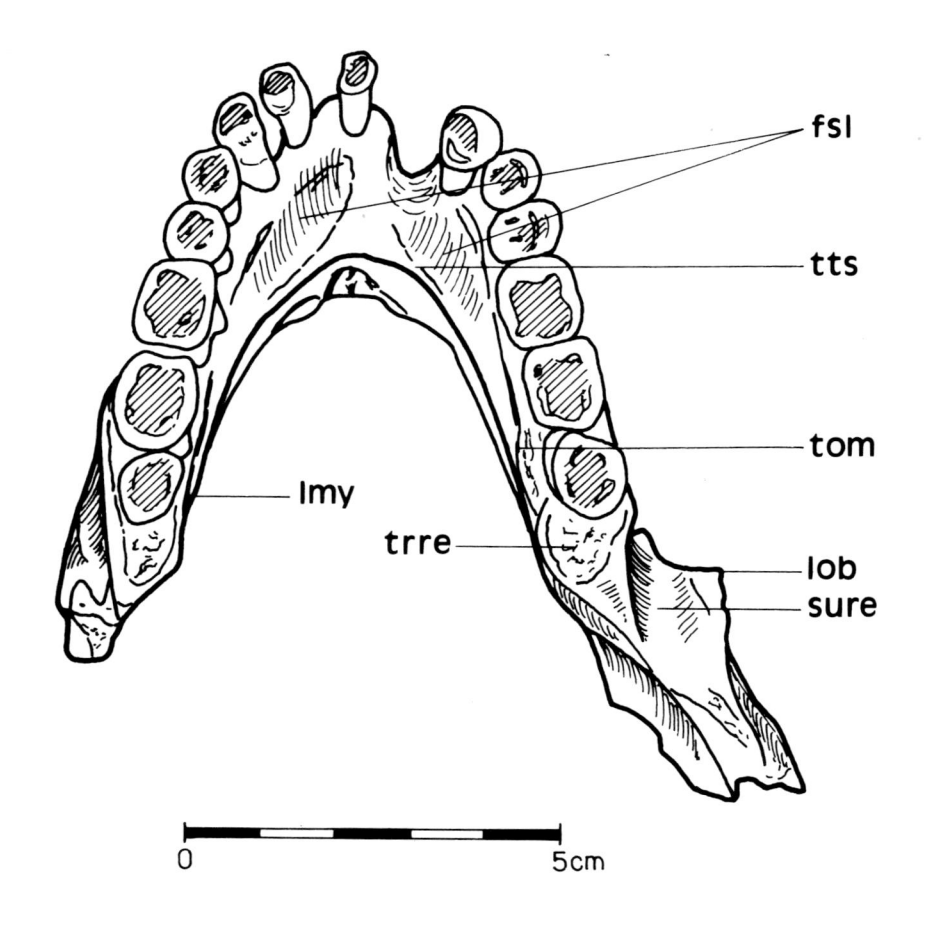

Abb. 81 Ehringsdorf. Pars alveolaris et ramus mandibulae.
fsl – Fossa sublingualis, lmy – Linea mylohyoidea, lob – Linea obliqua, sure – sulcus retromolaris, tom – Torus mandibularis, trre – Torus retromolaris, tts – Torus transversus superior.

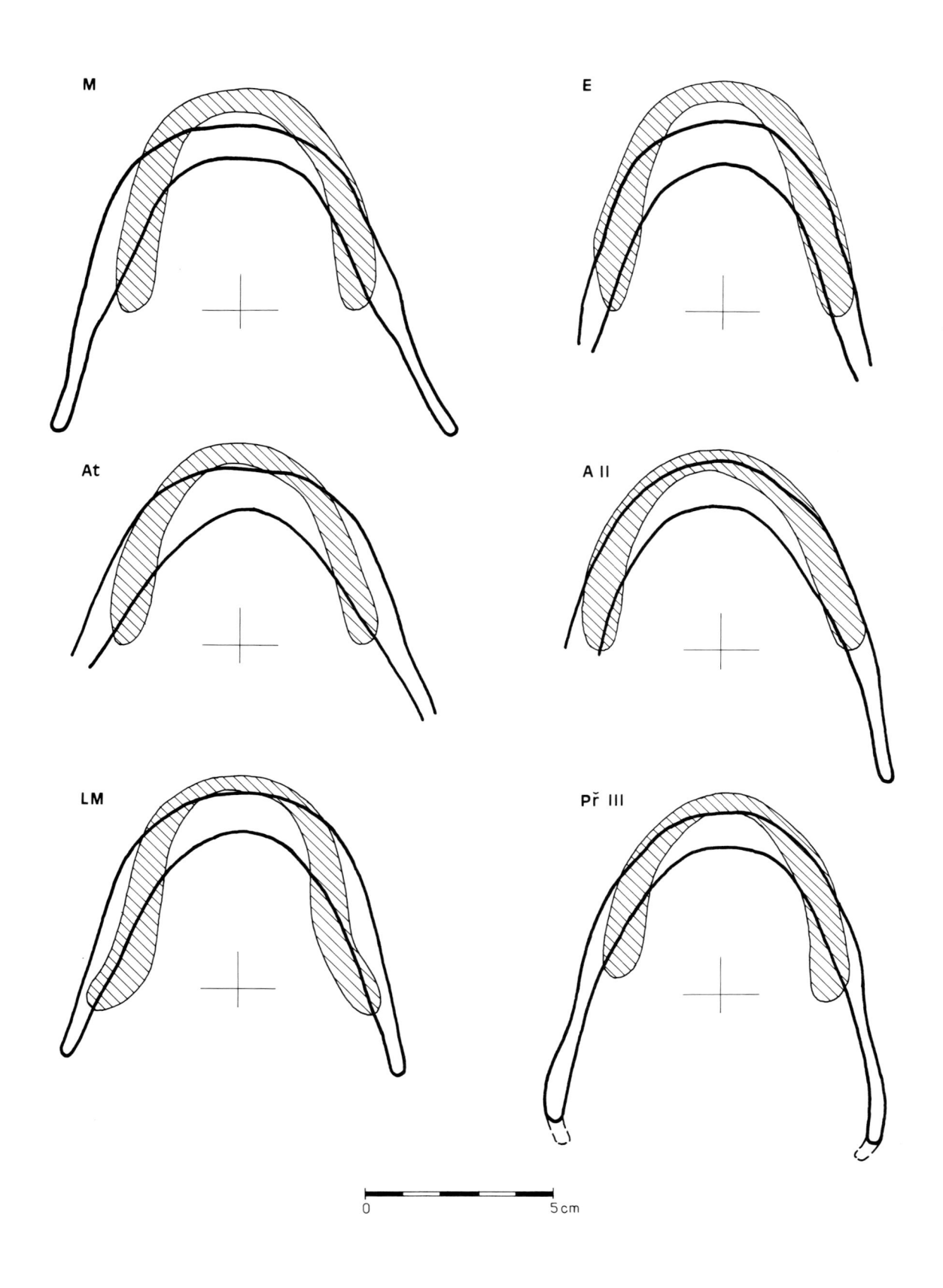

Abb. 82 Die Form der Dentalbögen.
M – Mauer, E – Ehringsdorf, At – Atapuerca, A II – Arago II, LM – Le Moustier und Př III – Předmostí III.

Die Dentallänge und Molarlänge

Der fast komplette Zahnbogen beim Ehringsdorfer ermöglicht es, auch die Größe der Zahngruppenkategorien zu beurteilen.
Die Dentallänge M 80/2/ beträgt beim Ehringsdorfer beiderseits 50,0 mm. Diese Länge ist auch bei dem Fund aus Le Moustier beiderseits feststellbar, rechts 53,0 mm und links 55,0? mm. Beim Mauer-Kiefer beträgt die Dentallänge rechts 52,0 mm und bei Předmostí III 50,0 mm.

Tab. 44 Die Dental- und Molarlänge (in mm)

| | Dentallänge | | Molarlänge | | ganze Zahnbogenlänge |
	rechts	links	rechts	links	links
Ehringsdorf	50	51,5	35	34	63
Mauer	51	–	37	–	59
Atapuerca	–	–	33	33	/55/
Arago II	–	/48,0/[+]	–	34,7	56
Le Moustier	53?	55?	38?	39?	/64/
Předmostí III	50	–	36	–	/58/

[+]/ M.-A. DE LUMLEY 1973

Etwas bessere Informationen gibt die Molarlänge, die bei allen Funden meßbar ist. Bei Ehringsdorf bekommen wir unterschiedliche Maße, rechts 35,0 mm und links 34,0 mm, was mit dem kleinem M_3 links zusammenhängt. Le Moustier und Mauer ergaben größere Längen von 37,0–39,0 mm. Die kleinste ist bei dem Fund aus Atapuerca mit 33,0 mm beiderseits zu finden.
Wenn wir diese Dentallänge und Molarlänge mit der ganzen Zahnbogenlänge vergleichen, bekommen wir folgendes Bild: erstens einen Unterschied in mm zwischen der ganzen Zahnbogen- und Dentallänge und auch hinsichtlich der Molarlänge; zweitens bestimmen wir die Indizes zwischen ganzer Zahnbogenlänge und Dental- und Molarlänge.
Auch bei diesem Vergleich sieht man klar die Proportionsverhältnisse des Zahnbogens in drei Abschnitten – Vordergebiß gegen Hintergebiß und Molarenanteil in der ganzen Zahnbogenlänge. Beim Ehringsdorfer sind beide Indizes die kleinsten.

Tab. 45 Unterschiede zwischen der Zahnbogenlänge (in mm) und der Dental- und Molarlänge

| | Zahnbogenlänge | Dentallänge | | Molarlänge | |
		rechts	links	rechts	links
Ehringsdorf	63	/13/	/12,5/	/28/	/29/
Mauer	59	/8/	–	22	–
Atapuerca	/55/	–	–	/22/	/22/
Arago II	56	–	/8/	–	/22/
Le Moustier	/64/	/11/	/9/	/26/	/27/
Předmostí III	/50/	/8/	–	/22/	–

Tab. 46 Index der Dentallänge und Molarlänge zur ganzen Zahnbogenlänge

| | I. d. Dentallänge | | I. d. Molarlänge | |
	rechts	links	rechts	links
Ehringsdorf	79,4	81,7	55,6	54,0
Mauer	86,4	–	62,7	–
Atapuerca	–	–	60,0	60,0
Arago II	–	85,7	–	60,7
Le Moustier	82,8	85,9	59,4	60,9
Předmostí III	86,2	–	62,1	–

7.3.2. Zähne (Tab. LVII–LXI)

Im Kiefer des Ehringsdorfers sind alle Zähne vorhanden mit Ausnahme der beiden rechten Incisivi. Alle Zähne sind sehr abgekaut. Bei manchen, hauptsächlich bei den Molaren, reicht die Abschleifung des Emails tief ins Dentin, ja sogar bis zur Pulpahöhle, wo auch das Ersatzdentin (sekundäres Dentin) angeschliffen ist. Damit sind die Kronendetails fast komplett verschwunden, aber trotzdem kann man noch einige wertvolle Beobachtungen an den Zähnen machen. Es ist gut möglich, die Robustizität der einzelnen Zähne, d. h. die Breite, Dicke und Höhe der Kronen festzustellen. Weiterhin lassen sich Aussagen über die Wurzeln und Pulpahöhlen machen und sogar wichtige Fragen erörtern, die an die Abschleifung des Gebisses anknüpfen.

7.3.2.1. Die Robustizität der Zähne

Die Robustizität der Einzelzähne kann man gut durch den Modul der Robustizität ausdrücken (vgl. Abb. 84, S. 144).
Beim Ehringsdorfer sind die linken Incisivi mittelgroß, die Canini größer als die Prämolaren. Bei den Prämolaren sehen wir rechts die Prädominanz beim P_2 vor P_1, aber links ist P_1 größer als P_2.
Wir bekommen also diese Formel: $dx = C > P_1 < P_2$
$sin = C > P_1 > P_2$

Tab. 47 Modul der Robustizität der Zähne des Ehringsdorfers

| | mesio-distale Länge | | vestibulo-linguale Breite | | Modul MD × VL | |
	rechts	links	rechts	links	rechts	links
I_1	–	5,0	–	8,0	–	40,0
I_2	–	5,8	–	8,2	–	47,6
C	7,8	8,5	9,0	9,0	70,2	76,5
P_1	7,3?	7,8	9,0	8,7	65,7	67,9
P_2	7,3	7,0	10,0	9,3	73,0	65,1
M_1	12,0	12,0	11,0	11,0	132,0	132,0
M_2	12,3	13,0	11,0	11,3	135,3	146,9
M_3	10,3	9,0	10,0	8,0	103,0	72,0

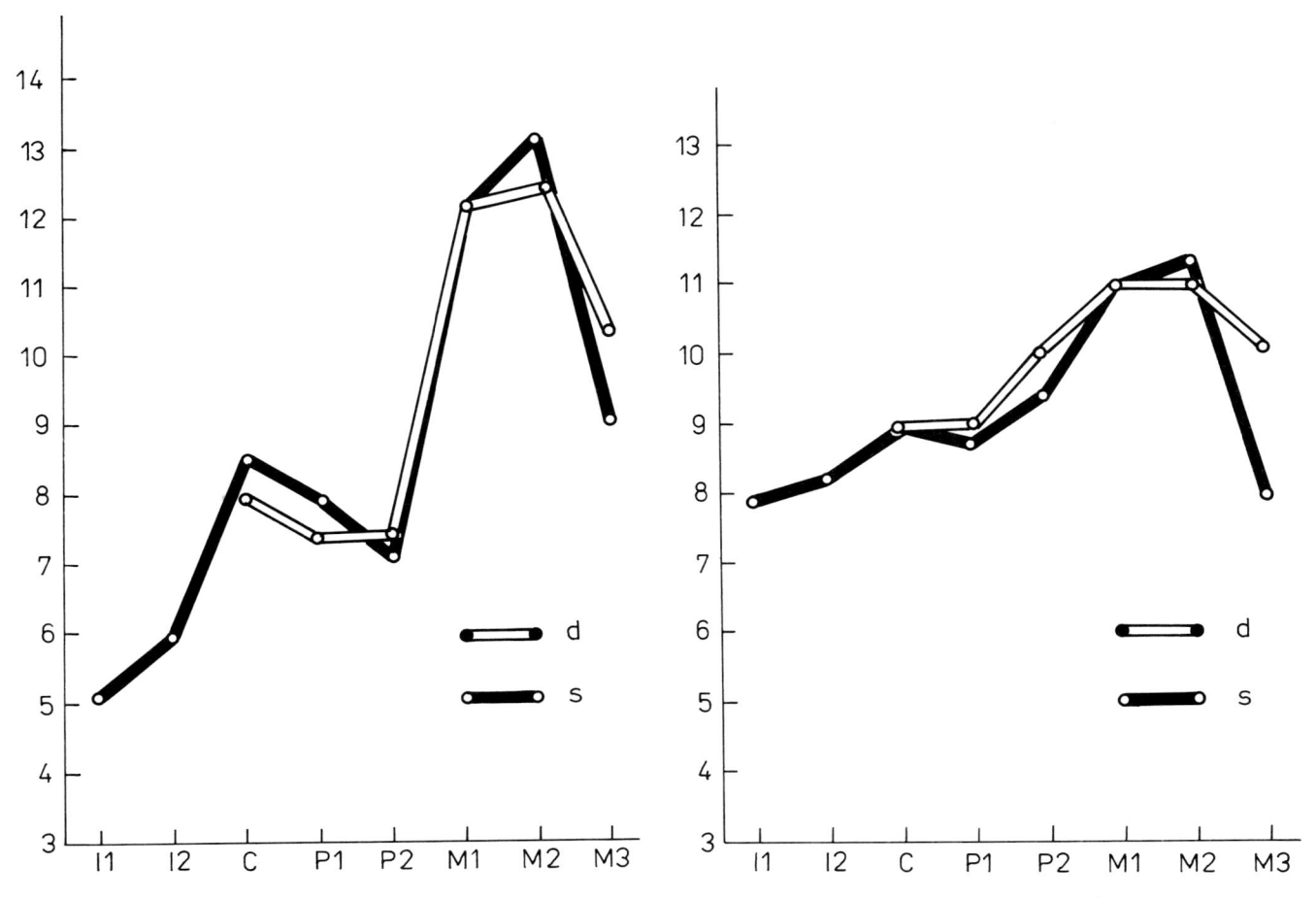

Abb. 83 Ehringsdorf. Mesio-distale Länge (links) und vestibulo-linguale Breite (rechts) der Zähne. d – rechts, s – links.

In der Gruppe der Molaren, hauptsächlich links, sehen wir, daß der M_3 viel kleiner ist als beide M_1 und M_2. Die Reduktion des M_3 ist auffallend:

$$dx + sin = M_1 < M_2 > M_3$$

Bei dem Kiefer aus Mauer ist P_1 robust und P_2 schwach ($C < P_1 > P_2$), und die Reduktion des M_3 ist auch vorhanden ($M_1 < M_2 > M_3$).

Bei Arago II ist der M_2 der größte, bei Atapuerca geht die Reduktion des Gebisses von hinten nach vorn, und M_2 ist der größte. Bei Le Moustier und bei dem Mann aus Předmostí III stellt man die umgekehrte Richtung der Molarenreduktion fest von vorn nach hinten, also ist M_3 der größte.

In unserer Vergleichsserie sind alle drei Möglichkeiten der Prädominanz der Molaren vorhanden: Prädominanz der M_2 bei Ehringsdorf, Mauer und Arago II, Prädominanz der M_1 bei Atapuerca und schließlich der größte M_3 bei den Funden aus Le Moustier und Předmostí III.

Sehr interessant ist der Vergleich der Hauptdimensionen der Einzelzähne des Ehringsdorfers mit der Auswahl, die M.-A. DE LUMLEY (1973, Fig. 113, 114 und 115) in ihren Diagrammen vorgestellt hat. Ehringsdorf steht zwischen Arago II, Mauer und den französischen Neandertalern (vgl. Abb. 85, 86, S. 145 u. Abb. 87, S. 149).

Tab. 48 Reduktionsgrad der Molaren

	Reduktionsgrad der Molaren
Mauer	$M_1 < M_2 > M_3$
Ehringsdorf	$M_1 < M_2 > M_3$
Arago II	$M_1 < M_2 > M_3$
Atapuerca	$\mathbf{M_1} > M_2 > M_3$
Le Moustier	$M_1 < M_2 < \mathbf{M_3}$
Předmostí III	$M_1 < M_2 < \mathbf{M_3}$

7.3.2.2. Maße der Zähne

Die Zahnmaße haben wir am vollständig präparierten Originalstück des Ehringsdorfer Kiefers abgenommen. Die Gesamtlänge der Zähne haben wir auf den Röntgenaufnahmen, wo deutlich erkennbar, abgemessen. Auf der Krone sind die mesio-distale Länge und die vestibulo-linguale Breite, weiter die vestibuläre und linguale Höhe an den erhaltenen Kronen gemessen. Auf dem Zahnhals wurden auch mesio-distale und vestibulo-linguale Diameter gemessen. Dieselben Dimensionen sind auch an der oberen Partie der Zahnwurzeln, wo es möglich war, abgenommen worden.

Die Maße gibt folgende Tabelle wieder:

Tab. 49 Maße der Zähne

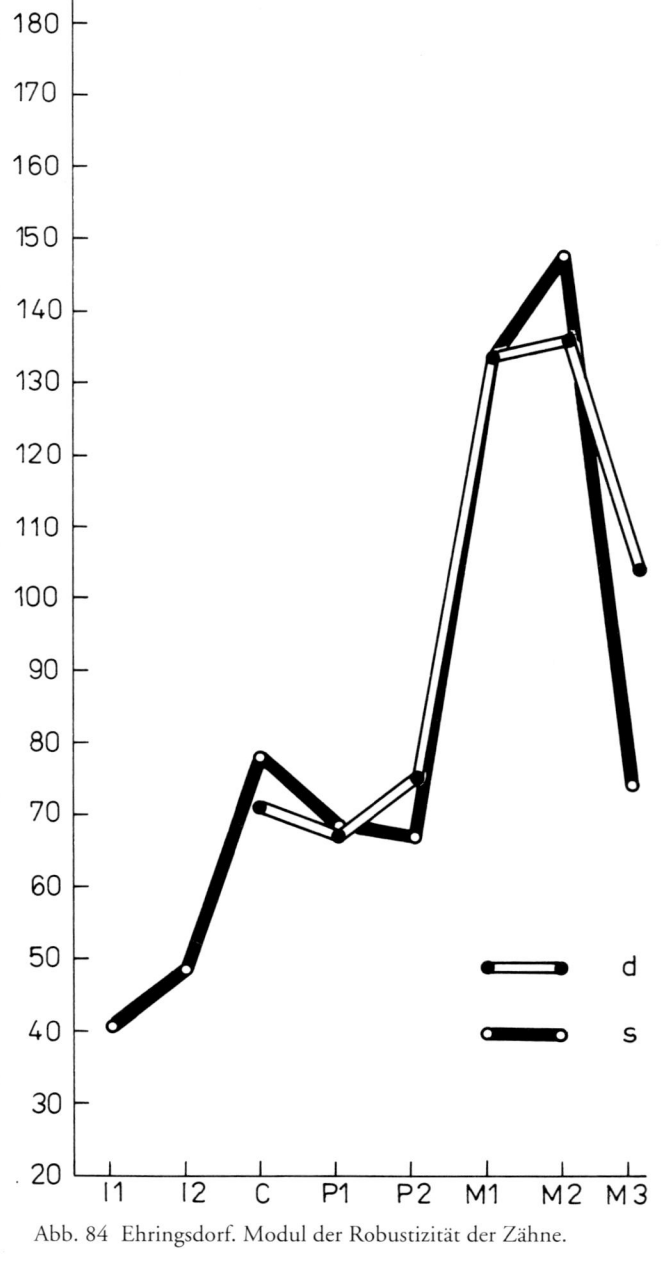

			dx	sin
I_1	Zahnkrone	mesio-distale Länge	–	–5,0 [x]
		vestibulo-linguale Breite	–	8,0
		vestibuläre Höhe	–	5,0
		linguale Höhe	–	/4,0/
	Zahnhals	mesio-distal	–	8,0
		vestibulo-lingual	–	5,0
	Zahnwurzel	mesio-distal	–	8,7
		vestibulo-lingual	–	5,0
	Zahnlänge		–	22,0
I_2	Zahnkrone	mesio-distale Länge	–	/5,8/ [x]
		vestibulo-linguale Breite	–	/8,2/
		vestibuläre Höhe	–	/3,7/
		linguale Höhe	–	2,0
	Zahnhals	mesio-distal	–	8,0
		vestibulo-lingual	–	5,0
	Zahnwurzel	mesio-distal	–	9,0
		vestibulo-lingual	–	5,0
	Zahnlänge		–	23,0 ?
C	Zahnkrone	mesio-distale Länge	7,8	8,5 [xx]
		vestibulo-linguale Breite	9,0	9,0
		vestibuläre Höhe	8,0	9,0
		linguale Höhe	4,0	5,5
	Zahnhals	mesio-distal	6,0	6,3
		vestibulo-lingual	9,0	9,0
	Zahnwurzel	mesio-distal	5,3	5,5
		vestibulo-lingual	10,0	11,0
	Zahnlänge		25 ? R	24 ?
P_1	Zahnkrone	mesio-distale Länge	7,3 [x]	7,8
		vestibulo-linguale Breite	9,0	8,7
		vestibuläre Höhe	6,0	7,0
		linguale Höhe	4,5	4,5
	Zahnhals	mesio-distal	7,0	7,0
		vestibulo-lingual	5,5 ?	6,0
	Zahnwurzel	mesio-distal	7,0 ?	7,0
		vestibulo-lingual	5,5 ?	6,0 ?
	Zahnlänge		24 R	26 R
P_2	Zahnkrone	mesio-distale Länge	7,0	7,0
		vestibulo-linguale Breite	10,0	9,3
		vestibuläre Höhe	5,0	5,6
		linguale Höhe	6,5	6,25
	Zahnhals	mesio-distal	6,0	6,0
		vestibulo-lingual	5,3	5,6
	Zahnwurzel	mesio distal	4,3	– [xxx]
		vestibulo-lingual	9,0	9,0
	Zahnlänge		23 R	24 R
M_1	Zahnkrone	mesio-distale Länge	12,0	12,0
		vestibulo-linguale Breite	11,0	11,0
		vestibuläre Höhe	5,0 ?	5,0
		linguale Höhe	4,0	4,0
	Zahnhals	mesio-distal	9,3	10,0
		vestibulo-lingual	10,0	10,0
	Zahnwurzel	mesio-distal	10,3	10,0
		vestibulo-lingual	10,0	10,0
	Zahnlänge mit Vorderwurzel		19 R	21 R
	Hinterwurzel		20 R	20 R
M_2	Zahnkrone	mesio-distale Länge	12,3	13,0
		vestibulo-linguale Breite	11,0	11,3
		vestibuläre Höhe	5,5	5,5
		linguale Höhe	3,0	4,0
	Zahnhals	mesio-distal	9,6	10,6
		vestibulo-lingual	10,0	10,0
	Zahnwurzel	mesio-distal	10,0	10,0
		vestibulo-lingual	10,0	10,0
	Zahnlänge mit Vorderwurzel		20 R	22 R
	Hinterwurzel		22 R	20 R
M_3	Zahnkrone	mesio-distale Länge	10,3 ⌀	9,0 ⌀
		vestibulo-linguale Breite	10,0	8,0
		vestibuläre Höhe	4,0	4,0
		linguale Höhe	4,5	4,0
	Zahnhals	mesio-distal	8,3	7,3
		vestibulo-lingual	9,0	7,0
	Zahnwurzel	mesio-distal	7,3	7,6
		vestibulo-lingual	9,0	7,0
	Zahnlänge mit Vorderwurzel		21 R	19 R
	Hinterwurzel		18 R	

[x] – beschädigt
[xx] – ausgestiegen aus Alveolus (isoliert)
[xxx] – nicht meßbar
⌀ – rotiert im Alveolus

Abb. 84 Ehringsdorf. Modul der Robustizität der Zähne.

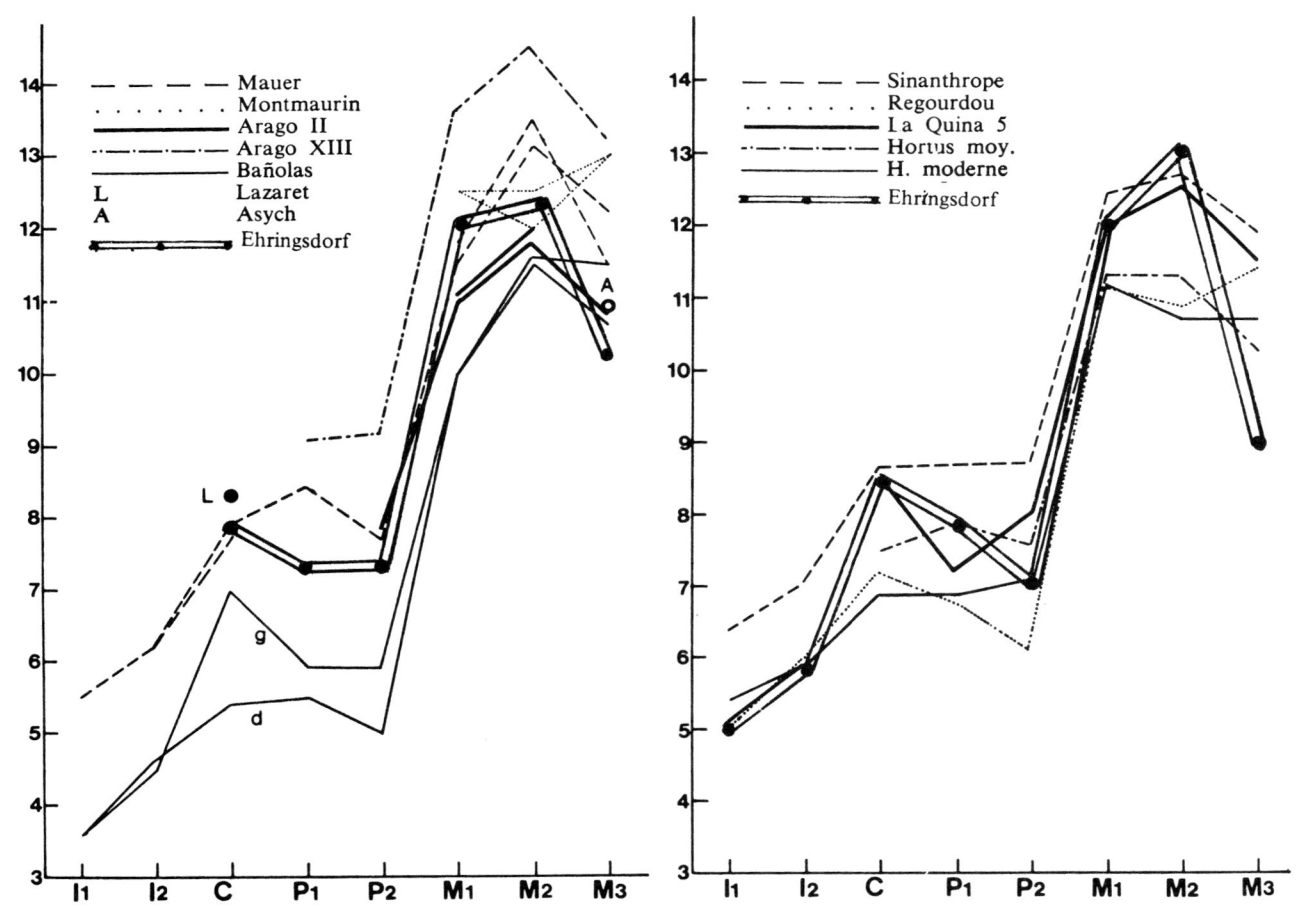

Abb. 85 Diagramme der Hauptdimensionen der Zähne des Ehringsdorfers im Vergleich mit weiteren Fossilfunden. Mesio-distale Länge (nach M.-A. DE LUMLEY 1973, fig. 113).

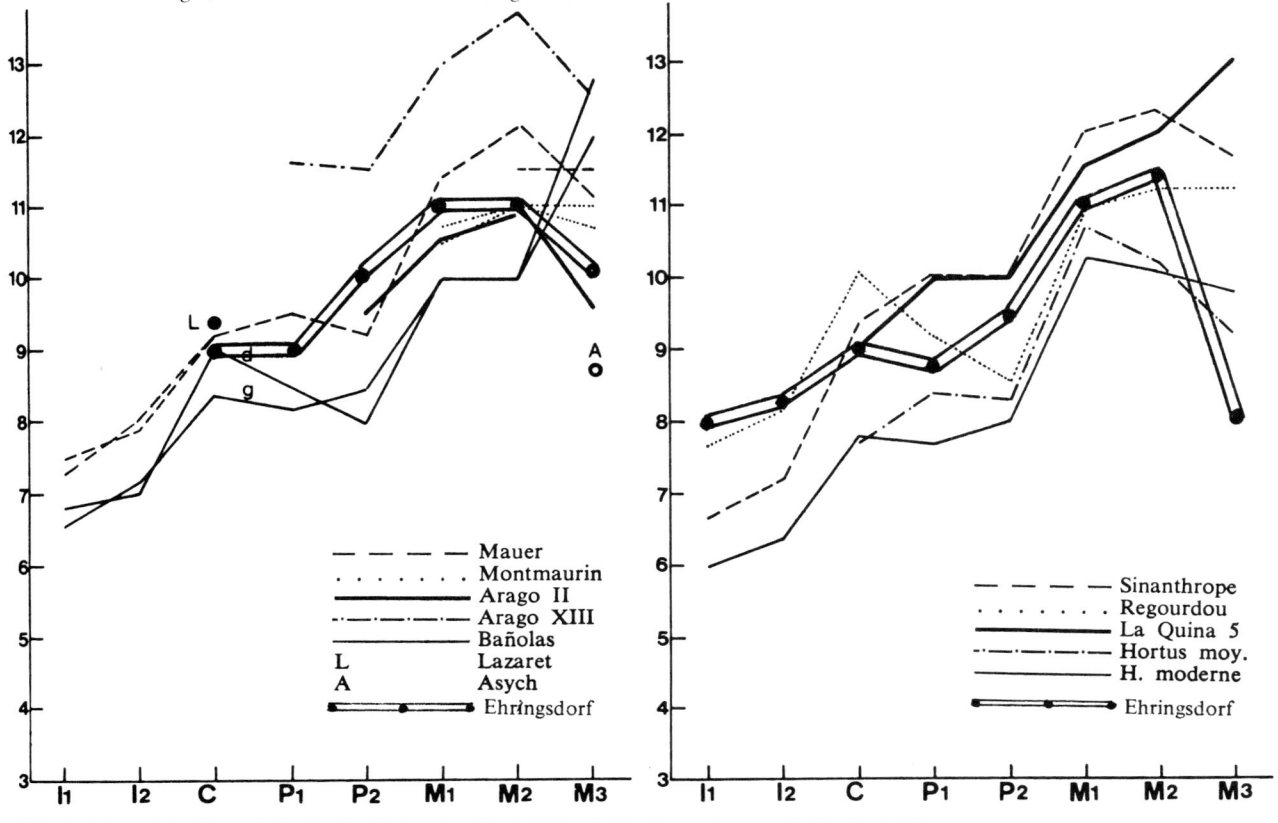

Abb. 86 Vestibulo-linguale Breite der Zähne (s. Abb. 85) (nach M.-A. DE LUMLEY 1973, fig. 114).

7.3.2.3. Beschreibung der Zähne

Der Beschreibung der Zähne haben wir teilweise den Virchow'schen Monographietext zugrunde gelegt aus Respekt zum Erstbeschreiber.

I_1 sin (H. Virchow 1920, 91 f.)

Der Zahn steht schief, nach links geneigt, was sich leicht daraus erklärt, daß ihm wegen Fehlens der rechten Incisivi der Gegenhalt auf dieser Seite fehlte. Im Röntgenbild ist die divergierende Stellung der Wurzeln beider Incisivi sehr deutlich. Der Schmelz setzt sich, wie an allen Zähnen dieses Gebisses, außerordentlich scharf vom Hals des Zahns ab als Folge von dessen Dicke.
Die Breite der Krone beträgt 5,0 mm, ein Maß, das wegen der Wegschleifung der oberen Partie eine geringe Bedeutung hat; die Dicke ist 8,0 mm. Die Höhe der Krone beträgt an der vestibulären Seite gemessen wegen der starken Abschleifung nur 5,0 mm, an der lingualen Seite 4,0 mm. Die Dicke der Wurzel ist da, wo sie aus dem Kiefer heraustritt, 8,7 mm. Obwohl die Abschleifung bis an ihn heranreicht, läßt sich vom Lingualwulst noch feststellen, daß der Abstand vom unteren Rand des Schmelzes bis an den oberen Rand des Lingualwulstes 3,0 mm beträgt. Die Schmelzdicke beträgt an der vestibularen Seite 0,8 mm.
Die Abschleifung reicht, wie bei ihrer Tiefe zu erwarten ist, bis ins Dentin, ja sogar bis in die Gegend der Pulpahöhle, wo auch das Ersatzdentin angeschliffen ist. Dies zeigt sich an einer kleinen elliptischen Stelle mit einem Breitendurchmesser von 1,7 mm und einem Dickendurchmesser von 0,6 mm. Die Dentinpartie ist ebenso wie an den übrigen Zähnen mit zahlreichen schwarzen Pünktchen bedeckt, die auch bei der bildlichen Darstellung Berücksichtigung gefunden haben. Der Schmelz ist davon frei.
Die Beißebene steht an I_1 nicht ganz genau horizontal, sondern ist etwas nach vorn geneigt; auch verdient besonders erwähnt zu werden, daß die Abschleiffläche der oberen Seite nicht rechtwinklig zur Längsachse des Zahnes, sondern horizontal steht.
Am Schmelz von I_1 findet sich ein eigentümlicher Defekt, nämlich an der labialen Seite eine senkrechte, 0,7 mm breite, von parallelen Flächen begrenzte Rinne, welche vom unteren Schmelzrand bis zur oberen Kante reicht und bis in das Dentin eindringt. Lateral von der erwähnten Rinne findet sich ein zweiter Schmelzdefekt, der aber diesmal nicht durch die ganze Dicke reicht, sondern sich auf eine oberflächige Lage beschränkt, also ganz flach ist, so daß er nur bei geeignetem Lichteinfall erkennbar wird, indem sich dann der rauhe Grund von der polierten Oberfläche des intakten Schmelzes unterscheidet. Er ist 1,5 mm breit und 1,0 mm hoch, stößt mit breitem Rande an die obere Kante und wendet einen gerundeten Rand nach unten. Die mesiale Seite der Krone ist ganz, die distale z.T. vom Schmelz entblößt. Auch diese Defekte sind alt.

I_2 sin (H. Virchow 1920, 92 f.)

Die Stellung des Zahnes ist nicht ganz normal, er ist so um seine Längsachse gedreht, daß die vestibuläre Seite medial und die Lingualseite lateral abweicht, was ohne Zweifel mit den früher beschriebenen Veränderungen am Alveolarrand zusammenhängt. Weit merkwürdiger ist eine Veränderung in der Gestalt, daß das obere Ende lateral abgebogen ist. Die Biegungsstelle liegt im oberen Teil der Wurzel, während der größte Teil der Wurzel nicht an dieser seitlichen Biegung teilnimmt. Im Röntgenbild tritt diese Biegung sehr anschaulich hervor.
Die Breite der Krone mesio-distal ist 5,8 mm, die Dicke vestibulo-lingual 8,2 mm. Auch bei diesem Zahn ist die Höhe der Krone wegen der starken Abschleifung gering – sie beträgt an der vestibulären Seite 3,7 mm, an der lingualen Seite 2,0 mm. Die Dicke der Wurzel ist auch hier beträchtlicher als die der Krone, nämlich dort, wo sie aus dem Kiefer heraustritt, 9,0 mm.
Über den Lingualwulst läßt sich nichts aussagen wegen der starken Abkauung. Die Schmelzdicke mißt an der vestibularen Seite 0,5 mm. Der Abschliff am oberen Ende zeigt bei genauer Betrachtung Eigentümlichkeiten, die Erwähnung verdienen: Erstens ist der Abschliff von links nach rechts herüber horizontal, so daß er zur Kronenachse nicht rechtwinklig, sondern schief gerichtet ist; zweitens ist er in sagittaler Richtung nicht plan, sondern etwas konvex. Sieht man es genauer an, so handelt es sich um zwei in einem stumpfen Winkel zueinander stehende Felder, ein hinteres von 2,5 mm und ein vorderes von 4,5 mm sagittalem Durchmesser, von denen das hintere horizontal steht und das vordere ganz leicht nach vorn geneigt ist und überdies mit seinem vorderen Ende leicht abwärts biegt. Diese Art des Abschliffs setzt jedenfalls eine besondere Art der Benutzung, sozusagen eine Extrabenutzung der Incisivi, voraus. Die Abschleifung geht auch hier bis ins Ersatzdentin, von dem ein rundes Feldchen mit einem Durchmesser von 1,2 mm freiliegt.
Auch an diesem Zahn finden sich oberflächige Schmelzdefekte, womit das, was zu I_1 besprochen wurde, noch deutlicher wird. Es gibt drei solcher Defekte, einen an der vorderen, vestibulären Seite, den zweiten an der vestibulo-distalen Ecke und den dritten hinter diesem an der distalen Seite. Der vordere ist von diesen der größte. Er ist 2,5 mm hoch und an seiner durch die obere Kante gebildeten Basis ebenso breit. Bei diesen Defekten kann kein Zweifel bestehen, daß sie auf Absplitterung durch das Aufbeißen auf harte Gegenstände entstanden sind. An der Stelle der Absplitterung ist die vordere Kante der Krone vertieft. Man muß das wohl so verstehen, daß erst die Absplitterung stattgefunden hat und daß dann bei der weiteren Benutzung die durch die Absplitterung ge-

schwächte vordere Kante stärker abgeschliffen wurde. Die Wurzel des I_2 zeigt an der freiliegenden distalen Fläche eine von oben bis unten reichende Rinne, wie schon G. SCHWALBE (1914) erwähnt hat.

C dx und sin (H. VIRCHOW 1920, 93 f.)

Die Breite der Krone der Canini ist links 8,5 mm, rechts 7,8 mm, die Dicke links 9,0 und rechts auch 9,0 mm. Die Höhe der Krone auf der vestibularen Seite beträgt am linken C 9,0 mm, am rechten nur 8,0 mm, an der lingualen Seite links 5,5 mm, rechts 4,0 mm. Der Lingualwulst tritt am linken C zwischen den beiden Randleisten zungenförmig nach oben, obwohl nicht so ausgeprägt wie beim Le Moustier-Gebiß. Diese Bildung ist überhaupt nur angedeutet. An dem rechten C sind diese Verhältnisse nicht mehr festzustellen, weil er nicht nur weiter abgeschliffen ist als der linke, sondern weil er auch an der lingualen Seite eine besondere runde Abnutzung hat, die das Relief nicht mehr intakt erkennen läßt. Die Schmelzdicke beträgt an der labialen Seite 1,2 mm.

Wenn schon die geringere Höhe der Krone am rechten C eine stärkere Abnutzung erwies als am linken, so wird dies durch die weitere Untersuchung bestätigt; die obere Fläche des linken C hat eine Dicke von 2,8 mm, die des rechten eine solche von 4,2 mm. An dem rechten C ist bereits ein winziges Feldchen von Ersatzdentin in einer Breite von 0,5 mm angeschliffen.

Die Wurzel des linken Caninus ist oben einfach, unten geteilt; das vordere Stück ist abgebrochen, und man sieht infolgedessen den getrennten Wurzelkanal desselben. Die Wurzel des rechten Caninus trägt an der mesialen Fläche eine entlanglaufende deutliche Rinne. Die Kaufläche des rechten C überragt um 3,0 mm die des rechten P_1. H. Virchow war der Meinung, daß bei der Leichenmazeration, die eintreten mußte, wenn ein menschlicher Unterkiefer in den Sumpf geworfen wurde, sämtliche Zähne in ihren Lagern gelockert wurden, wovon ja auch der Kiefer deutliche Anzeichen bietet. Der linke M_1 und M_2 schließen nicht aneinander, ebensowenig wie M_2 und M_3. Der rechte Caninus war auch tatsächlich lose und ist erst bei der Zusammenfügung der Bruchstücke eingefügt worden. Allerdings erinnerte sich Herr Lindig, der diese Arbeit ausgeführt hat, daß der Grund der Alveole nicht mit Sinter erfüllt war, der Zahn also nicht tiefer hätte gesetzt werden können als er jetzt steht. Das Heraustreten des Caninus muß dann durch Fehlen des Antagonisten veranlaßt worden sein. Gegen diese Erklärung steht der Umstand, daß der rechte Eckzahn erheblich stärker als der linke abgeschliffen ist, während beim Fehlen des Antagonisten das abschleifende Moment weggefallen wäre.

P_1 dx und sin (H. VIRCHOW 1920, 94 f.)

Die Breite der Krone am rechten Prämolar beträgt 7,3 mm und am linken 7,8 mm, die Dicke am rechten 9,0 mm, am linken 8,7 mm. Die Höhe der Krone mißt auf der vestibulären Seite am rechten P_1 6,0 mm und am linken 7,0 mm; an der lingualen Seite an beiden 4,5 mm.

Wir treffen sehr ausgeprägt interstitielle Schleifflächen sowohl an der mesialen als auch mehr an der distalen Seite an. Die vestibulare Seite der Krone ist unmittelbar oberhalb des Schmelzrandes stärker vorgewölbt, und zwar am rechten und linken P_1 ganz übereinstimmend.

P_2 dx und sin (H. VIRCHOW 1920, 95)

Die Breite der Krone des P_2 ist rechts 7,0 mm, links auch 7,0 mm, die Dicke rechts 10,0 mm, links 9,3 mm. Die Höhe der Krone an der vestibulären Seite beträgt rechts 5,0 mm und links 5,6 mm; an der lingualen Seite rechts 4,5 mm und links 5,25 mm.

Es macht sich also an P_2 ebenso wie an P_1 und an C auf der rechten Seite eine stärkere Abschleifung bemerkbar. An beiden P_2 findet sich am Schmelz eine zirkuläre Furche, die an der buccalen Seite 3,5 mm oberhalb des unteren Schmelzsaumes liegt. Eine ebensolche Furche ist an beiden M_2 vorhanden.

Die Wurzeln scheinen auf den Röntgenbildern rückwärts gebogen zu sein, rechts sogar an P_1 mehr als an P_2.

M_1 dx und sin (H. VIRCHOW 1920, 95 f.)

Die Breite der Molarkrone beträgt rechts und links je 12,0 mm, die Dicke rechts und links 11,0 mm. Die Höhe der Zahnkrone an der vestibulären Seite ist beim rechten M_1 5,0? mm, links ebenfalls 5,0 mm; auf der lingualen Seite beträgt sie rechts wie links 4,0 mm. Die Dicke der vorderen Wurzel unterhalb der Krone ist links 10,0 mm und rechts 10,3 mm.

Die Schmelzdicke beträgt an der vestibulären Seite 1,8 mm, an der lingualen Seite 1,0 bis 1,4 mm. Der Fünfhügeltypus ist an beiden M_1 nicht zweifelhaft. Die hintere Wurzel von M_1 ist gerade, die vordere leicht gekrümmt und mit ihrer Spitze der Spitze der hinteren genähert.

Die Abschleifung der Krone ist erheblich. Sie hat eine eigentümliche, vom Typischen abweichende Gestalt, indem sie in der hinteren lingualen Ecke viel tiefer ist als an den übrigen Abschnitten. Dabei ist der Schmelz mit ergriffen, so daß dieser lingual hinten 4,0 mm tiefer liegt wie lingual vorn, und dem entspricht auch die Vertiefung am Dentin. Durch diese lokal gesteigerte grubenförmige Abschleifung entsteht ein Zustand, der unverständlich ist, weil dadurch die gemeinsame Beißebene unterbrochen wird. Dies wäre noch nicht so auffallend, wenn es sich auf M_1 beschränkte. Man könnte denken, daß durch einen ungeschickten Biß auf einen harten Gegenstand ein Stück ausgesprungen sei, und daß die Lücke sich nachträglich wieder rund geschliffen habe. Aber alle drei rechten Molaren sind viel stärker abgekaut als die linken, und zwar ist dabei jedesmal vorwiegend die hintere linguale Ecke betroffen.

Interstitielle Abschliffe sind auch sehr deutlich an der vorderen Seite gegen P_2 stärker ausgeprägt als an der hinteren Seite gegen M_2. Von den beiden Wurzeln erscheint auf dem Röntgenbild der linken Seite die hintere gerade, die vordere gekrümmt, so daß sie mit den Spitzen näher zusammenkommen. Auf der rechten Seite sind beide Wurzeln rückwärts gekrümmt, die hintere ganz schwach, die vordere stärker, so daß sie mit den Spitzen ebenfalls mehr zusammenkommen.

M_2 dx und sin (H. Virchow 1920, 95f.)

Die Breite der Molarkrone beträgt rechts 12,3 mm und links 13,0 mm. Die Dicke ist rechts 11,0 mm und links 11,3 mm. Die Höhe der Krone auf der vestibularen Seite ist am rechten und linken M_2 2,5 mm, auf der lingualen Seite am rechten 3,0 mm und am linken 4,0 mm. Die Schmelzdicke auf der lingualen Seite beträgt 1,4 mm.

Der Fünfhügeltypus ist am deutlichsten am linken M_2, weil die Abschleifung der Krone nicht so stark ist. Aber auch am rechten M_2 ist die Fünfhügeligkeit der Krone nicht zweifelhaft. An beiden M_2 findet sich übereinstimmend am Schmelz eine horizontale Furche. Sie ist aber nur auf der vestibulären und auf der mesialen Seite vorhanden und erhebt sich hier bis 1,0 mm über den unteren Rand. Hinten kommt sie mit dem Schmelzrand zusammen und fehlt auf der distalen und auf der lingualen Seite.

Die Abschleifung ist weit weniger stark als an M_1 und am rechten M_2 stärker als am linken. Von der grubenförmigen Vertiefung in der Gegend des hinteren lingualen Hügels rechterseits wurde schon gesprochen. Auch die interstitielle Abschleifung gegen M_1 ist erheblich geringer, aber doch auch vorhanden gegen M_3.

Von den Wurzeln bekommt man auf der rechten Seite wegen des Abbruchs am Alveolarrand viel zu sehen. Man bemerkt, daß die vordere und hintere Wurzel in einer Ausdehnung von 10,0 mm, wenn auch nach unten hin immer weniger verbunden sind. Die Wurzeln sind leicht rückwärts gebogen. Das Röntgenbild stellt die beiden Wurzeln dicht aneinanderliegend dar, rechts die vordere zerbrochen, links den trennenden Spalt verdeckt.

M_3 dx und sin (H. Virchow 1920, 96f.)

Die Breite der Krone ist rechts 10,3, links nur 9,0 mm. Die Dicke rechts ist 10,0 mm und links nur 8,0 mm. Die Höhe der Krone an der vestibulären Seite ist sowohl rechts wie links 4,0 mm und an der lingualen Seite rechts 4,5 mm und links 4,0 mm. Beide Kronen unterscheiden sich also erheblich in der Größe, was beim ersten Blick auffällt. Der Typus der Krone ist wegen der starken Abschleifung nicht erkennbar.

Die Abschleifung ist geringer als an allen übrigen Zähnen, an der linken Seite ist dadurch das Dentin nur ganz wenig angegriffen. Durch Abbruch am Alveolarrand ist auf der rechten Seite die vestibuläre Fläche der Wurzeln gänzlich freigelegt. Die Wurzeln sind sowohl rückwärts geneigt als auch rückwärts gebogen und entfernen sich nicht voneinander. Sie sind sogar auf eine Entfernung von 11,5 mm miteinander verbunden. Das Röntgenbild aber zeigt, daß am unteren Ende des rechten M_3 doch die Trennung stattfindet und daß von da an die Wurzeln stark auseinander weichen. Die vordere Wurzel setzt ihre Richtung fort, aber die hintere ist S-förmig gekrümmt. Auf der linken Seite verhalten sich die Wurzeln anders. Hier sind sie zwar rückwärts geneigt, aber nicht gebogen, sondern gerade gestreckt und dabei eng aneinanderliegend.

7.3.2.4. Die Zahnabrasion bei Ehringsdorf F

Wir beurteilten und dokumentierten Stufe und Typus der Abrasion beim Unterkiefer Ehringsdorf F. Da eine ganze Reihe der Autoren die Abrasion als wichtiges diagnostisches Kennzeichen bei Feststellung des erlebten Alters einzelner Individuen anerkennt, wurde dieses Material auch von diesem Standpunkt aus untersucht.

a) Klassifizierung und Grade der Abrasion

Bei Beurteilung dieses Prozesses entstanden verschiedene Klassifikationen und verschiedene Bewertungen. Meistens wird eine 4–5gradige Klassifikation gebraucht. D. R. Brothwell (1963) hat eine 7gradige mit noch weiterer Einteilung innerhalb der Grade ausgearbeitet und E. C. Scott (1979) führte ein 10-Grad-Schema ein.

B. Bílý (1975) legte eine 7-gradige Klassifikation der Zahnabrasion vor, die aufgrund des Schemas von Christopherens entstanden ist. Die Bílý-Klassifikation, die sich bewährt hat, ermöglicht es optimal, durch Nummern den Stand der Abrasion der Kanten und Höcker auf einzelnen Zähnen, vor allem Molaren, auszudrücken.

Es ist möglich, auch einen unregelmäßigen Grad der Zahnabrasion auf der Krone zum Ausdruck zu bringen. Damit wird maximal und funktionell die Geltung jedes Zahnes im Gebiß abgebildet (B. Bílý 1975, 1976).

Bei der Registrierung der Zahnabrasion im Gebiß der untersuchten Ehringsdorfer Population benutzten wir deshalb die Bílý-Klassifikation (E. Vlček / J. Komínek / P. Andrik / B. Bílý 1975; Abb. 88, S. 150).

Die Abtragung der Schmelzschichten und des Dentins, das Erreichen der Pulpahöhle, die obliteriert oder offen sein kann, ist durch 7°-Stufen der Abrasion charakterisiert und von 0–6 bezeichnet.

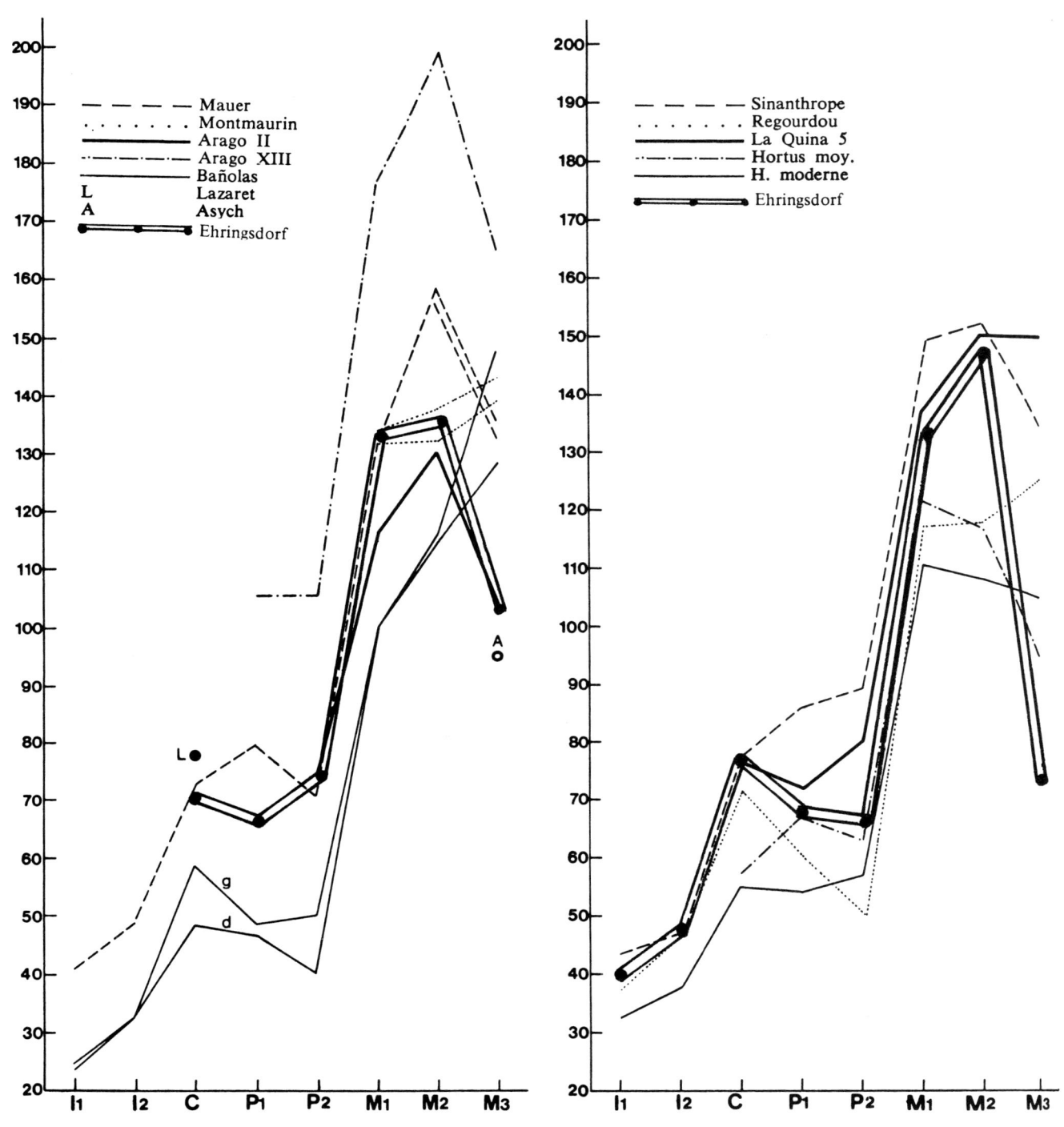

Abb. 87 Index der Robustizität der Zähne (s. Abb. 85) (nach M.-A. DE LUMLEY 1973, fig. 115).

0° – Zähne ohne Zeichen der Abrasion
1° – Abrasion nur im Bereich des Zahnschmelzes
2° – strichartige Freilegung des Dentins im inzisalen Viertel der Schneidezähne, punktartige Freilegung auf den Höckern von Eckzähnen, Prämolaren und Molaren
3° – Dentin freigelegt in vollem Ausmaß der Kaufläche der Prämolaren und Molaren, Eckzähne und Schneidezähne
4° – Abrasion erreicht die Pulpakavität

5° – Abrasion erreicht den Zahnhalsbereich, wo nur ein enger Streifen des Schmelzes auf der anatomischen Krone erhalten blieb
6° – Abrasion erreicht den Bereich der Wurzeln ohne Erhaltung des Zahnschmelzrandes. Bei mehrwurzeligen Zähnen sind die einzelnen Wurzeln separiert.

Mit Buchstabe P wird das Öffnen der Pulpakavität ausgedrückt.

149

b) Abrasion des Gebisses E–F

Die Abrasion tragen wir in ein graphisches Schema ein. Auf jedem Schema ist in der oberen Hälfte der Stand des Oberkiefergebisses abgebildet, in der unteren Hälfte der Stand des Unterkiefergebisses. In unserem Falle werten wir nur das Unterkiefer-Schema aus (Abb. 89).

Die erste Zeile stellt das Gebiß in Vestibular- oder Buccalansicht vor. Einzelne Zähne tragen die Nummern 1–8, eingeschrieben in die Kronenflächen. Von weiteren Zeichen kennzeichnet R die rechtsseitigen, L die linksseitigen Zähne.

In der zweiten Zeile ist der Blick auf die Occlusalfläche abgebildet. Die Zähne sind orientiert auf der Achse vestibulo (V) – oral (O). Der Grad der Abrasion auf einzelnen Zahnhöckern ist mit einer Nummer bezeichnet und graphisch durch Schraffierung oder Ausfüllung der abradierten Flächen markiert.

Auf der dritten Zeile des Schemas ist der Blick auf die Zähne von der Oralseite dargestellt, die Abrasion ist hier wieder durch Schraffierung oder durch volle Flächen und mit Nummern des Abrasionsgrades bezeichnet.

Die Nummern bei einzelnen Zahnwurzeln bezeichnen die Abnahme des Knochenalveolarrandes in Millimeter. Der Alveolarrand ist auf dem Schema stark ausgezogen. Die pathologischen Zeichen auf Alveolen sind auf dieser Alveolarlinie markiert.

c) Bewertung des Abrasionsgrades und Ausrechnung des Abrasionsindexes

Als Resultat gelten die ausgearbeiteten Schemata, die den Stand des Gebisses jedes Individuums, aber auch den Komplex ihrer Zähne, die Lage der Zähne, den Abrasionsgrad auch bei einzelnen Zähnen und den Rückzug des Alveolarrandes eventuell mit Anzeichen pathologischer Änderungen darstellen.

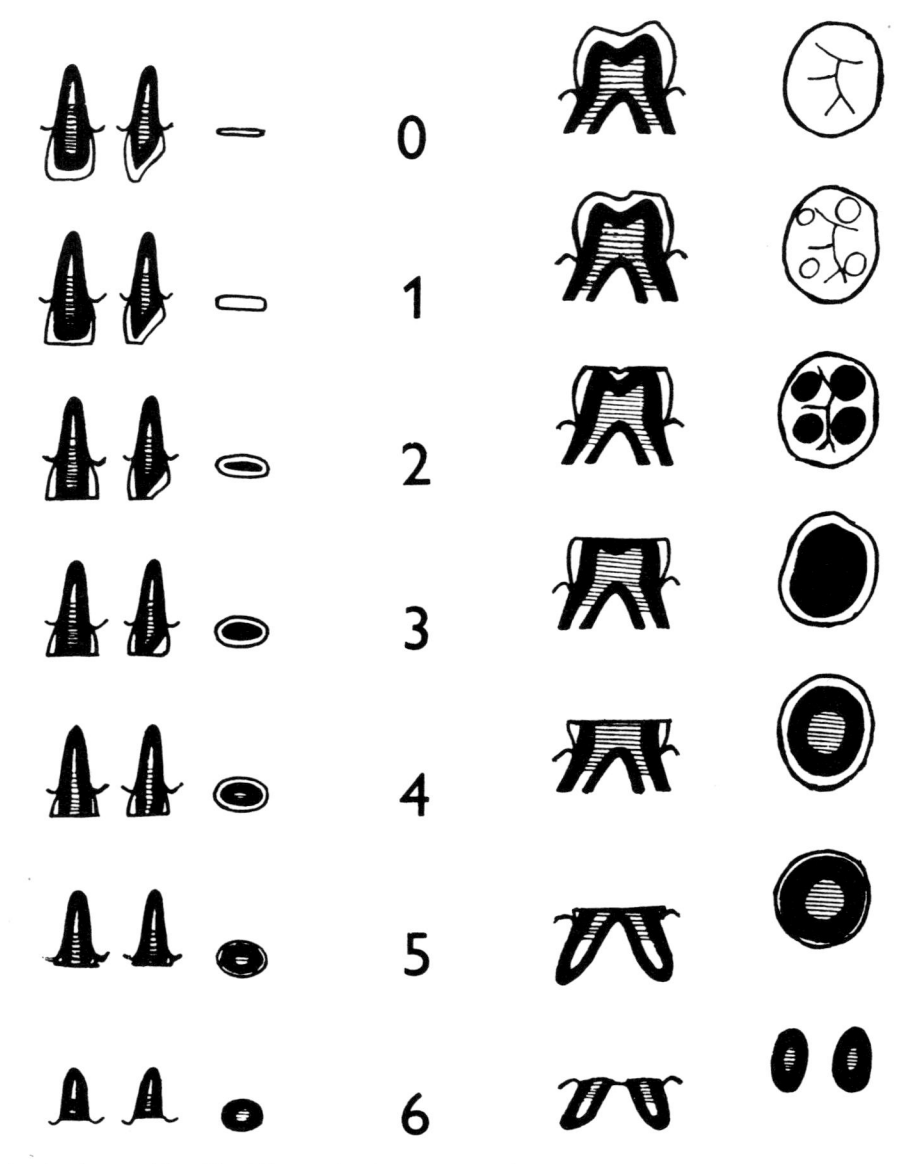

Abb. 88 Schema der Zahnabrasion und ihre Klassifikation (nach B. Bílý 1975).

Die Bewertung der Abrasion wurde von mehreren Autoren auf verschiedene Weise durchgeführt. Die verbreitetste Umgangsform, beschrieben von A. E. W. MILES (1963), verwendet ein sog. funktives Dentalalter, das zur Schätzung des erlebten Individuumalters dient. Nach Prüfung dieser Methode stellten wir fest, daß die Einreihung der abradierten Zahnflächen in das Miles-Schema ziemlich subjektiv ist, da keine eindeutigen Kriterien zugrunde gelegt sind, so daß die auftretenden größeren Abweichungen bei der Schätzung die Tragkraft des Vergleichs übertreten und die Methode dadurch an ihrer Nützlichkeit verliert.

Wir haben deshalb eine eigene Ausrechnung des „Abrasionsindexes" ausgearbeitet (E. VLČEK 1988a), und zwar nach dem festgestellten Abrasionsstand der Molaren, der als funktioneller Anzeiger des Abrasionsgrades für Vergleiche mit anderen Stammesmitgliedern dient, also in keinem Fall selbst an sich zur Schätzung des erlebten Alters des untersuchten Individuums dienen kann.

Die Berechnung ist sehr einfach. Bei erhaltenen Molaren der Ober- und Unterkiefer auf der rechten und linken Seite wird nachfolgend ausgerechnet:

1. die Summe der Abrasionswerte einzelner Höcker für einzelne Molaren (6, 7, 8);
2. die Summe der Abrasionswerte wird durch die Zahl der erhaltenen Molare dividiert;
3. die erhaltenen Durchmesser summieren wir, und die Summe wird durch die Zahl der erhaltenen Molaren dividiert;
4. die finale Nummer gibt dann den gesamten Grad der funktionellen Abrasion des Individuums, den Abrasionsindex, an.

Ehringsdorf F   (Mandibula)

Molaren	6	7	8
Summe			
Abrasionswerte	12 + 12	10 + 8	7 + 9
	24 : 2	18 : 2	16 : 2
	12 +	9 +	8 =

Abrasionsindex   29 : 3 = 9,66

Also zeigt bei E–F der Abrasionsindex 9,66 den Grad der Abrasion an und reiht das Individuum in die Kategorie Maturus ein. Genauer kann man es nicht darlegen.

Die Abrasion als funktioneller Anzeiger der Zahnabnutzung kann man zur Schätzung des Individuumalters in der Altersstufe Adultus bis zur Grenze Adultus-Maturus bewerten. Darüber hinaus vergrößert sich in der zweiten Hälfte der Altersstufe Maturus der Grad der Abrasion und entspricht nicht mehr dem tatsächlichen Alter des Individuums.

Die pathologischen Veränderungen in den Kiefern beeinflussen diese Beziehungen merklich.

Die Forschung bestätigte, daß die Abrasion allein nicht zur verläßlichen Schätzung des Lebensalters genügt. Man kann sie nur als hilfreiches Kriterium bei der Altersschätzung bis in das 5. Decennium benutzen, danach ist es nicht mehr brauchbar.

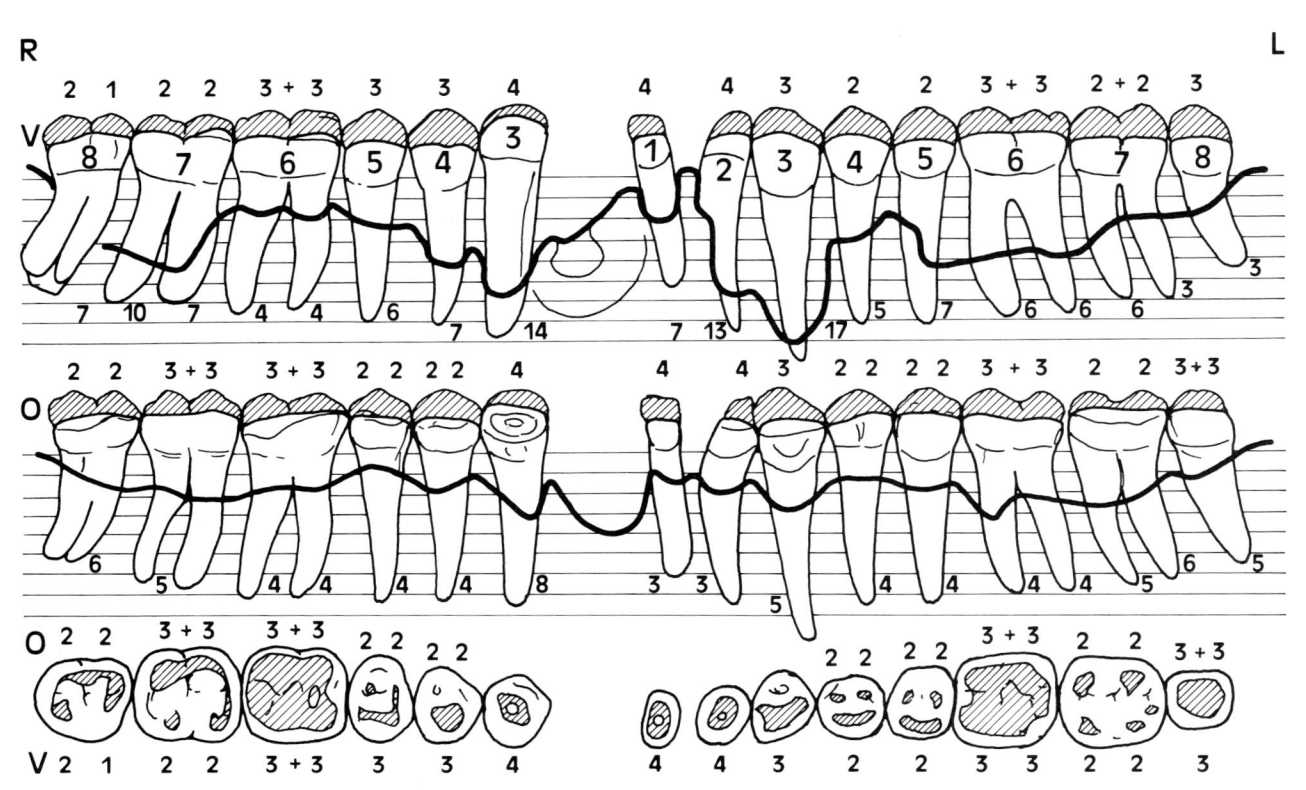

Abb. 89 Schema der Zahnabrasion beim Erwachsenen-Ehringsdorf F (Orig. E. Vlček).

7.4. Reste des postcranialen Skelettes des Erwachsenen – Femur Ehringsdorf E
(Taf. LXII–LXIII, Abb. 90–93)

Von den Resten des postcranialen Skelettes des Erwachsenen ist nur ein Bruchstück der oberen Hälfte der rechten Femur-Diaphyse Ehringsdorf E vorhanden. Weitere Überreste von Langknochen wurden nicht geborgen.

Der Fund stammt aus dem Bruch Kämpfe (Kalkwerk I), aus dem Unteren Travertin. Genauere Angaben über die Tiefenlage sind nicht bekannt. Das Femurstück wurde in der Zeit zwischen 1909 und 1913 entdeckt. Ein genaues Datum und den Namen des Finders kann man leider nicht mehr feststellen.

Die erste Beschreibung ist in der Monographie von F. WEIDENREICH (1941, 40f., Plate XXV) zu finden. Aufgrund der inhaltsreichen Aussagen soll der Originaltext angeführt werden:

"A new femur fragment of Ehringsdorf
This femur fragment was recovered from the lower travertin deposits of Kaempfe's Quarry in Ehringsdorf which had previously yielded the two wellknown mandibles described by H. Virchow, and various other human remains. After the discovery of the Ehringsdorf Skull in 1925 I was charged with the examination and description of both the skull and the femur. Although circumstances delayed the publication of the results of my investigations of the femur, a summary of the main features of the fragment and drawings from the cast (Plate XXV Figs. 46–47) may still be welcome as a contribution to our knowledge of the femora of Neanderthal Man-the more so as the flora and fauna of the lower travertin of Ehringsdorf prove the human bones to have been deposited during the Last Interglacial Period-Riss-Wuerm- (cf. WIEGERS, WEIDENREICH, SCHUSTER 1928, and WEIDENREICH 1940b), and the skull itself reveals charakteristic differences from the Neanderthal skulls of the Last Glacial Period (cf. WEIDENREICH 1928b) (Abb. 28).

The fragment consists of the greater part of a right femur shaft from the trochanteric region downwards to approximately 130 mm, beyond the middle. Head, neck, and trochanters ar broken off. The total length of the fragment is 259 mm. As the figures in Table II show, the dimensions of the femur match almost perfectly those of the other Neandertal femora, particularly those of the Spy Femur I (transverse diameter at the subtrochanteric level: Ehringsdorf 37,1 mm; Spy 37,1 mm circumference at the same level: Ehringsdorf 102 mm, Spy I 103 mm; transverse diameter at the midshaft level: Ehringsdorf 31,1 mm, Spy I 31,4 mm – circumference at the same level: Ehringsdorf 96 mm, Spy I 97 mm). There ist only one minor difference. The sagittal diameter at the first level is greater in the Spy femur (29,8 mm) than in the Ehringsdorf femur (26,8 mm), while at the second level the ratio is reversed (Ehringsdorf 31,5 mm, against Spy I 28,8 mm). In other words, the Ehringsdorf femur is more platymeric and has a lower pilastric index than the Spy femur (platymeric index: Ehringsdorf 72,3, Spy I 76,4 – pilastric index: Ehringsdorf 100.7, Spy 109.1). Like the typical Neanderthalian femora the Ehringsdorf femur is a strong and stout bone belonging apparently to an adult male individual. The preserved part indicates a pronounced forward curvature of the shaft (Fig. 46); when viewed from in front the proximal half seems to show a slinght tendency to curve first inwards and then outwards but to a lesser degree than do the other Neanderthal femora.

The platymeric index indicates that the femur is hyperplatymeric, as demonstrated also by the transverse section through the subtrochanteric level (Fig. 47). Corresponding to this character, there exists a well developed crista lateralis (Fig. 46, 47). The medial border is rounded in the hypotrochanteric regio but becomes rather angular distally. The pilastric index and the transverse section through the midshaft (Fig. 47) show that the femur is rounded at this level. Owing to a large crack along the anterior surface of the shaft it cannot be ascertained if the midconstriction usually found in human femora exists. As regards the muscular markings, the linea aspera (Fig. 46) is well developed although a true pilastre is missing, the high index (see above) being due to a sagittal convexty of the whole shaft as revealed by the transverse section. The lateral lip of the linea continues into a spacious glutaeal tuberosity consisting of a distinct crista hypotrochanterica (Fig. 46) and a broad fossa hypotrochanterica (fh) bordered by the crista lateralis (cl). The upper part of the tuberosity is not preserved. The medial lip turns toward the anterior surface, running in a disrupted line which ist traceable to an oblique ridge (Fig. 46) ending at the breakage of the fragment. This ridge apparently represents the inferior portion of the linea intertrochanterica. The linea pectinea, also (Fig. 46), ist insicated by a faint, uneven line running along the projecting, though incomplete, basis of the lesser trochanter (blt).

Unfortunately, I am not in the position to make a statement on the nature of the structure of the femur, having failed to obtain a skiagram while the original was in my hands. The femur fragment of Ehringsdorf has strength, stoutness, and bending in common with the well-known femora of the Neanderthal group. It deviates from them, however, in that in possesses a distinct linea intertrochanterica, thus approaching more the conditions of recent man."

Die beschriebene Morphologie zeigt, daß es sich um ein zum Neandertaler passendes Stück handelt. Das beweisen die Messungen der Diaphyse bei F. WEIDENREICH (1941) am Abguß, bei G. BEHM-BLANCKE (1960) und bei E. VLČEK (1985) am Original. Die Unterschiede zwischen diesen Autoren sind nicht groß, wie es Tab. 50 zeigt.

Tab. 50 Maße an der Femur-Diaphyse Ehringsdorf E

	F. Weidenreich	G. Behm-Blancke	E. Vlček
transversaler subtrochanter Diameter	37,1	38,0	36,0
sagittaler subtrochanter Diameter	26,8	28,0	29,0
Subtrochanterschaftumfang	102		104
Platymerik-Index	72,3	73,7	80,6
transversaler Durchmesser der Mitte d. Diaphyse	31,1	32,0	32,0
sagittaler Durchmesser der Mitte	31,5	34,0	33,5
Umfang der Diaphysenmitte	96	97	103
Pilastrik-Index	100,7	106,3	104,7

Vergleichsdaten zeigt die Tabelle II A (F. WEIDENREICH 1941) und hauptsächlich die Tab. 1 bei E. TRINKHAUS (1976).

Im Bestreben, ein Maximum an Informationen von diesem Femurstück Ehringsdorf E zu gewinnen, haben wir zusätzliche Schnitte durch den erhaltenen Teil der Diaphyse durchgeführt und mit weiteren Individuen verglichen.

Das Femurstück aus Arago XLVIII (dx), aus dem Neandertal (dx), Pavlov I (dx) und einen Femur von der Hl. Ludmila (10. Jh.) wurden zum Vergleich benutzt (Tab. 53). Die Form der einzelnen Querschnitte führen Abb. 90 und 91 vor (S. 155, 156).

Tab. 51 Maßvergleich von Diaphysenschnitten in bezug auf das Femur-Stück Ehringsdorf E

		M 2	M 10	M 9	Index meric $\frac{10 \cdot 100}{9}$	M 6	M 7	Index pilastricus $\frac{6 \cdot 100}{7}$	Fossa hypotrochanterica
Alte Formen									
Ehringsdorf E	dx	–	26,8	37,1	72,2	31,5	31,1	101,2	+
Tabun E	dx	–	25,0	/32,0/	/78,1/	26,0	28,0	92,9	
Neandertaler									
Amud 1	sin	/482/	29,4	36,9	79,7	32,3	32,4	99,7	+
La Chapelle	dx	/420/	29,4	33,0	89,1	–	–	–	–
La Ferrassie 1	dx	–	29,9	38,0	78,7	29,8	32,0	93,1	+
	sin	–	29,5	36,0	81,9	29,1	31,0	93,9	+
La Ferrassie 2	dx	–	27,6	33,4	82,6	26,4	29,6	89,2	+
	sin	407	27,9	32,0	87,2	28,1	28,6	98,3	+
Krapina 213	sin	–	27,1	36,0	75,3				+
Krapina 214	sin	–	21,4	29,1	73,5				+
Neandertal	dx	439,8	29,0	32,8	88,4	31,3	28,2	111,0	+
	sin	441,9	29,3	35,5	82,5	30,5	30,6	99,7	+
La Quina 5	sin	–	26,0	33,5	77,6	26,0	30,0	86,7	–
Shanidar 4	dx	–	25,0	31,0	80,6	/36,0/	/31,0/	/116,1/	
Spy 2	dx	423,5	28,4	35,0	81,1	29,3	29,1	100,7	+
	sin	–	28,2	35,8	78,8	28,5	29,4	96,9	+
Skhul/Hominiden									
Skhul 4	dx	486,0	25,0	31,0	80,6	33,2	26,0	127,6	–
	sin	490,0	25,0	31,0	80,6	33,5	26,0	128,6	–
Skhul 5	dx	515,0				38,6	27,4	140,9	–
	sin	–	29,3	32,4	90,4	37,7	26,9	140,1	
Skhul 6	sin	475,0	25,3	30,1	84,1	33,9	27,3	124,2	
Skhul 7	dx	–				28,2	25,7	109,7	
Skhul 9	sin	–	29,3	38,3	76,5				
Jungpaläolithiker									
Brno 2	dx	–	28,0	36,5	76,7	37,0	29,0	127,6	
	sin	–				36,0	29,0	124,1	
Mladeč 1	dx	–				28,0	23,0	121,7	
	sin	–	24,0	34,0	70,6				
Předmostí 3	dx	484,0	24,0	38,0	63,1	30,8	30,0	102,7	+
	sin	489,0	24,0	38,0	63,1	31,0	29,0	106,9	+
Předmostí 4	dx	418,0	25,0	35,8	69,8	29,0	28,0	103,6	–
	sin	418,5	25,0	34,0	73,5	29,0	28,0	103,6	–
Předmostí 9	dx	447,0	23,0	33,0	69,7	27,0	25,0	108,0	–
	sin	442,0	23,0	33,0	69,7	27,5	26,0	105,8	–
Předmostí 10	dx	407,0	22,6	35,0	64,6	25,4	27,5	92,4	–
	sin	422,0	23,0	35,3	65,1	24,5	27,3	89,7	–
Předmostí 14	dx	449,0	22,5	33,0	68,2	26,4	26,4	100,0	–
	sin	455,0	23,4	35,0	66,8	26,0	27,5	94,5	–

Tab. 52 Maßvergleich von Diaphysenschnitten in bezug auf das Femur-Stück Ehringsdorf E

	Pithec-anthropus I	Sin-anthropus I	Sin-anthropus IV	Arago XLVIII /dx/	Ehrings-dorf E /dx/	Neandertal /dx/	Pavlov I /dx/	Hl. Ludmila /dx/
Schnitt 1								
sagittaler subtrochanter Durchmesser /M 10 a/		23,2	22,7	28,5	29,0	30,0		27,0
transversaler subtrochanter Durchmesser /M 9 a/		34,3	34,3	35,5	36,0	34,5		36,0
Index meric /10 a. 100 / 9 a	–	67,7	68,9	80,3	80,6	86,9	–	75,0
Subtrochanterschaftumfang		90	94	105	104	99		98
Schnitt 2								
oberer sagittaler Diaphysendurchmesser /4–5 cm unterhalb der Basis des Trochanter miner/ /M 10/				25,5	28,0	28,0	34,0	34,0
oberer transversaler Diaphysendurchmesser /M 9/				35,0	38,0	34,0	32,0	25,0
Index platymericus 10 . 100 / 9	–	–	–	72,9	73,7	82,4	106,3	136,0
oberer Schaftumfang der Diaphyse /M 8 c/				96	106		96	94
Schnitt 3								
oberer sagittaler Schaftdurchmesser /in der Mitte des oberen Drittels/ /M 7 c/				28,0	31,0	30,0	35,0	26,0
oberer transversaler Schaftdurchmesser /M 7 b/				31,5	33,0	30,5	29,0	32,5
Index pilastricus II 7 c . 100 / 7 b	–	–	–	88,9	93,9	98,4	102,7	80,0
oberer Schaftumfang der Diaphyse /M 8 b/				92	98	99	96	90
Schnitt 4								
sagittaler Durchmesser der Mitte der Diaphyse /M 6/	28,0	27,1	25,0		33,5	33,5	33,0	27,5
transversaler Durchmesser der Mitte der Diaphyse /M 7/	27,5	29,7	29,3		32,0	29,0	30,0	32,0
Index pilastricus 6 . 100 / 7	101,8	91,2	85,3	–	104,7	115,5	110,0	85,9
Umfang der Diaphysenmitte / M 8/	90	98	85		103	94	98	93
maximale Länge des Femurs	455 D	c.400 W	/407/ W	– V	– V	439 V	– V	464 V

D – E. Dubois   W – F. Weidenreich 1941   V – E. Vlček

Der sagittale subtrochante Durchmesser bei Ehringsdorf von 29,0 mm liegt dicht bei Arago XLVIII 28,7 mm. Bei dem Fund aus dem Neandertal ist dieses Maß 30,0 mm. Der transversale subtrochante Durchmesser bei Ehringsdorf E mit 36,0 mm steht in Analogie zum Fund von Arago mit 35,5 mm. Dieses Maß ist beim Neandertaler kleiner, nämlich 34,5 mm. Dasselbe kann man auch bei den Indizes sehen: Ehringsdorf 80,6; Arago 79,9; aber bei dem Neandertal-Fund schon 86,9.

Der obere sagittale Diaphysendurchmesser (Schnitt 2) ist bei Ehringsdorf und bei dem Fund aus dem Neandertal gleich – 28,0 mm. Dagegen ist Arago noch mehr abgeplattet und weist 25,5 mm aus. Von den modernen Formen haben die Stücke Pavlov I 34,0 mm und Hl. Ludmila auch 34 mm. Beim transversalen Maß sieht es anders aus: Ehringsdorf 38,0 mm, Arago 35,0 mm und Neandertal 34,0 mm. Der Jungpaläolithiker Pavlov I besitzt 32,0 mm und die Hl. Ludmila nur 25,0 mm.

Der daraus errechnete Index platymericus zeigt wieder Ähnlichkeit zwischen Ehringsdorf 73,7 und Arago 73,5, also beide Femora sind hyperplatymerisch. Der Neandertaler mit dem Index 82,4 ist nur platymer. Der Jungpaläolithiker Pavlov I und die Hl. Ludmila mit Indizes von 106,3 und 136,0 sind klar stenometrisch.

Sehr aufschlußreich sind die Schnitte in der Mitte der Diaphyse. Der sagittale entspricht bei Ehringsdorf dem Wert 33,5 mm, gleiches beim Neandertal-Fund 33,5, aber auch beim Jungpaläolithiker Pavlov I ist diese Dimension 33 mm groß, bei der Hl. Ludmila nur 27,5 mm. Ein ganz anderes Bild ergibt der transversale Durchmesser der Diaphysenmitte: Ehringsdorf 32,0 mm, Neandertal nur 29,0 und Pavlov I 30,0 mm. Index pilastricus beträgt bei Ehringsdorf 104,7 und bei Neandertal 115,5. Diese Ziffern bestätigen die gute Entwicklung des Pilasters.

Wie dick sind die Wände der Diaphyse? Die Röntgenbilder informieren über die Wanddicke der Diaphyse bei Ehringsdorf E. In der subtrochanterischen Partie und im oberen Diaphysenschnitt ist die transversale Dicke größer als in sagittaler Richtung.

Tab. 53 Wanddicke der Diaphyse bei Ehringsdorf E

	transvers. dx	sin	sagittal. ventr.	dors.	⌀ Cavum medulare
1 Schnitt-subtrochanterisch	12	14	9	10	10,5
2 Schnitt-obere Diaphyse	14	16	9,5	11	9,5
3 Schnitt-obere Diaphyse	13	12	9	12	9,5
4 Schnitt-Mitte d. Diaphyse	10	9	8	11	15,0

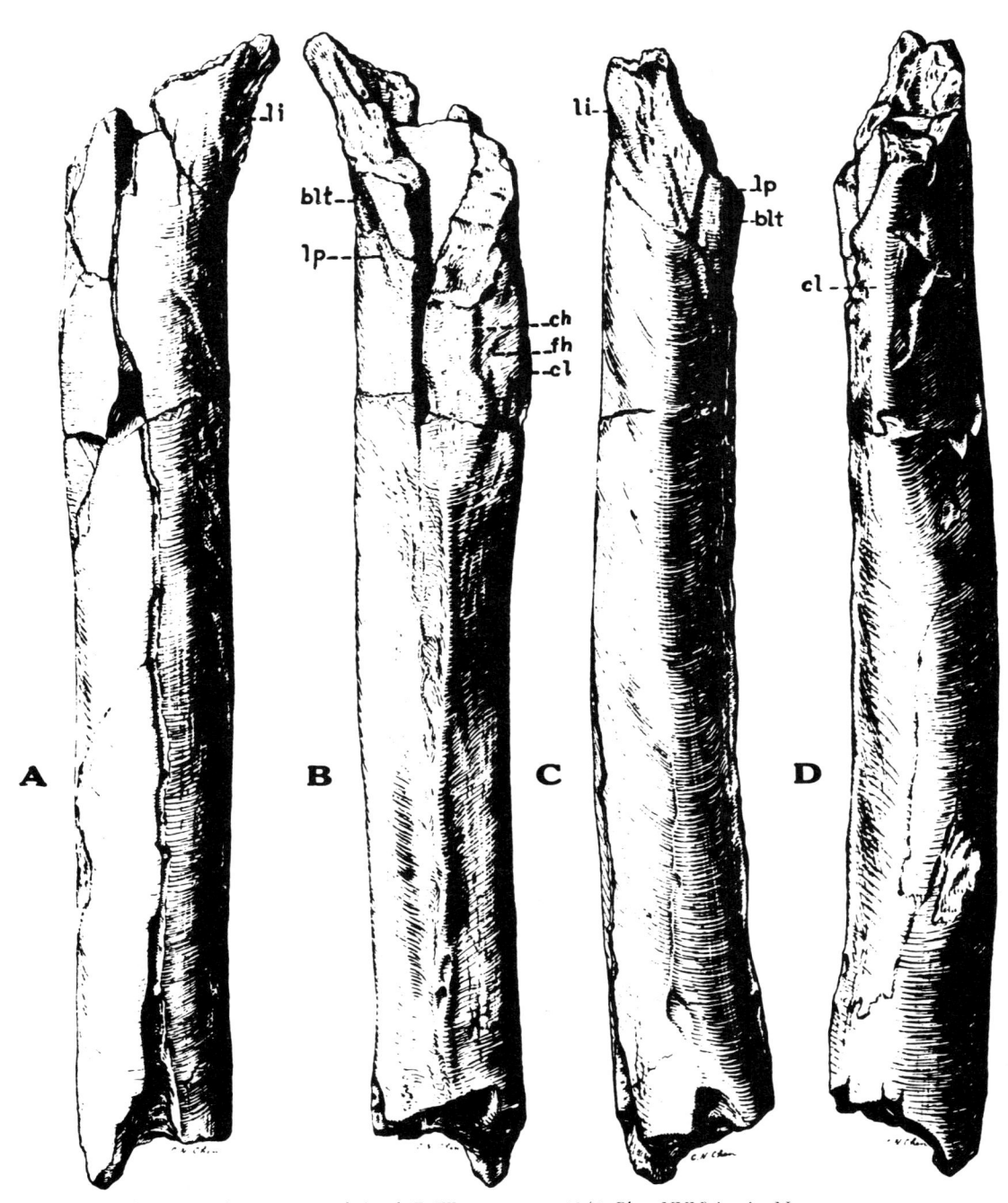

Abb. 90 Ehringsdorf E. Das rechte Femurstück (nach F. WEIDENREICH 1941, Plate XXV) in vier Normen.
A – Facies anterior, B – Facies posterior, C – Facies lateralis, D – Facies medialis.

Zusammenfassung

Die anthropologische Bearbeitung des Bruchstückes des rechten Femurschaftes von Ehringsdorf E zeigt, daß durch die bogenförmig verlaufende Schaftkrümmung, die speziell ausgelegten Stärken der Schaftwände und eine charakteristische Form der Diaphysenschnitte, die in vier Niveauebenen abgenommen wurden, dieses Femurstück Ehringsdorf E dem Fund von Arago und den Neandertalern der Würm-Eiszeit sehr nahe steht und durch den Formumbau der Diaphysenmitte zu jüngeren, typisch sapiensartigen Formen tendiert. Also handelt es sich nicht um einen klassischen Neandertaler, sondern mehr um eine typische alte Form des Homo sapiens sapiens.

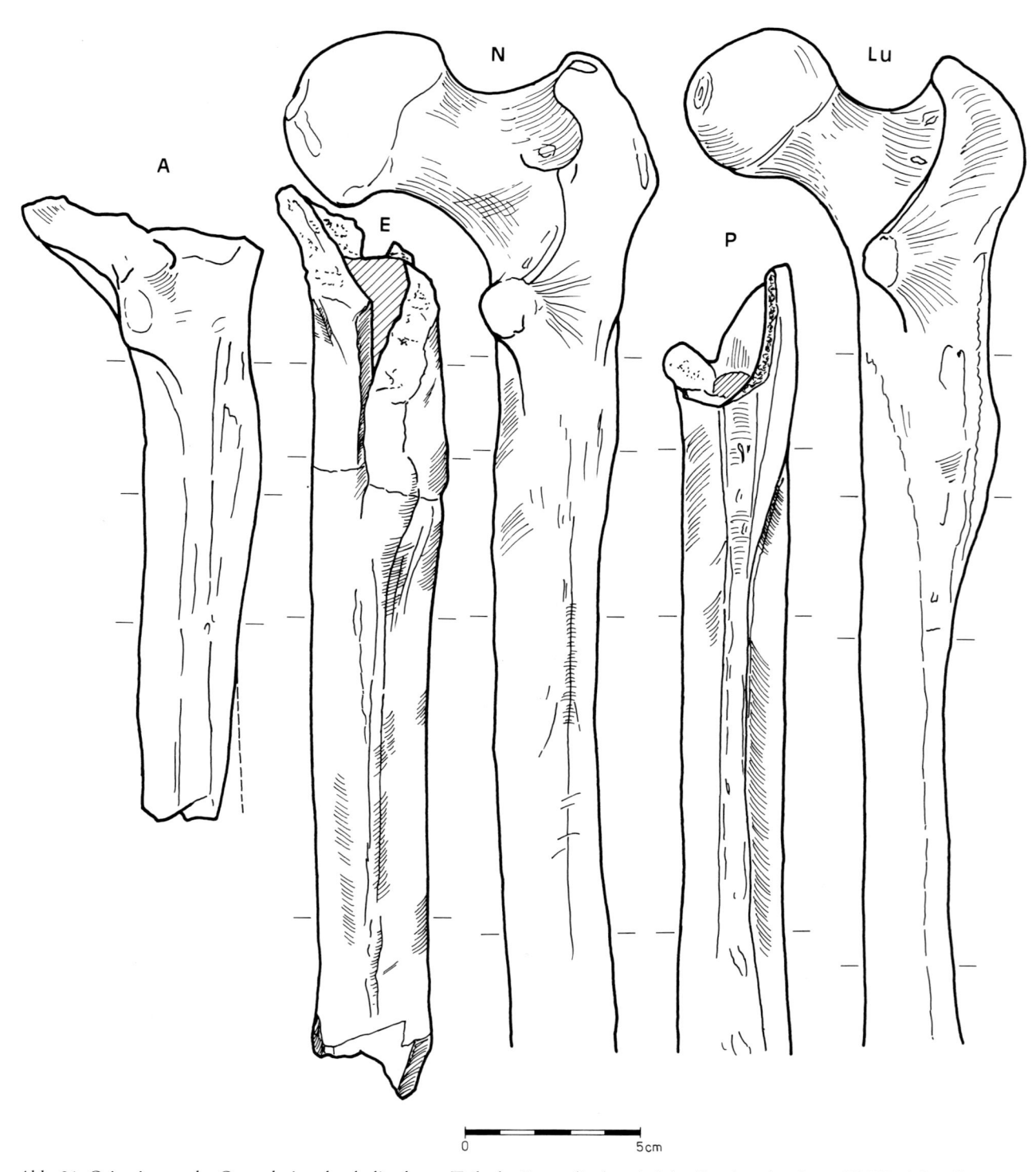

Abb. 91 Orientierung der Querschnitte durch die oberen Teile der Femurdiaphyse bei den Funden: A – Arago XLVIII (Abguß), E – Ehringsdorf, N – Neandertaler (Abguß), P – Pavlov, Lu – Hl.Ludmila (10. Jh.). Schnitte 1 – 4 s. Abb. 92.

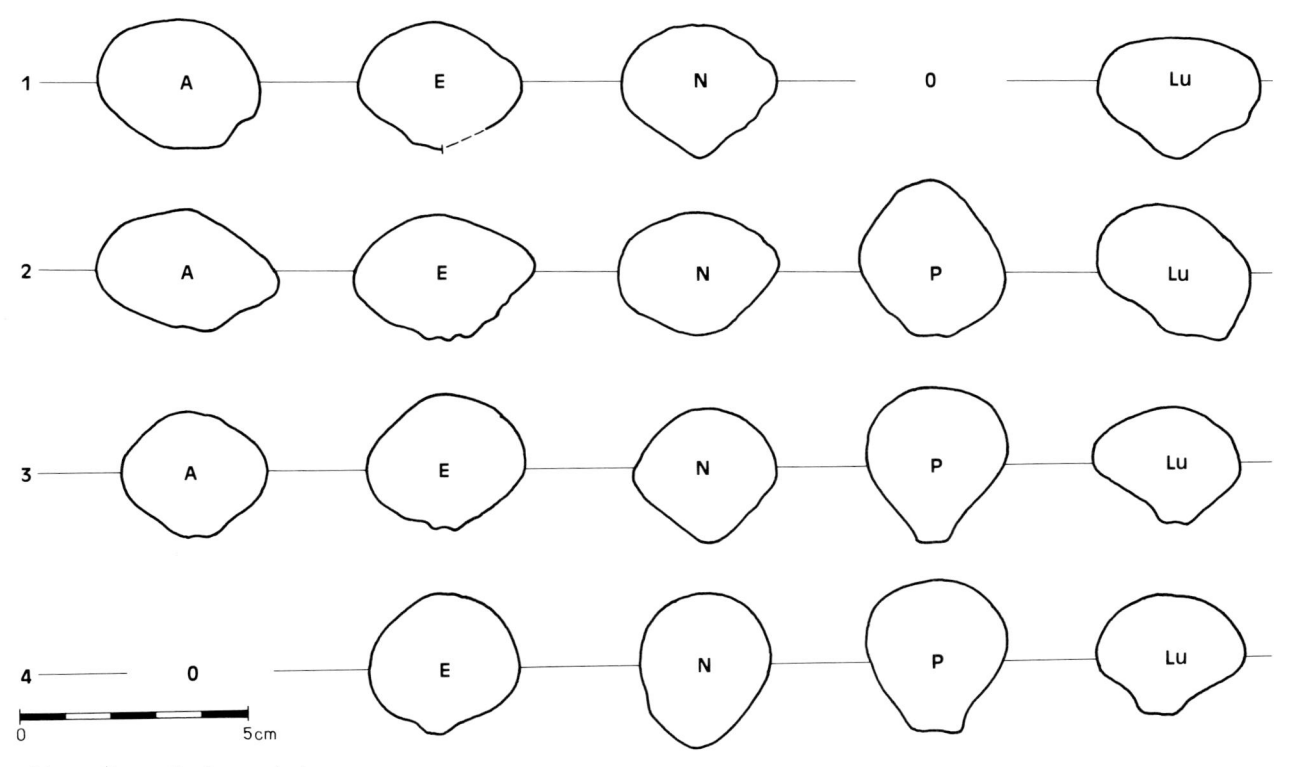

Abb. 92 Femurdiaphysenschnitte
1 – subtrochanterischer Durchschnitt, 2 – oberer Diaphysenschnitt 4 – 5 cm unterhalb der Basis des Trochanter minor,
3 – oberer Schaftdurchschnitt in der Mitte des oberen Drittels, 4 – Durchschnitt in der Mitte der Femur-Diaphyse.
Bezeichnungen A, E, N, P und Lu s. Abb. 91.

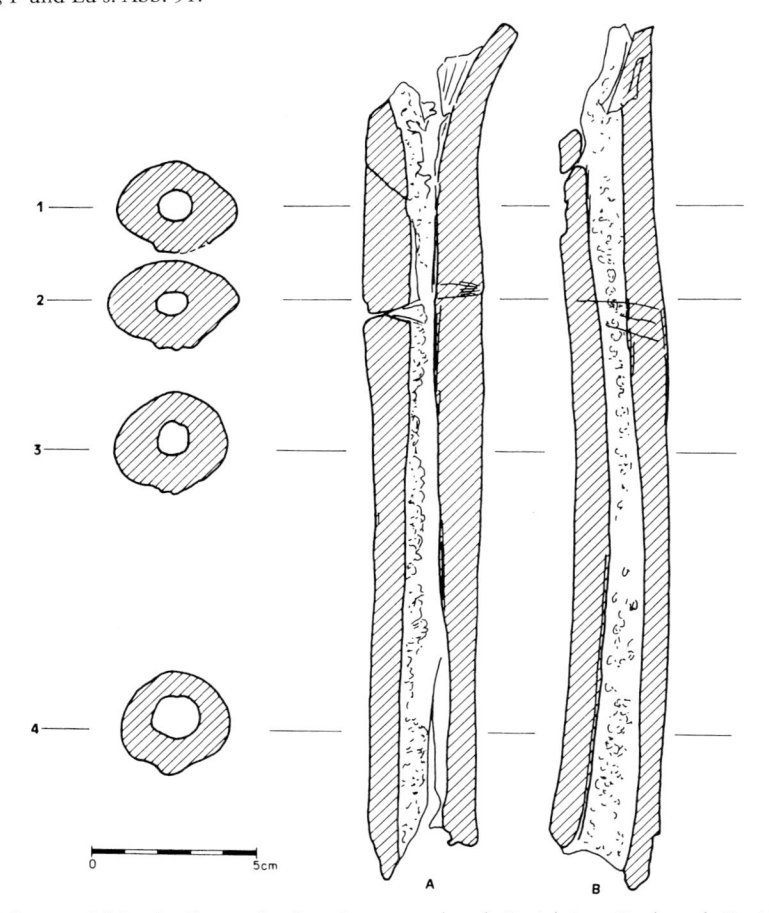

Abb. 93 Ehringsdorf E. Röntgenbilder des Femur-Stückes. A – ventrodorsale Projektion, B – laterale Projektion, 1–4 Querschnitte,
Bezeichnungen s. Abb. 92.

8. Die Überreste des Kindes aus Weimar-Ehringsdorf

In Ehringsdorf wurden im Steinbruch Kämpfe, jetzt Kalkwerk I, durch Sprengung der Kulturschicht in festem Kalkstein die Teile eines kindlichen Skelettes ans Tageslicht gebracht. Die Reste des Kindes wurden 25 m nördlich vom Fund des Kiefers des Erwachsenen Ehringsdorf F in demselben Fundhorizont entdeckt. Durch die Sprengung wurden die Skeletteile zertrümmert und auseinandergerissen und so manches zertreten und verschüttet. Herr E. Lindig sammelte und rettete die Überreste. Die Funde wurden am 2. und 3. November 1916 entdeckt.

In einem Kalksteinblock sind die Reste des Thoraxskelettes und weitere Knochenstücke vom rechten Arm vorhanden sowie die Bruckstücke eines Unterkiefers und sechs isolierte Zähne (Taf. LXIV).

Im folgenden werden zuerst das Unterkieferfragment und die Zähne beschrieben und in einem anschließenden Kapitel die Reste des postcranialen Skelettes.

8.1. Mandibula Ehringsdorf G (Taf. LXIV–LXXV)

8.1.1. Erhaltungszustand

Der gegenwärtig erhaltene Teil des Unterkiefers verkörpert das Kiefermittelstück und die linke Hälfte des Corpus mandibulae mit linkem Ramus. Die beiden Teile sind in der Gegend der linken Prämolaren zusammengesetzt. Die zwei isolierten Zähne P_2 sin und M_1 sin haben wir aus H. Virchow's Rekonstruktion herausgenommen. Beide sind extra inventarisiert, M_1 sin mit Kat.-Nr. MW 1048/69 und P_2 sin mit Kat.-Nr. MW 1049/69. Von den ursprünglich gefundenen Milchbackenzähnen ist heute kein einziger mehr vorhanden. Darum verwenden wir die Abbildungen und die Beschreibung aus H. Virchow's Monographie (1920).

Außer den Unterkieferzähnen wurden noch zwei obere Incisivi gerettet und zwei Milchmolaren. Diese sind aber leider auch nicht mehr vorhanden.

Bei der Auswertung des Ehringsdorfer Unterkiefers G stehen uns zwei Funde, Teschik-Tasch (T-T) und Le Moustier (LM) zur Verfügung.

8.1.2. Gesamtangaben und Maße der Mandibula

Wie bei dem Unterkiefer des Erwachsenen Ehringsdorf F sind auch bei dem Kinderkiefer die metrischen Angaben vom Erhaltungszustand des Originals beeinflußt. Dem Unterkiefer fehlt die ganze rechte Seite vom P_2 dx, die abgebrochen ist. Von der linken Seite fehlt die Partie des Körpers im Ausmaß der beiden linken Prämolaren.

8.1.2.1. Länge und Breite der Mandibula

Alle Maße sind von der spiegelbildlichen Abbildung der fehlenden rechten Seite des Kiefers abgeleitet (Abb. 94).

Die Länge des Unterkiefers /M 68/ ist auf 84,0 mm rekonstruiert und die ganze Länge /M 68/1/ auf 104,0 mm. Weiterhin wurden am Corpus mandibulae die Längenmaße für die einzelnen Abschnitte der Unterkiefer festgestellt. Die Beschreibung dieser Maße ist im Kapitel über die Ehringsdorf F-Mandibula zu finden.

Tab. 54 Länge des Unterkieferkörpers

		E	T–T	L M
Länge L	1 /I_2/	1	3	3
	2 /C/	5	c 10	10
	3 /P_1/	10	m_1 16	17
	4 /P_2/	–	m_2 25	25
	5 /M_1/	31	38	37
	6 /M_2/	45	46	50
	7 /M_3/	56	–	–

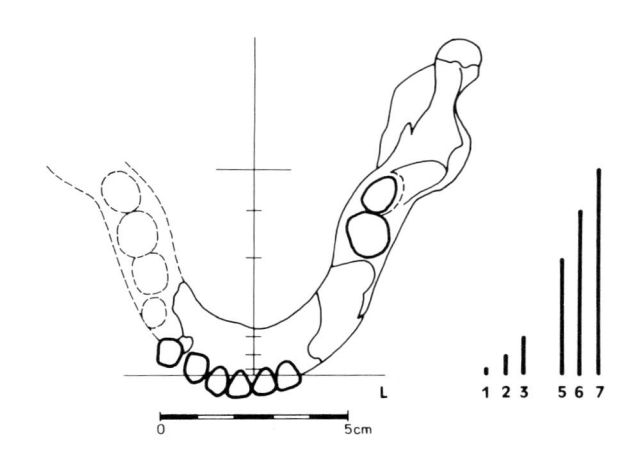

Abb. 94 Ehringsdorf G. Länge der Mandibula und ihrer Teile. Längendimensionen L 1 – L 7 entsprechen den Längenabschnitten der einzelnen Zähne (1 I_2, 2 C, 3 P_1, 5 M_1, 6 M_2, 7 M_3).

8.1.2.2. Mandibula-Breite

Auch die klassischen Maße muß man am rekonstruierten Kiefer abmessen. Die Condylenbreite /M 65/ betrug wahrscheinlich 126,0 mm, die Coronoidenbreite /M 65/1/ 106,0 mm und die Winkelbreite /M 66/ 82,0 mm. Am rekonstruierten Corpus mandibulae wurden noch die Breitenmaße im Niveau der Distalseiten der einzelnen Zähne wie bei dem Erwachsenen gemessen (Abb. 95).

Tab. 55 Die Breite des Corpus mandibulae

			E	T–T	L M
Breite B	1	/I$_2$/	25	27	/25/
	2	/C/	/35/?	c 43	41
	3	/P$_1$/	/49/?	m$_1$ 52	54
	4	/P$_2$/	–	m$_2$ 64	62
	5	/M$_1$/	/71/	77	75
	6	/M$_2$/	/81/	85	84
	7	/M$_3$/	/95/?	–	–

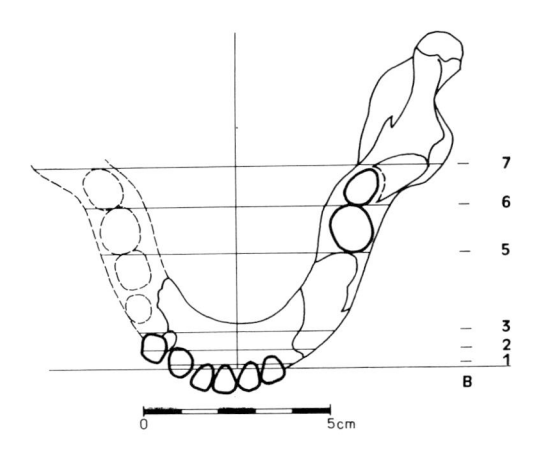

Abb. 95 Ehringsdorf G. Breitendimensionen B 1 – B 7 zwischen den einzelnen Zähnen gemessen (1 I$_2$, 2 C, 3 P$_1$, 5 M$_1$, 6 M$_2$, 7 M$_3$).

8.1.2.3. Längen-Breiten-Index

Aus den gewonnenen Längen- und Breitenmaßen des Corpus mandibulae haben wir die zuständigen Indizes errechnet.

Tab. 56 Längen-Breiten-Index des Corpus mandibulae

			E	T–T	L M
Abschnitt	1	I$_2$	0,4	0,1	0,12
	2	C	14,3	23,3	24,4
	3	P$_1$	20,4	m$_1$ 30,8	31,5
	4	P$_2$	–	m$_2$ 39,0	40,3
	5	M$_1$	43,7	49,4	49,3
	6	M$_2$	55,5	54,1	59,5
	7	M$_3$	58,9	–	–

8.1.2.4. Gesamtform des Unterkiefers und Dimensionen des Bogens

Die Mandibula Ehringsdorf G ist aus zwei größeren Stücken zusammengesetzt: aus dem Kieferstück mit sechs erhaltenen Zähnen und aus der unvollständigen linken Hälfte des Corpus mandibulae mit linkem Ramus. In die entstehende Lücke wurden zwei Zähne P$_2$ sin und M$_1$ sin eingesetzt. Leider fehlen enge Kontakte der Bruchstücke, darum ist die Zuordnung der Zähne nicht verläßlich.

Weil die Mandibula verschiedene Formen der Bögen aufweist, wie Alveolarbogen, Basilarbogen, aber auch den Bogen des Torus transversus superior und inferior und auch den Zahnbogen (Dentalbogen), haben wir versucht zu rekonstruieren.

Der Alveolarbogen, der durch die vestibulären und lingualen Ränder der Zahnalveolen begrenzt ist, ist sehr

Tab. 57 Rekonstruierte Maße des Alveolar- und Basilarbogens

	E–G	T–T	L M
Länge des Alveolarbogens	57	51	62
Breite des Alveolarbogens	85	65	82
LxB I	67,0	78,5	84,9
Länge des Basilarbogens	79	68	73
Breite des Basilarbogens	84	90	98
LxB I	94,0	75,5	74,5

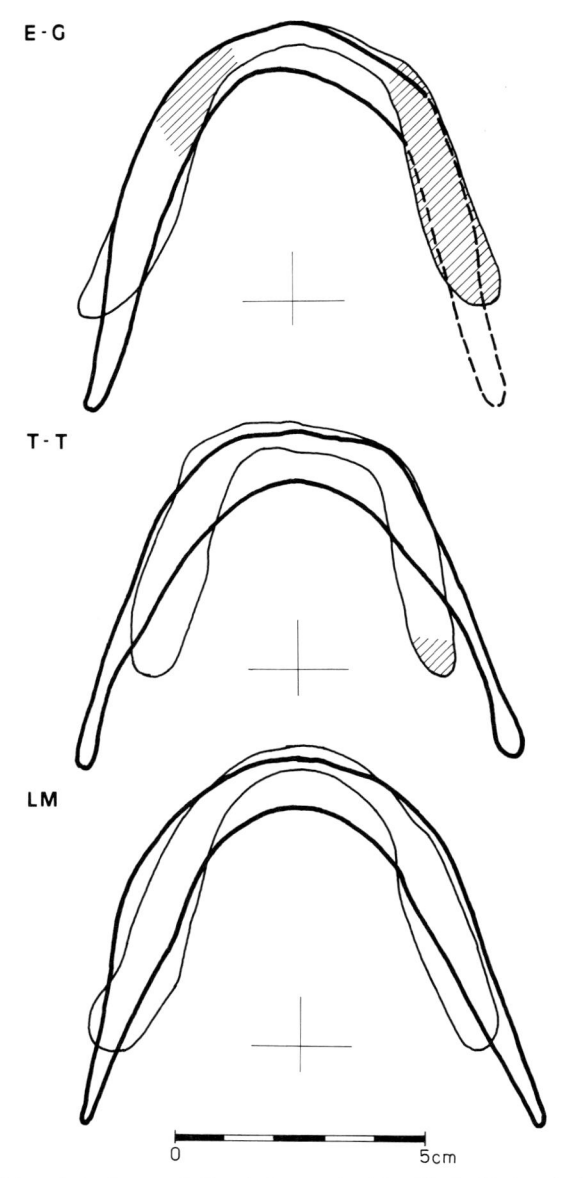

Abb. 96 Basilar- und Alveolarbogen der Mandibula Ehringsdorf G im Vergleich mit den Funden Teschik-Tasch (T-T) und Le Moustier (LM).

hypothetisch. Dasselbe gilt bei der Rekonstruktion des Basilarbogens (Abb. 96).

8.1.2.5. Robustizität des Corpus mandibulae

Beim Kind Ehringsdorf G kann man die Robustizität des Corpus mandibulae nur auf zwei Ebenen ausrechnen: den Höhen zwischen M_3 und M_2 und zwischen M_2 und M_1. Beide sind mit 24,0 mm gleich hoch. Die Dicke in demselben Schnitt, senkrecht zur Alveolarebene des Kiefers gemessen, beträgt 16,0 und 15,0 mm.

Tab. 58 Robustizität des Corpus mandibulae

		Höhe /H/	Dicke /D/	Index /I/
Ehringsdorf	1 unter M_3	–	–	–
	2 unter M_2	24	16	66,7
	3 unter M_1	24	15	62,5
	4 unter P_2	–	–	–
Teschik-Tasch	1	24	17	70,8
	2	21	15	71,4
	3	24	16	66,6
	4	27	17	62,9
Le Moustier	1	28	17	60,7
	2	25	19	76,0
	3	25	17	68,0
	4	27	16	59,2

Unterschiede entsprechen dem Alter der Individuen.

8.1.3. Regio symphysis menti

8.1.3.1. Metrische Bewertung der Kinnpartie (Abb. 97)

Metrisch kann man die Kinnpartie des Ehringsdorfer Kiefers G mit einigen Maßen und Winkeln charakterisieren.
Die Kinnhöhe in der Symphyse ist 30,0 mm, die Kinndicke in der Symphyse 16,0 mm und im Niveau des Caninus 16,0 mm; der Kinnrobustizität-Index ist 50,0. Einen Vergleich mit den Kindern aus Teschik-Tasch und Le Moustier zeigt folgende Tabelle:

Tab. 59 Robustizität der Kinnpartie

	Höhe	Dicke	Index
Ehringsdorf G	30	16	53,3
Teschik-Tasch	26	13	50,0
Le Moustier	/28/	16	/57,1/

Weiter nutzen wir zur Untersuchung der Kinngegend die Profilwinkel.

Tab. 60 Die Profilwinkel des Unterkiefers

	E–G	T–T	L M
Profilwinkel 1 /Incision-pg auf Basilarlinie/	92°	89°	88°
2 /Incision-pg auf Alveolarlinie/	88°	78°	80°
3 /Incision-gn auf Basilarlinie/	107°	100°	98°
4 /Incision-gn auf Alveolarlinie/	65°	73°	76°
5 /Kreuzung der von Incision gefällten Senkrechte auf Basilarlinie/	82°	82°	80°
6 /Winkel d. Neigung des Planum alveol./	40°	42°	37°

8.1.3.2. Facies anterior (Abb. 98)

Die Facies anterior der Kinngegend ist durch eine sekundäre Fraktur beschädigt. Die Abgrenzung gegen den Alveolarteil ist undeutlich.

Tuberculum symphyseos

Bei diesem Kind finden wir keine Spur vom üblichen Trigonum mentale. Aber 9,0 mm oberhalb der Grenzen der Fossae m. diagastrici ist eine ovale Erhebung vorhanden, 10,0 mm hoch, 8,0 mm breit und 1,0 mm dick, die man als ein typisches Tuberculum symphyseos bezeichnen kann. 12,0 mm rechts von Tuberculum symphyseos befindet sich eine weitere Erhebung, die sich mit Juga alveolaria des Eckzahnes deckt, also eine typische Eminentia canina. Das übliche Trigonum mentale ist nicht ausgeprägt, statt dessen ist die Oberfläche gleichmäßig rund und glatt. Beim Ehringsdorfer Kind G ist also ein Mentum osseum entwickelt.

Incisura mandibulae anterior

In Richtung der Medianlinie steigt von Tuberculum symphyseos zwischen der Alveolarjuga beider innerer Schneidezähne eine 8,0 mm lange und 2,0 mm breite Rille, die man als Incisura mandibulae anterior bezeichnen kann. Diese Incisura entspricht der ursprünglichen Ausfüllung der Symphysenspalte. Fast alle Neandertaler-Kinderkiefer sind dadurch charakterisiert. Sie haben eine rillenartige Vertiefung im Verlauf der ursprünglichen Symphysenspalte.

Cupidenbogenartige Begrenzung des unteren Mandibularrandes

Auch bei dem Kind Ehringsdorf G findet sich wie beim Erwachsenen Ehringsdorf F eine bogenförmige Kontur, durch die die Vorderseite der Kinngegend von der Basilarfläche des Kiefers abgegrenzt ist. Die Verschiebung des Trigonum basale mehr zur Kieferbasis führt zur Bildung des charakteristischen unteren Mandibularrandes, in Vorderansicht gesehen in der Form eines Cupidenbogens. Dieses Merkmal ist eher typisch für Neandertaler-Formen.

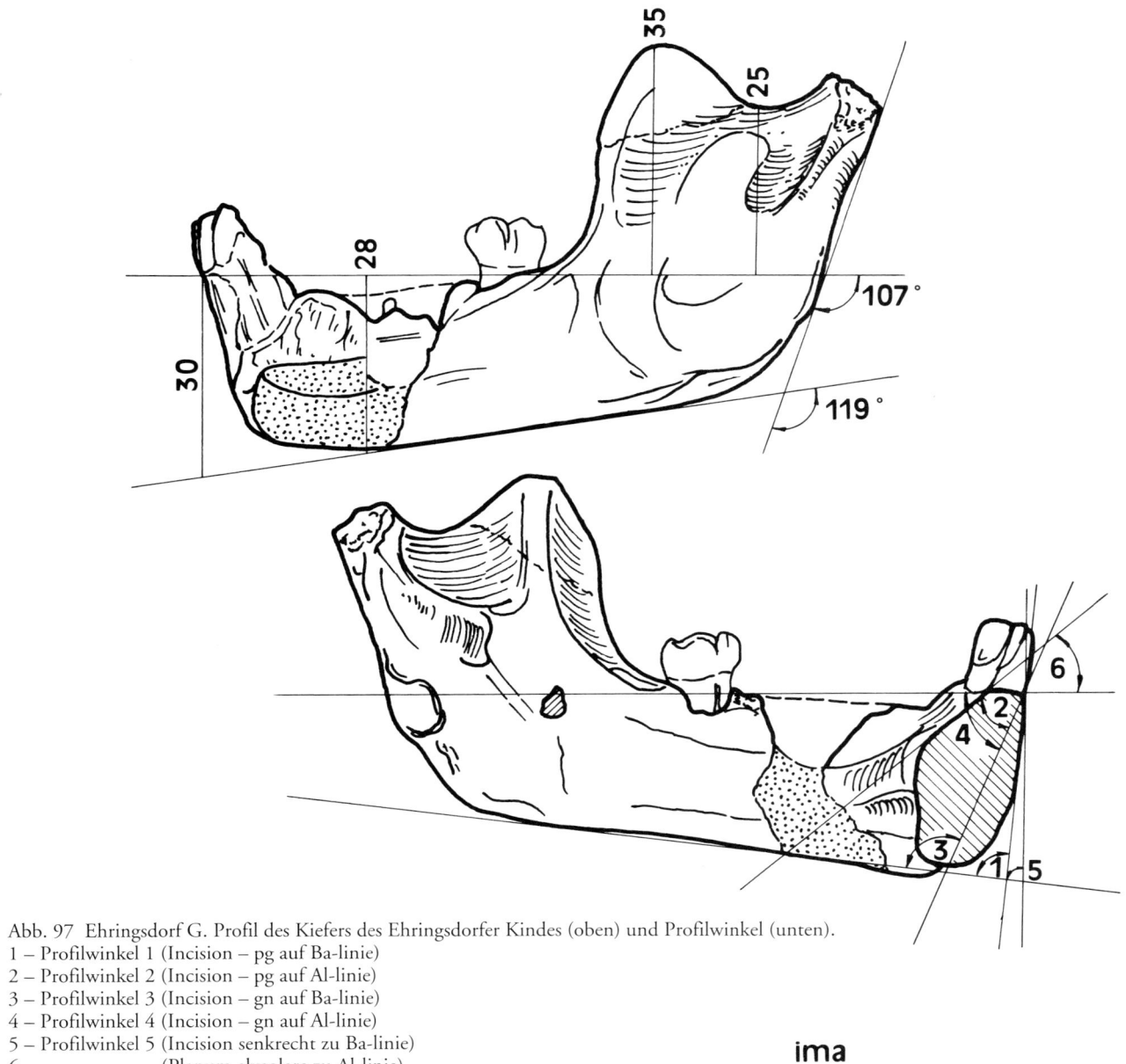

Abb. 97 Ehringsdorf G. Profil des Kiefers des Ehringsdorfer Kindes (oben) und Profilwinkel (unten).
1 – Profilwinkel 1 (Incision – pg auf Ba-linie)
2 – Profilwinkel 2 (Incision – pg auf Al-linie)
3 – Profilwinkel 3 (Incision – gn auf Ba-linie)
4 – Profilwinkel 4 (Incision – gn auf Al-linie)
5 – Profilwinkel 5 (Incision senkrecht zu Ba-linie)
6 –   (Planum alveolare zu Al-linie)

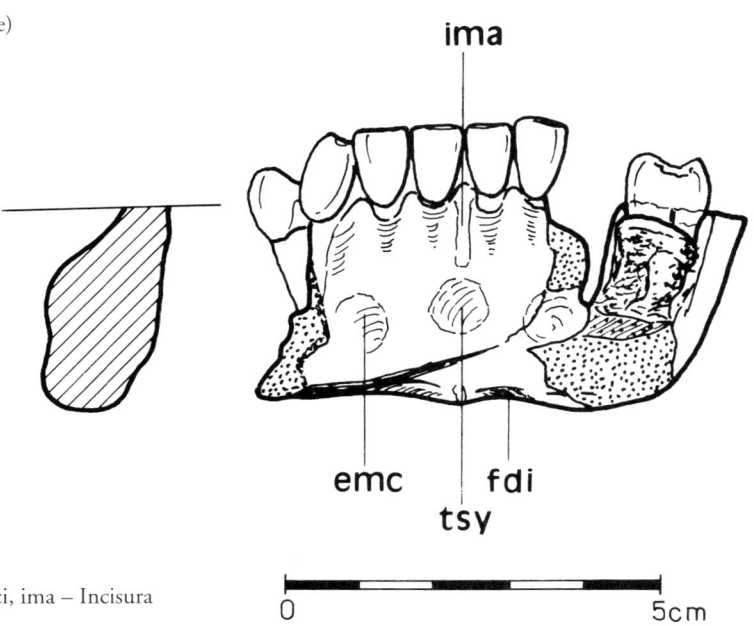

Abb. 98 Ehringsdorf G. Facies anterior.
emc – Eminentia canina, fdi – Fossa m. digastrici, ima – Incisura mandibulae anterior, tsy – Tuber symphyseos.

Die Wurzelarea des Unterkiefers (root area)
(Abb. 99)

Ein weiteres wichtiges Merkmal, die sog. Wurzelarea (root area) nach F. WEIDENREICH (1936), kann man an frontodorsalen Röntgenbildern bewerten. Bei Bewertung und Vergleich ist eine Reduktion der Wurzellängen der Vorderzähne gut zu verfolgen.

Die topographische Abgrenzung dieser Partie wurde schon bei dem Erwachsenen beschrieben. Hier haben wir einen Vergleich mit den Kindern E-G, T-T und LM realisiert. Prinzipiell wirkt bei den Neandertaler-Kiefern die root area kleiner als beim Heidelberger, aber noch größer als beim rezenten Menschen. Bei den Neandertaler-Formen finden wir geringere Unterschiede zwischen der Wurzellänge der Canini und Incisivi. Die distale Grenze der Area zeigt die Form eines mäßigen Bogens. Das ist auch der Fall bei dem Kind von Ehringsdorf G. Le Moustier weist trotz seiner unregelmäßigen Vorderzähne einen Zustand auf, bei dem die Wurzellänge der Eckzähne und Schneidezähne fast die gleiche ist. Das findet keine Bestätigung bei dem Kind von Teschik-Tasch, weil hier die Canini noch im Wechsel sind.

Die maximale Höhe der root area beim Ehringsdorfer G ist 26,0 mm und die Breite 37,0? mm, der daraus sich ergebende Index der root area beträgt 70,3? mm. Die Wurzellänge der medialen Incisivi ist 20,0 mm, und die Wurzellänge des rechten Caninus beträgt 23,0? mm, der Index der Wurzellängen damit 86,9?.

Tab. 61 Höhen-Breiten-Index der root area (in mm)

	E–G	T–T	L M
max. Höhe d. root area	26	18	20
max. Breite C–C	37?	/35/	34?
max. Breite I_2–I_2	22,0	24,0	22,0
H × B-Index /Niveau C–C/	73,3?	51,4	58,8
H × B-Index /Niveau I_2–I_2/	118,2	75,0	90,9

Tab. 62 Index der Vorderzahnwurzeln (in mm)

	E–G	T–T	L M
Wurzellänge d. Caninus	23?	?	16
Wurzellänge d. med. Incisivus	20	14	15
Index	86,9	–	93,7

Die Auswertung zeigt, daß die Wurzelarea des Ehringsdorfer Kindes G in phylogenetischer Hinsicht eindeutig in unsere dritte Gruppe (E. VLČEK 1969a, 127 f.) gehört, in die auch die Funde aus Le Moustier und Teschik-Tasch fallen. Das entspricht also gut den Neandertaler-Formen.

Die Unterwurzelarea (Abb. 99)

Die Breite der Unterwurzelarea bei Ehringsdorf G beträgt auf der Verbindungslinie der Caninenwurzelspitzen 26,0 mm, und die Höhe der rekonstruierten Kurve, die die Wurzelspitzen der Vorderzähne verbindet, 7,0 mm. Der entstandene Bogen ist also noch hoch genug und auch regelmäßig gewölbt. Bei dem Fund von Le Moustier ist die Breite der Unterwurzelarea 28,0 mm und die Höhe des Bogens nur 5,0 mm. Bei dem Fund von Teschik-Tasch sind die Canini noch nicht endgültig entwickelt.

Tab. 63 Index der Unterwurzelarea (in mm)

	E–G	T–T	L M
Breite der Area	26	–	28
Höhe der Area	7	–	5
Index	26,9	–	17,8

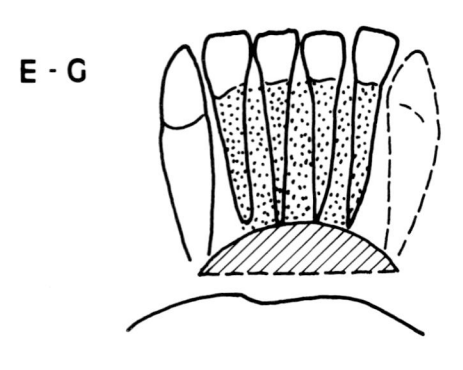

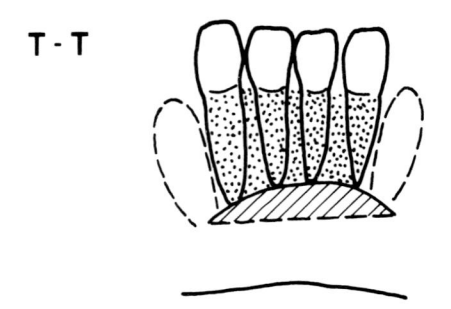

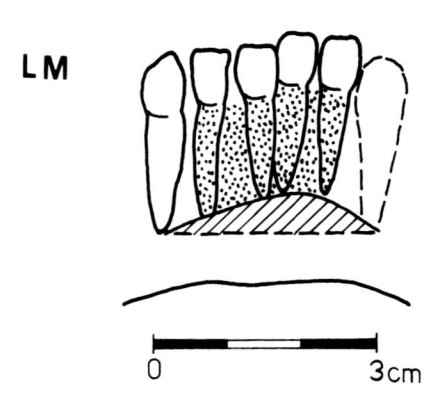

Abb. 99 Die Wurzelarea und Unterwurzelarea bei Ehringsdorf G (E-G) im Vergleich mit den Funden Teschik-Tasch (T-T) und Le Moustier (LM).
root area punktiert; Unterwurzelarea: schraffiert.

Vollständigkeitshalber führen wir noch eine metrische Bewertung der Längenreduktion der Vorderzahnwurzeln mit Rücksicht auf die Kieferhöhe durch (F. WEIDENREICH 1936a).

Tab. 64 Reduktion der Vorderzahnwurzeln

	E–G	T–T	L M
Symphysenhöhe d. Kiefers	30	26	28
Höhe d. root area	26	18	20
Reduktion d. Vorderzahnwurzeln	86 %	69 %	71 %

Bei den Kinderkiefern sind die Werte relativ höher als bei Erwachsenen, da die Schneidezähne bei Kindern schon die Maximallänge erlangen, ehe der Kiefer seine definitive Kinnhöhe erreicht hat.

8.1.3.3. Beschreibung der Facies posterior (Abb. 100)

Die Beschreibung der inneren Fläche der Kinngegend der Mandibula ist unvollständig, weil gerade die Gegend der Fossa geniohyoidea beschädigt ist.

Planum alveolare

Der proximalste Teil der inneren Fläche der Mandibula Ehringsdorf G verläuft vom Alveolarrand sehr schräg nach hinten in einer Länge von 14,0 mm, was man am besten auf dem Sagittalschnitt durch die Kinngegend sehen kann. Der Neigungswinkel des Planum alveolare zur Alveolarlinie beträgt bei der neuen Rekonstruktion des Kiefers 40°, bei H. Virchow 39°.

Die untere Grenze des Planum alveolare läßt sich wegen der Beschädigungen des Mittelstückes nicht genau begrenzen. Torus transversus superior HOLL ist glatt abgerundet ohne eine deutlich entwickelte Kante.

Überraschend ist die Dicke der Alveolarpartie des Mittelstückes. Sie beträgt 15,0 mm, gemessen zwischen dem Torus transversus superior und dem Punkt oberhalb des Tuberculum symphyseos.

Die Gegend der Fossa genioglossi

Unter dem Torus transversus superior dehnt sich eine geräumige Konkavität der Fossa genioglossi TOLDT aus. Die distale Begrenzung der Fossa endet beim Bogen des Torus transversus inferior HOLL, der die Basis mandibulae abtrennt. Die Höhe der Fossa beträgt 16,0 mm.

Die Morphologie dieser Partie ist für die Beurteilung der Entwicklungsstufe sehr wichtig. Aber gerade hier ist leider ein Streifendefekt entstanden, der 4,0 × 21,0 mm groß ist. Trotzdem scheint sicher zu sein, daß es zur Ausbildung einer Grube – Fossa musculi genioglossi – gekommen ist. Auf den Rändern des Defektes sehen wir keine Reste von Verrauhungen oder Höcker, wie Spina mentalis. Es scheint, daß sich beim Kind Ehringsdorf G der primitivere Zustand dieser Gegend – eine ausgebildete geräumige Fossa genioglossi – als gute Parallele zum Erwachsenen Ehringsdorf F erweist. Die Details sind leider nicht erhalten, wie die vertikal gelegte Leiste oder Verrauhungen als Insertionsstellen des Musculus genioglossus. Dasselbe kann man beim Fund von Teschik-Tasch und auch bei dem von Le Moustier feststellen.

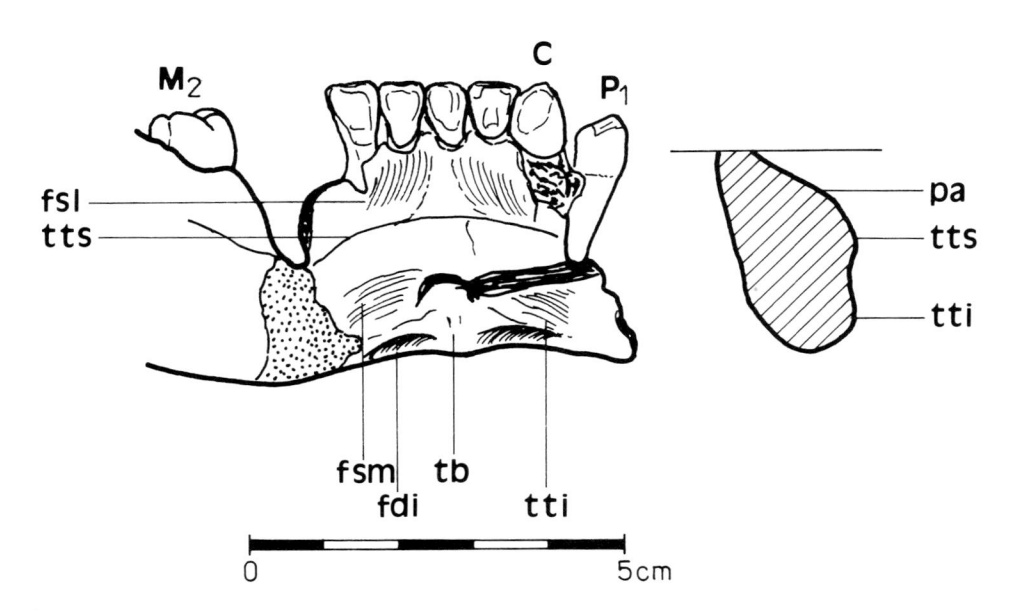

Abb. 100 Ehringsdorf G. Facies posterior.
fdi – Fossa m. digastrici, fsl – Fossa sublingualis, fsm – Fossa submandibularis, pa – Planum alveolare, tb – Tuber basale, tti – Torus transversus inferior, tts – Torus transversus superior.

Basis mandibulae (Abb. 101)

Die Basalfläche des Mittelstückes der Mandibula Ehringsdorf G ist sehr charakteristisch ausgebildet.
Die Basalfläche ist ventral mit einer höckerartigen Erhebung begrenzt, die man für Trigonum basale TOLDT halten kann. Lateral sind die markantesten Gebilde auf der ganzen Basalfläche des Kiefers zu sehen – die Fossae m. digastrici. Beide Gruben sind horizontal gelegen und leicht distal geneigt. Die Begrenzung ist erkennbar, aber nicht kantig ausgebildet, wie es beim Erwachsenen Ehringsdorf F der Fall ist. Die rechte Grube ist 15,0 × 8,0 mm groß, die linke ist nicht komplett erhalten. Die Entfernung beider Gruben voneinander beträgt 3,0 mm, d. h. Tuberculum (Tuberositas) basale ist so breit.
Beim Kind von Teschik-Tasch sind die Fossae m. digastrici sehr deutlich kantig begrenzt. Sie sind aber etwas kleiner, rechts 10,0 × 7,0 und links 11,0 × 7,0 mm groß. Im Gegensatz dazu sind beim Le Moustier die Gruben größer, rechts 17,0 × 9,0 mm, links auch 17,0 × 9,0 mm. Die Unterschiede in der absoluten Größe der Gruben werden wiederum durch das Alter der Individuen beeinflußt. Die Morphologie und Neigung der Fossae m. digastrici beim Ehringsdorf G entspricht dem klassischen Neandertaler.

8.1.4. Corpus et Ramus mandibulae

8.1.4.1. Facies lateralis externa corporis mandibulae (Abb. 102)

Das zweite Hauptstück des Kiefers von Ehringsdorf G ist durch die hintere Hälfte des Corpus mandibulae repräsentiert. Wir haben bei unserer neuen Rekonstruktion des Kiefers die optimale Stelle des Bruchstücks gesucht. Leider ist die Partie des Corpus in der Länge mit Alveolen des M_1 und teilweise des P_2 begrenzt.
Man sieht nicht viel auf der Fläche der Facies externa. Die Protuberantia lateralis ist als sanfter Wall modelliert. Die erhaltene mediale Fläche des Corpus ist in der Breite der Molaren glatt. Am Basalrand des Kieferkorpus ist an der Stelle des Foramen mentale eine kleine Knolle – Tuberculum marginale anterior – und eine zweite unter der Protuberantia lateralis – Tuberculum marginale posterior – festzustellen. Weitere Details sind nicht erhalten.
Foramen mentale ist bei diesem Kiefer nicht erhalten. Gerade hier wurde er zerbrochen.

8.1.4.2. Facies lateralis interna corporis mandibulae (Abb. 103)

Bei dieser Ansicht ist die Verlängerung des Planum alveolare auffallend. Fossa sublingualis ist distal gut gegen Torus transversus superior begrenzt. Lateral kann man die Begrenzung nicht verfolgen wegen Beschädigungen des Kiefer-Mittelstückes.

Fossa submandibularis ist 11,0 mm breit und bis 3,0 mm tief. Linea mylohyoidea ist nur in dem Abschnitt der Molaren zu verfolgen. Torus transversus inferior wurde durch die horizontal gelegene Fossa m. digastrici beeinflußt. An der lateralen Begrenzung des cupidenförmigen Unterrandes des Kiefers ist ein Tuberculum marginale anterior sichtbar. Gleiches gilt vom Tuberculum marginale posterior. Die Distanz zwischen diesen beiden Tuberculen ist glatt ohne markante Rauhungen.

8.1.4.3. Ramus mandibulae

Der linke Ramus mandibulae ist gut erhalten, nur Caput mandibulae ist abgebrochen. Das erhaltene Collum mandibulae ist 12,0 mm breit und 13,0 mm dick. Der Processus coronoideus ist stumpf ausgebildet. Die Incissura mandibulae ist 25,0 mm breit und ca. 7,0 mm tief. Die Breite des Ramus ist 40,0 mm, die minimale Breite 36,0 mm, die Höhe des Astes ohne Kopf beträgt 48,0 mm. Die Höhe des Ramus von Processus coronoideus mißt 56,0 mm, die kleinste Höhe des Ramus 51,0 mm.
Tuberositas masseterica ist schwach ausgebildet, auch die Eminentia lateralis masseterica. Die Fossa masseterica superior, proximal begrenzt von Crista musculi zygomaticomandibularis, ist zweiteilig entwickelt. Damit ist ein Beweis gegeben, daß die tiefste Portion des Musculus masseter mächtig entwickelt wurde, der sog. Musculus zygomaticomandibularis.
Auf der inneren Seite des Ramus mandibulae ist die Fossa pterygoidea gut begrenzt. Auch die Crista pharyngea ist nur mittelgroß, die Tuberositas pterygoidea ist tuberartig entwickelt, und die Fovea pterygoidea scheint tief zu sein. Lingula mandibulae ist abgebrochen, Canalis mandibulae ist oval, und von ihm geht ein Sulcus mylohyoideus ab.
Von oben gesehen sind das Trigonum retromolare und Sulcus retromolaris nicht akzentuiert.

8.1.4.4. Pars alveolaris mandibulae (Abb. 104)

Der Zahnbogen des Kiefers Ehringsdorf G

Das Gebiß des Ehringsdorfer Kindes ist links rekonstruierbar. Die rechte Seite ist spiegelartig umgezeichnet, und so bekommen wir eine Rekonstruktion des Zahnbogens. Auch die Beurteilung des Bogens ist nur approximativ.

Länge, Breite und Index des Dentalbogens

Die Länge des Zahnbogens bei Ehringsdorf G beträgt 61,0 mm, die Breite 78,0 mm, und der daraus errechnete Index des Zahnbogens ist 77,4. Einen Vergleich mit anderen Neandertaler-Kindern zeigt folgende Tabelle:

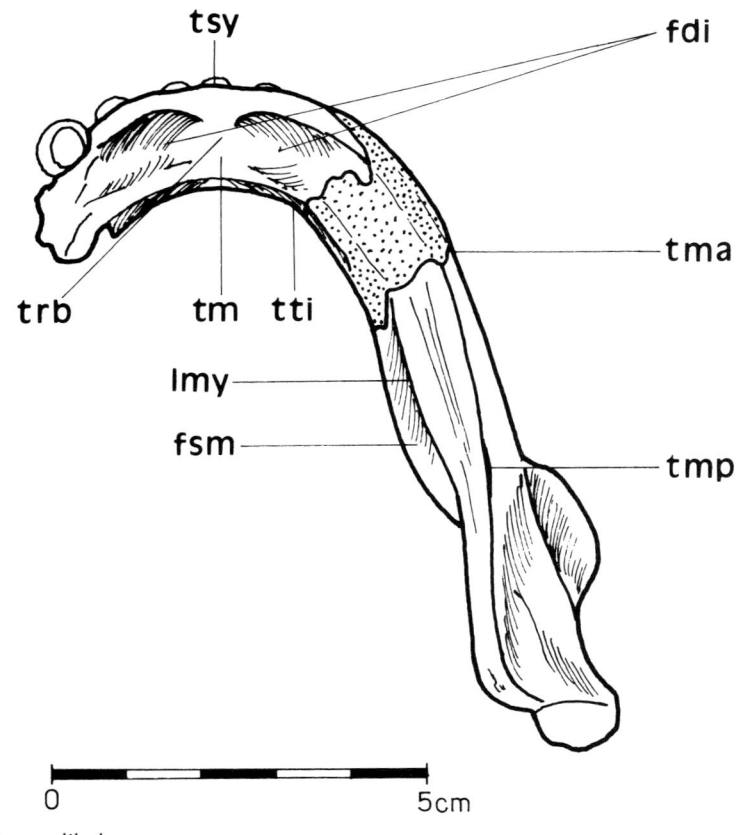

Abb. 101 Ehringsdorf G. Basis mandibulae.
fdi – Fossa m. digastrici, fsm – Fossa submandibularis, lmy – Linea mylohyoidea, tm – Tuber mentale, tma – Tuberculum marginale anterior, tmp – Tuberculum marginale posterior, trb – Trigonum basale, tsy – Tuber symphyseos, tti – Torus transversus inferior.

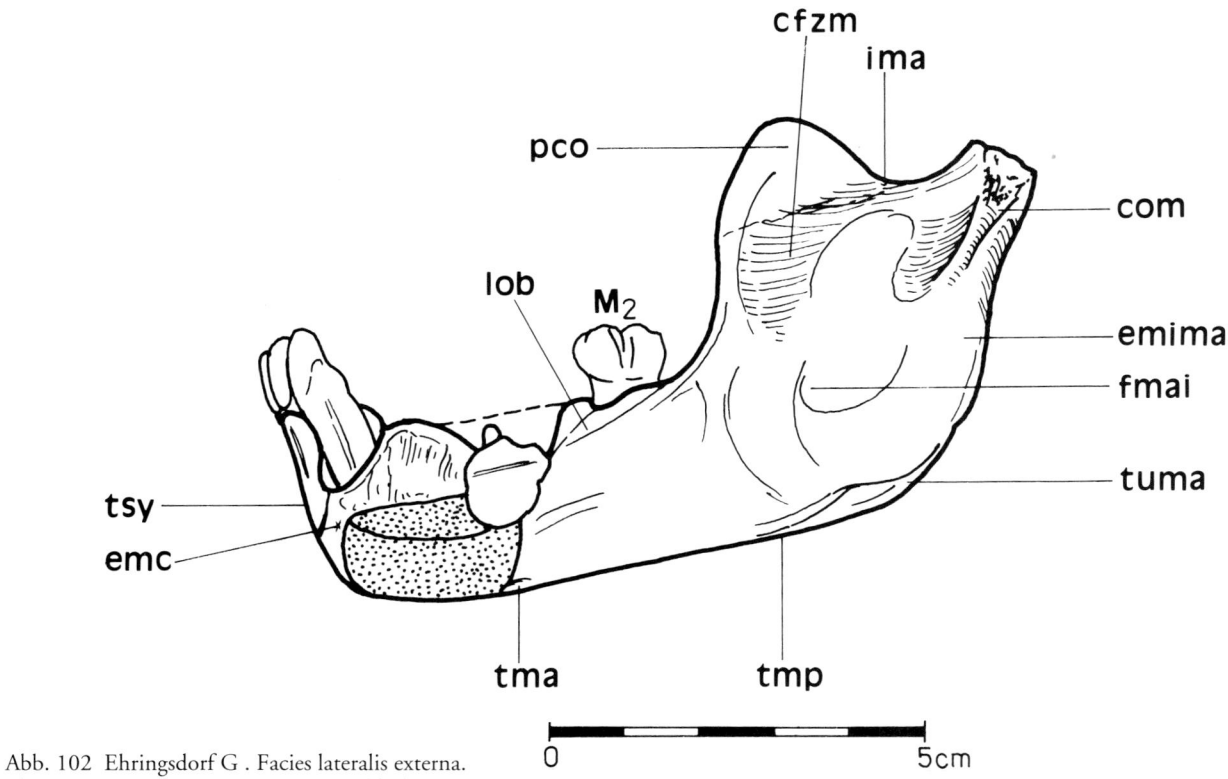

Abb. 102 Ehringsdorf G. Facies lateralis externa.
cfzm – Crista et fovea zygomaticomandibularis, com – Collum mandibulae, emc – Eminentia canina, emima – Eminentia masseterica lateralis, fmai – Fossa masseterica inferior, ima – Incissura mandibulae, lob – Linea obliqua, pco – Processus coronoideus, tma – Tuberculum marginale anterior, tmp – Tuberculum marginale posterior, tsy – Tuber symphyseos, tuma – Tuberositas masseterica.

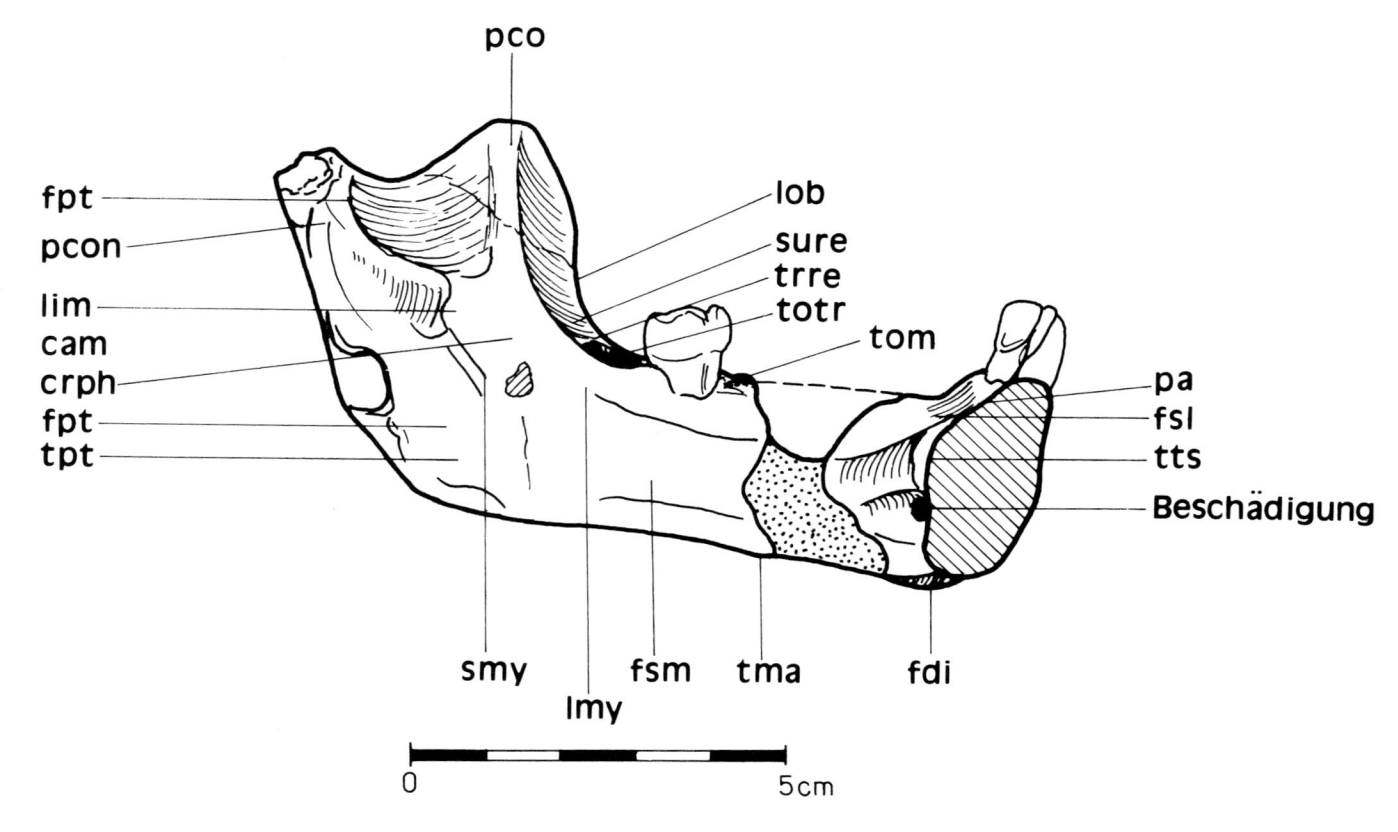

Abb. 103 Ehringsdorf G. Facies lateralis interna.
cam – Canalis mandibulae, crph – Crista pharyngea, fdi – Fossa m. digastrici, fpt – Fossa pterygoidea, fsl – Fossa sublingualis, fsm – Fossa submandibularis, lim – Lingula mandibulae, lmy – Linea mylohyoidea, lob – Linea obliqua (crista), pa – Planum alveolare, pco – Processus coronoideus, pcon – Processus condylaris, smy – Sulcus mylohyoideus, sure – Sulcus retromolaris, tma – Tuberculum marginale anterior, tom – Torus mandibularis, totr – Torus triangularis, tpt – Tuberositas pterygoidea, trre – Trigonum retromolare, tts – Torus transversus superior.

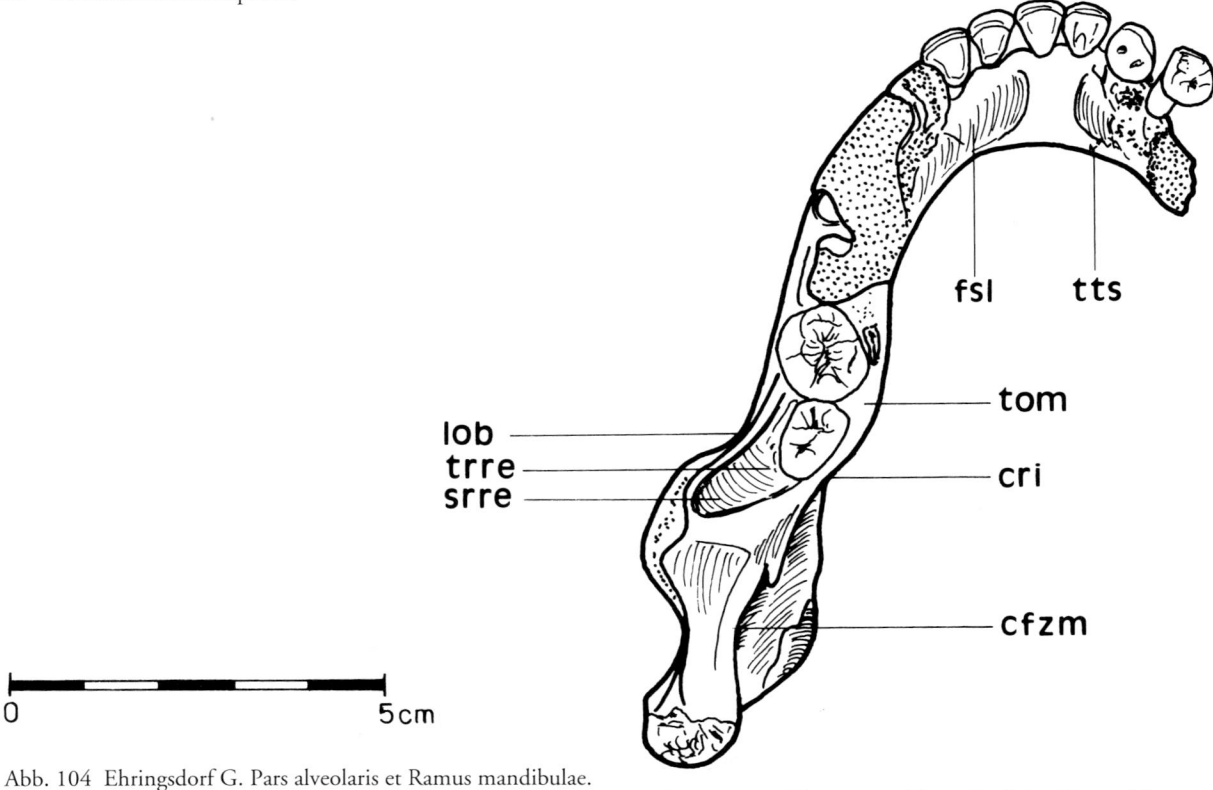

Abb. 104 Ehringsdorf G. Pars alveolaris et Ramus mandibulae.
cfzm – Crista et Fovea m.zygomaticomandibularis, cri – Crista retromolaris interna, fsl – Fossa sublingualis, lob – Linea obliqua, srre – Sulcus retromolare, tom – Torus mandibularis, trre – Trigonum retromolare, tts – Torus transversus superior.

Tab. 65 Länge, Breite und Index des Zahnbogens

	Länge	Breite	Index
Ehringsdorf G	61	78	77,4
Teschik-Tasch	53	68	77,9
Le Moustier	65	82	79,3

Die Form des Zahnbogens (Abb. 105)

Graphisch ist die Zahnbogenform durch die Umschreibungskurve der Occlusalflächen sämtlicher Zähne in Norma verticalis ausgedrückt.
Der rekonstruierte Zahnbogen des Kiefers Ehringsdorf G zeigt eine breite Kurve des Vordergebisses. Das sehen wir auch bei Teschik-Tasch. Bei dem Fund von Le Moustier ist die Kurve des Vordergebisses schmaler.

Die Konvergenz des Zahnbogens

Was wir über die Form des Gebisses gesagt haben, erklärt noch klarer der innere Alveolarwinkel der Seitenkonvergenz der Mandibula, der zwischen beiden Molarenreihen gemessen wurde.

Tab. 66 Innere Alveolarwinkel

	innere Alveolarwinkel
Teschik-Tasch	35°
Le Moustier	39°
Ehringsdorf G	40°

Weitere Verhältnisse, wie die Breite des Zahnbogens gemessen von labialen Flächen der Kronen der Molaren und anderen Kategorien der Zähne sind bei Ehringsdorf G fraglich, darum wurden sie nicht gemessen. Auch die Dental- und Molarlänge kann man nur rekonstruieren.

8.1.5. Zähne des Kindes Ehringsdorf G (Taf. LXV–LXXV)

Vom Ehringsdorfer Kind sind einige isolierte Zähne erhalten. Dazu zählen die zwei oberen Incisivi I^1 dx und I^2 sin. Außerdem wurden zwei Milchmolaren von H. Virchow (1920) beschrieben, und zwar die beiden linken Milchwangenzähne m_1 und m_2 sin. Leider sind sie heute nicht mehr vorhanden.
Von den Unterzähnen sind in zwei Mandibulabruchstücken des Kiefers alle vier Incisivi vorhanden, der rechte Caninus und rechte P_2, die zwei linken Molaren M_2 und M_3 und noch ein freier linker M_1 und linker P_2. Zu letzteren wird noch Stellung genommen. Von H. Virchow (1920) wurden noch beide untere M_2 erwähnt, die auch nicht mehr vorhanden sind.

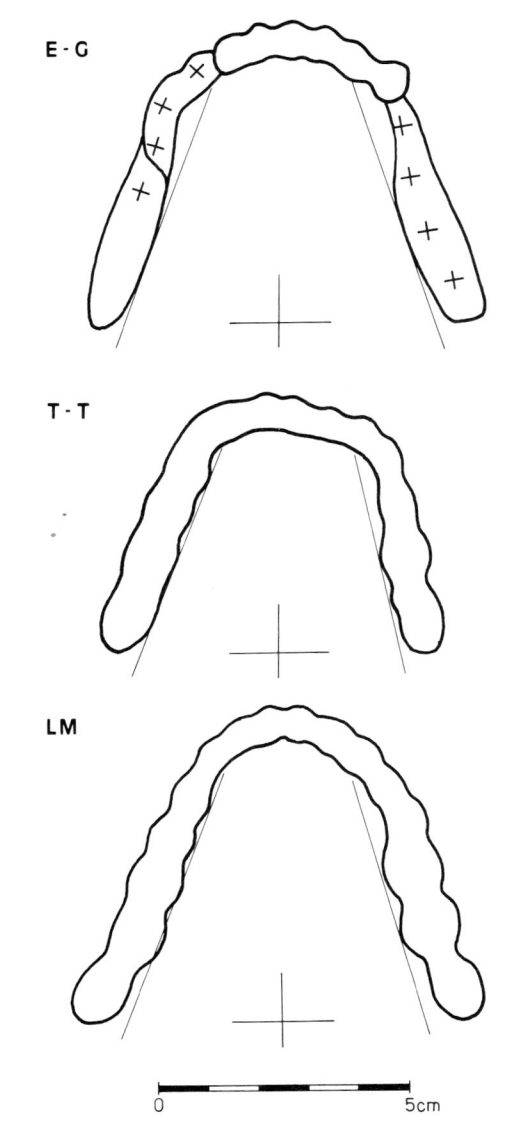

Abb. 105 Dentalbogen und Konvergenz des Zahnbogens der Mandibeln E-G im Vergleich mit den Kiefern Teschik-Tasch (T-T) und Le Moustier (LM).

8.1.5.1. Das Zahnalter des Ehringsdorfer Kindes

Im Rahmen von Untersuchungen zur ontophylogenetischen Entwicklung des Menschen wurde auch die ontogenetische Entwicklung des Gebisses des Neandertalers verfolgt und mit der des heutigen Menschen verglichen (E. Vlček 1986a, 295 f.).

Material und Methode

Zum Studium wurden die Funde der Kiefer von zehn Neandertaler-Kindern, Staroselje, Pech de l'Azé, Subalyuk, Engis, Gibraltar, La Quina, Teschik-Tasch, Šipka, Ehringsdorf G und Le Moustier herangezogen, die in verschiedenen Instituten Europas aufbewahrt werden. Das Studium wurde am Originalmaterial durchgeführt.

Die ontogenetische Entwicklung des Gebisses wurde durch die Festsetzung der Mineralisationsstufe einzelner Zähne festgestellt. Zur Feststellung einzelner Stufen haben wir die Kriterien herangezogen, die von tschechoslowakischen Stomatologen erarbeitet worden sind (J. Komínek / E. Rozkovcová / J. Vášková 1974, 1975; M. Pokorná / B. Bílý et al. 1977; M. Pokorná / J. Wilhelmová / B. Bílý 1981; M. Pokorná / B. Bílý / J. Wilhelmová 1983; J. Komínek / E. Rozkovcová 1984).

Aufgrund von röntgenologisch festgestellten Veränderungen am Zahn und an der Konfiguration der Markhöhle wurden sieben Stadien der Zahnentwicklung festgestellt (Abb. 106, 107):

1. Stadium des Zahnbeutels
2. beginnende Mineralisation der Zahnkrone
3. fortgeschrittene Mineralisation der Zahnkrone
4. Anfang der Bildung der Zahnwurzel
5. Divergenz
6. Parallelität
7. Konvergenz der Wände des Wurzelkanals

Mit Ausnahme des 3. Stadiums, das den Zeitabschnitt von ungefähr vier Jahren einnimmt, überschreiten die übrigen Stadien zumeist die Zeit eines Jahres nicht. Dadurch ist auch die Genauigkeit dieser Feststellungsmethode des Zahnalters gegeben. Beim Milchgebiß sind die Stadien der Zahnentwicklung kürzer. Bei den Milchzähnen bewerten wir auch noch den Fortgang der Wurzelresoption:
A. beginnende Resoption, B. Resoption etwa bis zur Hälfte der Wurzel und C. fortgeschrittene Resoption, die mit der Zahnelimination endet. Die Abzählungsschemata für die Alterskategorien von neugeborenen Kindern bis zum 21. Lebensalter wurden ausgearbeitet.

Die Mineralisationsstufe des Gebisses bei europäischen Neandertaler-Kindern wurde auf extraoralen Röntgenaufnahmen und auf Zonogrammen abgezählt, von denen graphische Schemata der Gebißentwicklung der Neandertaler erarbeitet wurden. Danach konnten die Ergebnisse mit der Gebißentwicklung des modernen Menschen und der altslawischen Kinder des 10./11. Jh. mit Hilfe der ausgearbeiteten Abzähltabellen verglichen und graphisch ausgedrückt werden (Abb. 108 a, b, S. 171, 172). Die Mineralisationsstufe der einzelnen Zähne des Dauergebisses der Neandertaler und der altslawischen Kinder wurde auf die 3.–7. Mineralisationsstufe des ersten, zweiten und dritten Backenzahnes des modernen Menschen bezogen, dessen Entwicklung die längste ist. Damit haben wir objektive Punkte gewonnen, mit deren Hilfe es möglich ist, auch die Entwicklung anderer Zähne zu beurteilen.

Altersbestimmung bei Ehringsdorf G

Der Unterkiefer Ehringsdorf G wurde gleich nach seiner Entdeckung im Jahre 1916 durch E. Lindig zusammengesetzt. Diesen Zustand registrierte A. Heilborn (1926). Vor der Neubearbeitung wurde die zweite Version durch H. Virchow (1920, Taf. VII, Fig. 7) publiziert. Die verbesserte Virchow'sche Rekonstruktion ist danach in der Monographie abgebildet (H. Virchow 1920, Taf. III, Fig. 3, Taf. IV, Fig. 1–3, Taf. V, Fig. 2–3). Die beiden Mandibulafragmente wurden mit einer Rekonstruktionsmasse zusammen befestigt. In dem rekonstruierten Teil sind die zwei freien Zähne P_2 und M_1 eingesetzt. Auf diese zwei Rekonstruktionsversuche haben S. M. Garn / K. Koski (1957) und P. Legoux (1961, 1963) kritisch reagiert.

Darum wurde bei der letzten Materialrevision der Unterkiefer von uns demontiert. Der M_1 kann, aber muß nicht demselben Individuum gehören. Die Zuverlässigkeit des P_2 zum selben Individuum ist größer. Aber die ursprüngliche Position des Zahnes im Unterkieferkörper bleibt unklar.

Die Altersbestimmung des Kindes Ehringsdorf G kann man nach Feststellung der Mineralisationsstufe beim zweiten und dritten Molar vornehmen. Der M_3 befindet sich im 3. Mineralisationsstadium und M_2 im 4. Stadium. Beim M_1, wo die Wurzeln schon scharfe Spitzen haben, ist mit der 7. Mineralisationsstufe zu rechnen. Diese Feststellungen entsprechen dem Individualalter 11–12 Jahre.

Die ontogenetische Entwicklung des Gebisses des Neandertalers

Bei den Neandertaler-Kindern haben wir beim Vergleich mit der rezenten Population und den altslawischen Kindern aus dem 10./11. Jh. folgende Unterschiede in der Entwicklung ihres Gebisses festgestellt (Abb. 109, S. 173):
Im zweiten Lebensjahr (Staroselje) kommt es bei den Neandertalern zu einer einjährigen Beschleunigung in der Entwicklung des Dauergebisses im Vergleich mit den rezenten und altslawischen Kindern. Im dritten Lebensjahr (Pech de l'Azé, Subalyuk) besteht dieser Unterschied weiter. Bei den Neandertalern ist eine Beschleunigung in der Entwicklung der Schneidezähne erkennbar und eine Verspätung in der Entwicklung der Prämolaren. Im 4.–5. Jahr (Engis, Gibraltar) hält dieser Trend der Gebißentwicklung an. Bei den Neandertalern tritt eine gewisse Verzögerung in der Entwicklung der Schneidezähne auf; die Verzögerung der Entwicklung der Prämolaren hält an. Das Stadium des 6. Jahres läßt sich im paläanthropologischen Material bislang nicht nachweisen. Nach dieser Periode, im 7. Lebensjahr, z. B. beim Fund von La Quina, gleicht

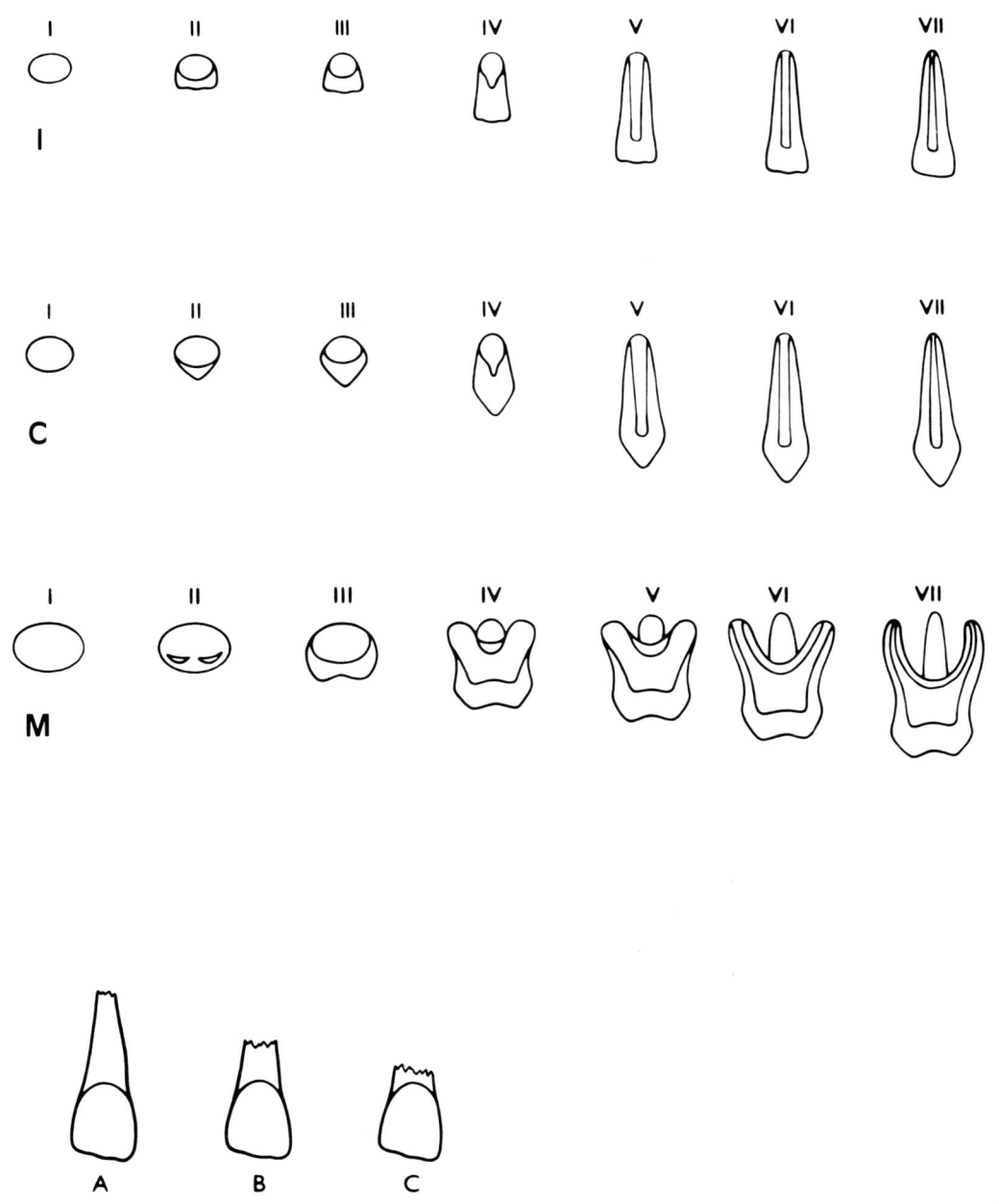

Abb. 106 Schema der Entwicklung der Milchzähne in sieben Mineralisationsstufen (I–VII) bei I – Incisivi, C – Canini und M – Molares. Unten: Wurzelresoption A, B und E (Erklärung im Text).

sich das Entwicklungstempo der Molaren und Prämolaren bei den Neandertalern und bei den rezenten Kindern aus. Mit einem kleinen Vorsprung bleiben bei den Neandertalern die Schneidezähne. Im 10. Lebensjahr (z. B. Teschik-Tasch, Šipka) gleicht sich die Geschwindigkeit in der Entwicklung der Schneidezähne aus, ebenso die Mineralisation der Molaren mit dem modernen Kind. Im 11.–12. Lebensjahr (z. B. Ehringsdorf) wird eine schwache Beschleunigung in der Entwicklung der zweiten Molaren festgestellt. Im 14.–15. Lebensjahr (Le Moustier) entspricht die Entwicklung des Dauergebisses bei Neandertalern den durchschnittlichen Verhältnissen der modernen Population.

Schlußfolgerung

1. Die Mineralisationsdauer der einzelnen Kategorien des Dauergebisses ist beim Neandertaler gleich der des modernen Menschen.
2. Unterschiede stellt man beim zeitlichen Beginn der Mineralisierung der einzelnen Zahnkategorien und der zeitlichen Verschiebung der Eruption zwischen dem Neandertaler und dem rezenten Menschen vom 3. Lebensjahr an fest. Das Entwicklungstempo der Mineralisation gleicht sich im 14.–15. Lebensjahr aus.
3. Morphologische Besonderheiten des Neandertalergebisses sind nicht durch das unterschiedliche Entwicklungstempo beeinflußt worden.

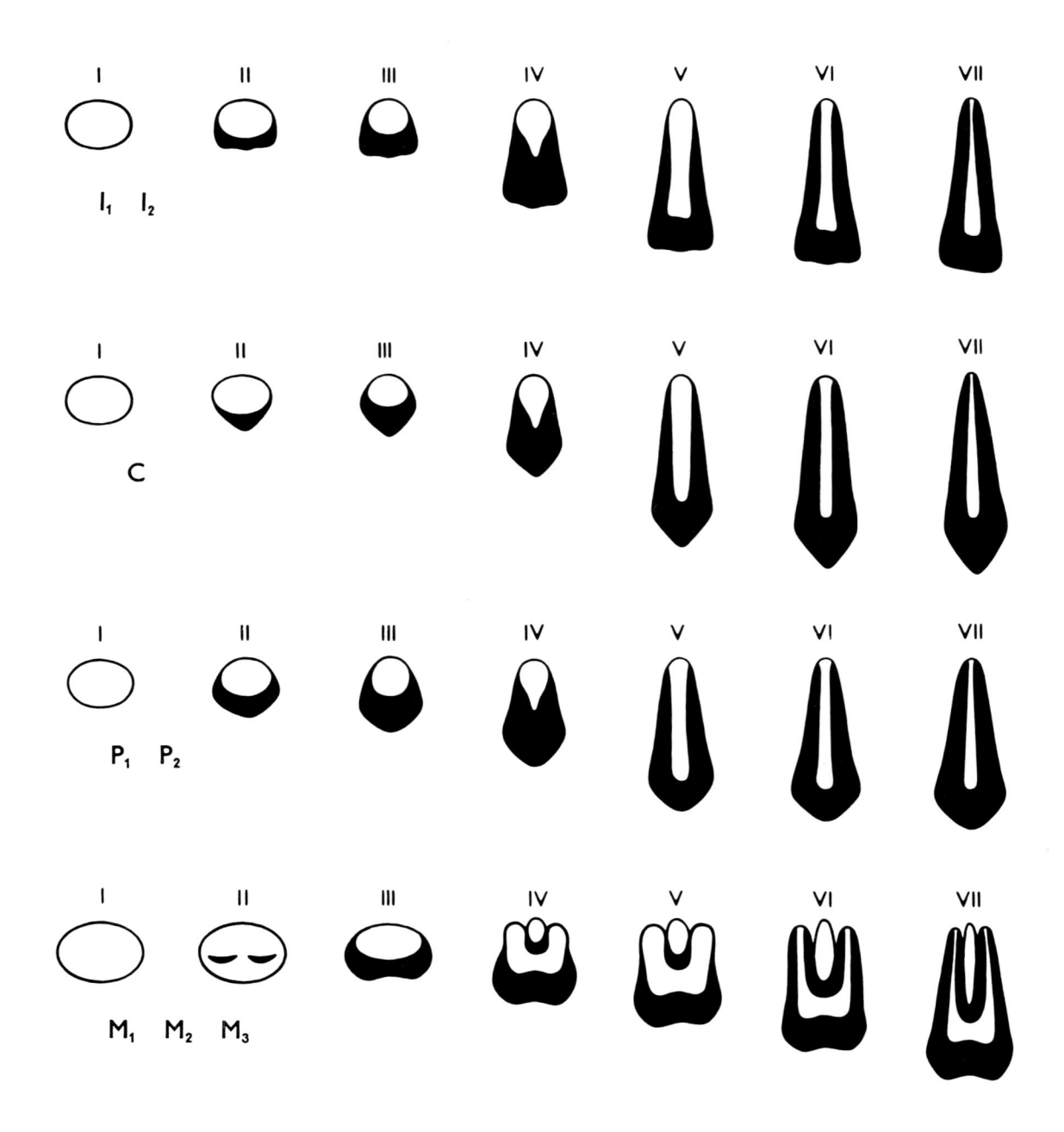

Abb. 107 Schema der Entwicklung des Dauergebisses in sieben Mineralisationsstufen getrennt (I–VII) bei Incisivi, Canini, Prämolares und Molares (Erklärung im Text, nach J. Komínek / E. Rozkovcová 1984).

S	8	7	6	5	4	3	2	1	V	IV	III	II	I
Neo													
6M 1J									II	II	I	II	I
2				O	O	I	O	I	III	III	III	III	III [a]
3		O		O	O	I	I	II	III	IV	IV	Vp	Vp
4		O	I	O	O	II	II	III	IV	Vp	IVp	VI	VI
5		II	II	II	I	III	III	III	Vp	VI	VI	VI	A
6		III	III	III	III	III	III	III	VII	VII	VII	VII	A
7		III	IV	III	III	III	IV	IV	VII	VII	VII	A	B
8		III	IV	IV	IV	IV	IV	Vp	VII	VII	VII	A	
9	O	IV	Vp	IV	IV	V	IV	VI	VII	A	A	B	
10	O	IV	VI	V	V	V	V	VI	A	B	B	C	
11	O–II	V	VI	V	VIp	Vp	VIp	VII	C		C		
12	II–III	V	VI	VIp	V	VI	VI	VII	VII				
13	III	VIp	VII	VI	VI	VII	VIp	VII		—			
14	III	VI	VII	VII	VII	VII	VII	VII				—	
15	III–IV	VI	VII	VII	VII	VII	VII						
16	III–IV		VII	VII	VII	VII	VII						
17	IV–V												
18	V–VI												
19	V–VI												
20	VI												
21	VI–VII												
	VII												

A

S	8	7	6	5	4	3	2	1	V	IV	III	II	I
Neo			I	0	0	0	0		II	II	II	III	III
6M			II	0	0	I	II	II	III	III	III	IV	IVp
1J			III	0	I	II	II	II	III	III	IV	IV	V
2		0	III	0	I	III	III	III	IV	IVp	IVp	Vp	VI
3		I	III	I	III	III	III	III	Vp	V	VI	VI	VII
4		II	IV	II	III	III	IV	IV	VII	VI	VI	VII	A
5		III	IV	III	III	IV	IV	IV	VII	VII	VII	VII	B
6		III	Vp	III	IV	IV	IV	Vp	VII	VII	VII	A	−
7	0	III	V	IV	IV	V	V	VI	VII	VII	A	A	−
8	I	III	VI	IV	VI	VIp	VI	VI	VII	A	A	C	
9	I	IV	VI	VI	VI	VI	VII	VII	A	B	B		
10	0–II	IV	VII	IV	V	VI	VII	VII	A	C	C		
11	II–III	V	VII	V	VIp	VII	VII	VII	C				
12	III	Vp	VII	VI	VI	VII	VII	VII					
13	III–IV	VI	VII	VI	VII	VII	VII	VII					
14	III–IV	VI	VII	VII	VII	VII	VII	VII					
15	III–IV	VII	VII	VII	VII	VII	VII	VII					
16	IV												
17	V–VI												
18	VI												
19	VI–VII												
20	VI–VII												
21	VII												

Abb. 108 Abzählungsschema der Mineralisationsstadien bei Dauergebiß (1–8) und Milchgebiß (I – V – S), die Bestimmung des Alters (A) von neugeborenen Kindern bis zu 21 Jahren für Maxilla (108a) und Mandibula (108b).
(Nach E. VLČEK 1980, mit eingetragenen Mineralisationsstufen für Einzelzähne des Ehringsdorfer Kindes).

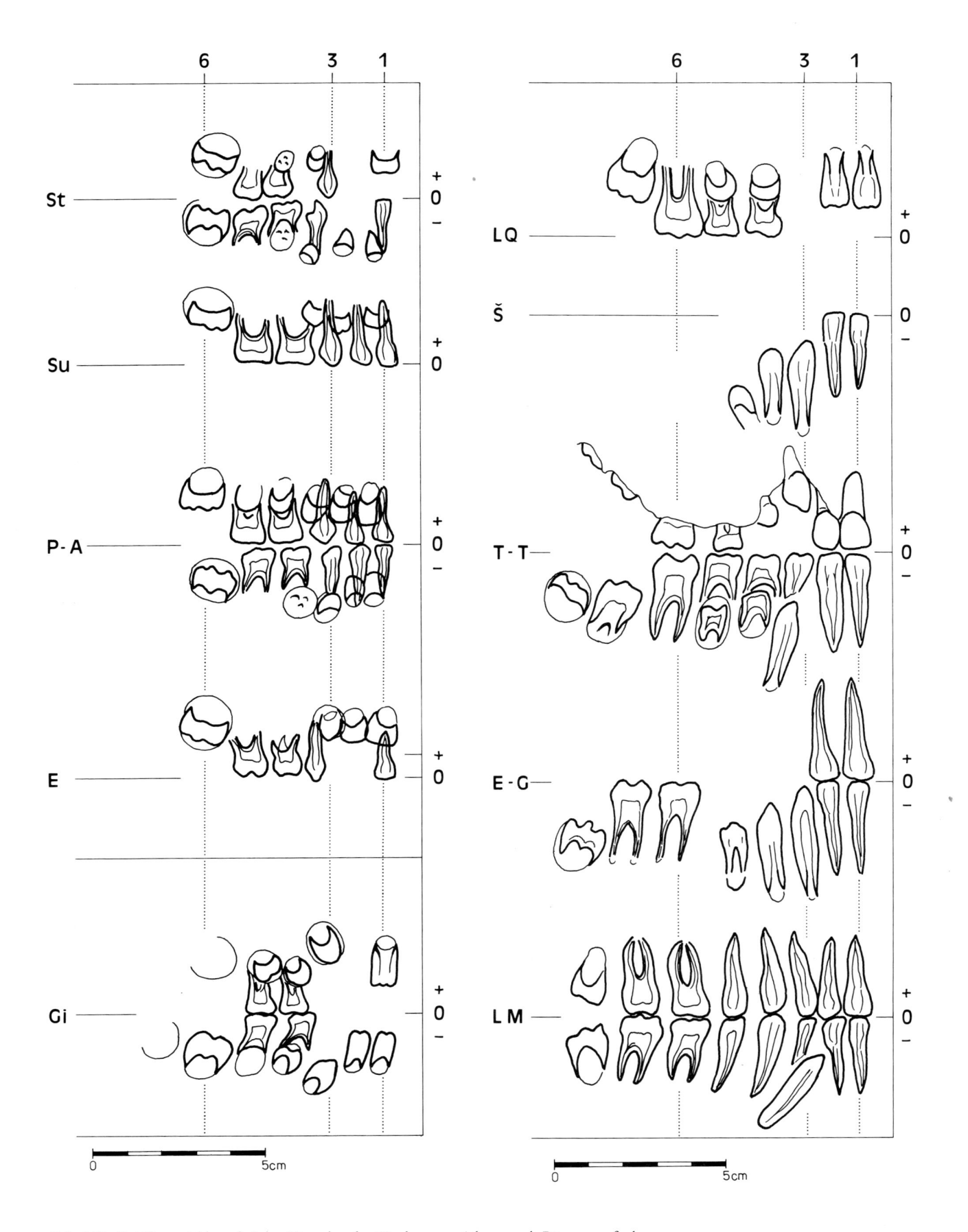

Abb. 109 Gebißentwicklung bei den Neandertaler-Kindern, gezeichnet nach Röntgenaufnahmen.
E – Engis, E-G – Ehringsdorf G, Gi – Gibraltar, LQ – La Quina, LM – Le Moustier, P-A – Pech de l'Azé, S – Šipka, St – Staroselje, Su – Subalyuk, T-T – Teschik-Tasch (nach E. Vlček).

173

8.1.5.2. Die Robustizität der Zähne

Die Robustizität der Zähne kann man gut mit dem Modul der Robustizität ausdrücken.

Tab. 67 Robustizität der Zähne – Ehringsdorf G

	mesio-distale Länge		vestibulo-linguale Breite		Modul MD×VL	
	dx	sin	dx	sin	dx	sin
I_1	6,0	6,0	7,0	7,0	42,0	42,0
I_2	7,3	7,0?	7,0	7,0?	51,1	49,0
C	8,0	–	9,0?	–	72,0?	–
P_1	9,0	–	8,0	–	72,0	–
P_2	–	8,0	–	9,0	–	72,0
M_1	–	12,0	–	10,3	–	123,6
M_2	–	13,0	–	11,0	–	143,0
M_3	–	12,0	–	/11,0/	–	/132,0/

Die Breite des M_3 wurde nach Röntgenbild abgemessen:
Beim Ehringsdorfer Kind sind die Incisivi mittelgroß, die Canini gleich groß wie die Prämolaren. Bei den Molaren sehen wir, daß der M_1 der kleinste ist, der größte ist der M_2, d. h. das Verhältnis zwischen den Molaren lautet: $M_1 < M_2 > M_3$

8.1.5.3. Maße der Zähne

Die Zahnmaße haben wir an zerlegten und neu auspräparierten Originalstücken des Ehringsdorfer Kinderkiefers G abgenommen. Die ganze Länge der Zähne wurde Röntgenaufnahmen entnommen, bei freien Zähnen dann den Originalen.

Die zwei oberen Incisivi wurden am Original abgemessen. Der Stand beider Schneidezähne ist rekonstruiert. Wenn wir den publizierten Zustand (H. Virchow 1920, Taf. V, Fig. 6, 7, 8, 8, 10, LL und Taf. VII, Fig. 4 und 5) mit dem heutigen vergleichen, sehen wir auf den neuen Röntgenaufnahmen, daß der erste Incisivus gebrochen und mit Hilfe eines in die Pulpahöhle gelegten Drahtes fixiert wurde. Weiter ist zu beobachten, daß alle Zahnkronen bei allen Schneidezähnen abgebrochen und danach zugeklebt wurden.

Tab. 68 Maße der Zähne Ehringsdorf G

Maxilla			dx	sin
I^1	Zahnkrone –	mesio-distale Länge	10,0	
		vestibulo-linguale Breite	8,3	
		vestibuläre Höhe	12,0	
		linguale Höhe	10,5	
	Zahnhals –	mesio-distal	6,0	–
		vestibulo-lingual	7,0	
	Zahnwurzel in der Mitte			
		mesio-distal	5,3	
		vestibulo-lingual	6,5	
	Zahnlänge		30,0	
I^2	Zahnkrone –	mesio-distale Länge		8,6
		vestibulo-linguale Breite		8,0
		vestibuläre Höhe		11,0
		linguale Höhe		10,0
	Zahnhals –	mesio-distal	–	5,6
		vestibulo-lingual		7,0
	Zahnwurzel in der Mitte			
		mesio-distal		4,5
		vestibulo-lingual		7,0
	Zahnlänge			29,0
m^1	Zahnkrone –	mesio-distale Länge	–	7,4 (Virchow)
		vestibulo-linguale Breite		9,3
m^2	Zahnkrone –	mesio-distale Länge	–	9,2 (Virchow)
		vestibulo-linguale Breite		10,2

Mandibula			dx	sin
I_1	Zahnkrone –	mesio-distale Länge	6,4	6,3
		vestibulo-linguale Breite	7,2	7,2
		vestibuläre Höhe	9,0	8,5
		linguale Höhe	9,0	8,3
	Zahnhals –	mesio-distal	4,0	4,0
		vestibulo-lingual	6,5?	6,5?
	Zahnlänge		26,0 Rtg.	26,0 Rtg.
I_2	Zahnkrone –	mesio-distale Länge	7,2	7,0?
		vestibulo-linguale Breite	7,0	7,2?
		vestibuläre Höhe	10,0	9,5
		linguale Höhe	8,0	9,0
	Zahnhals –	mesio-distal	4,0?	4,0?
		vestibulo-lingual	7,0?	7,5?
	Zahnlänge		28,0 Rtg.	28,0 Rtg.
C	Zahnkrone –	mesio-distale Länge	8,2	
		labio-linguale Breite	8,6?	
		vestibuläre Höhe	12,0	
		linguale Höhe	–	–
	Zahnhals –	mesio-distal	5,3	
		vestibulo-lingual	/7,5/	
	erhaltene Zahnlänge		27,0?	/V. Stadium/
P_1	Zahnkrone –	mesio-distale Länge	8,3	
		vestibulo-linguale Breite	8,0–8,5?	
		vestibuläre Höhe	9,7	
		linguale Höhe	–	–
	Zahnhals –	mesio-distal	5,3	
		vestibulo-lingual	6,0	
	erhaltene Zahnlänge		23,5	/V. Stadium/
P_2	Zahnkrone –	mesio-distale Länge		8,0
		vestibulo-linguale Breite		9,0
		vestibuläre Höhe		8,7
		linguale Höhe		6,5
	Zahnhals –	mesio-distal	–	5,6
		vestibulo-lingual		7,5
	erhaltene Zahnlänge			16,0 /V.–VI. Stadium beschädigt/
M_1	Zahnkrone –	mesio-distale Länge		12,0
		vestibulo-linguale Breite		10,3
		vestibuläre Höhe		7,3
		linguale Höhe	–	6,0
	Zahnhals –	mesio-distal		8,3
		vestibulo-lingual		8,0
	Zahnlänge			21,4 /Spitze dist. Wurzel abgebrochen/
M_2	Zahnkrone –	mesio-distale Länge		12,9
		vestibulo-linguale Breite		10,8
		vestibuläre Höhe	–	8,7
		linguale Höhe		6,3
	Zahnhals –	mesio-distal		10,0
		vestibulo-lingual		9,0?
	Zahnlänge			20,0 /VI. Stadium/
M_3	Zahnkrone –	mesio-distale Länge		12,0 Rtg.
		vestibulo-linguale Breite		11,0 Rtg.
		vestibuläre Höhe	–	8,3 Rtg.
		linguale Höhe		?
	Zahnhals –	mesio-distal		9,0 Rtg.
		vestibulo-lingual		?
	erhaltene Zahnlänge			10,0 /III. Stadium/

8.1.5.4. Beschreibung der Zähne

Bei der Beschreibung der Einzelzähne haben wir teilweise den Monographietext des Erstbeschreibers und hervorragenden Forschers H. Virchow verwendet.

Oberkieferzähne (Taf. LXV, Abb. 161–166, Taf. LXXI, Abb. 200–205)

I^1 dx (H. Virchow 1920, 104–106)

Es ist ein außerordentlicher Gewinn, daß vom Obergebiß ein I^1 und ein I^2 erhalten sind. Der Nutzen tritt sofort durch zwei Tatsachen hervor, einmal daß I^1 und I^2 sich wesentlich voneinander unterscheiden und dadurch, daß diese beiden Zähne mit denen der Gebisse von Le Moustier und von Krapina übereinstimmen (Taf. V, Fig. 6, 8, 9, 10, 11).

Der obere I^1 ist sehr symmetrisch gestaltet, so daß man im Zweifel sein kann, ob es ein rechter oder ein linker ist. Ich habe ihn für einen rechten angesehen; doch ist er bei der gegenwärtigen Aufstellung des Gebisses auf die linke Seite gebracht, weil er mit dem linken I_2 vereinigt, eine vollständigere Wirkung ausübt.

Die Gesamtlänge des Zahnes mißt 29,8 mm, wobei jedoch in Betracht zu ziehen ist, daß bereits eine geringe Verkürzung, freilich nur unbedeutend, durch Abschliff stattgefunden hat. Die größte Breite ist 10,0 mm, die Breite am Schmelzrand 7,2 mm; die Dicke der Krone 8,3 mm, die Dicke am Schmelzrand 7,2 mm. Der Zahn ist von der Seite betrachtet sehr gerade und unterscheidet sich dadurch von I^2. Der Schmelz scheint sehr dick, an der angeschliffenen Kante erreicht er eine Dicke von 0,8 mm; er quillt am Schmelzrand über das Niveau der Wurzel über, so daß er sich sehr deutlich abhebt. Der Schmelzrand ist vorn 18,8 mm, hinten 19,5 mm, medial und lateral je 21,1 mm von der Wurzelspitze entfernt.

An der lateralen Seite der Wurzel findet sich eine ganz flache Impression, die bis an die Krone heranreicht. Die Wurzel zeigt eine feine Querbänderung, da hellere und dunklere Schichten miteinander abwechseln. Die einzelnen Schichten sind nicht genau gleich dick.

Lingualwulst

Die bemerkenswerteste Eigentümlichkeit ist der voluminöse Wulst der lingualen Seite. Er nimmt in halbkugeliger Form reichlich die untere Hälfte der Krone ein. Seine Breite beträgt 6,0 mm. Er ist oben in drei Zungen geteilt, deren mittlere etwas weiter als die beiden seitlichen, aber doch nicht bis zur Kante emporreicht. Die seitlichen Ränder der Krone werden von den rückwärts gerichteten Randlappen eingenommen. Wegen der großen Bedeutung dieser Bildung habe ich die beiden Incisivi in zwei verschiedenen Ansichten vorgeführt sowohl genau von hinten (Taf. V, Fig. 11) als auch halb von der Seite (Taf. V, Fig. 10).

Beim Le Moustier-Gebiß ist der Lingualwulst des I^1 7,5 mm breit, oben gleichfalls in Zungen endend, deren Zahl sich jedoch nicht genau feststellen läßt (drei?). Der Lingualwulst ist also beim Ehringsdorfer Kinde klarer und prägnanter als beim Gebiß von Le Moustier, bei dem er übrigens auch schon durch Abnutzung gelitten hat. Es ist auch der einzige Zahn, der beim Ehringsdorfer Kind dicker ist. Charakteristisch ist bei beiden der sanfte Übergang des Wulstes in die linguale Fläche der Krone im Gegensatz zu dem ganz anderen Verhalten von I^2.

Die Schneide unseres Zahnes ist bereits etwas abgeschliffen, so daß schon ein schmaler Streifen Dentin freiliegt, der etwas vertieft ist. An der Hälfte der Schneide ist der scharf zugeschliffene Schmelz abgesprungen, und dieser Schaden setzt sich als flacher Defekt weit auf die vordere Seite fort. Zur Zeit ist die laterale Hälfte der Schneidekante abgebrochen in einer Breite von 0,3–0,5 mm. Es muß unentschieden bleiben, ob dieser Verlust bereits in der Vergangenheit bestand oder nachträglich eingetreten ist.

Die **Abschleifung steht nicht rechtwinklig** auf der Längsachse des Zahnes, sondern greift an der lingualen Seite der Krone 5,0 mm höher empor, so daß die Zähne nach vorn zugeschärft sind. Da nun die Abschliffe an den unteren Incisivi, die wir noch zu betrachten haben werden, horizontal liegen, so kommen wir, wenn wir den oberen Abschliff auf den unteren passen, zu einer sehr bestimmten, aber auch sehr sonderbaren Stellung der Zähne, nämlich im Untergebiß Orthodontie, im Obergebiß weitgehende Klinodontie. Ich habe diese Gebißstellung, wie sie sich aus strenger Beachtung der Schleifflächen ergibt, in Abb. 40 gezeigt, um sie zur Diskussion zu stellen. So wie das Gebiß gegenwärtig im Weimarer Museum für Ur- und Frühgeschichte Thüringens aufgestellt ist, nimmt man eine weniger geneigte Lage der oberen Incisivi an. Es ist auch nicht recht vorstellbar, wie zu den oberen Incisivi, so wie sie in meiner Abbildung dargestellt sind, der Oberschädel passen soll.

I^2 sin (H. Virchow 1920, 106 ff.)

Dieser gehört der linken Seite an. Die Länge des Zahnes ist 30,5 mm; die Entfernung von der Spitze der Wurzel bis zum Schmelzrand ist vorn 19,7 mm, hinten 18,8 mm, an der medialen und an der lateralen Seite je 22,0 mm; die Breite der Krone mißt 8,8 mm, die der Wurzel am Schmelzrand 6,0 mm; die Dicke der Wurzel am Schmelzrand beträgt 7,4 mm.

Der Schmelz setzt ebenso wie bei I^1 gleich am Rand dick an, so daß der Unterschied von Krone und Wurzel sehr deutlich durch den Niveauunterschied gekennzeichnet ist. An der medialen Seite der Wurzel findet sich eine seichte Furche, die 8,0 mm oberhalb des Schmelzrandes aufhört, an der lateralen Seite eine entsprechende, aber ganz flache Impression.

Abschleifung der Kante ist auch hier vorhanden, aber sie reicht noch nicht bis ins Dentin. Sie steht auch hier nicht quer zur Achse des Zahnes, sondern greift mehr auf die Rückseite über.

Der Zahn ist nicht so gerade wie I^1, sondern mehr in sagittaler Richtung gekrümmt, wie man der Seitenansicht entnehmen kann (Taf. V, Fig. 8).

Auch hier nimmt der **Lingualwulst** in erster Linie das Interesse in Anspruch. Er ist im Unterschied zu I^1 kegelförmig. Von hinten gesehen (Taf. V, Fig. 11) erscheint er dreieckig mit 4,0 mm breiter Basis; die Spitze des Kegels liegt 6,4 mm über dem Schmelzrand, vom Kegel geht eine Rippe nach vorn an die Rückseite der Krone, jedoch ragt die Spitze des Kegels etwas über die Rippe hinaus. Die Rippe steigt nicht bis zur Schneidekante empor, sondern läuft flach auf der Rückseite aus; sie liegt nicht in der Mittelebene des Zahnes, sondern lateral von dieser. Neben ihr in der Mittelebene ist vielmehr die Krone grubenförmig vertieft. Die Seitenränder werden ebenso wie bei I^1 von rückwärts gerichteten Randlappen eingenommen.

Am oberen I^2 des Moustier-Gebisses ist der Lingualwulst etwas anders gestaltet. Er ist 5,0 mm breit und 5,8 mm hoch, behält vom Schmelzrand bis fast an sein oberes Ende die gleiche Breite und rundet sich dann sowohl quer als auch in labio-lingualer Richtung. Der Wulst des linken I^2 ist durch eine Furche geteilt, die bei dem rechten fehlt. Ganz auffallend ist eine enge tiefe Grube, ein „Foramen coecum", vor dem Wulst. Demgemäß fehlt auch die Mittelrippe, und die Mitte der lingualen Fläche wird durch eine Vertiefung eingenommen.

Auch hier ist beim Ehringsdorfer Kind die Form klarer, verständlicher und überzeugender, weil sie sich besser an das allgemeine Zahnschema anschließt. Es steht außer Zweifel, daß der Lingualwulst das Analogon des lingualen Hügels eines Prämolaren darstellt, dessen Mittelrippe das Verbindungsjoch mit dem labialen Hügel ist.

An die oberen Incisivi knüpfen sich mehrere Probleme, die besprochen werden müssen, und zwar in bezug auf:

a) Länge der Wurzeln

Die Wurzeln der oberen Incisivi des Ehringsdorfer Kindes sind doch noch länger, nämlich an I^1 18,8 mm und an I^2 19,7 mm.

b) Verhältnis der Breiten von I^1 und I^2

Bekanntlich ist I^2 beim rezenten Menschen nicht selten stark verkleinert oder fehlt ganz. Die Verkleinerung kann entweder die Höhe und Breite gleichzeitig oder nur die Breite betreffen. Darauf gründet sich die geläufige Vorstellung, daß I^2 im Verschwinden begriffen sei.

Bei den I^1 ist der Unterschied größer. Die Stellung der Wurzeln der I^1 ist auffallend verschieden.

c) Lingualwulst

Aus den vorausgehenden Abbildungen und Beschreibungen war zu ersehen, daß der Lingualwulst bei I^1 und I^2 nicht übereinstimmt. Die gleichen Unterschiede finden sich bei dem Schädel von Le Moustier und bei den Zähnen von Krapina.

d) Abschliff

Von den Schliffflächen an den oberen Incisivi des Ehringsdorfer Kindes und der sich daraus ergebenden Stellung dieser Zähne wurde schon gesprochen (s. vorn), auch von der sich daraus ergebenden problematischen Stellung des Oberkiefers. Es erwächst daraus die Frage: Wie weit läßt sich aus der Abschliffform der oberen Incisivi auf deren Stellung und auf die Gestalt des Oberkiefers schließen? Hieran schließt sich naturgemäß die Frage an, ob der Ehringsdorfer Mensch vorgebissen oder aufgebissen hat.

Ich (H. Virchow) habe mich schon seit Jahren, nachdem ich lange die Frage zurückhaltend geprüft hatte, für die Meinung entschieden, daß die ursprüngliche Beißform des Menschen Aufbiß gewesen ist. W. Dieck hat dagegen im Zusammenhang mit der sehr sorgfältig vorgenommenen Errichtung des Moustier-Gebisses den Vorbiß nachgewiesen. Davon kann man sich an den Schnittflächen der Frontzähne dieses Gebisses überzeugen. Ich halte für die Ehringsdorfer Gebisse Aufbiß für das Typische (H. Virchow 1920, 109). M. Boule hat diesen auch für La Ferrassie angegeben (1911–1913, 99).

Erstens gibt es eine ganz allmähliche Abstufung vom reinen Aufbiß über erst ganz schwache, dann stärkere Grade des Vorbisses bis zu dessen ausgeprägtesten Formen. Zweitens spielt die Stellung der Zähne, Orthodontie und Klinodontie, denen sich die Kyrtodontie anschließt, eine entscheidende Rolle.

m^1 sin (H. Virchow 1920, 102)

Dieser Zahn ist von der linken Seite vorhanden (Taf. V, Fig. 4). Die Breite (mesio-distal) der Krone ist 7,4 mm, die Dicke (vestibulo-lingual) 9,3 mm; eine maßgebende Bestimmung läßt sich eigentlich bei der so sehr vom Quadrat abweichenden Gestalt des Zahnes nicht vornehmen. Der Schmelzrand ist, da der Schmelz gleich am Halse dick ansetzt, ringsherum sehr deutlich; er verläuft wellenförmig. Von den drei Wurzeln ist die linguale noch bis zur Höhe von 2,4 mm, die vordere buccale bis 2,1 mm, die hintere buccale bis 1,5 mm erhalten.

Die Gestalt der Krone weicht von der des rezenten Zahnes ab, indem die vordere buccale Ecke mehr nach vorn ausgezogen ist und der Buccalwulst weiter vorn steht. Der letztere („Tuberculum molare") ist nicht stärker als beim rezenten Europäer, aber auch nicht schwächer. Sollte wirklich, wie D. GORJANOVIĆ-KRAMBERGER (1906, 1; 184) behauptet, der Wulst bei Rezenten stärker sein, so könnte das vielleicht so gedeutet werden, daß, während der Zahn selbst kleiner wurde, der Wulst vermindert blieb und deshalb stärker hervortrat. Er erscheint beim Ehringsdorfer nicht so sehr als abgrenzbarer Wulst, sondern eher als gleichmäßige Schwellung.

Im Anschluß daran verdient es Beachtung, daß J. FRAIPONT und M. LOHEST (1887, 633) in bezug auf die oberen Dauer-Incisivi, -Canini und Prämolaren von Spy hervorheben, die labiale (bzw. buccale) Seite sei geschwollen (très bombée).

Der Zahn ist stark gekaut, zeigt auf der Beißfläche zwei Schmelzinseln, von denen eine mit dem hinteren Rand zusammenhängt, auf jeder der beiden Inseln sogar noch ein Grübchen, aber der größte Teil der Fläche wird doch von einem Dentinfeld eingenommen. Diese Fläche liegt tiefer als die Schmelzkante. Am hinteren Rand, also gegen den d. B$_2$, findet sich eine große Schleiffläche von 3,2 mm Breite und 2,5 mm Höhe. Gegen den Eckzahn gibt es diese nicht.

Die Dicke des Schmelzes beträgt an der buccalen Seite 0,6 mm und an der vorderen Seite 0,4 mm. An letzterer ist also der Schmelzbelag erheblich dünner. Hier ist auch die Kante an zwei Stellen ausgebrochen.

m^2 sin (H. VIRCHOW 1920, 103 f.)

Auch dieser ist von der linken Seite vorhanden (Taf. V, Fig. 4). Die Dicke (vestibulo-lingual) der Krone mißt 10,2 mm, die Breite (mesio-distal) 9,2 mm. Da der Schmelz am Hals dick ansetzt, ist der Schmelzrand ringsherum deutlich sichtbar. Von den drei Wurzeln ist die linguale, vom Schmelzrand ab gemessen, noch in Höhe von 6,0 mm, die vordere buccale in Höhe von 3,7 mm, die hintere in Höhe von 3,0 mm erhalten. Durch die Resorption ist die Pulpakammer geöffnet, sie mißt von vorn nach hinten 2,5 mm, in Querrichtung fast 4,0 mm.

Der Schmelz ist an der buccalen Seite 1,0 mm dick, an der vorderen Seite sinkt die Dicke bis auf 0,4 mm, was z. T. auf Rechnung der hier vorhandenen 3,5 mm breiten und 2,2 mm hohen interstitiellen Schleiffläche geht. Auf der hinteren Seite, also gegen den (nicht erhaltenen) M$_1$ findet sich eine fast kreisförmig begrenzte Abschleiffläche von 3,3 mm Breite und 2,7 mm Höhe. An der vorderen buccalen Ecke ist ein 6,2 mm hohes und 2,8 mm breites Stück ausgesprungen, das noch unterhalb des Schmelzrandes ein Stück vom Zahnbein mitgenommen hat. Da sich auf dieser Fläche kleine schwarze Fleckchen finden, kann dieser Defekt nicht erst bei der Befreiung aus dem Gestein eingetreten sein, muß also zu Lebzeiten entstanden sein. Das Plateau der Krone ist tüchtig abgeschliffen, jedoch nicht so sehr wie das von d. B$_1$; es steht doch immer noch mehr Schmelz als Dentin freigelegt ist. An allen vier Hügeln aber ist das Dentin angeschliffen, am stärksten an dem vorderen lingualen. Die Stellen, an denen das Dentin freiliegt, sind vertieft, und zwar stärker als an d. B$_1$. Der Schmelz ist aber so weit erhalten, daß die vordere und die hintere Grube der ursprünglichen Oberfläche noch sichtbar sind. Infolge dieser Verhältnisse ist ein verworrenes Muster entstanden: Von den vier Dentinstellen bildet die des hinteren lingualen Hügels ein rundes Grübchen für sich von 1,4 mm Durchmesser, die drei anderen sind durch dünne Dentinstreifen verbunden, von denen derjenige, der vom vorderen lingualen zum vorderen buccalen Hügel führt, einen Umweg am vorderen Rand entlang beschreibt.

Der **Carabelli'sche Höcker** deutet sich durch eine vom vorderen Rand her eindringende, seichte Furche an und ist mit einer runden Schleiffläche von 1,5 mm Durchmesser versehen, in der sich in Form eines gerade sichtbaren Pünktchens die Anschleifung des Dentins bemerkbar macht.

Bei den Krapinazähnen fand D. Gorjanović-Kramberger (1906, 185) den Carabelli'schen Höcker an allen oberen d. B$_2$, „an fast allen oberen M^1 und hier und da auch am M^2" (1907, 119), „doch finden wir da zumeist bloß das Grübchen". In keinem Fall erlangte der Höcker „beim Menschen von Krapina jene Selbständigkeit" wie oft bei Rezenten (ebd., 120).

Hierauf begründet D. Gorjanović-Kramberger den Schluß: „Den Carabelli'schen Höcker kann man als ein in Entwicklung begriffenes Gebilde, welches beim rezenten Menschen bereits in höherem Maße ausgebildet ist", ansehen (ebd.). P. Adloff dagegen gibt derselben Tatsache eine ganz andere Deutung, nämlich daß der Carabelli'sche Höcker „bei dem spezialisierten Krapina-Menschen bereits in höherem Grade der Reduktion anheimgefallen" sei (ebd., 282). Er erklärt denselben als einen „uralten, höchst primitiven Bestandteil", da er ihn bei Hylobates gefunden habe (ebd., 201).

Die Auffassung von D. Gorjanović-Kramberger hat die größere Wahrscheinlichkeit für sich. Die Annahme von P. Adloff könnte sich nur dann als richtig erweisen, wenn aus einer dem Neandertaler vorausgehenden pleistozänen Epoche eine Anzahl von Gebissen mit stärkeren Carabelli'schen Höckern nachgewiesen wäre. Ich stelle mir die Sache vielmehr so vor, daß trotz einer schon in uralter Zeit bestehenden Neigung zur Bildung dieses Höckers derselbe doch nur sporadisch zur Ausbildung gelangte und daß erst beim Menschen diese Tendenz mehr zum Durchbruch kam, sei es, daß sie sich selbst verstärkte, sei es, daß Hemmungen wegfielen.

Unterkieferzähne (Taf. LXV, Abb. 169–170, Taf. LXIX, Abb. 184–193, Taf. LXXI, Abb. 206–209, Taf. LXXII, Taf. LXXIII)

Milchwangenzähne (H. Virchow 1920, 104)

m_2 dx und sin (nicht mehr vorhanden)

Es ist sowohl der rechte als auch der linke vorhanden (Taf. V, Fig. 5), doch weckt ihre genaue Ansprache Zweifel, weil nicht alle Merkmale in gleichem Sinne zu deuten sind. Der eine ist bei der Befreiung aus dem Gestein stark verletzt worden. Urteilt man danach, daß die stärker abgebogene Wurzel die hintere und die stärker abgekaute Seite die buccale ist, so ist der zerbrochene Zahn der linke; dagegen würden die hügelabteilenden Mantelfurchen die entgegengesetzte Deutung begünstigen.

Die Breite der Krone, an dem unverletzten Zahn gemessen, ist 9,8 mm; die Dicke beträgt 9,5 mm.

Dauergebiß

Incisivi inferiores (H. Virchow 1920, 109 ff.)

Die vier unteren Incisivi stecken (Taf. VI, Fig. 3 und 5) wie auch der rechte Eckzahn fest im Kiefer. Es waren jedoch, als der Kiefer aufgefunden wurde, bei zwei Incisivi die Kronen abgebrochen, diese mußten angeklebt werden. Daraus erklärt es sich, daß die Schneidekanten zusammen keine ganz einheitliche Ebene bilden.

Die Höhe der Krone des linken I_1 ist an der labialen Seite 9,4 mm, wobei jedoch in Betracht zu ziehen ist, daß bei ihm sowie bei allen Incisivi die Schneide schon so weit weggeschliffen ist, daß das Dentin etwas frei liegt.

	r.I_1	l.I_1	r.I_2	l.I_2
Breite	6,4 mm	6,3 mm	7,2 mm	7,3 mm
Dicke	7,2 mm	7,2 mm	7,0 mm	7,2 mm

Durch die Abschleifung ist auch die Messung der Schmelzdicke möglich; sie beträgt am linken I_1 0,8 mm, am linken I_2 1,0 mm. Betrachtet man die Zähne im Profil, so setzt die durch den Schmelz bedingte Schwellung der labialen Seite gleich über dem Rand scharf ein. Die Lingualwülste sind anscheinend nicht stärker und damit so, wie sie auch bei rezenten Gebissen vorkommen.

Die laterale Fläche der Wurzel des linken I_2 ist durch Abbruch bis unten hin freigelegt. Man sieht an ihr eine seichte, aber sehr breite Rinne, die den größten Teil der Seitenfläche einnimmt, oben bis an den Schmelzrand reicht, jedoch die Spitze frei läßt. Die letztere ist leicht nach der lateralen Seite abgezogen, aber nur die äußerste Spitze.

Die Abschliffe der Kanten sind bis ins Dentin gedrungen, das etwas unter den Schmelz vertieft ist. Die Abschliffe stehen horizontal, jedoch macht davon der des rechten I_1 eine Ausnahme, denn er fällt etwas nach vorn ab. Es scheint also hier eine stärkere und besondere Benutzung dieses einen Zahnes stattgefunden zu haben.

Die vestibuläre Fläche der Schneidezahnkronen ist glatt. Die Lingualwülste sind nur schwach ausgebildet. Beim Schädel von Le Moustier (Taf. VI, Fig. 4) sind die unteren Incisivi ausdrucksvoller als bei dem von Ehringsdorf. Der Lingualwulst ist bei jenen an den I_2 erheblich kräftiger als an den I_1, an den I_2 geht von ihm eine starke Mittelrippe bis zur Schneidekante empor, während sie beim I_1 fehlt.

Die unteren Incisivi sind in labio-lingualer Richtung gekrümmt. Ich (H. Virchow) habe für diesen Zustand den Ausdruck „Kyrtodontie" eingeführt.

Am meisten fällt die Kyrtodontie in die Augen, wenn sie im Obergebiß und im Untergebiß zugleich vorhanden ist, wenn also beide Alveolarränder prognath sind und dennoch die Zähne orthodont aufeinander beißen.

Die Wurzeln aller Incisivi sind spitzig und gut entwickelt, wie man es auf dem Röntgenbild beurteilen kann (Taf. LXIX, Abb. 193).

C dx (H. Virchow 1920, 111 ff.)

An keinen Zahn des kindlichen Ehringsdorfer Gebisses bin ich mit der gleichen Neugier herangegangen wie an den Eckzahn (Taf. VI, Fig. 5 und 6). Es besteht noch immer die Vorstellung, als müsse man bei dem Eckzahn des pleistozänen Menschen etwas finden, das an Anthropoiden erinnert, ein Vorstehen über die übrigen Zähne. Diese Vorstellung könnte genährt werden aus den gar nicht so seltenen Fällen, wo beim rezenten Menschen die Spitze des Eckzahnes die angrenzenden Zähne überragt.

Die Krone mißt an der labialen Seite vom Schmelzrand bis zur Spitze 12,0 mm, ihre Dicke ist 8,5, ihre Breite 8,2 mm. Man sieht, daß die Krone in ein Spitzchen ausläuft, aber dieses ist nicht spitzer als bei rezenten Schädeln, nicht einmal so spitz wie bei manchen von ihnen. Die wirkliche Gestalt der Spitze ist dadurch etwas unsicher, daß unmittelbar neben der höchsten Erhebung auf der medialen Seite eine kleine, durch den oberen I_2 hervorgerufene Abschleifung besteht, wie man auf der Hinteransicht sieht; sonst würde die Erhebung noch flacher wirken.

Das Bemerkenswerte an der Form des Zahnes ist, daß seine obere Kante im medialen Abschnitt horizontal steht, während sie im lateralen bzw. hinteren Abschnitt gerundet abfällt. Durch diese Form wird auch verständlich, daß schon bei geringer Abnutzung am Zahn eine große Schleiffläche entstehen mußte.

Die Spitze ragt wenig über die Kanten der Incisivi hevor, doch läßt sich dafür ein sicheres Maß angeben, da diese Kanten wegen der früher erwähnten Störungen nicht streng in einer Ebene liegen. Auch hing, wie mir mitgeteilt wurde, beim Auffinden der Caninus lose am Lager und wurde erst nachträglich in seinen Platz eingefügt. Dieses geringe Vorstehen ist jedoch dadurch bedingt, daß die Schneidezähne schon abgeschliffen sind; sonst würde C gar nicht vorstehen.

Der Caninus hat eine breite, niedrige Spitze, bei der schon eine geringe Abnutzung eine breite Schlifffläche herstellen mußte.

Die linguale Fläche wird durch eine flache Vertiefung eingenommen ohne Mittelrippe; ein lingualer Wulst ist nicht vorhanden, die Randleisten sind niedrig.

Die Gestalt des Eckzahnes verdient um so mehr Beachtung, da sie sich bei dem Schädel von Le Moustier wiederholt. Auch bei ihm erhebt sich die Spitze bei der gegenwärtigen Aufstellung des Gebisses, die W. Dieck vorgenommen hat, ganz wenig über die Schneidekante der Incisivi, wobei jedoch zu berücksichtigen ist, daß die letzteren stärker als der Caninus abgeschliffen sind. Der obere Rand ist in seinem medialen Abschnitt ebenfalls fast horizontal und fällt nach der lateralen Seite gerundet ab. An der lingualen Seite ist dieser Caninus sehr incisivusähnlich. Er besitzt einen Lingualwulst, der nicht so stark ist wie der von I_2 und eine Mittelrippe, die bis zur Spitze emporreicht. Er unterscheidet sich aber von I_2 durch ausgesprochene Randwülste, die bei I_2 nicht vorhanden sind. Man erkennt nach dieser Beschreibung, daß beim Gebiß von Le Moustier der Eckzahn eine noch ausdrucksvollere Gestalt als beim Ehringsdorfer besitzt.

Ehringsdorfer und Le Moustier-Funde zeigen also in wirkungsvoller Weise, daß der Eckzahn bei ihnen die gleichen Merkmale hat. Sie beweisen dadurch, daß es sich nicht um eine individuelle Zufälligkeit handelt, sondern um etwas Typisches und drängen darauf, dieses Typische zu erfassen. Es zeigt sich, daß der mediale Abschnitt der oberen Kante einen incisivischen und der laterale einen prämolarischen Charakter hat, daß also der Eckzahn die Merkmale von beiden Zahnarten entlehnt, zwischen denen er steht.

Der untere Caninus von Krapina, wie ihn D. Gorjanović-Kramberger abbildet (1906, 189, Fig. 36), steht in der Mitte zwischen dem rezenten (Guajakiindianerin) und denen von Ehringsdorf und Le Moustier. Ob man aber diese feinen Unterschiede auf die Goldwaage legen darf und nicht der individuellen Variation einen Spielraum einräumen muß, wage ich nicht zu entscheiden.

P_1 dx (H. Virchow 1920, 113)

Der Zahn gehört der rechten Seite an (Taf. 6, Fig. 5 u. 7). Er ist noch nicht ausgetreten, seine Spitze steht 3,8 mm unterhalb der Kante der Schneidezähne. Er steckt mit der lateralen und mit der hinteren Seite in ganz festem Sinter, doch ist an der vorderen und z. T. auch an der lingualen Seite die Wurzel frei.

Die Länge des Zahnes ist 23,5 mm. Die Höhe der Krone beträgt an der labialen Fläche 9,7 mm, die Breite 8,3 mm, die Dicke 8,5 mm (ganz zuverlässig läßt sich letztere wegen des Sinters nicht bestimmen). Die buccale Spitze erhebt sich 4,0 mm über die linguale.

Auch dieser Zahn hat etwas Eigentümliches, fremdartig Erscheinendes, was aber doch, im Vergleich mit anderen P_1 darauf beruht, daß er allgemein eine ausdruckslose Form hat, von der keine bestimmte morphologische Vorstellung ausgelöst wird. Es sind keinerlei anthropoide Merkmale an dem Zahn zu bemerken, was sich bei der außerordentlichen Prägnanz des unteren P_1 der Anthropoiden sofort verraten müßte. An der buccalen Seite der Krone findet sich eine stumpfe Spitze, von der der vordere Randabschnitt weniger geneigt nach vorn, der hintere stärker geneigt nach hinten zieht. Der linguale Hügel bildet einen nach vorn und hinten isolierten Wulst, der nach der buccalen Seite hin in einen Grat übergeht, der aber nicht die Spitze des buccalen Hügels erreicht, sondern an dessen Fläche aufhört. Die Randleisten treten erst in der lingualen Hälfte des Zahnes hervor und biegen gegen den Lingualwulst zusammen, von dem sie jedoch durch scharfe Furchen geschieden sind.

An der buccalen Seite hat der Zahn über dem Schmelzrand eine Schwellung, die sich gegen die Spitze hin verflacht.

Abgesehen von dem letztgenannten Merkmal erinnern alle übrigen Züge stark an Frontzähne und werden von diesen her beeinflußt. Das Incisivische reicht also über den Eckzahn hinüber bis in den P_1. Dieser ist spitz und dadurch dem Caninus ähnlich; er ist sogar spitzer als dieser, weil der vordere Abschnitt des Randes abfällt, während er beim Caninus fast horizontal ist. Der hintere Abschnitt des Randes fällt stärker ab als der vordere. Auch D. Gorjanović-Kramberger hebt für Krapina die „Caninus"-Ähnlichkeit hervor.

P_2 sin (H. Virchow 1920, 113 ff.)

Dieser Zahn war lose (Taf. VI, Fig. 8 u. 9, Taf. III, Fig. 3), und als ich das Präparat in die Hände bekam, nur vorläufig angebracht, jedoch zu hoch. Der Zahn mußte versenkt werden, damit über ihm der d. B_2 noch Platz finden konnte. Da aber die Wurzel schon recht lang und ein Stück von ihr abgebrochen ist, kann der Zahn nicht tiefer im Kiefer gesesen haben als er jetzt steht. Jedenfalls war er noch nicht völlig ausgetreten und daher die Krone völlig unberührt. Darin besteht sein großer Wert.

Die Krone mißt vom Schmelzrand bis zur Spitze an der buccalen Seite 8,7 mm, an der lingualen Seite nur 6,5 mm; dieser bedeutende Unterschied beruht darauf, daß an der buccalen Seite der Schmelzrand tiefer liegt als die Krone höher ist.

Der untere P_2 des Dauergebisses muß durchaus nicht immer rein prämolarisch sein, d. h. zweihügelig, sondern man kann bei ihm häufig auch von einem dritten (hinteren lingualen) oder gar vierten (hinteren buccalen Hügel) sprechen.

Diese Anordnung ist auch beim Ehringsdorfer unteren P_2 zu sehen. Auf dem Kronenplateau prägt sich sehr deutlich eine Kreuzfurche aus, deren beide Schenkel sich rechtwinklig schneiden; dadurch wird das Plateau in vier Stücke zerlegt. Bei dem hinteren buccalen Stück kann man vielleicht zweifeln, ob man es als Hügel bezeichnen sollte, an der hinteren lingualen Seite aber ist ein solcher sicher vorhanden. Dieser Verschiedenheit gemäß verläuft auch die hintere Hälfte des Randes an der lingualen und buccalen Seite verschieden, an der buccalen Seite flacher, an der lingualen stärker gekrümmt, wie das auch sonst, wenn dieser Zahn die beschriebene volle Gestalt besitzt, zu finden ist.

Die Längsfurche reicht nicht bis zum vorderen Rand des Zahnes, sondern endet an einem geknickten Querjoch, das die beiden vorderen Hügel verbindet. Dieses Joch ist an dem lingualen Hügel deutlicher und stärker geknickt als das gleiche Joch an den Molaren. Davor befindet sich ein scharfes Quergrübchen und vor diesem die vordere Stufe, in der sich eine Fortsetzung der Längsfurche findet, doch nun nicht mehr genau längsgerichtet, sondern lingual abweichend. Die Stufe erscheint hier allerdings, wenn man den Zahn von der Mantelseite her betrachtet, nicht als ein gesondertes Stück, sondern die beiden vorderen Hügel stoßen unmittelbar zusammen.

In Richtung von vorn nach hinten kommen auf die vordere Stufe 2,0 mm, auf die vorderen Hügel von dem Querjoch bis zur Furchenkreuzung 3,0 mm und auf die hinteren Hügel 2,5 mm.

Die Bilder der vier Hügel sind grob gesehen gleichartig, indem von der Spitze eines jeden eine Rippe nach der Furchenkreuzung geht. Wäre die Anordnung so schematisch und einfach, wie es hier angegeben ist, so könnte man von einem Rippenkreuz sprechen, dessen vier Schenkel mit den vier Schenkeln des Furchenkreuzes alternieren. In Wahrheit ist die Anordnung nicht ganz so einfach und in den vier Feldern nicht völlig übereinstimmen und da wir hier eine völlig unberührte Krone zur Verfügung haben, bietet es sich an, genaue Angaben genau zu machen, um eine gute Grundlage für weitere Vergleiche zu gewinnen.

An dem vorderen buccalen Hügel gibt es eine gegen die Furchenkreuzung laufende, also schief lingual und rückwärts gerichtete Rippe und dahinter ein dreieckiges Feld.

An dem vorderen lingualen Hügel gibt es ebenfalls eine gegen die Furchenkreuzung laufende, also schiefe Rippe und dahinter ein dreieckiges Feld, in dem ganz schwach eine weitere Rippe angedeutet ist.

Der hintere buccale Hügel besteht aus drei keilförmigen Stücken, zwei vorderen schmaleren und einem hinteren breiteren. Darin, daß das letztere durch eine schärfere Furche von den beiden vorderen getrennt ist, kann man die Andeutung der Trennung in einen mittleren und hinteren buccalen Hügel sehen.

Der hintere linguale Hügel ist ein Dreieck, in dem durch ganz leichte Furchen die Trennung in ein breiteres Mittelstück und je ein davor und dahinter gelegenes schmales Stück angedeutet ist.

Der untere P_2 des Le Moustier-Schädels zeigt dieselbe Einteilung des Kronenplateaus, jedoch sind durch Abkauung bereits die feineren Einzelheiten verloren gegangen. Die Abbildung des unteren P_2 bei D. Gorjanović-Kramberger (1; 191, Fig. 39) ist schlecht.

Molaren

Alle drei unteren Molaren sind von der linken Seite vorhanden. Als ich den Kiefer zur Bearbeitung bekam, saß M_2 fest in seinem Lager wie auch jetzt, M_3 war noch tief im Kiefer verborgen wie ebenfalls noch jetzt; M_1 dagegen war ganz frei, und an seinem Platz war bei der vorläufigen Zusammenfügung d. B_2 angebracht worden. Das Septum zwischen M_1 und M_2 war jedoch wohl erhalten und überhaupt so viel vom Lager des M_1 vorhanden, daß dieser sicher eingefügt werden konnte. Sein Kopf war abgebrochen und wurde angeklebt.

Die drei Molaren stimmen untereinander außerordentlich überein, was beweist, daß es sich um etwas Typisches und nicht um individuelle Zufälligkeiten handelt. Die nicht ganz sicher deutbaren Züge des M_1 finden durch die M_2 und M_3 ihre Erklärung. Es gibt jedoch auch kleine Unterschiede, bei denen erwogen werden muß, ob es sich dabei um mehr oder weniger typische Merkmale der einzelnen Molaren oder um „Zufälligkeiten" handelt. Solche Einzelfragen sind gegenwärtig noch nicht sicher zu entscheiden, sie können nur scharf skizziert werden.

M_1 sin (H. Virchow 1920, 115 ff.)

Die Breite der Krone ist 12,0 mm, ihre Dicke 10,3 mm (Taf. VI, Fig. 10, 11, 12, 13); am Schmelzrand ist die Breite des Zahnes 9,3 mm, die Dicke 8,5 mm, die Länge des Zahnes 21,4 mm. Heute beträgt die Länge nur 20,0 mm. Letztere ist jedoch ebenso wie die Höhe der Krone durch Abschliff bereits vermindert. Die Entfernung vom Schmelzrand bis zur oberen Kante des vorderen buccalen Hügels beträgt 6,0 mm; dieselbe beim M_2 8,5 mm. 2,5 mm müssen also in den wenigen Jahren, in denen dieser Zahn im Gebrauch gewesen sein kann – gleiche Kronenhöhe von M_1 und M_2 vorausgesetzt – auf der buccalen Seite bereits weggeschliffen worden sein. Zum gleichen Ergebnis gelangt man durch Messung an der vorderen buccalen Mantelfurche, die bei M_1 1,0 mm und bei M_2 3,5 mm lang ist, also auch hier ein Unterschied von 2,5 mm (Man sollte erwarten, daß, wenn der Abschliff zur

Herstellung einer Ebene führt, dieser zuerst die Hügel wegnimmt und die Furche zunächst noch in ganzer Höhe bestehen läßt. Indessen ist der Abschliff an dieser Stelle nicht eben, sondern geknickt, weil er durch den vorderen buccalen Hügel des oberen M_1 bedingt wird).

Die fünf Hügel sind deutlich gegeneinander abgegrenzt wie auch an den beiden anderen Molaren. Die beiden vorderen Hügel sind durch ein seicht geknicktes Querjoch verbunden. Der mittlere buccale Hügel schiebt sich mit einem rundlichen Fortsatz in die Mitte des Plateaus hinein, und aus dem vorderen Rand dieses Hügels ist ein Stückchen als intermediärer Höcker herausgeschnitten. Die Furche zwischen den beiden lingualen Hügeln verläuft quer, die zwischen dem hinteren und mittleren Hügel der buccalen Seite quer und längs in der Mitte, die zwischen dem vorderen und mittleren Hügel der buccalen Seite quer, aber doch mit dem medialen Ende etwas nach vorn gerichtet.

Die Abgrenzung der Hügel wird auf der buccalen Seite des Kronenmantels wie gewöhnlich durch zwei Furchen vervollständigt, die als die „vordere und hintere Mantelfurche" bezeichnet werden sollen. Von ihnen ist die hintere die tiefere. Die buccale Seite des Mantels ist stärker gewölbt als bei rezenten Zähnen, und zwar ist die Wölbung nicht gleichmäßig, so daß eine Art Buckel entsteht (Taf. VI, Fig. 10). Die Stelle der stärksten Wölbung liegt in der Mitte der gegenwärtigen Kronenhöhe, wobei aber zu berücksichtigen ist, daß diese schon erheblich abgeschliffen ist. Man kann auch sagen, diese Stelle liege gerade unter der Horizontalebene, die durch das untere Ende der vorderen Mantelfurche gelegt ist. Hierdurch kommt die Schwellung an diejenige Stelle, wo sich beim Gorilla und Mycetes das Cingulum findet. Bei M_2 ist auch eine Wölbung der buccalen Seite vorhanden, aber sie ist von anderer Beschaffenheit.

Da der Zahn isoliert war, sind die Wurzeln bis unten hin sichtbar, freilich untereinander durch Sinter verbunden (Taf. VI, Fig. 11), so daß man die Flächen, die sie einander zuwenden, nicht sehen kann. Die vordere Fläche der vorderen Wurzel (Taf VI, Fig. 10) ist von einer tieferen und sehr breiten Furche, die hintere Fläche der hinteren Wurzel von einer seichteren und schmaleren Furche eingenommen. Vordere und hintere Wurzel sind gleich lang: 14,5 mm. Die beiden Wurzeln sind nicht parallel. Die vordere ist in der Nähe der Spitze leicht nach hinten abgebogen; außerdem sind beide Wurzeln zusammmen der Krone gegenüber rückwärts geneigt.

Da die Krone von der Wurzel abgebrochen war, lag die Pulpakammer frei (Taf. VI, Fig. 2). Diese mißt in Querrichtung 3,7 mm, in der Richtung von vorn nach hinten 4,5 mm; ihre Tiefe beträgt 3,0 mm, abgesehen von den Ausbuchtungen. Vom gemeinsamen Raum gehen nach oben fünf Ausbuchtungen in die fünf Hügel hinein, wobei die Ausbuchtung für den hinteren buccalen Hügel die seichteste und anscheinend die für den vorderen buccalen Hügel die tiefste ist. Die Wurzelkanäle sind entsprechend der Wurzelformen in Querrichtung verbreitet und in Längsrichtung des Kiefers abgeplattet und haben am Übergang in die Pulpakammer eine Querausdehnung von 2,5 mm.

Zu genauer Beobachtung veranlassen die Abschleifungen an M_1, um einerseits kritisch beurteilen zu können, was von dem Zahn schon verloren gegangen ist, andererseits um Aufschlüsse über die Benutzungsart des Gebisses zu gewinnen.

Die Mitte der Krone wird von einer geräumigen Grube eingenommen, die für den vorderen lingualen Hügel des oberen M_1 paßt; sie mißt in Längsrichtung 7,0 mm, in Querrichtung 6,3 mm (Taf. VI, Fig. 13). Hinter derselben ist ein besonderer Anschliff auf den gegeneinander abfallenden Flächen der beiden hinteren Hügel; er mißt quer 4,5 mm, längs 1,8 mm.

Am stärksten sind jedoch die schon erwähnten Abschliffe auf den buccalen Abschnitten der Hügel. Die von ihnen eingenommene Zone ist in Querrichtung 2,3 mm breit. Trotz der Stärke der Abschleifung ist das Zahnbein nur eben angegriffen, was auf die Dicke des Schmelzes schließen läßt. Diese buccale Zone zerlegt sich bei genauerer Besichtigung in drei winklig gegeneinander gestellte Abschnitte, einen vorderen auf dem vorderen Abschnitt des vorderen Hügels, einen mittleren auf dem hinteren Abschnitt des vorderen Hügels und dem vorderen Abschnitt des mittleren Hügels sowie einen hinteren auf dem hinteren Abschnitt des mittleren Hügels. Von diesen drei Abschnitten ist der mittlere in der Mitte, dort, wo er von der Querfurche geschnitten wird, geknickt, besteht somit aus zwei Feldern, einem vorderen und einem hinteren. Auf dem Foto, das den Zahn in der Oberansicht darstellt (Taf. VI, Fig. 13), ist die Grenze des mittleren und hinteren Abschliffes sehr deutlich durch den Ton erkennbar, aber nicht die Grenze des vorderen und mittleren Abschnittes. Und auf dem Foto, das den Zahn in Seitenansicht bringt (Taf. VI, Fig. 11), sind trotz der geringen Größe der Aufnahme die Grenzen aller drei Abschliffe und auch die beiden Facetten des mittleren derselben deutlich erkennbar durch die wechselnde Neigung zum Horizont.

An der vorderen Seite der Krone findet sich eine interstitielle Schleiffläche von 2,6 mm Höhe und 4,2 mm Breite. An der Rückseite der Krone sowie an der Vorderseite von M_2 fehlen interstitielle Abschliffe.

M_2 sin (H. VIRCHOW 1920, 117 ff.)

Die Breite der Krone beträgt 12,9 mm, die Dicke 10,8 mm; die Breite des Zahnes am Schmelzrand 10,2 mm, die Dicke 9,4 mm (Taf. VI, Fig. 14). Die Entfernung vom Schmelzrand bis zur Spitze des vorderen buccalen Hügels mißt 8,7 mm, des mittleren buccalen Hügels 8,0 mm, des hinteren lingualen Hügels 6,3 mm; die Kronenhöhe läßt sich nicht genau angeben.

Der Zahn steht im Kiefer gedreht mit dem vorderen Ende nach der buccalen und mit dem hinteren Ende nach der lingualen Seite. Ob sich diese leichte Stellungsanomalie im Laufe der Entwicklung verloren hätte, ist unsicher; eine notwendige Entwicklungsphase stellt sie nicht dar. Gesichert ist jedoch, daß der Zahn bei der Auffindung im Kiefer gestanden hat.
Die fünf Hügel sind deutlich abgeteilt, der hintere buccale greift so weit nach hinten herum, daß die Furche zwischen ihm und dem hinteren lingualen sagittal steht. Von den Hügeln haben die beiden lingualen eine ausgeprägte Spitze. Die beiden vorderen sind durch ein geknicktes Joch verbunden. Die Quergrube vor dem letzteren ist scharf; von ihr läuft an den vorderen Rand eine Furche, die nicht ganz genau längs, sondern etwas lingual gerichtet ist, wenn auch nicht so stark wie bei P_2. An dieser vorderen Furche stoßen die beiden vorderen Hügel zusammen, so daß von einer vorderen Stufe eigentlich nicht gesprochen werden kann. Auf der lingualen Seite des Mantels ist eine Furche kaum angedeutet, dagegen sind die beiden hügeltrennenden Furchen auf der buccalen Seite des Mantels scharf ausgeprägt. Außer ihnen gibt es an der buccalen Seite noch Grübchen („Mantelgrübchen"). Es sind im ganzen vier solcher Grübchen vorhanden, je zwei am vorderen und mittleren Hügel. Das vordere des vorderen Hügels ist mehr rundlich, das hintere des vorderen Hügels und das vordere des mittleren Hügels dagegen erscheinen als Rinnen von 3,5 mm Länge (in senkrechter Richtung), das hintere des mittleren Hügels ist auch eine Rinne, aber eine sehr schwache (H. Virchow 1917, 11).
Beim Ehringsdorfer Kind sind die Grübchen breiter und flacher und stehen weiter auseinander. Beim Taubacher Zahn sind sie tiefer und schmaler und mehr angenähert; der Zustand des Ehringsdorfer Kindes insbesondere die Lage, paßt besser zum Affen (1.; 11).
An der buccalen Seite der Krone ist eine Wölbung bzw. Schwellung vorhanden, die diejenige des rezenten M_2 übertrifft; sie ist ganz gleichmäßig und nicht buckelförmig, wie es bei M_1 erwähnt wurde, so daß in dieser Hinsicht ein Unterschied zwischen diesen beiden Zähnen besteht.
Auf dem Kronenplateau steht zwischen dem mittleren und hinteren buccalen Hügel ein kleiner linsenförmiger Höcker (Taf. VI, Fig. 14). Das Relief der Krone dieses Zahns stimmt fast genau mit dem von M_3 überein. Das Charakteristische wird deutlicher hervortreten, wenn bei M_3 die Unterschiede zwischen beiden Zähnen angegeben werden. Nur noch einige Maße muß man anführen, die für den Vergleich mit anderen Molaren des Menschen von Bedeutung sein können.

Abstand der Spitze des
vorderen lingualen Hügels von der des hinteren lingualen Hügels: 5,5 mm
vorderen lingualen Hügels von der des vorderen buccalen Hügels: 4,5 mm
vorderen buccalen Hügels von der des mittleren buccalen Hügels: 5,0 mm
mittleren buccalen Hügels von der des hinteren buccalen Hügels: 2,5 mm
hinteren lingualen Hügels von der des mittleren buccalen Hügels: 6,5 mm

Natürlich sind solche Angaben nur von völlig unangeschliffenen Zähnen zu gewinnen, und das nur mit einer gewissen Wahrscheinlichkeit, denn die „Spitzen" der Hügel sind ja keine mathematischen Punkte, sondern rundliche Kuppen, deren Mittelpunkt schwer zu treffen ist.

Bezeichnungen

Bevor M_3 beschrieben wird, sollen einige Begriffe umgrenzt werden, die für eine klare Ausdrucksweise notwendig sind.
An der Krone des Molaren sind „Kronenplateau" und „Kronenmantel" zu unterscheiden; an letzterem gibt es eine buccale, vordere, linguale und hintere Fläche. Die Haupterhebungen der Krone – bei wohlausgebildeten oberen Molaren vier, bei wohlausgebildeten unteren Molaren fünf – werden als „Hügel" bezeichnet; der Begriff „Höcker" gilt für kleinere Erhebungen. Am vorderen und hinteren Rand der Krone ist die „vordere Stufe" und „hintere Stufe" zu nennen, die allerdings bei menschlichen Molaren meist nur unwesentlich in Betracht kommen, da die Hügel von der lingualen und buccalen Seite hier zusammentreffen, die aber bei Affen sehr deutlich sind und sich damit als morphologisches Element darstellen, dessen Bedeutung noch dadurch erhöht wird, daß das Cingulum – falls es vorhanden ist – zu ihnen ansteigt, so daß die Stufen in gewissem Sinne als Zubehör des Cingulum erscheinen. Jeder Hügel hat eine dreieckige oder keilförmige Grundgestalt. Er hat, schematisch vereinfacht, zwei Randabschnitte, die Stücke des Plateaurandes bilden, demgemäß eine „vordere Randkante" und „hintere Randkante" bei jedem Hügel. Er hat außerdem eine „Mittelrippe", die von der Spitze des Hügels nach der Plateaumitte, also nach der Furchenkreuzung verläuft. Die weiteren Erhebungen werden nur dann als „Höcker" bezeichnet, wenn es rundliche isolierte Erhebungen sind, als „Wülste", wenn sie lang gestreckt sind; „Rippen" können diejenigen geraden Wülste heißen, die von der Spitze eines Hügels, von der Hauptrippe oder einer Randkante herablaufen.
Ein „Joch" ist eine Erhebung, das die Gipfel zweier Hügel auf geradem Wege verbindet, ein „Querjoch", wenn die beiden Hügel nebeneinander stehen. Bleibt das Joch von dem einen Hügel bis zu dem anderen gleich hoch, so ist es „ungeknickt", sinkt es zwischen beiden Hügeln ein, so ist es „geknickt".

Auch die folgenden Ausführungen (einschl. Tafelangaben) bis zum Abschnitt 8.1.5.7. richten sich nach den Beschreibungen von H. VIRCHOW (1920, 119 ff.) oder entsprechen diesen.

M$_3$ sin

Der Zahn steckt noch tief im Kiefer, und das Loch über ihm ist enger als der Zahn selbst. Man sieht ihn deshalb nur mit besonderer Mühe, nämlich wenn man den Kiefer hin und her wendet, so daß mit jedem Mal ein neues Stück des M$_3$ zu beobachten ist.
Ein Foto konnte aufgrund der versteckten Lage nicht aufgenommen werden, jedoch kann man sich anhand der Beschreibung (Taf. VI, Fig. 14) alles anschaulich vorstellen, da beide Zähne bis auf kleine Einzelheiten übereinstimmen.

a) vordere Stufe

Sie ist von einer Längsfurche durchschnitten, an deren buccaler und lingualer Seite je ein Längswülstchen liegt, das sich aber kaum von dem anstoßenden Hügel abgrenzt. Gleiches findet sich an M$_2$.

b) vorderer buccaler Hügel

Die beiden vorderen Hügel sind durch geknicktes Querjoch verbunden. An dem vorderen buccalen Hügel findet man außerdem noch zwei parallele Wülste, die von der Hügelspitze ausgehen, rückwärts und lingual verlaufen und an der Querfurche enden. Bei M$_2$ ist der Hügel ebenso gestaltet.

c) mittlerer buccaler Hügel

Die Mittelrippe ist lingual und vorwärts gerichtet und bildet, da sie sich zwischen die übrigen Hügel hineinschiebt, eine zentrale Ecke. Von ihrem hinteren Rand gehen zwei Rippen rückwärts und lingual aus; ferner kommt gleichfalls von der Spitze des Hügels her eine schlanke Rippe, die vor der Mittelrippe liegt, an diese jedoch eng angeschmiegt wie zu ihr gehörig; weiter vorn gibt es noch eine von der Randkante ausgehende und rein lingual gerichtete dünne Rippe.
Der schon früher erwähnte linsenförmige Höcker, der an M$_2$ in der Rinne zwischen mittlerem und hinterem buccalem Hügel steckt, fehlt bei M$_3$.

d) hinterer buccaler Hügel

Er zeigt das unklarste Bild, weil einige der Wülste ganz flach und zugleich untereinander verbunden sind. Die Hauptrippe, die von der Hügelspitze lingual und vorwärts zieht, liegt am vorderen (buccalen) Rand des Hügels. Von ihr gehen zwei Seitenrippen ab, die eine unter rechtem, die andere unter spitzem Winkel. Außerdem bleibt auf der hinteren bzw. lingualen Seite des Hügels noch Platz für ganz flache, netzartig verbundene Wülstchen, mit denen auch die erwähnte rechtwinklig abgehende Rippe in Verbindung steht.
Bei M$_2$ finden sich nur zwei Rippen, eine längere vordere und eine kürzere hintere, das Bild ist also viel einfacher.

e) hinterer lingualer Hügel

Er zeigt drei Rippen, die aber nicht divergierend von der Spitze des Hügels ausgehen, sondern parallel sind, sogar etwas konvergierend, indem die mittlere von der Hügelspitze ausgeht, die vordere und die hintere von den Enden der Seitenkanten. Die mittlere Rippe ist dick und teilt sich in zwei Rippen, die sich wieder vereinigen, um dann in drei zu zerfallen. Die vordere und die hintere Rippe bleiben einfach; die vordere erreicht die Mitte des Plateaus, die hintere ist kürzer.
Am M$_2$ gibt es gleichfalls drei Rippen in gleicher Lage, von denen sich die mittlere einfacher darstellt.

f) vorderer lingualer Hügel

Außer dem Querjoch, das als Verbindung mit dem vorderen buccalen Hügel dient, weist dieser Hügel eine starke Rippe auf, die von der Hügelspitze rück- und buccalwärts zur Plateaumitte verläuft und dahinter, ihr parallel und auch untereinander parallel, drei dünne Rippen, die von der hinteren Kante ausgehen und an der Querfurche enden, also um so kürzer sind, je weiter hinten sie liegen. Dazu kommt dann noch eine ganz schwache Erhebung an der Vorderseite der Hauptrippe, gleichfalls von der Hügelspitze ausgehend. Man kann also von diesem Hügel sagen, daß er fünf parallele, rück- und buccalwärts gerichtete Wülste enthält.
Der eben beschriebene Molar ist durch die Klarheit der Formen der einzelnen Erhebungen und durch deren völlig Intaktheit, die eine absolut gesicherte Analyse ermöglichen, von hervorragender Bedeutung.

8.1.5.5. Kronenrelief der Molaren
 (H. VIRCHOW 1920, 121 ff.) (Abb. 110, S. 186)

Die Erfahrung zeigt, daß an den Zähnen auch feine Einzelheiten mit erstaunlicher Treue vererbt werden. Wieweit aber diese Vererbungstendenz geht, ob sie sich auf alle einzelnen Wülstchen des Kronenplateaus erstreckt, ist schwer zu sagen, weil sich häufig individuelle Zufälligkeiten dem Bild beimischen und dieses trüben. Es ist anzunehmen, daß je reicher ein Kronenrelief an sich ist, um so leichter in dem sich drängenden Durcheinander der Höcker und Wülste Störungen vorkommen.
Das wird auch durch die Beschreibung des Kronenreliefs auf dem Taubacher Zahn bestätigt (H. VIRCHOW 1917).

Sehr große Gleichheit zwischen dem Taubacher Zahn und den Molaren des Ehringsdorfer Kindes belegt H. Virchow (1920, 123) in folgenden Punkten:

a) hinterer lingualer Hügel

Er stimmt überein; sowohl beim Taubacher als auch bei den Ehringsdorfer Molaren sind die drei Wülste vorhanden, sogar der Zerfall des mittleren in drei Lappen gegen die Plateaumitte. Die kleine hintere Erhebung, die beim Taubacher „durch Abschleifung undeutlich geworden ist", ist beim Ehringsdorfer in ganzer Pracht vorhanden.

b) vorderer lingualer Hügel

Er stimmt ebenfalls überein; allerdings fehlt beim Taubacher die Randkerbe, durch die ein kleines hinteres keilförmiges Stück abgeschnitten wird, aber dieses keilförmige Stück selbst mit seinen drei parallelen Wülsten ist vorhanden; ebenso die Hauptrippe und die schwache, davorliegende Rippe.

c) vorderer buccaler Hügel

Er weicht ab; am Taubacher findet sich „außer dem Querjoch eine diesem parallele, also querstehende Rippe am hinteren Rand", beim Ehringsdorfer treten die zwei kräftigen, anders gerichteten Wülste auf. Aber es besteht doch insofern Übereinstimmung, als bei keinem von beiden wesentlich mehr Wülste vorhanden sind.

d) mittlerer buccaler Hügel

Hier ist „meine Angabe über den Taubacher etwas unbestimmt. Es ist aber begreiflich, wenn man am Ehringsdorfer M_3 gesehen hat, wie schwach die Nebenrippen sind, daß an einem einigermaßen gekauten Zahn über eine ‚Neigung zur Ausbildung besonderer Höcker' hinaus nichts zu sehen ist. Verschiedenheit besteht deswegen nicht. Einen Unterschied gibt es jedoch, nämlich den, daß beim Taubacher die Hauptrippe ‚steiler abfällt als beim Ehringsdorfer'."

e) hinterer buccaler Hügel

Wenn man die überaus schwache Erhebung der beim Ehringsdorfer außer der Hauptrippe erwähnten Wülstchen bedenkt, so ist zu verstehen, daß davon beim Taubacher nichts zu sehen ist, da diese Stelle von starker Abschleifung betroffen ist. Platz für solche Wülstchen ist vorhanden.

Alles in allem gibt es Übereinstimmung zwischen dem Taubacher Zahn und den Molaren des Ehringsdorfer Kindes bis zu fast völliger Gleichheit; sie besteht nicht nur im Groben, sondern auch in feinen Einzelheiten. Bei manchen der letzteren kann wegen der Abschleifung am Taubacher Zahn keine Entscheidung getroffen werden. Wirkliche Unterschiede bestehen erstens im vorderen buccalen Hügel (s. oben), zweitens im Abfall des mittleren buccalen Hügels (s. oben). Unterschiede wurden also auf der buccalen Seite gefunden. Demnach wäre zu erwägen, ob die buccale Seite stärker zur Variation neigt als die linguale.

„Ich bin durch genaue Beobachtung des Taubacher Molaren, des Ehringsdorfer Kindes und des Gebisses von Le Moustier zu folgenden kritischen Bemerkungen gelangt:

1. Nur solche Zähne bieten eine sichere Grundlage für die morphologische Analyse, welche gänzlich unberührt sind, d. h. welche nicht nur von stärkeren Abschliffen verschont, sondern auch von der feineren Abnutzung frei sind, von welcher ich früher gesprochen habe. In gewissem Sinne ist aber ein leichter, nicht zu weitgehender Grad der Abschleifung, welcher die feineren Höcker beseitigt und die gröberen Formen noch stehen läßt, doch auch wieder vorteilhaft, indem er die letzteren mit schematischer Klarheit hervorhebt. Dieser günstige Grad der Abschleifung findet sich an M_1 des Ehringsdorfer Kindes.

2. Kleine Beimischungen, sozusagen Beschmutzungen des Bildes, können dem Beschauer die Vorstellung eines reicheren Reliefs suggerieren, als es wirklich vorhanden ist. Ich habe davon bei dem Taubacher Zahn gesprochen. Bei diesem habe ich zwar, als ich ihn zur Untersuchung in Händen hatte, die Sinterreste, welche sich in den Furchen der Krone verhalten hatten, möglichst entfernt, es blieb aber doch noch ein letzter Rückstand derselben in der Tiefe der Furchen und in winzigen Grübchen der Schmelzoberfläche zurück, und dieser wirkt so wie feine Striche und Pünktchen, welche man in ein Bild hineingezeichnet hat. Dadurch erscheint das Kronenrelief reicher wie das des Ehringsdorfer Kindes, was es tatsächlich nicht ist. Auch die Molaren von Le Moustier sind durch mancherlei derartige fleckige Beimischungen entstellt."

3. Wenn von zwei zum Vergleich stehenden Kronenplateaus das eine reicher erscheint, so muß genau unterschieden werden, ob dieser scheinbar größere Reichtum auf einer größeren Zahl von Erhebungen oder auf einer größeren Stärke (Dicke und Höhe) der einzelnen Höcker und Wülste beruht. Der M_3 von Le Moustier (Taf. VI, Fig. 15) macht einen reicheren Eindruck als der des Ehringsdorfer Kindes, dies beruht aber doch mehr darauf, daß seine Erhebungen kräftiger, aber nicht zahlreicher sind.

Wie schwierig es ist, die Besonderheiten eines Kronenreliefs und dessen Abweichungen von denjenigen anderer Molaren zuverlässig anzugeben, läßt sich aus den sich widersprechenden Auffassungen von drei hervor-

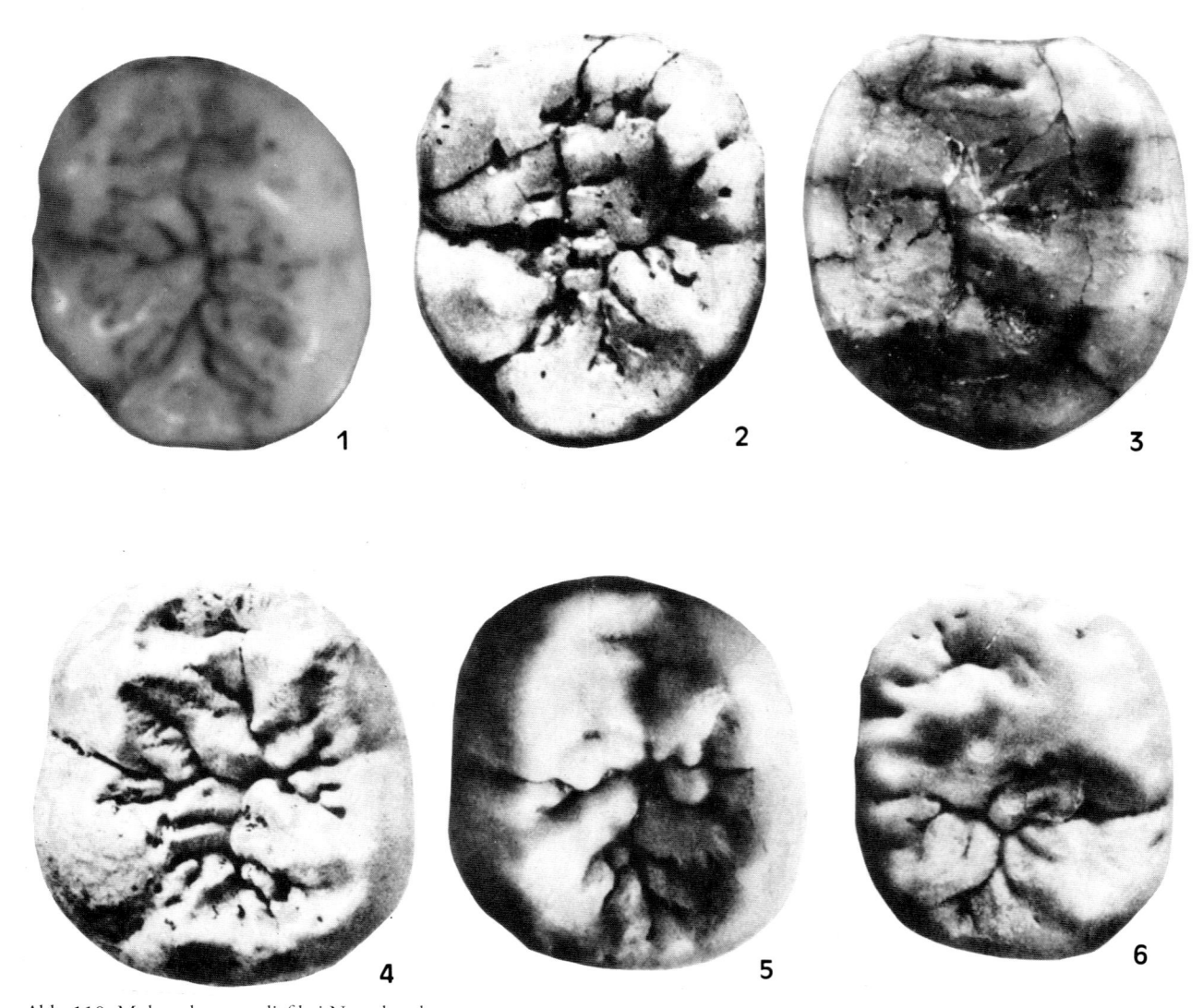

Abb. 110 Molarenkronenrelief bei Neandertalern.
1 – Ehringsdorf G, 2 – Taubach, 3 – Ochoz, 4 – 6 Krapina (nach E. Vlček, Th. Mollison und D. Gorjanović-Kramberger).

ragenden Forschern ersehen, die die Krapina – Molaren untersuchten: M. Schlosser, der eine anerkannte Autorität auf dem Gebiet der komparativen Odontologie ist, von M. de Terra, der tausend Schädel verschiedener Rassen und Zeiten gemustert hat und dem der Beruf täglich Belehrungen darbot und von D. Gorjanović-Kramberger, der das unvergleichliche Material von Krapina ständig unter den Händen hatte und der sich auch bei der Untersuchung des übrigen Skelettes als gewissenhafter und findiger Forscher erwiesen hat.
M. Schlosser (vgl. D. Gorjanović-Kramberger 1906, 205) erwähnt beim Krapina-Menschen, daß „die Runzeln viel zahlreicher, die Höcker aber viel stumpfer und niedriger sind als beim Menschen aus der historischen Zeit".

M. De Terra (vgl. D. Gorjanović-Kramberger ebd.), der einen Teil des Kramberger'schen Materials zur Verfügung hatte, hält das Relief der Molaren für „höchst unregelmäßig".
D. Gorjanović-Kramberger (ebd., 191) dagegen findet, daß an Prämolaren und Molaren die Schmelzfalten und Runzeln regelmäßig angeordnet sind und bei gleichen Zähnen stets wiederkehren: „Von Schmelzunregelmäßigkeiten kann beim Homo primigenius nicht gesprochen werden" (ebd., 192). Ich möchte die Meinung des letzteren für die wahrscheinlichere halten und zugunsten dieser auch anführen, daß der pleistozäne Mensch nicht in so intensiver Weise und während einer so langen Zeit der variationsfördernden Domestikation unterworfen gewesen ist wie der rezente.

8.1.5.6. Maßverhältnisse der Molaren
(H. Virchow 1920, 124 ff.)

Man nimmt allgemein an, daß sich aus den absoluten Maßen der Molaren keine zuverlässigen Schlüsse auf die morphologische Stellung ergeben, da auch bei rezenten Gebissen Maße vorkommen, die die der pleistozänen Molaren erreichen. So äußert sich z. B. C. Toldt: Man findet „beim rezenten Menschen nicht gar so selten Zähne, welche gegenüber denen der bekannten diluvialen Kiefer an Größe nicht zurückstehen... Auch sind die individuellen Unterschiede in der Stärke der Zähne bei den lebenden kultivierten Menschenrassen mindestens ebenso groß wie durchschnittlich zwischen diesen und den diluvialen Menschen". (1904, 98).
Dagegen sind vielleicht aus Maßverhältnissen Aufschlüsse zu gewinnen. Deswegen bespreche ich (H. Virchow) zwei, erstens das Verhältnis der Maße von M_1 und M_2, zweitens das Breiten- und Dickenverhältnis von Molaren.

Verhältnis der Maße von M_1 und M_2

		Breite	Dicke
Ehringsdorfer linker	M_1	11,7 mm	10,9 mm
Erwachsener	M_2	13,0 mm	11,5 mm
Ehringsdorfer Kind	M_1	12,0 mm	10,5 mm
	M_2	12,9 mm	10,8 mm
Schädel von Le Moustier	M_1	12,0 mm	11,5 mm
	M_2	12,7 mm	11,5 mm

In allen diesen Fällen ist die Breite bei M_2 größer als bei M_1, bei beiden Ehringsdorfern auch die Dicke. Dieses Verhältnis ist sehr bemerkenswert, wenn wir es mit dem der rezenten Menschen vergleichen, insbesondere dem von Europäern, bei denen bekanntlich in der Regel M_1 kräftiger ist als M_2. Der pleistozäne Mensch ist in dieser Hinsicht den Anthropoiden ähnlicher als den Kultureuropäern, bei denen ganz offenbar eine Zahnverschlechterung eingetreten ist.
Beim Schädel von Le Moustier und dem Ehringsdorfer Kind ist die relative Dicke beträchtlicher am M_1, beim Ehringsdorfer Erwachsenen am M_2.
Der Unterschied in der relativen Dicke beider Molaren beträgt beim Unterkiefer des Ehringsdorfer Erwachsenen 2,6%, beim Ehringsdorfer Kind 3,8% und beim Schädel von Le Moustier 5,3%.
Gerade die beiden Ehringsdorfer weichen hinsichtlich der relativen Dicke der Molaren erheblich voneinander ab: Der Erwachsene steht dem rezenten Menschen näher, das Kind dagegen den Anthropoiden. Was dies zu bedeuten hat, wage ich (H. Virchow) nicht zu entscheiden. Eines aber läßt sich doch zur Erklärung anführen, nämlich die interstitielle Abschleifung, die bei älteren Individuen stärker ausgeprägt ist. Durch sie werden die Zähne schmaler und dementsprechend die relative Dicke größer.

8.1.5.7. Größe und Beschaffenheit der Pulpakammern und Wurzelkanäle
(H. Virchow 1920, 126 ff., Taf. VII und VIII)

Seitdem O. Schoetensack (1908) bei der Untersuchung der Zähne des Unterkiefers von Mauer das Röntgenverfahren angewendet und dabei weite Pulpakammern und Wurzelkanäle entdeckt hat, ist das gleiche auch bei anderen pleistozänen Zähnen gefunden und dadurch die Meinung begründet worden, daß es sich um eine gemeinsame Eigentümlichkeit solcher Zähne handelt. Kompliziert wird diese Frage dadurch, daß bei rezenten Gebissen die Pulpakammern im jugendlichen Alter weit und im höheren Alter eng angetroffen werden; weiterhin dadurch, daß bei starker Abkauung durch das am Dach der Pulpakammer gebildete Ersatzdentin eine Verengung eintritt.
Die Verringerung der Höhe der Pulpakammer vollzieht sich auf zwei Wegen: von unten und von oben her, vom Boden und vom Dach, von der Wurzel und von der Beißfläche; von den Wurzeln, indem der Einschnitt zwischen den Wurzeln tiefer wird, der Boden der Höhle sich hebt, von der Beißfläche, indem sich Ersatzdentin beim Abschleifen ablagert.
Man wird von vornherein auch für pleistozäne menschliche Kiefer die Möglichkeit annehmen, ja es für selbstverständlich halten, daß bei älteren Personen die Pulpakammern verengt sind und ebenso bei solchen Menschen, deren Zähne stark abgekaut sind, was sich ja beides bis zu einem gewissen Grade deckt. Einen solchen Fall stellt der Erwachsene von Ehringsdorf dar. Er führt uns zum ersten Mal ein pleistozänes Gebiß mit engen Pulpakammern vor Augen.
Vom Kind lege ich (H. Virchow) zunächst Bilder der oberen Schneidezähne vor bei labiolingualer (Taf. VII, Fig. 4) und bei seitlicher Durchstrahlung (Taf. VII, Fig. 5). Die Zahnkanäle sind weit; in Seitenansicht von I_2 sieht man an der Grenze des Zahnkanals und der Pulpakammer eine Einschränkung.
Taf. VII, Fig. 6 zeigt das Bild der unteren Schneidezähne samt dem rechten Eckzahn. Bei all diesen Zähnen sind die Zahnkanäle weit, ganz besonders beim Eckzahn.
Ferner liegt das Bild des kindlichen Unterkiefers in Seitenansicht vor (Taf. VII, Fig. 7). Es zeigt mit großer Deutlichkeit: An P_2 ist der Zahnkanal noch von derselben Weite wie die Pulpakammer. An M_2 ist der hintere Zahnkanal sehr weit und die Pulpakammer sehr hoch. An M_3 sind erst Spuren der Wurzelbildung zu bemerken. An d.B_2 ist die Pulpakammer durch Dentin vom Dach her infolge der starken Benutzung des Zahnes stark eingeengt, was vielleicht Interesse finden dürfte, da man sonst auf die weiten Pulparäume der Milchwangenzähne hinweist. Alles in allem ist von diesem kindlichen Gebiß M_2 am wichtigsten wegen des Vergleiches mit den Molaren des Erwachsenen.

Ich (H. Virchow) bin Herrn W. Dieck dankbar, daß er nicht nur die X-Bilder der Ehringsdorfer Kiefer für mich hergestellt, sondern auch die des Erwachsenen mit mir besprochen und mich dabei auf manche Punkte aufmerksam gemacht hat, die dem Praktiker geläufig, aber dem Anatomen weniger bekannt sind. Aber nicht alles, was man auf den Röntgenbildern sieht, erscheint deutlich in der Druckwiedergabe.

Die Röntgenbilder der Ehringsdorfer Kiefer zeigen:

I_1 – Die Pulpakammer ist deutlich und hoch; der Wurzelkanal ist weit, erkennbar durch zwei helle, schwach sichtbare Streifen, die eine dickere kontinuierliche Masse einschließen, die ebenso dunkel ist wie der Zahn selbst (Taf. VII, Fig. 1), d. h. der Wurzelkanal enthält eine verkalkte zentrale Masse, die aber von einer Schicht Pulpagewebe umgeben ist.

I_2 – Der gesamte Wurzelkanal und die Pulpahöhle sind von einer kontinuierlichen Masse ausgefüllt, die dunkler erscheint als die Zahnsubstanz selbst (Taf. VII, Fig. 2).

Linker C (Taf. VII, Fig. 2 und Taf. VIII, Fig. 1) – Der Kanal ist breit und zeigt in der Seitenansicht oben zwei ausgehende Spitzchen, da sich Ersatzdentin am Dach gebildet hat. In Vorderansicht scheinen einige Dentikel in halber Höhe des Kanales vorhanden zu sein.

Rechter C (Taf. VII, Fig. 3 und Taf. VIII, Fig. 2) – Der Kanal ist ebenfalls weit und enthält sechs oder sieben ziemlich gleich große unregelmäßige Dentikel.

Prämolaren (Taf. VIII, Fig. 1 und Fig. 2) – Die Pulpakammern sind geräumig und setzen sich in den anfangs gleich weiten, nach unten allmählich enger werdenden Wurzelkanälen bei P_1 ohne Abrenzung fort: Bei P_2 ist die Grenze zwischen Kammer und Kanal durch eine Einschnürung bezeichnet.

Linker M_1 (Taf. VIII, Fig. 1) – Die Pulpakammer ist außerordentlich niedrig, in der Mitte fast zum Verschwinden gebracht.

Linker M_2 (Taf. VIII, Fig. 1) – Die Pulpakammer ist von nicht unbeträchtlicher Höhe, jedoch durch eine krümelige Masse gänzlich ausgefüllt.

Linker M_3 (Taf. VIII, Fig. 1) – Die Pulpakammer ist noch höher und hell gefärbt.

Rechter M_1 (Taf. VIII, Fig. 2) – Von der Pulpakammer sind nur einige helle Flecke zu sehen; sonst ist alles von einer Masse eingenommen, die die gleiche dunkle Farbe hat wie der Zahn und von diesem nicht abzugrenzen ist. Das ist der Zahn, der so stark auf der lingualen hinteren Ecke abgenutzt ist.

Rechter M_2 (Taf. VIII, Fig. 2) – Man sieht die Pulpahöhle zwar, aber doch nur wenig wegen einer krümeligen Masse, die diese gänzlich ausfüllt. Der Zahn war bei der Freilegung des Kiefers zerbrochen und wurde wieder zusammengeklebt.

Rechter M_3 (Taf. VIII, Fig. 2) – Dieser Zahn war ebenfalls durch Bruch beschädigt, wodurch die Erkennbarkeit seines Innenraumes besonders gelitten hat.

Zum ersten Mal wurden hier bei einem pleistozänen Gebiß enge Pulpakammern festgestellt und die Überzeugung gewonnen, daß diese durch Alter bzw. Benutzung stark verkleinert werden können. Dies muß hier besonders betont werden, weil sich daraus zwingend ergibt, daß man sich jedes Mal, wenn bei pleistozänen Gebissen weite Pulpahöhlen vorkommen, die kritische Frage vorlegen muß, ob nicht diese Weite auch durch die Jugendlichkeit verursacht worden sein kann. Langlebigkeit dürfen wir bei pleistozänen Menschen nicht erwarten; die Menschen werden wohl meist durch die harten Existenzbedingungen und gegenseitigen Totschlag zugrunde gegangen sein, bevor sie ein Greisenalter erreichten. Starke Abkauung der Zähne kann nicht als Beweis für Greisenhaftigkeit angesehen werden, wenn berücksichtigt wird, was weiter oben über die Zähne des Kindes mitgeteilt wurde.

8.2. Rumpfskelett des Kindes Ehringsdorf G (Taf. LXXVI–LXXXVIII)

8.2.1. Erhaltungszustand des Skelettes

Am 2. und 3. November 1916 wurden im Steinbruch Kämpfe in Ehringsdorf durch eine Sprengung des Unteren Travertins Teile eines Kindskelettes freigelegt (s. vorn).

In einem isolierten Kalksteinblock fanden sich einige Stücke von sechs linken und fünf rechten Rippen, zwei Brustwirbel, wahrscheinlich Th 8 und Th 9, ein Stück vom oberen Teil des rechten Humerus, von der rechten Clavicula, weiterhin das Stück eines Röhrenknochens (Radius dx.), eines Phalanx, Stücke von anderen Knochen, von denen einige weitere Rippenstücke erkennbar waren, das Vorderstück des Epistropheus ohne Zahn, das distale Stück des rechten Humerus sowie mehrere Bogenstücke von Wirbeln, darunter auch Lumbale.

Die Clavicula ist umgedreht, mit ihrer ventralen Seite dorsal gewendet. Die Phalanx liegt dicht an der Clavicula. Von den linken Rippen sind zwei fast vollständig. Die linken Rippen dürften die 6. bis 11. sein. Die beiden ersten liegen in einer Ebene, die rechtwinklig zur Ebene der vier anderen und damit rechtwinklig zur Frontalebene steht. Von den 5. rechten Rippenstücken zeigen die beiden ersten den unteren Rand cranial gedreht. Die drei unteren weisen mit dem einen Ende dorsal, mit dem anderen ventral. Am vollständigsten sind die beiden linken obersten Rippen. Die Fundsituation zeigen Taf. LXXVI–LXXXIII.

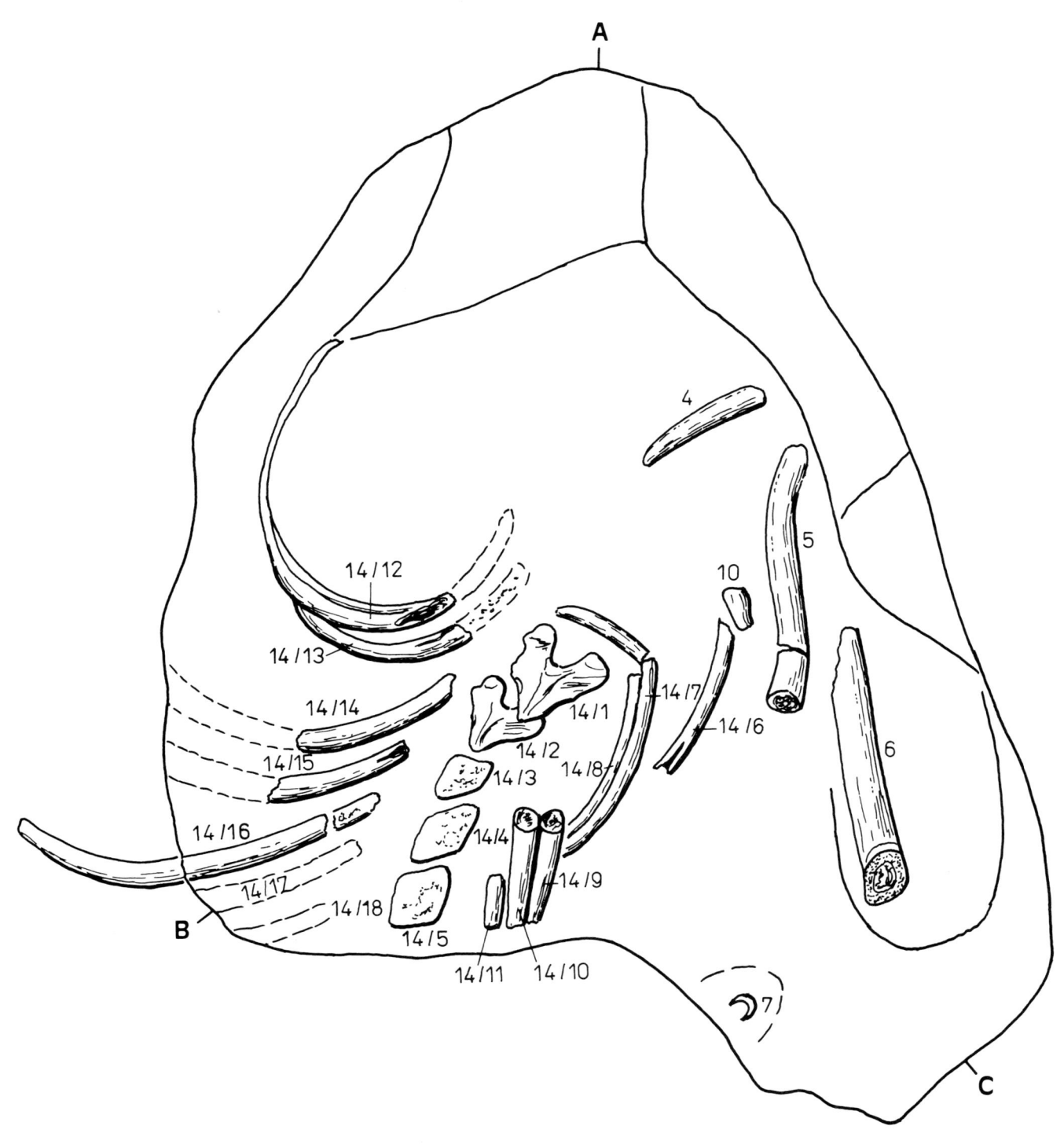

Abb. 111 Ehringsdorf G. Rumpfskelett des Kindes im Travertinblock. Nummern siehe Katalog.

In dem Steinklotz kann noch einiges verborgen sein, vor allem das Sternum. Der Steinblock selbst stellt ein wichtiges Dokument der Lagerung des Skelettes dar.
Der geschildete Befund läßt erkennen, daß der Körper, soweit er durch die genannten Skelettstücke vergegenwärtigt wird, ursprünglich zusammengesetzt war, daß er aber bei der durch Verwesung entstandenen Trennung zusammengesunken ist, so daß sich die Knochen verschoben und gedreht haben (Abb. 111).

Ferner ist zu erkennen, daß auch der Schädel, mindestens das Gesichtsskelett vorhanden gewesen sein muß, denn es ist sonst nicht zu verstehen, daß sich zwei obere Incisivi und zwei obere Milchmolaren gefunden haben. Dagegen ist nicht zu entscheiden, ob der ganze Körper an dieser Stelle gelegen hat, denn von den unteren Extremitäten einschließlich des Beckens hat sich nichts gefunden.
H. Virchow war der Meinung, daß für die wissen-

schaftliche Bearbeitung die Postcranialteile des Skelettes keine wesentliche Bedeutung hätten. Darum hat er sich in erster Linie der Bearbeitung des kindlichen Unterkiefers gewidmet.

Heute befinden sich in der Sammlung des Weimarer Museums die einzelnen Stücke der Knochen des Kindes, aber auch der große Travertinblock, in dem noch weitere Überreste eingeschlossen sind. Einige Bruchstücke haben wir während unserer Untersuchungen noch feiner auspräpariert und entdeckt, einige wurden isoliert und herausgenommen.

Alle Bruchstücke des postcranialen Skelettes wurden neu inventarisiert und bezeichnet.

8.2.2. Katalog Ehringsdorf G

Tab. 69 Katalog des Postcranialskelettes Ehringsdorf G

Bezeichnung	Inv.Nr.	Hominidenrest
G 4	1018/69	Clavicula sin./f/
5	1019/69	Clavicula dx./ff/
6	1045/69 1042/69	Humerus dx./2 Teile/
7	1021/69	Radius dx./f/
8	1022/69	Ulna dx./f/
9	1013/69	Radius sin./ff/?
G 10	1023/69	Phalanx digiti /?/ /ff/
11	1014/69	Costa prima sin./f/
12	1015/69	Costa sin./2 Teile/
13	1016/69	Costa sin./ff/
14	1017/69	Travertinblock mit eingeschlossenen Skelettresten; diese sind neu bezeichnet G 14/1–18.
14–1		Vertebra thoracica /Th 8?/ /Bogen/ /f/
2		Vertebra thoracica /Th 9?/ /Bogen/ /f/
3		Vertebra thoracica /Corpus/ /f/
4		Vertebra thoracica /Corpus/ /ff/
5		Vertebra thoracica lumbalis /Corpus/ /ff/
6		Costa dx. /f/
7		Costa dx. /f/
8		Costa dx. /f/
9		Costa dx. /f/
10		Costa dx. /f/
11		Costa dx. /f/
12		Costa sin. /f/
13		Costa sin. /f/
14		Costa sin. /f/
15		Costa sin. /ff/
16		Costa sin. /ff/ durch G 12 ergänzen
17		Costa sin. /ff/
18		Costa sin. / nur Abguß im Travertin/

f – fragmentarisch, ff – sehr fragmentarisch

8.2.3. Kurzbeschreibung der Skeletteile

G_4 – Clavicula sin. (Taf. LXXXV, 254–256, Abb. 113)

Ein Bruchstück des Körpers ist erhalten in einer Länge von 52,0 mm. Es ist möglich, dieses Bruchstück in das Steinbett des Travertinblockes einzusetzen. Auf der unteren Fläche ist der Sulcus musculi subclavii erhalten. Mit Messungen sind vertikaler und sagittaler Durchmesser und Umfang der Mitte der Clavicula feststellbar (10,5; 8,0 und 29,0 mm).

G_5 – Clavicula dx. (Taf. LXXXV, 248–256, Abb. 113)

Bei der Clavicula ist die Extremitas sternalis abgebrochen, so daß vom Corpus nur 2/3 erhalten bleibt. Die Oberfläche ist sehr korrodiert und beschädigt, aber die Reste von Tuberculum conoideum und Linea trapezoidea sind noch erkennbar. Sulcus musculi subclavii ist nicht gut erhalten. Dieses Stück hat eine Länge von 94,0 mm. Auch hier ist es möglich, den vertikalen und sagittalen Durchmesser und Umfang der Mitte des Knochens abzumessen (10,0?; 7,0? und 28,0? mm). Eine freie Rekonstruktion ermöglicht es, eine Vorstellung von der Diaphysenkrümmung zu bekommen. Die Höhe der Diaphysenkrümmung kann ± 22,0 mm sein, die Sehne ist mit 85,0 mm rekonstruiert. Die beste Analogie stellt der Fund aus Teschik-Tasch dar (Abb. 112 und Tab. 70, S. 193).

G_6 – Humerus dx. (Taf. LXXXVI–LXXXVII, 257–262, Abb. 114)

Der Humerus ist aus Bruchstücken zusammengeklebt. Die distale Hälfte wurde extra gefunden mit einer erhaltenen Länge von 93,0 mm. Die proximale Hälfte wurde aus dem Travertinblock herauspräpariert. Ihre Länge ist 148,0 mm. Heute werden diese zwei Hälften selbständig aufbewahrt. Bei diesem Humerus sind die Epiphysen nicht erhalten, weil sie noch nicht angewachsen sind. Darum wird die größte Länge des Humerus ohne Epiphysen auf 227,0 mm geschätzt. Außerdem sind die Durchmesser und Umfänge der Mitte meßbar (vgl. Tab. 71 und 72, S. 193, 194).

Die Diaphyse des Oberarmknochens ist schlank, mit größerem sagittalen als transversalen Durchmesser. Caput humeri muß klein sein, weil die Ossifikationsfläche auch sehr klein ist. Im sagittalen Durchmesser mißt sie 24,0 mm und im transversalen 29,0 mm. Caput humeri ist glatt, Tuberculum majus, Crista tuberculi majoris, Sulcus intertubercularis und Tuberculum minus sind klein. Damit ist klar, daß auch die Tuberositas deltoidea nicht bedeutend hervorgehoben ist.

Die Fossa olecrani ist relativ groß im Vergleich mit dem schwachen Diaphysenbau. Die Breite der Fossa olecrani mißt 28,0 mm, die Höhe 16,0? mm und die Tiefe 9,0 mm.

Die größte Länge des Humerus von 227,0 mm ohne Epiphysen verweist auf eine 142,0–146,0 cm hohe Gestalt, die dem 12–13 Jahre alten Kind entspricht (Tab. 73).

G_7 – Radius dx. (Taf. LXXXVIII, 269–274, Abb. 112)

Der rechte Radius ist in der proximalen Hälfte erhalten in einer Länge von 82,0 mm. Capitulum ist ohne Epiphyse. Die gut erhaltene Ossifikationsfläche zeigt eine fast runde Form mit den Maßen 13,0 × 12,0 mm und einen Umfang von 39,0 mm. Collum radii ist kurz, im Querschnitt rund geformt mit Durchmessern von 10,0 × 10,0 mm und mit einem Umfang von 30,0 mm. Tuberositas radii ist noch nicht ossifiziert. Darum ist die Tuberositas radii noch glatt. Eine ganze Hälfte des oberen Teils des Margo interosseus auf diesem Fragment ist abgebrochen. Der meßbare collodiaphysale Winkel beträgt 166°.

Von diesem Radius blieb im Travertinblock noch das distale Stück mit einer Länge von 12,0 mm. Bei den Sprengungen wurde die distale Hälfte minimal in einer Länge von etwa 60,0 mm vernichtet. Trotzdem ist an der oberen Hälfte deutliche Schaftkrümmung festzustellen. Leider ist das nicht meßbar, aber man kann 6,0 mm schätzen, es entspricht damit den Neandertaler-Kindern.

Abb. 112 Vergleich der Schaftkrümmung und Collo-Diaphysalwinkel am Radius dx. beim rezenten Kind (Rez.), Ehringsdorf G (E-G), Macassarques (M), Hortus XLIII (H) und Le Moustier (LM).

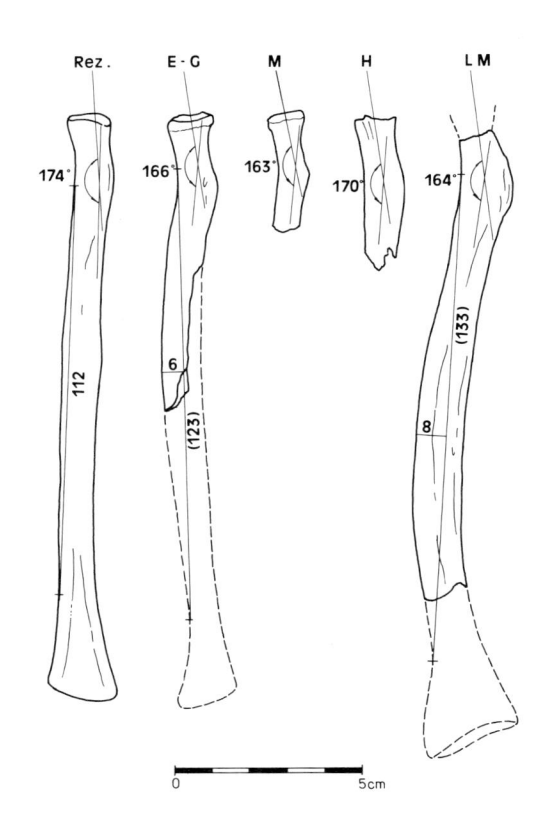

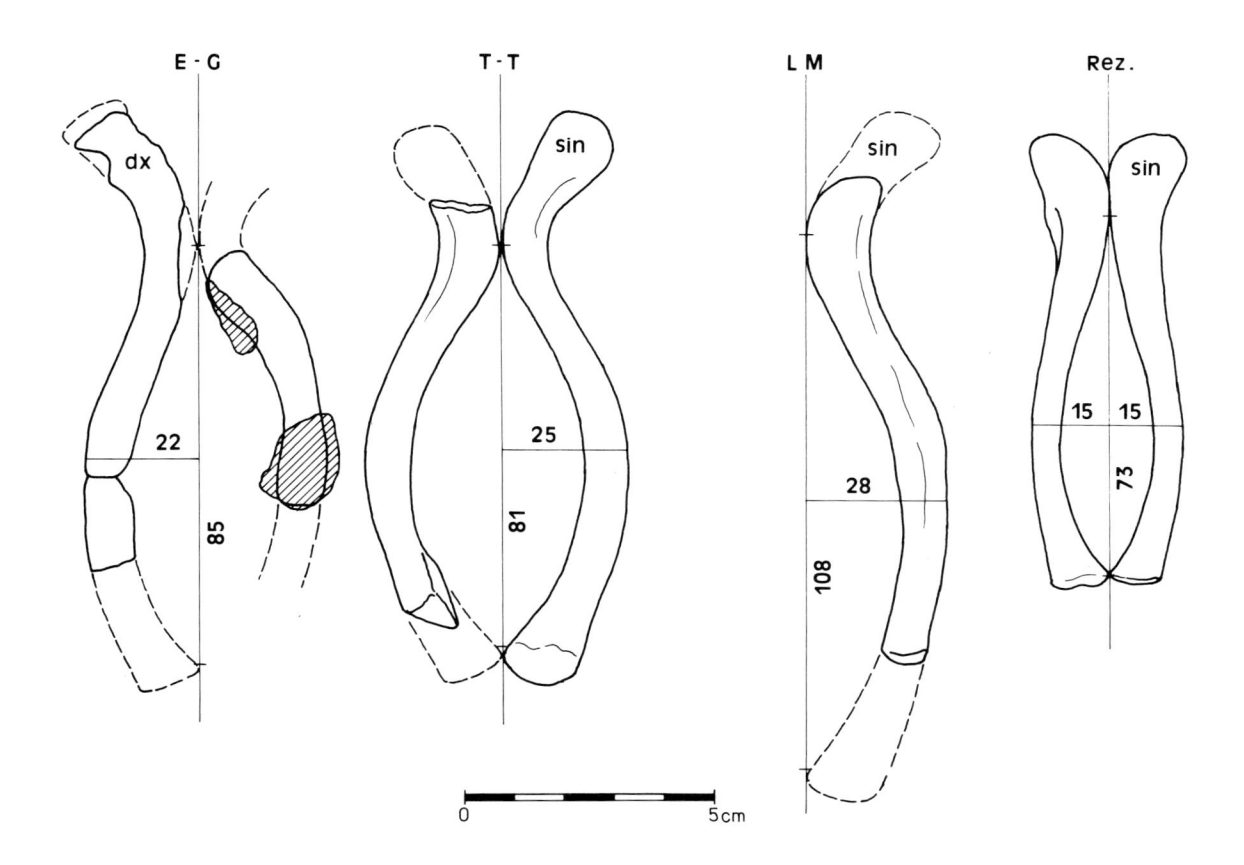

Abb. 113 Schaftkrümmung der Claviculae bei den Funden Ehringsdorf G (E-G), Teschik-Tasch (T-T), Le Moustier (LM) und beim rezenten Kind (Rez.).

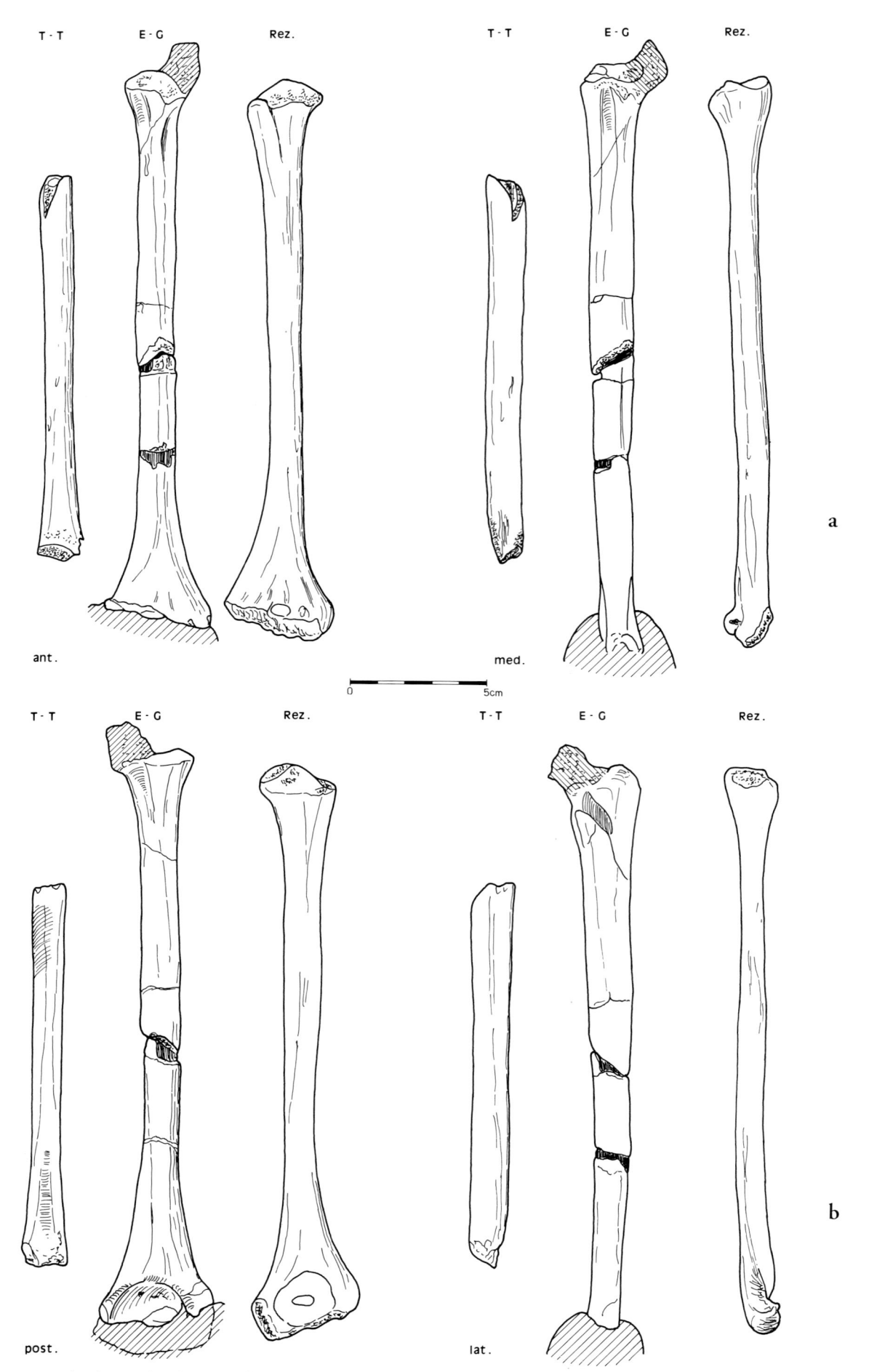

Abb. 114 Humerus dx. des Kindes Ehringsdorf G im Vergleich mit dem Neandertaler aus Teschik-Tasch (T-T) (linke Diaphyse) und mit dem rezenten Kind (Rez.) in Facies anterior (ant), medialis (med) (114a), posterior (post) und in lateralis (lat) (114b).

Tab. 70 Maße der Claviculae dx. und sin. – Ehringsdorf G

	Ehringsdorf dx	Ehringsdorf sin	Teschik-Tasch dx	Teschik-Tasch sin	Le Moustier sin	rezent dx	rezent sin
/1/ größte Länge	/120/R	–	–	117	–	94	93
/2/ Höhe d. Diaphysenkrümmung	/22/R	–	–	25	/28/R	15	15
/3/ Länge d. Sehne	/85/R	–	–	83	/108/R	73	73
/4/ vertikaler Durchmesser der Mitte	7?	8	6	6	9	6	6
/5/ sagittaler Durchmesser	10?	10,5	10,5	9	12,5	8	8
/6/ Umfang d. Mitte	28?	29	28	26	35	22	22
Längendicken I /6:1/	23,3	–	–	22,2	–	23,4	23,6
Krümmung I /2:1/	18,3	–	–	21,4	–	15,9	16,1
Querschnitt I /4:5/	70,0	76,2	57,1	66,7	31,1	75,0	75,0
claviculo-humeral I /5:2/$_H$	52,9	–	–	–	–	44,5	43,7
erhaltene Länge	94	52	88	118	102	94	93

Tab. 71 Maße des Humerus dx. – Ehringsdorf G

		E–G	T–T	L M	rezent dx	rezent sin
	größte Länge /ohne Epiphysen/	/227/R	–	210?	210	213
	sagittaler Durchmesser d. oberen Ossifikationsfläche	24	–			
	transversaler Durchmesser	29	–			
	Umfang	/80/	–			
/5/	größter Durchmesser der Mitte	16	13		13	13
/6/	kleinster Durchmesser der Mitte	12	11		10	10
	Breite d. Collum chirurgicum /trans/	22?				
	sagittaler Durchmesser d. C. ch.	15?				
	Umfang d. Collum chirurgicum	58?				
/6a/	kleinster Durchmesser in Tub. delto.	12	11		10	10
/6b/	trans. Durchmesser d. Mitte	15	11		13	13
/6c/	sag. Durchmesser d. Mitte	15	14		10	10
/7/	kleinster Umfang in Tub.deltoi.	46	38		36	36
/7a/	Umfang der Mitte	46	39		36	36
	trans. Breite d. unter. Epiphyse	42?				
	sag. Dicke d. unter. Epiphyse	15?				
/14/	Breite d. Fossa olecrani	28			19	19
/15/	Tiefe d. Fossa olecrani	9			7	8
	Höhe d. Fossa olecrani	16?				
Diaphysenquerschnitt I /6:5/		75,0	84,6		76,9	76,9
Längendicken I /7:1/		20,3	–		17,1	16,9
erhaltene Länge		/227/	144	?	210	213

G$_9$ – Radius sin. (Taf. LXXXVIII, 275–277)

Von diesem Radius ist nur ein Splitter der Diaphyse erhalten, der nicht meßbar ist(vgl. Tab. 73).

G$_8$ – Ulna dx. (Taf. LXXXVIII, 263–268; Tab. 74)

Das Ulnastück ist durch die Diaphyse repräsentiert. Diese ist mit einer Länge von 99,0 mm erhalten. Das proximale Drittel mit Olecranon, Processus coronoideus bis zum Tuberositas ulnae ist abgebrochen. Corpus ulnae ist aus drei Stücken zusammengesetzt. Margo interosseus in der Mitte des Stückes ist beschädigt, scheint aber nicht zu breit entwickelt zu sein. Margo posterior corporis ulnae ist bogenartig gebaut. Der distale Teil des Knochens mit Caput ulnae ist abgetrennt und verlorengegangen.
Die Maßangaben sind gering: Der dorsovolare Durchmesser oberhalb des Foramen nutricium mißt 11,0 mm, ebenso ist der transversale Durchmesser 11,0 mm, und der Umfang beträgt 36,0 mm. In der unteren Hälfte des Corpus ulnae sind die Maße kleiner: der Durchmesser 10,9 und der Umfang 30,0 mm.
Lehrreich ist die Rekonstruktion der Position beider rechter Unterarmknochen beim Kind Ehringsdorf G. In Vergleich mit rezenten Kindern sieht man klar die deutliche Krümmung der Diaphyse der beiden Knochen – des Radius und der Ulna – was wiederum die Zugehörigkeit zu den Neandertalern beweist (Abb. 115, S. 195).

Tab. 72 Berechnung des Individualalters und der Körperhöhe aus Knochenlängen der Föten- und Kindskelette; Länge ohne Epiphysen gemessen (zusammengestellt nach Angaben von T. D. Stewart 1948; I. G. Fazekas/F. Kósa 1966; M. Stloukal/H. Hanáková 1978; E. Vlček 1980)

Lebensalter	H	R	U	F	T	Fi	Körperlänge
IV Mm	19,5	17,2	19,0	20,7	17,4	16,7	17,3
V	31,8	26,2	29,4	32,6	28,5	27,8	25,6
VI	37,6	31,6	35,1	40,9	35,8	34,3	30,6
VII	44,2	35,6	40,2	47,4	42,0	40,0	35,4
VIII	50,4	40,8	46,7	55,5	48,2	46,8	40,0
IX	55,5	45,7	51,0	62,5	54,8	51,6	45,6
IX 1/2	61,3	48,8	55,9	68,9	59,9	57,6	48
X–Neo	64,9	51,8	59,3	74,3	65,1	62,3	51,5
6 M	88,1	69,7	78,9	108,1	88,8	83,7	69
12	97,9	76,8	83,1	122,0	99,2	96,2	77
18	108,6	84,1	91,1	1376,5	111,4	107,2	86
24	117,5	89,8	98,5	149,6	121,1	119,3	93
30	124,9	95,1	104,7	160,9	131,7	129,1	97
3 J.	133,5	101,6	111,4	174,1	142,2	139,5	103
4	142,7	108,3	119,8	188,3	151,9	151,1	109
5	152,4	116,0	128,0	203,2	164,1	166,6	114
6	163,8	125,1	137,3	221,1	177,1	178,3	119
7	174,8	133,5	147,2	238,1	188,9	190,8	124
8	184,6	141,9	157,1	253,0	202,0	203,8	126
9	194,3	149,2	154,4	266,5	213,6	213,6	133
10	203,9	156,9	172,4	281,2	224,3	222,9	136
11	211,9	163,3	178,1	292,5	235,1	231,7	139
12	219,9	168,8	182,9	302,9	244,4	237,3	142
Ehringsdorf G →	/227/						
13	231,2	175,7	190,7	319,0	256,1	249,2	146
14	240,8	182,5	198,0	333,3	269,8	257,7	149
15	257,7	192,5	212,1	358,2	288,0	282,3	156

Tab. 73 Maße des Radius dx. und sin.

| | | Ehringsdorf | | Le Moustier | rezent | |
		dx	sin	dx	dx	sin
/1/	größte Länge	/160/R	–	186–195	158	158
/2/	funktionelle Länge	–	–	–	158	158
/3/	kleinster Umfang unter d. Mitte	–	–	37	25	25
/4/	trans. Durchmesser d. Schaftes	–	–	14	9	9,5
/5/	trans. Durchmesser d. Mitte	?	?	14		
/5a/	sag. Durchmesser d. Mitte	8	7	9	7	7
/4/1/	trans. Durchmesser d. Capitulum	13	–	–	–	–
/5/1/	sag. Durchmesser d. Capitulum	12	–	–	–	–
/4/2/	trans. Durchmesser d. Collum	10	–	12	9,5	9,5
/5/2/	sag. Durchmesser d. Collum	10	–	12	9	9
/5/3/	Umfang d. Capitulum	39	–	–	–	–
/5/4/	Umfang d. Collum	30	–	41	28	28
/5/5/	Umfang d. Schaftmitte	–	–	38	25	25
/5/6/	untere Epiphysenbreite	–	–	–	18	18
/6/	Schaftkrümmung	/6/	–	8	1	2
	Länge d. Sehne	/123/	–	/153/	112	113
/7/	Collo-Diaphysenwinkel	166°	–	164°	174°	172°
Längendicken I /3:2/		–	–	–	15,8	15,8
Diaphysenquerschnitt I /5:4/		–	–	100,0	77,7	73,7
erhaltene Länge		82	60	126	158	158

Tab. 74 Maße der Ulna

		Ehringsdorf dx	Le Moustier dx	rezent sin
/1/	größte Länge der Ulna	–	191	174
/2/	funktionelle Länge	–	–	161
/3/	Umfang der Ulna	–	31	20
/4/	Schaftkrümmung von vorn nach hinten	–	6	
/5/	Höhe der Olecranon-Kuppe	–	20?	–
/6/	Breite des Olecranon	–	19?	–
/7/1/	Distantia olecranon-coronoid.	–	18?	15?
/11/	dors.-vol. Durchmesser /F. nutric./	11	11	7
/12/	trans-Durchmesser /F. nutric./	11	15	8
/13/	Umfang /F. Nutric./	36	40	26
	dors.-vol. Durchmesser d. Mitte	10	11	7
	trans. Durchmesser d. Mitte	9	10	5
	Umfang d. Mitte	30	35	20
	erhaltene Länge	99	/191/R	174

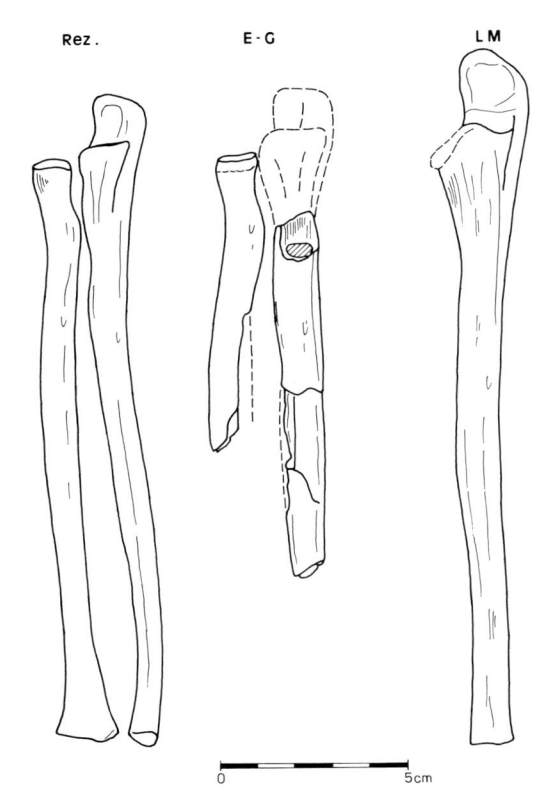

Abb. 115 Krümmung der rechten Unterarmknochen beim rezenten Kind (Rez.), Ehringsdorf G (E-G) und Le Moustier (LM).

G$_{10}$ – Phalanx (Abb. 116,10)

Neben der rechten Clavicula ist auch ein Phalanx im Travertinbruch eingebettet. Caput phalangis fehlt, die Ossifikationslinie ist gut erhalten. Die Basis phalangis ist abgebrochen, und die Ossifikationsfläche ist sekundär beschädigt.
Die maximale Länge des Corpus phalangis ist 13,0 mm, die Breite 7,0 mm und die Dicke 6,0 mm. Eine genauere Bestimmung ist leider nicht möglich.

G$_{11}$ – Costa prima sin. (Taf. LXXXIV, 238–240)

Sie ist in Form eines 35,0 mm langen Bruchstücks erhalten; der Durchmesser des Corpus costae ist 11,0 mm breit und 6,0 mm dick. Die Breite des Stückes im erhaltenen Sulcus arteriae subclaviae vergrößert sich auf 15,0 mm, und die Dicke bleibt dieselbe.

G$_{12}$ – Costa sinistra (Taf. LXXXIV, 244–247)

Besteht aus zwei Fragmenten, die zu dem Fragment G 14/16 gehören. Die erhaltene Länge ist 15,0 cm, die Breite 10,0 mm und die Dicke 5,0–6,0 mm.

G$_{13}$ – Costa sinistra (Taf. LXXXIV, 241–243)

Sie umfaßt ein 55,0 mm langes Bruchstück aus der Umgebung des Angulus costae; der sagittale Durchmesser ist 5,0 mm und der transversale 6,0 mm.

G$_{14}$ – Travertinblock mit Überresten des Rumpfskelettes (Taf. LXXVI–LXXIII)

Zur Klarheit haben wir die fest eingegossenen Knochenteile im Stein bezeichnet (s. Schema Abb. 116).

14/1–5 Vertebrae thoracicae (Taf. LXXXIII, 235, LXXXIV, 237)

In der Mitte des Travertinblocks verläuft in einer Linie ein Rest von Columna vertebralis aus dem unteren Abschnitt der Brustwirbelsäule.

14/1 – Vertebra thoracica /f/ Th 8?

Der Wirbel ist nur als Arcus vertebrae mit Processus spinosus und Processi articulares superiores erhalten; Processus spinosus hat eine beschädigte Spitze. Die Breite des Arcus ist 34,0 mm und die Höhe 38,0 mm. Die erhaltene Länge des Rückens des Processus spinosus ist 23,0 mm. Corpus vertebrae ist nicht erhalten.

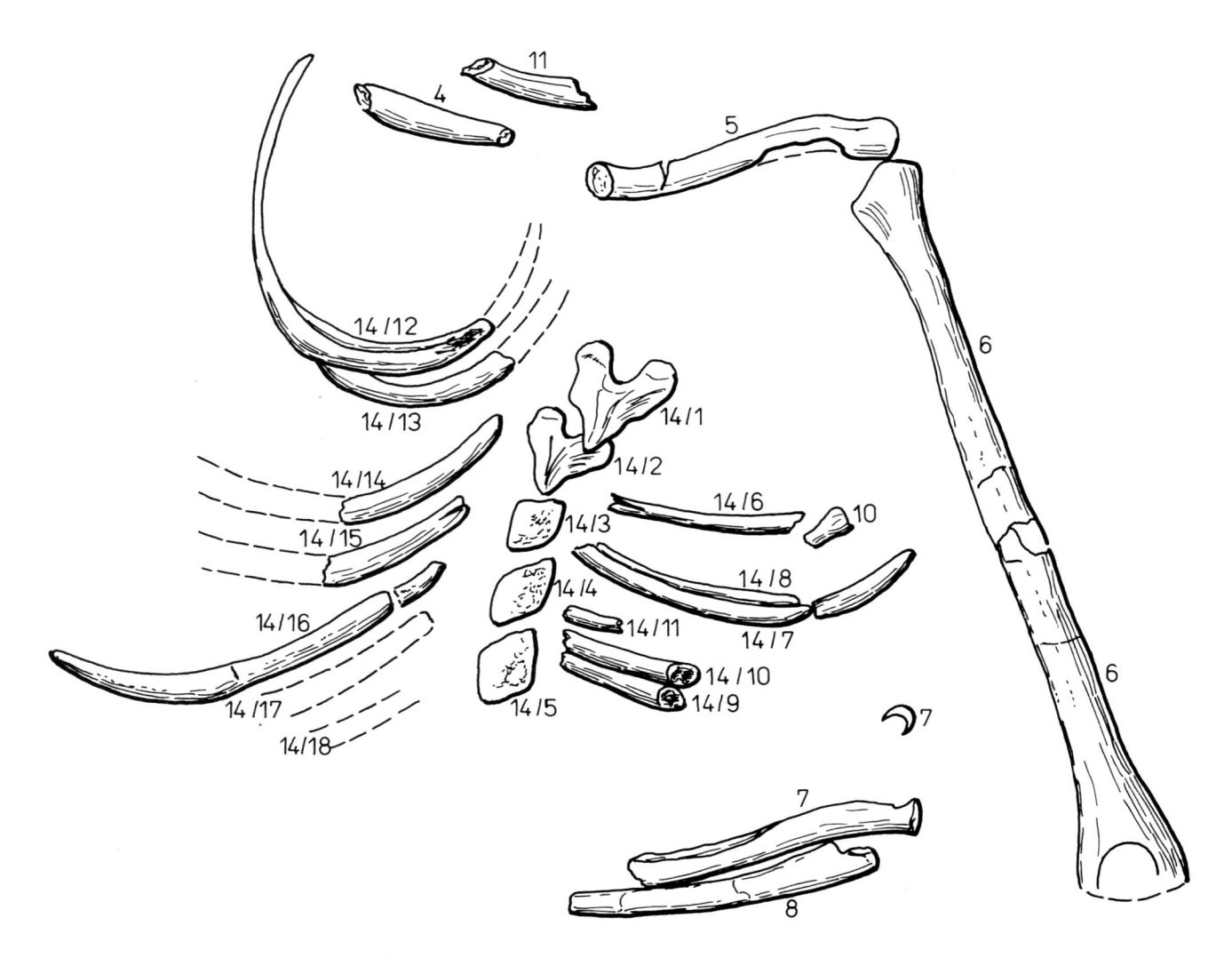

Abb. 116 Ehringsdorf G. Rumpf- und Armskelett des Kindes von hinten gesehen. Nummern siehe Katalog (S. 190).

14/2 – Vertebra thoracica /f/ Th 9?

Von diesem Wirbel ist auch nur der Wirbelbogen erhalten, der teilweise unter dem Wirbel 14/1 eingeschoben ist. Der Erhaltungszustand ist ähnlich wie beim darüberliegenden Wirbel. Die Breite des Bogens beträgt 34,0 mm, die Höhe 37,0 mm, und der erhaltene Rücken des Processus spinosus ist 20,0 mm lang. Auch hier fehlt der Körper des Wirbels.

14/3 – Vertebra thoracica × lumbalis

Hier ist nur ein amorphes Bruchstück des Wirbelkörpers erhalten.

14/4 – Vertebra thoracica × lumbalis

desgl.

14/5 – Vertebra lumbalis

desgl.

Rechts von diesem Rest der Wirbelsäule sind die Bruchstücke der fünf Rippen erhalten. Deutlich sehen wir die rechtsseitigen Rippen auf Taf. LXXIX, LXXXIII, 236 und LXXXVIII, 237.

14/6 – Costa dx./f/ – in der Länge 11,0 cm erhalten, liegt mit distaler Kante proximal, Durchmesser 8,0 × 8,0 mm

14/7 – Costa dx. /f/ – 12,0 cm lang, Durchmesser des Corpus beträgt 10,0 × 6,0 mm

14/8 – Costa dx. /f/ – 10,0 cm lang, nicht meßbar

14/9 – Costa dx. /f/ – 11,0 cm lang, Durchmesser 11,0 × 7,5 mm

14/10 – Costa dx. /f/ – 8,5 cm lang, Durchmesser 11,0 × 8,0 mm

14/11 – Costa dx./f/ – 4,0 cm lang, transversaler Durchmesser 9,0 mm.

Links der Wirbelsäule sind linksseitige Rippen sichtbar. Am besten sehen wir die Situation auf Taf. LXXVI, LXXIX, LXXX und Taf. LXXXIII.

14/12 – Costa sin. /f/ – liegt in normaler Lage mit erhaltener Länge von 22,5 cm und einem Durchmesser von 11,0 × 7,0 mm

14/13 – Costa sin. /f/ – erhaltene Länge 21,5 cm, sagittaler Durchmesser 11,0 mm

14/14 – Costa sin. /f/ – Länge 6,0 cm, sitzt in 9,0 cm langem Negativabdruck im Travertin, Durchmesser 8,0 × 8,0 mm

14/15 – Costa sin. /ff/ – Länge 5,3 cm, im Travertin 6,0 cm langer Negativabdruck, Durchmesser am Hals der Rippe 7,0 mm

14/16 – Costa sin. /ff/ – erhaltene Länge 2,5 cm und Abdruck im Travertin 6,5 cm, hier ist es möglich, die Rippe G_{12} zurückzuschieben; die ganze Länge der Rippe beträgt 17,0 cm; Durchmesser 12,0 × 6,0 mm

14/17 – Costa sin. /ff/ – Erhalten blieb nur die innere Seite mit einer Länge von 4,8 cm; die Höhe der Rippe ist 17,0 mm

14/18 – Costa sin. – nur leerer Abdruck der Rippe im Travertin, erhalten in einer Länge von 4,0 cm.

9. Die phylogenetische Stellung des fossilen Menschen aus Weimar-Ehringsdorf im Rahmen der Menschwerdung Mitteleuropas

Nach langjährigen Untersuchungen der alten Hominidenfunde aus Mitteleuropa können wir die Resultate der Vergleichsstudien am Neurocranium und am endocranialen Ausguß resümieren.
In Europa sind die bisher gefundenen Menschenüberreste in einige geologisch-biostratigraphische Epochen einzureihen. Die wichtigsten Funde stammen aufgrund des Zusammentreffens von gewissen Umständen hauptsächlich aus den in Travertin-Lokalitäten entdeckten Siedlungen. Nach ihrer Zeitstellung gehören sie ins mittlere und jüngere Pleistozän.

9.1. Zur Datierung der mittelpleistozänen Menschenfunde Europas

Der älteste Fund – ein Hinterhauptbein des erwachsenen Individuums – stammt aus Vértesszőlős in Ungarn vom Anfang des Holstein-Interglazials oder Intermindelien, ist also in BK VI oder in den Löß oberhalb BK VII einzureihen; absolut datiert ca. 350 000 Jahre (M. KRETZOI/ L. VÉRTES 1964, 1965). Etwas älter sind die Zahnfunde dieser Lokalität.
Die wichtigsten mittelpleistozänen Funde von Schädelfragmenten zweier erwachsener Individuen wurden in Bilzingsleben, Kreis Artern, entdeckt. Zeitlich fallen sie in die jüngere Phase des vorletzten Interglazials, in den Dömnitzer Horizont, der BK V entspricht. Die radiometrischen Daten reihen diese Funde in die Zeitspanne vor 350 000–180 000 Jahren (D. MANIA/ V. TOEPFER / E. VLČEK 1980).

Außer den angeführten mitteleuropäischen Funden sind noch der Fund aus Arago /Tautavel/ (Frankreich) (M.-A. und H. DE LUMLEY et al. 1982) und aus Petralona (Griechenland) (R. MURRILL 1980, 1981; CH. STRINGER et al. 1979) hierzu zu zählen. Diese Funde, die morphologisch dem Fund aus Bilzingsleben nahestehen, sind dem Bereich des BK V zugeordnet und bei Petralona absolut mit ca. 240 000–180 000 Jahren datiert. Beide wurden in Höhlen gefunden (N. XIROTIRIS 1985).
Die erwähnten Funde stellen eine Gruppe vor, die noch manche erectoiden Merkmale enthält. Hier ist auch der Mauer-Unterkiefer einzureihen. Zeitlich wird der BK VII erreicht, zu berücksichtigen ist aber die sekundäre Fundposition.
Als Vergleichsmaterial dienten die Funde aus Afrika, Olduvai OH 9, Broken Hill und Bodo; aus dem ostasiatischen Gebiet die Erectus-Formen des Pithecanthropus VIII und die Serie des Sinanthropus.
Weitere Funde Mitteleuropas gehören zur zweiten Gruppe, die Altsapienten-Formen umfaßt. Aus Westeuropa zählen dazu die Funde aus Swanscombe (England) und aus Steinheim (BRD), die in das Holstein-Interglazial datiert sind. Unklar bleibt dabei, ob sie in die ältere oder jüngere Phase des Interglazials zu stellen sind, aber grundsätzlich gehören sie zu BK V, nach absoluter Datierung in die Zeitspanne von 350 000–180 000 Jahren.
Zu dieser Gruppe gehört auch die hier im Mittelpunkt stehende Serie aus Weimar-Ehringsdorf. Es handelt sich um Schädelfragmente von fünf erwachsenen Indi-

viduen und von einem Kind. Die Kulturschichten, die zu BK IV zu zählen sind, also in die Rügen-Warmzeit, sind durch absolute Daten 200 000–127 000 Jahre (H. P. Schwarcz) oder 244 000–107 000 Jahre (K. Brunnacker) datiert.

Ein weiterer Fund aus Gánovce, ein natürlicher Travertinschädelausguß mit den aufsitzenden Knochenüberresten des Neurocraniums eines erwachsenen Individuums, ist in die Koniferen-Phase nach der Kulmination des Eem-Interglazials datiert, nach absoluter Chronologie in die Periode vor ca. 130 000–80 000 Jahren (K. Hausmann-Brunnacker).

In diese Altsapiens-Gruppe können auch die Funde aus Reilingen und Salzgitter-Lebenstedt (BRD) eingereiht werden. Der Fund aus Reilingen wurde von A. CZARNETZKI (1991) morphologisch neu eingereiht, und zwar zum Homo erectus. Aber die Analyse zeigte, daß dieser Fund zu den Homo sapiens-Formen gehört (E. VLČEK 1989e). Am nächsten steht der Reilingener Fund dem Schädel aus Swanscombe. Die Steinheimer Frau verkörpert ein graziles Individuum, weist aber das gleiche morphologische Prinzip auf.

Die Überreste des Fossilmenschen von Salzgitter-Lebenstedt stellt J. J. HUBLIN (1984) zu den Neandertalern, also auch zu den Altsapiens-Formen. Dieser Fund weist eine typische Neandertaler- oder Präneandertaler-Morphologie auf.

Die mitteleuropäischen Funde, wie Vértesszőlős und Bilzingsleben sowie der westeuropäische Fund aus Arago gehören in denselben Kulturbereich. Dagegen ordnet sich der Mensch von Weimar-Ehringsdorf einem anderen zu. Gánovce wird vom Micro-Mousterien begleitet.

Aus der Aufzählung ergibt sich, daß zum Studium nur Fragmente der einzelnen Vertreter der unbekannten Variationsbreite der Population des mittleren Pleistozäns zur Disposition stehen. Nur Arago bietet Schädelfragmente und Skelette einiger Individuen, die Serie aus Weimar-Ehringsdorf die Überreste von insgesamt sechs Individuen. Dieser Fakt wird durch die Erkenntnis der Variationsbreite der einzelnen, zeitlich stark verschiedenen Populationen, kompliziert, so daß es nicht möglich ist zu sagen, ob wir die durchschnittlichen Repräsentanten vor uns haben oder ob diese zu den Grundformen ihrer Variationsbreite gehören. Die große zeitliche Spannweite, aus der die Überreste stammen, ihr fragmentarischer Charakter bzw. ihre Unvollständigkeit erlauben nur einen begrenzten Vergleich. Darum haben wir uns in erster Linie auf die plastischen Rekonstruktionen gestützt, wobei es möglich war, die Fragmente eines Fundes in den Abguß eines phänotypisch ähnlichen Fundes einzulegen. Dadurch erhielten wir die dreidimensionale Vorstellung von den Formen der einzelnen Funde.

Weiterhin haben wir, wo es wichtig war, nicht nur die Röntgendokumentation, sondern auch die CT-Dokumentation angewandt, und außerdem haben wir eine ganze Serie von Endocranien als Vergleichsmaterial verwendet. Auch hier, bei den fragmentarischen Funden wurden die Abdrücke der cerebralen Flächen des Schädelfragments in die ähnlichsten Abgüsse der kompletten Endocranien eingelegt.

Im folgenden stellen wir die einzelnen alten Hominiden-Funde Europas vor. Dank der Unterstützung durch N. Xirotiris und L. Kelentis konnte der Schädel aus Petralona während dreier Studienreisen (1983 bis 1985) bearbeitet werden und weiterhin der Fund aus Olduvai OH 9 im Jahr 1984 mit Hilfe von A. T. Nkini und W. O. Maier. Die Besichtigung des neu präparierten Steinheimer Schädels hat uns Herr K. D. Adam ermöglicht (1985). Die Funde aus Arago, Originale und Abgüsse, haben uns in den Jahren 1980 bis 1982 M.-A. und H. de Lumley für Untersuchungen zur Verfügung gestellt. Die übrigen Funde aus Vértesszőlős wurden mir dankenswerterweise durch L. Vértes und S. Thoma zugänglich gemacht. Pithecanthropus-Funde hat uns G. H. R. v. Koenigswald demonstriert. Die wichtigsten mittelpleistozänen Funde Mitteleuropas aus Bilzingsleben wurden mir kontinuierlich im Verlauf der mehrjährigen Ausgrabungen seit 1971 durch D. Mania zum Studium zur Verfügung gestellt. Die Untersuchung der Serie des fossilen Menschen aus Weimar-Ehringsdorf, Detailstudium und monographische Veröffentlichung verdanke ich den ehemaligen Direktoren des Museums für Ur- und Frühgeschichte Thüringens, G. Behm-Blancke und R. Feustel und seit 1990 der neuen Direktorin und Landesarchäologin S. Dušek. Die Funde der Neandertaler auf dem Gebiet der Tschechoslowakei (Gánovce, Šipka, Ochoz, Kůlna und Šaľa) wurden schon früher studiert und publiziert (E. VLČEK 1969a); die Funde der Neandertaler aus Frankreich hat uns freundlicherweise H. Vallois zugänglich gemacht, die italienischen S. Sergi und die russischen V. P. Jakimov, V. V. Bunak, F. G. Debec und L. Gochmen. Die Funde aus Swanscombe, Broken Hill, Bodo, die Sinanthropus-Serie u. a. haben wir nach Abgüssen und Literatur studiert.

9.2. Die Menschengruppen im Mittelpleistozän Europas – erectoide Menschenformen

Vértesszőlős 2

Os occipitale des Erwachsenen aus Vértesszőlős weist beträchtliche Übereinstimmungen mit dem Fund aus Petralona in Griechenland auf, wie schon einige Autoren festgestellt haben. Deshalb haben wir das Hinterhaupt des Fundes in den Abguß des Schädels aus Petralona eingelegt (E. VLČEK 1986; Abb. 117). Die Hauptmerkmale sind (S. THOMA 1966, 1967, 1969):
Torus occipitalis hat beim Fund aus Vértesszőlős eine interessante Gestaltung des symmetrisch laufenden Walles, der über der Kante des gebrochenen Nackens

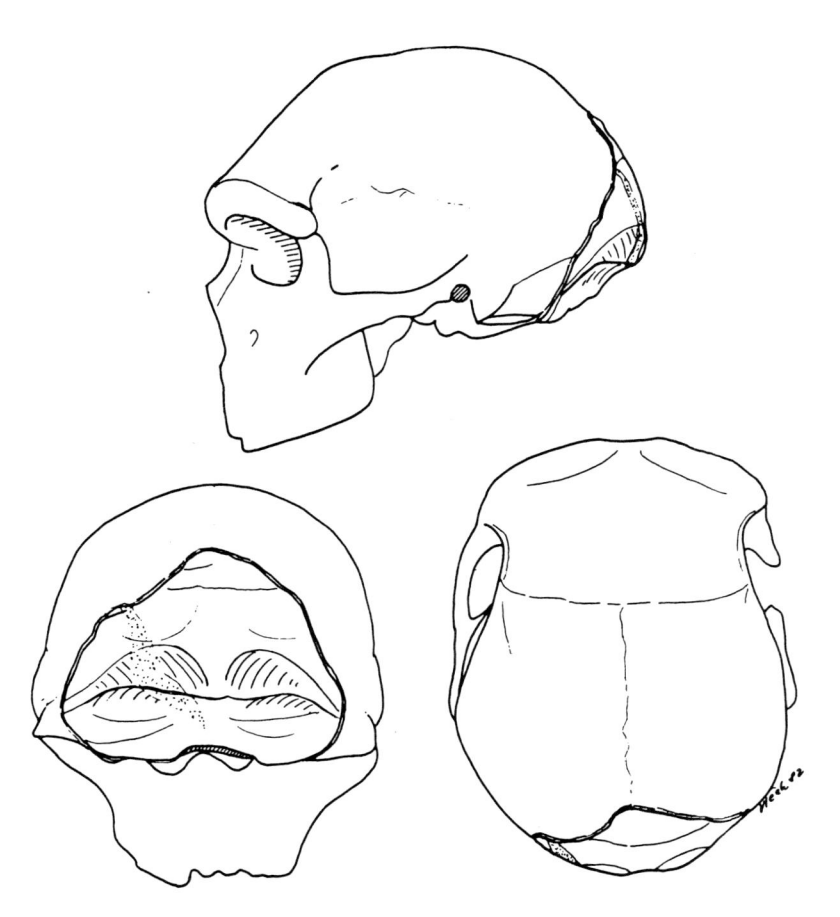

Abb. 117 Vértesszőlős. Das Os occipitale eingesetzt in den Petralona – Schädel (Orig. E. Vlček).

auf das Planum occipitale exponiert ist. Die Wallgrenzen entsprechen eigentlich dem Abstand Linea nuchae superior und Linea nuchae suprema. In der mittleren Linie ist der Wall geteilt. Torus geht fließend in die Asteriongegend über. Es ist möglich, Opisthocranion und Inion in einen Punkt zu legen. Squama occipitalis ist verflacht und durchschnittlich hoch. Os interparietale ist nicht vorhanden. Ohne Röntgenbild ist es nicht möglich, zu entscheiden, ob es sich hier nicht um eine sekundäre Fraktur handelt.
Planum nuchae ist konkav eingebogen. Also handelt es sich um ein erectoides Hinterhaupt.
Der Endocranialausguß der Nackenpartien des Fundes spricht aber mehr für eine nähere Beziehung zu den Neandertaler-Formen als zu den Erectus-Formen. Die beste Analogie weist der Fund aus Petralona auf.

Bilzingsleben

In Bilzingsleben wurden bisher nur einzelne Neurocraniumfragmente und isolierte Zähne entdeckt. Folgende wichtige Untersuchungsergebnisse sind zu nennen (E. VLČEK 1978, 1979, 1980, 1983 a, b, 1986; D. MANIA/ E. VLČEK 1981, 1987):
Bisher erlauben die Bilzingslebener Fragmente keine reguläre plastische Rekonstruktion des Schädels, aber die erhaltenen Partien können uns eine Vorstellung über die mögliche Morphologie des Neurocraniums des Bilzingslebener Menschen bieten. Übersichtlich ist diese Form bei Rank-Xerox Röntgenaufnahmen in Norma lateralis erfaßbar (E. VLČEK 1988 a; Abb. 118). Auf dem Stirnbein (B 1) ist das auffallendste Merkmal der Torus supraorbitalis als mächtiger Wulst, der in der Gegend der Glabella nicht unterbrochen ist. Seine Mächtigkeit ist kennzeichnend. Zwischen Glabella und Crista frontalis ist das Stirnbein 25,0 mm dick, und der Torus im Nasion ist 21,0 mm hoch.
Das Bruchstück B 4 von einem zweiten Individuum ergänzt unsere Vorstellung über den Torus supraorbitalis. Torus ist mittelstark, im medialen Drittel ist er 16,0 mm dick und verdünnt sich lateral auf 11,5 mm. Die vordere Fläche des Torus ist hier frontal abgeplattet. Der Unterrand des Torus zeigt zugleich die Horizontallage des oberen Randes der Augenhöhle.
Oberhalb des Torus supraorbitalis liegt die breite und glatte Depressio glabellae. Ein Sulcus supraorbitalis ist bei beiden Stücken nicht ausgebildet. Die Pars nasalis ossis frontalis bildet einen weiteren Merkmalskomplex. Die Nasenwurzel ist sehr mächtig und breit. Die erhaltenen Teile der Frontalschuppe (B 2) weisen eine stärkere Schräglage der Squama frontalis auf ohne entwickelte Tubera frontalia. Linea temporalis ist kantig und verdoppelt (B 3). Sinus frontales sind nur im

Torus supraorbitalis-Massiv ausgebildet. Ihre Form ist blumenkohlförmig. Sinus bildet zwei Kammern, die nicht durch Septen geteilt sind, sondern nur auf der hinteren und oberen Wand durch vorspringende Rippen gekammert sind. Die postorbitale Einschnürung ist nur wenig betont.

Das Fragment des Os parietale dx. (D 1) beweist die Wallentwicklung zwischen dem Verlauf der linken Linea temporalis superior und inferior im Bereich der Sutura lambdoidea fast zur Entwicklung des Torus angularis.

Beim Bilzingslebener Mensch ist weiterhin der typische, rittlings auf der Kante der Nackenbrechung sitzende Torus occipitalis (A 1 + 2) entwickelt, der in der mittleren Partie nicht geteilt, aber lateral deutlich begrenzt ist. Linea nuchae superior setzt sich dann mit der lateral aufgebogenen Kante bis in das Asteriongebiet fort. Planum occipitale ist niedrig und der Lambdawinkel beträgt nur 108°. Planum nuchae ist verflacht, aber gerade. Es ist nicht konkav vertieft. Die Knochendicke ist auffallend, vor allem im Abschnitt der Sutura occipitomastoidea. OP deckt sich mit Inion. Die maximale Länge des Schädels ist also dieselbe wie die Glabella-Inion-Länge.

Das Fragment des Os parietale (D 1), direkt mit der Lambdanaht korrespondierend, ist ebenso verdickt und geht zur Wallentwicklung des Torus angularis über, der am Os parietale entwickelt ist.

Beim zweiten Bilzingslebener Individuum dokumentieren die erhaltenen Fragmente von Os parietale sinistrum (D 3 + D 4), daß auch bei den Bilzingslebener Menschen ein oder mehrere Ossa interparietalia entwickelt waren, wie es bei den Funden aus Arago und Petralona ebenfalls zu sehen ist. Beim Vértesszőlős-Mensch ist die Situation ohne Röntgenaufnahmen nicht gut erkennbar.

Eine der wichtigsten Feststellungen ist am Endocranium gefunden worden. In erster Linie betrifft das die Bildung des sog. Bec encephalique. Rostrum orbitale ist beim Fund aus Bilzingsleben schmal und hoch genau wie beim Sinanthropus. Von den europäischen Formen steht der Fund aus Arago (N. Xirotiris / E. Vlček 1982) am nächsten.

Die vorgeführte Charakteristik entspricht der erectoiden Form des Menschen. Die komparativen Studien zeigen, daß der Mensch aus Bilzingsleben den Funden Arago, Petralona und Vértesszőlős 2 nahesteht. Die passendste morphologische Analogie stellt der Fund aus Olduvai 9 dar (Abb. 119).

Man kann auch den sexualen Dimorphismus prüfen. Die Individuen aus Bilzingsleben und aus Arago halten wir mit hoher Wahrscheinlichkeit für Frauen und die Individuen aus Vértesszőlős 2 und Petralona für Männer. Auch die Mandibel aus Mauer ist wegen ihrer Größe Männern zuzuordnen.

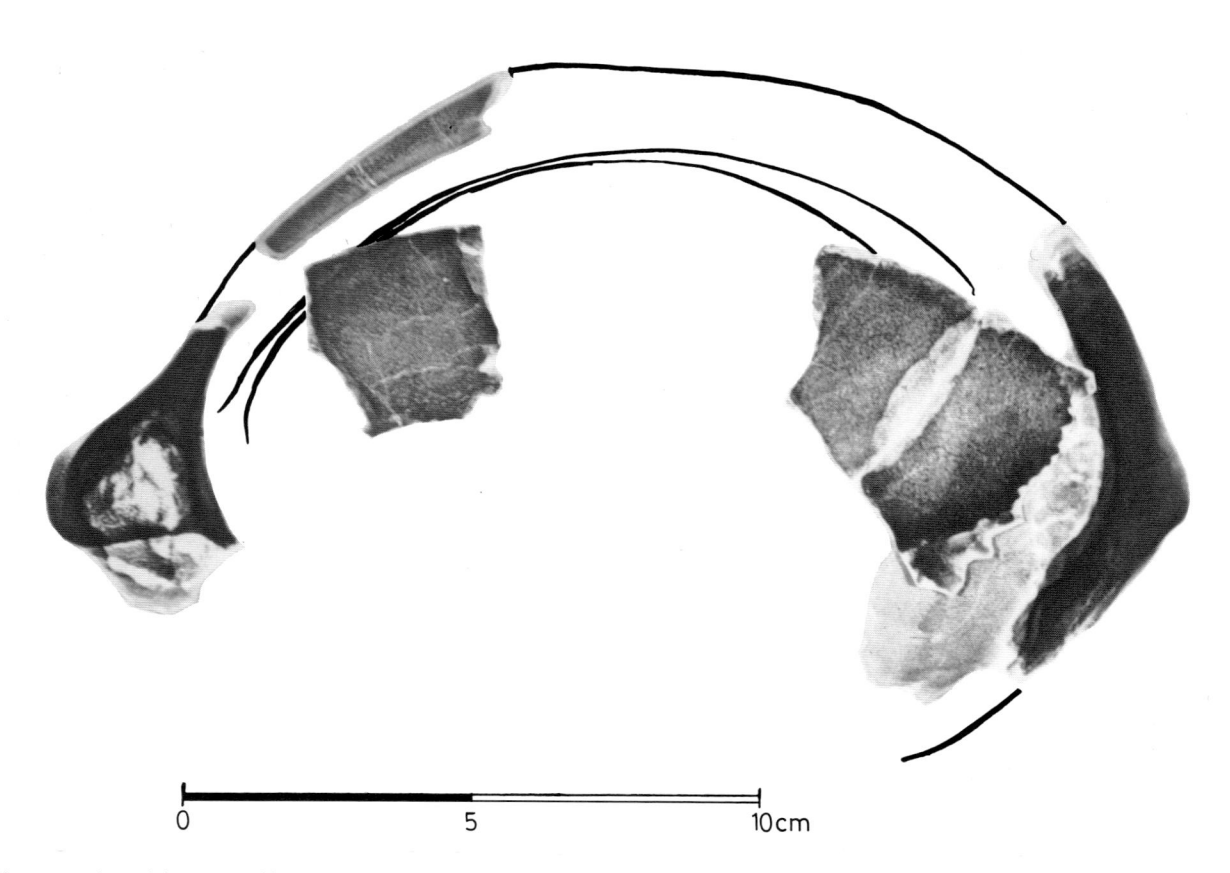

Abb. 118 Bilzingsleben. Einzelfragmente der Bilzingslebener Kalotte in Norma lateralis geordnet (Rank-Xerox-Röntgenogramm).

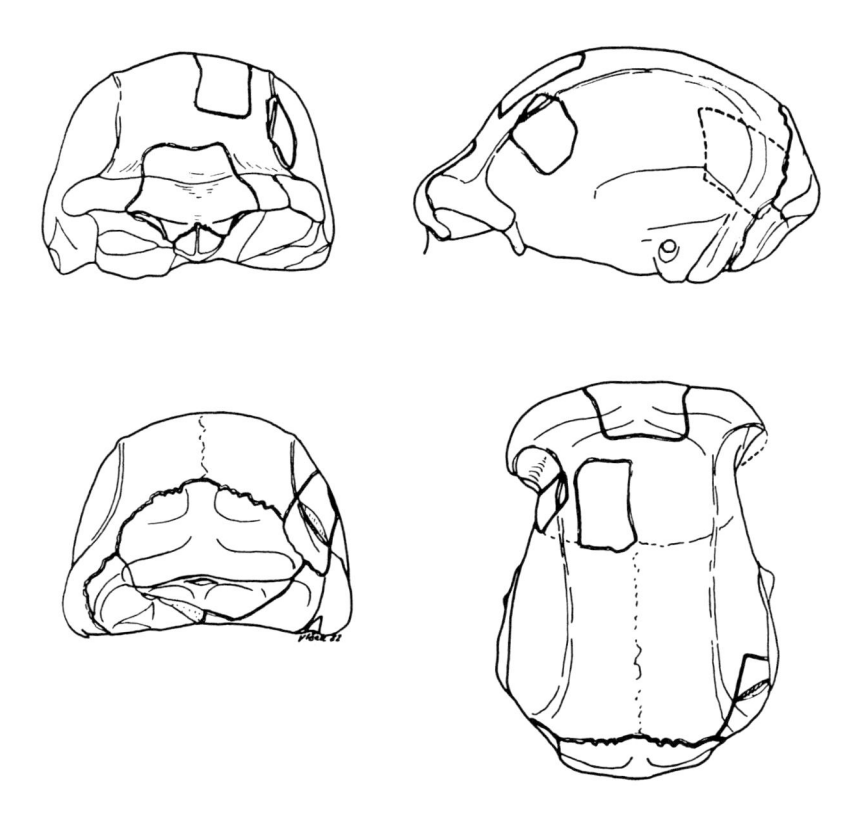

Abb. 119 Bilzingsleben. Die Schädelbruchstücke eingesetzt in den Schädel Olduvai OH 9 (Orig. E. Vlček).

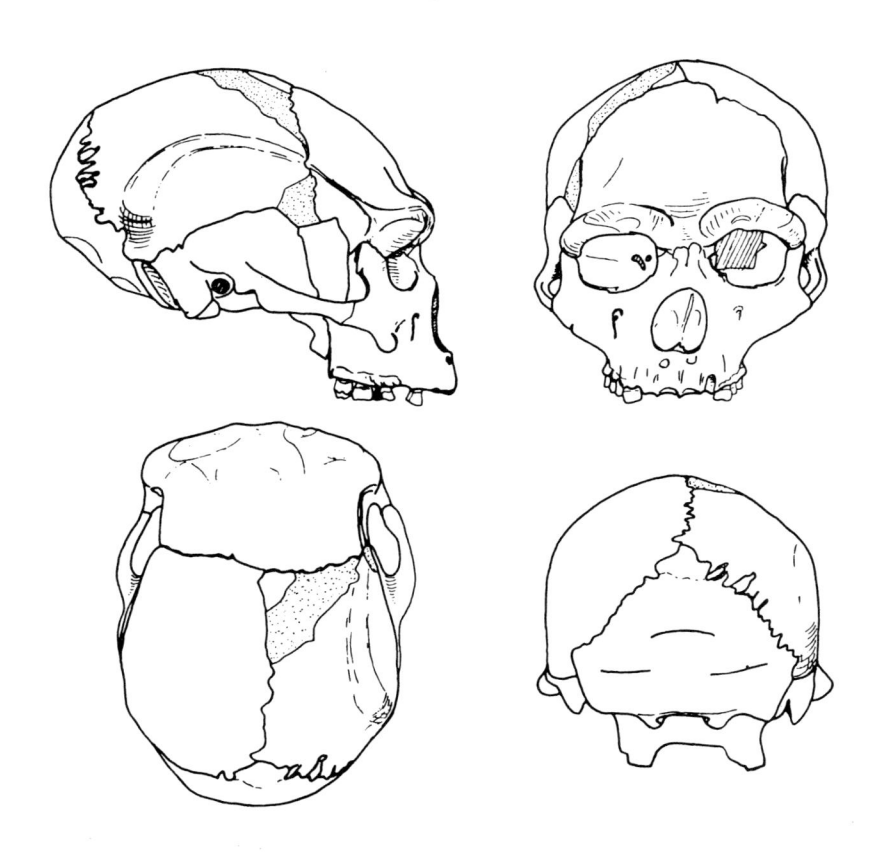

Abb. 120 Arago bei Tautavel. Schädelrekonstruktion nach M.-A. und H. de Lumley.

Arago-Tautavel

Im südwesteuroäpischen Raum gehört in diese Gruppe die Fundstelle Arago bei Tautavel (M.-A. und H. DE LUMLEY et al. 1982).

Die wichtigsten Funde aus Arago sind das Gesichtsskelett eines Erwachsenen, ein Bruchstück der linken Maxilla und das Fragment des Os parietale dx. Während das Splanchnocranium sekundär zerbrochen und in der Kulturschicht deformiert wurde, blieb das rechte Scheitelbein fast komplett und ungestört. Bei diesem Schädel ist es möglich, einige charakteristische Merkmale festzustellen, die etwas zur Entwicklungsstufe des Fundes aussagen.

Vor allem ist es die Form des Stirnbeines mit dem anwesenden markanten Torus supraorbitalis. Dieser ist im mittleren Teil erniedrigt und verdünnt, aber von der Stirnschuppe deutlich abgeteilt. Über den Augenhöhlen kommt es zu einer gewissen Teilung des monolithischen Walles. Die Frontalfläche des mittleren Torusteiles ist mäßig verflacht und durch eine kleine schiefe Rinne geteilt. Proximal ist das Torusmassiv kantig begrenzt. Die Lateralpartien bleiben aber noch breit und mächtig. Lineae temporales sind ausdrucksvoll gebildet, aber sie sind nicht verdoppelt. Die postorbitale Verengung ist gut entwickelt, aber nicht tief.

Am Parietale ist ein eindrucksvoller Torus angularis entwickelt, der im Asteriongebiet einen begrenzten Auswuchs bildet. Die ursprüngliche Stellung der beiden Scheitelbeine im Vertex war offensichtlich dachförmig. Die Scheitelpartien in Norma occipitalis sind verflacht, und ihr Umriß bricht sich im auslaufenden Seitenumriß des Scheitels. Ein Os interparietale war vorhanden.

Eine der wichtigsten Feststellungen am Endocranium des Fundes ist die Bildung eines ausdrucksvollen, schmalen und hohen Abdruckes von Rostrum orbitale, des sog. bec encephalique der französischen Autoren. Die angeführten Zeichen sprechen für die Ähnlichkeit vor allem mit den Formen des Sinanthropus. Von den europäischen Funden steht in bezug auf die morphologische Seite des beschriebenen Individuums der Fund aus Bilzingsleben am nächsten.

Die Autoren (M.-A. und H. DE LUMLEY et al. 1982) benutzen zur Ergänzung der Schädelrekonstruktion des Individuums aus Arago das Os occipitale vom Fund aus Swanscombe und das Schläfenbein von Sinanthropus (Abb. 120 und 121).

Aus den angeführten Gründen nehmen wir an, daß auf die vorgelegte Rekonstruktion des Schädels aus Arago mit Bezug zu dem ausgeprägten Torus angularis aus morphologischen sowie funktionellen Gründen ein angebrochener Nacken mit einem niedrigen Planum occipitale, mit Occiputwinkel und flachem Planum nuchae passen würde, also nicht ein kurvooccipitaler Nacken des Fundes aus Swanscombe. Deshalb legen wir unseren Versuch der Schädelrekonstruktion des Individuums aus Arago vor. Für die Gestaltung der Nackenpartien haben wir die Funde aus Vértesszőlős und aus Bilzingsleben berücksichtigt, Vértesszőlős paßt ausgezeichnet (E. VLČEK 1986).

Petralona

Den Fund aus Bilzingsleben haben wir noch mit dem Fund aus Petralona verglichen. Der sehr gut erhaltene Fund aus Petralona stellt einen mächtigen Männerschädel mit grobem Gesichtsskelett dar (Abb. 122).

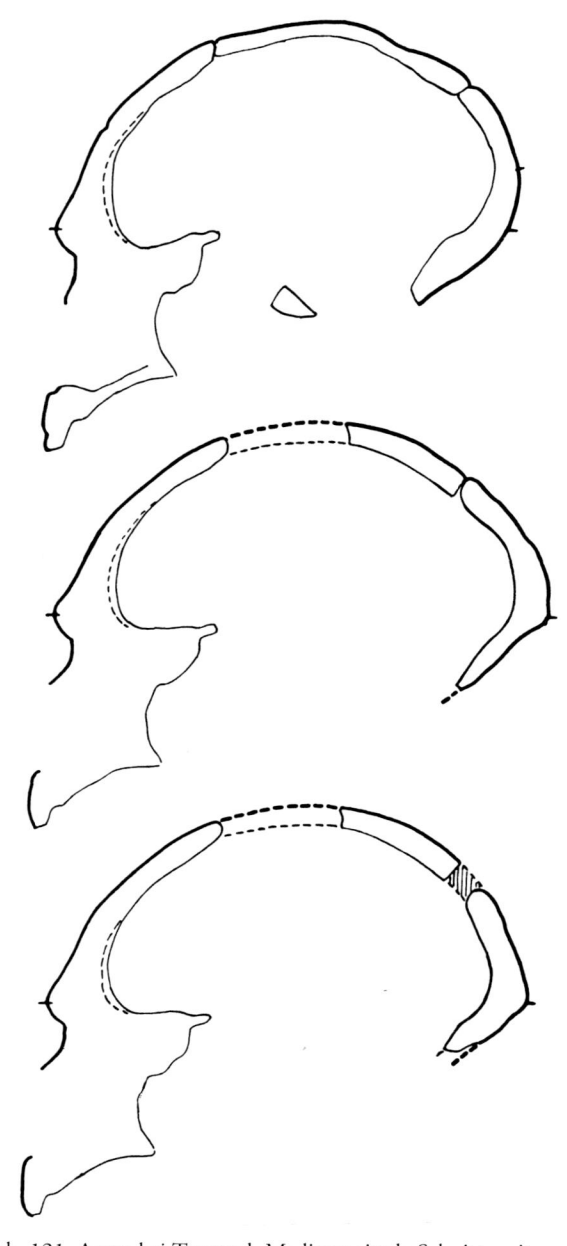

Abb. 121 Arago bei Tautavel. Mediansagittale Schnitte mit eingesetzten Hinterhauptpartien von Swanscombe (oben), Vértesszőlős (Mitte) und Bilzingsleben (unten) (Orig. E. Vlček).

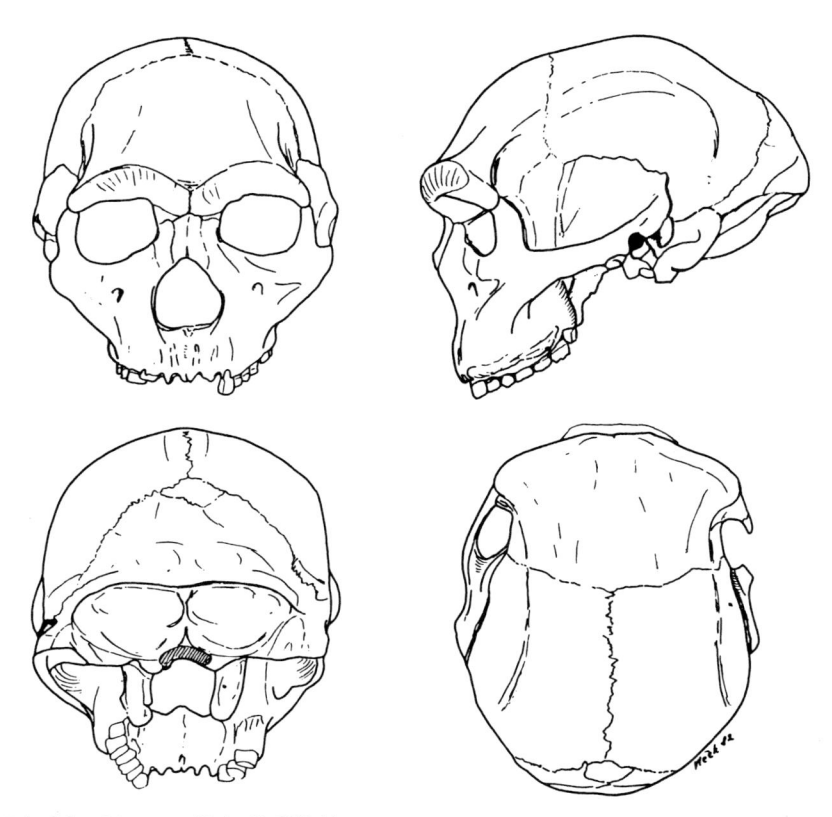

Abb. 122 Petralona. Der Schädel in Normen (Orig. E. Vlček).

Das Neurocranium ist lang, mit maximaler Breite in der Gegend der Crista supramastoidea und mit deutlicher postorbitaler Einschnürung.

Auf Os frontale ist ein Torus supraorbitalis stark entwickelt. Oberhalb der Sutura supranasalis ist er wallartig eingebogen. Die Frontalfläche des Torus supraorbitalis ist lateral der Glabella mehr verflacht als beim Fund aus Arago. Der Torus bleibt gegen die Schuppe des Stirnbeines begrenzt, aber Sulcus supraglabellaris ist hier nicht ausgeprägt gebildet. Lineae temporales sind am Frontale verdoppelt und enden bei Sutura coronalis.

Auf der Partietale verlaufen beide Lineae temporales superior und inferior bogenartig auf 15,0 mm von sich entfernt. Der Torus angularis ist nicht ausgebildet. Statt dessen ist ein mächtiger Torus supramastoideus im Angulus parietomastoideus entwickelt.

Am Occipitale ist Torus occipitalis ähnlich gebildet wie beim Fund aus Vértesszőlős. Das Massiv des Torus liegt oberhalb der Kante des gebrochenen Nackens, also schon auf Planum occipitale. Planum occipitale ist hoch. Die Ossa interparietalis sind vorhanden. Opisthocranion liegt etwas oberhalb des Inion. Planum nuchae ist konkav gebeugt. Dasselbe Bild finden wir bei Vértesszőlős und bei Broken Hill.

Das Splanchnocranium bei Petralona ist massiv entwickelt mit mächtigem Oberkiefer, der an die neandertaloiden Formen erinnert. Auch die Zähne und die Form des Zahnbogens, der Alveolarpartien und des Gaumens entsprechend mehr den neandertaloiden Formen.

Im Zusammenhang mit der Untersuchung des Schädels aus Petralona durch Radiotomographie wollen wir auf eine enorme Pneumatisation des Stirnbeines und der Schädelbasis aufmerksam machen. Sinus frontales füllen nicht nur das ganze Massiv des Torus supraorbitalis aus, sondern treten auch in die Stirnschuppe hinauf. Das Gebiet der Nasenwurzel, beide Maxillae, Corpus ossis sphenoidalis und das Gebiet des Schläfenbeines sind ausdrücklich pneumatisiert. Die nächsten Ähnlichkeiten finden wir bei dem Fund aus Broken Hill. Deshalb müssen wir diese mächtige Pneumatisation nicht als pathologischen Zustand betrachten, sondern als Grenzmerkmal.

Zum ersten Mal haben wir die Morphologie des Endocraniums des Petralona-Fundes studiert (N. XIROTIRIS / E. VLČEK 1982; E. VLČEK 1983). Für den Petralona-Fund wurde eine Schädelkapazität von 1220 cm^3 festgestellt. Die Maximallänge des Endocraniums ist 162,0 mm, die Maximalbreite 120,0 mm und die Maximalhöhe (Endovertex-Endobasion) 127,0 mm.

Nach dem metrischen Vergleich des Fundes aus Petralona mit den anderen untersuchten Ausgüssen stellen wir die nächsten Ähnlichkeiten mit den Funden aus Broken Hill, Gánovce und mit Vértesszőlős in den Nackenpartien fest.

Die Frontalpartien des Endocraniums aus Petralona sind kurz und ziemlich bombiert. Nach den differential-diagnostischen Merkmalen zwischen Erectus- und Sapiens-Formen (neandertaloiden) wurde das Rostrum orbitale untersucht. Beim Fund aus Petralona ist bec encephalique niedrig und breit. Der frontomarginale Rand des Gyrus frontalis inferior ist nicht konkav, eher gerade.

Zum Unterschied vom Fund aus Petralona zeigt der Fund aus Arago, daß das Rostrum orbitale lang und schmal ist, der frontomarginale Rand der Frontalpartien des Endocraniums ist konkav geformt. Diese Anordnung finden wir beim Sinanthropus.

Ein weiteres Merkmal, der sog. cap der englischen Autoren, d. h. eine auffallende Wölbung des Gyrus subfrontalis, die durch die Verbindung der Pars orbitalis und Pars triangularis der Windung des Gyrus frontalis inferior entsteht, ist bei den Erectus-Formen, aber auch bei den neandertaloiden Menschenformen entwickelt. Bei dem Fund aus Petralona und bei Arago ist der „cap" gut entwickelt.

In der Bildung der Frontalpartien des Endocraniums entspricht der Fund aus Petralona vor allem den Funden aus Broken Hill, Gánovce und Weimar-Ehringsdorf. Die Funde aus Arago und Bilzingsleben entsprechen in dieser Endocraniumpartie am besten dem Sinanthropus.

Die Temporallappen des Endocraniums bei Petralona sind stumpf und bei der Abtretung der Fisura lateralis Sylvii setzt ihr Lateralumriß an der Basis der Frontalpartien in einem offenen Winkel an. Auch nach diesem Merkmal steht Petralona Broken Hill und Weimar-Ehringsdorf näher. Im Gegensatz dazu sieht man beim Fund aus Arago einen scharfen Winkel des Abstandes des Endocranium-Temporallappens.

Sehr charakteristisch ist die Bildung der Nackenpartie des Endocraniums des Fundes von Petralona. Die Occipitalpole sind herausgezogen und die unter ihnen abstehenden cerebellaren Partien sind nicht stufenförmig abgesetzt, dafür sind sie aber ausgesprochen bombiert, wie wir es bei den Sapiensformen in unserer Serie von Weimar-Ehringsdorf sehen. Die Bildung der ganzen Nackenpartie des Endocraniums aus Petralona ist durch die mächtige Crista occipitalis interna beeinflußt, die einen bis 20,0 mm breiten, zwischen beide Gehirnhemisphären versinkenden Kamm, bildet. Dieser Zustand ist deutlich durch die von L. Kelentis (Thessaloniki) durchgeführte CT-Radiotomographie dokumentiert.

Aus den angeführten Tatsachen geht hervor, daß die Grundform des Endocraniums aus Petralona deutliche Beziehungen zu den Sapiensformen ausweist, wie breites und niedriges Rostum orbitale, gerader frontomarginaler Rand der Stirnlappen des Endocraniums und markante Wölbung der cerebellaren Partien zeigen. In der Vergleichsserie konstatieren wir Ähnlichkeiten mit den Funden aus Broken Hill, Gánovce und Weimar-Ehringsdorf. Der Fund aus Petralona setzt sich von den Erectus-Funden ab und unterscheidet sich ebenfalls von den Funden aus Arago und Bilzingsleben.

Das Studium des Fundes aus Petralona ist sehr lehrreich. Der mächtige und ausdrucksvoll modellierte, einen archaischen Eindruck vermittelnde Schädel, enthält ein Endocranium, das mehr oder weniger dem Sapientypus ähnlich ist. Wir sehen, daß für die Beurteilung der Entwicklungsstufe eines Individuums die Entwicklung seines Gehirns entscheidend ist und daß sie zur Beurteilung des Schädelexterieurs nicht immer genügend ist.

Den Fund aus Petralona muß man schon als einen Angehörigen der letzten erectoiden Entwicklungsformen zu den Altsapienten betrachten, dem in Europa der Fund aus Vértesszőlős und die jüngeren Funde aus Gánovce, in Afrika der Fund aus Broken Hill am nächsten stehen. Als erectoide Formen müssen wir gegenwärtig nur die Funde aus Bilzingsleben und Arago in Europa ansehen.

9.3. Die Altsapiens-Formen Europas

Eine ganz andere Morphologie weisen die Funde aus Weimar-Ehringsdorf und aus Gánovce auf. Sie sind jünger als Bilzingsleben. Die Weimar-Ehringsdorf – Funde reichen höchstwahrscheinlich vom Ende des Holstein-Interglazials bis in das jüngste Interstadial des Saale-Glazials. Der Fund aus Gánovce, schon eine primitive Altsapiens-Form, ist noch jünger und stammt aus dem Eem-Interglazial.

Von den westeuropäischen Funden gehören zu dieser Gruppe die Funde aus Steinheim und Swanscombe. Sie sind in das Holstein-Interglazial datiert.

Weimar-Ehringsdorf

Während der systematischen Untersuchungen der hervorragenden Funde des fossilen Menschen aus Weimar-Ehringsdorf wurde die Rekonstruktion des Typus-Schädels Ehringsdorf H (Abb. 123) vorgenommen. Weitere isolierte Fragmente der Scheitelbeine Ehringsdorf B, C und D haben wir in die Abgüsse des Schädels E–H eingelegt. Dadurch wurde eine kleine Serie dieser Population gewonnen (E. VLČEK 1985). Der Schädel Ehringsdorf H ist lang, schmal und ziemlich niedrig. Er trägt einen ausgeprägt entwickelten Torus supraorbitalis, der von der Stirnschuppe getrennt ist. Der Torus ist im Gebiet der Glabella wellenartig eingebogen, aber nicht unterbrochen. Er ist gleichmäßig dick bis auf den Processus zygomaticus ossis frontalis. Linea temporalis ist auf dem Stirnbein kantenartig geformt. Postorbitale Verengung ist nicht ausgeprägt. Die Stirnschuppe ist steil, von bombenartiger Form mit einer maximalen Auswölbung im Metopiongebiet. Diese Auswölbung – ein gewisser Tuber frontale – ist deutlich begrenzt. Die Scheitelpartien

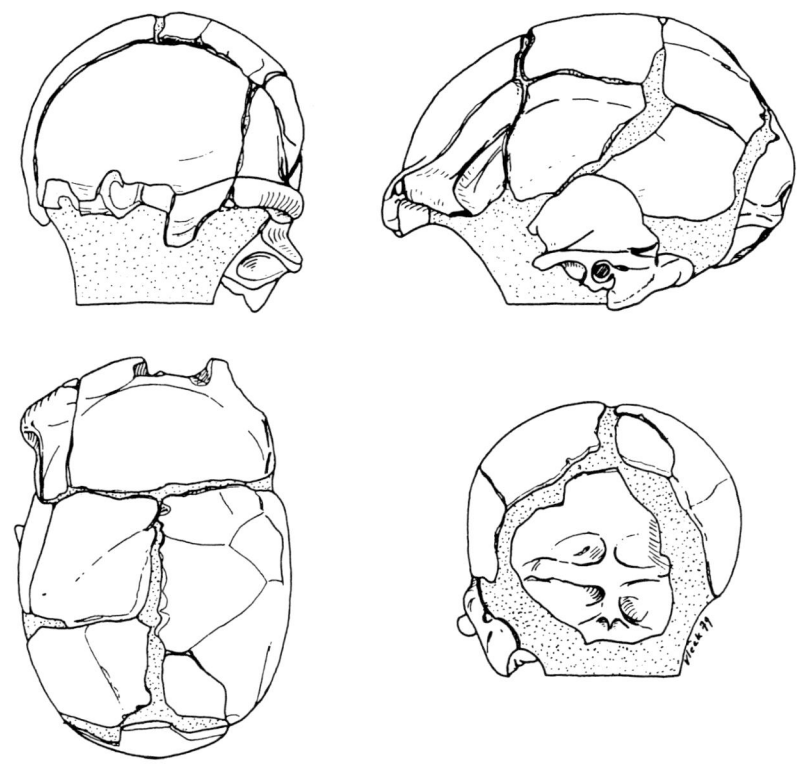

Abb. 123 Weimar-Ehringsdorf. Rekonstruktion des Neurocraniums E – H (Orig. E. Vlček).

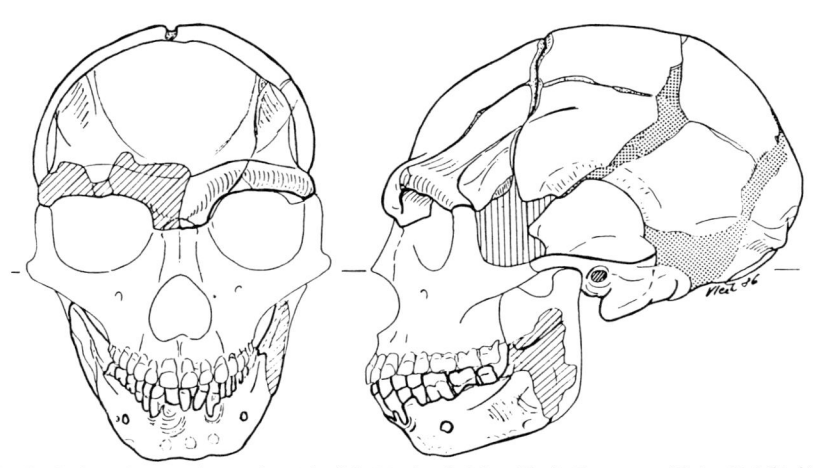

Abb. 124 Weimar-Ehringsdorf. Ideale Rekonstruktion des Schädels H, durch Mandibula F ergänzt (Orig. E. Vlček).

sind gut gewölbt, und das Nackengebiet ist hinausgezogen, aber abgerundet.

Ein angebrochener Nacken ist hier nicht ausgebildet und Opisthocranion befindet sich 20,0 mm über Inion. Planum occipitale ist ebenfalls bombenartig gewölbt. Linea nuchae superior ist stark ausgebildet und trennt die Wölbung des Planum nuchae. Auf dem Scheitelbein sind die Tubera parietalia gut sichtbar. Die Scheitelbeine sind parallel gestellt und bilden einen typischen „Hausformtypus" des Schädels. Das Schläfenbein ist relativ klein mit einem schwach entwickelten Processus mastoideus.

Durch das Einlegen weiterer Ossa parietalia, B, C und D, in den Abguß des Schädels E-H erhalten wir eine Vorstellung über die Form weiterer drei Individuen. Die fehlenden Partien haben wir fotografisch spiegelartig ergänzt. Es zeigt sich, daß für die ganze Serie die Parallelstellung der Seitenwände und die Bildung der Tubera parietalia typisch ist, das bedeutet, daß wir die „Hausform" der Schädel vor uns haben.

Die Mandibula des erwachsenen Individuums Ehringsdorf F (Abb. 124) weist beträchtliche Übereinstimmungen mit dem Frauenfund aus Arago aus, während die Mandibula-Rekonstruktion des Kindes Ehringsdorf G mehr an den Fund aus Teschik-Tasch erinnert.

Der Schädel Ehringsdorf H und weitere fragmental erhaltene Individuen Ehringsdorf B, C und D erinnern in ihrem gesamten Bau an die ausgesprochen modernen Formen des Menschen.

Steinheim

Der Steinheimer Schädel unterscheidet sich prinzipiell von der erectoiden Gruppe. Der Schädel ist grazil, die Neurocraniumknochen sind dünn. Die Stirn ist gewölbt, trägt einen zentral gelegenen Tuber. Torus supraorbitalis ist im ganzen Verlauf bogenartig und rundlich geformt ohne frontale Abplattung. In der Region der Glabella ist das Massiv des Torus tief wellenartig von oben eingebogen. Linea temporalis ist einfach und die postorbitale Einschnürung nicht tief.

Das Hinterhaupt des Schädels ist kurvooccipital geformt, das Inion tief unter dem Opisthocranion eingesetzt. Die Maximallänge des Schädels liegt also hoch über dem Inion. Darum ist ein schwacher Torus occipitalis am Planum nuchae entwickelt. Planum occipitale ist hoch und abgerundet, auch das Planum nuchae, wo noch die Cerebellarpartien konvex gewölbt sind.

In der Norma occipitalis liegt die maximale Breite des Schädels in der oberen Hälfte des Umrisses, und die gesamte Form erinnert fast an die „Hausform" des Schädels. Torus angularis oder Verdickung der Lambda-Naht im L 3-Abschnitt ist nicht vorhanden. Die Grundform des Steinheimer-Schädels betonen auch der mediosagittale und transversale CT-Schnitt

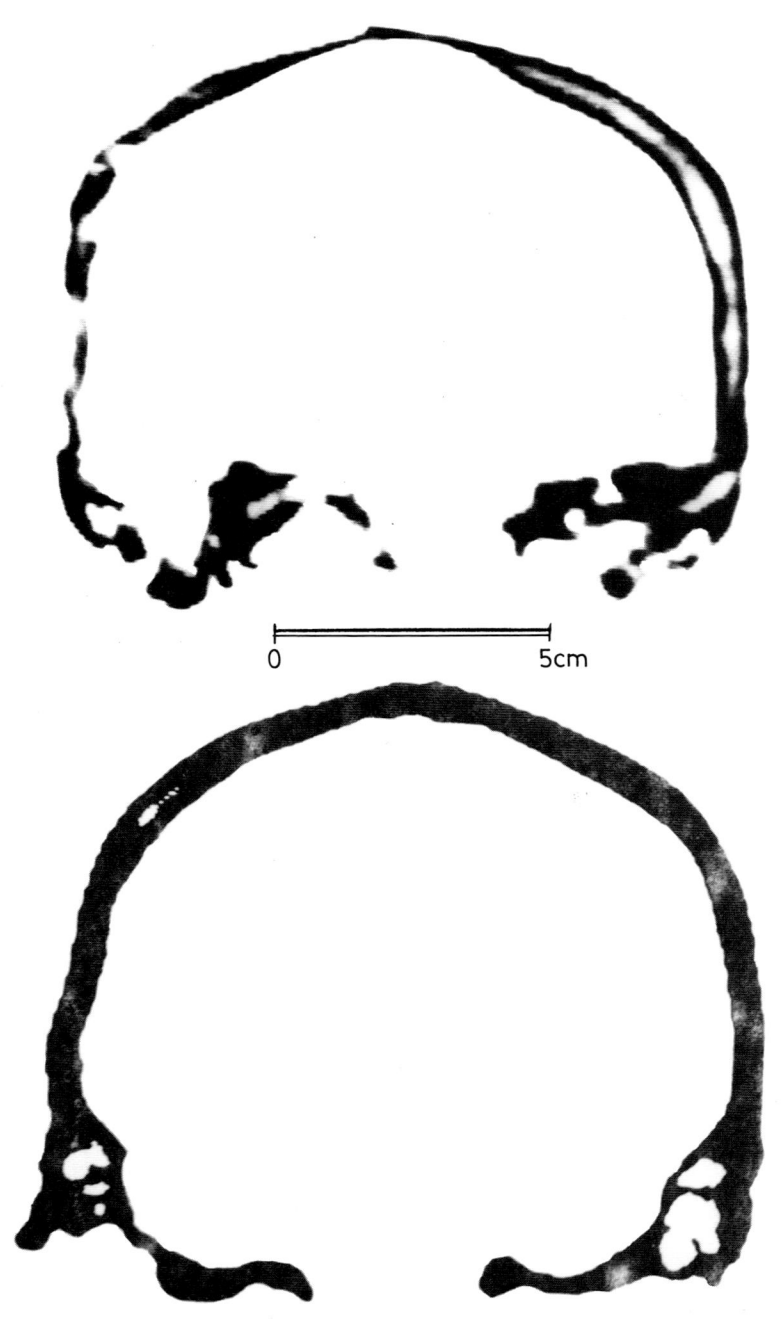

Abb. 125 Transversale CT-Schnitte durch den Steinheimer Schädel im Vergleich mit dem CT-Schnitt des Petralona-Schädels (oben: Foto A. Czarnetzki, unten: Foto L. Kelentis).

(K. D. Adam 1985; Abb. 125), die die Form der äußeren und auch inneren Schädelkonturen zeigen. Damit ist zu erwarten, daß auch das Rostrum orbitale nur wenig entwickelt ist.

Durch alle diese Merkmale unterscheidet sich der Steinheimer Schädel von der erectoiden Gruppe Europas, die durch die Funde von Arago, Bilzingsleben, Vértesszőlős und Petralona belegt ist. Das ist auch der Grund, warum wir von zwei parallel im Holstein-Interglazial lebenden Formen sprechen. Der Fund aus Steinheim wurde auch schon als Homo sapiens steinheimensis bezeichnet (F. Berckhemer 1933, 1936; H. Weinert 1936).

Swanscombe

In diese Gruppe gehört aufgrund seiner Morphologie auch der Fund aus Swanscombe. Er ist genügend bekannt (W. E. Le Gros Clark / G. M. Morant 1938; E. Breitinger 1955).

Zwei Menschenpopulationen im Holstein–Interglazial Europas

Nach der Untersuchung der alten Hominiden-Funde können wir in Europa von zwei parallel im Holstein-Interglazial lebenden Menschengruppen sprechen (E. Vlček 1978, 1980, 1986, 1989 a, b, c, 1991).

Eine Gruppe weist noch ausgeprägte erectoide Merkmale auf, und die andere umfaßt schon die typischen Altsapienten-Formen. Die prinzipielle morphologische Verschiedenheit beider Gruppen liegt im Bereich der Stirngegend des Neurocraniums hinsichtlich der Form des horizontal liegenden Torus supraorbitalis, der Form der Squama ossis frontalis, der postorbitalen Einschnürung, der Ausprägung der Linea temporalis. Weiterhin beziehen sich die Unterschiede am Hinterhaupt des Schädels auf Form und Krümmung der Schuppe oder kurvooccipitale Nackenkontur, die Position des Inion und Opisthocranion, die Form und Größe des Planum occipitale und Planum nuchae; außerdem auf die Scheitelgegend (Entwicklung oder Absenz des Torus angularis in der Höhe der Schädelbreite, in der Schädelkapazität und in der Dicke der einzelnen Knochen).

Die Hauptunterschiede in der Form des Neurocraniums zwischen beiden Gruppen zeigt die folgende Tabelle.

Tab. 75 Vergleich der Formengruppen des H. erectus bilzingslebenensis und des H. sapiens steinheimensis

	Homo erectus bilzingslebenensis		Homo sapiens steinheimensis	
	männlich	weiblich	männlich	weiblich
max. Länge des Schädels	ca. 210	unter 200	ca. 200	184–201
Kapazität	1200 cm^3	1100–1160 cm^3	1400 cm^3	1200–1300 cm^3
Torus supraorbitalis (Abb. 126)	frontal abgeplattet	frontal abgeplattet	–	rundliche Form
Squama frontalis	schief, flach	schief, flach	–	Tuber centrale
Linea temporalis	verdoppelt	verdoppelt	–	einfach
postorbitale Einschnürung	klar ausgeprägt	klar	–	schwach
Hinterhaupt (Abb. 127)	gekrümmt	gekrümmt	kurvoccipital	kurvoccipital
max. Länge ist	i = op	i = op	i unter op	i unter op
Torus occipitalis	oberhalb Krümmungskante	rittlings, sattelförmig auf der Kante der Krümmung	unter op	unter op
Planum occipitale (Abb.128)	niedrig mittelhoch	niedrig	hoch	hoch
Planum nuchae	flach, konkav	flach	konvex	konvex
Norma occipitalis	niedrig, breit, max. Breite in unterem Drittel	niedrig, breit, max. Breite in unterem Drittel	hoch, max. Breite in Mitte oder oberem Drittel	hoch, Hausform
Norma occipitalis	Parietalia sattelförmig	Parietalia sattelförmig	Parietalia sattelförmig	Parietalia sattelförmig
Torus angularis	+	+	–	–
Os interparietale	+	+	–	–
Knochendicke	dick	dick	dünn	dünn
Rostrum orbitale (Abb. 129)	++ spitz	++ spitz	niedrig	niedrig

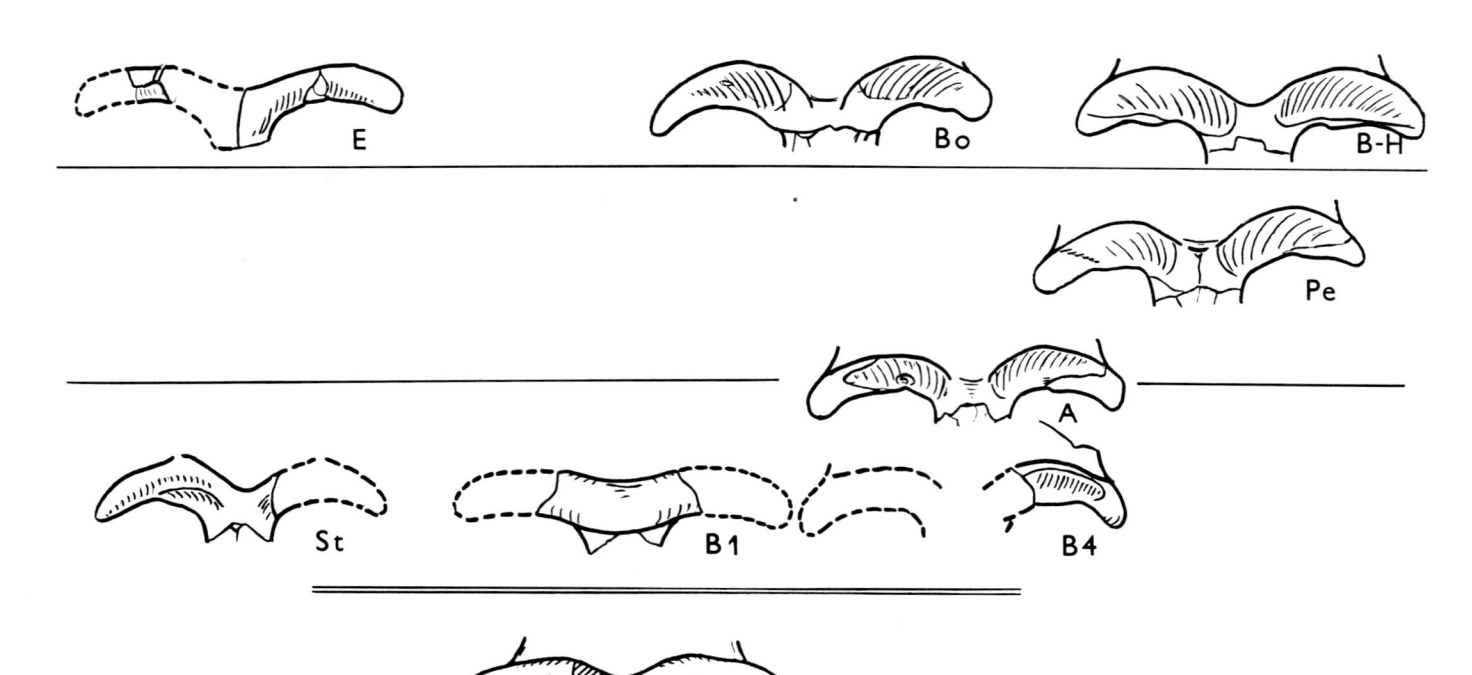

Abb. 126 Torus supraorbitalis bei mittelpleistozänen Hominiden. Erectoide Formen O 9 – Olduvai OH 9 (Altpleistozän), B 1 und B 4 – Bilzingsleben 1 und 2, A – Arago, Pe – Petralona, Bo – Bodo, B-H – Broken-Hill sowie altsapiente Formen, St – Steinheim, E – Ehringsdorf, Ga – Gánovce, Sw – Swanscombe, V – Vértesszőlős.

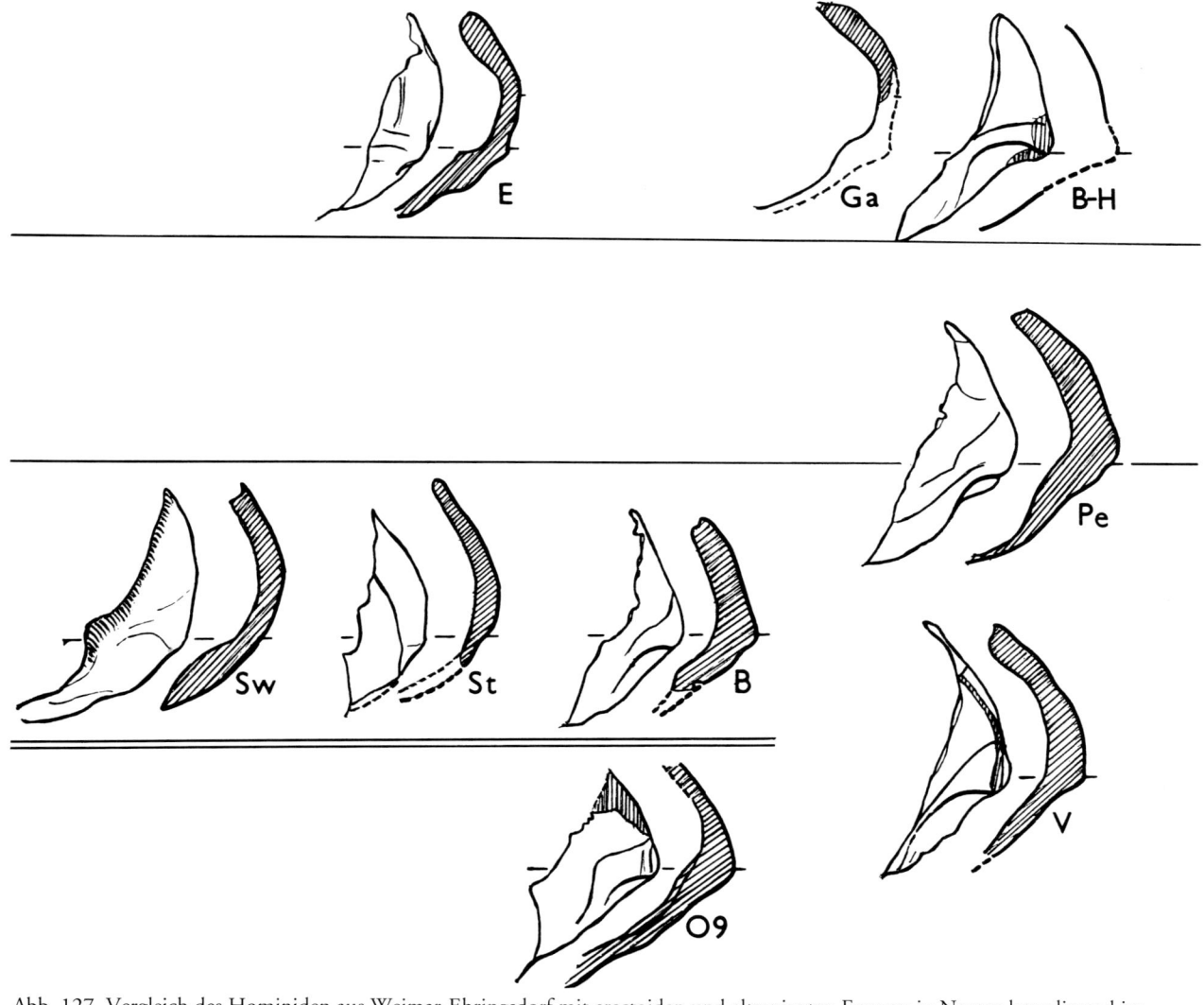

Abb. 127 Vergleich des Hominiden aus Weimar-Ehringsdorf mit erectoiden und altsapienten Formen in Norma lateralis und im Mediansagittal-Schnitt durch das Os occipitale. Bezeichnungen s. Abb. 126.

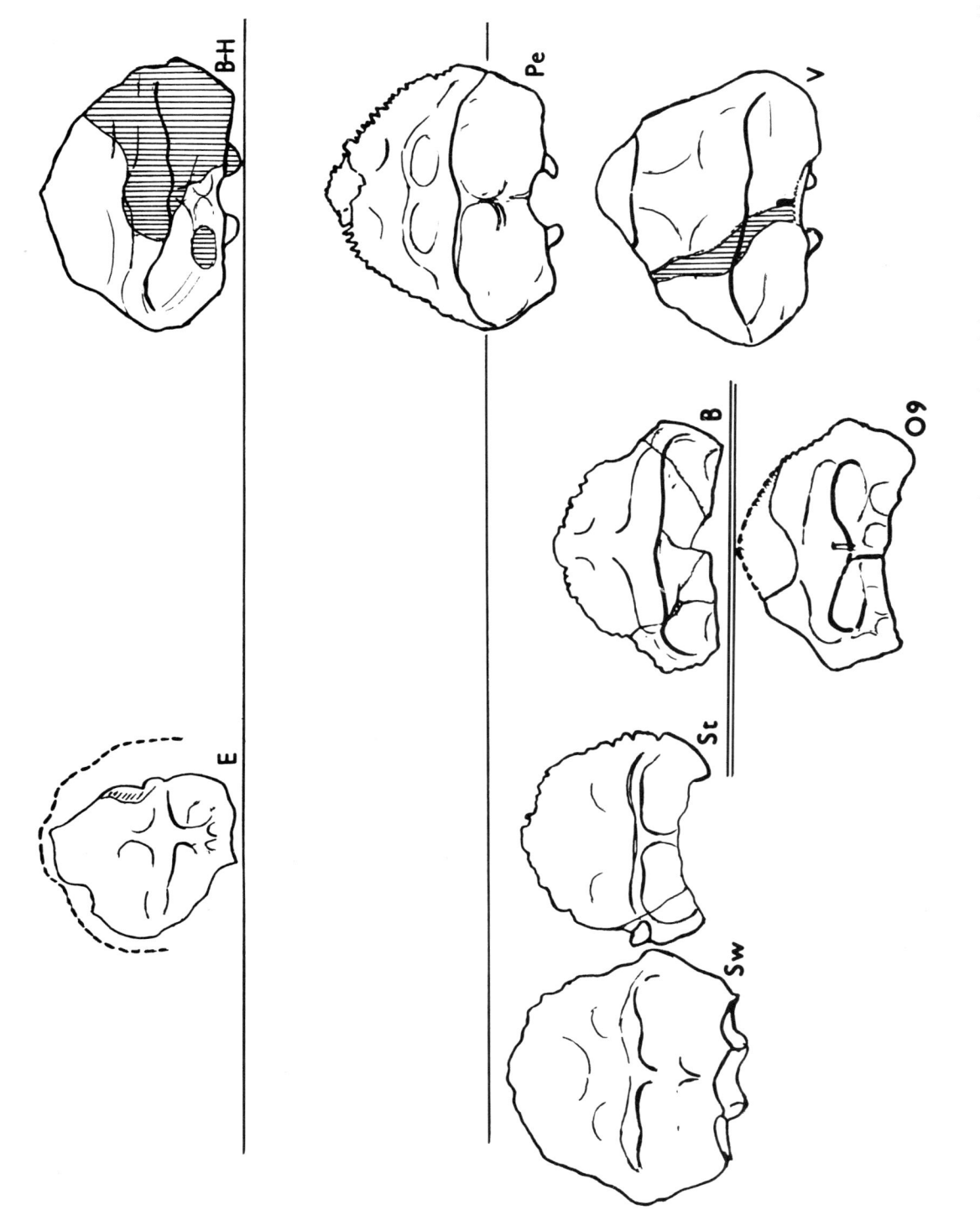

Abb. 128 Vergleich des Os occipitale des Fundes aus Weimar-Ehringsdorf in Norma occipitalis mit erectoiden und altsapienten Formen. Bezeichnungen s. Abb. 126.

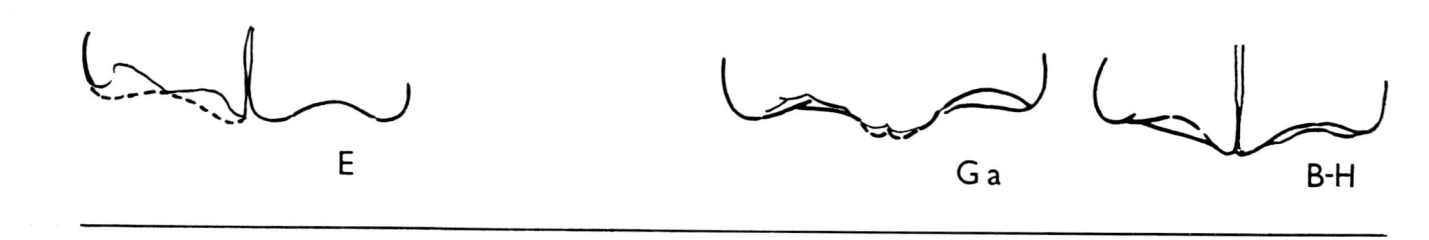

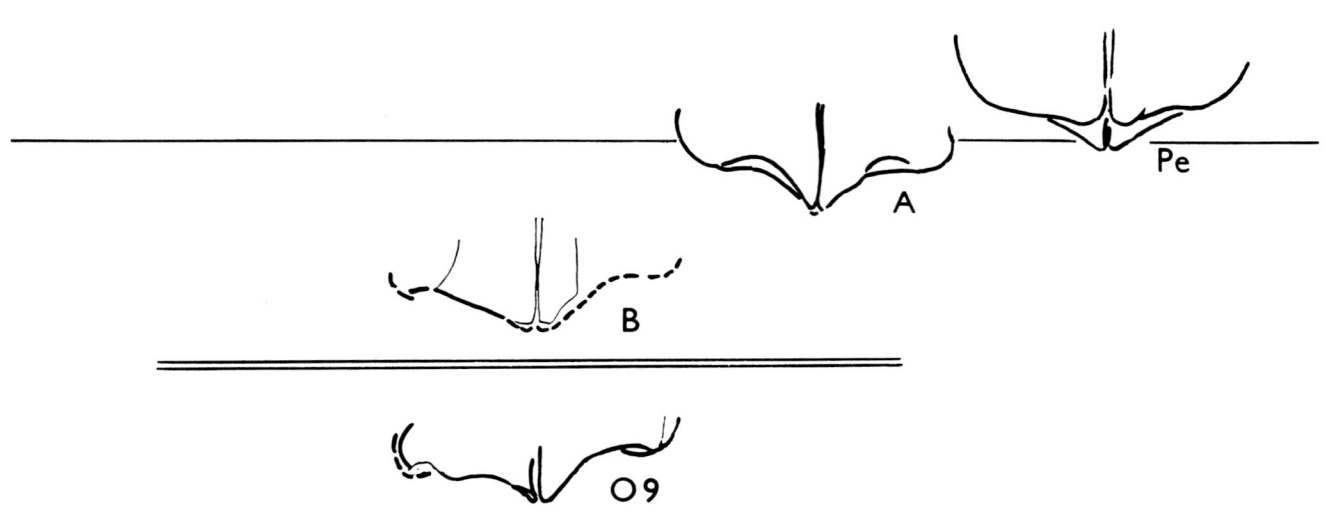

Abb. 129 Rostrum orbitale des Ehringsdorfer Menschen im Vergleich mit den untersuchten Formen. Bezeichnungen s. Abb. 126.

Bei der Beurteilung des phylogenetischen Entwicklungstrends des mittelpleistozänen Menschen Europas stellt sich die Frage, ob diese Funde noch den Erectus-Formen oder schon alle den Sapiens-Formen angehören. Es gibt verschiedene Meinungen:
Eine Gruppe nimmt an, daß am Ende des unteren und im mittleren Pleistozän in Europa noch morphologische Abbilder der Erectus-Formen vorhanden waren, die von Ost- und Nordafrika auf den europäischen Kontinent vordrangen. Hier entwickelten sie sich zu verschiedenen Sapiens-Formen weiter.
Die zweite Gruppe meint, daß nur die Sapiens-Formen den europäischen Kontinent während der Zeit ihrer phylogenetischen Entwicklung erreichten, daß es in Europa keine Transformation von der Erectus-Stufe in die Sapiens-Stufe gegeben hat.
Die dritte Gruppe ist der Meinung, daß die Erectus-Formen überhaupt nicht existiert haben, also alle pleistozänen Funde des Menschen nur dem Homo sapiens zugeschrieben werden können.
(Alle diese Meinungen sind lange bekannt, deshalb ohne Zitate).
Die festgestellten Unterschiede, die wir hier präsentiert haben, überschreiten die Aufstellung einer Subspecies, und das war auch der Grund dafür, die zwei phylogenetischen Species, Homo erectus und Homo sapiens, im Mittelpleistozän Europas aufzustellen.

Für die Altsapiens-Form wurde schon 1936 die Subspecies Homo sapiens steinheimensis beschrieben (H. WEINERT).
Für die erectoide Form haben wir nach den am besten datierbaren und morphologisch genügend definierten Fund aus Bilzingsleben eine selbständige Subspecies im Rahmen der Species Homo erectus bilzingslebensis festgelegt (E. VLČEK 1978). Die weiteren neuen Funde in Bilzingsleben betonen diese Taxonomie.
Bei beiden phylogenetischen Subspecies beobachten wir eine weitere Entwicklung der Merkmale. Dabei fällt auf, daß der Gehirnschädel nur langsam der Gehirnentwicklung folgt. Darum halten wir zur Beurteilung einzelner Funde die Form des Endocraniums, das die Entwicklung der einzelnen Gehirnteile des Trägers dokumentiert, für eine entscheidende Größe.
So stellt man bei den Funden aus Olduvai OH 9, Arago und Bilzingsleben kleine und primitiv aufgebaute Endocranien in primitiven Neurocranien fest. Die Endocraniumstirnpartien dieser Funde finden sich noch auf der Stufe, die mit den Sinanthropus-Funden zu vergleichen ist. Aber in derselben erectoiden Gruppe zeigte der Vergleich, daß sich im zeitlich relativ jüngeren, robusten und primitiven Neurocranium aus Petralona schon ein bedeutend entwickeltes Gehirn befindet. Ähnliche Verhältnisse und Entwicklungstendenz in der Gestaltung des Nackens zeigt auch

der Fund aus Vértesszőlős 2. Also läßt sich auch in der erectoiden Gruppe die weitere Entwicklung verfolgen. Leider stehen nur wenige Funde des mittelpleistozänen Menschen zur Verfügung.

Die Entwicklung der alten Sapienten ist im Jungpleistozän belegt (E. VLČEK 1986).

Die Eem-Interglazial-Funde

Eine Epoche in der Entwicklung der mitteleuropäischen Populationen fällt in das Eem- bzw. Riß-Würm-Interglazial, das dem BK III entspricht.

In diese Zeit gehört der Fund aus einer Travertinfundstelle aus Gánovce in der Slowakei, die nach der absoluten Datierung (Th/U) in die Zeitspanne von 130 000–80 000 BP (K. Hausmann-Brunnacker) einzureihen ist.

Weiter gehören hierhin die Zähne aus Weimar-Taubach (BRD), wo die Kulturschicht auch im Travertin auf 116 000–111 000 BP datiert ist.

Der Fund aus Gánovce besteht vor allem aus einem fast kompletten Travertinausguß der Gehirnhöhle, an dem die Fragmente des Os parietale, Os temporale sin. und ein Teil der Occipitalschuppe ansetzen (Abb. 130). An der Basis des Ausgusses und auf den Stirnpartien sind noch die Reste des Knochengewebes von abgerissenen Partien der ursprünglich ganzen Calva sichtbar. Auf CT-Röntgenschnitten ist noch ein Rest von Sinus frontalis erkennbar (E. VLČEK 1969, 1988c). Metrische und Formübereinstimmungen ergeben sich mit dem Fund Broken Hill und mit einigen Neandertalern, so mit den Funden von Gibraltar und Krapina. Diese kann man den Präneandertalern zuordnen (E. VLČEK 1950, 1952, 1955, 1969).

Die Zähne von Weimar-Taubach muß man auch den Neandertalern zuschreiben.

Neandertaloide Formen Mitteleuropas

Die weitere Etappe in der Menschwerdung Mitteleuropas liegt in der Weichselkaltzeit (BK II), d. h. mit Daten von 46 000–38 000 Jahren begrenzt. Die zugehörigen Funde stellen wahrscheinlich die weitere Entwicklung der Gruppe H. s. steinheimensis dar. In der ehemaligen ČSFR zählen dazu die fragmentarischen Funde aus mousteroiden Lokalitäten, wie aus der Šipka-Höhle, der Ochoz-Höhle, der Kůlna-Höhle und aus Šaľa sowie aus Ungarn der Fund von Subalyuk. Die Formen sind als Übergangs-Neandertaler zu bezeichnen. Diese mitteleuropäischen Formen entsprechen chronologisch und morphologisch den Typen Vorderasiens, wie Shanidar, Amud, Tabun und dem Fund aus der Teschik-Tasch-Höhle in der GUS (L. BARTUCZ / J. SZABO 1940; E. VLČEK 1958, 1964, 1968b, 1971; B. KLÍMA / R. MUSIL / J. JELÍNEK et al. 1962; K. VALOCH / R. MUSIL / J. JELÍNEK 1965; J. VAŇURA 1965a; J. JELÍNEK 1966, 1967, 1981, 1988). In Zentraleuropa haben wir keine Funde des „klassischen westeuropäischen Neandertalers" gefunden.

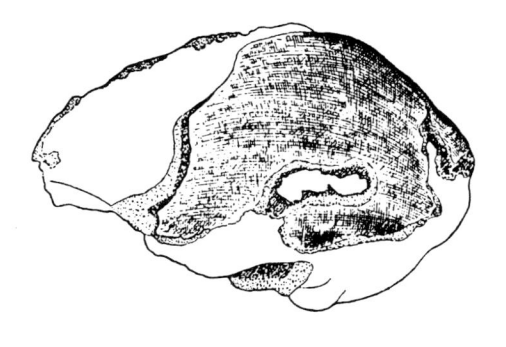

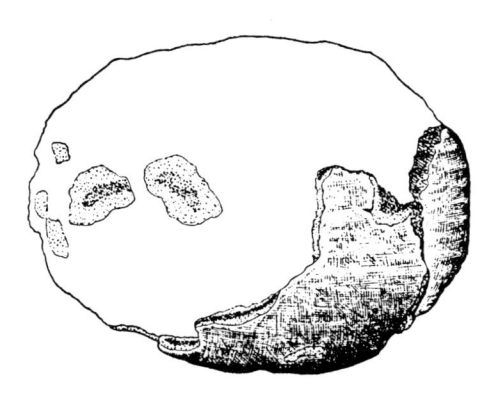

Abb. 130 Gánovce. Schädelreste auf dem Travertinausguß der Gehirnhöhle (Orig. E. Vlček).

Fossiler Homo sapiens sapiens in Mitteleuropa

Die Masse des anthropologischen Materials des jungpaläolithischen Menschen in Mitteleuropa gehört in die jüngere Phase des Interpleniglazials, die BK I entspricht.

Die ältesten Sapienten von Mitteleuropa wurden in Mladeč (Lautsch; J. SZOMBATHY 1925) in Mähren und in Böhmen in den Koněprusy-Höhlen (E. VLČEK 1952, 1957a) bzw. in der St. Prokop-Höhle in Prag 5 (E. VLČEK 1952) gefunden. In allen Fällen handelt es sich um Überreste von Individuen, die in großen Domen von Höhlensystemen entdeckt worden sind. Diese Lokalitäten kann man in die Zeitspanne zwischen 32 000–30 000 BP einreihen. Die Mladeč-Serie wird durch das Aurignacien datiert, der Koněprusy-Fund gehört zu einer jungpaläolithischen Industrie mit Szeletien-Charakter. Typologisch korrespondieren diese Funde sehr genau mit dem in der Dordogne in Mittelfrankreich entdeckten Crô-Magnon-Typus.

Die wichtigsten jungpaläolithischen Menschenfunde wurden in einem etwas jüngeren Horizont dieses Interpleniglazials gefunden, der durch radiometrische Daten in die Zeitspanne zwischen 29 000–24 000 BP datiert ist. Kulturell gehört in den Umkreis das Gravettien-Pavlovien.

Der relativ älteste Fund dieser Gruppe wurde in Svitávka in Mähren (E. VLČEK 1968a) gefunden. Er ist zeitlich an die höchste Grenze zu setzen – 31 000 Jahre BP. Das wichtigste und reichste Material bietet die

Fundstelle in Předmostí (J. Matiegka 1934, 1938), datiert auf 26 870 Jahre BP, dann folgen Einzelfunde aus Brno-Žabovřesky, bezeichnet in der Literatur als Brno III (J. Matiegka 1929) und aus Brno, Francouzská třída, bezeichnet als Brno II, beide datiert an die obere Grenze der Gruppe – ca. 30 000 BP (J. Jelínek et al. 1959).

Die Siedlungen an den Pollauer Bergen in Südmähren haben eine weitere Serie des jungpaläolithischen Menschen erbracht, Dolní Věstonice (J. Malý 1939; J. Jelínek 1953, 1954; E. Vlček 1989, 1991), mit einigen Horizonten, die zwischen 28 900 – 25 600 BP datiert sind sowie die Lokalität Pavlov (E. Vlček 1961, 1962), wo sich die Daten zwischen 26 730–24 800 BP bewegen. Alle diese Populationen können kulturell in den Umkreis des Pavlovien einbezogen werden. Ihr anthropologisches Gewicht beruht darauf, daß in Předmostí eine Serie von 29 Individuen und in Dolní Věstonice insgesamt 17 Individuen geborgen wurden, und zwar beiderlei Geschlechts und mit Kindern verschiedenen Alters.

Das Studium der Morphologie dieser Populationen zeigt, daß wir in Europa in diesem Abschnitt des letzten Glazials die Existenz zweier morphologisch ausgeprägter Typen feststellen können (E. Vlček 1967, 1970), neben dem schon erwähnten Crô-Magnon-Typus noch den Brno-Typus. Die beiden Typen erscheinen parallel. Die morphologischen Unterschiede zeigt ein beiderseitiger Vergleich (Tab. 76).

Tab. 76 Morphologische Vergleiche zwischen Crô-Magnon-Typus und Brno-Typus

	Crô-Magnon-Typus	Brno-Typus
Schädel	disharmonisch	harmonisch
Neurocranium	dolichocran pentagonoid	dolichocran ellipsoid, ovoid
Höhe des Schädels	niedrig-mittelhoch	hoch-mittelhoch
Gesicht	breit, niedrig	schmal, lang
Stirn	gewölbt, breit	schief, schmal
Oberaugenbogen	++	++++
Augenhöhlen	niedrig	niedrig
Nase	schmal	schmal
Kiefer	orthognath	prognath
Genion	die Winkel betont	Geniobreite ist klein
Gebiß	verhältnismäßig zu den Kiefern	relativ schwach
Höhe d. Gestalt	hoch, ♂ 180 cm, ♀ 160 cm	hoch, ♂ 178–182 cm, ♀ 160 cm

Die typischen Crô-Magnon-Typen in Mitteleuropa wurden in Mladeč und Koněprusy entdeckt.
Der Typus Brno ist durch die Funde Brno II, Brno III und Svitávka charakterisiert.

Die Serie aus Předmostí stellt vom morphologischen Standpunkt aus eine Population mit großer Variationsbreite dar, die den Brno- und Crô-Magnon-Typ, aber auch vorübergehende Formen umfaßt. Diese komplizierte Situation kann man sich damit erklären, daß es auf unserem Gebiet zu Kontakten beider Typen gekommen ist.

Die jüngsten Formen stellen die Serien aus Dolní Věstonice und Pavlov dar (E. Vlček 1991). Aus morphologischer Sicht entsprechen die Männer mehr dem Typ Brno und Předmostí, während die Frauen auffallend graziler sind, so daß man den Einfluß eines dritten Rassenelements in Betracht ziehen muß, des mediterranoiden (J. Jelínek 1951). Sehr gute Analogien finden sich in Sungir und in Kostenki (E. Vlček 1987). Auch hier gibt es schon Populationen, die aus mehreren Typen zusammengesetzt sind.

Die Fortsetzung dieser Typen in jüngere Zeitabschnitte, d. h. bis ins Altholozän, kann man beweisen. Als Beispiel sind die Funde aus Döbritz und Bottendorf (BRD) zu erwarten.

Zusammenfassung

1. Im vorletzten Interglazial (Holsteinkomplex) existieren in Zentraleuropa Formen, die noch typisch erectoide Merkmale tragen, neben bereits typischen Sapiens-Formen. Das sind einerseits die Funde von Bilzingsleben, Arago, Vértesszőlős und Petralona, andererseits die von Steinheim und Swanscombe.

2. Im vorletzten Glazial (Saalekomplex) und im letzten Interglazial (Eem) sind diese Unterschiede in weiteren Kombinationen zu verfolgen. Die Funde von Gánovce, Broken Hill, Bodo und alte Neandertaler-Formen (Gibraltar, Krapina) stehen der Weimar-Ehringsdorf-Gruppe gegenüber, die vorwiegend ins Saale-Glazial gehört.

3. Am Anfang des letzten Glazials (Weichselkaltzeit) findet man bereits ausschließlich sapiensartige Formen. Die Übergangs-Neandertaler von Šipka, Ochoz, Kůlna, Šala, Subalyuk in Europa entsprechen den vorderasiatischen Funden aus Shanidar, Amud, Tabun sowie Teschik-Tasch neben Funden des modernen Typus, wie Quafzeh und Skhul.

4. Aus der Zeit der Mitte des letzten Glazials wurden bis heute nur die modernen Formen gefunden, so Crô-Magnon-Typus, Brno- oder Combe-Capelle-Typus, Kostenki-Typus, eventuell noch typische grazile mediterranoide Typen.
Alle diese Formen können wir weiter in das Altholozän verfolgen.

10. Zusammenfassung

1. Die wertvollen Funde des fossilen Menschen aus Weimar-Ehringsdorf wurden in der Zeit zwischen den Jahren 1908 bis 1925 in Brandschichten des Unteren Travertins gefunden. Nach neuesten geologischen und paläontologischen Forschungen und auch nach neuesten radiometrischen und ESR-Datierungen werden die Hominidenreste aus dem Unteren Travertin in die Zeit vom Ende des Holstein-Interglazials bis in die letzte Warmphase des Saalekomplexes, zwischen 240 000 und 160 000 Jahren vor heute, eingestuft.

2. Die gefundenen Hominidenreste aus Weimar-Ehringsdorf gehören mindestens zu sechs verschiedenen Individuen, die als Ehringsdorf A–I bezeichnet worden sind. Vom Neurocranium der erwachsenen Individuen stehen der zerdrückte Schädel Ehringsdorf H und die Bruchstücke der Ossa parietalia der Individuen A, B, C und D zur Verfügung. Vom Gesichtsskelett ist nur ein Unterkiefer, Ehringsdorf F, mit komplettem Gebiß gehalten. Als einziger Rest des postcranialen Skelettes ist ein Femur-Diaphyse-Stück, Ehringsdorf E, erhalten. Und letztlich wurden die Reste eines Kindes, Ehringsdorf G, gerettet.

3. Die wichtigste Calvaria, Ehringsdorf H, wurde neu rekonstruiert. Stirn-, Schläfen- und Hinterhauptbein sind nicht sekundär deformiert. Deshalb mußte die Rekonstruktion des Schädels vom Stirnbein ausgehen, wo die Sutura coronalis in ihrem gesamten Verlauf erhalten geblieben ist. An der Ossa parietalia sind auch Reste der Suturen sichtbar, aber die Knochen sind gebrochen, sekundär deformiert und dann unregelmäßig im Travertin eingegossen. Deshalb haben wir bei der Rekonstruktion Silikonkautschukabgüsse der Ossa parietalia benutzt, die es ermöglichen, mit ziemlich großer Zuverlässigkeit die Scheitelbeine an das Stirnbein anzuschließen. Die übrigen Schädelteile wurden dann anatomisch eingebaut.

Gleichzeitig wurden Gummiabgüsse zur Anfertigung des endocranialen Schädelausgusses verwendet. Diese Methode erlaubte es, während der Rekonstruktion die anatomische Paßgenauigkeit auch von der cerebralen Seite her zu kontrollieren.

In Abgüsse der rekonstruierten Schädel Ehringsdorf H und in das Endocranium wurden die isolierten Scheitelbeine Ehringsdorf B, C und D eingesetzt und so ausgewertet.

Weitere Rekonstruktionen wurden an den Unterkiefern durchgeführt. Am Unterkiefer des Erwachsenen Ehringsdorf F haben wir am Abguß den heraussteigenden rechten Eckzahn in die Occlusalebene gebracht und die Krone des rechten M_3 in die richtige Stellung gedreht. Dann wurde das Obergebiß rekonstruiert.

Beim Unterkiefer des Kindes Ehringsdorf G versuchten wir, die Mandibula zu ergänzen und mit Hilfe des am besten zu vergleichenden Kiefers vom Kind aus Teschik-Tasch eine plastische Vorstellung der wahrscheinlichen Gebißform des Ehringsdorfer Kindes zu gewinnen.

Alle diese Rekonstruktionen ermöglichen es, die scheinbar schlecht erhaltenen Funde von Weimar-Ehringsdorf wissenschaftlich maximal auszuwerten und dadurch eine kleine bedeutende Serie des Fossilmenschen aufzubauen.

4. Calvariabau des Ehringsdorfer Menschen

– Die Calvaria Ehringsdorf H ist lang (201,0 mm), schmal (134,0 mm) und ziemlich niedrig (b–po = 116,0 mm). Der hyperdolichocranische Schädel in Norma verticalis gehört zm Ovoidentypus. Die größte Breite des Schädels liegt im hinteren Drittel der Parietalia.

– Torus supraorbitalis ist stark ausgeprägt (in sagittaler Richtung 21,0 mm, parasagittal 20,0 mm und am Processus zygomaticus 23,0 mm dick) und deutlich durch Sulcus supraglabellaris von der Stirnschuppe abgegrenzt. Torus supraglabellaris in der Glabellagegend ist wellenartig eingebogen und nicht unterbrochen. Die Stärke ist beträchtlich und setzt sich in regelmäßiger Dicke von der Glabella bis zum Ende des Processus zygomaticus fort. Dadurch entsteht eine sehr auffallende Form des Torus im Hinblick auf die schmale Calvaria. Von oben gesehen ist der Wulst gegen der Stirnschuppe in ihrem ganzen Verlauf durch Sulcus supraglabellaris abgegrenzt.

– Die postorbitale Einschnürung ist nicht vorhanden.

– Die Stirnschuppe ist bombenförmig, nur mit einem zentral gelegten Tuber frontale aufgebaut. Diese bombenartige Wölbung des Stirnbeines ist durch eine kreisförmige Einschnürung deutlich begrenzt. Dadurch ist die Stirn auffallend gewölbt, mit einem Maximum in der Metopiongegend.

– Lineae temporales sind nur am Stirnbein deutlich ausgebildet, aber auf beiden Parietalia fehlen sie völlig.

– Auf Facies temporalis des Stirnbeins ist zwischen der Linea temporalis und der Coronalnaht eine spezielle Vorwölbung stark ausgebildet. Sie soll der Protuberatia Gyri frontalis inferioris Schwalbe entsprechen.

– Die Scheitelbeine sind groß und tragen deutliche Tubera parietalia; gewölbte bei den Individuen H und C und mehr spitz modellierte Scheitelbeinhöcker bei den Individuen B und D. Hier sind sie mit klarer Parallelstellung der Seitenwände begleitet, und so ergibt sich ein mehr oder weniger entwickelter hausförmiger Bau des Schädels. Diese Merkmale beggnen auch beim chronologisch älteren Fund aus Steinheim.

– Das Hinterhaupt des Schädels H ist in Norma lateralis deutlich ausgezogen und kurvooccipital geformt. Squama occipitalis ist bombenförmig gewölbt, also wieder nur mit einer kugeligen Wölbung. Torus occipitalis im Umriß des Nackens kommt nicht zur Geltung. Von hinten gesehen hat der Torus occipitalis die Form einer Raute, die in der Sagittallinie am höchsten ist (13,0 mm) und nach den Seiten sich auf einer Hälfte verjüngt. Auf Planum nuchae ist die Gegend der Pars cerebellaris mäßig gewölbt.

– Mit diesem Zustand harmoniert das relativ kleine Schläfenbein mit kleinem Processus mastoideus.

– Auf Pars squamosa des Os temporale ist wichtig, daß die Crista supramastoidea in gerader Fortsetzung des Processus zygomaticus occipitalwärts verläuft. Processus mastoideus ist klein mit einer Spitze, die über dem Boden des Sulcus digastricus liegt. Incisura mastoidea ist nur teilweise erhalten, Foramen mastoideum liegt ganz nahe an der Abbruchlinie des Margo posterior partis petrosae.

– Porus acusticus bildet einen Ellipsoid, dessen größerer Durchmesser horizontal orientiert ist. Das Tympanicum, das den Porus von unten begrenzt, liegt zwischen Squamosum und Processus mastoideus an der basalen Fläche in ziemlichem Umfang frei. Sein äußerer Rand ist nicht verdickt.

– Die Fossa mandibularis ist groß, weit und flach. Das Tuberculum articulare ist auffallend flach. Der Processus styloideus fehlt.

– An der Basis des Petrosum zieht sich von der Pyramidenspitze eine tiefe Grube hin, die dem Canalis caroticus entspricht. Die Fossa jugularis scheint klein zu sein. Die cerebrale Fläche der Pyramide bietet einen Befund an, der sich von den Verhältnissen bei rezenten Menschen nicht unterscheidet.

5. Für die metrische Charakterisierung des Schädels Ehringsdorf H benutzen wir die klassischen Messungen nach Martin und Weidenreich, die für die Originalrekonstruktion des Schädels und einzelner Knochen abgenommen wurden. Der Maßvergleich des Schädels Ehringsdorf H wurde mit einer Serie von 16 Individuen, die in vier Gruppen geteilt worden sind, durchgeführt: erectoide Formen (Broken Hill, Petralona), Altsapiens-Formen (Swanscombe, Steinheim), Neandertaler-Formen (Circeo, La Chapelle, Spy I, La Quina, Gibraltar, Tabun) und Formen der fossilen Sapienten des mittleren und jüngeren Abschnitts des letzten Glazials (Skhul V, Předmostí III, Brno II und Pavlov I). Dieser Vergleich zeigte, daß der Schädel Ehringsdorf H auffallend mit den Funden Steinheim und Swanscombe übereinstimmt und mit seinem Planbau logisch an die jüngeren Formen der Sapienten anknüpft. Gewisse Übereinstimmungen des Ehringsdorf H-Schädels mit den Neandertalern beweisen nur, daß diese beiden Gruppen Angehörige der differenziert ausgebildeten Population der Gattung Homo sapiens darstellen. Ehringsdorf H unterscheidet sich völlig von der Gruppe, die bisher das Erbe der erectoiden Formen trägt.

6. Die Schädelkapazität bei Ehringsdorf H wurde auf 1400–1450 cm^3 geschätzt. Die maximale Länge des Endocraniums von 178,0–173,0 mm und die maximale Breite von 126,0 mm ergeben den Breiten-Längen-Index 70,8. Die morphologische und metrische Auswertung des Endocraniums von Ehringsdorf H zeigt, daß die Grundform des Endocraniums deutliche Ähnlichkeiten mit dem Sapiens-Typus und mit den Neandertaler-Formen aufweist. Das bestätigen ein breites und niedriges Rostrum orbitale, weiterhin ein schwach bogenförmiger, frontomarginaler Rand der Stirnlappen, stumpfe und ausgezogene Occipitalpole und eine markante Wölbung der cerebellaren Partien. Die besten Ähnlichkeiten sind mit den Funden aus Broken Hill, Gánovce und Gibraltar I festzustellen.
Die Analyse der Blutgefäßabdrücke der Arteria meningea media zeigte, daß bei der Serie Weimar-Ehringsdorf die einzelnen Äste relativ einfach ausgebildet sind. Es fehlen mehrere Ramifikationen der kleinen Äste und Anastomosen. Weiter wurde die Anwesenheit eines archaischen Merkmales des Sinus petrosquamosus und die Absenz des Ramus anterior der Arteria meningea media, die für Neandertaler typisch ist, konstatiert. Nach dem Schema von R. Saban entsprechen diese Befunde der ersten Entwicklungslinie, die von Homo erectus des Typus Sangiran, Atlanthropus und Sinanthropus ausgeht und zu den Formen des Homo soloensis fortschreitet. Die zweite Entwicklungslinie geht vom Homo palaeojavanicus aus über den Präsapiens zu den modernen Menschenformen. Die Ehringsdorf-Serie ist also in die Entwicklungslinie des Homo erectus einzureihen, sie schiebt sich genau zwischen die Funde aus der Höhle Bourgeois Delaunay und von Salzgitter-Lebenstedt. Daneben existiert noch eine parallele Linie von entwickelteren Formen des Typus Biache, Omo II und Homo-Formen aus Broken Hill und Arago.

7. Vom Kiefer des Erwachsenen Ehringsdorf F ist Corpus mandibulae und die untere Partie vom rechten Ramus erhalten.
In Pars alveolaris ist ein Defekt (I$_2$ dx.–C sin.) als Nachfolge einer Trauma-Aussequestrierung nach primärer Ostitis entstanden.
In bezug auf die Robustizität des gesamten Kieferkorpus im Vergleich zu Mauer, Arago und Atapuerca ist der Ehringsdorfer Kiefer der schwächste. Nur in der Kinnpartie entspricht Ehringsdorf der Mandibula aus Mauer.

Nach den Vergleichsserien besitzt der Ehringsdorfer Kiefer die größte Kinnstellungsschräge.

Das übliche Trigonum mentale ist nicht vorhanden, nur ein kleines Mantum osseum.

Auffallend ist, daß Incurvatio mandibulae anterior und Eminentia canina rechts entwickelt sind.

Die root area beim Ehringsdorfer entspricht den Neandertalern.

Planum alveolare ist deutlich und Fossa genioglossi geräumig ausgebildet.

Fossa digastrica liegt horizontal, wie bei den Funden aus Mauer, Krapina und Le Moustier.

Auf Facies lateralis externa sind Tuberculum marginale anterior und posterior festzustellen.

Foramina mentalia sind groß und rechts verdoppelt.

Fossa musculi zygomaticomandibularis ist mächtig entwickelt.

Der Zahnbogen ist lang und schmal, schmaler als bei den Funden von Mauer, Arago, Atapuerca und Le Moustier. Die Länge ist durch den inneren Alveolarwinkel charakterisiert (Ehringsdorf 25°, Mauer 27°, Arago II und Atapuerca überschreiten 31°).

Die Robustizität der Zähne ist bedeutend. Die Incisivi sind mittelgroß, die Canini größer als die Prämolaren. Bei den Molaren sind die M_3 viel kleiner als beide M_1 und M_2. Die Reduktion der M_3 ist auffallend.

Nach ihren Hauptdimensionen liegen die Einzelzähne aus Ehringsdorf zwischen den Funden von Arago, Mauer und den französischen Neandertalern.

Nach der Morphologie steht Ehringsdorf F den Neandertalern am nächsten.

Die Zahnabrasion bei Ehringsdorf F ist groß, der Abrasionsindex beträgt 9,66.

8. Vom postcranialen Skelett des Erwachsenen steht ein rechtes Femurschaftstück, Ehringsdorf E, zur Verfügung. Die bogenförmig verlaufende Schaftkrümmung und die charakteristische Form der Diaphysenschnitte stellen das Femurstück Ehringsdorf E dem Fund von Arago und den Neandertalern der Würm-Eiszeit sehr nahe. Außerdem ergeben sich durch den Formbau der Diaphysenmitte Parallelen zu jüngeren, schon typisch sapiensartigen Formen. Es handelt sich also nicht um Neandertaler, sondern mehr um eine typische, alte Form des Homo sapiens sapiens.

9. Im Travertinsteinblock wurden Reste des Thoraxskelettes gefunden, der rechte Arm und Reste des Unterkiefers von einem Kind.

Die Mandibula Ehringsdorf G ist aus zwei größeren Stücken mit sechs erhaltenen Zähnen und dem linken Ramus mandibulae zusammengesetzt.

Das Alter des Kindes nach dem Zahnalter M_3 im III. Mineralisationsstadium, M_2 im VI. und M_1 im VII. Stadium beträgt 11–12 Jahre.

Die Kinnhöhe liegt in der Symphyse bei 30,0 mm, die Stärke mißt 16,0 mm, und der Kinnrobustizitätsindex ist 50,0.

An Facies anterior auf dem Mentum osseum ist keine Spur von Trigonum mentale festzustellen, aber ein typisches Tuberculum symphyseos, und oberhalb von diesem ist die Incisura mandibulae anterior entwickelt.

Der untere Mandibularrand ist cupidenförmig begrenzt.

Die root area ist 26,0 mm hoch und 37,0 mm breit.

Planum alveolare ist sehr schräg mit einem Neigungswinkel von 40°.

Fossa genioglossi ist als geräumige Innenwölbung entwickelt.

Auf der Basalfläche sind Trigonum basale TOLDT und die horizontal und schwach distal geneigte Fossa m. digastrici wie bei den klassischen Neandertalern entwickelt.

Am Basalrand des Kieferkorpus sind Tuberculum marginale anterior und posterior modelliert.

Foramen mentale ist nicht erhalten (Kieferbruch).

Ramus mandibulae ist gut erhalten und entspricht dem Individuumalter „robust".

Nach Morphologie und Metrik ist das Ehringsdorf-Kind G zu den Neandertalern zu rechnen. Auch das Gebiß des Kindes entspricht völlig den Neandertaler-Formen.

Die Reste des Postcranialskelettes, Claviculae, Humerus dx., Radii, Ulna dx., Phalanx digiti, 16 Rippenreste und fünf Wirbelbruchstücke entsprechen in gewissem Rahmen dieser Diagnose.

10. Der fossile Mensch aus Weimar-Ehringsdorf entwickelt sich von Altsapiens-Formen der Holsteinzeit (Steinheim, Swanscombe) zu den Formen des Saalekomplexes und weiter zu den sog. Übergangs-Neandertalern Mitteleuropas (Šipka, Ochoz, Kůlna, Šala, Subalyuk), die auch den vorderasiatischen Funden aus Shanidar, Amud, Tabun und Teschik-Tasch entsprechen und parallel laufen mit den Formen des modernen Typus, wie sie z. B. Funde von Quafzeh oder Skhul repräsentieren.

Literaturverzeichnis

Adam, K. D.: The chronological and systematic Position of the Steinheim Skull. – In: E. Delson (Ed.): Ancestors. The hard evidence. – 272–276. – New York, 1985.

Adloff, P.: Über das Alter des menschlichen Molaren von Taubach. – Dt. Monatsschr. f. Zahnheilk. 29 (1911), 804–817. Leipzig / Berlin.

– Einige Bemerkungen über das Gebiß des Ehringsdorfer Unterkiefers. – Anat. Anz. 49 (1916), 51–56. Jena.

– Der Molar von Taubach. – Praehist. Zschr. 11/12 (1919/1920), 203–204. Berlin.

Alekseev, V. P.: Antropologiceskaja rekonstrukcija i problemy paleoetnografii. – Moskva, 1973. – (zit. n. H. Ullich: Rezension in Zschr. f. Archäol. 8 [1974], 154).

– Paleoantropologija zemnogo sara i formirovanie čelovečeskich ras. – Moskva, 1978.

Bartucz, L. / Szabo, J.: Der Urmensch der Mussolini-Höhle. – Acta geologica Hungarica 14 (1940), 47–12. Budapest.

Behm-Blancke, G.: Altsteinzeitliche Rastplätze im Travertingebiet Taubach, Weimar, Ehringsdorf. – Alt-Thüringen 4 (1960). – Weimar.

Berckhemer, F.: Ein Menschenschädel aus den diluvialen Schottern von Steinheim a. d. Murr. – Anthrop. Anz. 10 (1933), 318–321. Stuttgart.

– Der Urmenschenschädel aus den zwischeneiszeitlichen Flußschottern von Steinheim an der Murr. – Forsch. u. Fortschr. 12 (1936), 349–350. Berlin.

Bílý, B.: Dental abrasion and possibilities of its classification. – Scripta medica 48 (1975), 249–268. Brno.

– Die Problematik der Zahnabrasion und ihrer Klassifizierung. – Anthropologie 14, 3 (1976), 211–215. Brno.

Blackwell, B. / Schwarcz, H. P.: U-series analyses of the Lower Travertine at Ehringsdorf, DDR. – Quaternary Research 25 (1986), 215–222. Washington.

Boule, M.: L'Homme fossile de La Chapelle-aux-Saints. – Annales des Paléontologie VI, 109–172; VII, 65–192; VIII, 209–278 (1911–1913). Paris.

Breitinger, E.: Das Schädelfragment von Swanscombe und das „Praesapiensproblem". – Mitt. Anthrop. Ges. Wien 84/85 (1955), 1–45. Wien.

Brothwell, D. R.: Digging up bones. Trustees of the British Museum. – London, 1963.

Brunnacker, K. et al.: Radiometrische Untersuchungen zur Datierung mitteleuropäischer Travertinvorkommen. – Ethnogr.-Archäol. Zschr. 24 (1983), 217–266. Berlin.

Buettner-Janusch, J.: Origin of Man. – New York u. a., 1966.

Bunak, V. V. / Gerasimova, M. M.: Verchněpaleolitičeskij čerep Sungir i ego mesto v sjadu drugich verchněpaleolithičeskij čerepov. – Sungir antropologičeskoje issledovanie (1984), 14–99. Moskva.

Campbell, B. G.: The nomenclature of the Hominidae including a definite list of hominid taxa. – London, 1965.

Campbell, B. G. / Kurth, G.: Entwicklung zum Menschen. – 2. Aufl. – Stuttgart/ New York, 1979.

Čihák, R./ Vlček, E.: „Crista et fovea musculi zygomaticomandibularis" ches les Primates. – L'Anthropologie 66 (1962), 503–525. Paris.

Clark, Le Gros, W. E. / Morant, G. M.: Report on the Swanscombe Skull. – IRAT 68 (1938). London.

Claus, H.: Gagelstrauch *Myrica gale* L. 1753 im Travertin von Burgtonna in Thüringen. – Quartärpaläontologie 3 (1978), 67. Berlin.

Czarnetzki, A.: Nouvelle découverte d'un fragment de crâne d'un hominidé archaique dans le Sud-West de l'Allemagne. Rapport préliminaire – L'Anthropologie 95 (1991), 103–112. Paris.

Debec, G. F.: Čerep iz pozdnepaleolitičeskovo pogrebenija v pokrobskom loge (Kostenki XVIII). – Sborník Muzeja antropologii i ètnografii 21 (1961). Moskva.

Fazekas, I. G. / Kósa, F.: Neuere Beiträge und vergleichende Untersuchungen zur Bestimmung der Körperlänge von Föten auf Grund der Diaphysenmaße der Extremitätenknochen. – Zschr. d. dtsch. Ges. f. Gericht. Med. 58 (1966), 142–160. Berlin.

Feustel, R.: Abstammungsgeschichte des Menschen. – 3. Aufl. – Jena, 1979 (1. Aufl. 1976).

– Zur zeitlichen und kulturellen Stellung des Paläolithikums von Weimar-Ehringsdorf. – Alt-Thüringen 19 (1983), 16–42. Weimar.

Feustel, R. et al.: Die Urdhöhle bei Döbritz. – Alt-Thüringen 11 (1971), 131–226. Weimar.

Fraipont, J. / Lohest, M.: Recherches ethnographiques sur les ossements humains, découverts dans les dépôts quaternaires d'une grotte a' Spy. — Archives de biologie 7 (1887). Gand/Leipzig.

Gallus, A.: Comment zu Jelínek, J.: Neanderthal-Man and Homo sapiens in Central and Eastern Europe. – Current Anthropology 10, No. 5 (1965), 492–493. Chicago.

Garn, S. M. / Koski, K.: Tooth eruption sequence in fossil and modern man. – Amer. J. of phys. Anthrop. 15 (1957), 469–488. Philadelphia.

Gieseler, W.: Die Fossilgeschichte des Menschen. – Stuttgart, 1974.

Gorjanović-Kramberger, D.: Der diluviale Mensch von Krapina in Kroatien. – Wiesbaden, 1906.

Grimm, H.: Hirn und Hirnleistung in der Evolution des Homo sapiens. - In: J. Preuss (Hrsg.):Von der archäologischen Quelle zur historischen Aussage. – 9–28. – Halle/ Berlin, 1979.

Grimm, H. / Ullrich, H.: Ein jungpaläolithischer Schädel und Skelettreste aus Döbritz, Kr. Pößneck. – Alt-Thüringen 7 (1965), 50–89. Weimar.

Heberer, G.: Menschliche Abstammungslehre. Fortschritte der „Anthropogenie". – 1863–1964. – Stuttgart, 1965.

Heberer, G. / Henke, W. / Rothe, H.: Der Ursprung des Menschen. – 4. Aufl. – Stuttgart, 1975.

Heilborn, A.: Der Mensch von Ehringsdorf. – Die Koralle 1925/26 (1926), 50–56. Berlin.

Heim, J.-L.: Les hommes fossiles de la Ferrassie (Dordogne) et le problème de la définition des Neandertaliens classiques. – L'Anthropologie 78 (1974), 81–112, 321–378. Paris.

Heinrich, W.-D.: Zur stratigraphischen Stellung der Wirbeltierfaunen aus den Travertinfundstätten von Weimar-Ehringsdorf und Taubach in Thüringen. – Zschr. f. geol. Wiss. 9 (1981), 1031–1055. Berlin.

- Zur Evolution und Biostratigraphie von *Arvicola* (Rodentia, Mammalia) im Pleistozän Europas. – Zschr. f. geol. Wiss. 10 (1982), 683–735. Berlin.
- Neue Ergebnisse zur Evolution und Biostratigraphie von *Arvicola* (Rodentia, Mammalia) im Quartär Europas. – Zschr. f. geol. Wiss. (1987), 389–406. Berlin.
- Biometrische Unterschungen an Fossilresten des Bibers (*Castor fiber* L.) aus thüringischen Travertinen. – Ethnogr.-Archäol. Zschr. 30 (1989), 394–403. Berlin.
- Biostratigraphische Unterschungen an fossilen Kleinsäugerresten aus dem Travertin von Bilzingsleben. – Ethnogr.-Archäol.Zschr. 30 (1989), 379–393. Berlin.
- Biometrische Untersuchungen an Fossilresten des Bibers. – Veröff. Landesmus. Vorgesch. Halle 44 (1991a), 35–62. Berlin.
- Zur biostratigraphischen Einordnung der Fundstätte Bilzingsleben an Hand fossiler Kleinsäugetiere. – Veröff. Landesmus. Vorgesch. Halle 44 (1991b), 71–79. Berlin.

HEMMER, H.: Notes sur la position phylétique de l'homme de Petralona. – L'Anthropologie 76 (1972), 155–162. Paris.

HENKE, W. / ROTHE, H.: Der Ursprung des Menschen. – Stuttgart, 1980.

HOLL, M.: Vergleichende Anatomie der hinteren Fläche des Mittelstückes des Unterkiefers. – Sitzungsber. d. Akad. d. Wiss. in Wien, math.-naturwiss. Kl., Abt. 3, Bd. 127/128 (1919), 87 – 128. Wien.

HOLLOWAY, R. L.: Australopithecine endocast, brain evolution in the Hominoidea, and a model of hominid evolution. – In: R. TUTTLE (Ed.): The functional and evolutionary biology of Primates. – 185–415. – Chicago, 1972 (8).
- Early hominid endocast: volumes, morphology and significance for hominid evolution. – In: R. TUTTLE (Ed.): Primate functional morphology an evolution. – 393–415. – The Hague/Paris, 1975.
- Problems of brain endocast interpretation an African hominid evolution. – In: C. J. JOLLY (Ed.): Early Hominids of Africa. – 379–401. – London, 1978.
- Indonesian „Solo(Ngandong)endocranial reconstructions: Some preliminary observations and comparisons with Neandertal and Homo erectus groups. – Amer. J. of phys. Anthrop. 53 (1980), 285–295. Philadelphia.
- Homo erectus brain endocasts: volumetric and morphological observations with some comments on cerebral asymmetries. – Congrès inter. de Paléontologie humain 1er Congrès, Prétirage, T. 1, 355–369. – Nice, 1982.

HRDLIČKA, A.: The Rhodesian Man. – Amer. J. of phys. Anthrop. 9 (1926), 173. Philadelphia.

HUARD, P.: Le Professeur Henri-Victor Vallois (1889–1981). – Bull. et Mem. de la soc. d' Anthropologie de Paris, t. 9, ser. 13 (1982), 85–88. Paris.

HUBLIN, J. J.: The fossil man from Salzgitter-Lebenstedt (FRG) and its place in human evolution during the Pleistocene in Europe. – Zschr. Morph. Anthrop. 75 (1984), 45–56. Stuttgart.

JÄGER, K.-D./ HEINRICH, W.-D.: Aktuelle Aspekte und Probleme bei der quartärstratigraphischen Einordnung der mittelpaläolithischen Travertinstation von Ehringsdorf bei Weimar. – Ausgrabungen und Funde 24 (1979), 261–267. Berlin.

JAKIMOV, V. P.: Pozdnepaleolitičeskij pebenok iz pograhenija na Gorodčeskoj stojanke v Kostenkach. – Sbornik Muzeja antropologii i éthnografii 17 (1957), 521–522. Moskva.

JELÍNEK, J.: A contribution to the classification of the Moravian. Czechoslovakia. Upper Paleolithic Man. – Acta Mus. Moraviae 36 (1951), 1–12. Brno.
- Nálezy zubu fosilního člověka v Dolních Věstonicích. – Čas. Mor. Mus. 38 (1953), 180–190. Brno.
- Nález fosilního člověka Dolní Věstonice III. – Anthropozoikum 3 (1954), 37–92. Praha.
- Der Unterkiefer von Ochoz. – Anthropos 13 (1962), 261–284. Brno.
- A contribution to the origin of the mediterranean type. – Comm. de la délégation tchécosl. au VIIe Congrès Moscow 1964. 1–4.
- Srovnávací studium šipecké čelisti. – Anthropos 17 (1965), 135–179. Brno.
- Jaw of an intermediate type of Neanderthal Man from Czechoslovakia. – Nature N° 5063, Nov. 12. 1966. – 701–702. London.
- Der Fund eines Neandertaler-Kiefers. Kůlna I. Aus der Kůlna-Höhle in Mähren. – Anthropologie 5 (1967), 3–19. Brno.
- Neanderthal Man and Homo sapiens in Central and Eastern Europe. – Current Anthrop. 10 (1969), 475–503. Chicago.
- Neanderthal parietal bone from Kůlna Cave, Czechoslovakia. – Anthropologie 19 (1981), 195–196. Brno.
- Anthropologische Funde aus der Kůlna-Höhle. - In: VALOCH, K.: Die Erforschung der Kulna-Höhle 1961 bis 1976. – Anthropos 24 (1988), 261–283. Brno.

JELÍNEK, J. / PELÍŠEK, J. / VALOCH, K.: Der fossile Mensch Brno II. – Anthropos 9 (1959), 1–30. Brno.

KÄMPFE, L.: Hauptwege der Phylogenese des Menschen. – In: L. KÄMPFE (Hrsg.): Evolution und Stammesgeschichte der Organismen (1980), 363–381. Jena.

KAHLKE, H.-D. et al.: Das Pleistozän von Weimar-Ehringsdorf. Teil I. – Abh. Zentr. Geol. Inst., Paläontol. Abh. 21 (1974). Berlin.
- Teil II. – Abh. Zentr. Geol. Inst., Paläontol. Abh. 23 (1975). Berlin.
- (Hrsg.): Das Pleistozän von Taubach bei Weimar. – Quartärpaläontologie 2 (1977). Berlin.
- Das Pleistozän von Weimar. – Quartärpaläontologie 5 (1984). Berlin.

KAPPERS, A. C.: The evolution of the nervous system in vertebrates and man. – Haarlem, 1929.

KAPPERS, J. A.: The endocranial cast of the Ehringsdorf and Homo soloensis. – J. of Anatomy 71 (1936), Part I.

KINDLER, W.: Röntgenologische Studien über Hirnhöhlen und Warzenfortsätze beim klassischen Neandertaler im mitteleuropäischen Raum. – Zschr. f. Laryngologie-Rhinologie-Otologie und ihre Grenzgebiete 39 (1969), 411–424. Stuttgart.

KIRMSE, W.: Zur Problematik der stammesgeschichtlichen Interpretation des menschlichen Endokraniums, mit vergleichenden Untersuchungen an Endokranialausgüssen von Populationen der Jungsteinzeit, des Mittelalters und der Gegenwart. – Berlin, 1967.

KLAATSCH, H. / HAUSER, O.: Homo mousteriensis hauseri. – Archiv f. Anthrop., NF 7 (1909), 287–297. Braunschweig.

KLEINSCHMIDT, O.: Der Urmensch. – Leipzig, 1931.

KLÍMA, B.: Hrob ženy lovce mamutů v Dolních Věsto-

- nicích. – Archeologické rozhledy 2 (1950), 1 – 2, 32–36. Praha.
- Objev paleolitického pohřbu v Pavlově. – Archeologické rozhledy 11 (1959a), 305–316, 37–342. Praha.
- Zur Problematik des Aurignacien und Gravettien in Mitteleuropa. – Archaeologia Austriaca 26 (1959b), 35–51. Wien.
- Dolní Věstonice. – Praha, 1963.
- Dolní Věstonice tábořiště lovců mamutů. – Praha, 1981a.
- Střední část paleolitické stanice u Dolních Věstonic. – Památky archeologické 72 (1981b), 5–92. Praha.
- Une triple sépulture du Pavlovien à Dolní Věstonice, Tchécoslovaquie. – L'Anthropologie 91 (1987), 329–334. Paris.

KLÍMA, B. / MUSIL, R. / JELÍNEK, J. et al.: Die Erforschung der Höhle Švédův stůl 1953–1955. – Anthropos 13 (1962). Brno.

KOČETKOVA, V. J.: Paleonevrologija. – Moskva, 1978.

KOENIGSWALD, G.H.R. v.: Neue Dokumente zur menschlichen Stammesgeschichte. – Ecologae Geologicae Helvetiae 60 (1967), 641–655. Lausanne.
- Die Geschichte des Menschen. – Berlin / Heidelberg / New York, 1968.

KÖTZSCHKE, G.: Eine Neubearbeitung der beiden Unterkiefer Ehringsdorf I und II. – Ungedr. math.-nat. Diss. Jena, 1956.
- Zahnärztliche Betrachtung der beiden Unterkieferfunde aus Ehringsdorf bei Weimar aus der letzten Zwischeneiszeit. – Zahnärztliche Welt und zahnärztliche Reform 59, Nr. 24 (1958), 689 ff, Heidelberg.

KOMÍNEK, J. / ROZKOVCOVÁ, E.: Metoda určovani zubního veku a její význam pro praxi. – In: F. URBAN (Ed.): Pokroky ve stomatologií. – Avicenum 2 (1984), 175–208. Praha.

KOMÍNEK, J. / ROZKOVCOVÁ, E. / VÁŠKOVÁ, J.: K problematice stanoveni zubního věku. – Čs. stomatologie 74 (1974), 267–271. Praha.
- Age determination of individuals on the basis of the development of teeth. – Scripta medica 48 (1975), 171–177. Brno.

KRETZOI, M.: Die Castor-Funde aus dem Travertinkomplex von Weimar-Ehringsdorf. – Abh. Zentr. Geol. Inst. 23, Paläontol. Abh. (1975), 513–523. Berlin.
- Die Castor-Reste aus den Travertinen von Taubach bei Weimar. – Quartärpaläontologie 2 (1977), 389–400. Berlin.

KRETZOI, M. / VÉRTES, L.: Die Ausgrabungen der mindelzeitlichen (Biharien) Urmenschensiedlung in Vértesszölös. – Acta geologica Hungarica 8 (1964), 313–317. Budapest.
- Upper Biharian (Intermindel) pebble industrie occupation site in Western Hungary. – Current Anthrop. 6 (1965), 74–87. Chicago.

KUKLA, J.: Loess stratigraphy of Central Europe. – After the Australopithecines. K. W. BUTZER / G. C. ISAAC (Eds.). 99–188. The Hague / Paris, 1975.

KURTH, G.: Die (Eu-)Homininen. Ein Jeweilsbild nach dem Kenntnisstand von 1964. – In: G. HEBERER: Menschliche Abstammungslehre. – 357–425. – Stuttgart, 1965.

LEGOUX, P.: Remarques sur certains aspects de la mandibule de l'enfant d'Ehringsdorf. – Comptes rendus d. Sc. de l'Acad. d. Sc. 252 (1961), 1821–1823. Paris.
- Determination de l'Age dentaire de quelque fossiles de la lignee humaine. L'enfant d'Ehringsdorf. – Revue francaise d'Odonto-stomatologie 10 (1963), 1453–1465. Paris.

LINDIG, K.: Der Altsteinzeitmensch des Ilmtals. Skelettreste aus dem Travertin von Weimar-Ehringsdorf. – Weimar, 1934.

LIPTÁK, P.: On the evolutionary systematics of Hominidae. – In: Symp. Biol. Hung. 2 (1969), 107–111. Budapest.

LOŽEK, V.: Zur Stratigraphie des Elster-Holstein-Saalekomplexes in der Tschechoslowakei. – Ethnograph.-Archäol. Zschr. 30 (1989), 579–594. Berlin.

LUMLEY, M.-A. DE: Anténéandertaliens et Néandertaliens du Bassin Méditerranéen occidental Européen. – Études quaternaires, Mém. n° 2 (1973). – Marseille.

LUMLEY, M.-A. et. H. DE et coll.: L'Homme de Tautavel. Congrès international de Paléontologie humaine (Prétirage). 19–136. – Nice, 1982.

MAI, D. H.: Die fossile Pflanzenwelt des interglazialen Travertins von Bilzingsleben (Thüringen). – Veröff. Landesmus. Vorgesch. Halle 36 (1983), 45–129. Berlin.
- Einige exotische Gehölze in den Interglazialfloren der mitteleuropäischen Florenregion. – Feddes Repetorium 99 (1988), 419–461. Berlin.

MALÝ, J.: Lebky fosilního člověka v Dolních Věstonicích. – Anthropologie 17 (1939), 171–190. Praha.

MANIA, D.: Zur Gliederung des Jung- und Mittelpleistozäns im mittleren Saaletal bei Bad Kösen. – Geologie 19 (1970), 1161–1184. Berlin.
- Paläoökologie, Faunenentwicklung und Stratigraphie des Eiszeitalters im mittleren Elbe-Saalegebiet auf Grund von Molluskengesellschaften. – Geologie, Beiheft 78/79 (1973). Berlin.
- Bilzingsleben, Kr. Artern. Eine altpaläolithische Travertinstelle im nördlichen Mitteleuropa. Vorbericht. – Zschr. f. Archäol. 8 (1974), 157–173. Berlin.
- Bilzingsleben – Thüringen: Eine neue altpaläolithische Fundstelle mit Knochenresten des Homo erectus. – Archäol. Korresp.bl. 5 (1975a), 263–272. Mainz.
- Zur Stellung der Travertinablagerungen von Weimar-Ehringsdorf im Jungpleistozän des nördlichen Mittelgebirgsraumes. – Abh. Zentr. Geol. Inst. 23, Paläontol. Abh. (1975b), 572–589. Berlin.
- Altpaläolithischer Rastplatz mit Hominidenresten aus dem Mittelpleistozän – Travertinkomplex von Bilzingsleben (DDR). – IXe Congrès des UJ des Sc. Préhist. et Protohist. Colloque IX (1976), 35–54. Nice.
- Die Molluskenfauna aus den Travertinen von Burgtonna in Thüringen. – Quartärpaläontologie 3 (1978), 69–85, 203–205. Stratigraphie, Ökologie und Paläolithikum des Mittel- und Jungpleistozäns im Elbe-Saalegebiet. – Ethnogr. – Archäol. Zschr. 30 (1989), 636–663. Berlin.
- Stratigraphie, Ökologie und mittelpaläolithische Jagdbefunde des Interglazials von Neumark-Nord (Geiseltal). – Veröff. Landesmus. Vorgesch. Halle 43 (1990), 9–130. Berlin.
- Eiszeitarchäologische Forschungsarbeiten in den Tagebauen des Saale-Elbe-Gebietes. – Veröff. Mus. Ur- und Frühgesch. Potsdam 25 (1991), 78–100. Berlin.
- 125 000 Jahre Klimaentwicklung im mittleren Saalegebiet. – Manuskript 1992 für Early Men News. Tübingen.
- Stratigraphie, Ökologie und Paläolithikum im Saale-

komplex des mittleren Elbe-Saale-Gebietes (in Vorbereitung 1993).
MANIA, D. / VLČEK, E.: Altpaläolithische Funde mit Homo erectus von Bilzingsleben (DDR). – Archeologické rozhledy 29 (1977), 603–616. Praha.
– Homo erectus in middle Europe: the discovery from Bilzingsleben. – In: B. A. SIGMON / J. S. CYBULSKI (Eds.): Homo erectus pappers in honor of Davidson Black. – 133–151. – Toronto, 1981.
– Homo erectus from Bilzingsleben (GDR). His culture and his environment. – Anthropologie 25 (1987), 1–45. Brno.
MANIA, D. / GRIMM, H. / VLČEK, E.: Ein weiterer Hominidenfund aus dem mittelpleistozänen Travertinkomplex bei Bilzingsleben, Kr. Artern. – Zschr. f. Archäol. 10 (1976), 241–249. Berlin.
MANIA, D. / TOEPFER, V. / VLČEK, E.: Bilzingsleben I. Homo erectus – seine Kultur und seine Umwelt. – Veröff. Landesmus. Vorgesch. Halle 32 (1980). Berlin.
MANIA, D. / THOMAE, M. / LITT, TH. et al.: Neumark-Gröbern. Beiträge zur Jagd des mittelpaläolithischen Menschen. – Veröff. Landesmus. Vorgesch. Halle 43 (1990). Berlin.
MARTIN, H.: Lehrbuch der Anthropologie. T. I–III. – Jena, 1928.
MATIEGKA, J.: The Skull of the fossil man Brno III and the cast of its interior. – Anthropologie 7 (1929), 90–107. Praha.
– Homo předmostensis, fosilní člověk z Předmostí na Moravě. I. Lebky. – Praha, 1934.
– II. Ostatní časti kostrové. – Praha, 1938.
MILES, A. E. W.: The dentition in the assessment of individual age in skeletal material. – Dental Anthropology 5 (1963), 191–209. Oxford/London u. a.
MÖLLER, A.: Städtisches Museum Weimar: Illustrierter Führer durch die vorgeschichtliche Abteilung. – Weimar, 1918.
MOLLISON, TH.: Phylogenie des Menschen. – In: E. BAUER/ M. HARTMANN: Handbuch der Vererbungswissenschaft; 18, 3. – Berlin, 1933.
MORANT, G. M.: The thickness of the Swanscombe bones. – In: C. D. OVEY (Ed.): The Swanscombe skull. – 145–150. – London, 1964.
MURRILL, R.: New measurements of the face of the Petralona fossil hominid skull. – Anthrōpos 7 (1980), 40–41. Athen.
– Petralona Man. – Springfield, Illinois, 1981.
MUSIL, R.: Die Equiden aus dem Travertin von Ehringsdorf. – Abh. Zentr. Geol. Inst., Paläontol. Abh. 23 (1975), 265–335. Berlin.
– Die Equidenreste aus den Travertinen von Taubach. – Quartärpaläontologie 2 (1977), 237–264. Berlin.
– Die fossilen Equidenreste aus den Travertinen von Burgtonna in Thüringen. – Quartärpaläontologie 3 (1978), 137–138. Berlin.
– Die Equidenreste aus dem Travertin von Weimar. – Quartärpaläontologie 5 (1984), 369–380. Berlin.
– Pferde aus Bilzingsleben. – Veröff. Landesmus. Vorgesch. Halle 44 (1991), 103–130. Berlin.
MUSIL, R. / VALOCH, K.: Beitrag zur Gliederung des Würms in Mitteleuropa. – Eiszeitalter u. Gegenwart 17 (1966), 131–138. Öhringen.
NEHRING, A.: Über einen menschlichen Molar aus dem Diluvium von Taubach bei Weimar. – Zschr. Ethnol. 27 (1895a), 573–577. Berlin.
– Über fossile Menschenzähne aus dem Diluvium von Taubach bei Weimar. – Zschr. f. Naturwiss. 10 (1895b), 369–372. Halle.
PÁL, B.: A felsö tejszemfogak kettözöttségéröl (1941), 1–7.
PATTE, E.: Les Neanderthaliens. – Paris, 1955.
POKORNÁ, M. / BÍLÝ, B. / WILHELMOVÁ, J.: The mineralization of permanent teeth as an index of dental age. – Scripta medica 56 (1983), 91–110. Brno.
POKORNÁ, M. / WILHELMOVÁ, J. / BÍLÝ, B.: Mineralizace zubů soucasné dětské populace jako kritérium při určování chronologického věku dětských koster z archeologických nálezů. – Zprávy Čs. spol. anthrop. při ČSAV 34 (1981), 41–47. Brno.
POKORNÁ, M. / BÍLÝ, B. / HÁJKOVA, M. / LAMPERTOVÁ, L.: Vztah mineralizace zubů v pravem horním kvadrantu k veku jedince. – Čs. stomatologie 77 (1977), 245–250. Praha.
RENSCH, B.: Tatsachen und Probleme der Evolution. – In: Vom Unbelebten zum Lebendigen. – Autor. koll. – 198–221. – Stuttgart, 1956.
– Homo sapiens. Vom Tier zum Halbgott. – 3. Aufl. – Göttingen, 1970.
RIQUET, R.: La face extracranienne du Temporal chez les Paléanthropes. – In: W. BERNHARD (Hrsg.): Bevölkerungsbiologie. – 546–558. – Stuttgart, 1974.
RZEHAK, A.: Der Unterkiefer von Ochoz. – Verh. d. naturw. Vereins in Brünn 44 [1905] (1906), 91–114. Brünn.
– Das Alter des Unterkiefers von Ochoz. – Zschr. mähr. Landesmus. 9 (1909), 277–313. Brünn.
SABAN, R.: Evolution du réseau des veines méningées moyennes chez les Primates d'après les empreintes pariétales endocraniennes. – C.R.Acad.Sci. sér. D. 285 (1977a), 1451–1454. Paris.
– Le réseau des veines méningées moyennes chez les Pongines (Catarhinii, Anthropomorpha). – C.R.Acad. Sci. sér. D. 285 (1977b), 527–529. Paris.
– Le système des veines méningées moyennes d'après l'étude du moulage endocranien chez un géant. – 13 e coll. Ass. Anthrop. Int. Lang. – 56–62. – Caen, 1979.
– Le système des veines méningées moyennes chez Homo erectus d'après le moulage endocranien. – C.R.105 e. Congr. Soc. sav. – 61–73. – Caen, 1980.
– Les empreintes endocraniennéennes des veines méningées moyennes et les étapes de l'évolution humain. – Annales de Paléontologie 68 (1982), 171–220 (Kůlna- S. 211). Paris.
– Anatomie et évolution des veines méningées chez les Hommes fossiles. – ENSB-CTHS, (1984). Paris.
– Identification des stades évolutifs des Hommes fossiles d'après les veines méningées. – Actal. Odonto-Stomat. 1985 (à paraitre).
– Veines méningées et hominisation. – Anthropologie (à paraitre), Brno.
– Les vaisseaux méningées de l'homme d'Ehringsdorf après les moulages endocraniens. – L'Anthropologie 95 (1991), 113–122. Paris.
SABAN, R. / GRODECKI, J.: Rapports des vaisseaux méningées avec la paroi endocranienne chez l'Homme. – C.R. 104 e Congr. Soc. sav. – 67–80. – Bordeaux, 1979.
SCHÄFER, D.: Merkmalsanalyse mittelpaläolithischer Stein-

artefakte. – Ungedr. Phil. Diss. – Humboldt-Universität Berlin, 1987.

SCHAAFFHAUSEN, H.: Zur Kenntnis der ältesten Rassenschädel. – Müller's Archiv, 453 (1858).

SCHOCH, E. O.: Fossile Menschenreste. – Die Neue Brehm-Bücherei 450 (1973), Wittenberg.

SCHOETENSACK, O.: Der Unterkiefer des Homo Heidelbergensis. Aus den Sanden von Mauer bei Heidelberg. – Leipzig, 1908.

SCHWALBE, G.: Über einen bei Ehringsdorf in der Nähe von Weimar gemachten Fund des Urmenschen. – Correspondenz-blätter d. Allgem. ärztlichen Vereins von Thüringen 43 (1914a), 334–336. Leipzig.

– Über einen bei Ehringsdorf in der Nähe von Weimar gefundenen Unterkiefer des Homo primigenius. – Anat. Anz. 47 (1914b), 337–345. Jena.

SCHWARCZ, H. P. et al.: The Bilzingsleben archaeological site: new datings evidence. – Archaeometry 30 (1988), 5–17. Oxford.

SCOTT, E. C.: Dental wear scorig technique. – Amer. J. of phys. Anthrop. 51 (1979), 213–218. Philadelphia.

SERGI, S.: Die neanderthalischen Palaeanthropen in Italien. – In: G. H. R. v. KOENIGSWALD (Hrsg.): Hundert Jahre Neanderthaler. – 38–51. – Utrecht, 1958.

SOERGEL, W.: Die diluvialen Terrassen der Ilm und ihre Bedeutung für die Gliederung des Eiszeitalters. – Jena, 1924.

– Die Gliederung und absolute Zeitrechnung des Eiszeitalters. – Fortschr. Geol. und Paläont. 13 (1925), 125. Berlin.

– Das Alter der paläolithischen Fundstätten von Taubach-Ehringsdorf-Weimar. – Mannus 18 (1926), 1–13. Leipzig.

– Das diluviale System. Die geologischen Grundlagen der Vollgliederung des Eiszeitalters. – Fortschr. Geol. u. Paläont. 12 (1939), 155–282. Berlin.

SPATZ, H.: Gehirn und Endokranium. – Homo 5 (1954), 49–52. Göttingen.

STEINER, W.: Zur Geologie und Petrographie des Auesediment-Komplexes im Liegenden der Travertine von Ehringsdorf bei Weimar. – Abh. Zentr. Geol. Inst., Paläontol. Abh. 21 (1974a), 157–174. Berlin.

– Zur geologischen Dokumentation des Pariser-Horizontes im Travertinprofil von Ehringsdorf bei Weimar. – Abh. Zentr. Geol. Inst., Paläontol. Abh. 21 (1974b), 199–247. Berlin.

– Der Hominiden-Schädel aus dem pleistozänen Travertin von Ehringsdorf bei Weimar. – Biol. Rundschau 13 (1975), 174–184. Jena.

– Der Travertin von Ehringsdorf und seine Fossilien. – Die Neue Brehm-Bücherei 522 (1979), Wittenberg.

STEINER, W. / WIEFEL, H.: Die Travertine von Ehringsdorf bei Weimar und ihre Erforschung. – Abh. Zentr. Geol. Inst., Paläontol. Abh. 21 (1974), 12–60. Berlin.

STEŚLICKA-MYDLARSKA, W.: Żuchwa dziecka premoustierskego z Kalabrii. – Przegląd antropologiczny 43 (1977), 153–158. Poznań.

STEWART, T. D.: Medico-legal aspects of the skeleton, age, sex, race and stature. – Amer. J. of phys. Anthrop. 6, n. s. (1948), 315–321. Philadelphia.

STLOUKAL, M.: Durchschnittliche Länge und Variationsbreite der Längsknochen in verschiedenen Altersgruppen der Kinder. – In: Empfehlungen für die Alters- und Geschlechtsdiagnose am Skelett. – Homo 30 (1979), 16. Göttingen.

STLOUKAL, M. / HANÁKOVÁ, H.: Die Länge der Längsknochen altslawischer Bevölkerungen unter besonderer Berücksichtigung von Wachstumsfragen. – Homo 29 (1978), 53–69. Göttingen.

STRINGER, C. B. / CLARK HOWELL, F. C. / MELENTIS, J. K.: The significance of the fossil hominid skull from Petralona, Greece. – J. Archaeol. Sci. 6 (1979), 235–253. London.

SVOBODA, J.: Cadre chronologique et tendances évolutives du paléolithique en Tchécoslovaquie. Essai de synthèse. – L'Anthropologie 88 (1984), 169–192. Paris.

SVOBODA, J. / VLČEK, E.: La nouvelle sépulture de Dolní Věstonice (DV XVI), Tchécoslovaquie. – L'Anthropologie 92 (1991), 323–328. Paris.

SZABO, J.: L'Homme moustérien de la grotte Mussolini (Hongrie). Étude de la mandibule. – Bull. Mém. Soc. Anthrop. Paris 6 (1935), 23–30. Paris.

SZOMBATHY, J.: Die diluvialen Menschenreste aus der Fürst-Johannes-Höhle bei Lautsch in Mähren. – Die Eiszeit 2 (1925), 1–26, 73–92. Leipzig.

THOMA, S.: Un fragment d'occipital d'Homo sapiens fossilis provenant de l'abri de Tapolca. – Hermann-Otto-Muzeum, 1 (1957), 60–69. Miskolc.

– The dentition of the Subalyuk Neandertal Child. – Zschr. Morph. Anthrop. 54 (1963), 127–150. Stuttgart.

– L'occipital de l'Homme mindélien de Vértesszőlős. – L'Anthropologie 70 (1966), 495–534. Paris.

– Human teeth from the lower Palaeolithic of Hungary. – Zschr. Morph. Anthrop. 58 (1967), 152–180. Stuttgart.

– Biometrische Studie über das Occipitale von Vértesszőlős. – Zschr. Morph. Anthrop. 60 (1969), 229–241. Stuttgart.

TOBIAS, P. V.: Olduvai Gorge. 2. The cranium and maxillary dentition of Australopithecus (Zinjanthropus) boisei. – Cambridge, 1967.

TOEPFER, V.: Stratigraphie und Ökologie des Paläolithikums. – Petermanns Geogr. Mittl., Ergänzungsheft 274 (1970), 329–422. Gotha / Leipzig.

TOLDT, C.: Über einige Struktur- und Formverhältnisse des menschlichen Unterkiefers. – Korresp.blatt d. Dtsch. Ges. f. Anthrop., Ethnol. u. Urgesch. (1904), 94–98. München.

TRINKHAUS, E.: The evolution of the hominid femoral diaphysis during the Upper Pleistocene in Europe an the Near East. – Zschr. Morph. Anthrop. 67 (1976), 291–319. Stuttgart.

VALLOIS, H. V. / VANDERMEERSCH, B.: The Mousterian Skull of Qafzeh (Homo VI). An Anthropological Study. – J. Human Evol. 4 (1975) 6, 445–455. London.

VALOCH, K.: Der Übergang vom Mittelpaläolithikum zum Jungpaläolithikum: seine ökologischen, anthropologischen, archäologischen und sozialen Aspekte. – In: F. SCHLETTE (Hrsg.): Die Entstehung des Menschen und der menschlichen Gesellschaft. – 139–147. – Berlin, 1980.

– Le Taubachien, sa géochronologie, paléoécologie et paléoethnologie. – L'Anthropologie 88 (1984), 193–208. Paris.

– Die Erforschung der Kůlna-Höhle 1961–1976. – Anthropos 24 (1988). Brno.

VALOCH, K. / MUSIL, R. / JELÍNEK, J.: Jeskyně Šipka a

Čertova díra u Štramberka. - Anthropos 17 (1965). Brno.
VANDERMEERSCH, B.: A Neandertal skeleton from a Chatel perronian level at St. Césaire (France). – Abstract, Amer. J. of phys. Anthrop. 54 (1981), 286. Philadelphia.
VAŇURA, J.: Nové nálezy zbytků neandertálského člověka v jeskyni Švédův stůl v Moravském krasu. – Brno, 1965a.
– Nález moláru neandertálského člověka na haldě před jeskyní Švédův stůl v Moravském krasu. – Čas. pro mineralogii a geologii 10 (1965b), 337–341. Praha.
VENT, W.: Die Flora des Travertins von Burgtonna in Thüringen. – Quartärpaläontologie 3 (1978), 59–65. Berlin.
– Die Flora der Ilmtaltravertine von Weimar-Ehringsdorf. – Abh. Zentr. Geol. Inst., Paläontol. Abh. 21 (1974), 259–321. Berlin.
VÉRTES, L.: Discovery of Homo erectus in Hungary. – Antiquity 29 (1965), 303. Glaucester.
– Bilan des découvertes les plus importantes faites de 1963 à 1966 dans les fouilles du site paléolithique inférieur de Vértesszölös (Hongrie). – Revue anthrop. (1968), 1–13. Paris.
VIRCHOW, H.: Der Unterkiefer von Ehringsdorf. – Zschr. f. Ethnol. 46 (1914), 869–879. Berlin.
– Der Unterkiefer von Ehringsdorf. – Zschr. f. Ethnol. 47 (1915), 444–449. Berlin.
– Pyorrhoische Erscheinungen an einem zwischeneiszeitlichen Kiefer? – Berliner Klin. Wochenschr. 54 (1917), 841–847. Berlin.
– Die menschlichen Skelettreste aus dem Kämpfe'schen Bruch im Travertin von Ehringsdorf bei Weimar. – Jena, 1920.
VLČEK, E.: Travertinový výlitek neandertaloidního typu z Gánovců u Popradu. – Archeologické rozhledy 1 (1949), 156–161. Praha.
– Travertinový výlitek neandertaloidní lebky z Gánovců na Slovensku. – Zprávy anthrop. spol. 3 (1950), 48–60. Brno.
– Pleistocenní člověk z jeskyně sv. Prokopa. – Anthropozoikum 1 (1951), 213–226. Praha.
– New finds of the diluvial man in the Bohemian Karst. Czechoslovakia. – Actes du Congrès Panafricain de Préhist. IIe Ses. Alger (1952), 783–789. Alger.
– Nález neandertálského člověka na Slovensku. – Slovenská archeológia 1 (1953), 5–132. Bratislava.
– The fossil man of Gánovce, Czechoslovakia. – JRAI 85 (1955), 163–171. London.
– Pleistocenní člověk z jeskyně na Zlatém Koni u Koněprus. – Anthropozoikum 6 (1957a), 283–311. Praha.
– Lidský zub pleistocenniho stáří ze Silické Brezové. Anthropozoikum 6 (1957b), 397–405. Praha.
– Die Reste des Neanderthalmenschen aus dem Gebiete der Tschechoslowakei. Hundert Jahre Neanderthaler. – 107–120. – Utrecht, 1958a.
– Neandertálský člověk na Spiši. – Przegląd antropologiczny 24 (1958b), 138–158. Poznań.
– Finds of palaeolithic man in Czechoslovakia (Development of Man), in survey of Czechoslovak quaternary. - INQUA, T. 34 (1961), 133–137.
– Nouvelles trouvailles de l'homme du Pleistocène récent de Pavlov (ČSSR). – Anthropos 14 (1962a), 141–145. Brno.
– Fund eines Neandertalers in der Tschechoslowakei. – Actes du VIe Congrès Sc. Anthrop. Ethnolog. T. I (1962b), 727–729. Paris.
– Die Ausgrabungen und der Fund eines Neandertalers in Gánovce. – Bericht 7. Tagung Dt. Ges. f. Anthrop. in Tübingen. – 163–179. – Göttingen, 1963.
– Neuer Fund eines Neandertalers in der Tschechoslowakei. – Anthrop. Anz. 27 (1964), 162–166. Stuttgart.
– Rassendiagnose der aurignacienzeitlichen Bestattungen in der Grotte des Enfants bei Grimaldi. – Anthrop. Anz. 29 (1965), 290–300. Stuttgart.
– Les Hommes fossiles en Tchécoslovaquie. Investigations archéol. en Tchécoslovaquie. (1966), 40–45. Praha.
– Die Mesolithiker aus Bottendorf, Kreis Artern. – Forsch. u. Fortschr. 41 (1967a), 17–19. Berlin.
– Morphological relations of the fossil human types Brno an Crô-Magnon in the European Late Pleistocene. – Folia Morphologica 15 (1967b), 214–221. Praha.
– Der jungpleistozäne Menschenfund aus Svitávka in Mähren. – Anthropos 19 (1968a), 262–270. Brno.
– Nález pozůstatků neandertálce v Šali na Slovensku. – Anthropozoikum, A 5 (1968b), 105–124. Praha.
– Neandertaler der Tschechoslowakei. – Praha, 1969a.
– Die Überreste des mesolithischen Kindes von Bottendorf, Kreis Artern. – Jschr. mitteldt. Vorgesch. 53 (1969b), 241–247. Berlin.
– Étude comparative ontophylogénétique de l'enfants du Pech de 1' Azé par rapport à d'autres enfants néandertaliens. – In: D. FEREMBACH / P. LEGOUX / R. FENART / R. EMPEREUR-BUISSON / E. VLČEK: L'enfant du Pech de l'Azé. – Archiv Inst. Paléont. Humaine, Mém. 33 (1970a), 149–178. Paris.
– Relations morphologiques des types humains fossiles de Brno et Crô-Magnon au pleistocène supérieur d'Europe. – In: G. CAMPS / G. OLIVIER: L'Homme de Crô-Magnon. – 59–72. – Paris, 1970b.
– Die Neandertaler des Karpatenbeckens und der angrenzenden Gebiete. – Actes du VIIe Congrès Sc. Préhist. et Protohistor. Prague, T. 2 (1966), 1252–1254. – Prague, 1971.
– A new discovery of Homo erectus in Central Europe. – J. Human Evol. 7 (1978), 239–251. London.
– „Homo erectus bilzingslebenensis". Eine neue Form des mittelpleistozänen Menschen Europas. – Ethnogr.-Archäol. Zschr. 20 (1979), 634–661. Berlin.
– Die mittelpleistozänen Hominidenreste von der Steinrinne bei Bilzingsleben. – In: D. MANIA / V. TOEPFER / E. VLČEK: Bilzingsleben I, 91–130. – Berlin, 1980.
– Über einen weiteren Schädelrest des Homo erectus von Bilzingsleben. – Ethnogr.-Archäol. Zschr. 24 (1983a), 321–325. Berlin.
– Die Neufunde vom Homo erectus aus dem mittelpleistozänen Travertinkomplex bei Bilzingsleben aus den Jahren 1977 bis 1979. – In: Bilzingsleben II, 189–199. – Berlin, 1983b.
– Der fossile Mensch aus Weimar-Ehringsdorf. – 111–117. – Berlin, 1985.
– Die ontophylogenetische Entwicklung des Gebisses des Neandertalers. – Verh. Anat. Ges. 80 (1986a), 295–296. Jena.
– Les Anténéandertaliens en Europe centrale et leur comparaison avec l'Homme de Tautavel. – L'Anthropologie 90 (1986b), 143–153. Paris.

- Anthropometry of the skeleton of Neandertal Man. – Acta Univ. Carol. Geologica 2 (1986c), 251–264. Praha.
- Beitrag der tschechoslowakischen Paläoanthropologie zur Erkenntnis der Entwicklung des Fossilmenschen Europas. – UK Praha, 110–119. – Praha, 1987a.
- Funde von Zähnen des Homo erectus aus dem Travertin bei Bilzingsleben. – Jschr. mitteldt. Vorgesch. 70 (1987b), 83–94. Berlin.
- Gánovecký nález v CT – počítačové tomografii. – Slovenská archeológia 36 (1988a), 353–362. Bratislava.
- Entwicklung der Populationen in Pleistozän Europas. – Symposium Wittenberg, 1988b (im Druck).
- Der fossile Mensch von Dolní Věstonice. – Symposium Wittenberg, 1988c (im Druck).
- Die Hominidenreste von Bilzingsleben. Über Neufunde von 1981–1987. – Ethnogr.-Archäol. Zschr. 30 (1989a), 270–286. Berlin.
- Homo erectus in Europa. – Ethnogr.-Archäol. Zschr. (1989b), 287–305. Berlin.
- Die mittelpleistozänen Hominiden-Funde von Bilzingsleben (DDR). – Anthrop. Beiträge. – Basel, 1989c (im Druck).
- Homo erectus in Mitteleuropa. – Anthrop. Beiträge. – Basel, 1989d (im Druck).
- Zur Typologie und Taxonomie des Fundes aus Reilingen. – Anthrop. Beiträge. – Basel, 1989e (im Druck).
- Nové nálezy lovců mamutů v Dolních Věstonicích. – Sborník Čs. spol. antrop. při ČSAV za rok 1989 (1990), 1–9. Brno.
- Die Mammutjäger von Dolní Věstonice. – Archäol. u. Museum, Heft 022. – Liestal –Baselland, 1991a.
- L'Homme fossile en Europe centrale. – L'Anthropologie 95 (1991b), 409–472. Paris.

VLČEK, E. / MANIA, D.: Ein neuer Fund von Homo erectus in Europa: Bilzingsleben, DDR. – Anthropologie 15 (1977), 159–169. Brno.

VLČEK, E. / BÍLÝ, B. / POKORNÁ, M.: Abraze zubní u historicky nejstarších Přemyslovců. – Sborník Nár. Mus. 45 (1989), 91–119. Praha.

VLČEK, E. / KOMÍNEK, J. / ANDRIK, P. / BÍLÝ, B.: Proposal of unification in documenting and determining the dental age an skeletal material. – Scripta medica 48 (1975), 299–311. Brno.

WAGENBRETH, O. / STEINER, W.: Zur Feinstratigraphie und Lagerung des Pleistozäns von Ehringsdorf bei Weimar. – Abh. Zentr. Geol. Inst., Paläontol. Abh. 21 (1974), 77–156. Berlin.

WEIDENREICH, F.: The mandibles of Sinanthropus pekinensis: A comparative study. – Palaeontologia Sinica, Ser. D, Vol. VII. Fac. 3. – Peking, 1936a.
- Observations on the form an propotions of the endocranial cast of Sinanthropus pekinensis, other hominids and the great apes. A comparative study of brain size. – Palaeontologia Sinica, Ser. D., Vol. VII, Fasc. 4. – Peking, 1936b.
- The dentition of Sinanthropus pekinensis. A comparative odontography of the monids. – Palaeontologia Sinica, Ser. D., No. 1. – Peking, 1937.
- The ramification of the middle meningeal artery in fossil hominids and its bearing phylogenetic problems. – Palaeontologia Sinica, N. Ser. D, No. 3. – Peking, 1938.
- The extremity bones of Sinanthropus pekinensis. – Palaeontologia Sinica, N. Ser. D 5. – Peking, 1941.
- The skull of Sinanthropus pekinensis: A comparative study on a primitive hominid skull. – Palaeontologia Sinica, N. Ser. 10. – Peking, 1943.
- Giant early Man from Java and South China. – Amer. Mus. Nat. Hist. Anthrop. Papers 40 (1945), 1–134. New York.
- Morphology of Solo Man. – Amer. Mus. Nat. Hist. Anthrop. Papers 43 (1951), 205–290. New York.

WEINER, J. S. / CAMPBELL, B. G.: The taxonomic status of the Swanscombe skull. – In: C. D. OVEY (Ed.): The Swanscombe skull. – 175–209. – London, 1964.

WEINERT, H.: Der Schädel des eiszeitlichen Menschen von Le Moustier. – Berlin, 1925.
- Der Urmenschenschädel von Steinheim. – Zschr. Morph. Anthrop. 25 (1936), 463–518. Stuttgart.

WIEGERS, F.: Diluviale Vorgeschichte des Menschen. – Stuttgart, 1928.
- Das geologische Alter des oberen Kalktuffs von Ehringsdorf. – Jb. d. Preuß. Geol. Landesanstalt 52 (1932), 461–465. Berlin.

WIEGERS, F. / WEIDENREICH, F. / SCHUSTER, E.: Der Schädelfund von Weimar-Ehringsdorf. – Jena, 1928.

WIERCINSKI, A.: Einige Probleme der Anthropogenese in den Arbeiten der polnischen Anthropologen. – Mitt. d. Sektion Anthropologie – Biol. Ges. d. DDR 12 (1964), 45–56. Berlin.

WOLPOFF, M. H.: Paleoanthropology. – New York, 1980.
- Evolutionary changes in European Neandertals. – Abstract, Amer. J. of phys. Anthrop. 54 (1982), Nr. 2, 290. Philadelphia.

WÜST, E.: Neues über die paläolithischen Fundstätten der Gegend von Weimar. – Zschr. f. Naturwiss. 80 (1908), 125–134. Leipzig.
- Die pleistozänen Ablagerungen des Travertingebietes der Gegend von Weimar und ihre Fossilienbestände in ihrer Bedeutung für die Beurteilung der Klimaschwankungen des Eiszeitalters. – Zschr. f. Naturwiss. 82 (1910), 161–252. Leipzig.

XIROTIRIS, N.: Bemerkungen über die phylogenetische Stellung des Petralona-Schädels. – Schriften zur Ur- und Frühgesch. 41 (1985), 106–110. Berlin.

XIROTIRIS, N. / VLČEK, E.: Arago et Petralona: comparaison de l'endocrâne. – Congrès inter. de Paléont. humaine, Communication 21. Octobre 1982. – Nice, 1982.

ZEISSLER, H.: Konchylien im Ehringsdorfer Pleistozän. – Abh. Zentr. Geol. Inst., Paläontol. Abh. 23 (1975), 15–90. Berlin.

Tafelteil

Tafel I

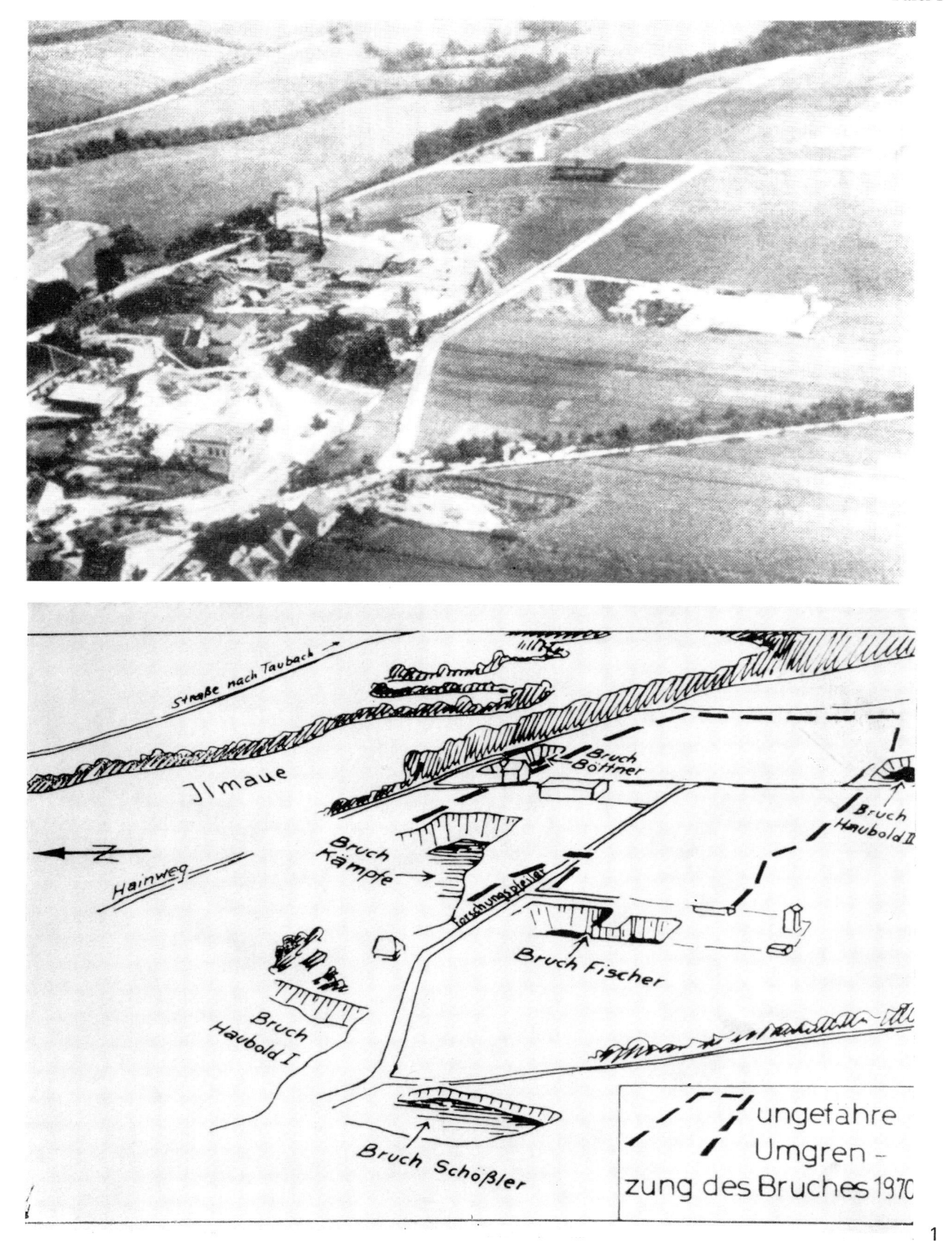

Taf. I   Ehringsdorfer Travertine. – Luftaufnahme der „klassischen" Steinbrüche von Ehringsdorf um 1920

Tafel II

Taf. II Fundstelle des Schädels Ehringsdorf H. – Gesamtprofil des Steinbruches zur Zeit der Auffindung des Schädels im September 1925

Tafel III

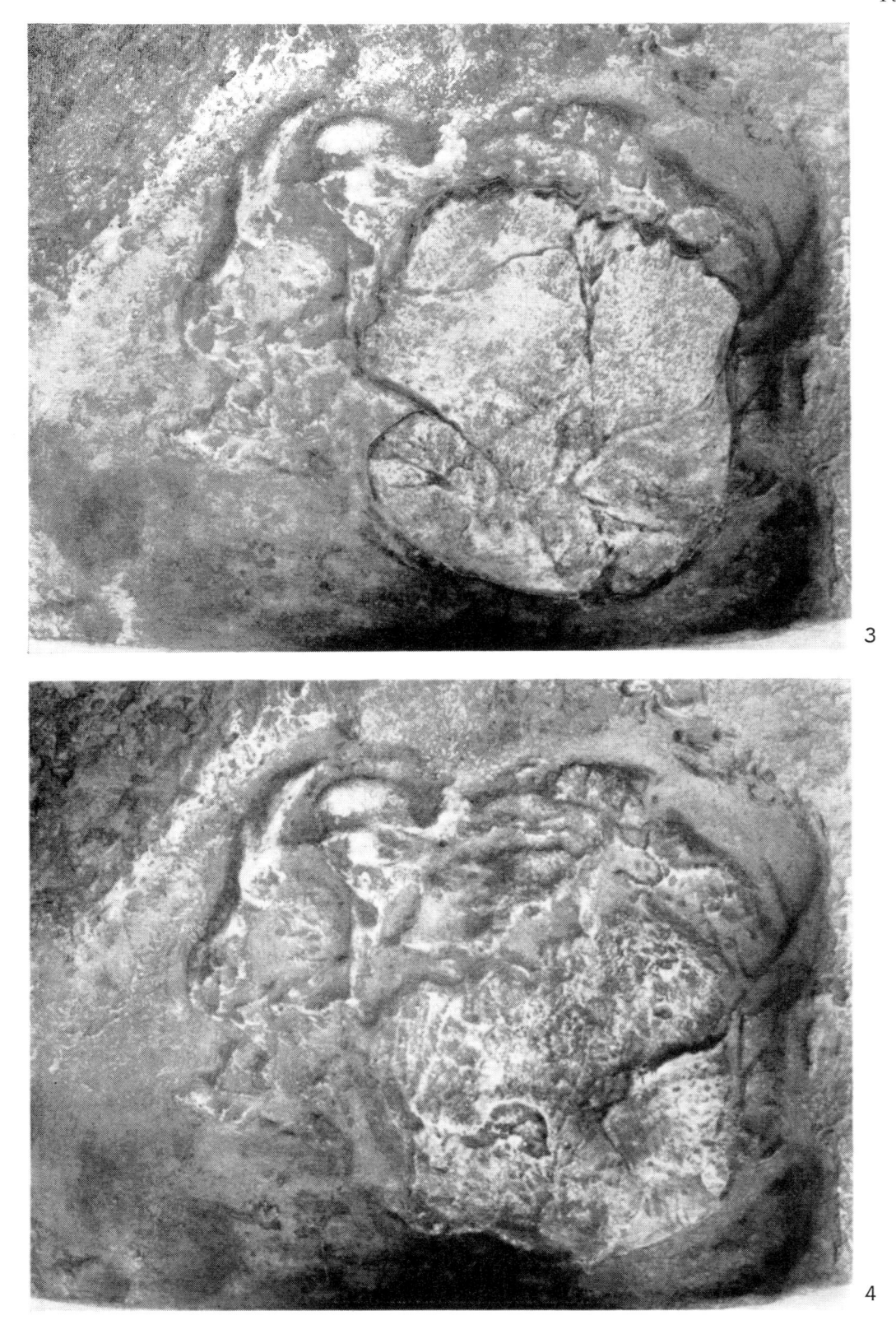

Taf. III Präparation des Schädels Ehringsdorf H.
3 – freigelegte Schädelkalotte im Fundblock. **4** – Schädelkalotte nach Entfernen des rechten Parietale

Tafel IV

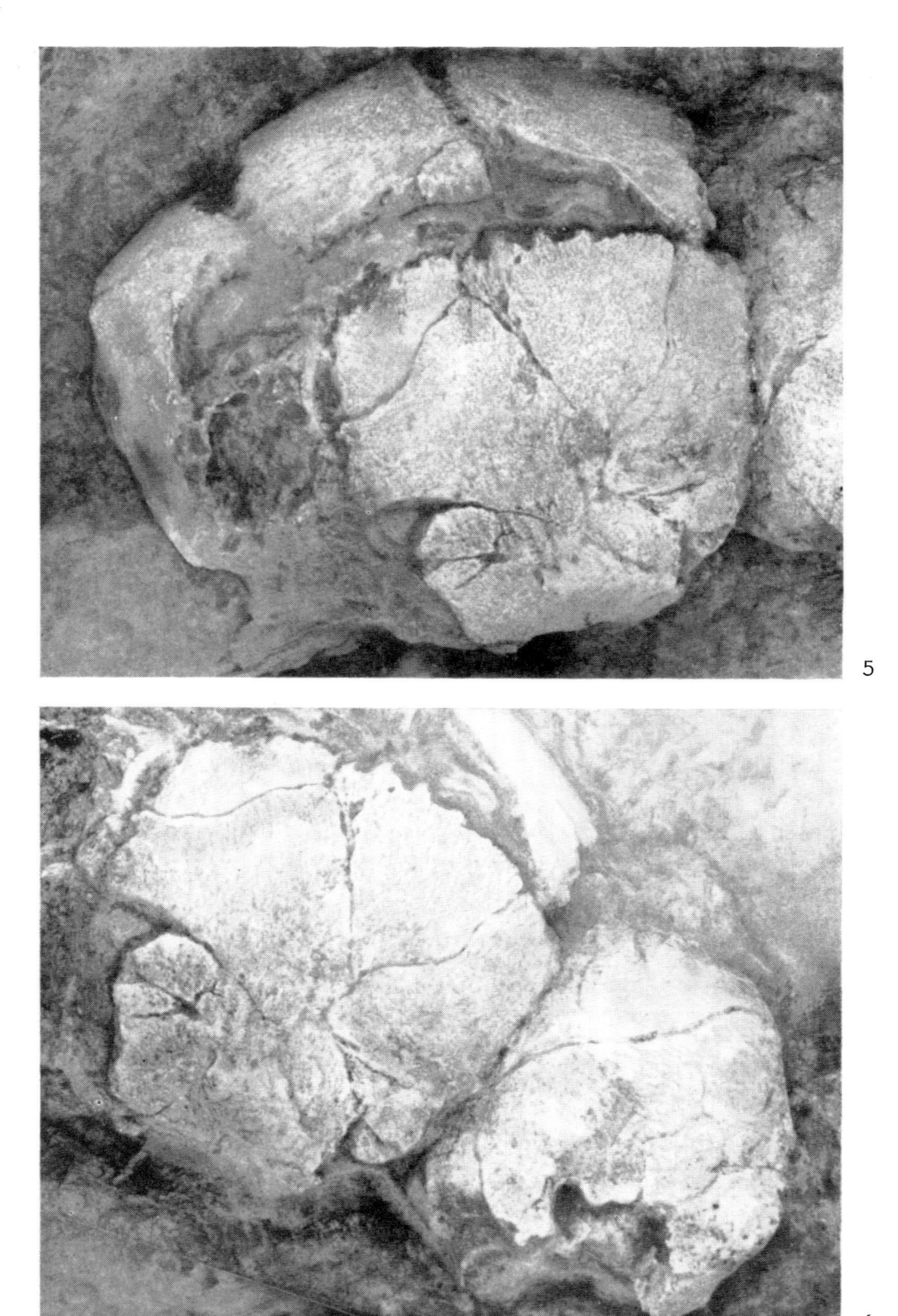

Taf. IV Ehringsdorf H.
5 – Parietale und Occipitale im Originalzustand. 6 – Teil des Frontale und des rechten Parietale

Tafel V

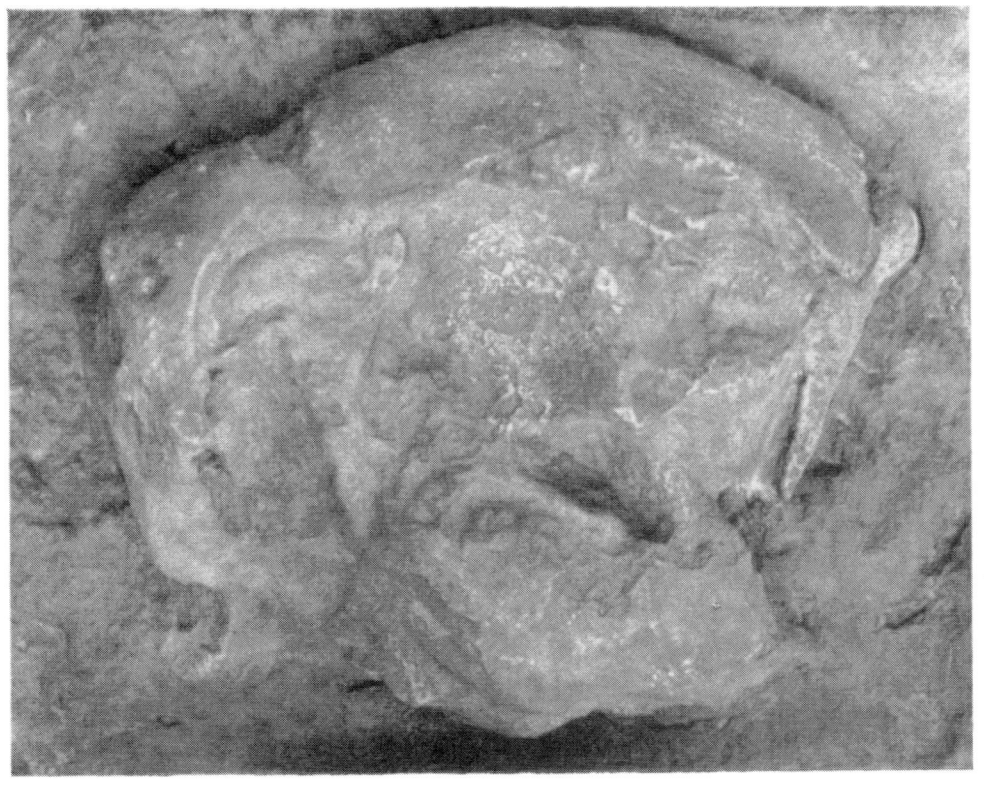

Taf. V Ehringsdorf H.
7 – kleineres Fragment des Frontale (linke Schläfenpartie). **8** – das kleinere Fragment des Frontale im Travertinblock nach Entfernung des größeren Fragmentes. **8a** – Fragment des Frontale
(linke Schläfenpartie)

Tafel VI

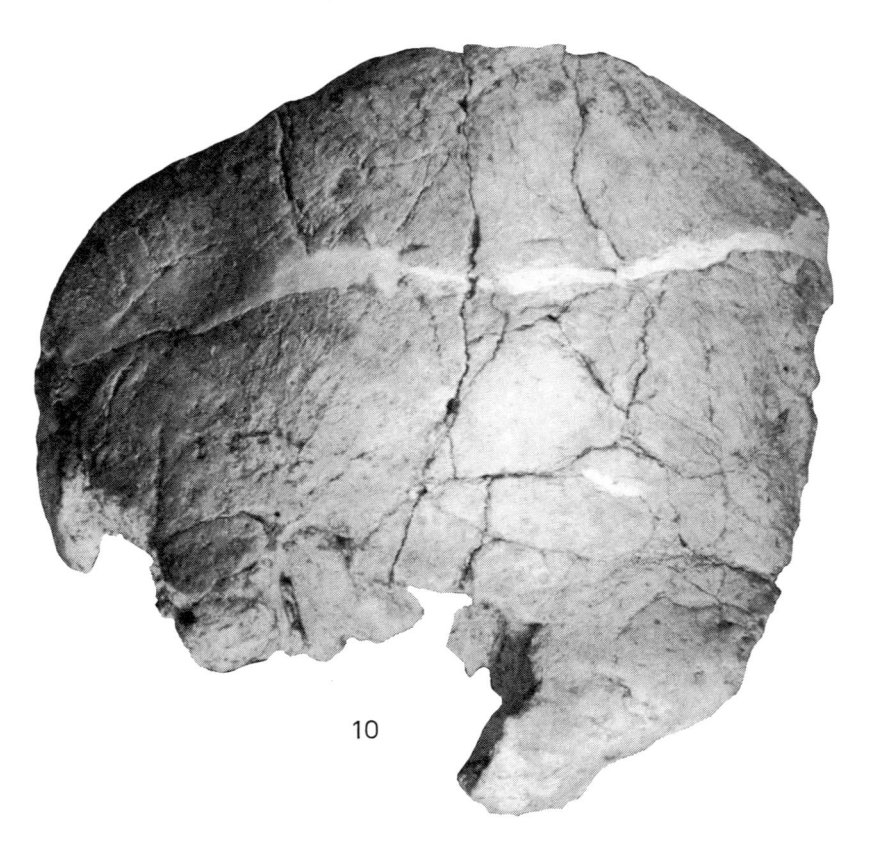

Taf. VI Ehringsdorf H.
9 – E. Lindig bei der Präparation des Schädels im Museum für Urgeschichte Weimar, September 1925. **10** – freigelegtes Frontalfragment – Facies externa

Tafel VII

Taf. VII   Ehringsdorf H.
11 – auspräpariertes Travertinbruchstück. **12** – Occipitale – Facies externa. **13** – linkes Parietale – im Lambdabereich an Sagittalnaht und Occipitalnaht anschließendes Fragment. **14, 15** – auspräparierte Travertinbruchstücke (Kalottenbereich). **16** – erster Rekonstruktionsversuch nach K. Lindig 1926

Tafel VIII

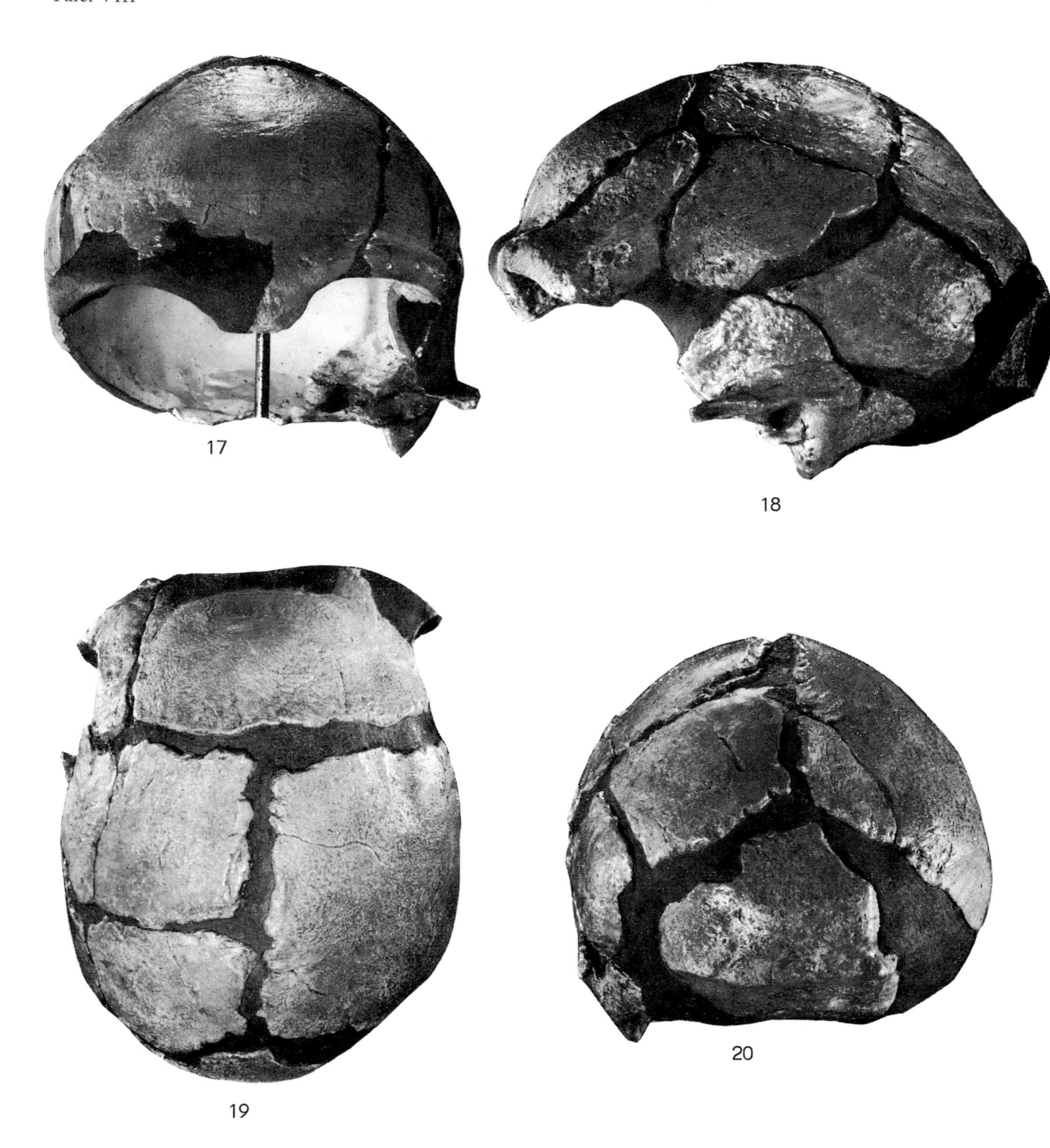

17

18

19

20

Taf. VIII   Ehringsdorf H. – Rekonstruktion nach F. Weidenreich 1928.
17 – Norma frontalis. 18 – Norma lateralis sinistra. 19 – Norma verticalis. 20 – Norma occipitalis

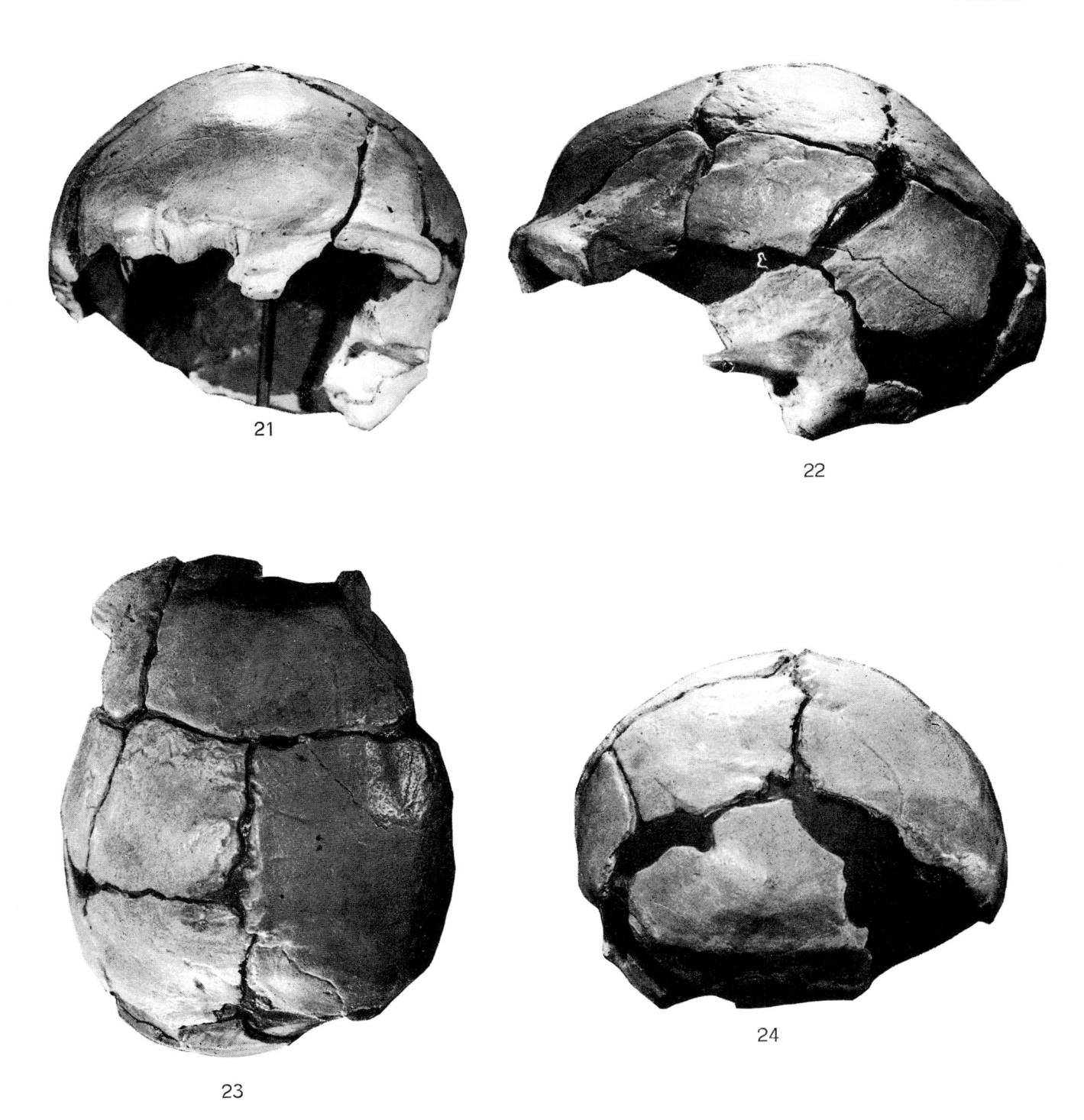

Taf. IX   Ehringsdorf H. – Rekonstruktion nach O. KLEINSCHMIDT 1931.
21 – Norma frontalis. **22** – Norma lateralis sinistra. **23** – Norma verticalis. **24** – Norma occipitalis

Tafel X

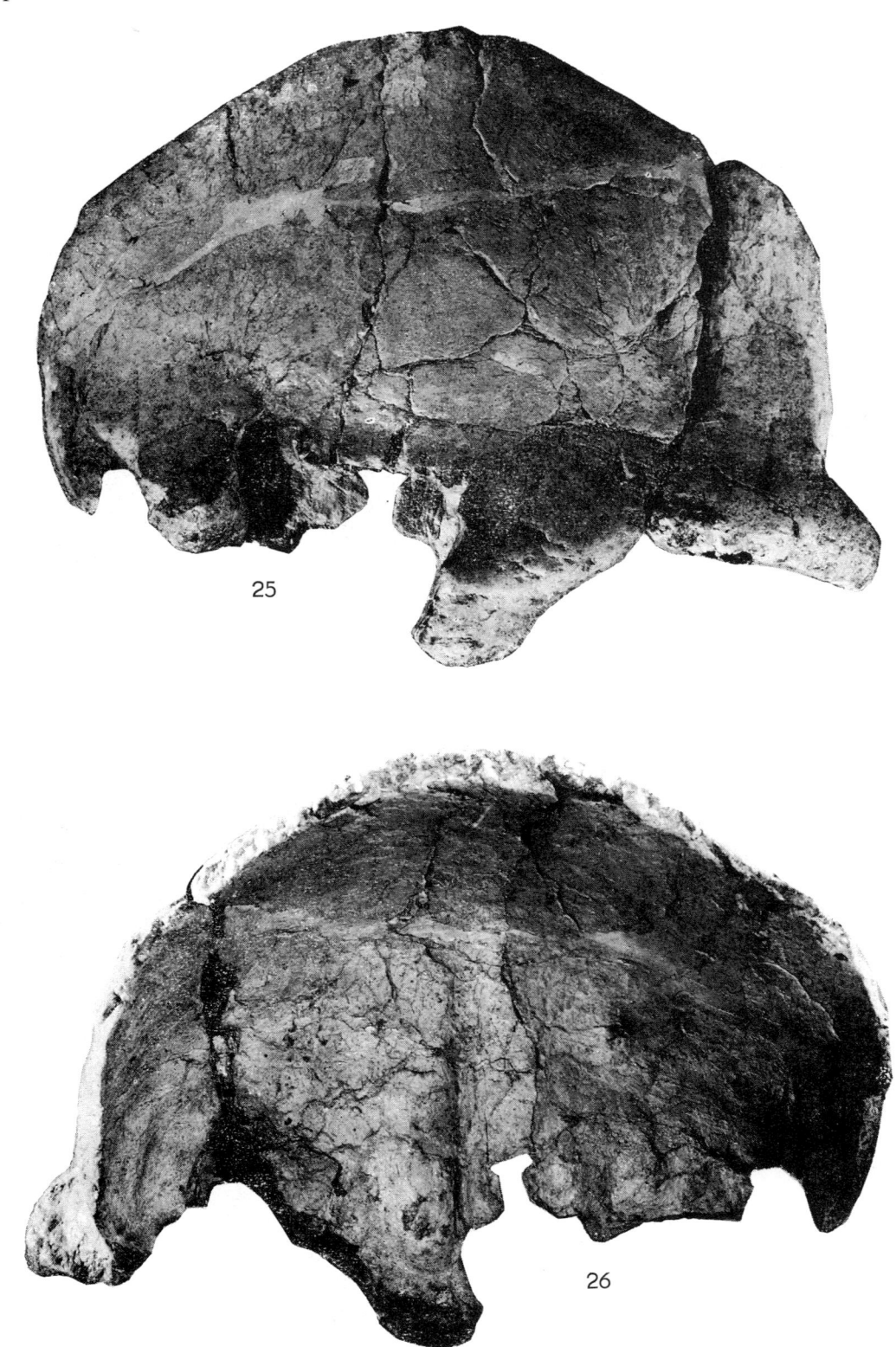

25

26

Taf. X   Ehringsdorf H. – Os frontale.
25 – Facies externa – Norma frontalis. **26** – Facies interna

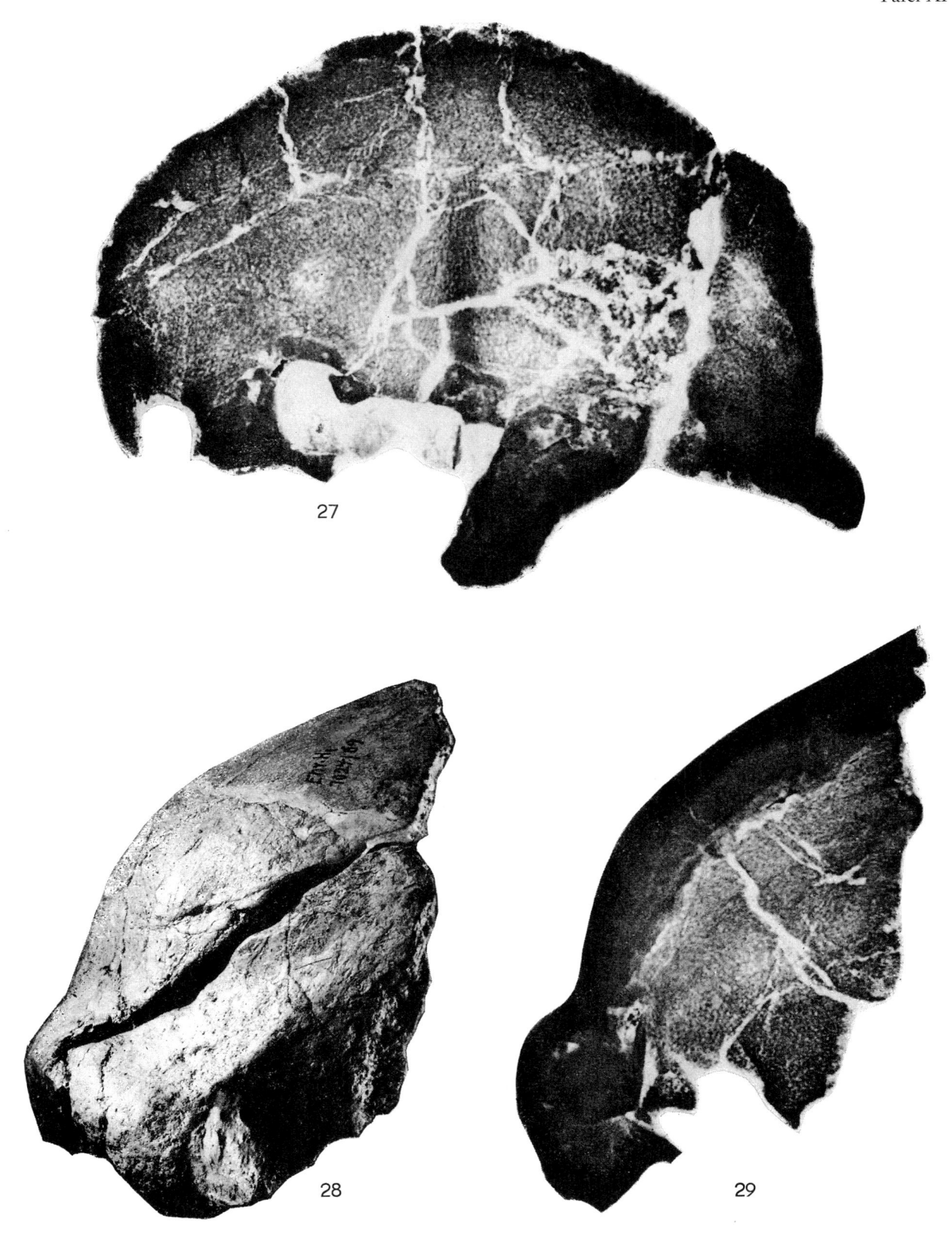

Taf. XI   Ehringsdorf H. – Os frontale.
27 – fronto-dorsale Röntgenprojektion. **28** – Norma lateralis sinistra. **29** – laterale Röntgenprojektion

Tafel XII

30

31

Taf. XII Ehringsdorf H. – Os parietale dextrum.
30 – Facies externa - Norma verticalis. **31** – Facies interna

Tafel XIII

Taf. XIII Ehringsdorf H. – Ossa parietalia.
32 – Os parietale dextrum – Röntgenaufnahme. **33** – Os parietale sinistrum – Röntgenaufnahme

Tafel XIV

34

35

Taf. XIV Ehringsdorf H. – Os parietale sinistrum.
34 – Facies externa – Norma verticalis. **35** – Facies interna

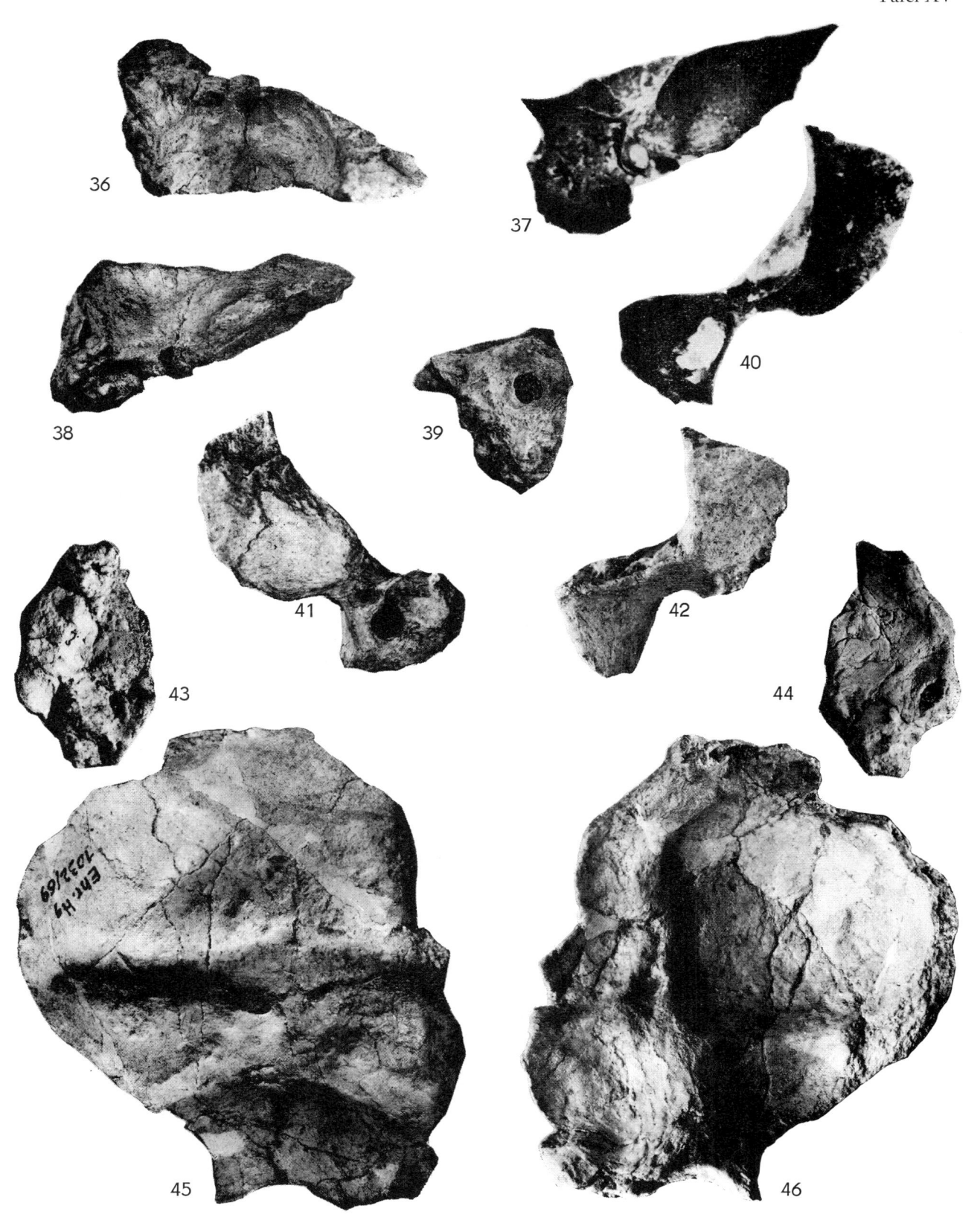

Taf. XV   Ehringsdorf H. – Os sphenoidale und Os occipitale.
Os sphenoidale – Ala magna dextra: **36** – Facies cerebralis. **37** – vertikale Röntgenprojektion. **38** – Norma basilaris. **39** – Basis des Processus pterygoideus dexter. **40** – laterale Röntgenprojektion. **41** – Facies orbitalis. **42** – Facies temporalis. – Os occipitale: **43** – kleines Fragment – Facies externa. **44** – kleines Fragment – Facies interna. **45** – Squama – Facies externa. **46** – Squama – Facies interna

Tafel XVI

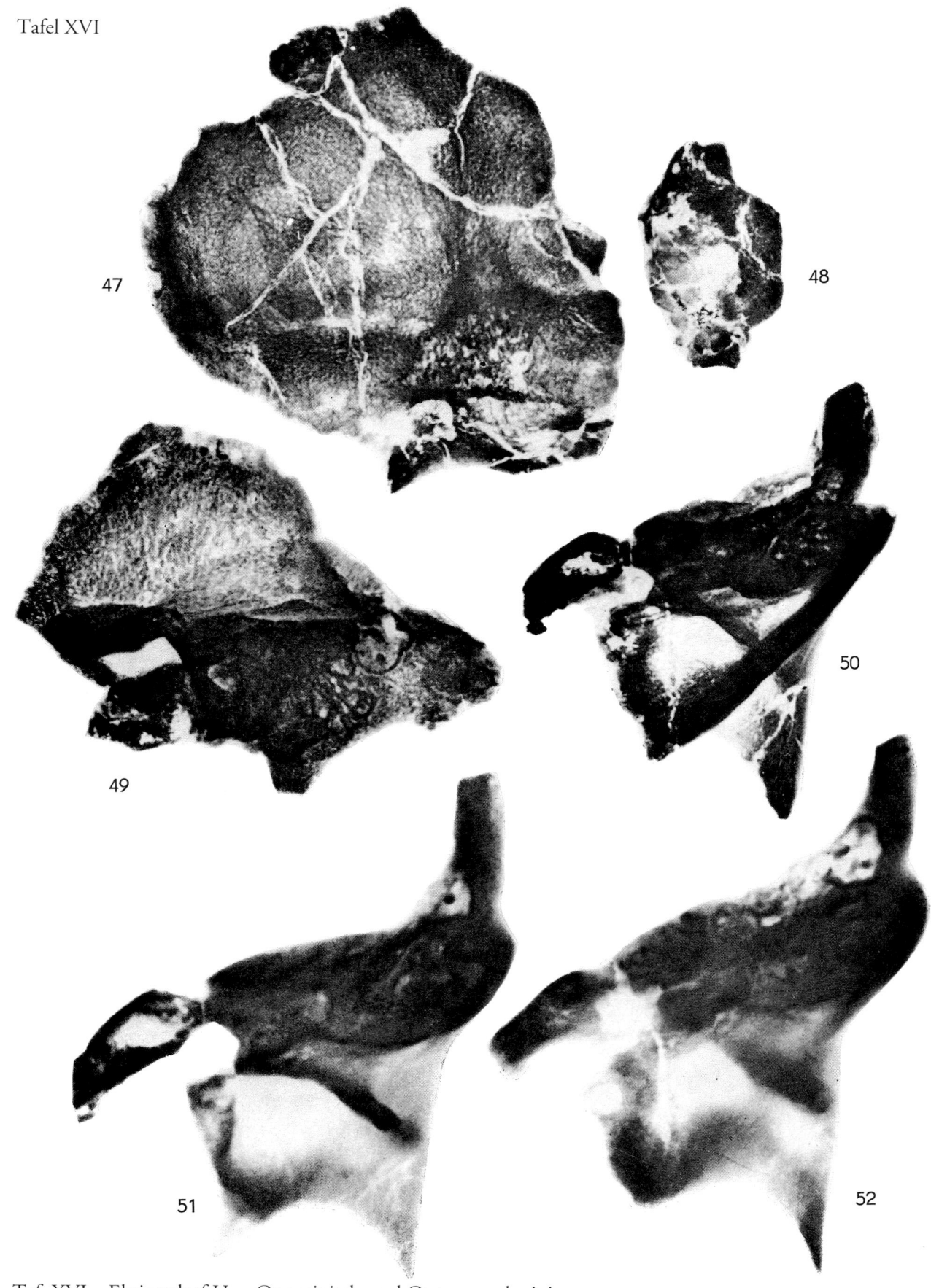

Taf. XVI   Ehringsdorf H. – Os occipitale und Os temporale sinistrum.
Os occipitale: **47** – fronto-dorsale Röntgenprojektion. **48** – kleines Fragment – Röntgenaufnahme. – Os temporale sinistrum: **49** – laterale Röntgenprojektion. **50** – vertikale Röntgenprojektion. **51** – tomographischer Röntgenschnitt in vertikaler Projektion. **52** – wie Abb. 51, Schnittebene 2 mm höher

Tafel XVII

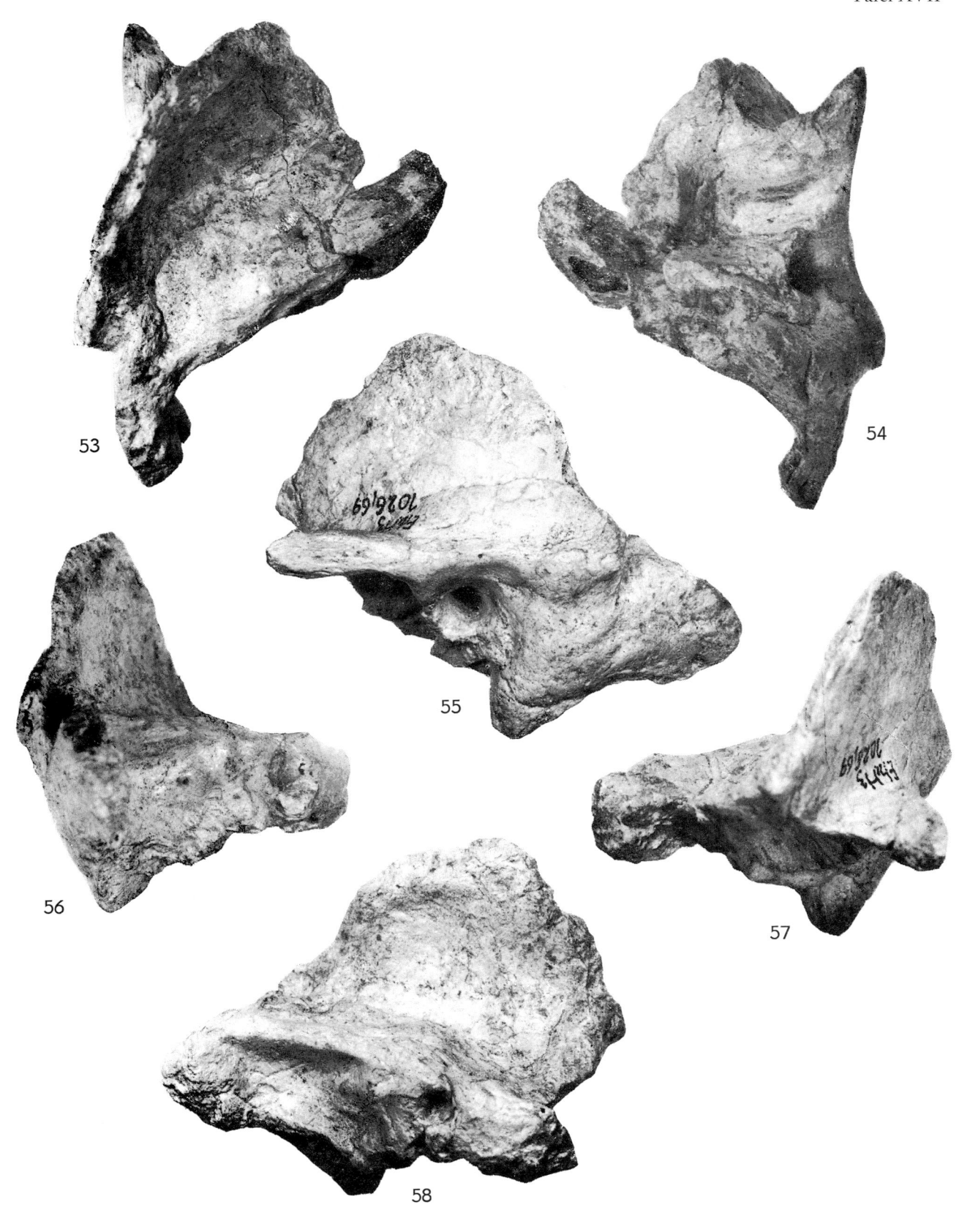

Taf. XVII Ehringsdorf H. – Os temporale sinistrum.
53 – Norma verticalis. **54** – Norma basilaris. **55** – Norma lateralis – Facies externa. **56** – schräg von hinten. **57** – schräg von vorn.
58 – Facies interna

Tafel XVIII

59

Taf. XVIII Ehringsdorf H. – Rekonstruktion von E. Vlček 1979.
59 – Norma verticalis

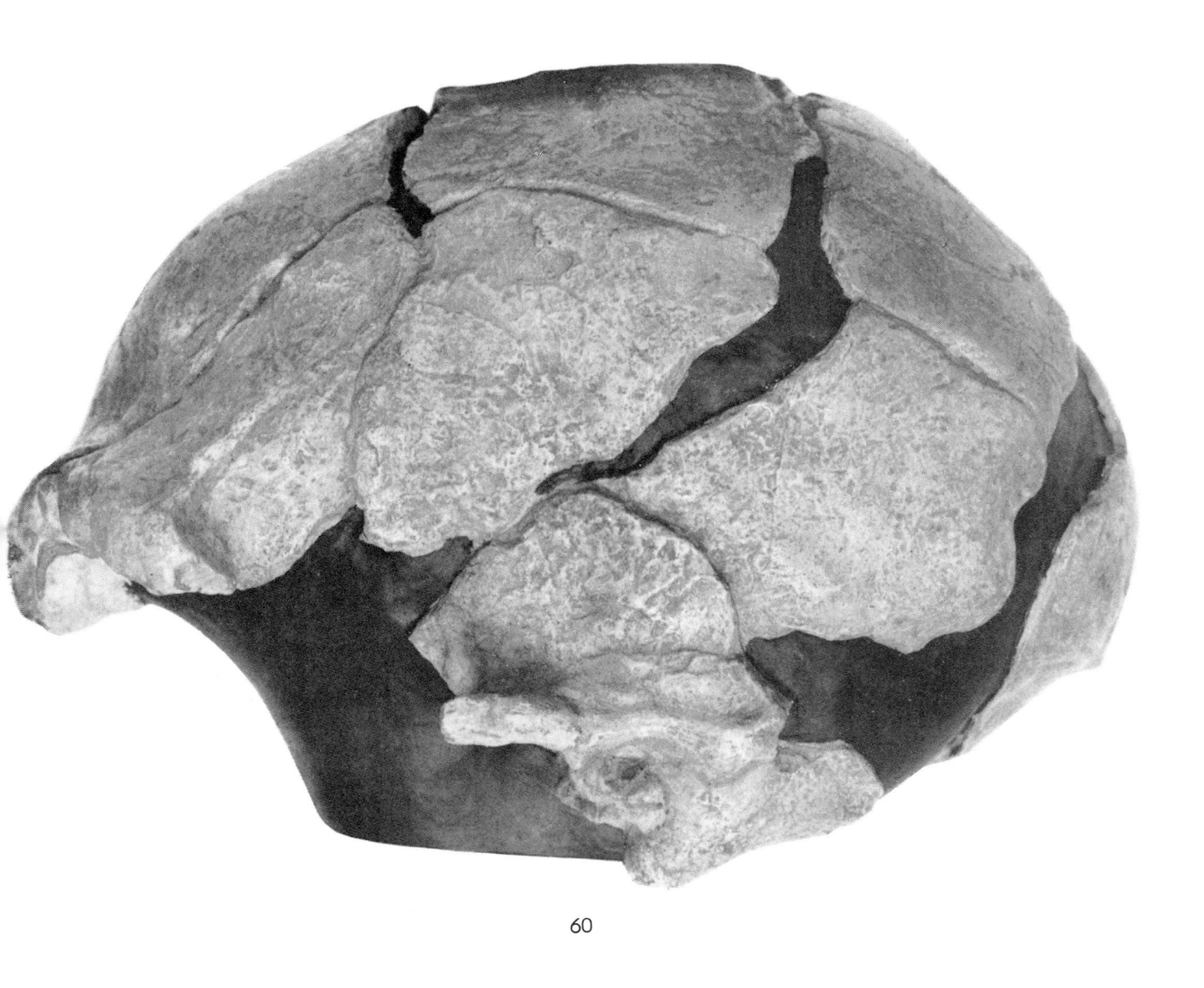

Tafel XIX

60

Taf. XIX Ehringsdorf H. – Rekonstruktion von E. VLČEK 1979.
60 – Norma lateralis sinistra

Tafel XX

Taf. XX Ehringsdorf H. – Rekonstruktion von E. VLČEK 1979.
61 – Norma lateralis dextra

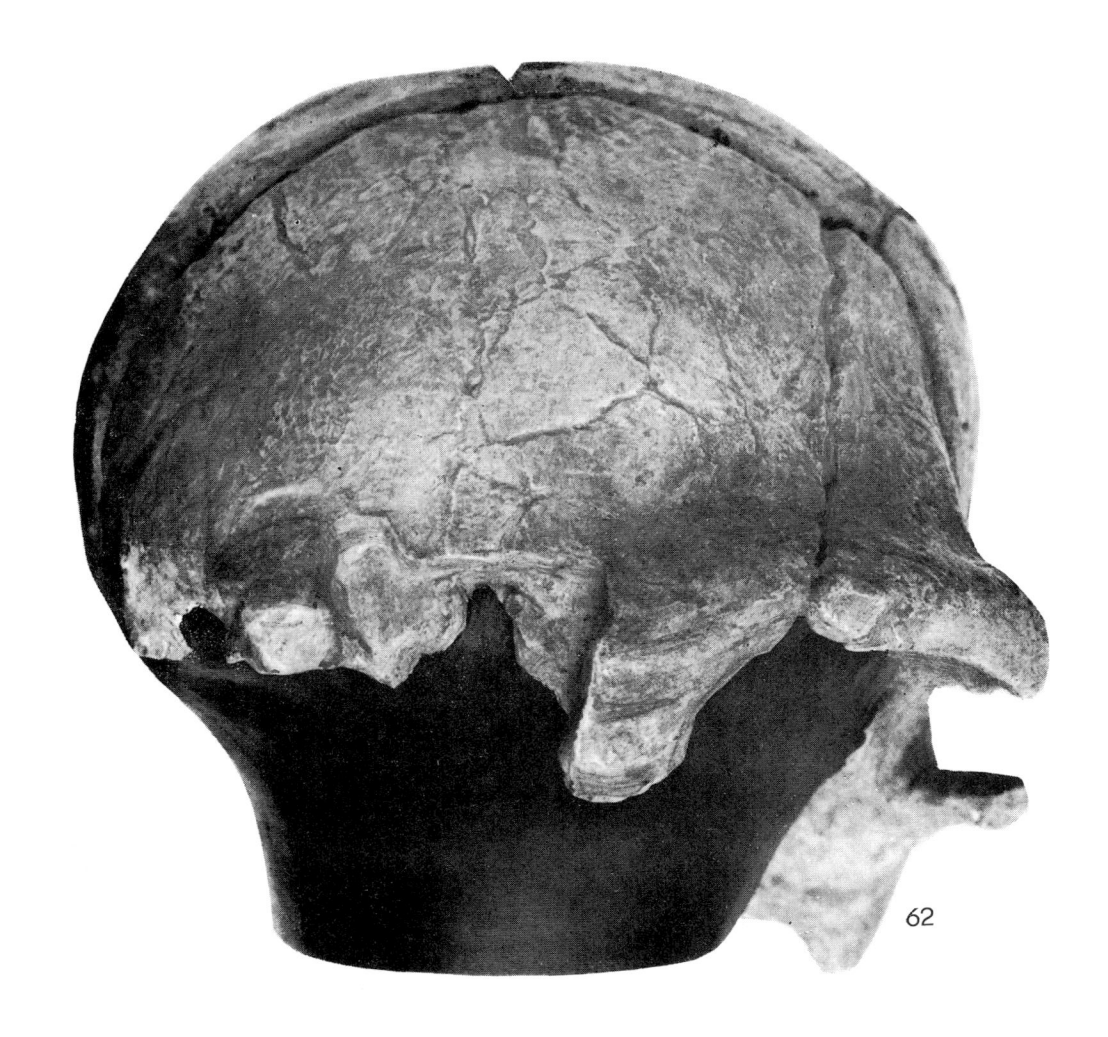

Taf. XXI Ehringsdorf H. – Rekonstruktion von E. Vlček 1979.
62 – Norma frontalis

Tafel XXII

63

Taf. XXII   Ehringsdorf H. – Rekonstruktion von E. Vlček 1979.
63 – Norma occipitalis

Tafel XXIII

64

Taf. XXIII Ehringsdorf H. – Rekonstruktion von E. Vlček 1979.
64 – Norma basilaris

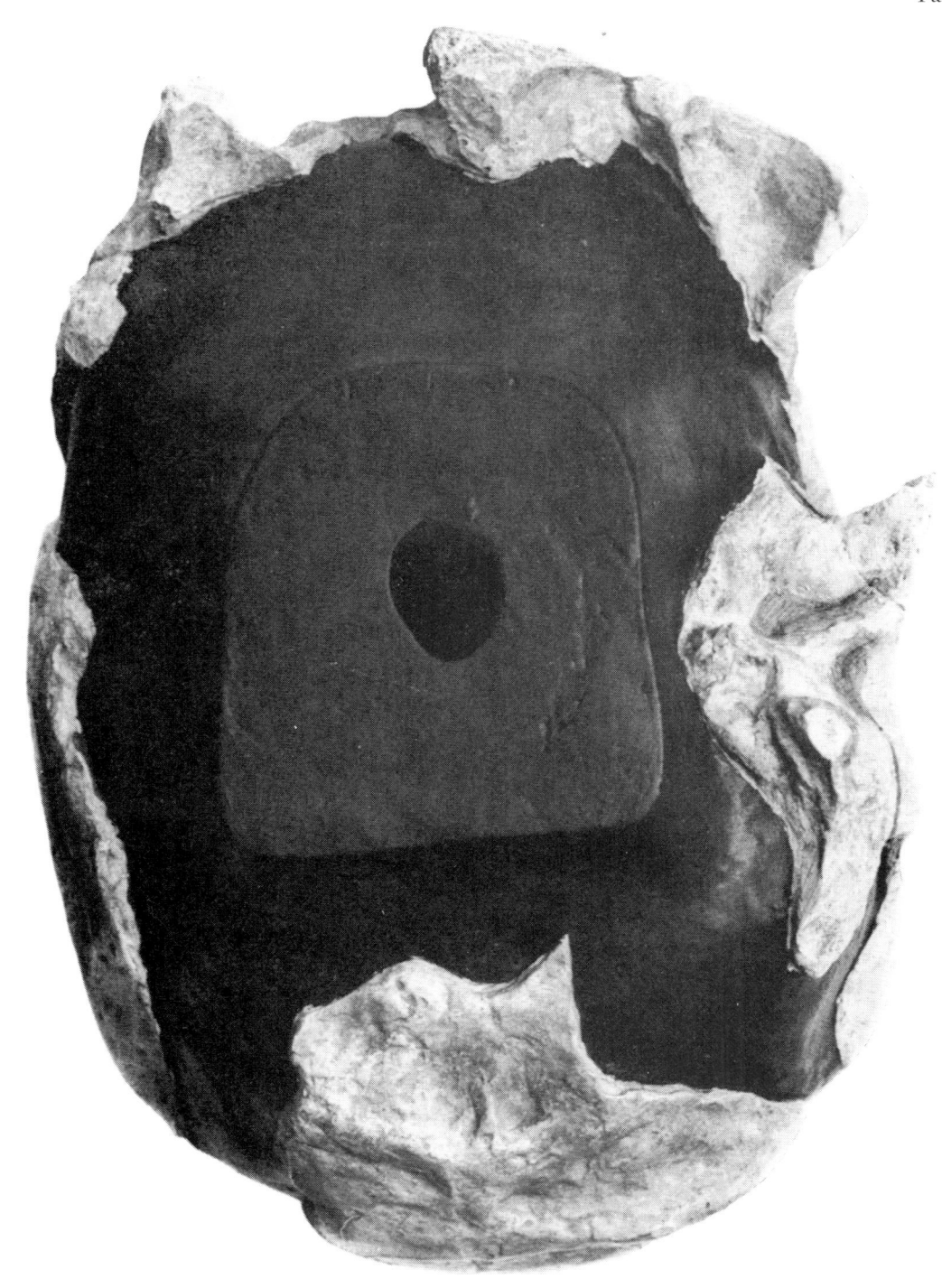

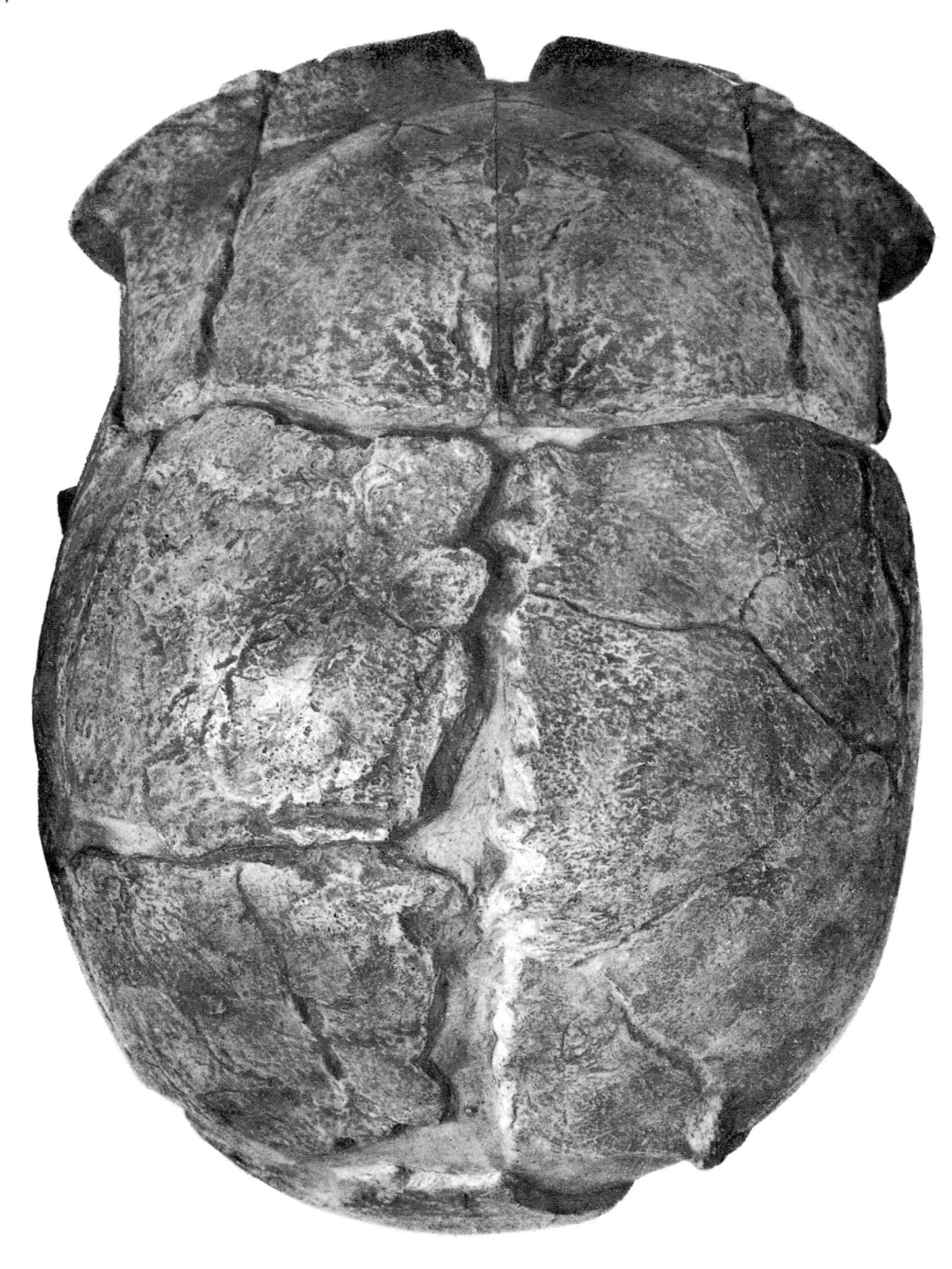

Tafel XXIV

65

Taf. XXIV   Ehringsdorf H. – Rekonstruktion.
65 – Norma verticalis, Frontalpartie spiegelbildlich ergänzt

66

Taf. XXV Ehringsdorf H. – Rekonstruktion.
66 – Norma occipitalis, rechtes Temporale spiegelbildlich ergänzt

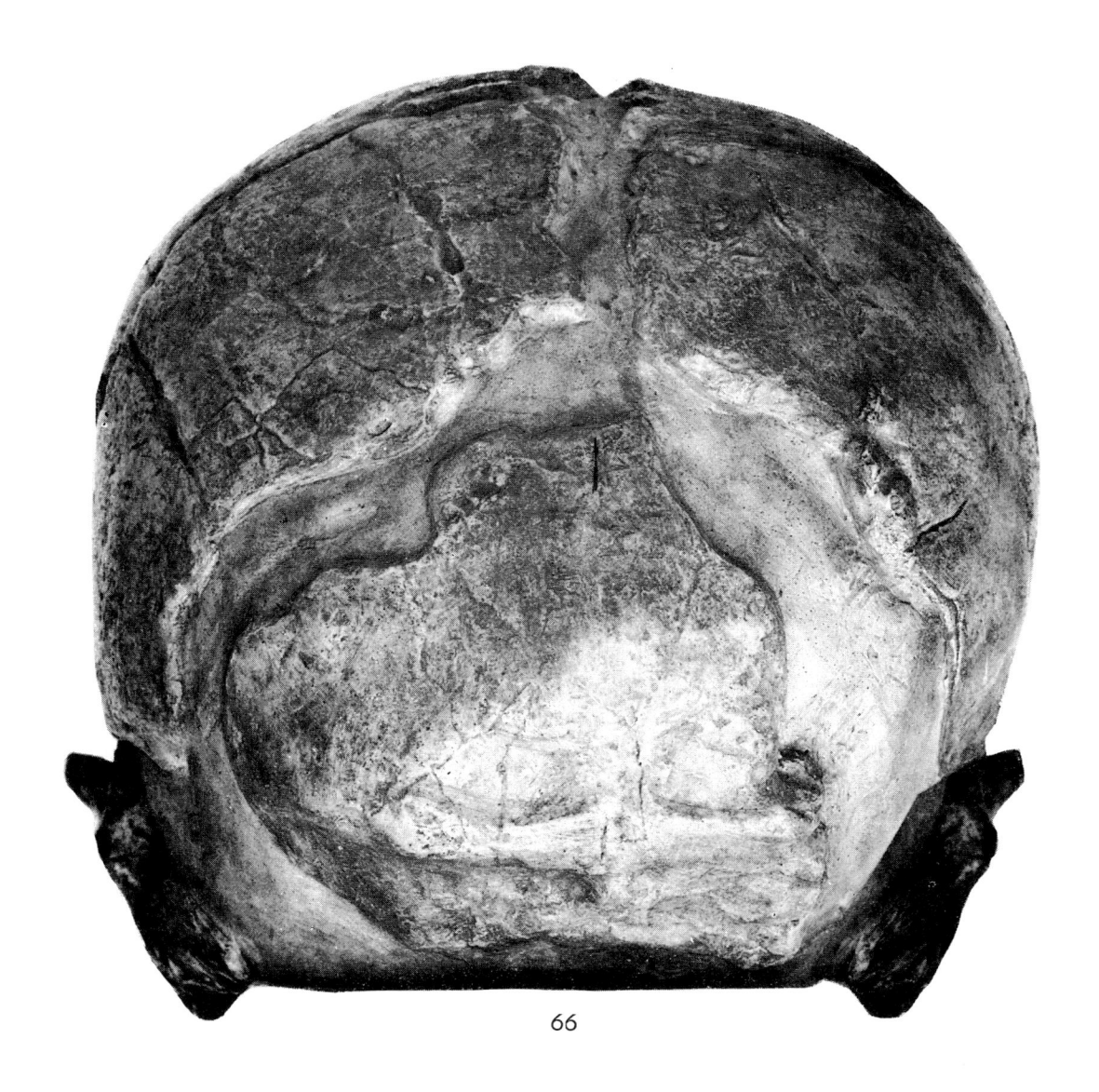

Tafel XXVI

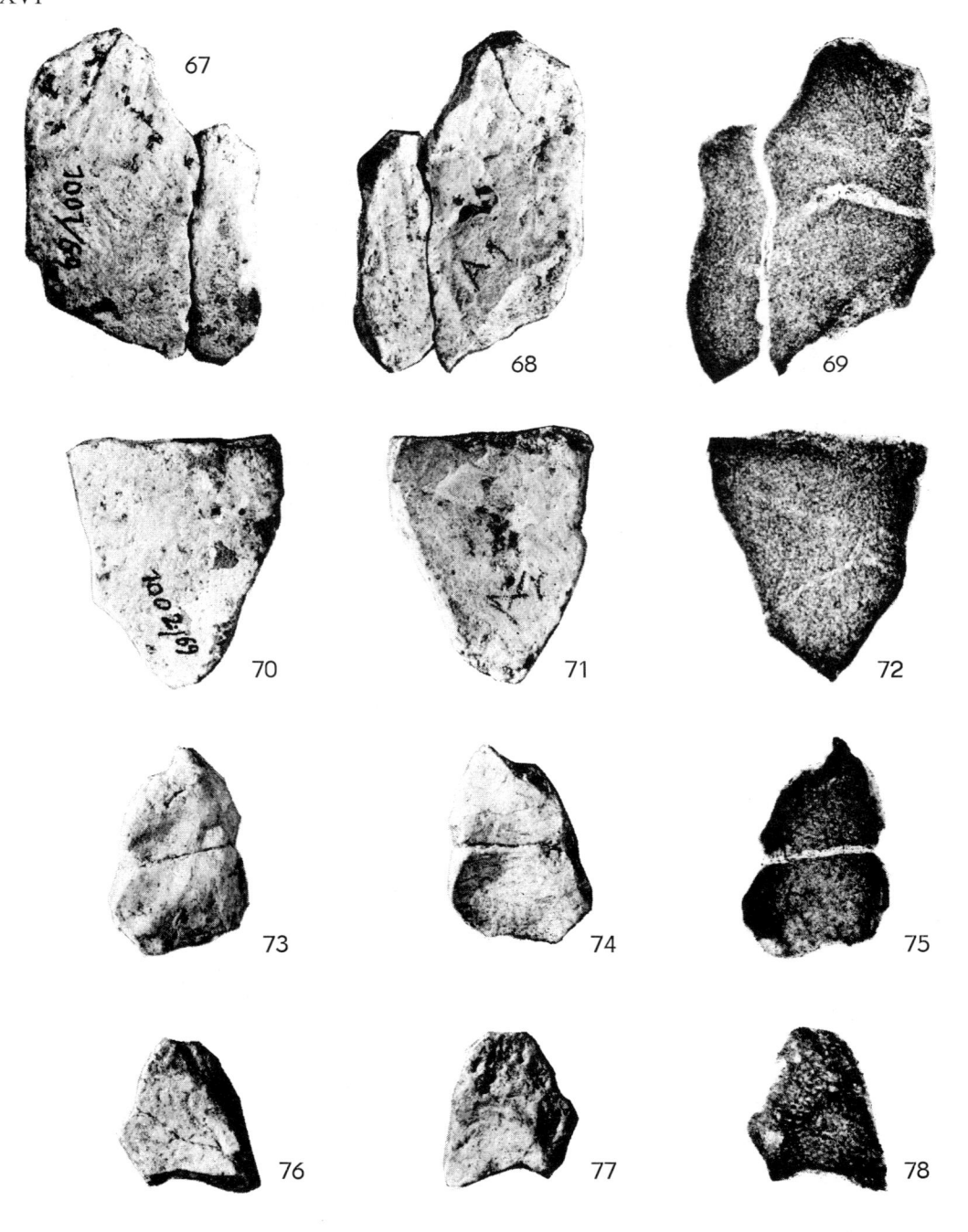

Taf. XXVI Ehringsdorf A.
67–75 Ossa parietalia, **76–78** Os temporale - Fragmente. **67** – A1 Facies externa. **68** – Fragment A1 – Facies interna. **69** – Fragment A1 – Röntgenaufnahme. **70** – Fragment A2 – Facies externa. **71** – Fragment A2 – Facies interna. **72** – Fragment A2 – Röntgenaufnahme. **73** – Fragment A3 – Facies externa. **74** – Fragment A3 – Facies interna. **75** – Fragment A3 – Röntgenaufnahme. **76** – Fragment A4 – Facies externa. **77** – Fragment A4 – Facies interna. **78** – Fragment A4 – Röntgenaufnahme

Tafel XXVII

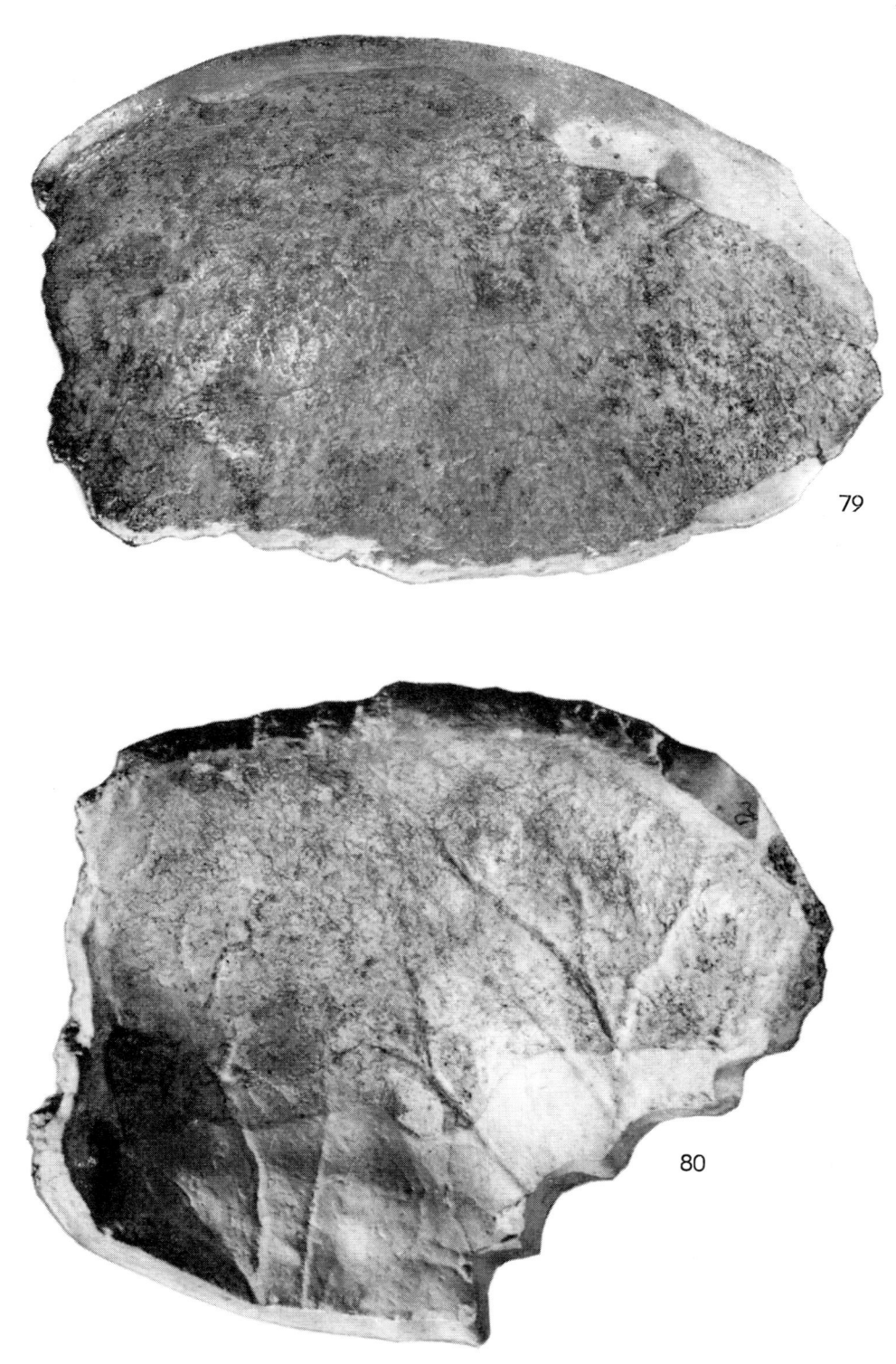

79

80

Taf. XXVII   Ehringsdorf B. – Os parietale sinistrum.
79 – Facies externa – Norma verticalis. **80** – Facies interna

Tafel XXVIII

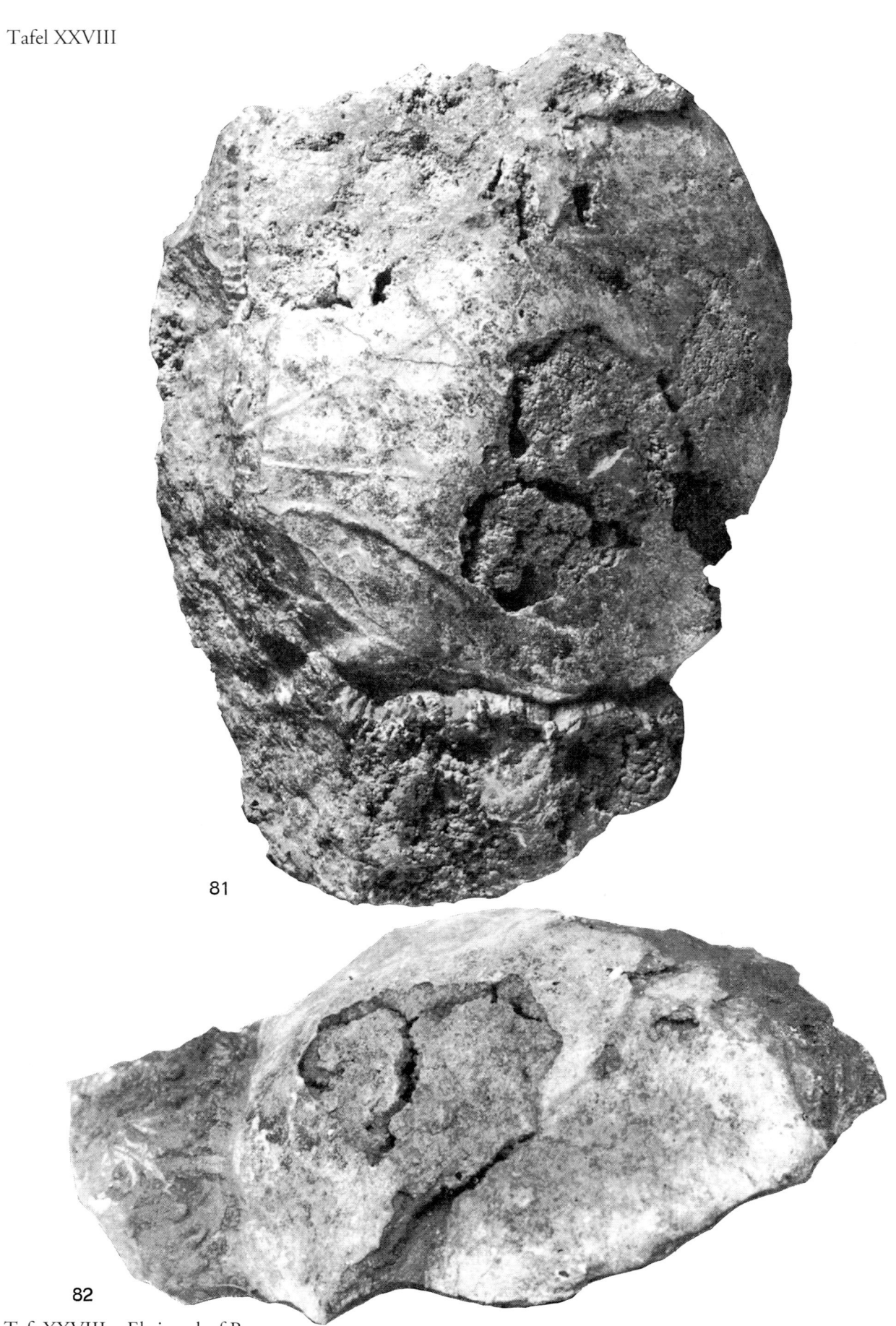

81

82

Taf. XXVIII Ehringsdorf B.
81/82 – Travertinabdruck des Parietalbruchstückes

Tafel XXIX

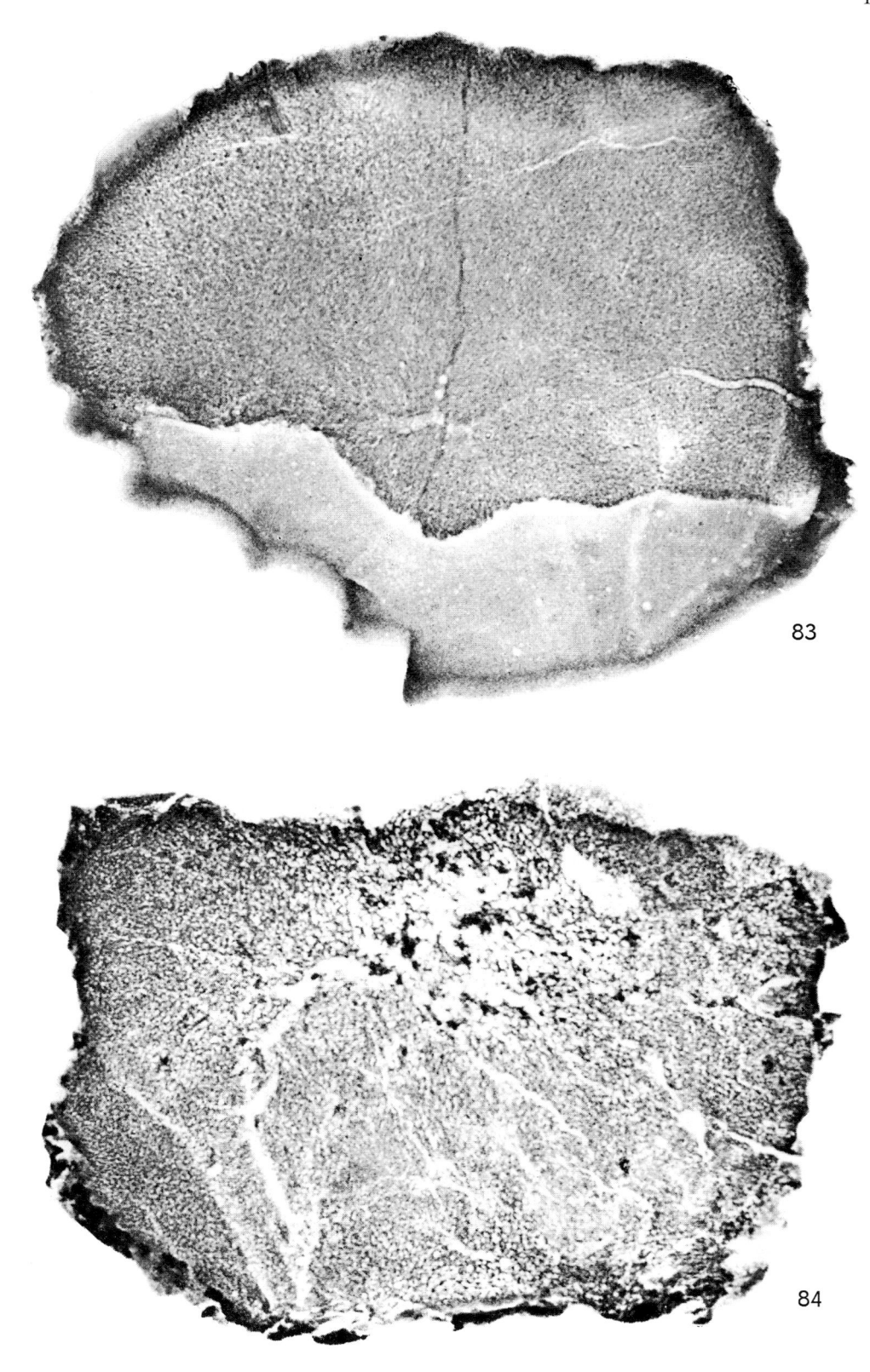

Taf. XXIX Ehringsdorf B und Ehringsdorf C.
83 – Os parietale B – Röntgenaufnahme. **84** – Os parietale C – Röntgenaufnahme

Tafel XXX

85

86

Taf. XXX Ehringsdorf C. – Os parietale dextrum.
85 – Facies externa – Norma verticalis. **86** – Facies interna

Tafel XXXI

Taf. XXXI Ehringsdorf C und Ehringsdorf D.
87 – Os parietale C – verheilte Verletzung auf der Facies externa. **88** – Os parietale D – Röntgenaufnahme

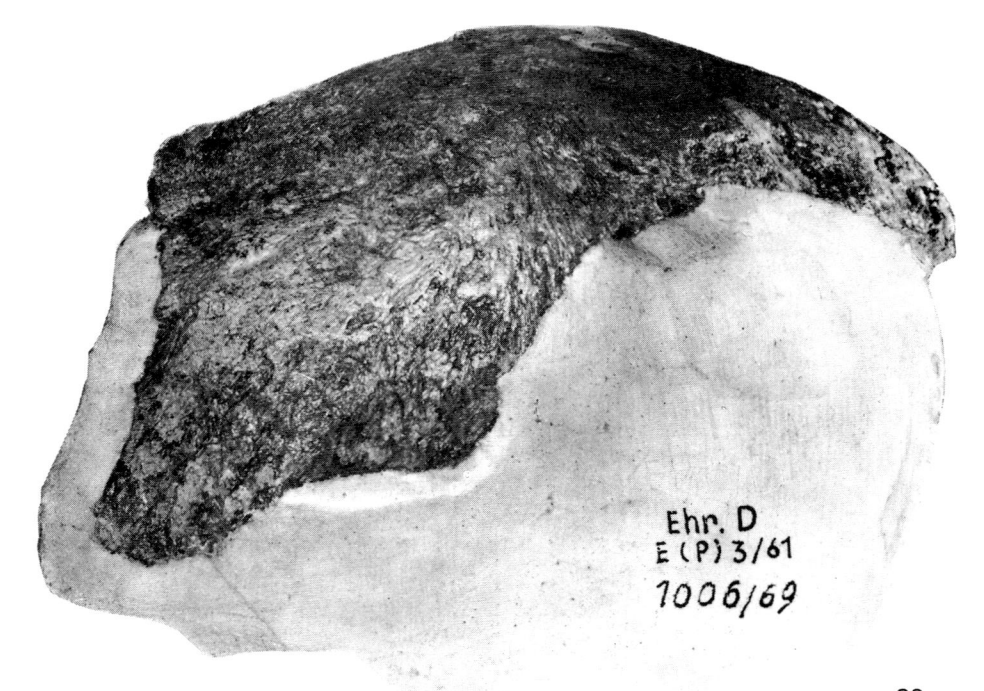

Tafel XXXII

89

90

Taf. XXXII   Ehringsdorf D. – Os parietale dextrum.
89 – Facies externa – Norma verticalis. **90** – Facies interna

Tafel XXXIII

91

92

Taf. XXXIII Ehringsdorf D.
91/92 – Travertinabdruck des Parietalbruchstückes

Tafel XXXIV

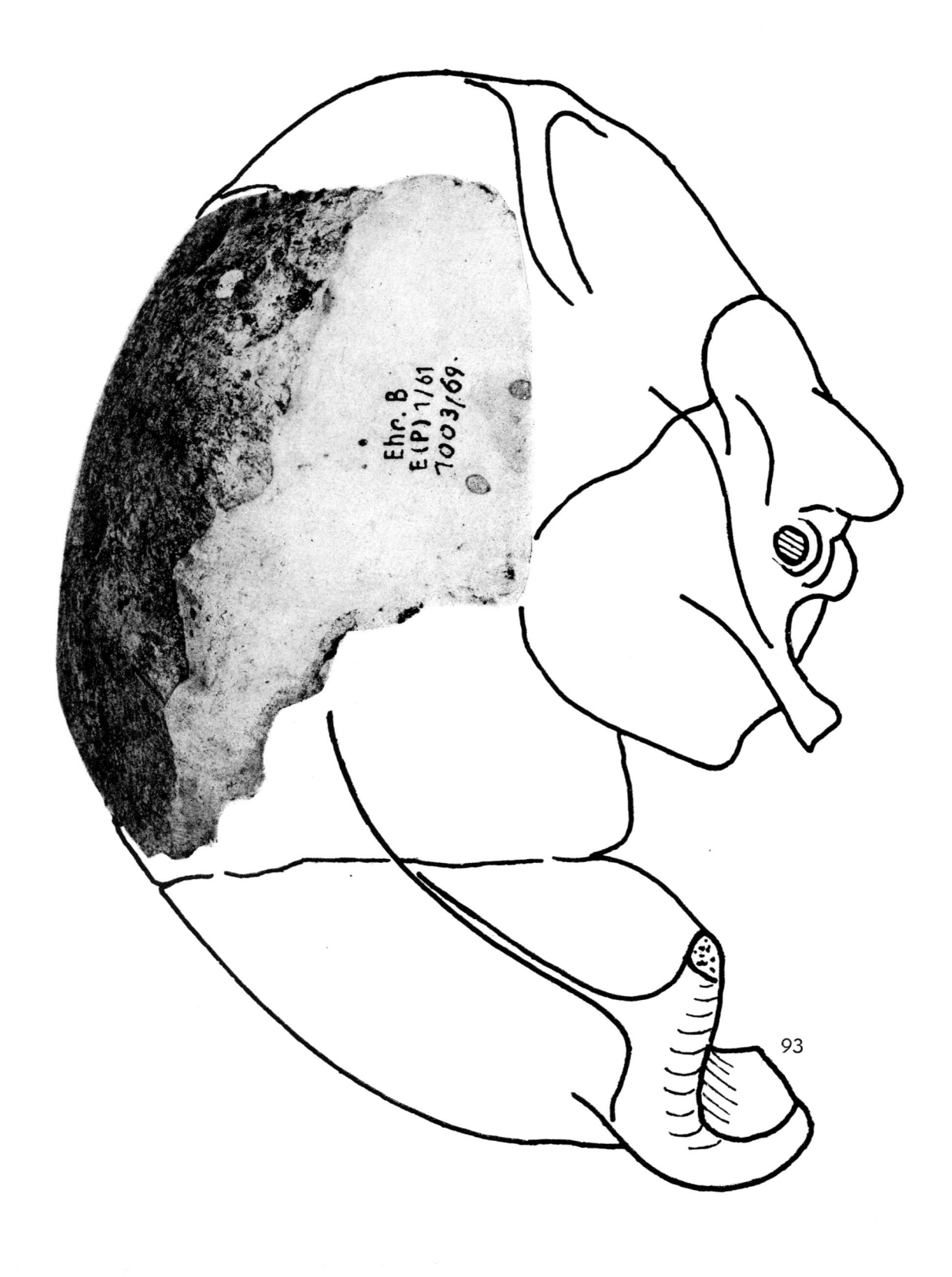

Taf. XXXIV Ehringsdorf B. – Os parietale B in die Schädelrekonstruktion Ehringsdorf H eingesetzt.
93 – Norma lateralis sinistra

94

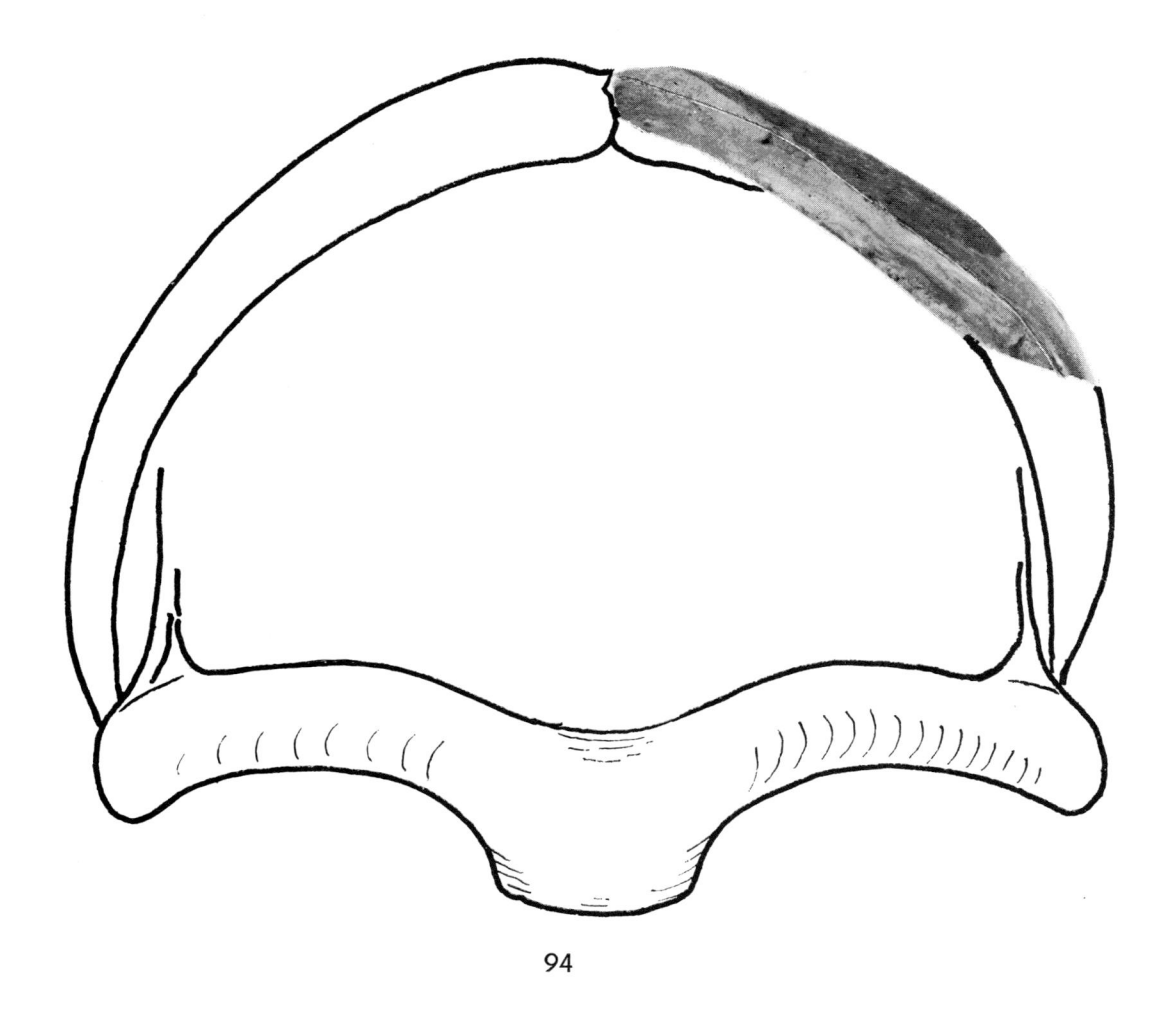

Taf. XXXV
94 – Norma frontalis (Projektion Ehringsdorf B in Ehringsdorf H)

Tafel XXXVI

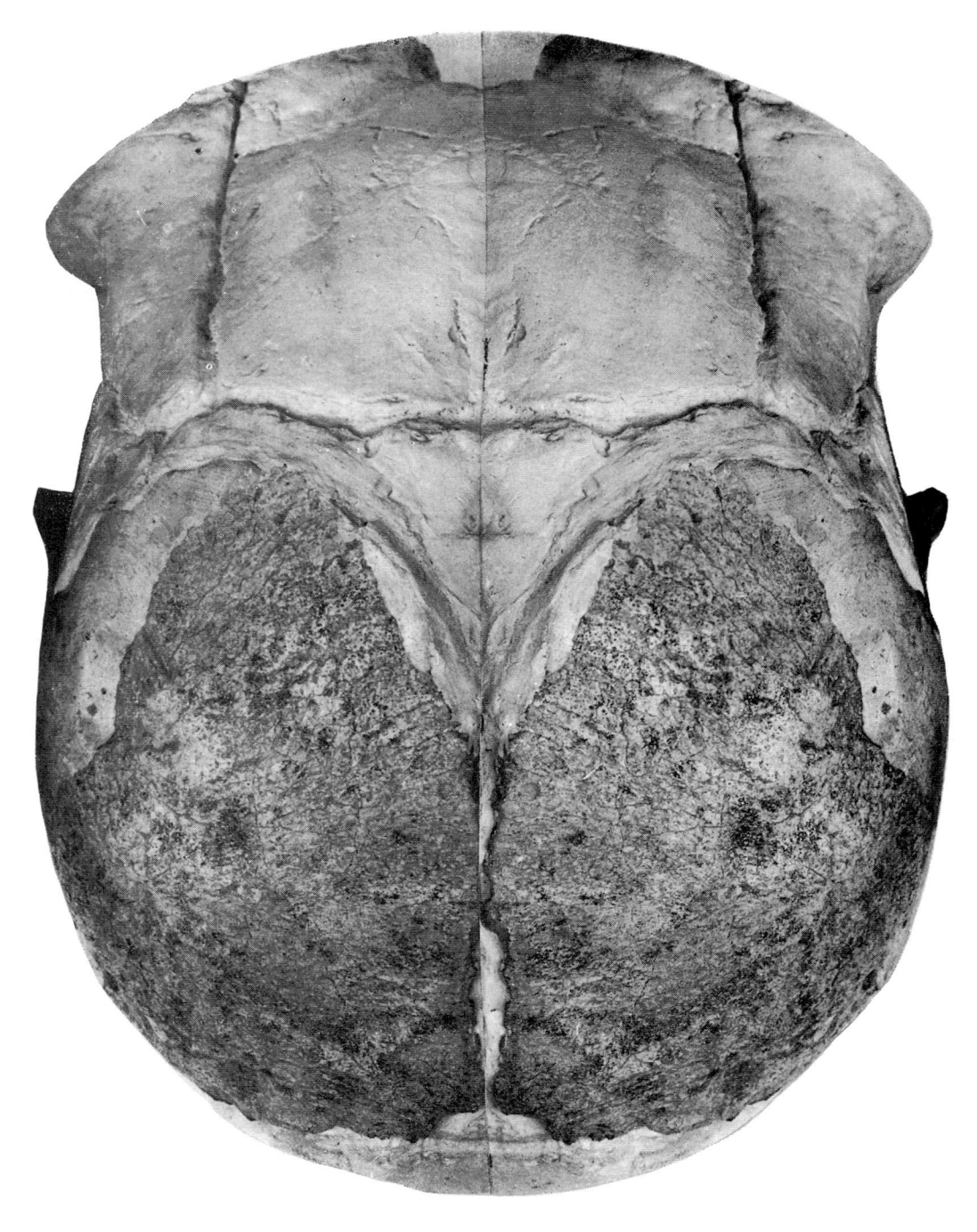

95

Taf. XXXVI
95 – Norma verticalis (Projektion Ehringsdorf B in Ehringsdorf H – Os parietale dextrum spiegelbildlich ergänzt)

Tafel XXXVII

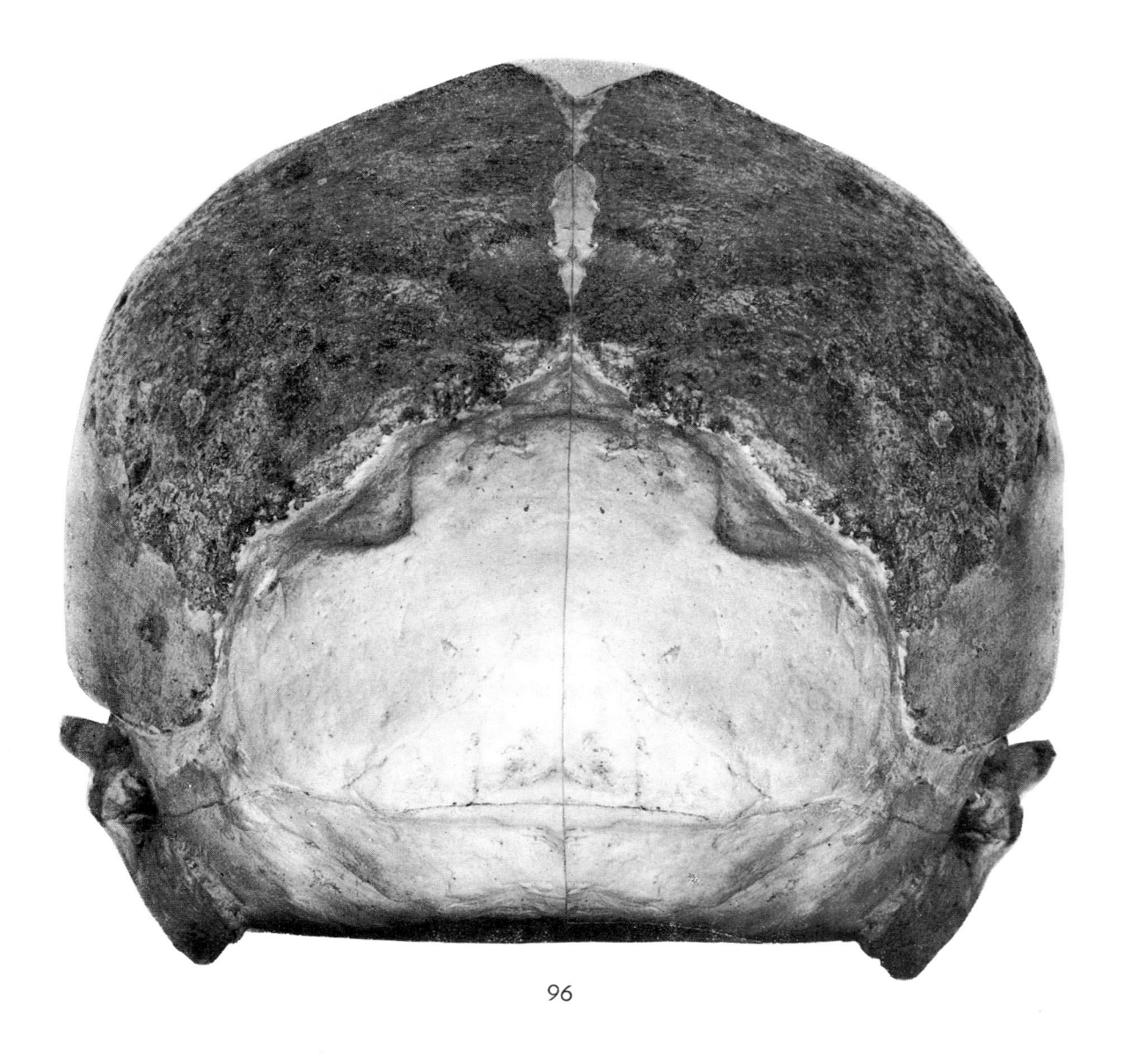

96

Taf. XXXVII
96 – Norma occipitalis (Projektion Ehringsdorf B in Ehringsdorf H – Os parietale dextrum spiegelbildlich ergänzt)

Tafel XXXVIII

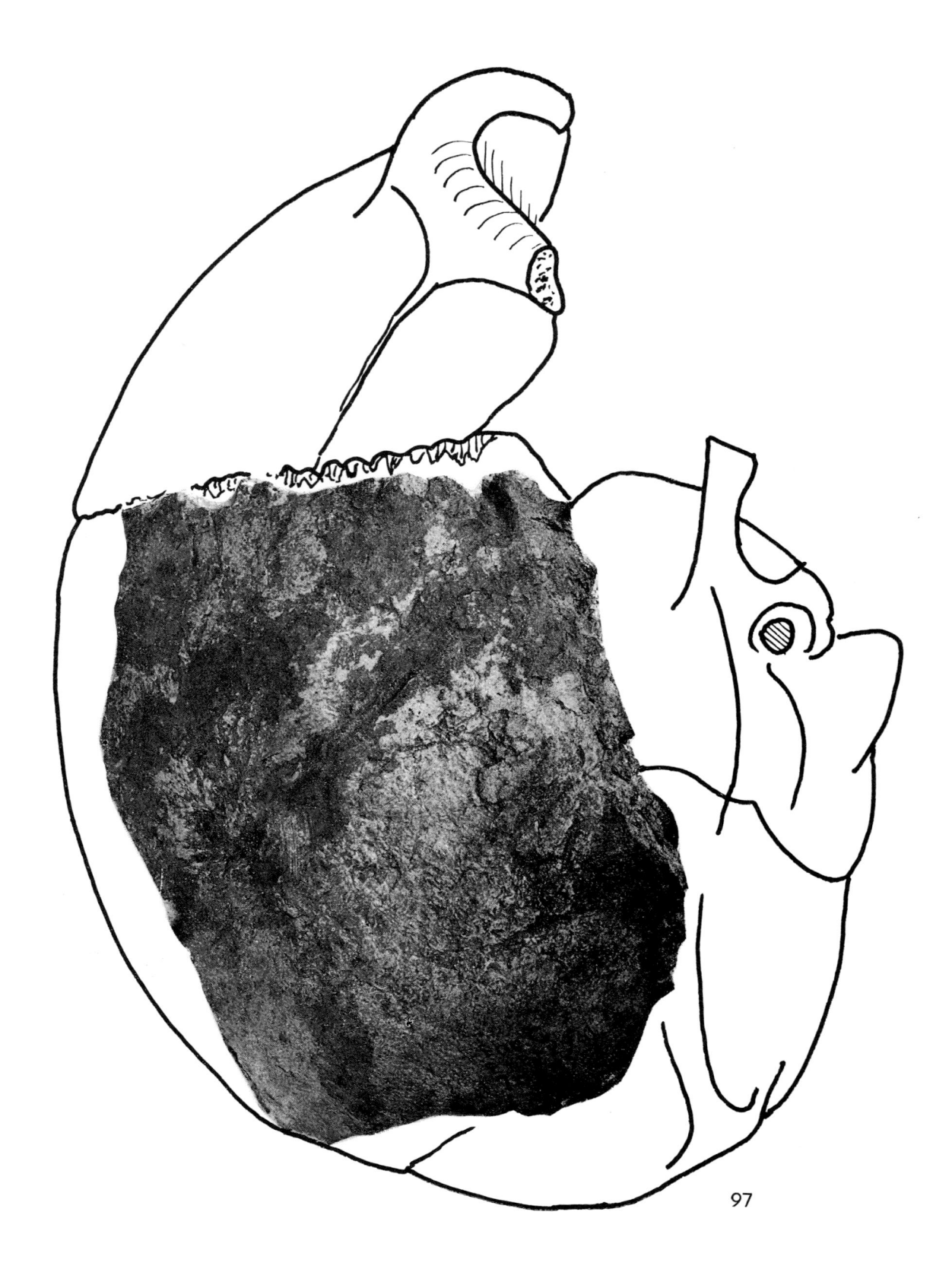

Taf. XXXVIII Ehringsdorf C. – Os parietale C in die Schädelrekonstruktion Ehringsdorf H eingesetzt.
97 – Norma lateralis dextra

Tafel XXXIX

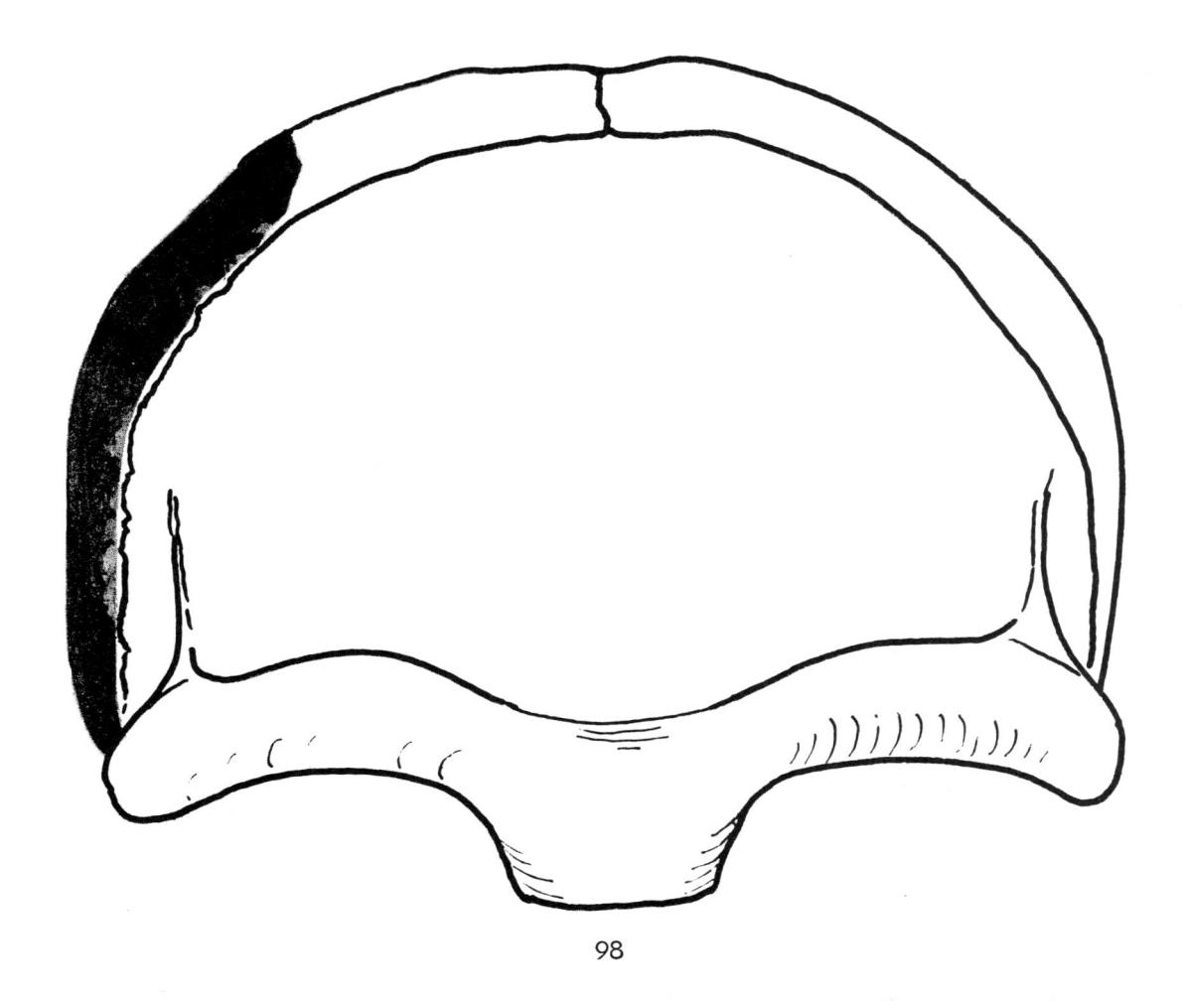

98

Taf. XXXIX
98 – Norma frontalis (Projektion Ehringsdorf C in Ehringsdorf H)

Tafel XL

Taf. XL
99 – Norma verticalis (Projektion Ehringsdorf C in Ehringsdorf H – Os parietale sinistrum spiegelbildlich ergänzt)

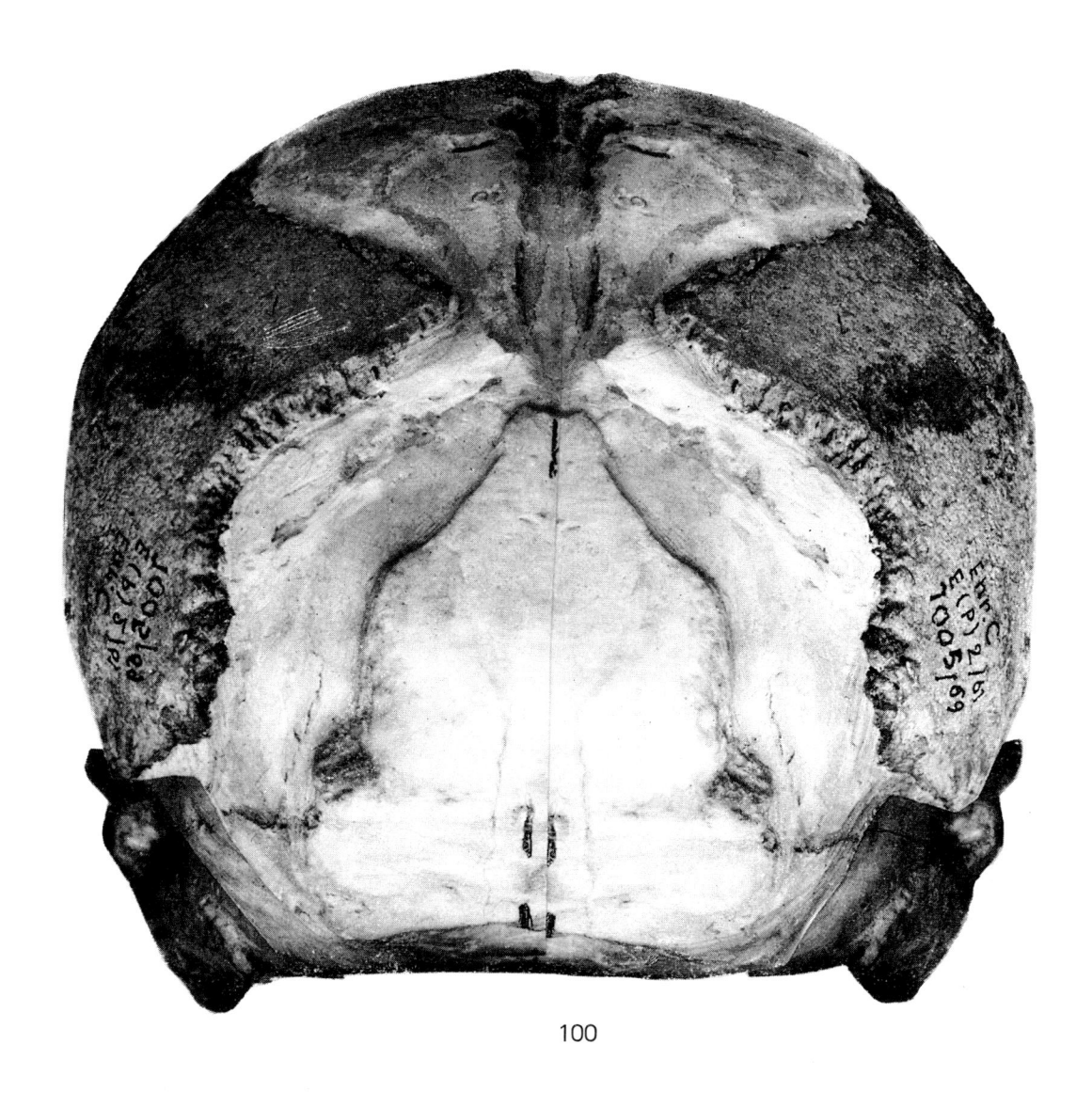

Tafel XLI

100

Taf. XLI
100 – Norma occipitalis (Projektion Ehringsdorf C in Ehringsdorf H – Os parietale sinistrum spiegelbildlich ergänzt)

Tafel XLII

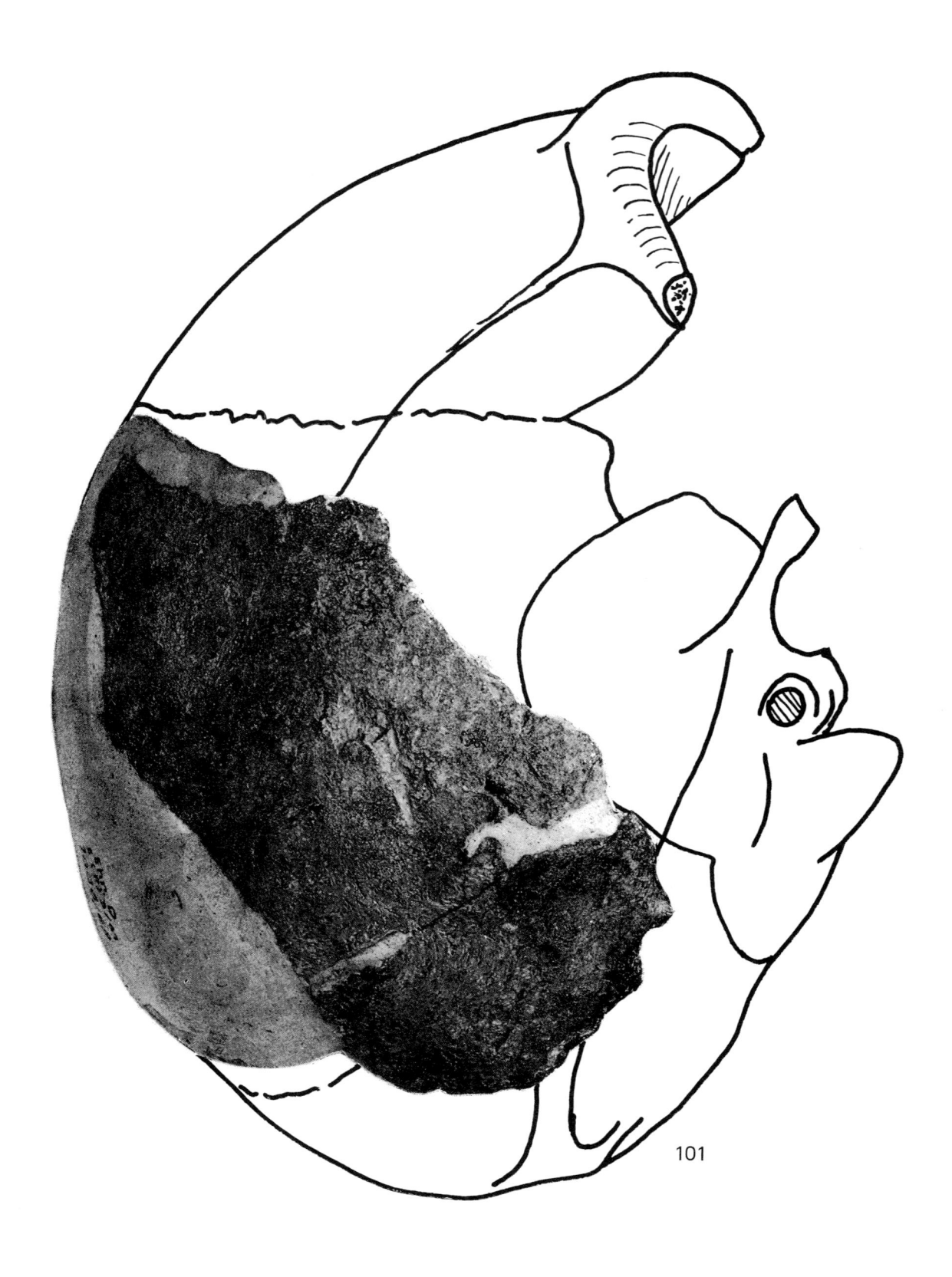

Taf. XLII Ehringsdorf D. – Os parietale D in die Schädelrekonstruktion Ehringsdorf H eingesetzt.
101 – Norma lateralis dextra

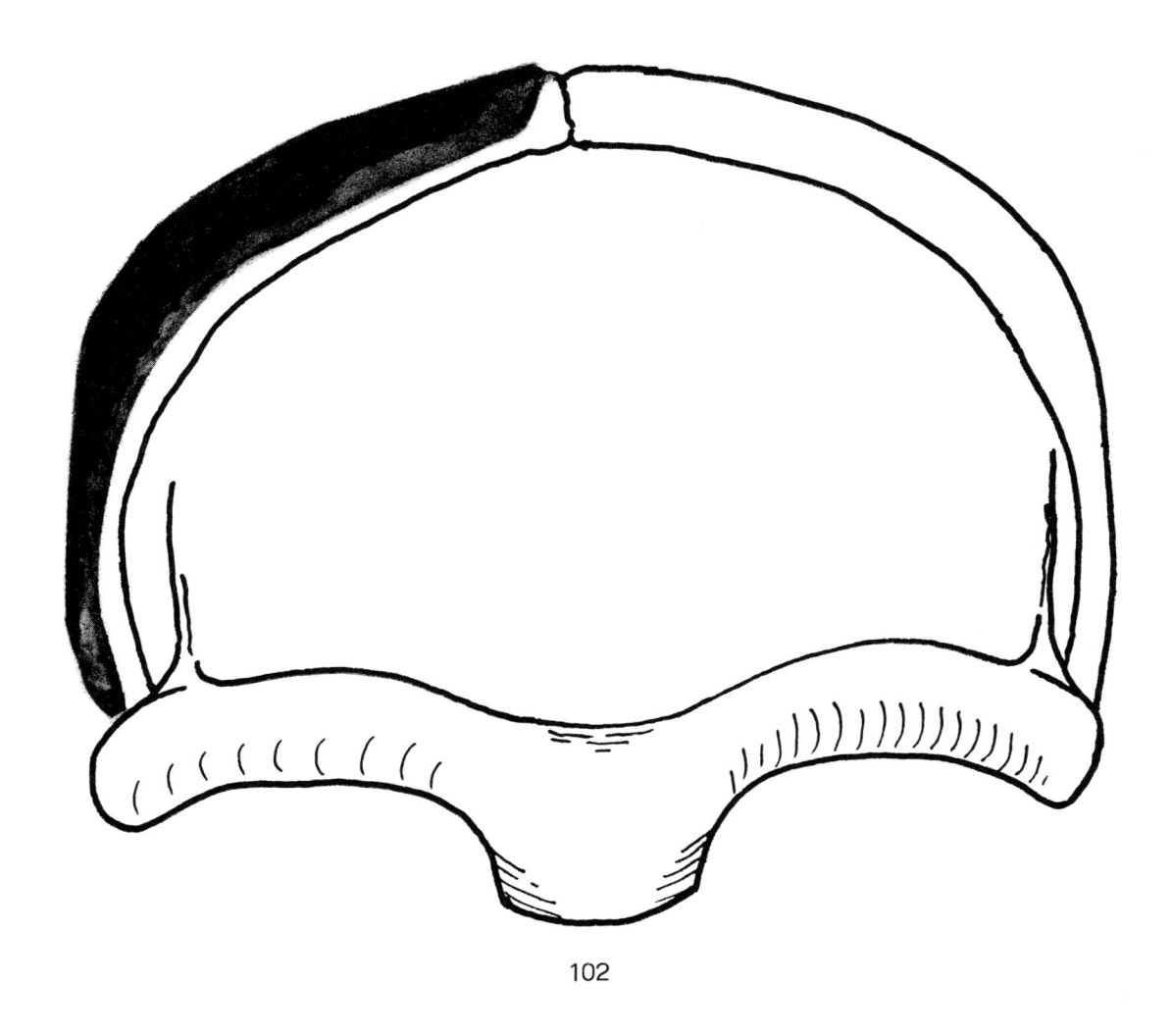

102

Taf. XLIII
102 – Norma frontalis (Projektion Ehringsdorf D in Ehringsdorf H)

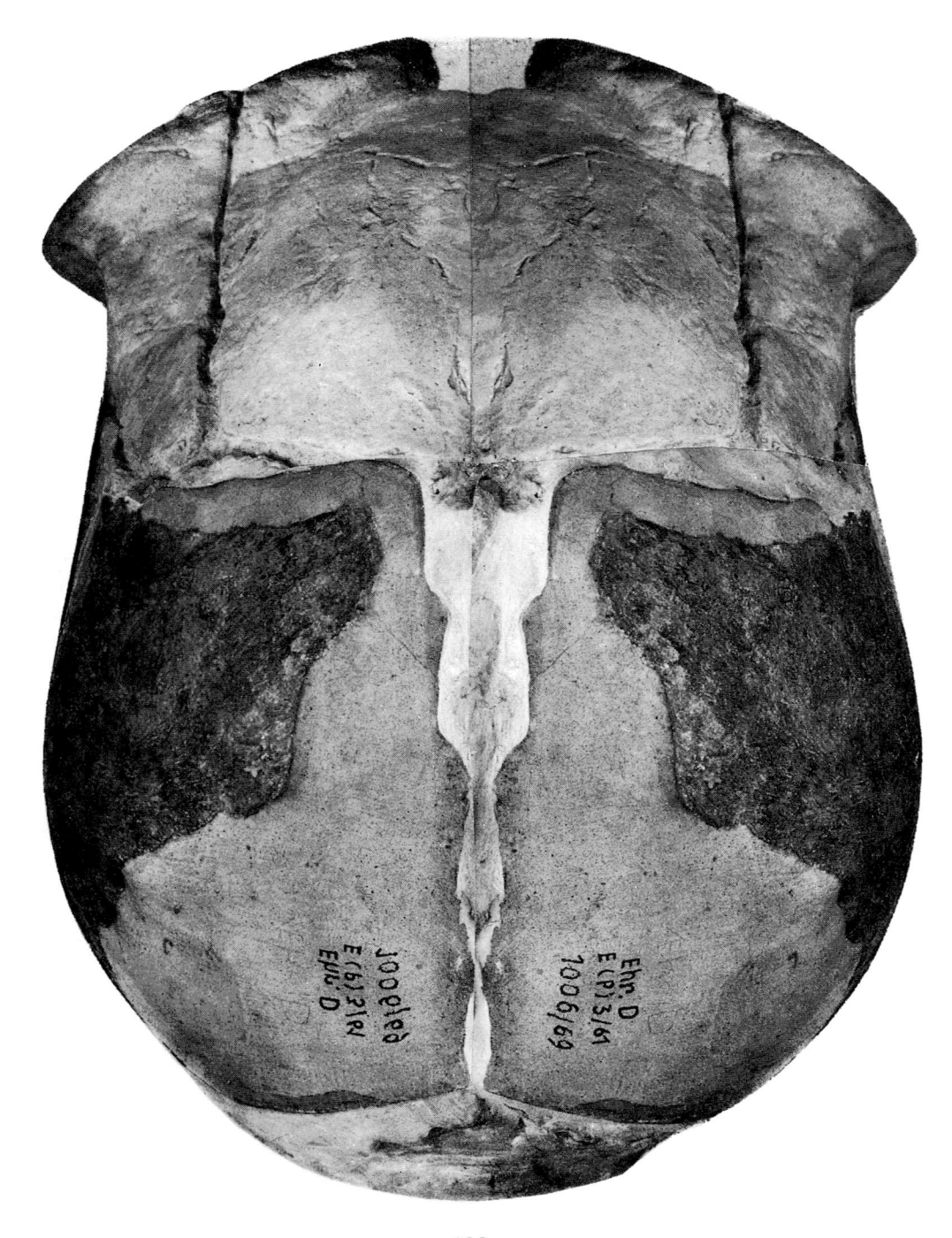

Tafel XLIV

Taf. XLIV
103 – Norma verticalis (Projektion Ehringsdorf D in Ehringsdorf H – Os parietale sinistrum spiegelbildlich ergänzt)

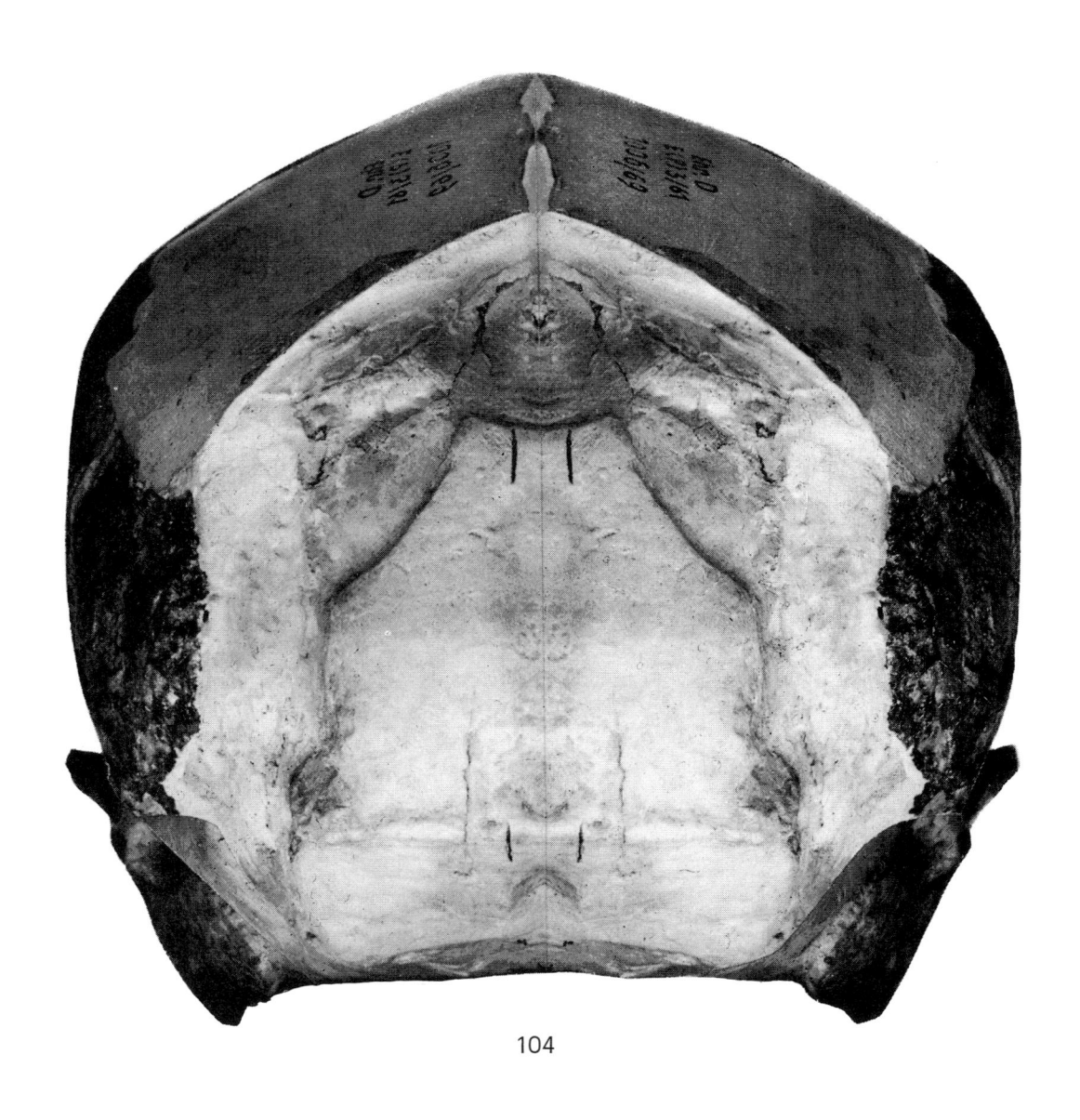

Taf. XLV

104

Taf. XLV
104 – Norma occipitalis (Projektion Ehringsdorf D in Ehringsdorf H – Os parietale sinistrum spiegelbildlich ergänzt)

Tafel XLVI

105

Taf. XLVI   Ehringsdorf H. – Endocranialausguß.
105 – Norma lateralis sinistra

Tafel XLVII

106

Taf. XLVII   Ehringsdorf H. – Endocranialausguß.
106 – Norma lateralis dextra

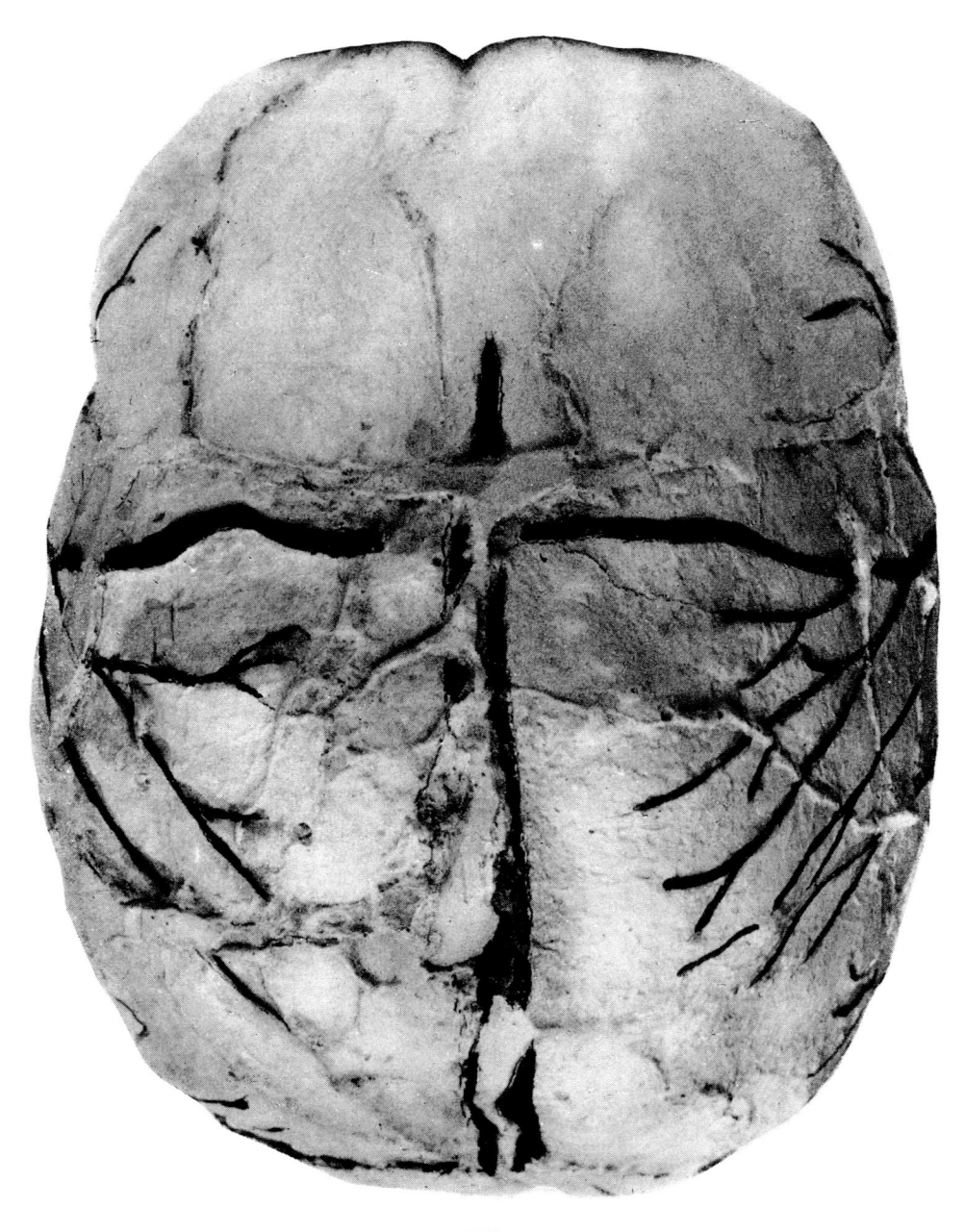

Tafel XLVIII

107

Taf. XLVIII Ehringsdorf H. – Endocranialausguß.
107 – Norma verticalis

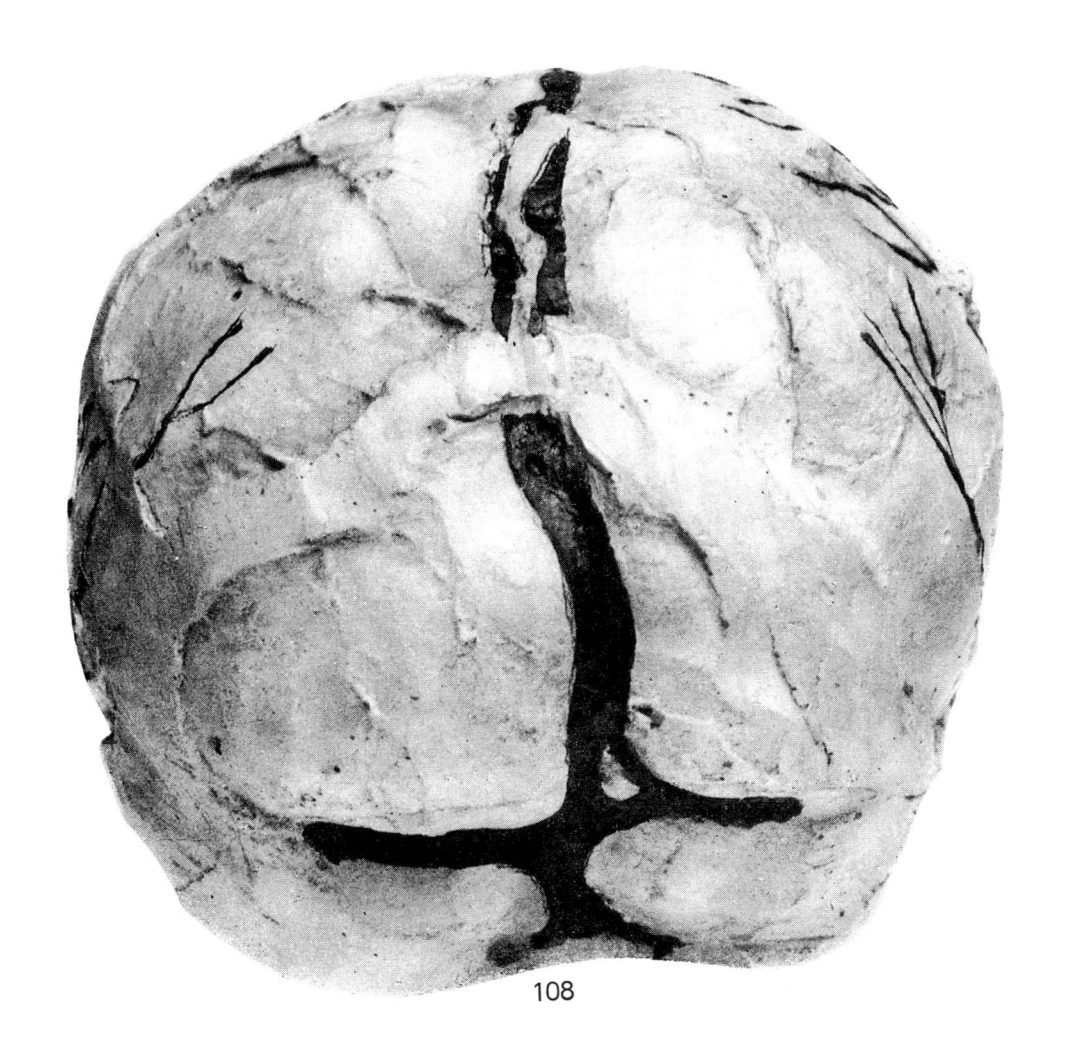

Tafel XLIX

108

Taf. XLIX Ehringsdorf H. – Endocranialausguß.
108 – Norma occipitalis

Tafel L

Taf. L
109 – Fundstelle des Unterkiefers Ehringsdorf F. – Kämpfe'scher Bruch

Tafel LI

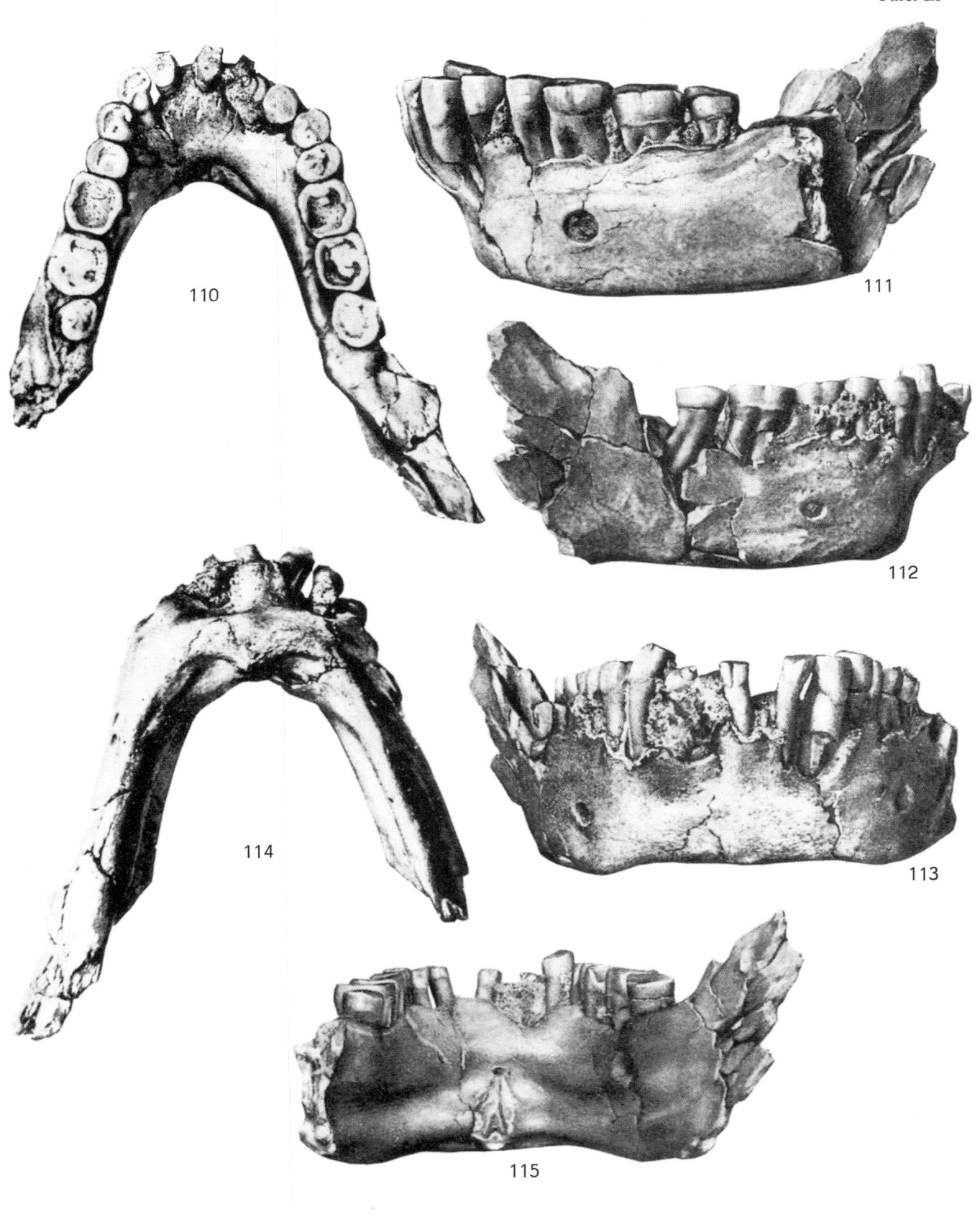

Taf. LI Mandibula Ehringsdorf F. – Zeichnungen nach H. Virchow (1920).
110 – Norma verticalis. **111** – Norma lateralis sinistra. **112** – Norma lateralis dextra. **113** – Norma frontalis. **114** – basal. **115** – lingual

Tafel LII

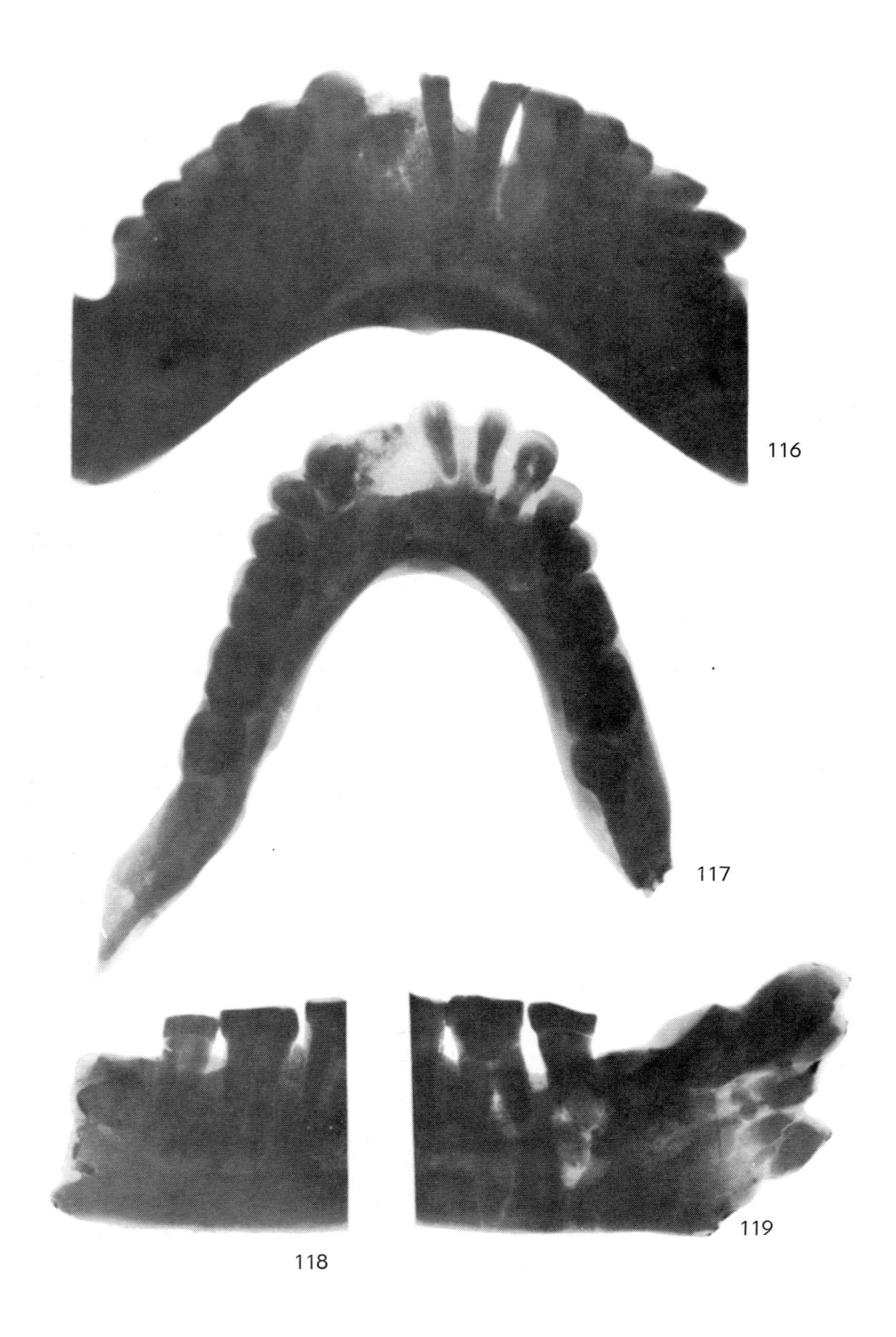

116

117

118 119

Taf. LII   Ehringsdorf F. – Röntgenaufnahmen.
116 – fronto-dorsale Projektion. **117** – vertikale Projektion – seitenverkehrt. **118** – linke Molarenpartie. **119** – rechte Molarenpartie

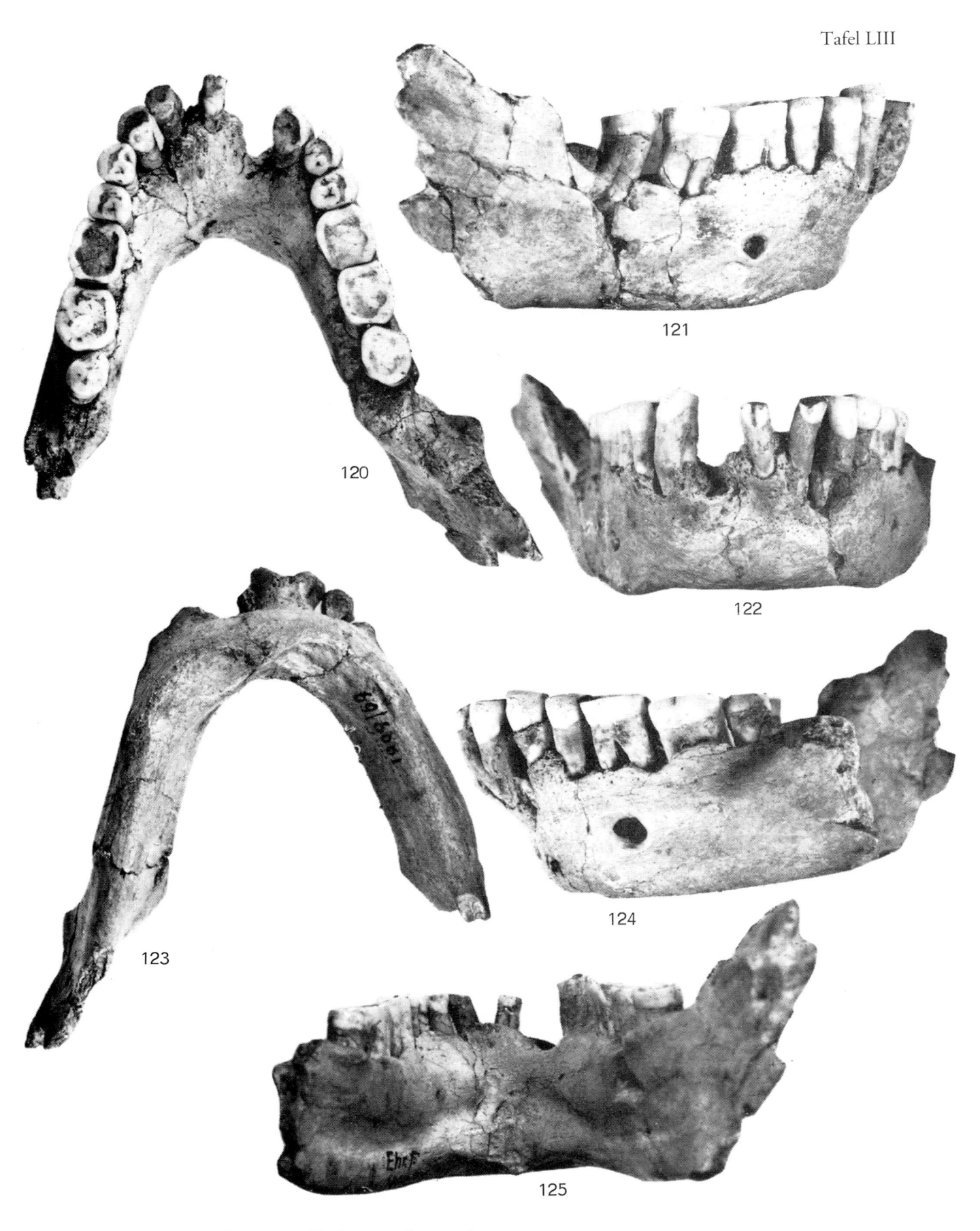

Taf. LIII   Ehringsdorf F. – Mandibula, neue Präparation.
120 – Norma verticalis. **121** – Norma lateralis dextra. **122** – Norma frontalis. **123** – basal. **124** – Norma lateralis sinistra. **125** – lingual

Tafel LIV

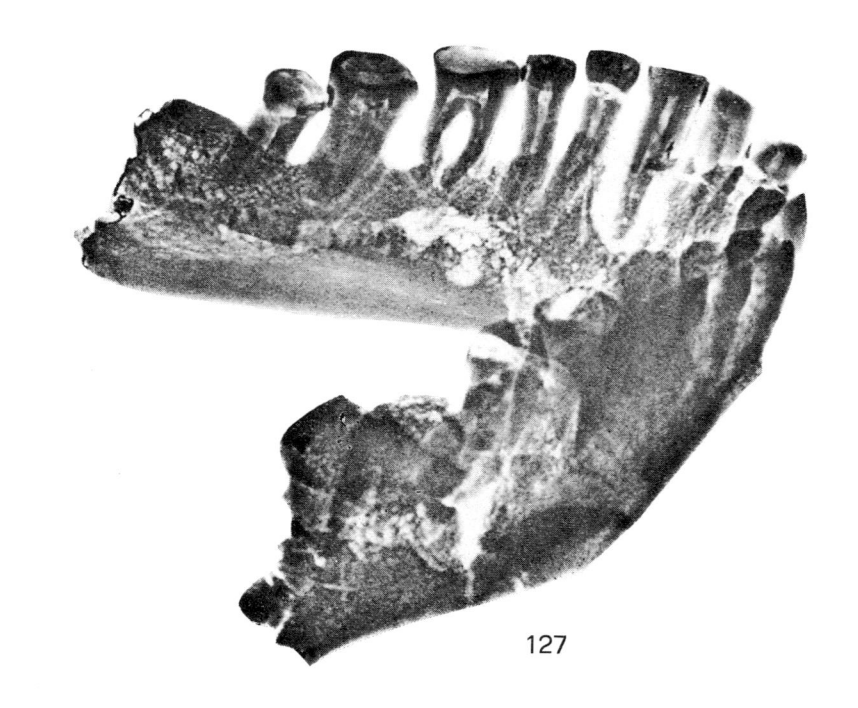

Taf. LIV Ehringsdorf F. – Röntgenaufnahmen.
126 – rechte Seite. **127** – linke Seite

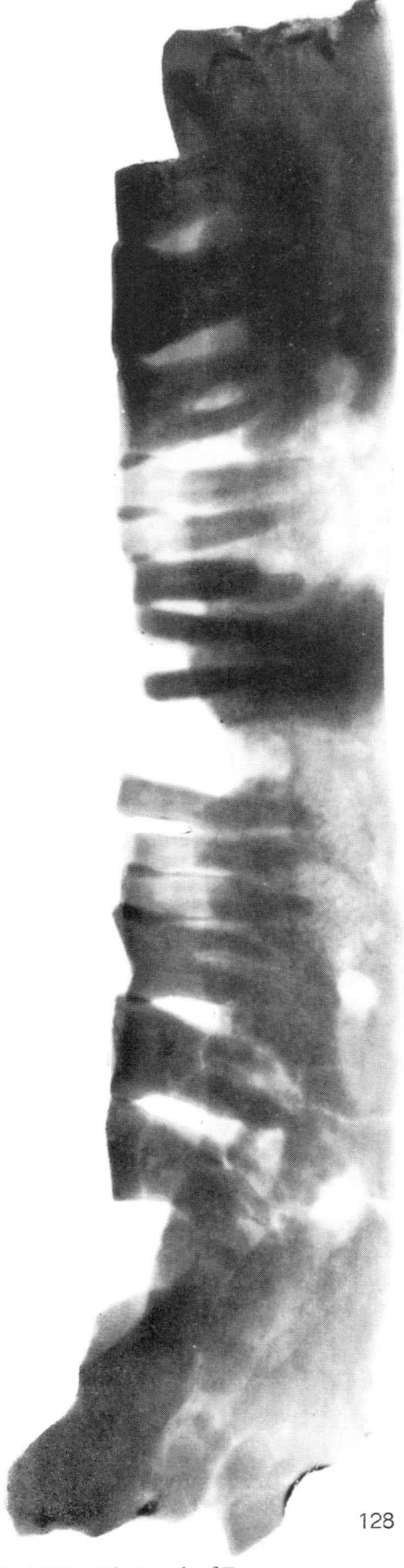

128 – Panoramaaufnahme. 129 – Gebißübersicht – Abrasion

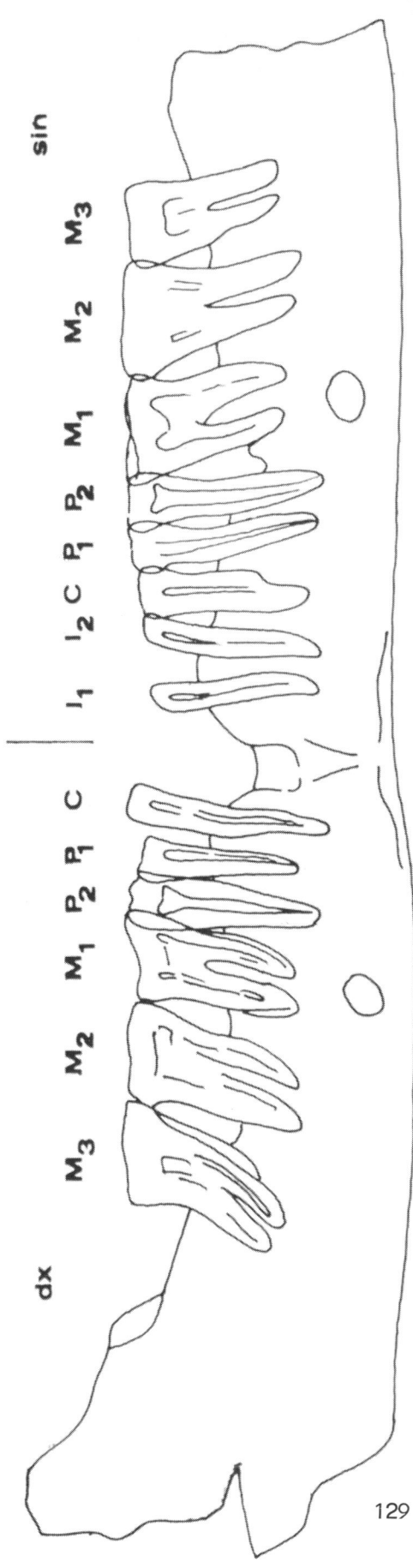

Taf. LV   Ehringsdorf F.

Tafel LVI

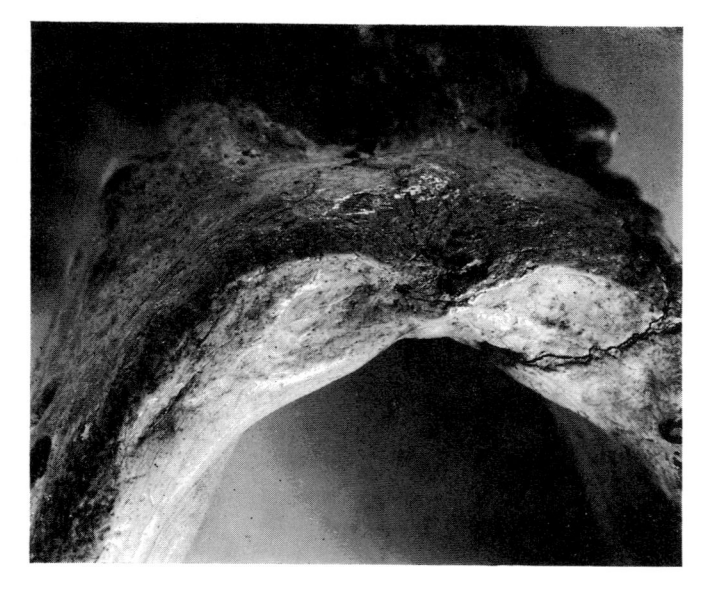

130

131

132

Taf. LVI   Ehringsdorf F. – Anatomische Details.
130 – Fossae digastricae. **131** – Foramen mentale sinistrum.
132 – Foramen mentale dextrum

Tafel LVII

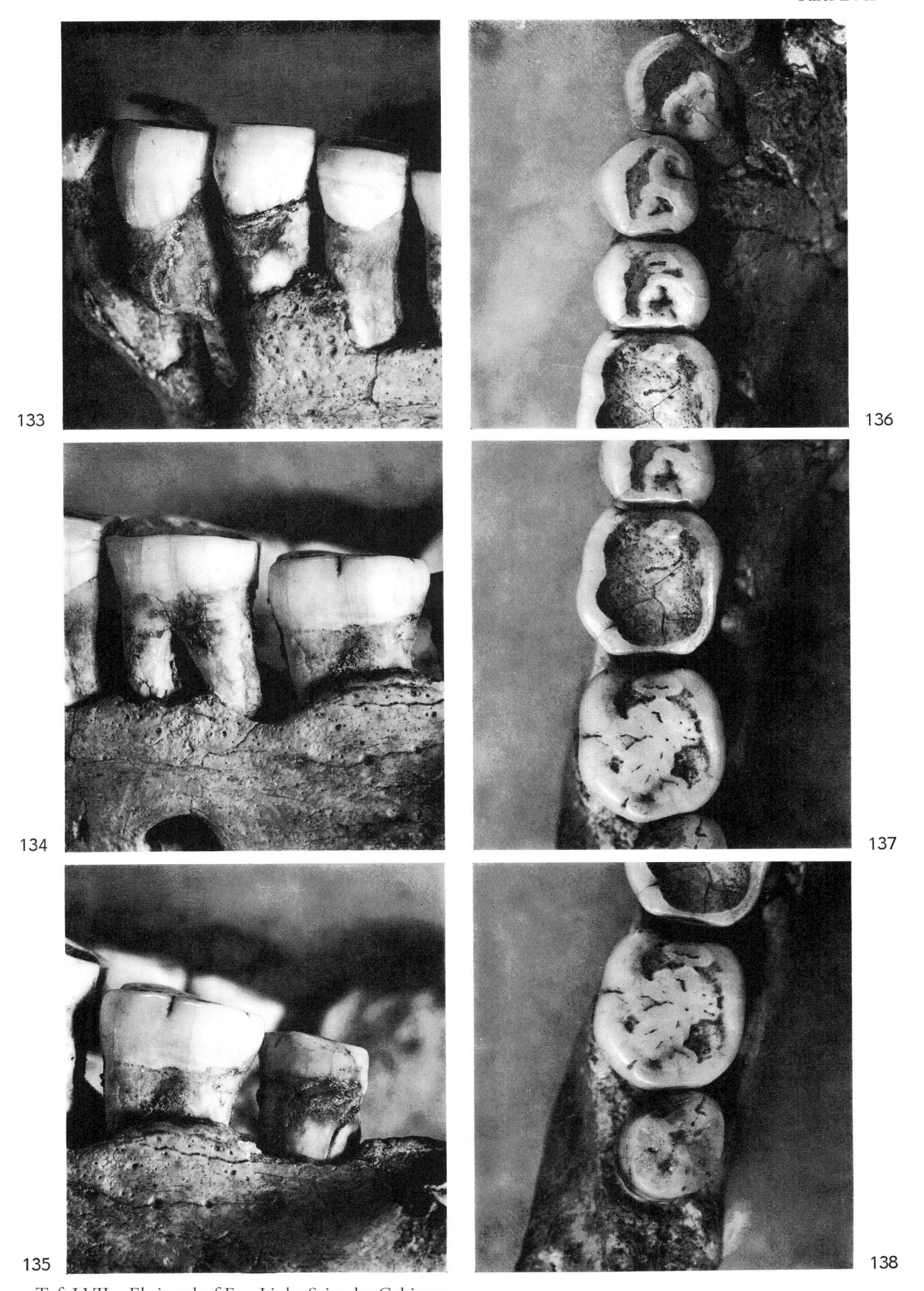

Taf. LVII   Ehringsdorf F. – Linke Seite des Gebisses.
133 – Caninus und Prämolaren vestibulär. **134** – M$_1$ und M$_2$ vestibulär. **135** – M$_2$ und M$_3$ verstibulär. **136** – Occlusalflächen des Caninus und der Prämolaren. **137** – Occlusalflächen von M$_1$ und M$_2$. **138** – Occlusalflächen von M$_2$ und M$_3$

Tafel LVIII

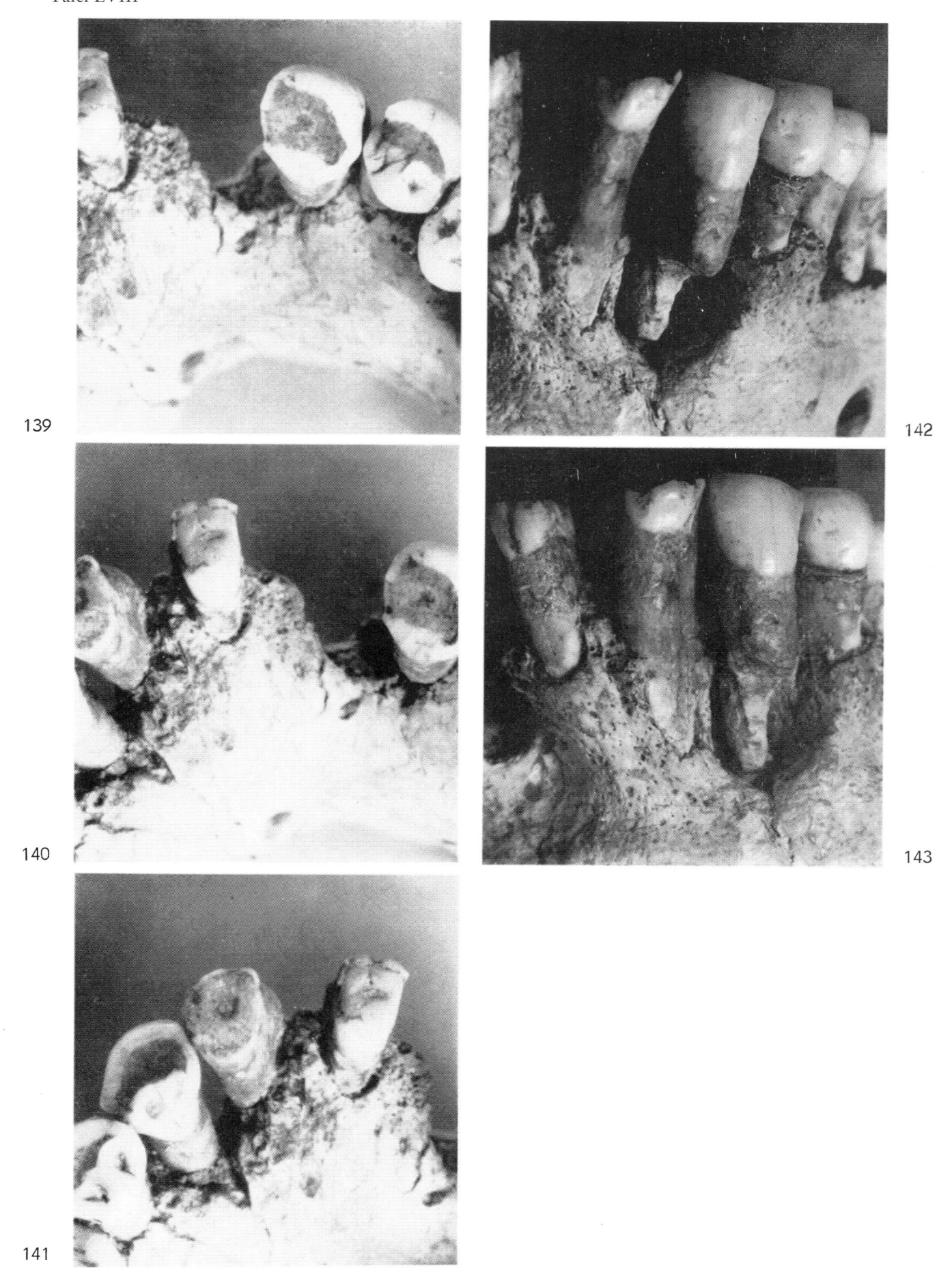

139

142

140

143

141

Taf. LVIII Ehringsdorf F. – Front des Gebisses.
139 – rechter Caninus – Facies occlusalis. **140** – linker I_1 – Facies occlusalis. **141** – linker I_1 und I_2 occlusal. **142** – linker Caninus und I_2 vestibulär. **143** – linker Caninus, I_2 und I_1 vestibulär

Tafel LIX

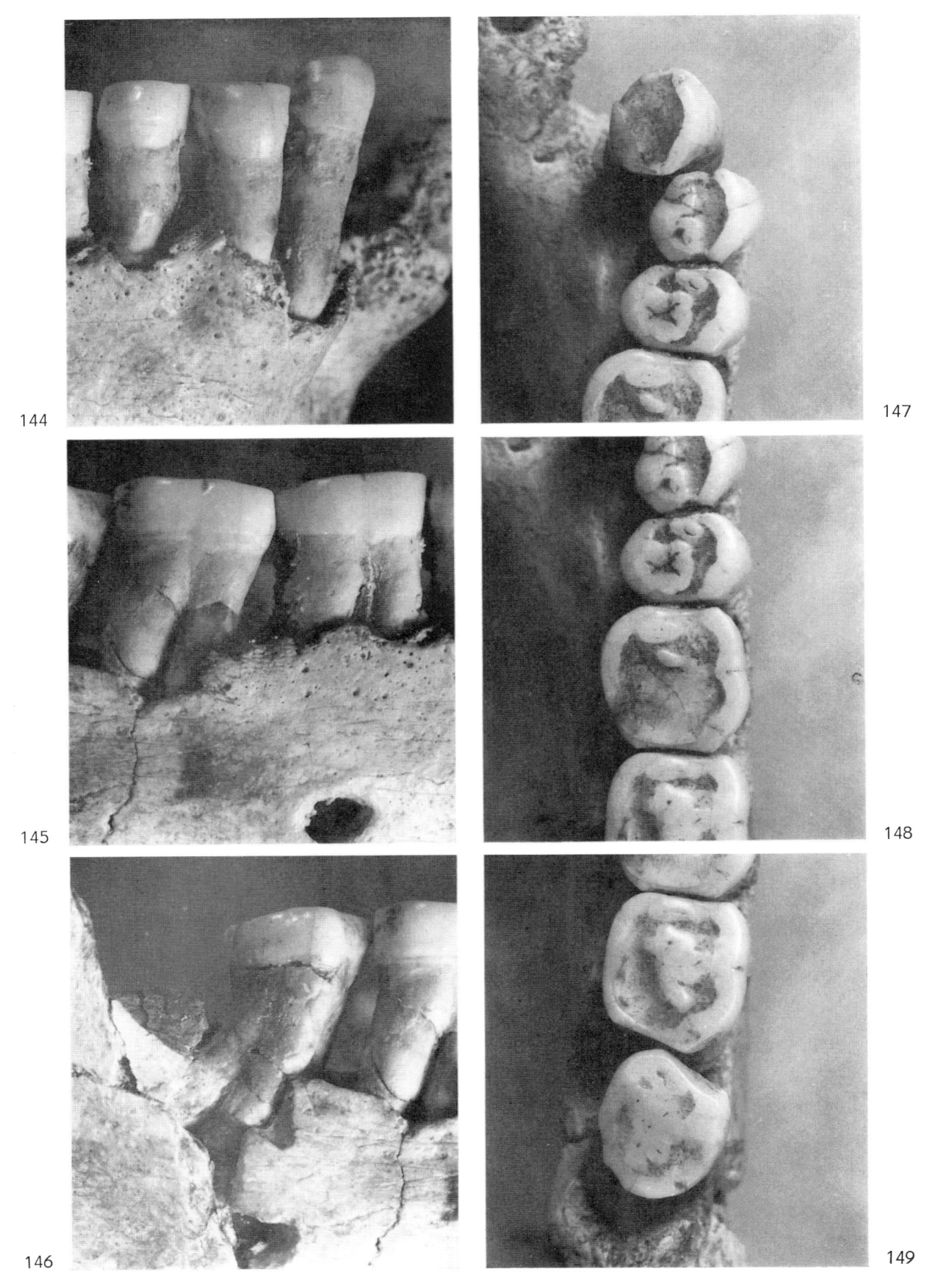

144

145

146

147

148

149

Taf. LIX   Ehringsdorf F. – Rechte Seite des Gebisses.
144 – Caninus und Prämolaren vestibulär. **145** – M_1 und M_2 vestibulär. **146** – M_2 und M_3 vestibulär. **147** – Occlusalflächen des Caninus und der Prämolaren. **148** – Occlusalflächen von P_1, P_2 und M_1. **149** – Occlusalflächen von M_2 und M_3

Tafel LX

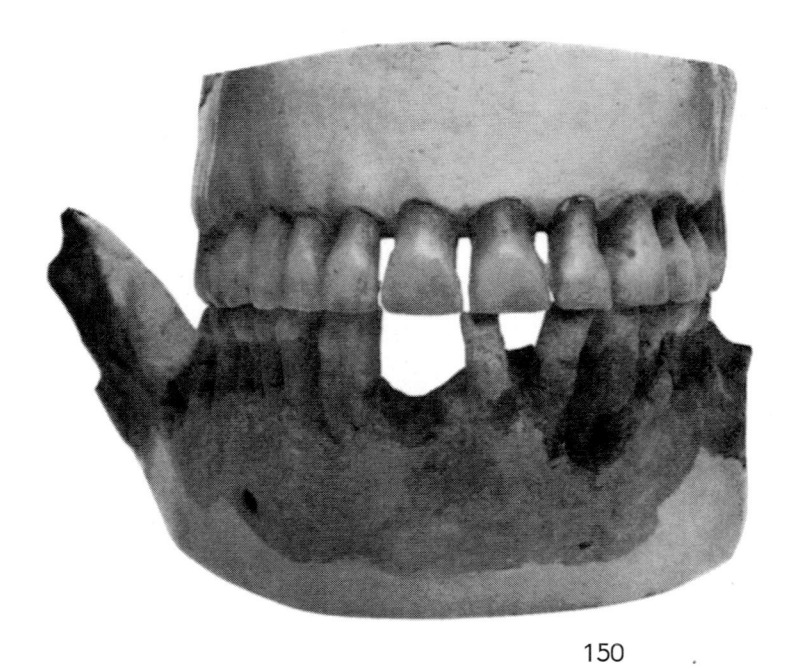

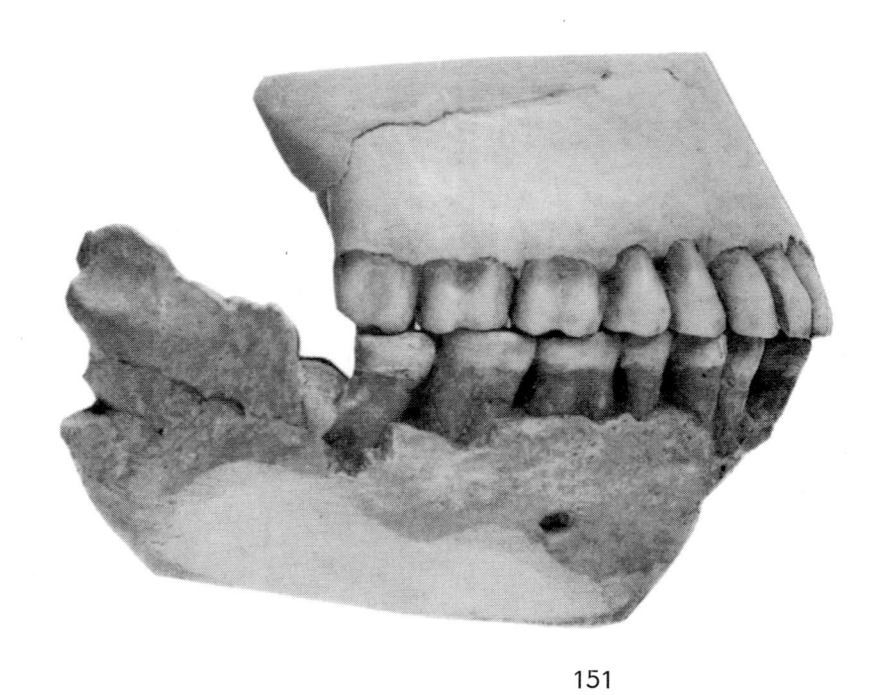

150

151

Taf. LX   Ehringsdorf F. – Rekonstruktion des Gebisses.
150 – frontal. **151** – lateral – rechts

Tafel LXI

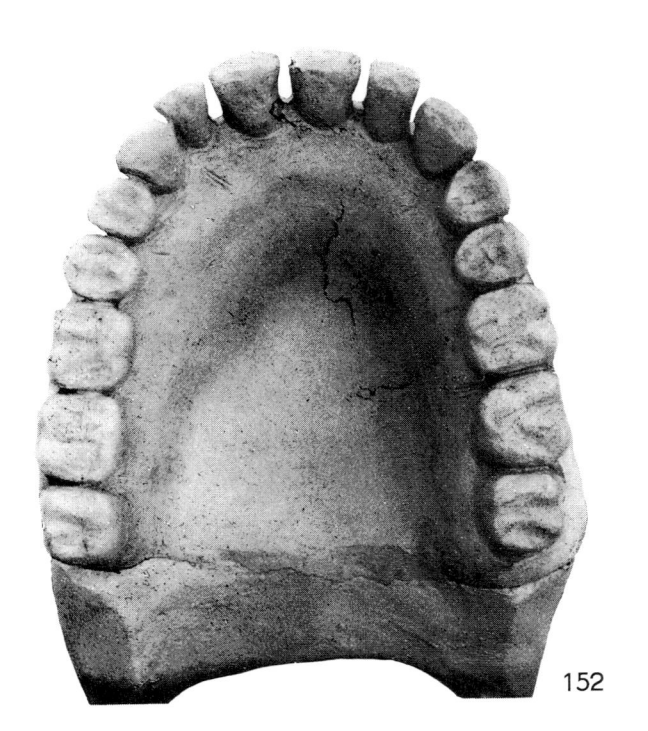

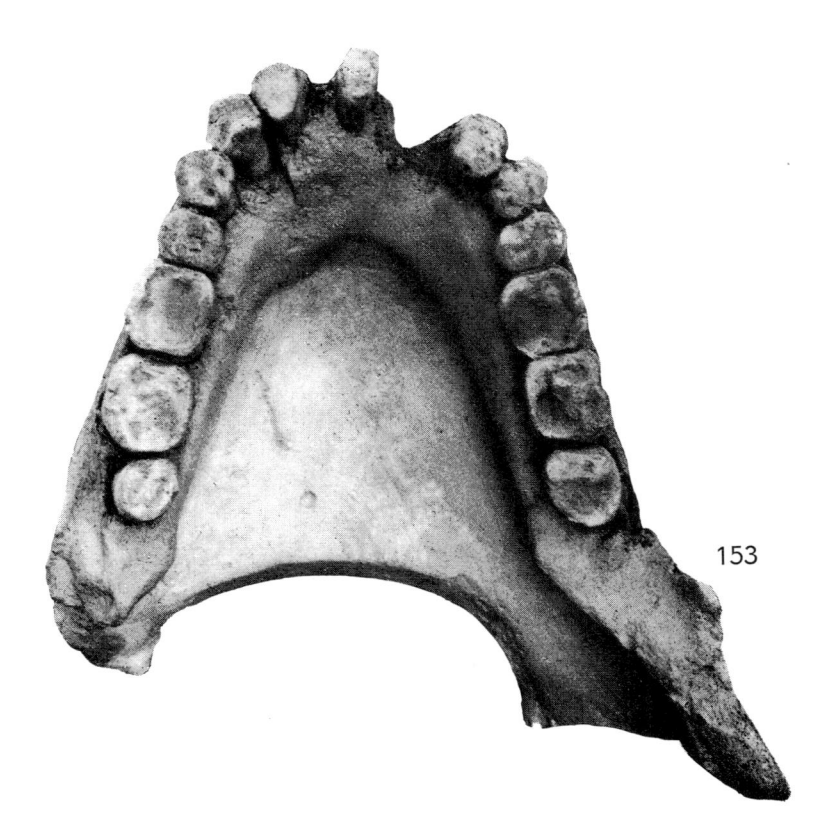

152

153

Taf. LXI   Ehringsdorf F. – Rekonstruktion des Gebisses.
152 – oberer Zahnbogen. **153** – unterer Zahnbogen – rechter Caninus in Occlusalposition und rechter M_3 aus Distaldrehung in richtige Position gebracht

Tafel LXII

154 155 156

Taf. LXII   Ehringsdorf E. – Femur dexter.
154 – proximaler Teil des Femurschaftes – Facies anterior. **155** – medial. **156** – laterale Röntgenprojektion

Taf. LXIII Ehringsdorf E. – Femur dexter.
157 – lateral. **158** – Facies posterior. **159** – antero-posteriore Röntgenprojektion

Tafel LXIV

160

Taf. LXIV
160 – Fundstelle des Kinderskelettes Ehringsdorf G. – Kämpfe'scher Bruch

Tafel LXV

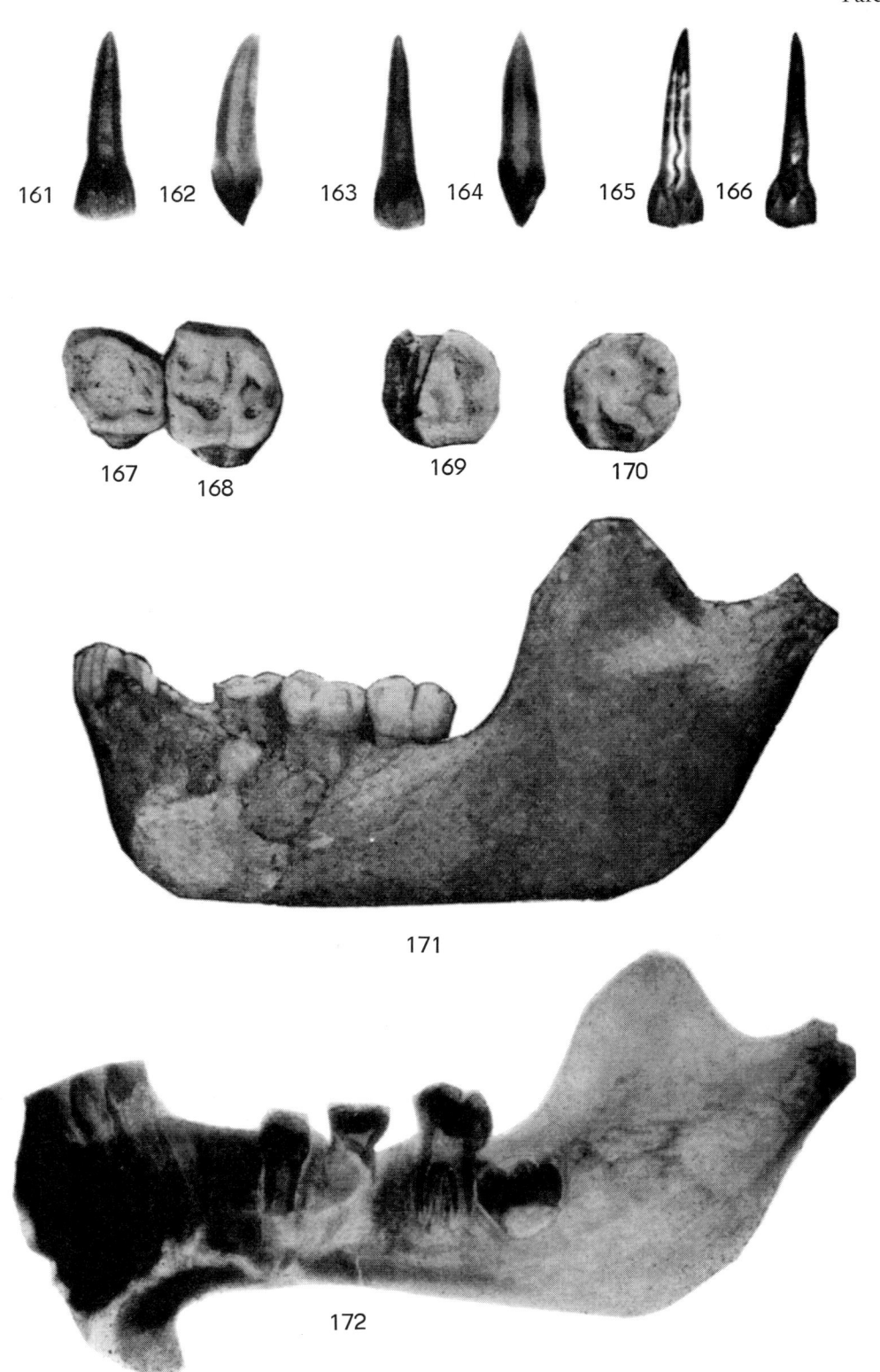

Taf. LXV Ehringsdorf G. – Einzelne Zähne und Mandibula des Kindes.
161 – rechter I$_1$ in antero-posteriorer Röntgenprojektion. **162** – rechter I$_1$ in lateraler Röntgenprojektion. **163** – linker I$_2$ in antero-posteriorer Röntgenprojektion. **164** – linker I$_2$ in lateraler Röntgenprojektion. **165** – neue Röntgenaufnahme des rechten I$_1$; der Schneidezahn wurde gebrochen und mit Hilfe eines in die Pulpahöhle gelegten Drahtes fixiert. **166** – neue Röntgenaufnahme des linken I$_2$. **167/168** – linke obere Milchmolaren (nicht mehr vorhanden). **169/170** – untere 2. Milchmolaren (nicht mehr vorhanden). **171** – ursprünglicher Zustand der Mandibula mit eingesetztem Milchmolar und erstem Dauermolar. **172** – Röntgenaufnahme der Mandibula mit falsch eingesetztem Zahn (Milchmolar fälschlich eingesetzt, Dauermolar fehlt). 161–164, 167–170, 172 nach H. Virchow 1920, Taf. V, VII; 171 nach A. Heilborn 1926

Tafel LXVI

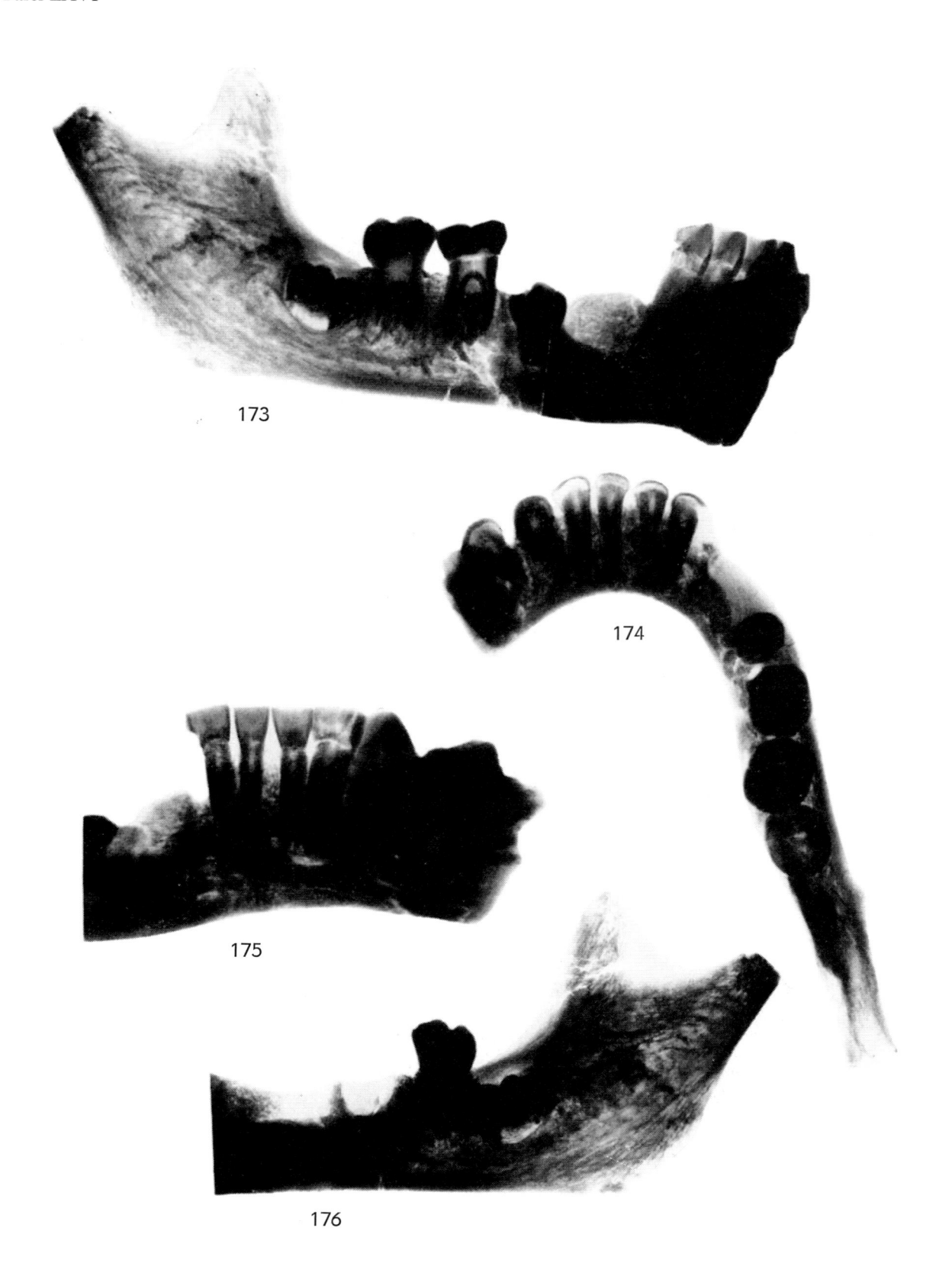

Taf. LXVI Ehringsdorf G. – Röntgenaufnahmen.
173 – Virchow'sche Rekonstruktion – laterale Projektion. **174** – Virchow'sche Rekonstruktion – vertikale Projektion, seitenverkehrt.
175 – Kinnpartie – antero-posteriore Projektion. **176** – Projektion der linken Seite der Mandibula – P_2 und M_1 eliminiert

Tafel LXVII

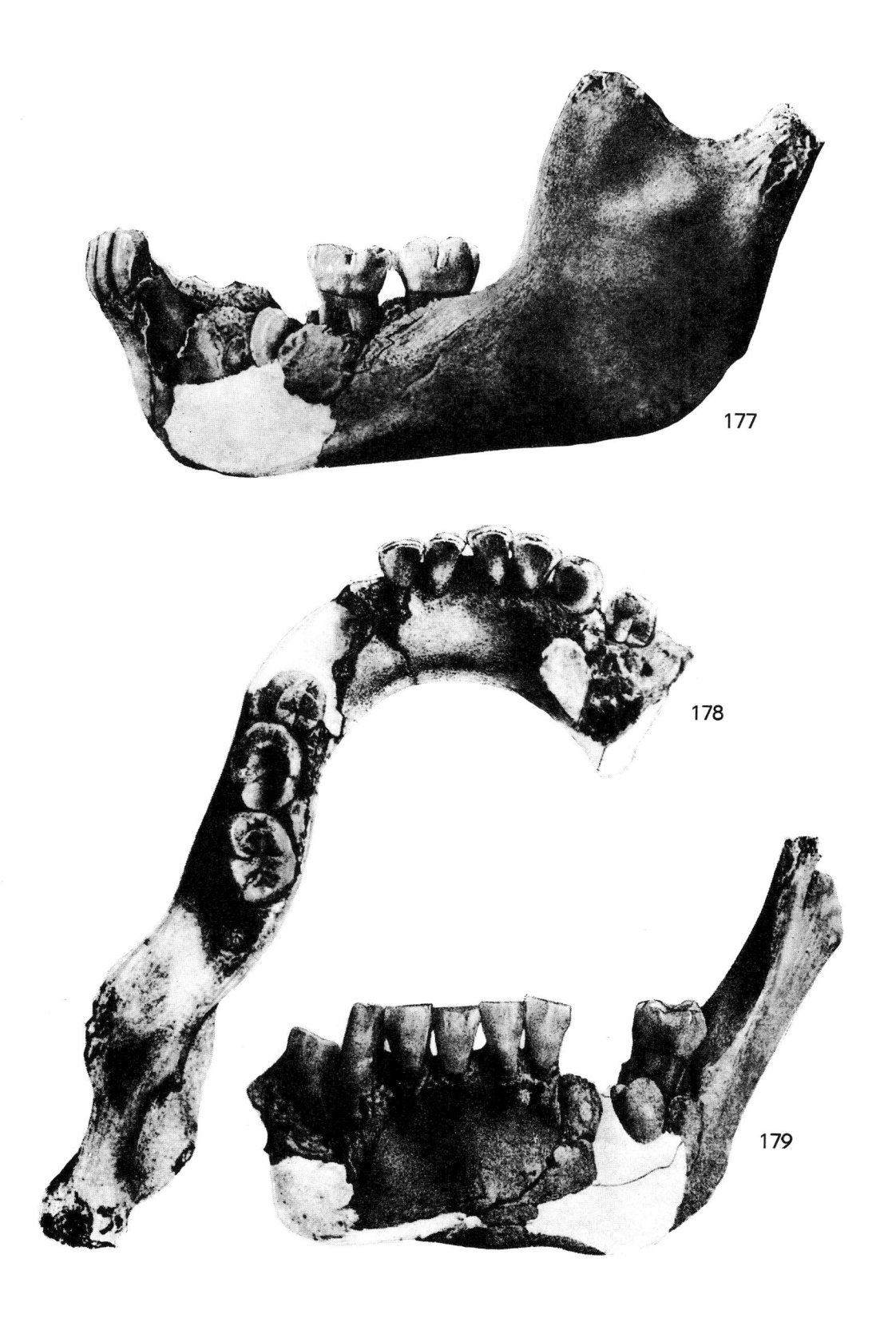

177

178

179

Taf. LXVII   Ehringsdorf G. – Zeichnungen nach H. Virchow 1920.
177 – lateral. **178** – vertikal. **179** – frontal

Tafel LXVIII

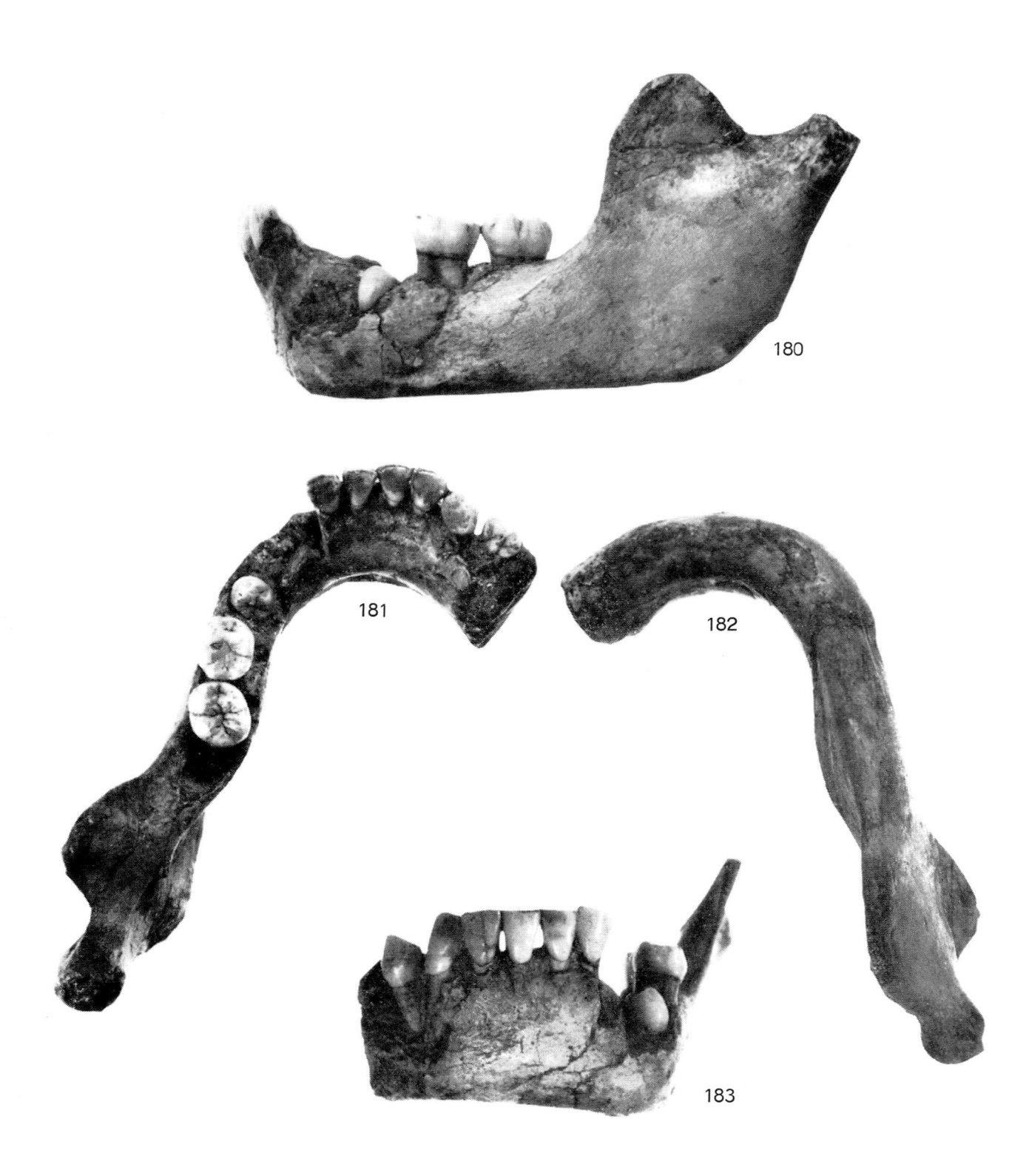

Taf. LXVIII Ehringsdorf G. – Erhaltungszustand des Kiefers vor Neubearbeitung.
180 – lateral. **181** – vertikal. **182** – basal. **183** – frontal

Tafel LXIX

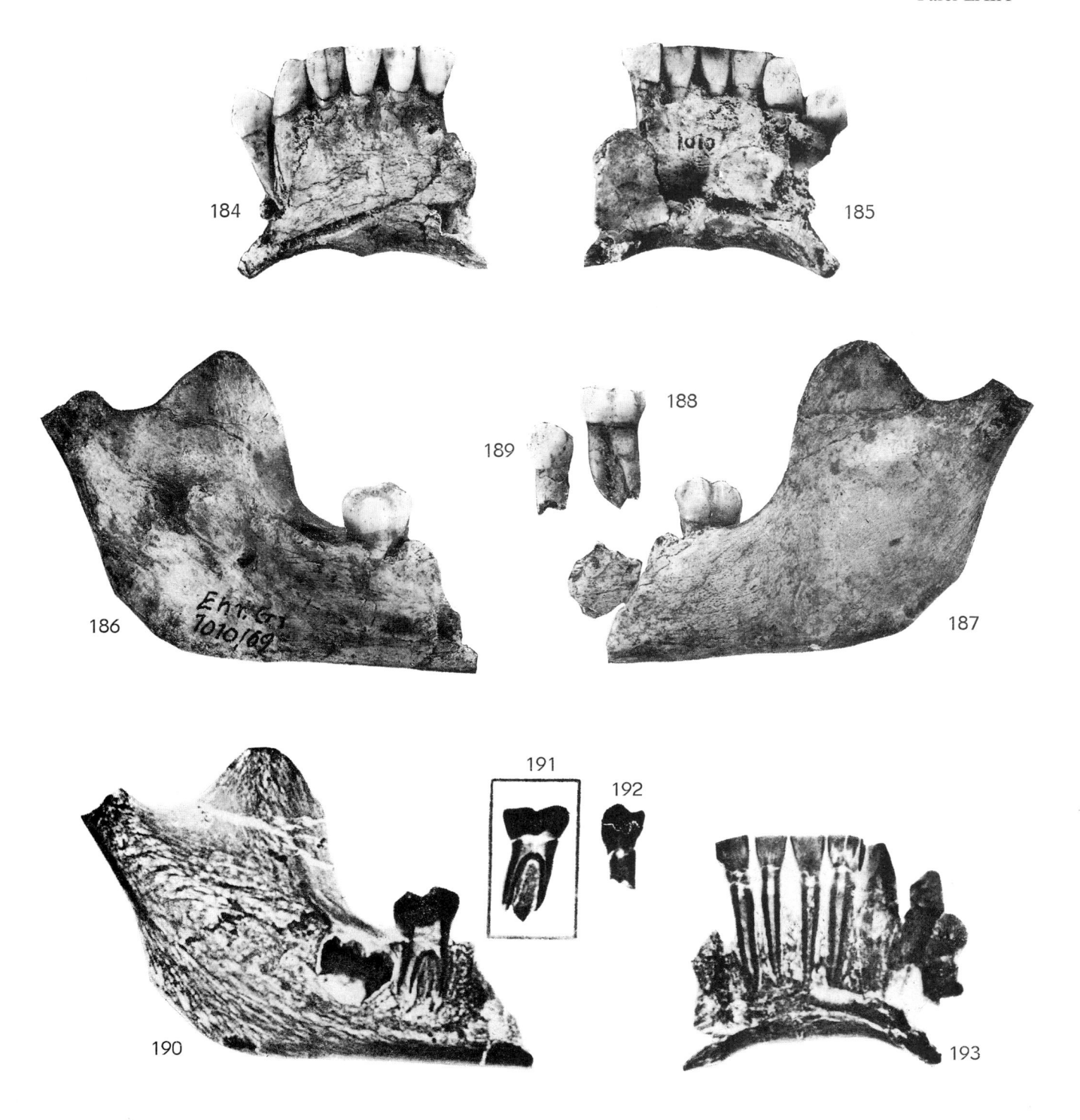

Taf. LXIX Ehringsdorf G. – Virchow'sche Rekonstruktion – demontiert.
184 – Kinnpartie frontal. **185** – Kinnpartie lingual. **186** – linker Ramus mandibulae lingual. **187** – linker Ramus mandibulae buccal.
188 – M_1 gehört einem anderen Individuum (Ehringsdorf I). **189** – P_2, dessen Wurzel beschädigt ist, kann zu Ehringsdorf G gehören.
190 – Ramus mandibulae – Röntgenaufnahme. **191** – M_1 – Röntgenaufnahme. **192** – P_2 – Röntgenaufnahme.
193 – Kinnpartie – Röntgenaufnahme

Tafel LXX

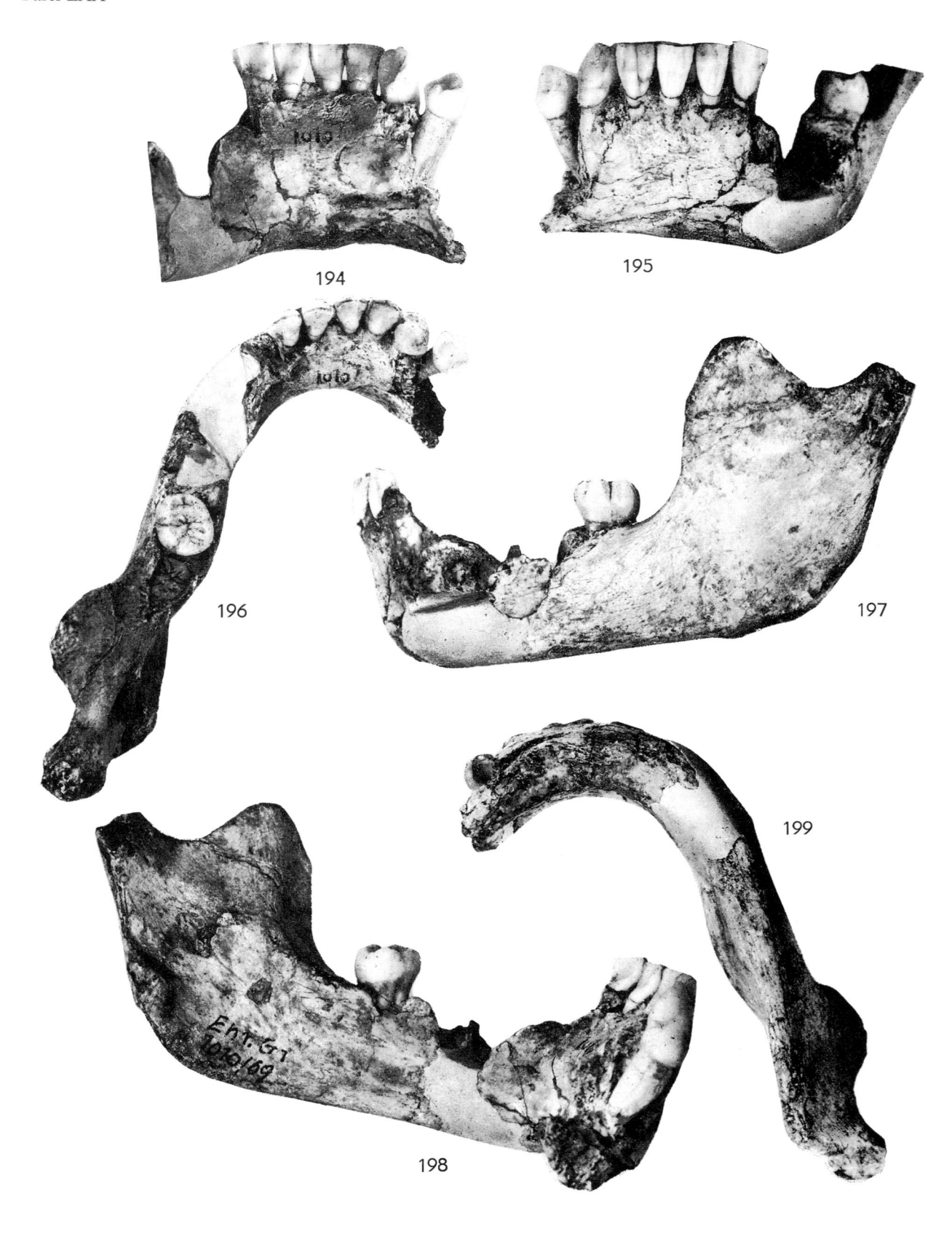

Taf. LXX Ehringsdorf G. – Neue Rekonstruktion der Mandibula.
194 – Kinnpartie lingual. **195** – Kinnpartie frontal. **196** – Mandibula vertikal. **197** – lateral. **198** – lingual. **199** – basal

Tafel LXXI

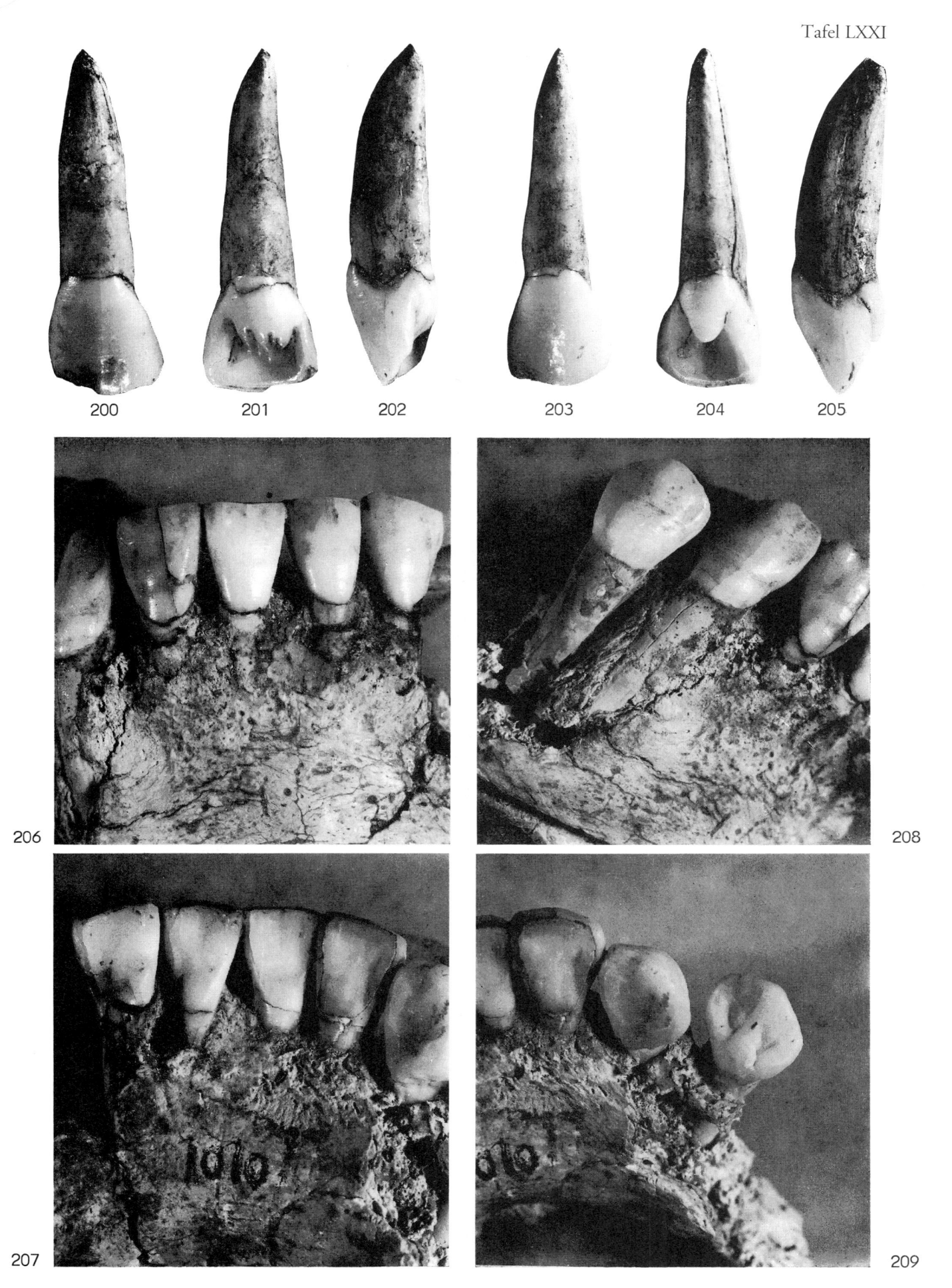

Taf. LXXI Ehringsdorf G. – Details des Gebisses.
200 – rechter oberer I$_1$ – Facies vestibularis. **201** – rechter oberer I$_1$ – Facies lingualis. **202** – rechter oberer I$_1$ – Facies mesialis.
203 – linker oberer I$_2$ – Facies vestibularis. **204** – linker oberer I$_2$ – Facies lingualis. **205** – linker oberer I$_2$ – Facies distalis.
206 – untere Incisivi – vestibulär. **207** – untere Incisivi – lingual. **208** – unterer rechter Caninus und P$_1$ – vestibulär. **209** – unterer Caninus und P$_1$ – occlusal

Tafel LXXII

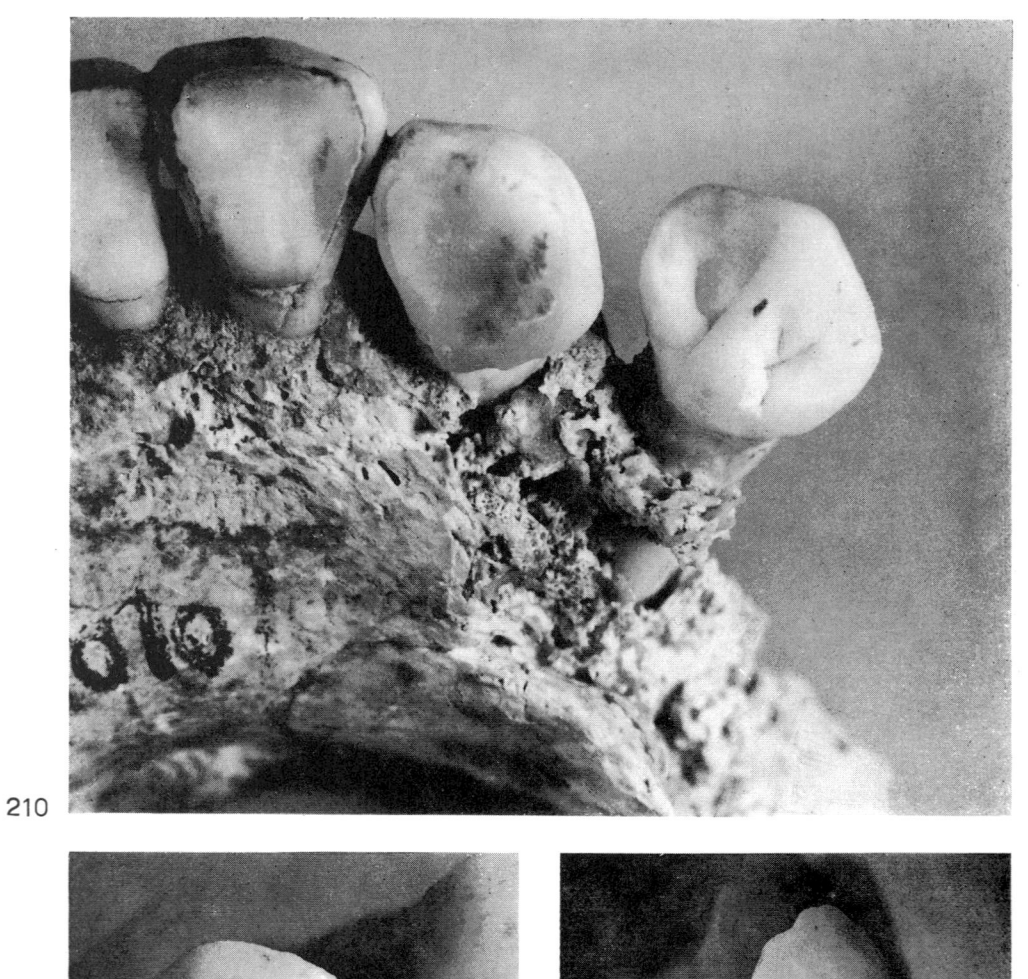

210

211 212

Taf. LXXII   Ehringsdorf G. – Rechter unterer P_1.
210 – Facies occlusalis. **211** – Facies vestibularis. **212** – Facies distalis

Tafel LXXIII

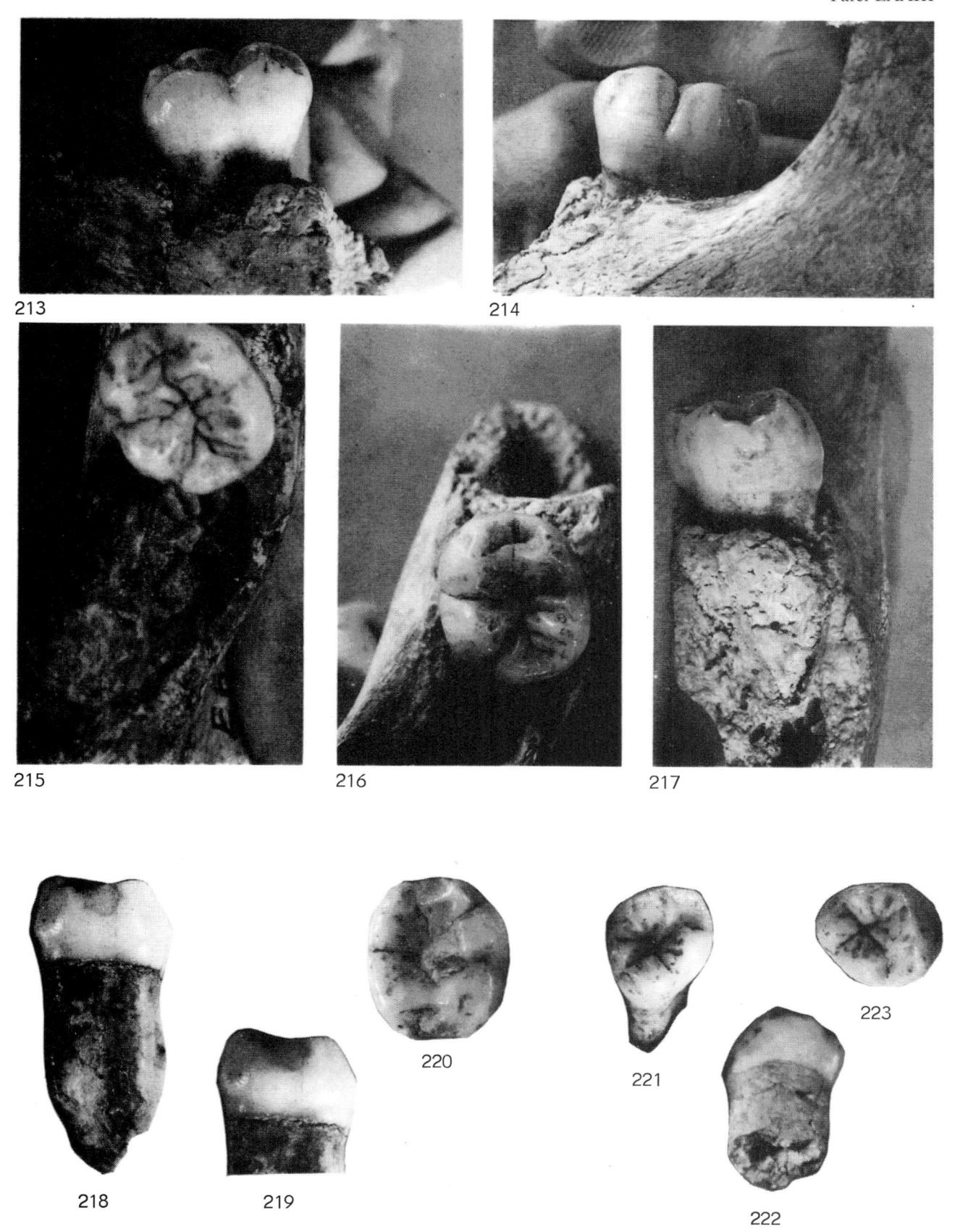

Taf. LXXIII Ehringsdorf G. – Linke untere Molaren und linker unterer Prämolar.
213 – M_2 – Facies lingualis. 214 – M_2 – Facies vestibularis. 215 – M_2 und M_3 – Facies occlusalis. 216 – M_2 – Facies occlusalis.
217 – M_2 – Facies mesialis. 218 – nicht zugehöriger M_1 – Facies mesialis. 219 – M_1 mit gut entwickelter Facies contactus mesialis.
220 – M_1 – Facies occlusalis. 221 – P_2 – Facies occlusalis. 222 – P_2 – schräg von unten. 223 – P_2 – Facies occlusalis

Tafel LXXIV

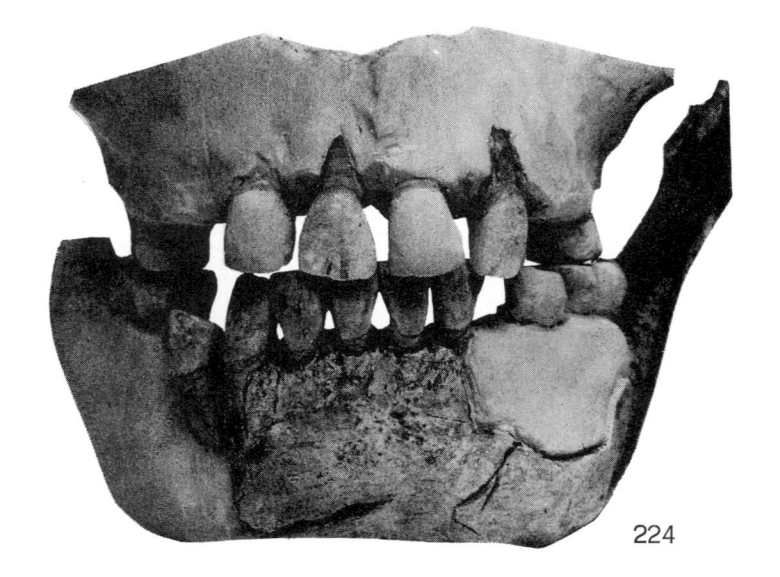

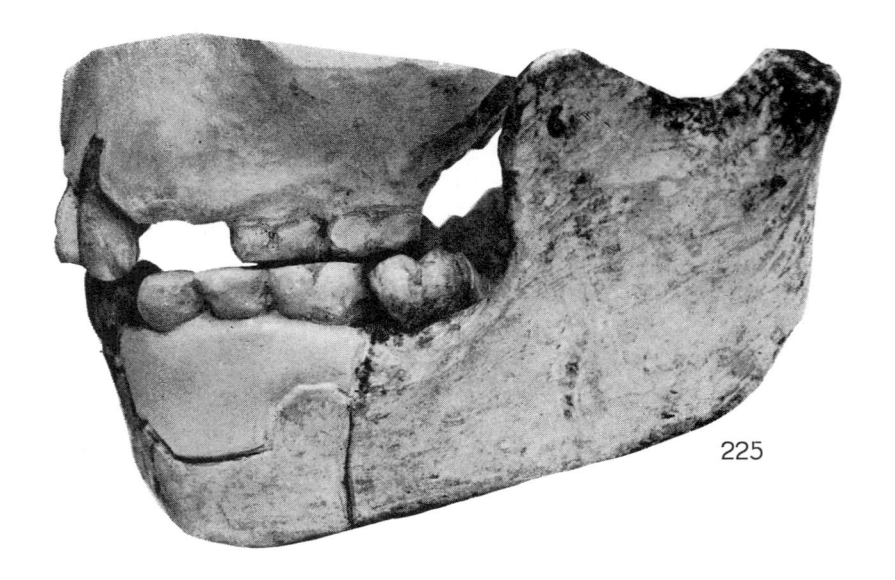

224

225

Taf. LXXIV Ehringsdorf G. – Rekonstruktion des Gebisses nach dem Kinderschädel von Teschik-Tasch.
224 – Norma frontalis. **225** – Norma lateralis sinistra

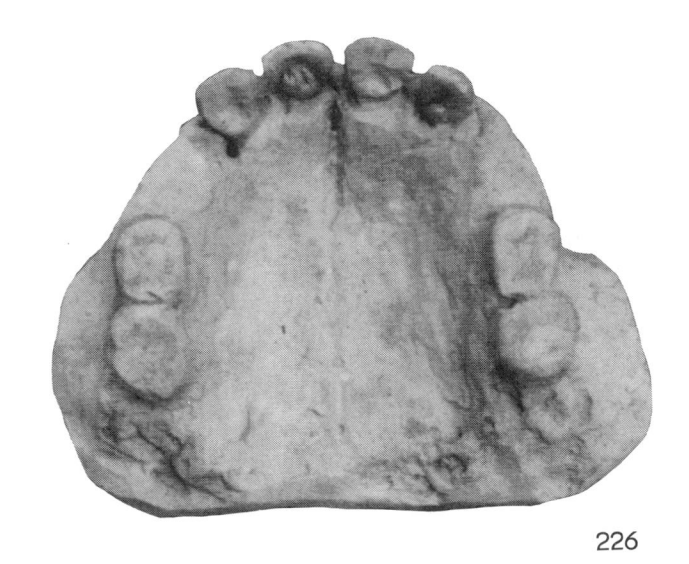

Tafel LXXV

226

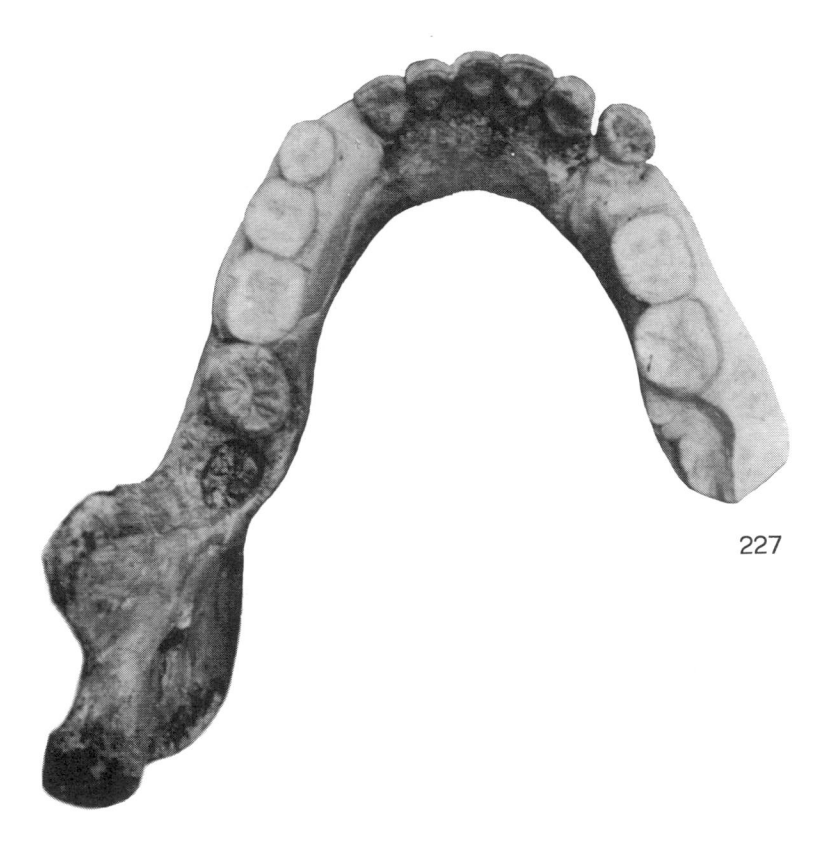

227

Taf. LXXV Ehringsdorf G. – Rekonstruktion des Zahnbogens nach dem Kinderschädel von Teschik-Tasch.
226 – oberer Zahnbogen. **227** – unterer Zahnbogen

Tafel LXXVI

228

Taf. LXXVI Ehringsdorf G.
228 – Rumpfskelett des Kindes im Travertinblock

Taf. LXXVII Ehringsdorf G.
229 – Costa sinistra

Tafel LXXVIII

230

Taf. LXXVIII   Ehringsdorf G.
230 – Humerus dexter und Clavicula dextra

Taf. LXXIX Ehringsdorf G. – Obere Rumpfpartien.
231 – Clavicula dextra, Humerus dexter, Phalanx digiti manus, Vertebrae thoracicae, Costae dextrae et sinistrae

Tafel LXXX

232

Taf. LXXX Ehringsdorf G.
232 – Humerus dexter, Clavicula dextra, Vertebrae thoracicae, Costae dextrae et sinistrae

Taf. LXXXI Ehringsdorf G. – Travertinblock mit Knochenresten.
233 – Rippenfragmente, Wirbelfragmente und Abdruck des Radius

Tafel LXXXII

234

Taf. LXXXII   Ehringsdorf G.
234 – Rippen

Tafel LXXXIII

235

236

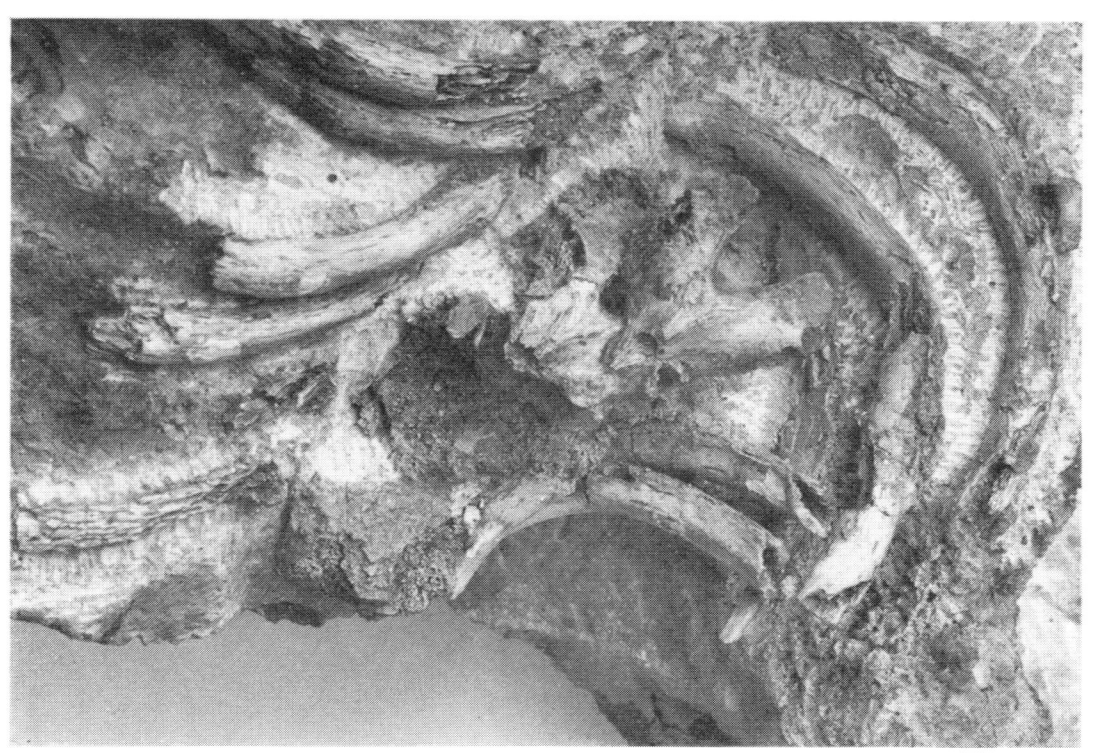

Taf. LXXXIII   Ehringsdorf G.
235/236 – Freipräparierte Wirbel- und Rippenfragmente

Tafel LXXXIV

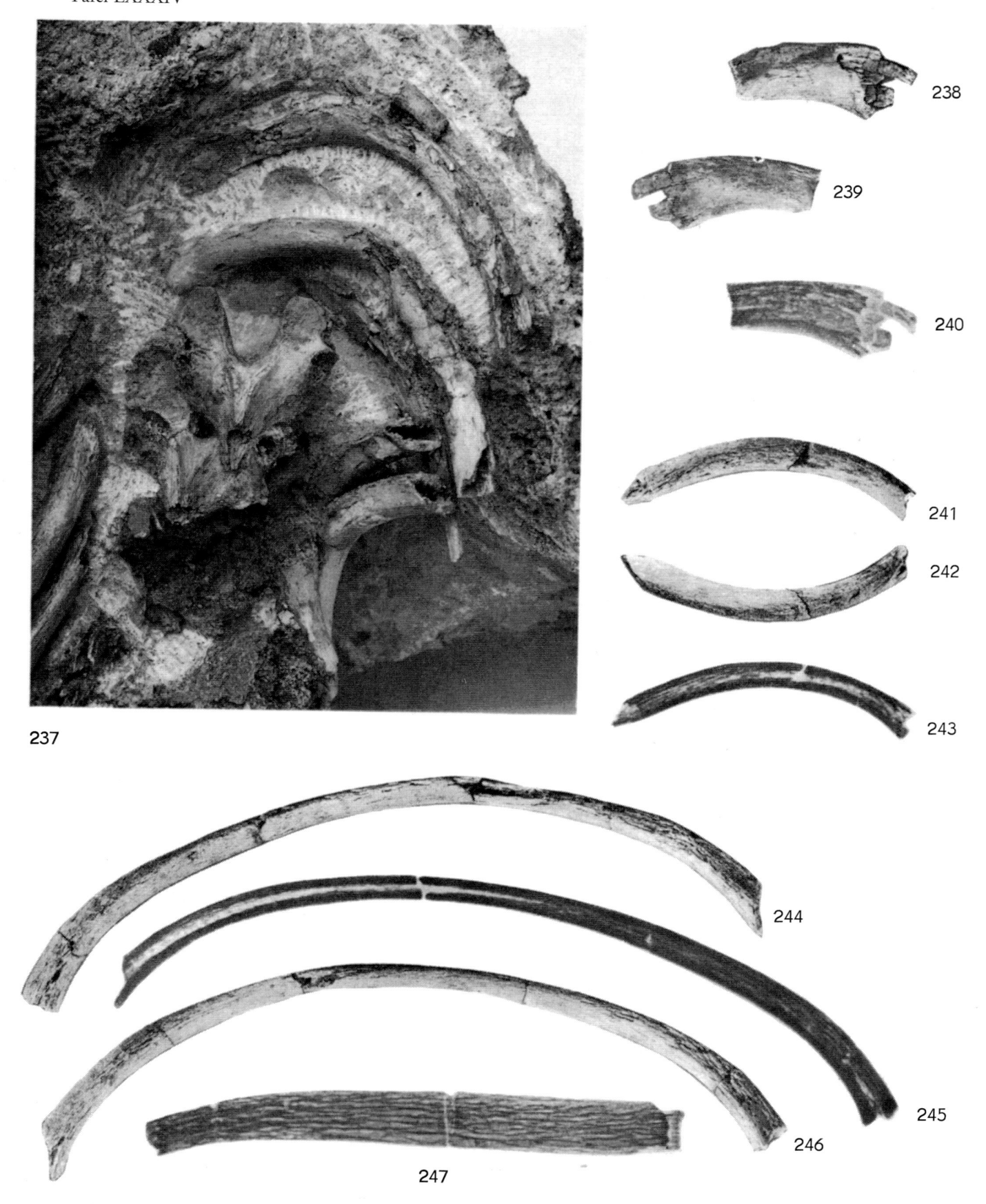

Taf. LXXXIV Ehringsdorf G. – Isolierte Skelettreste.
237 – Vertebrae thoracicae G 14/1 und 2. **238** – Costa prima G 11 – von unten. **239** – G 11 von oben. **240** – G 11 – Röntgenaufnahme. **241** – Costa sinistra G 13 von unten. **242** – G 13 von oben. **243** – G 13 – Röntgenaufnahme. **244** – Costa sinistra G 12 von unten; Fragment gehört zu Fragment 14/16. **245** – G 12 – vertikale Röntgenprojektion. **246** – G 12 von oben. **247** – G 12 – horizontale Röntgenprojektion

Tafel LXXXV

Taf. LXXXV Ehringsdorf G. – Clavicula dextra G 5 und Clavicula sinistra G 4.
248 – G 4 von vorn. **249** – G 4 von unten. **250** – G 4 von hinten. **251** – G 4 von oben. **252** – G 4 – antero-posteriore Röntgenprojektion. **253** – G 4 – vertikale Röntgenprojektion. **254** – G 4 von unten. **255** – G 5 von oben. **256** – G 5 – vertikale Röntgenprojektion

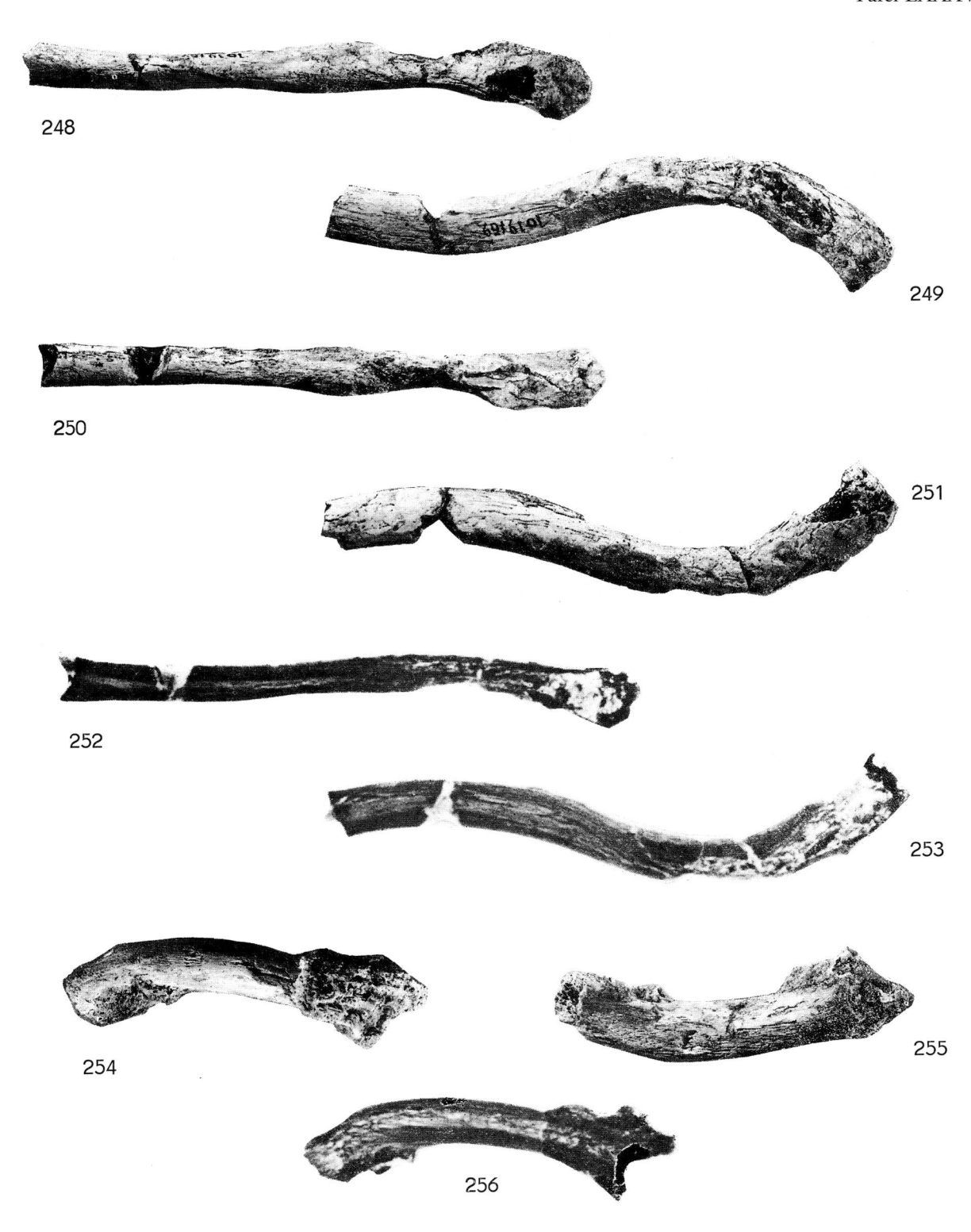

Tafel LXXXVI

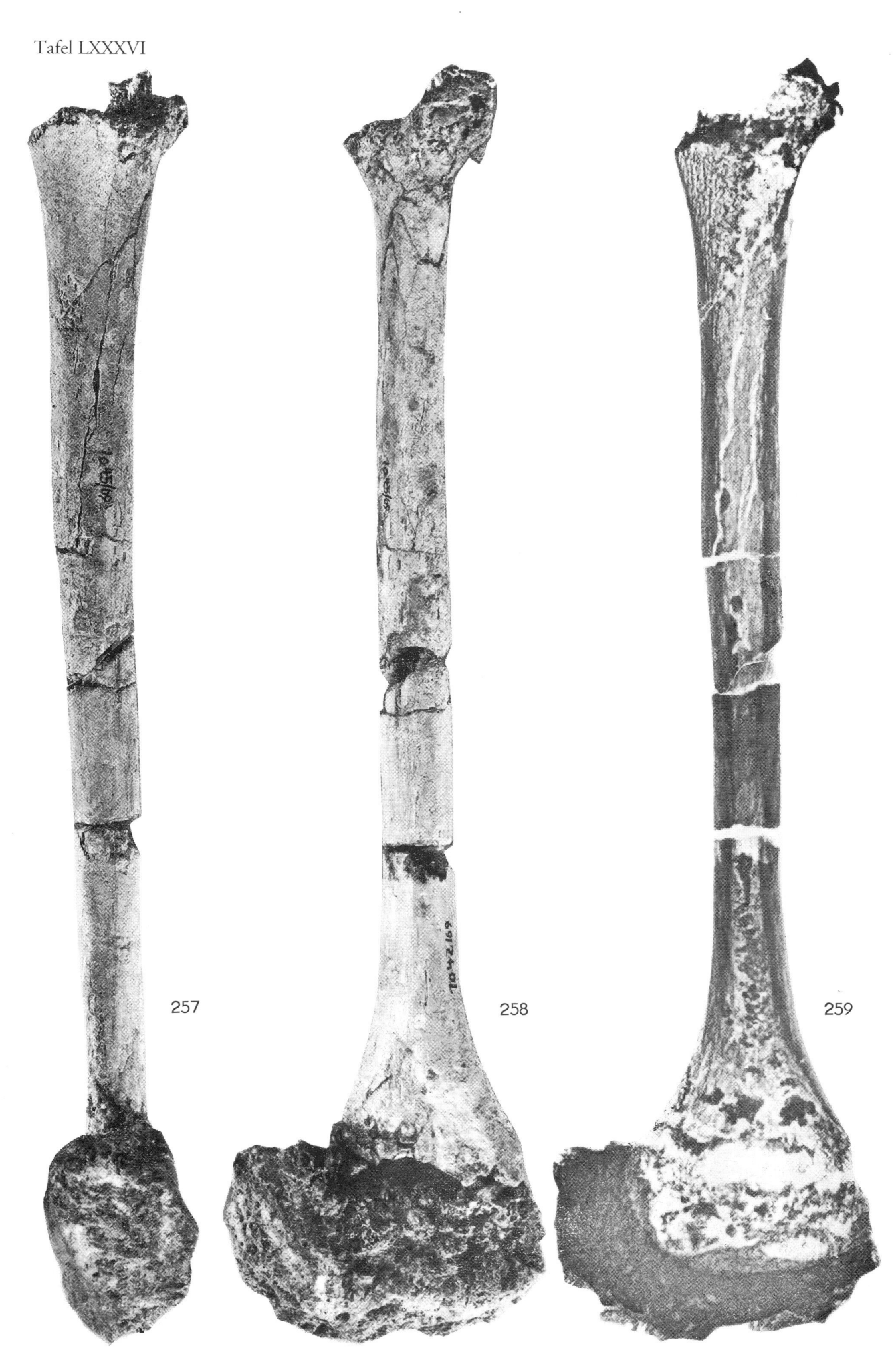

257 258 259

Taf. LXXXVI   Ehringsdorf G. – Humerus dexter G 6.
257 – medial. **258** – volar. **259** – dorso-volare Röntgenprojektion

Taf. LXXXVII Ehringsdorf G. – Humerus dexter G 6.
260 – dorsal. **261** – lateral. **262** – laterale Röntgenprojektion

Tafel LXXXVIII

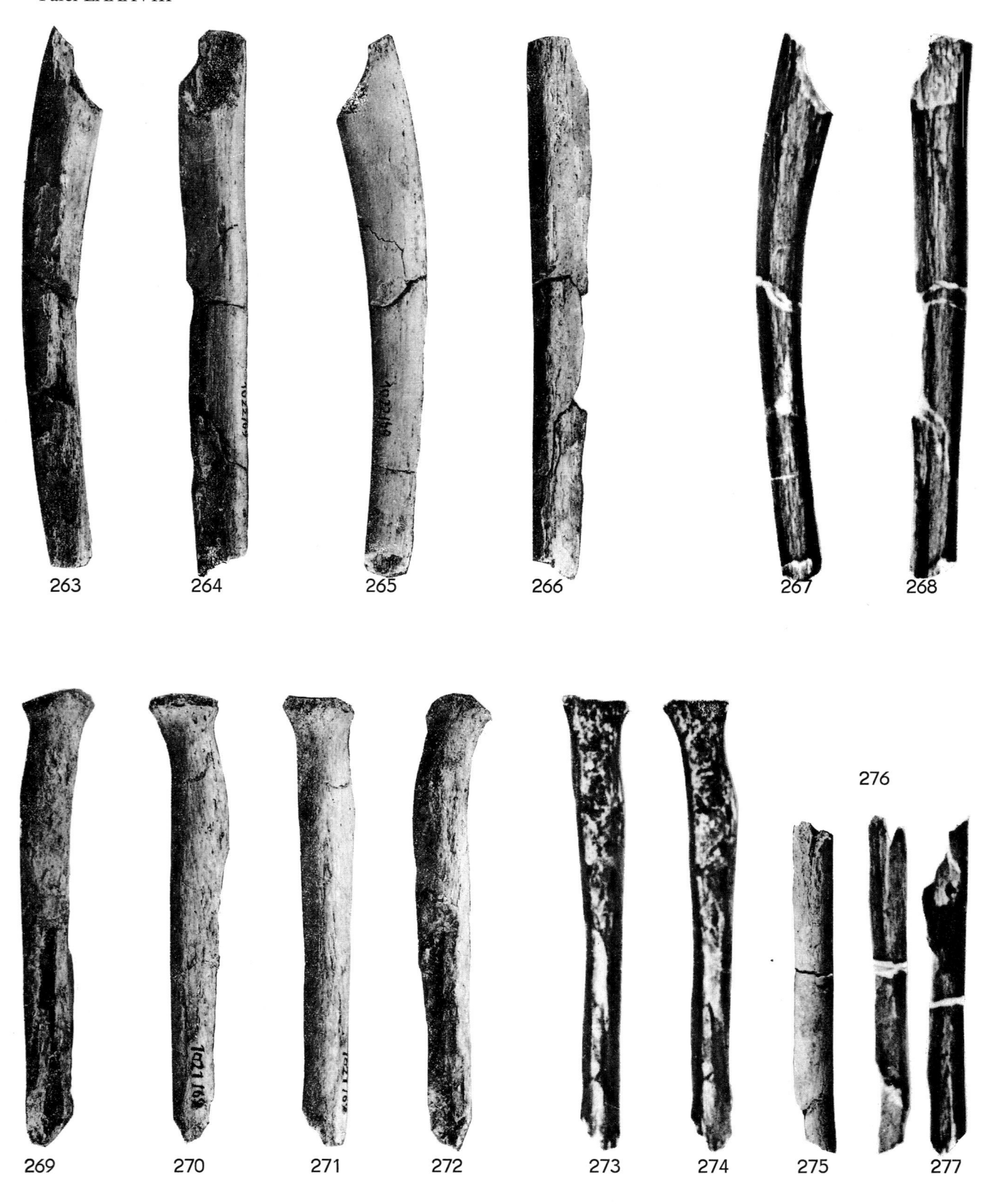

Taf. LXXXVIII Ehringsdorf G. – Unterarmknochen, Ulna dextra G 8 und Radius dexter G 7.
263 – G 8 medial. **264** – G 8 – palmar. **265** – G 8 lateral. **266** – G 8 dorsal. **267** – G 8 laterale Röntgenprojektion.
268 – G 8 – antero-posteriore Röntgenprojektion. **269** – G 7 medial. **270** – G 7 palmar. **271** – G 7 lateral. **272** – G 7 dorsal.
273 – G 7 – antero-posteriore Röntgenprojektion. **274** – G 7 – laterale Röntgenprojektion. **275** – Radius sinister G 9 palmar,
Fragment. **276** – G 9 – antero-posteriore Röntgenprojektion. **277** – G 9 – laterale Röntgenprojektion